工业和信息化部"十二五"规划教材
电子科学与技术专业规划教材

微波固态电路

薛正辉　任　武　李伟明　编

电子工业出版社
Publishing House of Electronics Industry
北京·BEIJING

内 容 简 介

本书主要介绍微波电子线路中主要无源元器件、有源元器件以及由它们组成的各种功能电路的基本原理、基本结构、基本功能和基本分析方法。无源元器件部分以微带类型为主，有源元器件仅介绍半导体（即"固态"）器件，电路以微带类型的混合集成电路为主。全书共分为 7 章，第 1 章介绍微波电路中常用的微带无源元件，第 2 章介绍微波半导体元器件，微波频率变换器、微波放大器、微波振荡器以及微波固态控制电路分列于第 3 章至第 6 章，第 7 章简单介绍作为当前迅速发展的新一代微波电路的微波集成电路(MIC)和微波单片集成电路(MMIC)的基本知识。

本书主要是为信息技术、通信、雷达、电子对抗、电子科学与技术和遥感遥测等专业的工科高年级本科生编写的教材，供"微波电子线路"、"微波有源电路"和"微波固态电路"课程使用，也可供从事微波电子线路研发的科技人员参考。

未经许可，不得以任何方式复制或抄袭本书之部分或全部内容。

版权所有，侵权必究。

图书在版编目(CIP)数据

微波固态电路 / 薛正辉，任武，李伟明编. —北京：电子工业出版社，2015.12
工业和信息化部"十二五"规划教材
ISBN 978-7-121-26850-2

I. ①微… II. ①薛… ②任… ③李… III. ①微波电路－固态电路－高等学校－教材 IV. ①TN710

中国版本图书馆 CIP 数据核字(2015)第 178907 号

策划编辑：竺南直
责任编辑：郝黎明
印　　刷：三河市华成印务有限公司
装　　订：三河市华成印务有限公司
出版发行：电子工业出版社
　　　　　北京市海淀区万寿路 173 信箱　邮编　100036
开　　本：787×1092　1/16　印张：29.75　字数：768 千字
版　　次：2015 年 12 月第 1 版
印　　次：2015 年 12 月第 1 次印刷
印　　数：3000 册　定价：69.00 元

凡所购买电子工业出版社图书有缺损问题，请向购买书店调换。若书店售缺，请与本社发行部联系，联系及邮购电话：(010)88254888。

质量投诉请发邮件至 zlts@phei.com.cn，盗版侵权举报请发邮件至 dbqq@phei.com.cn。

服务热线：(010)88258888。

前　言

本书曾于 2003 年 5 月完成书稿，2004 年 4 月由北京理工大学出版社出版发行。该教材一直作为北京理工大学信息与电子学院微波专业方向的微波电子线路课程教材，因为内容涉及从无源器件到有源器件，从 PN 结原理模型到实际应用各种二极管、晶体管，再到各个功能型组件，如变频器、放大器、振荡器和控制型器件，多年来一直得到学生、授课教师及研究设计人员的好评，普遍认为学习起来循序渐进，易懂好理解。该教材于 2006 年获得北京市'精品教材'称号，也是对本书内容编写的一个肯定。

在多年的教学过程中，发现遵循本书的结构和主线很好讲授，学生也容易接受。但是现在的电子科技水平发展日新月异，原先还使用二极管、三极管搭建实现的混频器、放大器、振荡器等电路，现在已经逐步被各种集成芯片所代替，频段覆盖越来越宽，性能提升越来越接近理论极限，外部也不再需要复杂的配套电路，这一切使得工程应用和基础知识讲授之间出现了差距，甚至有些脱节，而且近年来在随着频率扩展到太赫兹频段，出现了新的器件结构、半导体材料、更强功能的集成芯片，所以一直希望能把这部分内容加到本书体系中，做到结构、原理、应用相呼应，学生在学校学到的知识，出了学校进入工作单位就能使用上。

有这样的知识扩充需求，加上学校重视十二五国防教材的建设，本书也被纳入了建设范畴。借此机会，决定增加相关内容，形成内容更加全面，更加贴合实际设计应用。主要增加的内容包括：第 1 章中新增巴伦结构的原理分析；第 2 章中增加了一些常见的二极管如检波管、稳压管、发光二极管、整流二极管等的原理，并对近年来取得较大成就的扩散型双基区二极管、3-D 三栅极晶体管、石墨烯晶体管和太赫兹肖特基管等进行介绍，第 2 章最后还增加了工程上二极管、晶体管的分类，晶体管的命名方式，并给出一些典型微波半导体厂家的产品信息；第 3 章主要增加了双双平衡混频器的原理及分析，检波管的原理及相应电路的功能介绍，最主要的增加了单平衡混频器的工程设计过程，引入微波工程 CAD 技术，使用微波电路仿真软件实现整体电路性能的仿真优化；第 4 章主要增加了功率合成的介绍，并详细给出不同方式的功率合成技术原理，并给出按照最大功率增益和最小噪声系数设计晶体管放大器的过程，为工程设计提供参考；第 5 章主要增加了频率合成技术方面的内容，介绍频率合成的发展历史，以及现在使用较多的包括 DDS 技术、锁相环技术等混合频率源技术；第 6 章对限幅器、衰减器、移相器部分均增加了一些内容，包括不同应用电路的原理及性能分析，并给出一个固定角度移相器的设计过程；第 7 章主要增加了对 MMIC 电路设计实现过程，工程实施流程及未来发展趋势等方面的介绍。

在本书的修订过程中，得到信息与电子学院、微波技术研究所各位领导的大力支持，得到北京理工大学教务处的鼎力扶持，本稿才得以顺利完成，特此对他们的帮助表示衷心的感谢！

相信本书将会受到广大教师、学生、设计师的喜爱，我们也希望通过我们的努力，让学生对学科的理解变得简单，对电路、器件的设计流程熟悉起来。希望这次的修订能带来新的知识点和启发，也希望大家能够多提意见，以助于我们改正出现的错误，提升教材质量。

编　者

2015 年 3 月于北京

目　录

绪　　论

电路的产生和开始应用可以追溯到 18 世纪晚期和 19 世纪早期。1800 年，意大利物理学家亚历山德罗·伏特（Alessandro Volta，1745—1827）发明了第一块电池——伏特电池，由于这种电池的出现和可靠性的提高，可以提供比较稳定的直流（Direct Current，DC）功率，最初的电路雏形才得以出现和发展。但是很快人们又发现低频的交流（Alternating Current，AC）可以提高电能的传输效率，减小传输单位距离的电能损耗，并且可以通过工作于法拉第电磁感应定律下的变压器发生能量转换。随后，在诸如查理斯·斯坦梅茨（Charles Steinmetz）、托马斯·爱迪生（Thomas Edison）、沃纳·西门子（Werner Siemens）和尼古拉斯·特斯拉（Nikola Tesla）等电磁领域的先驱们的共同努力下，电能的产生和传送作为一项工业事业迅猛发展，电迅速走入人们的日常生活。1864 年，英国物理学家詹姆斯·克拉克·麦克斯韦（James Clerk Maxwell，1831—1879）提出了电和磁通过空间耦合导致电磁波的重要假设，1887年，德国物理学家亨利希·鲁道夫·赫兹（Heinrich Rudolf Hertz，1857—1894）第一次通过实验证明了电磁波通过空气的辐射和接收，高频能量脱离了电线的束缚进入了无线空间。这一重大发现促成了无线通信和高频技术的飞速发展，20 世纪 20 年代出现了无线电广播，20 世纪 30 年代诞生了电视，20 世纪 40 年代诞生了雷达，一直发展到 20 世纪 80 年代出现了个人移动电话，20 世纪 90 年代出现了全球卫星定位系统，到今天人类社会已经进入信息时代，高速、大容量、覆盖全球范围的信息流更是要依赖电磁波，尤其是高频电磁波的产生、传播和处理，而这种高频能量的利用除了要依靠高频天线等装置外，更为核心的是高频电路的设计、制造和应用。高频（微波）电子线路的产生和发展正是适应了无线通信的飞速发展，成为高频和微波技术及工程应用的一个重要方面，受到越来越密切的关注。

由于适应雷达、通信、导航、遥测遥感等系统的需求，电子线路的工作频率逐渐提高，已经进入微波、毫米波甚至亚毫米波波段，首先传统上采用的低频电路与系统的分析与设计理论受到极大挑战。众所周知，基尔霍夫（Kirchhoff）类型的电压电流定律这一分析与设计工具仅适用于直流到低频率的集总参数电路，当工作频率扩展到射频和微波波段，由于电路参数的分布化，基尔霍夫定律一般是失效的。另一方面，也由于工作频率的提高，电磁波能量的传输居于主导地位，在电路组成结构和元器件上也大异于低频系统。微波电子电路课程的设置正是针对在高频和微波波段电子电路的组成、元器件的选用、电路性能的分析、功能部件的设计等具有特异性的基本问题，本书即是配合微波电子电路课程的开设而编写的。

0.1　微波波段

微波段是电磁波谱的一个重要组成部分。过去的一百年来，人们对电磁波谱进行过多种分类尝试，但是第一个被工业界和政府部门广泛接受的分类方法诞生于第二次世界大战后，由美国国防部提出。目前被广泛采用的分类方法是美国电气电子工程师协会（IEEE）提出并推广的，如表 0-1 所示。

表 0-1 电磁波谱划分表

频率范围	波长范围	频段名称	波段名称
30～300Hz	10000～1000km	极低频 （Extreme Low Frequency，ELF）	
300～3000Hz	1000～100km	音频 （Voice Frequency，VF）	
3k～30kHz	100～10km	甚低频 （Very Low Frequency，VLF）	超长波 （Ultralong Wave）
30k～300kHz	10～1km	低频 （Low Frequency，LF）	长波 （Long Wave）
300k～3000kHz	1000～100m	中频 （Medium Frequency，MF）	中波 （Medium Wave）
3M～30MHz	100～10m	高频 （High Frequency，HF）	短波 （Short Wave）
30M～300MHz	10～1m	甚高频 （Very High Frequency，VHF）	超短波 （Ultrashort Wave）
300M～3000MHz	100～10cm	超高频 （Ultrahigh Frequency，UHF）	微波 （Microwave）
3G～30GHz	10～1cm	特高频 （Superhigh Frequency，SHF）	
30G～300GHz	10～1mm	极高频 （Extreme High Frequency，EHF）	
300G～3000GHz	1～0.1mm	丝米 （Decimillimeter）	
	0.75mm～0.76μm		红外线 （Infrared）
	0.76～0.39μm		可见光 （Visible Light）
	0.39～0.005μm		紫外线 （Ultraviolet Radiation）
	0.005～10^{-8}μm		X 射线 （X Radial）
	10^{-8}μm 以下		γ 射线 （γ Radial）

由表 0-1 中可见，微波一般是指电磁波谱中频率从 300MHz 到 3000GHz 的一段，对应的波长范围为 1m 到 0.1mm，覆盖超高频、特高频、极高频和丝米频段。在雷达和通信等应用中还常用一些波段代号和习惯称谓来表示微波中一些特殊波段，这些波段代号是在第二次世界大战中英美为保密而采用的，今天也还在沿用，如图 0-1 和表 0-2 所示。

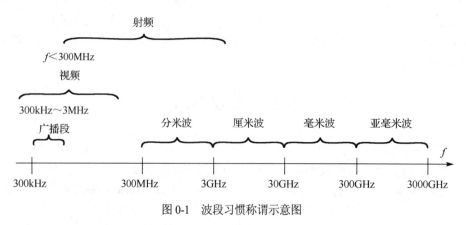

图 0-1 波段习惯称谓示意图

表 0-2 微波波段代号表

波段代号	习惯称谓	频率范围	波长范围
P 波段		0.23～1GHz	130～30cm
L 波段		1～2GHz	30～15cm
S 波段	10cm 波段	2～4GHz	15～7.5cm
C 波段	5cm 波段	4～8GHz	7.5～3.75cm
X 波段	3cm 波段	8～12.5GHz	3.75～2.4cm
Ku 波段	2cm 波段	12.5～18GHz	2.4～1.67cm
K 波段	1.3cm 波段	18～26.5GHz	1.67～1.13cm
Ka 波段	8mm 波段	26.5～40GHz	1.13～0.75cm
毫米波段		40～300GHz	7.5～1mm
亚毫米波段		300～3000GHz	1～0.1mm

必须指出的是，以上这些波段的划分并不是唯一的，还有其他许多种不同的波段划分方法，它们分别由不同的学术组织和政府机构提出，甚至在相同的名称代号下有不同的范围，因此波段代号等只是指代大致的频率范围。其次，以上这些波段的分界也并不严格，工作于分界线两边临近频率的系统并没有质和量上的跃变，因为这些划分完全是人为的，仅是一种助记符号，不存在物理上的差别。

微波在电磁波谱中的重要地位突出体现在它在广阔的军用和民用领域的应用。首先由于微波波长短，容易通过聚束天线实现窄波束定向辐射，因而为无线电探测和定位提供了有效的手段，目前广泛采用的各种军民用雷达，包括远程和超远程警戒雷达、火力控制和炮瞄雷达、火箭和导弹等的制导雷达、飞机导航雷达、气象雷达、车辆防撞及倒车雷达等几乎都工作在微波波段。其次，由于微波频率高、频带宽、信道容量大，因此在通信系统中也获得了广泛应用，包括个人移动通信系统、卫星通信系统、高速大容量数据传输系统、语音和图像广播系统、无线互联网络综合业务系统等。再次，由于微波的传播是视距直线传播，相比较于中低频率和光系统，它可以几乎全天候穿透云雾、丛林甚至电离层，可以在地球和太空之间开辟一个窗口，这为人类进入太空和探测太空提供了技术手段，如射电天文学就是建立在微波技术发展的前提下，它比光学望远镜系统探测的更深远，也更不容易受到气候和天气状况的制约。

由于这样一些优势，20 世纪 50 年代前后，分米波段和厘米波段得到了充分的发展和应用。60 年代之后，人们又开始向毫米波和亚毫米波开拓。由于毫米波和亚毫米波波长更短、频率更高，因此系统天线更小巧，具有较好的抗干扰能力，对多普勒频移效应更灵敏，能提供更宽的频带和更好的分辨率。其次，虽然毫米波和亚毫米波具有一定的似光性，但相比较于光学系统，它们对于云雾烟尘等具有较好的穿透力，全天候性能突出。此外，由于整个系统体积小、质量轻、结构灵巧等特点，毫米波和亚毫米波特别适合于机动通信、空间通信和制导等系统。

今天，微波系统已经不止在工作频率和应用领域上有了极大的扩展，而且随着信息化时代的来临，向着大规模和超大规模集成化、数字化和普及化发展，成为了信息流动的重要手段和运载工具，为人类科学技术的进步和生活水平的提高扮演越来越重要的角色。

0.2 微波电子线路与微波固态电路

微波电子线路一般泛指构成微波系统中各种功能模块的元器件与电路结构，也称为微波有源电路，以区别于由微波传输线和其他各种微波无源元器件组成的微波无源电路。回顾微波技术的发展史，在 20 世纪五六十年代以前的 20 多年时间里，由于对半导体材料研究的水平较低和工艺技术的不足，整个微波领域几乎全部使用微波电真空器件，也就是通称的电子管，包括速调管、行波管、返波管、磁控管和正交场放大管等，由这些电子管组成的微波电子线路被称为微波电真空电路。自 20 世纪 60 年代以来，微波半导体材料技术和工艺水平得到了飞速发展，先后出现了金属半导体二极管、硅双极晶体管、砷化镓-金属-半导体场效应管、雪崩二极管、耿氏二极管、隧道二极管和 PIN 管等微波半导体器件，并在微波系统中获得了广泛应用，这种由半导体管为核心组成的微波电子线路就称为微波固态电路。在微波半导体器件发展的同时，采用平面微波传输线（微带线）和薄膜淀积与光刻技术的微波混合集成电路（MIC）和单片集成电路（MMIC）也取得迅速发展。利用单片集成工艺甚至可将微波电路淀积在一个半导体芯片上，不需要调整就可达到性能指标，因此能够大量生产以降低成本。经过多年来的发展，单片 GaAs 集成电路现在已经成熟，低噪声放大器、混频器-中频放大器组件以及中功率放大器等单片组件已经研制成功，目前已经向着大规模和超大规模微波集成电路化迈进。目前不仅微波接收机已集成化和固体化，而且中功率以下的微波发射机也已经固态化，几乎全部取代了微波电真空器件及电路，仅在大功率设备中微波电真空器件和电路还被采用。因此本书仅研究微波固态电路及其相关问题，关于微波电真空器件和电路的理论与应用可参看其他参考文献。

相比微波电真空电路，微波固态电路的主要优点在于以下几个方面：

（1）系统具有固有的高可靠性，其平均无故障工作时间可达 $10^5 \sim 10^6$ 小时。究其原因，一方面是由于微波固态器件本身具有高可靠性，另一方面是由于固态电路可在实际运用时设置备份系统，这样也提高了系统的可靠性。

（2）固态电路体积小、质量轻。

（3）成本低。当固态组件作为标准件大量生产时，其成本较低，而且一致性较好。

（4）系统设计快速简便。由于各种功能和性能指标的固态组件或模块已经基本商品化，因此系统设计者只需要合理选择使用即可构成完整的系统。

概括地讲，按照技术和应用水平不断提高的顺序以及电路元器件形态的不同，微波固态电路可以分为三个类型：分立集总元件电路、混合集成电路及单片集成电路。在分立集总元件电路中，电路采用的无源和有源元器件都是集总参数的和分立的，如电阻、电感、电容、二极管、三极管等，在组装电路时把这些元件分别装配于电路板上，情况与低频电路类似，由于当工作频率高到吉赫兹范围时，这些集总元件尺寸太小以至于无法研制和加工，同时由于其他各种寄生参量的影响，使得分立集总元件电路一般只能适用于 L 波段之下。混合集成电路是把常用的微波无源元件，如传输线、电阻、电感、电容等，以分布参数方式制作在塑料、陶瓷、蓝宝石或铁氧体等介质基片上，然后把分立微波固态器件装配于这些介质基片上构成的，其优点是电路结构紧凑、可以实现小型化，是目前微波固态电路最常用的形式。但是当工作频率达到毫米波或更高时，这种混合集成电路安装元件之间的连接变成了大问题，有时甚至不可能做到，这时单片集成电路成为了主要电路形式，它把微波半导体固态器件和无源元件都制作在半导体基片上，其性能稳定、电路制作一致性很强、结构更加小巧，因而微波单片集成电路成为了毫米波以上微波固态电路的主要发展方向。

0.3　本书的主要内容和章节安排

为了使本书使用者能直观全面地了解本书的结构和内容，让我们先从几个典型系统的框图入手了解典型的微波毫米波系统的组成。图 0-2 所示的是一个通用的个人移动通信系统的简化框图[6]，如个人蜂窝移动电话和无线局域网关等，统称为无线收发信机系统。

这里并不关注这一系统的功能讨论和工作原理，仅需注意的是在高频模拟信号电路部分除了传输线以外，包含了这样几种功能模块：对信号完成上下变频的各种混频器，提供高频（微波）信号的振荡器，对信号完成放大作用的功率放大器和低噪声放大器，控制天线与收发回路连接的开关等控制组件、低通滤波器等，这些是组成高频（微波）电路的基本单元。

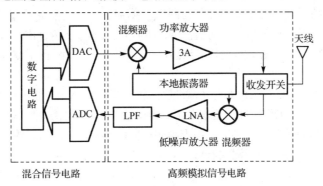

图 0-2　通用射频系统原理简化框图

图 0-3 给出了一个工作于 **35GHz** 的典型脉冲制辐射计式探测器的原理框图[32]。

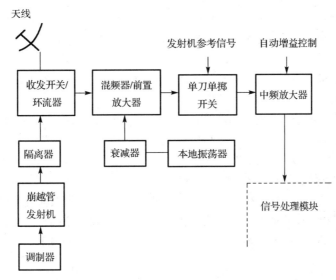

图 0-3　典型脉冲制辐射计式探测器原理框图

从这一框图中，大家也可以看到在系统中除信号处理模块外，其组成也包括无源元件、振荡器、放大器、混频器、控制器件等。

这说明前述的这些功能模块就是组成各种军民用途的微波毫米波系统的基本单元，要进行系统的分析与设计离不开对这些单元的掌握和运用。

本书正是针对这一目的而展开的，概括地讲，本书介绍以微带微波传输线、传输线元件和微波半导体器件组成的微波有源电路组件的基本工作原理、基本电路结构和基本分析设计方法，电路形式以混合集成电路为主，以分立元件电路为辅，简单介绍单片集成电路。具体地说，本书介绍了微波固态频率变换器、微波固态放大器、微波固态振荡器和微波固态控制电路四方面主要内容，以及构成这些功能组件的各种微波无源和有源器件与电路，基本上覆盖了微波固态电路的应用领域。本书主要面向对象是信息技术、通信、雷达、电子对抗和遥感遥测等专业的工科高年级本科生，可作为"微波电子线路"、"微波有源电路"和"微波固态电路"课程的教材。在章节安排上，本书内容体系共分为 7 章，按 3 个部分进行组织编写的。

第一部分主要介绍在微波固态电路中常用的各种微波无源器件和半导体器件，包括第1章和第2章。

- 第1章介绍微带类型的微波无源器件与网络，包括集总元件、微带线集总元件、分支元件和功率分配器、滤波器、谐振器、定向耦合器、环形电桥、阻抗匹配网络、平衡-不平衡转换器等。
- 第2章介绍微波半导体器件，包括半导体基础、各种微波二极管、微波双极晶体管、微波场效应管等。

第二部分是本书的核心部分，主要介绍微波固态频率变换器、微波固态放大器、微波固态振荡器和微波固态控制电路的基本工作原理、基本电路结构和基本分析设计方法，包括第3章到第6章。

- 第3章介绍微波固态频率变换器，包括微波阻性下变频器、参量上变频器、变容管功率上变频器、微波倍频器、场效应管混频器与倍频器、检波器等。
- 第4章介绍微波固态放大器，包括参量放大器、双极晶体管和场效应管放大器、功率放大器与功率合成器等。
- 第5章介绍微波固态振荡器，包括雪崩管振荡器、转移电子器件振荡器、晶体管振荡器、频率合成技术等。
- 第6章介绍微波固态控制电路，包括微波开关、微波限幅器和电调衰减器、微波移相器等。

第三部分主要介绍混合集成微波固态电路（MIC）和微波单片集成电路（MMIC）的基础知识，包含第7章。

- 第7章介绍微波集成电路基片材料和导体材料、单片微波集成电路的设计特点、微波集成电路的加工工艺等问题。

从以上章节安排可以看出，本门课程的内容比较广泛，要求具备比较深入、广博和扎实的基础知识和完成必要的先修课程：如工科公共基础课程"高等数学"、"线性代数"、"复变函数"，工科电类专业基础课程"电路分析"、"线性电子线路"、"非线性电子线路"、"信号与系统"、"随机信号分析"、"半导体器件基础"等，还有电磁场与微波技术专业基础课程"电磁场理论"、"微波技术"、"微波网络基础"等。考虑到工科学生的具体情况和对这一学科知识的需求，本书在编写中尽量简化了繁复的理论分析与数学推导过程，而着重于对物理概念、工作原理和结论的介绍；从内容取舍上也贯彻了介绍基础知识和必备手段为中心的原则，不求大求全，角色以作教科书为主、以作技术参考书和工程手册为辅。

第1章　无源微波元器件

本章主要介绍广泛应用于微波电子线路的各种无源元器件和部件，主要包括集总元件、微带线集总元件、分支元件和电桥、定向耦合器、谐振器、滤波器、阻抗变换器和平衡-不平衡转换器等。其中一部分是在工作频率低于微波段的其他电子线路中已经广泛采用的，如属于集总元件的电阻、电感、电容及滤波器、谐振器等，它们应用于微波段电子线路会有一些特殊结构、工作原理和特性。另外一些是在微波电子线路中独有的，考虑到微波混合集成电路甚至是单片集成电路的需要，这里只介绍以微带结构为基础的元器件和网络，包括微波集成电路基片材料与传输线元件、微带线集总元件、微带分支元件和功率分配器、定向耦合器、环形电桥、阻抗变换器、平衡-不平衡转换器等。考虑到工程问题的实际需要，这里只从应用的角度对他们进行介绍，而实际上这里涉及的每一个元部件的深入分析和精确设计都有相当的深度，这里不做探讨，可参见相关的参考文献。

1.1　普通集总参数元件

普通集总参数元件主要包括电阻器、电感器和电容器，本节将主要介绍在微波电子线路中应用的这些元件的特异性。

1.1.1　金属引线

在大家所熟知的直流和低频领域，一般认为金属导线不存在自身的电阻、电感和电容，实际上是其值很小以至于可以忽略，因而它从来没有作为单独的元件存在。但当工作频率进入微波波段，其情况已经大大不同，金属引线不仅具有自身的电阻和电感，而且它们还是频率的函数，对电路性能的影响已经不能忽略。

设圆柱状直铜导线的半径为 a，长度为 l，材料电导率为 σ_{cond}，则其直流电阻可表示为：

$$R_{DC} = \frac{l}{\pi a^2 \sigma_{cond}} \qquad (1\text{-}1)$$

对于直流信号来说，可以认为导线的全部横截面都可以用来传输电流，或者说电流充满在整个导线横截面上。其电流密度可表示为：

$$J_{z0} = \frac{I}{\pi a^2} \qquad (1\text{-}2)$$

但在交流状态下，由于交流电流会产生磁场，根据法拉第电磁感应定律此磁场又会产生电场，与此电场联系的感生电流密度的方向将会与原始电流相反。这种效应在导线的中心部位即 $r = 0$ 位置最强，造成了在 $r = 0$ 附近的电阻显著增加，因而电流将趋向于在导线外周界附近流动，这种现象将随着频率的升高而加剧，这就是通常所说的"趋肤效应"。进一步研究表明[6]，在微波波段（$f \geqslant 500\text{MHz}$），此导线相对于直流状态的电阻和电感可分别表示为：

$$R \cong \frac{a}{2\delta} R_{DC} \qquad (1\text{-}3)$$

$$L \cong \frac{a}{2\omega\delta} R_{DC} \qquad (1\text{-}4)$$

其中

$$\delta = (\pi f \mu \sigma_{\text{cond}})^{-1/2} \tag{1-5}$$

定义为"趋肤深度"，式（1-3）和式（1-4）一般在 $\delta \ll a$ 条件下成立。从式（1-5）可以看出，由于趋肤深度与频率之间满足平方反比关系，可见随着频率的升高趋肤深度是平方律减小的。

根据推导[6]，交流状态下沿导线轴向的电流密度可以表示为：

$$J_z = \frac{pI}{2\pi a}\frac{J_0(pr)}{J_1(pa)} \cong \frac{pI}{j2\pi a\sqrt{r}}e^{-(1+j)\frac{a-r}{\delta}} \tag{1-6}$$

式中 $p^2 = -j\omega\mu\sigma_{\text{cond}}$，$J_0(pr)$ 和 $J_1(pa)$ 分别为 0 阶和 1 阶贝塞尔函数，I 是导线中的总电流。图 1-1 列出了交流状态下铜导线横截面电流密度对直流情况的归一化值，图 1-2 表示了 $a=1\text{mm}$ 的铜导线在不同频率下 J_z/J_{z0} 相对于半径 r 的曲线，由这些曲线可以看到在频率达到 1MHz 左右时，就已经出现了比较严重的趋肤效应，当频率到达 1GHz 时电流几乎仅在导线表面流动而不能深入导线中心。

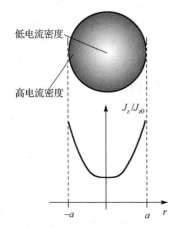

图 1-1　用直流电流密度归一化的
交流电流密度横截面分布

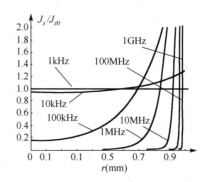

图 1-2　半径 $a=1\text{mm}$ 铜线的归一化
交流电流密度的频率特性

1.1.2　电阻器

电阻是在低频电子电路中最常用的元件之一，主要有以下几种类型：
- 高密度碳介质合成电阻；
- 镍或其他材料的线绕电阻；
- 温度稳定材料的金属膜电阻；
- 铝或铍基材料薄膜片电阻。

图 1-3　薄膜片状电阻与普通色环电阻的比较

由于体积最小和性能优越，其中在微波电子线路中最常用的还是薄膜片状电阻，一般用作表贴装元件（SMD），其大小比例如图 1-3 所示。

大家知道，在微波波段一根普通金属导线就已经存在电感，那么具有阻值 R 的普通电阻器在微波波段的等效电路必然会相对复杂化，不仅具有阻值，还会有引线带来的电感和线间的寄生电容，其性质将不再是纯电阻，而是"阻"、"抗"兼有。图 1-4 列出了一普通电阻在射频和微波段的等效电路。在图中，两个 L 表示引线电感；

C_a 表示电荷分离效应造成的电容量，而 C_b 表示引线间的电容量，它们是与电阻中引线的实际布置方式有关的；由于引线是理想金属，故忽略了其自身造成的电阻成分。对于线绕电阻，其等效电路还要考虑由于线绕部分造成的电感量 L_1 和绕线间的电容 C_1，引线间电容 C_b 相比较于内部和绕线电容一般较小，有时可以忽略，其等效电路如图 1-5 所示。

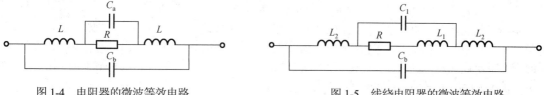

图 1-4　电阻器的微波等效电路　　　　　　图 1-5　线绕电阻器的微波等效电路

以一 500Ω 金属膜电阻为例（其等效电路如图 1-4 所示），设其两端引线长度各为 2.5cm，引线半径为 0.2032mm，材料为铜，已知 C_a 为 5pF，则可根据式（1-4）计算引线电感并进而求出图 1-4 等效电路的总阻抗对频率的变化曲线，如图 1-6 所示。从此图中可以看出，在低频率下阻抗即等于电阻 R，而随着频率的升高达到 10MHz 以上，电容 C_a 的影响开始占优，它导致总阻抗降低；当频率达到 20GHz 左右时，出现了并联谐振点；越过谐振点后，引线电感的影响开始表现出来，阻抗又加大并逐渐表现为开路或有限阻抗值。这一结果说明看似频率无关的电阻器在微波波段将不再仅是一个电阻器了，在应用中应加以特别注意。

前面已经介绍，在固态微波电子线路中最常用的集总参数电阻器是薄膜片电阻，其大小主要取决于耐受的功率量级，例如 0.5W 功率的片电阻大小约为 1mm×0.5mm（长×宽），而 1000W 功率时大小约为 25mm×25mm（长×宽），如图 1-3 所示。薄膜片电阻的阻值可以在 0.1Ω 到几兆欧之间，阻值的公差约在 ±5% 到 ±0.01% 之间。由于一方面阻值的误差较大，另一方面会产生寄生场影响其对频率的线性度，大阻值的薄膜片电阻一般难于制造。一个典型薄膜片电阻的结构剖面图如图 1-7 所示，其结构的主要特点是在陶瓷基片材料（一般是铝氧化物）上淀积金属膜（一般是镍铬铁合金）形成电阻层，通过调整这一电阻层的长度和插入内部电极来达到要求的阻值，在内部电极的两端做金属连接以便于焊接到电路板上，另外在电阻膜的表面还要制作一层保护膜。

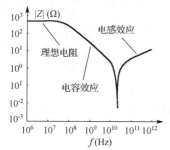

图 1-6　500Ω 金属膜电阻阻抗绝对值与频率的关系

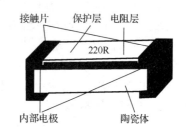

图 1-7　典型的片状电阻的横截面图

1.1.3　电容器

在低频率下，电容器一般可看做是两平行板构成的结构，其极板的尺寸要远大于极板间距离，则电容量可以定义为：

$$C = \frac{\varepsilon A}{d} = \varepsilon_0 \varepsilon_r \frac{A}{d} \tag{1-7}$$

式中，A 为极板面积；d 为极板间距离；ε 为极板间填充介质的介电常数。理想状态下，极板间介质中没有电流。

但是在射频和微波频率下，由于实际介质并非理想介质，因此在介质内部存在了传导电流，也就存在由传导电流引起的损耗；此外更重要的是由于介质中的带电粒子具有一定的质量和惯性，在微波段电磁场的作用下，很难随之同步振荡，而在时间上有滞后现象，也会引起对能量的损耗。这都使得介质变成了有耗材料，相应的介质介电常数也变成了复数，用 ε_{ec} 表示：

$$\varepsilon_{ec} = \varepsilon' - j\varepsilon'' \qquad (1\text{-}8)$$

实部 ε' 仍表示介质的介电特性，而虚部 ε'' 则表示介质中总的损耗特性。由于在某一频率下，ε'' 与电导率 σ 具有相同的宏观效应，无法加以区别，只是在宏观理论中电介质的损耗通常用 ε'' 表达，而金属的损耗用 σ 表达而已，故也可以把 ε'' 看做是介质的总和等效电导率 σ_{diel}，介质的损耗由此电导率产生。这样介质的总电导可表示为：

$$G_e = \frac{\sigma_{diel}A}{d} \qquad (1\text{-}9)$$

在电磁场理论中，我们定义 $\tan\delta = \sigma_{diel}/\omega\varepsilon'$ 为介质的损耗角正切，它成为描述介质损耗的一个常数，对应不同材料、不同频率已经有标准数值。这样我们可以用损耗角正切来表达 σ_{diel}，得到

$$G_e = \frac{\tan\delta\omega\varepsilon'A}{d} = \tan\delta\omega C \qquad (1\text{-}10)$$

这时，电容器的总阻抗应该是由电容的容抗和损耗电阻并联而得到的：

$$Z = \frac{1}{G_e + j\omega C} = \frac{1}{\tan\delta\omega C + j\omega C} \qquad (1\text{-}11)$$

电容器的等效电路也变换为图 1-8。其中 L 为引线电感，R_s 为引线电阻。

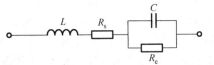

例如，有一个 47pF 的电容器，假设其极板间填充介质为 Al_2O_3，损耗角正切为 10^{-4}（假定其与频率无关），引线长度为 1.25cm，半径为 0.2032mm，可计算出其等效电路的频率响应曲线如图 1-9 所示。从图中可看出其特性在高频段已经偏

图 1-8　电容器的微波等效电路

离理想电容很多了，可以设想在真实情况下损耗角正切本身还是频率的函数时，其特性将变异更严重。

在微波固态电路和混合集成电路中常用的电容主要有表贴结构多层电容和单板结构片电容两种类型。典型表贴陶瓷电容器结构如图 1-10 所示，一般是矩形陶瓷基片层中间隔插入多层金属电极形成 "sandwich" 的效果，这样可以使得电极面积最大化以获得高的单位体积电容量。这种电容其电容量为 0.47pF～100nF 之间，工作电压一般为 16～64V，其介质损耗角正切、击穿电压及工作温度一般作为出厂指标给定。单板结构片电容的结构如图 1-11 所示，有时还用单个片电容组成并联结构，如图 1-12 所示，这些并联的电容共用介质层和一个电极，其尺寸在 0.5mm×0.5mm 到 10mm×10mm 之间，典型的电容值约在 0.1pF 到几个微法之间，容值误差在 ±2% 到 ±50% 之间。

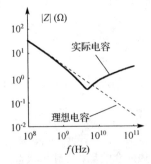

图 1-9　47pF 电容阻抗绝对值与频率的关系

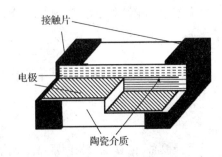

图 1-10　表面安装多层陶瓷电容器的实际结构

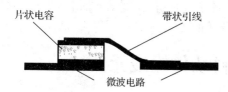

图 1-11　单板电容器与电路连接的横截面图

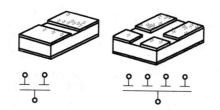

图 1-12　共用一个公共电介质的单平板电容器组

1.1.4　电感器

在电子线路中常用的电感器一般是线圈结构，在高频率下也称为高频扼流圈。它的结构一般是直导线沿柱状结构缠绕而成，如图 1-13 所示。这种导线的缠绕构成电感的主要部分，而导线本身的电感可以忽略不计，根据细长螺线管的详细研究，我们可得其电感量为[6]：

$$L = \frac{\pi r^2 \mu_0 N^2}{l} \tag{1-12}$$

式中，r 为螺线管半径；N 为圈数；l 为螺线管长度。

从以前的讨论中我们也知道，在微波频率下导线本身存在电阻 R_d，缠绕导线间也存在寄生电容 C_d，这样在微波频率下电感器的等效电路如图 1-14 所示，图中 R_s 和 C_s 分别表示分布电阻 R_d 和电容 C_d 的集中效果。

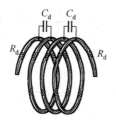

图 1-13　在电感线圈中的分布电容和串联电阻

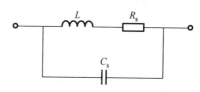

图 1-14　电感器的微波等效电路

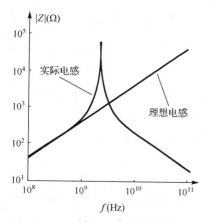

图 1-15　空心线圈电感阻抗绝
对值与频率的关系

例如，有一个 $N = 3.5$ 的铜电感线圈，线圈半径为 1.27mm，线圈长度为 1.27mm，导线半径为 63.5μm。假设它可以看做是一细长螺线管（由于实际上这里并不满足"细长"条件，故结果是不精确的，但近似度较好），根据式（1-12）可求得其电感部分为 $L = 61.4$nH。其电容 C_s 可以看做是平行板产生的电容，极板间距离假设为相邻两圈螺线间距离 $d = l/N = 3.6 \times 10^{-4}$ mm，极板面积 $A = 2al_{wire} = 2a(2\pi rN)$，$l_{wire}$ 为绕成线圈的导线总长度，根据式（1-7）可求得 $C_s = 0.087$ pF。导线的自身电阻 R_s 用式（1-1）可求得为 0.034Ω。于是等效电路图 1-14 对应的阻抗频率特性曲线如图 1-15 所示，从图中可以看出，这一铜电感线圈的高频特性已经完全不同于理想电感，在谐振点之前其阻抗升高很快，而在谐振点之后由于寄生电容 C_s 的影响已经逐步处于优势地位而逐渐减小。

在微波电子线路中常用的表贴电感也采用了线圈的形式，由于现代制造工艺水平的提高使得线圈的尺寸大为减小，基本可以与片电阻和电容同样量级，外形大小约为 1.5mm×1.0mm 到 5mm×3mm，对应电感量约为 1nH 到 1000µH。另外一些常用的电感器包括平面折线电感、平面单环电感及多匝平面螺旋线圈等，其优点是其厚度很小以至于可以看做二维平面结构。

1.2 微波电路基片材料及传输线元件

1.2.1 微波电路基片材料

通常用于薄膜微波集成电路的基片材料有五类：

（1）玻璃类，除微晶玻璃外其他已很少使用。

（2）陶瓷类，主要为氧化铝陶瓷，其他有氧化铍瓷、橄榄石瓷、滑石瓷等。

（3）单晶类，有石英、蓝宝石、白宝石、砷化镓及其他各种特殊单晶。

（4）铁氧体类，主要有尖晶石型的玻璃铁氧体和柘榴石型的微波铁氧体。

（5）微波印刷板类，其材料成分种类较多，成分较复杂。

目前薄膜分布参数集成电路多采用氧化铝，集总参数集成电路多采用蓝宝石和石英、氧化铝等，厚膜集成电路用氧化铝较多。用于毫米波段的基片，必须超薄、低介电常数、低损耗，并具有相当机械强度和温度特性，能满足这些要求的基片，目前主要有熔石英基片和聚四氟乙烯型基片。表 1-1 给出了微波集成电路常用的几种基片材料特性。

表 1-1　几种基片材料特性

材料		表面粗糙度 （µm）	损耗角正切 $\tan\delta \times 10^{-4}$ （10GHz）	相对介电常数 ε_r	电导率 σ （S/cm）	集成电路应用
氧化铝	99.5%	2～8	1～2	10	0.3	微带线悬置基片
	96%	20	6	9	0.28	微带线悬置基片
	85%	50	15	8	0.2	微带线悬置基片
蓝宝石		1	1	9.3～11.7	0.4	微带线，集总参数元件
玻璃		1	20	5	0.01	微带线，集总参数元件
石英（熔凝的）		1	1	3.8	0.01	微带线，集总参数元件
氧化铍		2～50	1	6.6	2.5	复合基片
金红石		10～100	4	100	0.02	微带线
铁氧体/柘榴石		10	2	13～16	0.03	微带线、共面线，不可逆元件
聚四氟乙烯			<20	2.0～2.8		微带线、鳍线集成电路

国内广泛应用的 A_{99} 微波陶瓷基片，ε_r 为 9.6，在 2～12GHz 范围内介质损耗小于 3×10^{-4}，其表面粗糙度抛光面可达 0.01～0.04µm，精磨面达 0.63～1.25µm。国外还研制一种无须磨抛即可使用的细晶粒氧化铝基片，均可用于微波集成电路。

目前可用于毫米波段的聚四氟乙烯类基片主要有三种：纯四氟乙烯型、玻纤编织增强型和微纤维填充增强型。纯四氟乙烯基片（TFE）以美国 POLYFLON 公司 Coflon 为代表，这种基片一般适用于制作微带和带线。玻纤编织增强型四氟基片以美国 3M 公司 Cuclad217 和 Cuclad233 为代表，这类基片在微带线、槽线中均可使用，但不宜作高性能耦合器件等用。微纤维填充增强型四氟基片以美国 ROGERS 公司的 RT/duroid5880、5870 为代表，这类基片所敷设的铜箔有电沉积铜箔和辊压铜箔两种，后者性能较好。它可用于微带混合集成电路，而且日益成为新型鳍线混合集成电路的主要基片材料。目前我国也已开始对此类基片进行研制，已经有商用产品问世和应用。

1.2.2 微波电路传输线元件

微带线是目前应用最为广泛的准 TEM 模 MIC 传输线，在 1～10GHz 范围广为采用。它易制作，重复性好，且易与有源器件接合。但随着工作频率升高，损耗显著增加，激励并产生沿介质基片传输的表面波，在弯曲和不连续处极易产生辐射。微带线的尺寸随频率增加而缩小，加工允许公差的限制将导致加工困难。

槽线是近十几年来日益崛起的微波平面传输线，虽然它的损耗比微带线要高，品质因数较低，但这种传输线结构形成的集成电路，与无源元件及器件的并联连接十分方便，也适宜于作非互易元件。

还有一种槽形结构的共面传输线，即共面线，它实际上是奇模耦合槽线，利用两侧边接地，安装有源器件，但共面线对基片面积利用率较低。近年来随着小孔金属化技术的改进，更多倾向于采用微带线。

上述微带线、槽线和共面线 3 种常用的传输线如图 1-16 所示，性能比较如表 1-2 所示。国内绝大部分的 MIC 均采用微带电路。

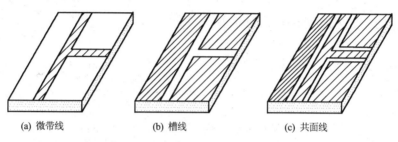

| (a) 微带线 | (b) 槽线 | (c) 共面线 |

图 1-16　微波平面电路传输线

表 1-2　三种微波集成电路传输线性能比较

	微带线	共面线	槽线
损耗	低	中等	高
色散	低	中等	高
阻抗（Ω）	10～100	40～250*	高
连接并联元件	难	易	易
连接串联元件	易	易	难

注：*表示无限厚基片。

1.3　集总参数元件的微带实现

在微波电子线路中，还常用微带结构来模拟集总元件，由于一般认为有限长度的微带线损耗很小，故一般仅用微带线结构来实现电感、电容等储能元件及电感电容的串并联结构。在本节中，主要介绍微带电感与电容、微带支线电感和电容、平面微带螺线电感、微带缝隙电容、微带交指电容等。

1.3.1 微带电感与电容

先考虑图 1-17 所示的 π 型集总参数电路。根据网络理论，其转移参数矩阵可以表示为：

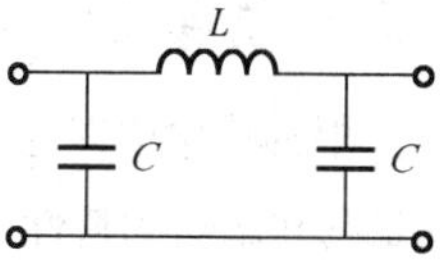

$$[A]_1 = \begin{bmatrix} 1-\omega^2 LC & j\omega L \\ j(2\omega C - \omega^3 LC^2) & 1-\omega^2 LC \end{bmatrix} \qquad (1-13)$$

图 1-17　π 型网络

若用一有限长度的微带线（简化为双线）来等效此网络，则二者的转移参数矩阵应是相等的。一有限长度微带线的转移参数矩阵为：

$$[A]_2 = \begin{bmatrix} \cos\theta & jZ_c\sin\theta \\ j\sin\theta/Z_c & \cos\theta \end{bmatrix} \tag{1-14}$$

其中，Z_c 是微带线的特性阻抗，$\theta = \beta l = 2\pi l/\lambda$ 为微带线的电长度。根据矩阵相等则对应元素相等的原则有：

$$\begin{cases} \cos\theta = 1 - \omega^2 LC \\ Z_c\sin\theta = \omega L \end{cases} \tag{1-15}$$

由此式可以解得：

$$\begin{cases} L = Z_c\sin\theta/\omega \\ C = 1/Z_c \cdot (1-\cos\theta)/(\omega\cdot\sin\theta) \end{cases} \tag{1-16}$$

如果微带线的长度较短，$l < \lambda/8$，则可得：

$$\begin{cases} L = Z_c\sin\theta/\omega = Z_c\sin(2\pi l/\lambda)/\omega \approx Z_c\dfrac{2\pi l}{\lambda\omega} \\ C = 1/Z_c \cdot (1-\cos\theta)/(\omega\cdot\sin\theta) = \dfrac{1}{Z_c}\dfrac{\tan(\theta/2)}{\omega} \approx \dfrac{1}{Z_c}\dfrac{\pi l}{\lambda\omega} \end{cases} \tag{1-17}$$

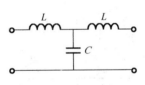

可见对于某一确定频率，此 π 型网络的 L 与等效短微带线的特性阻抗 Z_c 成正比，而 C 与等效微带线的特性阻抗 Z_c 成反比。若 Z_c 很大，则电感值 L 很大而电容值 C 很小以至于可以忽略，故串联电感可用高阻抗线实现。

图 1-18 T 型网络

微带电容的情况与串联电感类似，考虑图 1-18 所示的 T 型网络，按照推导串联电感等效微带的方法可得：

$$\begin{cases} C = 1/Z_c\sin\theta/\omega \\ L = Z_c \cdot (1-\cos\theta)/(\omega\cdot\sin\theta) \end{cases} \tag{1-18}$$

如果微带线的长度较短，$l < \lambda/8$，则可得：

$$\begin{cases} C = 1/Z_c\sin\theta/\omega = 1/Z_c\sin(2\pi l/\lambda)/\omega \approx \dfrac{1}{Z_c}\dfrac{2\pi l}{\lambda\omega} \\ L = Z_c \cdot (1-\cos\theta)/(\omega\cdot\sin\theta) = Z_c\dfrac{\tan(\theta/2)}{\omega} \approx Z_c\dfrac{\pi l}{\lambda\omega} \end{cases} \tag{1-19}$$

可见对于某一确定频率，此 T 型网络的 L 与等效短微带线的特性阻抗 Z_c 成正比，而 C 与等效微带线的特性阻抗 Z_c 成反比。若 Z_c 很小，则电容值 C 很大而电感值 L 很小以至于可以忽略，故并联电容可用低阻抗线实现。

1.3.2 微带支线电感与电容

根据传输线理论，我们已经知道长度 $l < \lambda/4$ 的终端短路传输线的输入阻抗具有电感性质，而且电感量与传输线的特性阻抗成正比关系（假定传输线无耗），即：

$$Z_{in}(l) = jZ_c\tan\theta \tag{1-20}$$

其中，Z_c 是传输线的特性阻抗，$\theta = \beta l = 2\pi l/\lambda$ 为传输线的电长度。

在微带类型的微波电路中，常利用这一特性来构造并联于主传输线的电感，如图 1-19 所示，其等效电感量为：

$$L = Z_c \tan\theta / \omega = Z_c \tan(2\pi l / \lambda) / \omega \qquad (l < \lambda/4) \qquad （1-21）$$

可通过调整并联于主线的支线长度和支线特性阻抗来调整等效电感值，一般采用高阻抗线来获得较大电感。

与并联电感的实现相类似，一般可以用长度 $l < \lambda/4$ 的终端开路传输线来实现并联电容，如图 1-20 所示，即（假定传输线无耗）：

$$Z_{\mathrm{in}}(l) = -\mathrm{j}Z_c \cot\theta \qquad (1-22)$$

其等效电容量为：

$$C = Y_c \tan\theta / \omega = Y_c \tan(2\pi l / \lambda) / \omega \qquad (l < \lambda/4) \qquad （1-23）$$

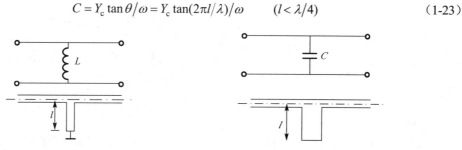

图 1-19 并联电感及微带实现　　　　　图 1-20 并联电容及微带实现

图 1-21(a)所示是一并联于主线的 LC 串联谐振电路，有了前面讨论的基础，我们可以直接给出其微带实现，如图 1-21(b)所示，用高阻短线实现电感而用低阻短线实现电容。当然在实际运用时，还需对 T 形接头、阻抗阶梯和开路端等进行修正，具体可见相关参考文献。

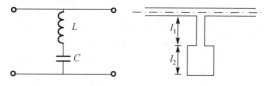

图 1-21 并联 LC 串联谐振回路的微带实现

图 1-22(a)表示了并联的 LC 并联谐振电路，其微带实现有多种形式，图 1-22(b)和图 1-22(c)给出了两种，图 1-22(b)是用一段半波长微带线跨接在主传输线上，两端开路，其短于 1/4 波长部分相当于电容，而长于 1/4 波长部分相当于电感，这样共同并联于主线上。图 1-22(c)是前面介绍过的并联电感和并联电容的结合来实现并联的 LC 并联谐振电路。

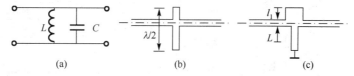

　　　(a)　　　　　　　　　(b)　　　　　　　　　(c)

图 1-22 并联 LC 并联谐振回路的微带实现

1.3.3　平面微带螺线电感

在前一节我们已经介绍过平面螺旋线圈构成的集总参数电感，在微带类型的微波电路中，可以直接把平面螺旋线圈制作在微带线电路中，构成串联与并联的电感元件。图 1-23 和图 1-24 分别表示了

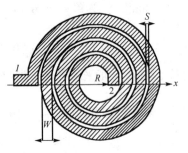

图 1-23　平面微带螺旋电感结构与参数

圆形平面微带螺线电感的结构和结构尺寸描述参数以及其等效电路，具体的元件数值计算涉及非常繁杂的公式和过程，这里不再介绍。图 1-25 表示了其转移特性分析结果。在计算中微带基板选用罗杰斯公司出品的 RT/Duroid5880，基板和结构参数意义及取值如表 1-3 所示，图 1-25 只显示了转移阻抗 A_{12} 的分析结果，可以看到其转移阻抗明显具有电感性，而且在 X 波段范围频率越高其电感量越大。当然，在实际应用中还需考虑连接 2 端口与其他电路的空气桥的影响，这里未涉及。

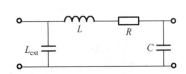

图 1-24　平面微带螺旋电感等效电路

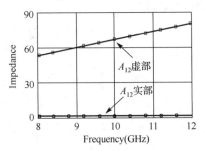

图 1-25　平面微带螺旋电感特性

表 1-3　平面微带螺旋电感结构参数意义及取值

参数符号	参数意义	参数单位	参数取值
ε_r	微带基板材料相对介电常数		2.2
H	基本介质层厚度	mm	0.25
T	微带金属厚度	mm	0.017
$\tan\delta$	介质损耗角正切		0.0009
N_T	螺旋圈数		3.5
W	导体带宽度	mm	0.005
S	导体带间隙	mm	0.005
R	最内侧螺旋内半径	mm	0.015

平面微带螺线电感还可以采用方形结构，其结构和参数如图 1-26 与表 1-4 所示。

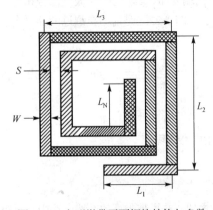

图 1-26　方形微带平面螺旋结构与参数

表 1-4　方形微带平面螺旋参数

参数符号	参数意义
N_S	线段数目（≥4）
L_1	首段长度
L_2	第二段长度
L_3	第三段长度
L_N	末段长度
W	导体带宽度
S	导体带间隙

1.3.4　微带缝隙电容

用微带结构来实现集总参数电容的一种重要形式是微带的缝隙，其结构和等效电路如图 1-27 和图 1-28 所示，图 1-29 表示了其转移特性分析结果。在计算中微带基板与上例一致，微带线宽 $W = 0.25\mathrm{mm}$，缝隙宽度取 $S = 0.2\mathrm{mm}$，图 1-29 只显示了转移阻抗 A_{12} 的分析结果，可以看到其转移阻抗明显具有电容性，而且在 X 波段范围频率越高其电容量越小。

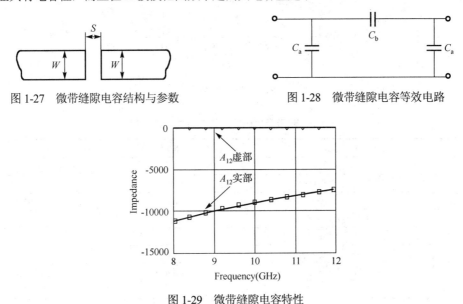

图 1-27　微带缝隙电容结构与参数　　　　图 1-28　微带缝隙电容等效电路

图 1-29　微带缝隙电容特性

1.3.5　微带交指电容

微带"交叉手指"形电容是另一种常用的微带形式电容，在微波电路中用做隔直流电容等，图 1-30 表示了一种微带交指电容的结构和尺寸描述参数，图 1-31 列出了其等效电路，其转移阻抗 A_{12} 的计算结果如图 1-32 所示，从结果中可以看出其具有的电容性。计算中所取尺寸描述参数如表 1-5 所示，微带基板仍以 RT/Duroid 5880 为例。

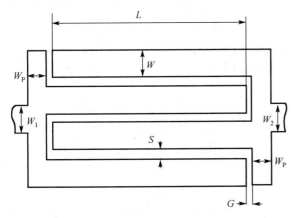

图 1-30　微带交指电容结构与参数

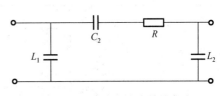

图 1-31　微带交指电容等效电路

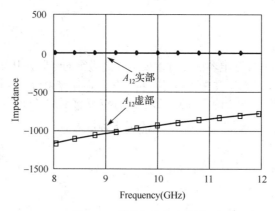

图 1-32　微带交指电容特性

表 1-5　微带交指电容结构参数意义及取值

参数符号	参数意义	参数单位	参数取值
W	交指导带宽度	mm	0.02
S	相邻"手指"带间距	mm	0.02
G	"手指"末端间隙	mm	0.02
L	"手指"交叠区域长度	mm	0.2
N	"手指"数目		4
W_P	"手指"横向连线接宽度	mm	0.02
W_1	端口 1 微带线宽	mm	0.02
W_2	端口 2 微带线宽	mm	0.02

1.4　微带线分支元件与电桥

在微波电子线路中，分支元件与电桥是一类常用的无源元件，本节将主要介绍它们的种类、基本特性和主要应用场合。这些元件包括 T 形接头、十字接头、微带线三端口功率分配耦合器、微带环形电桥、微带分支线电桥等。

1.4.1　微带 T 形接头

微带 T 形接头是微带电路中常用的一种简单分支元件，一般可分为等臂和不等臂两种情况，其结构如图 1-33 和图 1-34 所示。它实质上是波导 T 形接头的微带实现，基本功能是可对微带传输线中传输的信号和能量进行简单分配和合成，影响其功率分配比的主要是三个臂的微带线宽所决定的微带线特性阻抗。

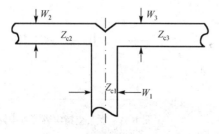

图 1-33　微带等臂 T 形接头

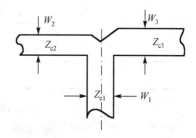

图 1-34　微带不等臂 T 形接头

在 2 和 3 端口都接有匹配负载的情况下，其 2 和 3 端口功分比可近似表示为：

$$\frac{P_2}{P_3} = \frac{Z_{c3}}{Z_{c2}} = k^2 \tag{1-24}$$

Z_{c2} 和 Z_{c3} 分别为分支两臂的特性阻抗，k^2 称为功分比。为改善 1 端口匹配状态，在设计时可取 1 端口微带线特性阻抗 Z_{c1} 等于 Z_{c2} 和 Z_{c3} 的并联阻抗，即：

$$Z_{c1} = \frac{Z_{c2}Z_{c3}}{Z_{c2} + Z_{c3}} \tag{1-25}$$

示意图中两臂连接处的切角是为了补偿不均匀性带来的其他寄生参量。

图 1-35 给出了一 X 波段 T 形接头散射参量的仿真计算结果，计算以不等臂情况为例，微带基片仍为 RT/Duroid5880，预先计算出各臂的特性阻抗，并按照中心频率 $f_0 = 10.0$GHz 设计各臂的微带线宽，列于图 1-35 右边。从仿真结果可见其功分关系，以 10GHz 时为例有：

$$\frac{P_2}{P_3} = k^2 = \left(\frac{|S_{21}|}{|S_{31}|}\right)^2 = \frac{|S_{21}|^2}{|S_{31}|^2} = \frac{(0.64166)^2}{(0.76661)^2} = 0.7006 \approx \frac{Z_{c3}}{Z_{c2}} = \frac{70}{100} = 0.7 \tag{1-26}$$

由于 1 端口经过了匹配设计（即 $Z_{c1} = Z_{c2}Z_{c3}/(Z_{c2} + Z_{c3})$），故 1 端口的反射系数很低，近似于匹配。但 2 和 3 端口的匹配较差，而且 2、3 端口之间的隔离也较差。我们可以定义 2、3 端口之间的隔离度 I 为：

$$I = 10\lg\frac{1}{|S_{32}|^2}(\text{dB}) \tag{1-27}$$

经计算，隔离度仅约为 6dB。可以看出此简单结构作为功率分配器还是可行的，但其特性不足以使之作为功率合成器应用。

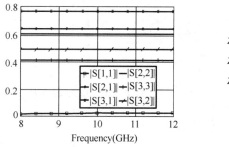

$$Z_{c1} = 41.2\Omega \quad W_1 = 1.0096\text{mm}$$
$$Z_{c2} = 100\Omega \quad W_2 = 0.20457\text{mm}$$
$$Z_{c3} = 70\Omega \quad W_3 = 0.43284\text{mm}$$

图 1-35　微带不等臂 T 形接头参数及特性仿真结果

1.4.2　微带十字接头

微带十字接头也是微带电路中常用的一种简单分支元件，一般结构如图 1-36 所示。它的基本功能也是对微带传输线中传输的信号和能量进行简单分配和合成，影响其功率分配比的还是四个臂的微带线宽所决定的微带线特性阻抗。

这种十字形接头的特性同 T 形接头是完全类似的，差别仅在于由于结构比 T 形接头更为复杂，故各种寄生参量的影响更为显著，匹配特性、功分耦合特性等比 T 形接头更差，详细情况这里不再赘述了。

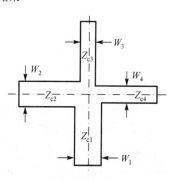

图 1-36　微带十字接头

1.4.3 微带线三端口功率分配耦合器

从前面对于微带 T 形接头的分析中，我们已经知道其特性较差主要在于两个方面：第一是其端口 2 和 3 的匹配性能很差，反射较大，第二是端口 2 和端口 3 的隔离很差。实际上，即便在端口 2 和端口 3 设计匹配网络以改善反射，也不可能改善端口 2 和端口 3 的隔离性能。其内在原因可以用无耗三端口网络的性质加以解释：由于存在幺正性，任何无耗的三端口网络不可能同时实现各端口的匹配和隔离。为了克服这两方面的缺陷，实现比较理想的功率分配与合成，在 T 形接头的基础之上又提出了三端口功分耦合器，也称为 Wilkinson 功分耦合器，其基本结构如图 1-37 所示。

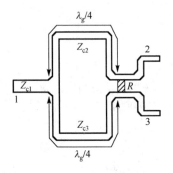

图 1-37 微带三端口功分耦合器

与 T 形接头结构相比较其最大变化是在两分支臂距分支点 $\lambda_g/4$ 处跨接一个阻值为 R 的电阻，用以实现 2 和 3 端口的隔离。当信号由主臂即端口 1 输入时，在电阻 R 的两端电位相等，电阻中无电流流过，即相当于 R 不存在，不会影响两臂的功率分配；当信号自 2 端口（或 3 端口）输入时，一部分能量经 R 到达端口 3（端口 2），另一部分除经 2→1 线路（3→1 线路）流出 1 端口外，还会有一部分经 1→3 路径（1→2 路径）到达端口 3（端口 2），由于这两部分信号路程差为 $\lambda_g/2$，导致两路信号相位差为 π 而互相抵消，理论上就不会有能量进入端口 3（端口 2）。在用微带结构实现时，经过精确设计，可实现 2 与 3 端口的较好隔离以及 1、2 和 3 端口的良好匹配。

众多的参考文献已经详细推导了这种功分耦合器参数需满足的条件[1]，也给出了详尽的设计公式，这里仅引用其结论。设功分比仍为：

$$\frac{P_2}{P_3} = k^2 \tag{1-28}$$

设 R_{l2} 和 R_{l3} 分别为端口 2 和 3 的负载阻抗，故也应有：

$$\frac{R_{l3}}{R_{l2}} = k^2 \tag{1-29}$$

设 Z_{c1} 已经事先选定，根据电路或网络理论可以推导出功分耦合器的设计公式[1]：

$$R_{l2} = Z_{c1}/k \tag{1-30}$$

$$R_{l3} = Z_{c1} \cdot k \tag{1-31}$$

$$Z_{c2} = Z_{c1}\sqrt{(1+k^2)/k^3} \tag{1-32}$$

$$Z_{c3} = Z_{c1}\sqrt{k \cdot (1+k^2)} \tag{1-33}$$

$$R = k \cdot Z_{c1} + Z_{c1}/k \tag{1-34}$$

根据这些设计公式，仍对前面功分比为 0.7 的任务进行功分耦合器设计与仿真分析，其散射参量计算结果和在中心频率参数取值如图 1-38 所示。从计算结果可以看到，这种功分耦合器与简单 T 形接头相比较，在维持了确定的功率分配比的前提下，其各个端口的匹配状态较好，尤其是 2、3 端口有所改善，而且 2 与 3 端口之间的隔离也较好，隔离度约为 20dB。从理论上讲，这种改善是由于加入隔离电阻 R 之后，此功分耦合器变成了有耗网络，因此各端口可以同时实现匹配与隔离。当然从计算结果上看到其匹配与隔离性能还远非理想，而且发生了频率偏移，这在微带电路设计当中是经常遇到的问题，这主要是各种寄生参量的修正没有考虑在内的结果。同时，由于微带线宽度与 1/4 导内波长都是依赖于频率的，在上述设计中特性参数是在中心频率即 10GHz 下计算得到的，当频率偏离中心频率后，其特性会恶化。

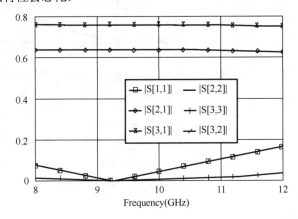

$Z_{c1} = 41.2\Omega$

$R_{l2} = 49.24\Omega$　$R_{l3} = 34.47\Omega$

$Z_{c2} = 70.1937\Omega$　$W_2 = 0.43065\text{mm}$

$\lambda_{g2}/4 = 5.548\text{mm}$

$Z_{c3} = 49.1356\Omega$　$W_3 = 0.779\text{mm}$

$\lambda_{g3}/4 = 5.442\text{mm}$

$R = 83.71\Omega$

图 1-38　微带三端口功分耦合器特性

1.4.4　微带环形电桥

微带环形电桥是微波系统中常用的元件之一，其结构如图 1-39 所示。它可以看做是两个 T 形接头组合的结果，其实是一种平面结构的双 T 或魔 T 接头。设 1 和 2 支臂的微带线宽度为 W_1，对应的特性阻抗为 Z_{c1}；3 和 4 支臂的微带线宽度为 W_2，对应的特性阻抗为 Z_{c2}；1 与 2 支臂之间环形微带线宽度为 W_3，对应的特性阻抗为 Z_{c3}，长度为 L_2；1 与 3 支臂及 2 与 4 支臂之间微带线宽度为 W_4，对应的特性阻抗为 Z_{c4}，长度为 L_1；3 与 4 支臂之间微带线宽度为 W_5，对应的特性阻抗为 Z_{c5}，长度为 L_3。在实际工程应用中，一般取 $L_2 = 3\lambda_g/4$，$L_1 = L_3 = \lambda_g/4$，$W_1 = W_2$，$W_3 = W_4 = W_5$。这样：

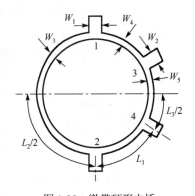

图 1-39　微带环形电桥

（1）当信号从端口 4 输入时，由于 $L_1 = L_3$ 及 $W_4 = W_5$，因此信号平分并等幅同相自端口 2 和 3 输出，而 1、4 臂间距离沿 4→2→1 及 4→3→1 两个路径相差 $\lambda_g/2$，4 端口输入的信号传到 1 端口形成大小相等、相位相反的两路，从而在端口 1 互相抵消而无输出，1 与 4 端口可看做是隔离的。

（2）与此同样道理，若信号从端口 3 输入，信号将等幅同相与 1、4 端口输出，而不会自端口 2 输出，端口 2、3 是隔离的。

（3）若信号自端口 1 输入，端口 2 和 3 将等幅反相输出。

（4）若信号自端口 2 输入，端口 1 和 4 将等幅反相输出。

因为这些特性，这种电桥也被称为 180° 电桥。

设 $Z_{c1} = Z_{c2} = Z_{c0}$，$Z_{c3} = Z_{c4} = Z_{c5} = Z_{cr}$，根据网络理论采用奇偶模分析方法可以证明[1]，当：

$$Z_{cr} = \sqrt{2} \cdot Z_{c0} \qquad (1\text{-}35)$$

这时，将能达到各端口的理想匹配以及前面所述的端口间完全隔离。图 1-40 表示了按照中心频率为 10GHz 设计的一个 X 波段微带环形电桥端口反射及隔离特性仿真计算结果，图 1-41 和图 1-42 分别表示了此元件的功分幅度和相位特性的仿真计算结果，计算中电气和结构参数取值也列于图1-42中，基板仍选用RT/Duroid5880。

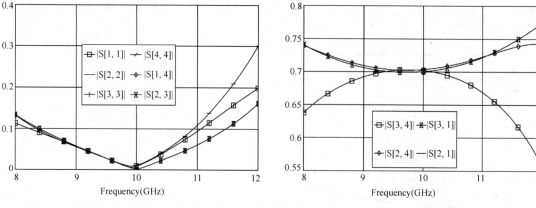

图 1-40 微带环形电桥端口反射及隔离特性　　　　图 1-41 微带环形电桥功分幅度特性

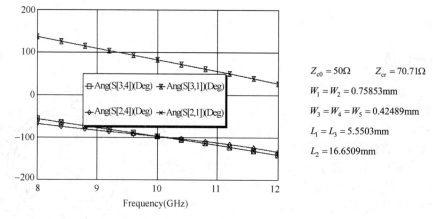

$Z_{c0} = 50\Omega$　　　$Z_{cr} = 70.71\Omega$

$W_1 = W_2 = 0.75853\text{mm}$

$W_3 = W_4 = W_5 = 0.42489\text{mm}$

$L_1 = L_3 = 5.5503\text{mm}$

$L_2 = 16.6509\text{mm}$

图 1-42 微带环形电桥功分相位特性

从计算结果可以看到我们前面理论分析的结论都是正确的：

（1）在中心频率下，$|S_{11}|$、$|S_{22}|$、$|S_{33}|$和$|S_{44}|$都非常接近于0，表明各端口都是近似匹配的。

（2）在中心频率下，$|S_{14}|$、$|S_{23}|$都近似为0，表明1、4端口和2、3端口都是近似隔离的。

（3）在中心频率下，$|S_{34}|$、$|S_{24}|$各约等于0.7，表明端口4到端口3和端口4到端口2功率是近似平分的；$\arg(S_{34})$与$\arg(S_{24})$近似相等，表明端口4到端口3和端口4到端口2两路信号是同相的。

（4）在中心频率下，$|S_{31}|$、$|S_{21}|$各约等于0.7，表明端口1到端口3和端口1到端口2功率是近似平分的；$\arg(S_{31})$与$\arg(S_{21})$相差180°，表明端口4到端口3和端口4到端口2两路信号有180°相移。

当然，我们也看到这种环形电桥必然是窄带的，其原因前面已经解释过，带宽仅约为20%。在电路设计中已经有一些手段可以展宽其频带，这里不再详述。

1.4.5　分支线电桥

分支线电桥由两个平行微带传输线中间用许多分支线相耦合所构成，最常用的是两根分支线（单节）和三根分支线（双节）结构。这里仅以单节分支线电桥为例介绍其性能和应用。单节分支线电桥的结构如图1-43所示。

设 1 和 2 端口微带线的宽度为 W_1，对应的特性阻抗为 Z_{c1}；3 和 4 端口微带线宽度为 W_2，对应的特性阻抗为 Z_{c2}；端口 1 与 2 之间分支线的宽度为 W_3，对应的特性阻抗为 Z_{c3}，长度为 L_2；端口 1、3 及 2、4 之间主线的宽度为 W_4，对应的特性阻抗为 Z_{c4}，长度为 L_1；端口 1 与 2 之间分支线的宽度为 W_5，对应的特性阻抗为 Z_{c5}，长度为 L_3。在实际工程应用中，一般取 $L_1 = L_2 = L_3 = \lambda_g/4$，$W_1 = W_2$，$W_3 = W_5$。这样：

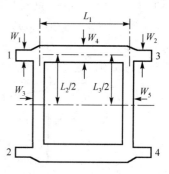

图 1-43　单节分支线电桥

（1）当信号从端口 1 输入时，由于从端口 1 到端口 2 存在两条通路，而两条通路 1→2 及 1→3→4→2 距离相差为 $\lambda_g/2$，如果经过设计使信号能量在两路上平分，则这两路信号在 2 端口互相抵消而无输出，2 端口对 1 端口输入信号来说相当于短路，则从 1 端口沿 1、2 间分支线向 2 端口看去的输入阻抗和从 4 端口沿 4、2 间主线向 2 端口看去的输入阻抗都趋于无穷大，这样端口 1、2 间分支线以及端口 4、2 间主线相当于不存在，1 端口输入信号将只在端口 3 和 4 输出，经过恰当设计可使信号在两端口间平分，但由于 1→3 和 1→3→4 距离相差 $\lambda_g/4$，故两路信号将有 90° 相差。

（2）当信号从 2、3、4 端口输入，由于几个端口在结构上的完全对称性，其信号传输完全类似与 1 端口输入情况。

由于这些特性，这种分支线电桥也称为 90° 电桥。

根据网络理论采用奇偶模分析方法可以证明[1]，当：

$$Z_{c1} = Z_{c2} = Z_{c3} = Z_{c5} = Z_{c0} \tag{1-36}$$

$$Z_{c4} = Z_{c0}/\sqrt{2} \tag{1-37}$$

这时，将能达到各端口的理想匹配以及端口间的完全隔离。图 1-44 表示了按照中心频率为 10GHz 设计的一个 X 波段微带分支线电桥端口反射及隔离特性仿真计算结果，图 1-45 和图 1-46 分别表示了此元件的功分幅度和相位特性的仿真计算结果，计算中电气和结构参数取值也列于图 1-46 中，基板仍选用 RT/Duroid5880。

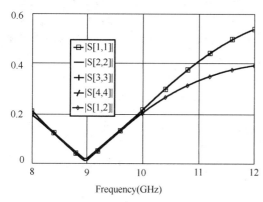

图 1-44　微带分支线电桥端口反射及隔离特性

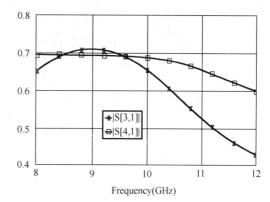

图 1-45　微带分支线电桥功分幅度特性

从计算结果可以看到我们前面理论分析的结论都是正确的：
（1）在中心频率下，$|S_{11}|$、$|S_{22}|$、$|S_{33}|$ 和 $|S_{44}|$ 都非常接近于 0，表明各端口都是近似匹配的。
（2）在中心频率下，$|S_{12}|$ 近似为 0，表明 1、2 端口是近似隔离的。
（3）在中心频率下，$|S_{31}|$、$|S_{41}|$ 各约等于 0.7，表明端口 1 到端口 3 和端口 1 到端口 4 功率是近

似平分的；$\arg(S_{31})$ 与 $\arg(S_{41})$ 相差 90°，表明端口 1 到端口 3 和端口 1 到端口 4 两路信号有 90° 相移。

同样这种分支线电桥也是窄带的，在电路设计中已经有一些手段可以展宽其频带，这里不再详述，可参看其他参考文献。计算结果也显示其中心频率发生了偏移，主要是各种 T 形接头寄生参量的修正没有考虑在内，这里不再详细讨论这一问题。

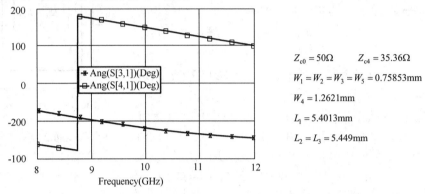

$Z_{c0} = 50\Omega$　　　$Z_{c4} = 35.36\Omega$

$W_1 = W_2 = W_3 = W_5 = 0.75853mm$

$W_4 = 1.2621mm$

$L_1 = 5.4013mm$

$L_2 = L_3 = 5.449mm$

图 1-46　微带分支线电桥功分相位特性

1.5　微带线定向耦合器

定向耦合器是一种具有方向性的功率耦合（分配）元件，它是一个四端口元件，由主传输线（主线）和副传输线（副线）组合而成。主、副线之间通过耦合机构（如两根并排波导公共壁上的缝隙、孔等）把主线功率的一部分（或全部）耦合到副线中去，而且要求功率在副线中只传向某一输出端口，副线另一端口则无输出。如果主线中波（信号）的传播方向与原来的相反，则副线中功率的输出端口和无功率输出的端口也将随之改变，因此功率的耦合（分配）是有方向性的，故可以称为定向耦合器。

波导、同轴线、带状线和微带线等各种传输线都可以构成定向耦合器，在 1.3 节中我们介绍的分支线电桥即可看做是一种微带线的定向耦合器，在本节中，将仍然以微带线结构为主介绍定向耦合器的一般构成和特性。图 1-47 表示了定向耦合器的一般原理模型，即一个四端口网络。设 1 和 2 端口表示主线，3 和 4 端口表示副线，当 1 端口有信号输入而其他端口接有匹配负载时，可用 S 参量定义定向耦合器的主要技术指标：

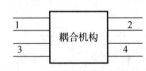

图 1-47　定向耦合器原理

（1）耦合度 C（或称过渡衰减）：主线中端口 1 的输入功率耦合到副线中正方向端口 3 的功率之比，一般用对数表示，即

$$C = 10 \cdot \lg \frac{1}{|S_{31}|^2} (dB) \tag{1-38}$$

（2）方向性系数 D：在副线中传向正方向端口 3 的功率与传向反方向端口 4 的功率之比，一般用对数表示，即

$$D = 10 \cdot \lg \frac{|S_{31}|^2}{|S_{41}|^2} (dB) \tag{1-39}$$

（3）隔离度 I：主线中端口 1 的输入功率与传向副线中反方向端口 4 的功率之比，一般用对数表示，即

$$I = 10 \cdot \lg \frac{1}{|S_{41}|^2} (dB) \tag{1-40}$$

当然在实际应用中还需考察 1 端口输入驻波比和上述参数的带宽等特性。

在微带线电路中，构成定向耦合器一般采用耦合微带线结构，如图 1-48 所示。一般取参与耦合的主、副微带线完全相同，即对称耦合微带，设耦合段长度为 L，对应的相移角度为 θ，在中心频率上有 $L=\lambda_{\mathrm{g}}/4$，$\theta=90°$；微带线宽度为 W，两线间距为 S。在这种耦合微带线中，经过妥善设计可使主线 1 端口输入的信号从

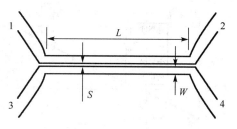

图 1-48　耦合微带线定向耦合器

主线 2 端口传输和副线 3 端口耦合输出，而副线 4 端口无输出，由于副线中耦合信号的传输方向与输入信号方向相反，因此这种定向耦合器也称为反向定向耦合器。

根据网络理论采用奇偶模分析方法可以对这种结构进行理论分析[1]，设信号从 1 端口输入，2、3 及 4 端口接有的匹配负载为 Z_1，单根微带线的奇模和偶模特性阻抗分别为 Z_{co} 和 Z_{ce}，当

$$Z_1^{\,2} = Z_{\mathrm{co}} \cdot Z_{\mathrm{ce}} \tag{1-41}$$

这时，定向耦合器 1 至 4 端口都可以实现匹配，并且 1 与 4 端口可以实现理想隔离。表征其技术指标的 S 参量可表示为

$$S_{11}=0 \tag{1-42}$$

$$S_{21}=\frac{\sqrt{1-k_0^{\,2}}}{\sqrt{1-k_0^{\,2}}\cos\theta+\mathrm{j}\sin\theta} \tag{1-43}$$

$$S_{31}=\frac{\mathrm{j}k_0\sin\theta}{\sqrt{1-k_0^{\,2}}\cos\theta+\mathrm{j}\sin\theta} \tag{1-44}$$

$$S_{41}=0 \tag{1-45}$$

式中，k_0 为中心频率上的电压耦合系数：

$$k_0=\frac{\mathrm{j}(Z_{\mathrm{ce}}-Z_{\mathrm{co}})\sin\theta}{2Z_l\cos\theta+\mathrm{j}(Z_{\mathrm{ce}}+Z_{\mathrm{co}})\sin\theta}\bigg|_{\theta=90°}=\frac{Z_{\mathrm{ce}}-Z_{\mathrm{co}}}{Z_{\mathrm{ce}}+Z_{\mathrm{co}}} \tag{1-46}$$

由式（1-43）和式（1-44）可以看到，S_{21} 和 S_{31} 有固定 90° 相差，因此此耦合微带线定向耦合器是一个固定 90° 相移的定向耦合器；在中心频率下，$S_{21}=-\mathrm{j}\sqrt{1-k_0^{\,2}}$，$S_{31}=k_0$，故主线端口 2 的传输信号滞后入射信号 90°，而副线端口 3 的耦合信号与入射信号同相。

这种定向耦合器的设计首先要依据给定的中心工作频率和耦合度要求，结合端口匹配与隔离对奇偶模特性阻抗的约束式（1-41），确定奇偶模特性阻抗，然后根据奇偶模特性阻抗及选定的微带基片尺寸确定微带线宽 W、两线间距 S 以及奇偶模导内波长，取耦合段长度为奇偶模导内波长平均值的 1/4。

图 1-49 表示了按照中心频率为 10GHz 设计的一个 X 波段 10dB 耦合微带线定向耦合器端口反射及隔离特性仿真计算结果，图 1-50 和图 1-51 分别表示了此元件的功分幅度和相位特性的仿真计算结果，计算中电气和结构参数取值也列于图 1-51 中，基板仍选用 RT/Duroid5880。

从计算结果可以看出前面理论分析的结论是正确的，即：

（1）在频带内，$|S_{11}|$、$|S_{22}|$、$|S_{33}|$ 和 $|S_{44}|$ 都非常接近于 0，表明各端口都是近似匹配的。

（2）在频带内，$|S_{31}|\approx0.316$，表明已经实现 10dB 耦合度；$|S_{41}|$ 非常接近于 0，表明 1、4 端口是近似隔离的。

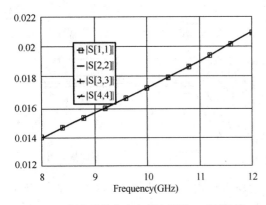

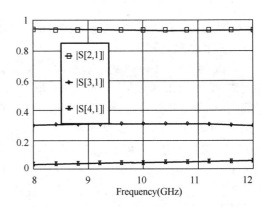

图 1-49　耦合微带线定向耦合器端口反射特性　　　　图 1-50　耦合微带线定向耦合器耦合及隔离特性

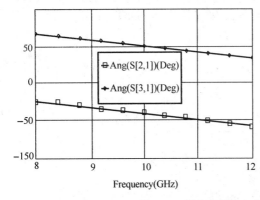

$Z_1 = 50\Omega$　　　$k_0 = 0.316$

$Z_{co} = 36.04\Omega$　　$Z_{ce} = 69.35\Omega$

$W = 0.587\text{mm}$

$S = 0.026\text{mm}$

$\lambda_{go} = 23.15\text{mm}$　　$\lambda_{ge} = 21.52\text{mm}$

$L = 5.58375\text{mm}$

图 1-51　耦合微带线定向耦合器耦合相位特性

（3）在中心频率下，$\arg(S_{31}) \approx 0$ 而 $\arg(S_{21}) = -90°$，表明耦合信号与入射信号同相而传输信号与入射信号有 90° 相差；在整个频带内，$\arg(S_{31})$ 与 $\arg(S_{21})$ 都有相差 90°，表明此耦合微带线定向耦合器是一个固定 90° 相移的定向耦合器。

这种定向耦合器存在两个方面的主要缺点：其一是耦合不能太紧，当耦合度是 10dB 时，两线间距 S 已经很小，若要提高耦合度，则 S 将更小，从加工工艺上已经无法实现了；其二是由于奇偶模导内波长不同，设计尺寸时只能折衷考虑，这将使隔离度变差。目前有一些技术手段可以改进这两方面的缺陷，如采用两截或更多耦合微带线定向耦合器串接以提高耦合度，采用曲折线和加载介质使奇偶模导内波长近似相等等等，这里不再介绍。

1.6　微带线谐振器

用微带传输线结构构成的谐振器一般用一段终端开路或短路微带线构成。由于电磁波在终端全反射，在微带传输线上形成驻波，发生谐振，储存能量，故可构成谐振器。这种谐振器有两种形式：终端开路形式及终端短路形式，两者的分析是完全相似的，本节首先以终端短路形式为例讨论其特性，然后推广到终端开路形式。

1.6.1　终端短路微带线谐振器

根据传输线理论，终端短路的有限长微带线，其归一化输入阻抗为

$$z_{in} = \frac{Z_{in}}{Z_c} = \frac{1+\Gamma}{1-\Gamma} = \frac{1+\Gamma_0 e^{-2\gamma l}}{1-\Gamma_0 e^{-2\gamma l}} \tag{1-47}$$

式中，Z_c 为微带线特性阻抗；Γ 为输入端反射系数；Γ_0 为终端反射系数；$\gamma = \alpha + j\beta$ 为传播常数，α 为衰减常数，$\beta = 2\pi/\lambda_g$ 为相移常数。当终端短路时，有 $\Gamma_0 = -1$，故：

$$z_{in} = \frac{1-e^{-2\alpha l}e^{-j2\beta l}}{1+e^{-2\alpha l}e^{-j2\beta l}} \tag{1-48}$$

当 $l = \dfrac{n}{2}\lambda_g$ ($n = 1,2,3,\cdots$) 时，即半导内波长的整数倍，其输入阻抗为：

$$z_{in} = \frac{1-e^{-2\alpha l}}{1+e^{-2\alpha l}} \tag{1-49}$$

由于微带线衰减很小，故 $e^{-2\alpha l} \approx 1$，这时 $z_{in} \approx 0$，相当于串联谐振，为半波长串联谐振器。

当 $l = \left(\dfrac{n}{2} - \dfrac{1}{4}\right)\lambda_g$ ($n = 1,2,3,\cdots$) 时，即 1/4 导内波长的奇数倍，其输入阻抗为：

$$z_{in} = \frac{1+e^{-2\alpha l}}{1-e^{-2\alpha l}} \tag{1-50}$$

由于微带线衰减很小，故 $e^{-2\alpha l} \approx 1$，这时 $z_{in} \to \infty$，相当于并联谐振，为 1/4 波长并联谐振器。

1．半波长串联谐振器

这种谐振器的等效电路如图 1-52 所示。其总阻抗为：

$$Z_{串} = R + jX = R + j\left(\omega L - \frac{1}{\omega C}\right) \tag{1-51}$$

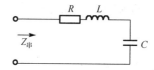

图 1-52　半波长串联谐振器等效电路

若用此电路来等效终端短路半波长微带谐振器，则需：

$$Z_{in} = Z_{串} \tag{1-52}$$

相当于在谐振点附近，两个方面的条件必须得到满足：$\text{Re}(Z_{in}) = \text{Re}(Z_{串})$；$\text{Im}(Z_{in}) = \text{Im}(Z_{串})$。下面分别讨论并根据讨论求出等效电路元件参数。

（1）电阻 R 数值

根据 $\text{Re}(Z_{in}) = \text{Re}(Z_{串})$，有：

$$\frac{R}{Z_c} = \frac{1-e^{-2\alpha l}}{1+e^{-2\alpha l}} \tag{1-53}$$

根据幂级数展开，考虑到微带线衰减常数 α 很小，忽略展开高次项有

$$\frac{R}{Z_c} = \frac{1-e^{-2\alpha l}}{1+e^{-2\alpha l}} \approx \frac{\alpha l}{1-\alpha l} \approx \alpha l \tag{1-54}$$

即：

$$R = \frac{n}{2}\lambda_g \alpha Z_c \qquad (n = 1,2,3,\cdots) \tag{1-55}$$

（2）电感 L 与电容 C 数值

根据谐振时 $\text{Im}(Z_{in}) = \text{Im}(Z_{串})$，设谐振频率为 ω_r，应有：

$$\omega_{\mathrm{r}} L = \frac{1}{\omega_{\mathrm{r}} C} \qquad (1\text{-}56)$$

为了进一步求出电感 L 与电容 C 的数值，考虑到 $\omega_{\mathrm{r}} = 1/\sqrt{LC}$，可将等效电路阻抗的电抗部分写成：

$$X = \frac{L}{\omega}(\omega - \omega_{\mathrm{r}})(\omega + \omega_{\mathrm{r}}) \qquad (1\text{-}57)$$

考虑到图 1-52 所示的等效电路仅在谐振频率附近有效，即工作角频率 ω 与谐振频率 ω_{r} 相差很小，可近似认为 $\omega + \omega_{\mathrm{r}} = 2\omega$，可将 X 近似写为：

$$X\big|_{\omega \approx \omega_{\mathrm{r}}} \approx 2L(\omega - \omega_{\mathrm{r}}) \qquad (1\text{-}58)$$

将该式对 ω 求导，可得 X 在 ω_{r} 附近随 ω 的变化率为：

$$\frac{\mathrm{d}X}{\mathrm{d}\omega}\bigg|_{\omega \approx \omega_{\mathrm{r}}} \approx 2L \qquad (1\text{-}59)$$

故可将电感 L 表示为：

$$L = \frac{1}{2}\frac{\mathrm{d}X}{\mathrm{d}\omega}\bigg|_{\omega \approx \omega_{\mathrm{r}}} \qquad (1\text{-}60)$$

对于终端短路微带线来说，$\mathrm{Im}(Z_{\mathrm{in}}) = Z_{\mathrm{c}} \tan \beta l$，考虑到谐振点附近 $\mathrm{Im}(Z_{\mathrm{in}}) = \mathrm{Im}(Z_{\text{串}})$，应有（忽略损耗影响）：

$$X = Z_{\mathrm{c}} \tan \beta l \qquad (1\text{-}61)$$

因此：

$$L = \frac{Z_{\mathrm{c}}}{2}\frac{\mathrm{d}\tan \beta l}{\mathrm{d}\omega}\bigg|_{\omega \approx \omega_{\mathrm{r}}} = \frac{Z_{\mathrm{c}}}{2}\frac{l}{v}\frac{\mathrm{d}(\tan \beta l)}{\mathrm{d}(\beta l)}\bigg|_{\omega \approx \omega_{\mathrm{r}}} = \frac{Z_{\mathrm{c}}}{2}\frac{1}{v}\frac{n\lambda_{\mathrm{g}}}{2}\frac{1}{\cos^2(\beta l)}\bigg|_{\omega \approx \omega_{\mathrm{r}}} = \frac{1}{2\omega_{\mathrm{r}}}n\pi Z_{\mathrm{c}} \ (n=1,2,3,\cdots) \qquad (1\text{-}62)$$

于是电容 C 也可求得：

$$C = \frac{2}{\omega_{\mathrm{r}} n\pi Z_{\mathrm{c}}} \qquad (n=1,2,3,\cdots) \qquad (1\text{-}63)$$

反之，如果已知集总参数电路的电感 L 与电容 C，也可设计与之等效的微带线谐振器来实现其谐振性能。

这种微带线谐振器的无载品质因数 Q_0 可按通常低频电路来计算，即：

$$Q_0 = \frac{\omega_{\mathrm{r}} L}{R} = \frac{1}{\omega_{\mathrm{r}} CR} = \frac{\pi}{\alpha \lambda_{\mathrm{g}}} \qquad (1\text{-}64)$$

2. 1/4 波长并联谐振器

其等效电路元件参数计算与半波长串联谐振器完全类似，这里不再讨论，仅给出其并联电导 G 以及并联电感 L 与电容 C 的计算结果：

$$G = \frac{2n-1}{4}\lambda_{\mathrm{g}}\alpha Y_{\mathrm{c}} \qquad (n=1,2,3,\cdots) \qquad (1\text{-}65)$$

$$C = \frac{2n-1}{4\omega_{\mathrm{r}}}\pi Y_{\mathrm{c}} \qquad (n=1,2,3,\cdots) \qquad (1\text{-}66)$$

$$L = \frac{4}{\omega_r (2n-1)\pi Y_c} \qquad (n = 1, 2, 3, \cdots) \tag{1-67}$$

$$Q_0 = \frac{\omega_r C}{G} = \frac{1}{\omega_r L G} = \frac{\pi}{\alpha \lambda_g} \tag{1-68}$$

式中，Y_c 为微带传输线特性导纳。

1.6.2 终端开路微带线谐振器

由于终端开路传输线与终端短路传输线互为对偶关系，终端开路微带线谐振器的分析完全可以引用前面关于终端短路微带线谐振器的结论：半波长终端开路线相当于并联谐振而 1/4 波长终端开路线相当于串联谐振。

半波长终端开路谐振器等效电路元件参数为：

$$G = \frac{n}{2} \lambda_g \alpha Y_c \qquad (n = 1, 2, 3, \cdots) \tag{1-69}$$

$$C = \frac{n}{2\omega_r} \pi Y_c \qquad (n = 1, 2, 3, \cdots) \tag{1-70}$$

$$L = \frac{2}{\omega_r n\pi Y_c} \qquad (n = 1, 2, 3, \cdots) \tag{1-71}$$

$$Q_0 = \frac{\omega_r C}{G} = \frac{1}{\omega_r L G} = \frac{\pi}{\alpha \lambda_g} \tag{1-72}$$

1/4 波长终端开路谐振器等效电路元件参数为：

$$R = \frac{2n-1}{4} \lambda_g \alpha Z_c \qquad (n = 1, 2, 3, \cdots) \tag{1-73}$$

$$L = \frac{2n-1}{4\omega_r} \pi Z_c \qquad (n = 1, 2, 3, \cdots) \tag{1-74}$$

$$C = \frac{4}{\omega_r (2n-1)\pi Z_c} \qquad (n = 1, 2, 3, \cdots) \tag{1-75}$$

$$Q_0 = \frac{\omega_r L}{R} = \frac{1}{\omega_r C R} = \frac{\pi}{\alpha \lambda_g} \tag{1-76}$$

1.6.3 其他平面结构谐振器

在混合微波集成电路中，经常采用的平面谐振器还有其他几种形式。图 1-53(a)所示的是微带圆形谐振器（也称为介质径向线谐振器），即介质基片上面的导体带是圆形或椭圆形，与接地板之间形成谐振腔，这种谐振器可以较方便与微带线耦合，其固有品质因数一般较高，可应用于微波半导体振荡器中的谐振回路。

图 1-53(b)所示的是微带环形谐振器。图 1-53(c)列出了微带槽线谐振器，它是在微带基板的一个金属覆盖面上用腐蚀的办法制作出一定形状与尺寸的槽缝，暴露出介质，而另一面金属完全腐蚀掉。关于这些谐振器的分析及性能指标这里不再讨论。

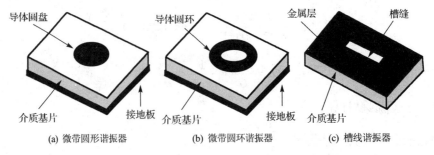

(a) 微带圆形谐振器　　　(b) 微带圆环谐振器　　　(c) 槽线谐振器

图 1-53　平面谐振器的几种类型

1.7　微带线滤波器

微波滤波器是微波系统中应用较为广泛、非常重要的元件之一，它是微波放大器、振荡器、变频器、倍频器等电路的重要组成部分，掌握微波滤波器的原理与设计对于完成微波混合集成电路与单片集成电路的分析、设计及应用都有重要意义。

微波滤波器可看做是一个二端口网络，具有选频的功能，可以分离阻隔频率，使得信号在规定的频带内通过或被抑制。滤波器按其插入衰减的频率特征来分有四种类型[1]。

（1）低通滤波器：使直流与某一上限角频率 ω_c（截止频率）之间的信号通过，而抑制高于截止频率 ω_c 的所有频率信号的通过。

（2）高通滤波器：使下限频率 ω_c 以上的所有信号通过，抑制 ω_c 以下的所有信号。

（3）带通滤波器：使 ω_1 和 ω_2 频率范围内的信号通过，而抑制这个频率范围外的所有信号。

（4）带阻滤波器：抑制 ω_1 和 ω_2 频率范围内的信号，此频率范围外的信号通过。

微波滤波器的技术指标通常有以下几项[1][27]：

① 截止频率 ω_c：对于低通和高通滤波器而言，一般指衰减加大到某一量级时的频率，如 3dB 点，即通过滤波器的功率衰减 50% 时对应的频率，它处于通带和阻带过渡的区域，称为 3dB 截止频率。

② 频率范围 ω_1-ω_2 和带宽 BW：对于带通和带阻滤波器而言，也指衰减加大到某一量级时的频率范围，如 $BW^{3dB} = f_2^{3dB} - f_1^{3dB}$ 称为 3dB 通带带宽或 3dB 阻带带宽。

③ 通带内最大衰减 L_{Ar}：由于理想滤波器带内衰减为零不可能实现，一般可规定通带内最大的衰减不能超过 L_{Ar}，它包括滤波器的吸收衰减及反射衰减，其数值越小性能越好。对于无耗滤波器，也常用通带内最大驻波比表示。

④ 一定带外频率 ω_s 下的带外衰减 L_A：由于理想滤波器带外衰减无穷大不可能实现，一般可以规定在某一带外频率 ω_s 下，最小衰减不能小于要求值 L_A。

⑤ 波纹：指通带内信号的平坦程度，即通带内最大衰减与最小衰减之间的差别，一般用 dB 表示。

⑥ 形状系数：是描述滤波器频率响应曲线形状的一个参量，一般定义为：

$$SF = \frac{BW^{60dB}}{BW^{3dB}} = \frac{f_2^{60dB} - f_1^{60dB}}{f_2^{3dB} - f_1^{3dB}} \tag{1-77}$$

⑦ 寄生通带：在微波滤波器中，由于元件分布参数的影响，其频响可能是周期性的，因此可能在设计好的通带之外又产生了额外通带，称为寄生通带，设计中应尽量避免其落入意图截止的频率范围。

⑧ 插入相移和时延频率特性：滤波器插入相移 ϕ_{21} 随频率的变化特征称为相移的频率特性，而插入相移与频率的比，称为滤波器网络的时延 t_p：

・30・

$$t_p = \frac{\varphi_{21}}{2\pi f} = \frac{\varphi_{21}}{\omega} \tag{1-78}$$

式中，t_p 本身也是频率的函数，其随频率变化特性称为时延的频率特性，而 t_d 称为群时延：

$$t_d = \frac{\mathrm{d}\varphi_{21}}{\mathrm{d}\omega} \tag{1-79}$$

⑨ 品质因数 Q：描述滤波器的频率选择性的强弱，分为有载和无载两种情况，其定义与谐振器相同。

当然在实际应用中上述这些指标不一定要全部限定，需视具体情况决定。基本的是前四项指标，一般在设计时务必要实现。

微波滤波器的种类非常繁多，根据其采用的传输线类型可分为波导类型、同轴线类型、带状线类型和微带线类型等，根据本书的覆盖内容，这里仅讨论微带线类型的微波滤波器。滤波器的设计方法也多种多样，一般采用的是综合法，即先设计出滤波器的低通原型，然后应用频率变换，推导出其他种类滤波器的设计公式，最后用适当的元件和结构来实现。由于滤波器的理论本身博大精深，在本书中不可能也无必要详细讨论其分析与综合的全过程，仅就获得低通原型后，如何用微带结构来实现其特性之一个问题做简单介绍。关于滤波器的理论内容已经有众多专著发表，若需要读者可自行查阅。

实际上，虽然微波滤波器的种类繁多，但适合于用微带结构来实现的微波滤波器并不太多，其原因有两个[1]：首先微带结构是平面电路，中心导带必须制作在一个平面微带基片上，这样凡是具有与主线串联结构的元件都不能用微带结构来实现；其次在微带电路中短路端不易实现和精确控制，因而具有短路结构的元件和谐振类型的滤波器也很难实现。这样，微带滤波器的结构就限制在有限的几种了。考虑到在微波段高通滤波器应用极少，这里仅介绍低通、带通和带阻滤波器。

1.7.1 微带线低通滤波器

设已经获得最平坦低通滤波器的原型电路如图 1-54 所示，其中图 1-54(a)表示电容输入情况而图 1-54(b)表示电感输入情况，n 为滤波器节数，$g_0 \cdots g_{n+1}$ 是元件参数的归一化数值。已经有众多专著和工程手册给出了不同滤波性能下元件归一化数值的计算结果，这里主要关注其微带结构实现问题。用微带结构实现原型电路中串联电感和并联电容的方法有三类：集总元件法、高低阻抗线法和开短路支线法，其原理大同小异，结果也大体相同，实际上仅是不同元件等效思路的反映。

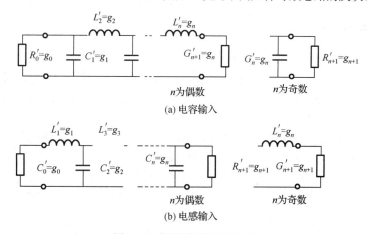

图 1-54 低通原型的电路结构

（1）集总元件法：集总参数法是用一块矩形金属带来实现并联电容，用一段细带线来实现串联电感。其原理在于矩形金属带与接地板之间形成一个平板电容器，而细带线本身就构成一个电感，因此它们都是集总参数，故称为集总元件。应用这种元件时，必须元件的各向尺寸都比截止频率对应的导内波长小得多。

（2）高低阻抗线法：从 1.2 节的讨论中我们已经知道，可以用一段高阻抗微带线来实现串联电感，而用一段低阻抗微带线来实现并联电容。根据这一结论，我们可以用微带高低阻抗线的思路来实现低通原型电路中的串联电感和并联电容。应用中需注意低阻抗线宽度须小于截止频率对应的导内波长的一半。

（3）开短路支线法：这种方法是用并联于主线的终端开路支线来实现并联电容，而用细带线来实现串联电感。

不论采用何种方法，设计出的微带滤波器结构是相似的，应用不同方法的区别仅在于电路中与原型元件等效的微带结构参数的求法与公式不同，关于这一点可看相关参考文献。一般来讲，截止频率较低的低通滤波器用集总参数法设计是恰当的，而截止频率较高情况用开短路支线法是合适的。还需要指出的是，不论采用何种方法，都必须对微带线不连续性进行必要的修正。

作为实例，图 1-55 表示了一个电感输入的五节低通滤波器的微带线图，设计中采用的是开短路支线法。其设计主要技术指标为：截止频率 $f_c = 5.0\text{GHz}$；通带内最大衰减 $L_{Ar} = 0.1\text{dB}$；在 $f_s = 10.0\text{GHz}$ 时带外衰减 $L_A \geqslant 30.0\text{dB}$；输入、输出微带线特性阻抗为 50Ω；采用 RT/Dourid5880 基片材料。由于这里仅需了解其结构和特性，故略去设计公式、设计过程、原型电路元件参数及微带结构参数，仅把其特性表示于图 1-56。

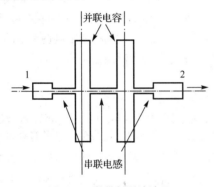

图 1-55　微带低通滤波器

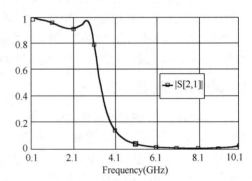

图 1-56　微带低通滤波器特性

1.7.2　微带线带通滤波器

我们已经看到，微波低通滤波器可直接根据原型电路的连接关系，由微波结构实现元件的具体数值来得到，但是高通、带通、带阻滤波器却不能。设计这些滤波器一般采用频率变换的办法，将要求的滤波器的衰减特性，经过频率变换，变换为低通的衰减特性，由低通的衰减特性设计与之对应的低通原型电路，再将此低通原型电路，经频率变换，变换成实际滤波器的集总参数电路，最后用微波结构实现。在实现这一过程时，还有一个问题不可回避，即这样获得的低通原型电路实际很难用微波结构实现。为了解决这一问题，通常把一般的 LC 梯形网络低通原型改造成只有一种电感元件或只有一种电容元件的低通原型，称为变态低通原型电路，然后再用微波结构实现。关于这两方面问题已经不是本书的涉及内容，可参看相关专著[27]，本节和下节仅介绍这些滤波器的微带实现及特性。

可用作微带线带通滤波器的电路结构如图 1-57 所示。

作为实例，图 1-58 给出了一个按照中心频率为 9GHz、3dB 带宽为 2.7GHz 设计的两节最平坦耦合微带线带通滤波器的特性。关于其设计步骤和参数计算可看参考文献[27]。

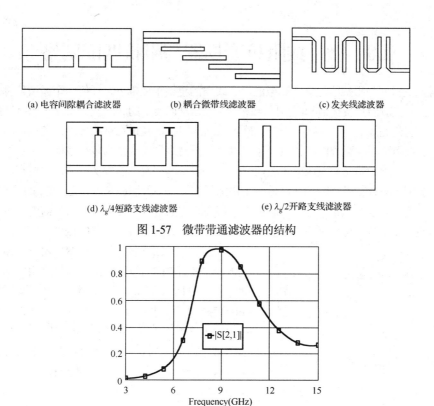

(a) 电容间隙耦合滤波器　　　　(b) 耦合微带线滤波器　　　　(c) 发夹线滤波器

(d) $\lambda_g/4$短路支线滤波器　　　　(e) $\lambda_g/2$开路支线滤波器

图 1-57　微带带通滤波器的结构

图 1-58　耦合微带带通滤波器特性

1.7.3　微带线带阻滤波器

在微波电子线路中，带阻滤波器一般用来抑制强干扰信号，适用于微带结构的带阻滤波器主要有图 1-59 所示的几种形式。图 1-60 示出了一个中心频率为 10GHz，阻带下边界 3dB 频率为 6GHz 的一个 3 节最平坦微带开路支线带阻滤波器的传输特性。关于其设计步骤和参数计算可参看参考文献[1]。

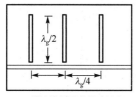
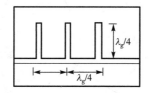
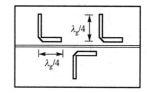

(a) 耦合谐振器带阻滤波器　　　　(b) 开路支线带阻滤波器的结构　　　　(c) 耦合微带带阻滤波器

图 1-59　微带带阻滤波器的结构

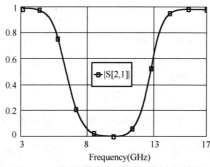

图 1-60　微带开路支线带阻滤波器特性

1.8 微带线阻抗变换器与阻抗匹配网络

微波阻抗变换器与阻抗匹配网络是微波电子线路的重要组成部分，任何一个微波器件，要其在良好状态下工作，没有阻抗变换器与阻抗匹配网络一般是难以实现的。阻抗变换器与阻抗匹配网络基本上是同义词，它们完成的功能是把一个具有确定数值的阻抗，经过网络的作用，变换为另一个需要的阻抗。阻抗变换器可以由无源网络构成，也可以由有源网络构成，结构多种多样，本章中仅介绍无源网络，而且仅考虑由微带结构组成的无源网络。设计阻抗匹配网络的方法很多，主要有两种方式：通过阻抗与导纳圆图设计微带线阻抗（可进一步决定线宽）及串并联线长度，还可以采用网络综合法。前一种方法一般适用于窄频带情况，后一种方法可在预定的各种指标下设计出所需的阻抗匹配网络。考虑到本书的主要功能，这里仅通过阻抗与导纳圆图方法介绍阻抗变换器的概念、形式和特性。

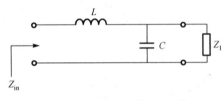

图 1-61 集总两元件匹配网络

在低于 1GHz 频率下，阻抗变换器一般由集总参数元件构成，最简单的阻抗匹配网络一般是由电感和电容组成的"两元件网络"，如图 1-61 所示，按照采用的元件类型和连接方式不同共有 8 种类型，这一两元件二端口网络把 2 端口负载阻抗 Z_l 变换成需要的 1 端口输入阻抗 Z_{in}，如图 1-62 所示。此外，集总元件匹配网络还经常采用常见的 T 形及 π 形网络形式，这里不再详述。

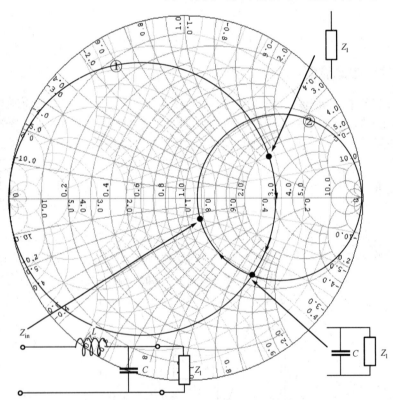

图 1-62 集总两元件匹配网络阻抗变换过程示意图

当系统的工作频率提高到几个吉赫兹范围，一般可以采用集总和分布参数混合结构，如图 1-63 所示，其阻抗变换过程可用阻抗圆图表示为图 1-64。当频率进一步升高，能够用作阻抗变换器和匹配

网络的就只有分布参数电路了。根据传输线理论，在
源与负载之间插入一段有限长度传输线，即相当于把
传输线始端的输入阻抗接在源上，这样实际上就是一
种在负载阻抗和输入阻抗之间的阻抗变换，可见阻抗
变换器并不神秘，而且其结构可以多种多样。当然若
需进行任意阻抗间的变换，其阻抗变换器结构就不会
如此简单了。在本节中，我们着重介绍几种常用的微
带类型的分布参数阻抗变换器和匹配网络。

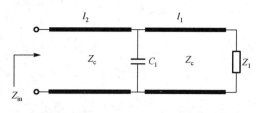

图 1-63　集总与分布参数混合匹配网络

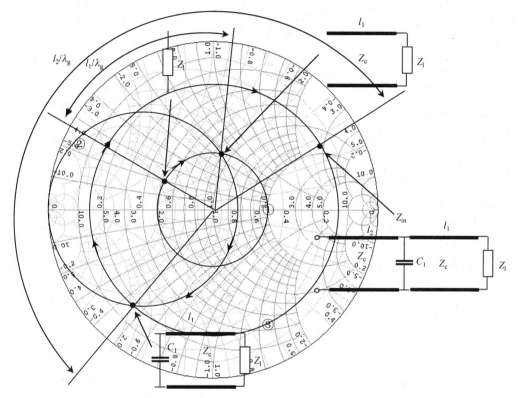

图 1-64　集总、分布参数混合网络阻抗变换过程示意图

1.8.1　1/4 波长阻抗变换器

1/4 波长阻抗变换器是一种非常常用的阻抗变换与匹配机构，如图 1-65 所示，根据传输线理论，
其输入阻抗为纯电阻 $R_{in} = Z_c^2 / R_1$，取 $Z_c = \sqrt{R_{in} R_1}$，完成了 $\lambda_s / 4$ 到 R_{in} 的变换。但在应用中必须注意
的是考虑到可实现性，这种阻抗变换机构一般只能对纯电阻性负载 $\lambda_g / 4$ 有效。若终端负载具有任意阻
抗 Z_1，可采取两种方案用1/4 波长阻抗变换器完成 Z_1 到 R_{in} 的变换，如图 1-66 和图 1-67 所示。图 1-66
所示方案是在终端负载处并联一段特性导纳为 $Y_{c支}$ 合适长度的终端短路（或开路）支线，用以抵消负载
中的电抗成分，从而使等效的负载变为纯电阻性的负载，设与 Z_1 对应的负载导纳为 $Y_1 = G_1 + jB_1$，则支
线长度 $l_支$ 应使 $Y_{in支} = -jB_1 = -jY_{c支} \cot \beta l_支$，这时 $Z_c = \sqrt{R_{in} / G_1}$。图 1-67 所示方案是在负载和1/4 波长
阻抗变换器之间串联一段特性阻抗为 $Z_{c支}$ 合适长度的传输线，使1/4 波长阻抗变换器的等效负载，即支
线始端向负载方向看去的输入阻抗为纯电阻性的，设 $Z_1 = R_1 + jX_1$，则支线长度 $l_支$ 应使

$$\text{Im}(Z_{\text{in支}}) = Z_{\text{c支}} \frac{(Z_{\text{c支}} - X_1 \tan\beta l_{\text{支}})(X_1 + Z_{\text{c支}} \tan\beta l_{\text{支}}) - R_1^2 \tan\beta l_{\text{支}}}{(Z_{\text{c支}} - X_1 \tan\beta l_{\text{支}})^2 + (R_1 \tan\beta l_{\text{支}})^2} = 0 \tag{1-80}$$

这时有

$$\text{Re}(Z_{\text{in支}}) = Z_{\text{c支}}^2 R_1 \frac{\sec^2\beta l_{\text{支}}}{(Z_{\text{c支}} - X_1 \tan\beta l_{\text{支}})^2 + (R_1 \tan\beta l_{\text{支}})^2} = R_{\text{in支}} \tag{1-81}$$

取 $Z_c = \sqrt{R_{\text{in}} R_{\text{in支}}}$，即可实现要求的阻抗变换，这一线段也称为相移线段。

当然以上这些匹配器的设计工作完全可以由圆图来完成，由于其过程比较简单，这里不再详述了，读者可自行实现。

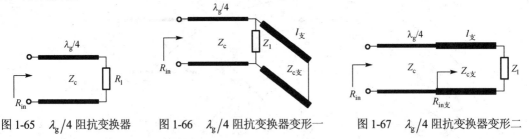

图 1-65　$\lambda_g/4$ 阻抗变换器　　图 1-66　$\lambda_g/4$ 阻抗变换器变形一　　图 1-67　$\lambda_g/4$ 阻抗变换器变形二

1.8.2　1/4 波长阶梯阻抗变换器

1/4 波长阻抗变换器的优点是结构简单，设计方便。但是它的频带较窄，为了加宽带宽，常采用多节阶梯阻抗变换器，其微带实现如图 1-68 所示，其中每段的长度是中心频率上的1/4 微带波长，$R_1, R_2, \cdots, R_n$ 是各阶梯的归一化阻抗值，R 是输入输出阻抗变换比，一般不宜超过 5，否则不易实现。这样可使每个阶梯产生的反射相互抵消，则可以在较宽的频带内得到阻抗匹配。

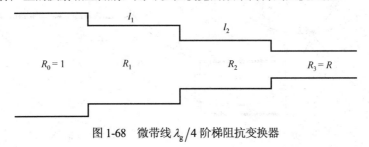

图 1-68　微带线 $\lambda_g/4$ 阶梯阻抗变换器

1.8.3　渐变线阻抗变换器

在1/4 波长阶梯阻抗变换器中，阻抗的变化是靠不连续的阶梯来完成的，其中各阶梯间不连续性必须进行修正，才能达到良好的匹配。但是这些修正措施往往仅在窄频带范围内是有效的，因而其宽带特性还是受到极大限制的。一种经常采用的改进办法是采用连续渐变线来代替不连续阶梯，这样可以在避免阶梯不连续性影响的同时实现宽带性能。图 1-69 表示了渐变微带线的结构，其输入端归一化阻抗为 1，输出端归一化阻抗为 R，渐变线的总长度为 l。

这种渐变线阻抗变换器的分析一般采用传输线方程的方法，列出其传输线方程，解方程获得其上电压电流变化的情况，最后得到其传输特性。参考

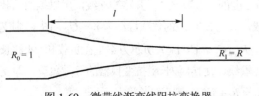

图 1-69　微带线渐变线阻抗变换器

文献[1]中对这种渐变线进行了详细分析，这里不再赘述。如果渐变线段中特性阻抗随纵向坐标呈指数率变化，则称为指数渐变线，是一种常用的形式。

1.8.4 单株线阻抗变换器

单株线阻抗变换器是依靠调整与主传输线相并联（或串联）的终端短路（或开路）支线的长度及在主线上的接入位置（或主传输线长度）来实现预定的阻抗变换的。因传输线的类型和结构不同，单株线阻抗变换器可以有多种实现方式，对于微带类型的微波电路来说，经常采用的是所谓的"Γ形"或"反Γ形"结构，如图1-70和图1-71所示，它们都可以完成负载阻抗Z_1到输入阻抗Z_{in}的变换。

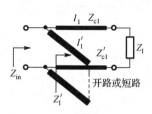

图1-70　Γ形阻抗变换器

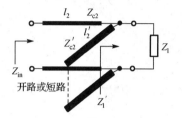

图1-71　反Γ形阻抗变换器

1. Γ形阻抗变换器

图1-70所示的Γ形阻抗变换器的设计参数有4个：主线和支线的长度l_1和l_1'，主线和支线的特性阻抗Z_{c1}及Z_{c1}'（取决于主线和支线线宽W_1和W_1'）。设计中既可以确定特性阻抗Z_{c1}及Z_{c1}'而调整线长l_1和l_1'，又可以根据固定线长l_1和l_1'而仅调整Z_{c1}及Z_{c1}'，下面分别讨论。

（1）设计线长度l_1和l_1'，利用阻抗（导纳）圆图。

设$Z_{c1} = Z_{c1}' = Z_{c0}$，在圆图上标注出对应于$Z_1$和$Z_{in}$归一化值的$z_1$和$z_{in}$，分别为阻抗变换的出发点和目标点，如图1-72所示。

画出通过z_1点的等反射系数圆①，则z_1'应在圆①上；画出通过z_{in}点的等电导圆②，由于终端开路或短路支线并联于主线，而且从主线看去的输入阻抗$Z_{in支}$为纯电抗，故z_1'也应在圆②上。圆①和圆②的交点有两个，取其中一个认为是z_1'点，如图1-72所示。这样主线长度即是从z_1出发，沿圆①，向信号源方向旋转，到达z_1'点的对应长度，如图1-72所示。

设采用终端短路支线作为并联于主线上的株线，可在支线圆图1-73上标出支线负载阻抗$z_短$对应点，并在其上画出通过$z_短$点的等反射系数圆③。从圆图1-72上可求出z_1'和z_{in}对应的电纳差，此电纳差即应该是支线输入阻抗$Z_{in支}$对应的归一化电纳，在图1-73画出此归一化电纳对应的等电纳圆④。圆③与圆④的交点对应阻抗即为$z_{in支}$。这样支线长度即是从$z_短$出发，沿圆③，向信号源方向旋转，到达$z_{in支}$点的对应长度，如图1-73所示。

应注意本问题还有另外一组解，即z_1'点的另外一个位置，求解过程与前类似。支线当然也可选取开路终端负载，其对应支线长度也可以很容易从圆图1-73求得。

由于阻抗和反射系数具有一一对应关系，因此这一问题也完全可以用阻抗对应的反射系数来表达，即Γ_1、Γ_{in}和Γ_1'。

（2）设计线特性阻抗Z_{c1}和Z_{c1}'。

设$l_1 = \lambda_g / 4$、$l_1' = 3\lambda_g / 8$，则有：

$$Z_1' = Z_{c1}^2 / Z_1 \tag{1-82}$$

$$Y_{in} = 1/Z_{in} = Y_1' + jB_{in支} \tag{1-83}$$

其中 $Y_1' = 1/Z_1'$。根据 $l_1' = 3\lambda_g/8$，可求得 $jB_{\text{in支}} = \pm j(Z_{c1}')^{-1}$，其正负号取决于支线是短路还是开路终端。

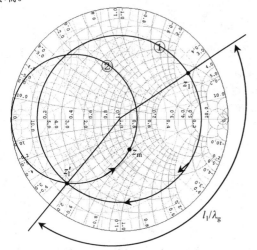

图 1-72 求解主线长度示意图

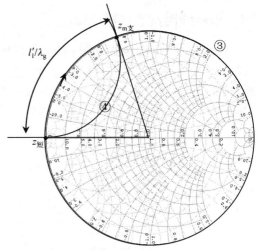

图 1-73 求解支线长度示意图

设 $Y_{\text{in}} = G_{\text{in}} + jB_{\text{in}}$，$Z_1 = R_1 + jX_1$，可求得：

$$G_{\text{in}} = R_1 / Z_{c1}^2 \tag{1-84}$$

$$B_{\text{in}} = X_1 / Z_{c1}^2 \pm (Z_{c1}')^{-1} \tag{1-85}$$

这样，假设采用终端开路支线可有：

$$Z_{c1} = \sqrt{\frac{R_1}{G_{\text{in}}}} \tag{1-86}$$

$$Z_{c1}' = \frac{1}{X_1 / Z_{c1}^2 - B_{\text{in}}} \tag{1-87}$$

2. 反 Γ 形阻抗变换器

反 Γ 形阻抗变换器的设计思路与 Γ 形阻抗变换器完全类似，这里仅以阻抗（导纳）圆图为工具说明对其主线与支线长度 l_2 和 l_2' 进行设计的过程。如果圆图的应用比较熟练，完全可以把图 1-72 和图 1-73 的主线和支线圆图合二为一。

设 $Z_{c1} = Z_{c1}' = Z_{c0}$，在主线圆图上标注出对应于 Z_1 和 Z_{in} 归一化值的 z_1 和 z_{in}，分别为阻抗变换的出发点和目标点，如图 1-74 所示。

画出通过 z_1 点的等电导圆①，由于终端开路或短路支线并联于主线，而且从主线看去的输入阻抗 $Z_{\text{in支}}$ 为纯电抗，则 z_1' 应在圆①上；画出通过 z_{in} 点的等反射系数圆②，故 z_1' 也应在圆②上。圆①和圆②的交点有两个，取其中一个认为是 z_1' 点，如图 1-74 所示。这样主线长度即是从 z_1' 出发，沿圆①，向信号源方向旋转，到达 z_{in} 点的对应长度，如图 1-74 所示。

设采用终端开路支线作为并联于主线上的株线，可在支线圆图上标出支线负载阻抗 $z_{\text{开}}$ 对应点，并在图 1-74 画出通过 $z_{\text{开}}$ 点的等反射系数圆③。从圆图 1-74 上可求出 z_1 和 z_1' 对应的电纳差，此电纳差即应该是支线输入阻抗 $Z_{\text{in支}}$ 对应的归一化电纳，在图 1-74 画出此归一化电纳对应的等电纳圆④。圆③与圆④的交点对应阻抗即为 $z_{\text{in支}}$。这样支线长度即是从 $z_{\text{开}}$ 出发，沿圆③，向信号源方向旋转，到达 $z_{\text{in支}}$ 点的对应长度，如图 1-74 所示。

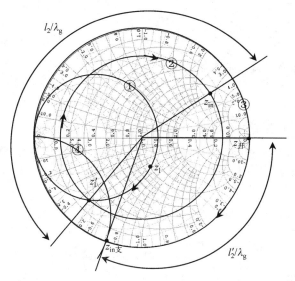

图 1-74 反 Γ 形阻抗变换器设计过程示意图

应注意本问题还有另外一组解，即 z_i' 点的另外一个位置，求解过程与前类似。支线当然也可选取短路终端负载，其对应支线长度也可以很容易从圆图 1-74 求得。

单株线阻抗变换器具有结构简单、设计方便的优势，但是它针对不同的阻抗间变换需要不同的主线长度，这一点对于某些应用场合非常不利。为了克服这一缺陷，在单株线阻抗变换器的基础上又发展了双株线和三株线阻抗变换器，它们的主要优势是主线长度（或支线并联接入位置）固定不变，仅需调整并联于主线上的终端开短路支线长度即可实现需要的阻抗变换。关于它们的设计思路与单株线非常类似，在传输线理论或微波技术课程中已经有详细介绍，这里不再赘述了。

1.8.5　滤波阻抗变换器

传统的阻抗变换器一般工作频带之外的衰减比较小，不能满足滤波的要求。为了能够把滤波和阻抗变换功能结合起来，使电路结构紧凑，满足滤波和阻抗变换结合的要求，可以采用滤波阻抗变换器。它的设计思路及结构形式和一般滤波器是基本相同的，主要不同点仅在于一般滤波器的输入输出阻抗相等和接近相等，但滤波阻抗变换器的输入输出阻抗可以不相同，在设计时有意把滤波器的两端阻抗设计成要求值即可。

另外在微波电路中还会需要一些对任意性质负载（甚至是负阻抗）完成变换功能的阻抗变换器或阻抗匹配网络，这些都有专门的文献论述，考虑到已经不在本书覆盖内容范围之内，这里也不再介绍了。

1.9　微带线平衡-不平衡转换器

平衡-不平衡转换器简称为"巴伦"，即 BALanced-UNbalanced transformer，缩写为 BALUN。它的作用是将高频信号从单端输入变成平衡输出，并完成阻抗匹配功能。图 1-75 表示了巴伦的低频电路。从图 1-75 可见，巴伦初级的一端是接地的，初级是不平衡端口。巴伦次级 2 和 3 两端都不接地，对地都具有高阻抗，因而次级是平衡端口。当初级两端与地之间都接有负载电阻 R_L 时，它们对地产生的电压大小相等而方向相反，即：

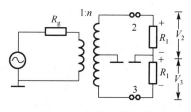

图 1-75　巴伦低频电路

$$\frac{\dot{V}_2}{\dot{V}_3} = -1 \qquad (1\text{-}88)$$

从初级向负载方向看入的输入阻抗为：

$$R_{in} = \frac{1}{n^2}(2R_1) = \frac{2}{n^2}R_1 \qquad (1\text{-}89)$$

改变变压器的变比 n 可使输入电阻与信号源电阻 R_g 相等而达到匹配。

巴伦的线路和结构随工作波段和电路形式不同而不同，有同轴线结构、微带线结构等，在平衡类型的微波混频器、放大器等电路中有重要作用，是组成宽带器件的关键元件，它的性能直接影响着这些器件的性能。

从微波网络的角度分析，巴伦是一个三端口网络，端口 1 为非平衡端口，端口 2 和端口 3 为平衡端口，如图 1-76 所示。

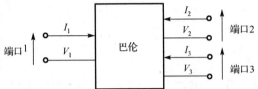

图 1-76　巴伦网络网络端口示意图

此三端口网络的电流、电压关系，可用 Y 参数表示为：

$$\left.\begin{array}{l} I_1 = Y_{11}V_1 + Y_{12}V_2 + Y_{13}V_3 \\ I_2 = Y_{21}V_1 + Y_{22}V_2 + Y_{23}V_3 \\ I_3 = Y_{31}V_1 + Y_{32}V_2 + Y_{33}V_3 \end{array}\right\} \qquad (1\text{-}90)$$

其导纳矩阵为：

$$[Y] = \begin{bmatrix} Y_{11} & Y_{12} & Y_{13} \\ Y_{21} & Y_{22} & Y_{23} \\ Y_{31} & Y_{32} & Y_{33} \end{bmatrix} \qquad (1\text{-}91)$$

由于巴伦是互易结构，故 $Y_{ij} = Y_{ji}$，即 $Y_{12} = Y_{21}$，$Y_{13} = Y_{31}$ 以及 $Y_{23} = Y_{32}$，因此该导纳矩阵可变为：

$$[Y] = \begin{bmatrix} Y_{11} & Y_{12} & Y_{13} \\ Y_{12} & Y_{22} & Y_{23} \\ Y_{13} & Y_{23} & Y_{33} \end{bmatrix} \qquad (1\text{-}92)$$

在巴伦三端口网络中，端口 2 和端口 3 两平衡端口应满足：

$$\left.\begin{array}{l} V_2 = -V_3 \\ I_2 = -I_3 \end{array}\right\} \qquad (1\text{-}93)$$

将上式代入，可得

$$\left.\begin{array}{l} Y_{12} = -Y_{13} \\ Y_{22} = -Y_{33} \end{array}\right\} \qquad (1\text{-}94)$$

这就是巴伦三端口网络平衡条件的导纳表示式，它给出了巴伦三端口网络输入和输出的阻抗（导纳）关系，又称为巴伦阻抗（导纳）匹配条件。

巴伦的主要技术指标有以下几个。

（1）工作频率：工作频率一般由巴伦工作频段的两边频点形式给出，或者由中心频率加带宽的形式给出。

（2）带宽：有三种定义方式，为绝对带宽、边带比和相对带宽。

（3）通带电压驻波比（反射系数）：指在通带范围内输入端口（不平衡端口）的电压驻波比。

（4）平衡度（幅度和相位）：在规定的频带内，平衡输出端口的电压与不平衡端口的电压比，在实际工作中，有时用平衡条件 $V_2/V_1 = 1\angle 180°$ 来衡量巴伦的平衡程度。

主要的几种微带类型结构简要介绍如下。

1.9.1　双面微带线巴伦

图 1-77 是双面微带线巴伦的结构示意图。在介质基片（相对介电常数为 ε_r）两面光刻腐蚀出宽度为 W 的金属带，基片悬空架设于屏蔽盒内半壁高的地方。从图 1-77 可见，它是介质夹心传输线。下金属带右端接地，所以右端 1 端口是不平衡端口；左端口上下两个端 2 和 3 是平衡端。

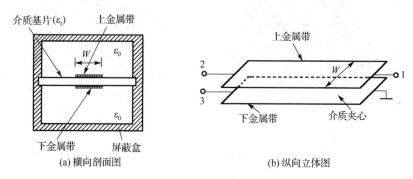

(a) 横向剖面图　　　　　　　　　　(b) 纵向立体图

图 1-77　双面微带线巴伦

通常选用 ε_r 大的介质作为基片，其 $\varepsilon_r \gg 1$，因此几乎全部的高频能量都集中于金属带之间的介质材料内。如果屏蔽盒上下两个盖板之间的距离足够大的话，2 和 3 端口对地的分布阻抗 Z_2 和 Z_3 是很高的。而且由于结构的对称性，有 $Z_2 \approx Z_3$。它相当于具有阻抗补偿的巴伦，故可在很宽的频带内保持平衡。

等宽度微带线巴伦不能在宽频带内完成阻抗匹配。在一个倍频程以上的宽带应用中，通常将巴伦的微带线做成渐变线，即微带线内的宽度或特性阻抗 Z_c 随距离 x 而变，如图 1-78 所示。

与同轴线等其他结构形式的巴伦相比，双面微带线巴伦具有尺寸小，带宽宽和加工容易等优点，应用较广泛。

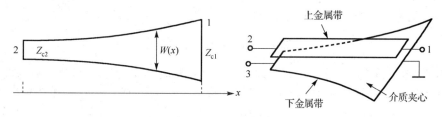

图 1-78　渐变微带线巴伦

1.9.2　共面微带线巴伦

图 1-79(a)是表面带状传输线的结构图，可以看到它与普通微带线不同，其传输线的地平板和中心带线都在基片的同一平面内，这种结构的主要优点是制造简单，可得到较高的特性阻抗 Z_c，可以利用低损耗高 ε_r 的介质基片。由于平面结构便于与其他元件连接，以及其上传播的场结构具有椭圆极化区而便于用来制造非互易的铁氧体器件，所以应用也较广泛。

用表面带状传输线做成的共面巴伦如图 1-79(b)所示。在介质基片上光刻腐蚀三条平行耦合线，将基片下面的地板腐蚀掉（图中虚线所包围的空白区域），这就形成了表面传输线。中心带线左右两侧的金属带在输入端通过金属化孔与基片下面的地板直接相连。在巴伦输出端中心带线与一个侧边带相连，形成平衡输出端的一个端 2；另一侧边金属带作为另一个平衡输出端 3。两个侧边金属带长约为 $\lambda_{g0}/4$，

λ_{g0} 是工作频段中心频率所对应的导内波长。这样，两个平衡端都并联了其终端短路的 $\lambda/4$ 波长线，相当于加有电抗补偿，因此其工作频带是较宽的。

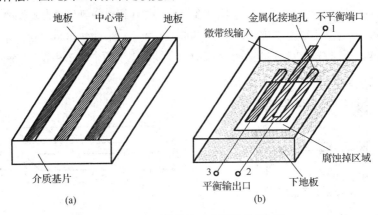

图 1-79　共面微带线及共面微带线巴伦

1.9.3　Marchand 巴伦

Marchand 巴伦可以由微带耦合线、Lange 耦合线、螺旋线等构成。微带 Marchand 巴伦经实际应用证明其结构简单，具有较大的带宽并对低偶模阻抗不敏感等特性。图 1-80 给出了 Marchand 巴伦结构，是由相同的 2 组微带耦合线组成的。

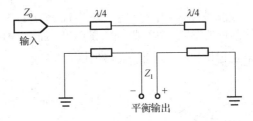

图 1-80　Marchand 巴伦结构

每一组耦合线长度对应中心频率处的 1/4 波长。每组耦合线中，存在 4 个端口：输入端、输出端、耦合端和隔离端。Marchand 巴伦将 2 个隔离端作为输出端口，2 个耦合端短路，1 个输入端保留作为信号输入端，另外 1 个输入端开路，并将 2 个直接输出端相连。开路微带为半波长，驻波在微带中心处将形成短路点。此处输出电流为最大值，而输出电压为最小值。经过两段耦合线输出为幅度相同，相位相反的 1 组信号。

仔细设计四段微带线的特性阻抗以及耦合线之间的耦合度，就可以同时实现巴伦转换和阻抗变换的功能。该结构在双平衡混频器、推挽放大器和倍频器电路中应用较多。

习　题　1

1-1　计算直径为 1mm、长 10cm 铝导线（$\sigma_{Al} = 4.0 \times 10^7\, S/m$）的直流电阻，并计算出在 100MHz、1GHz 和 10GHz 时的交流电阻与电感。

1-2　表 1-6 给出了某一 RT/Duroid5880 基板的参数取值。试求 15.0GHz 下微带 T 形接头构成的功分比为 0.6 的功分器结构参数。

表 1-6 某一 RT/Duroid5880 基板的参数取值

参数符号	参数意义	参数单位	参数取值
ε_r	微带基板材料相对介电常数		2.2
H	基本介质层厚度	mm	0.25
T	微带金属厚度	mm	0.017
$\tan\delta$	介质损耗角正切		0.0009

1-3 采用与上同样的基板材料，试求 15.0GHz 下功分比为 0.6 的 Wilkinson 功分耦合器的结构参数。

1-4 采用与上同样的基板材料，试求 15.0GHz 下微带环形电桥的结构参数。

1-5 采用与上同样的基板材料，试求 15.0GHz 下 3dB 微带分支线电桥的结构参数。

1-6 采用与上同样的基板材料，试求 15.0GHz 下 10dB 耦合微带线定向耦合器的结构参数。

1-7 利用阻抗（导纳）圆图，采用"Γ形"或"反Γ形"结构实现下列阻抗匹配：

（1）$\Gamma_{in} = 0.72\angle 10°$ 与 $\Gamma_L = 0$；

（2）$\Gamma_{in} = 0.51\angle -164°$ 与 $\Gamma_L = 0$；

（3）$\Gamma_{in} = 0.848\angle -31°$ 与 $\Gamma_L = 0$；

（4）$\Gamma_{in} = 0$ 与 $\Gamma_L = 0.32\angle 73°$；

（5）$\Gamma_{in} = 0$ 与 $\Gamma_L = 0.61\angle -121°$；

（6）$\Gamma_{in} = 0.37\angle 43°$ 与 $\Gamma_L = 0.82\angle 137°$。

第 2 章　固态有源微波元器件

本章主要介绍广泛应用于微波电子线路的各种固态有源微波元器件，主要包括属于微波二极管的 PN 结管、肖特基结管、变容管、阶跃恢复管、雪崩管、体效应管、PIN 管等，属于微波三极管的双极晶体管及异质结管、场效应管以及高电子迁移率晶体管等，它们是构成各种微波电子线路功能组件，如微波混频器、微波倍频器、微波放大器、微波振荡器和微波控制电路的核心。作为这些固态元器件的公共基础，本章将首先简要介绍高频及微波频率下半导体的基础知识，然后逐一介绍上述各种元器件的基本结构、基本工作原理、基本功能、基本模型和基本参数。同样考虑到工程问题的实际需要，这里只从应用的角度对他们进行介绍，关于它们的制造工艺、理论分析等内容可参看相关的参考文献。

2.1　半导体基础

2.1.1　半导体特性

1．半导体的概念及分类

半导体顾名思义是导电能力介于导体和绝缘体之间的一种物质。在室温下，金属导体的电阻率约为 10^{-8} 欧姆·米（$\Omega\cdot m$），好的绝缘材料的电阻率可以大于 $10^{10}\Omega\cdot m$，但半导体的电阻率为 $10^{-5}\sim 10^{4}\Omega\cdot m$，故称为半导体。但是半导体的独特性质决不仅限于导电性方面，正是这些性质造就了半导体在众多领域的广泛应用，这些性质主要有以下几种。

（1）半导体一般具有负温度系数，其电阻值随温度上升而下降，这与金属正好相反。

（2）半导体中的载流子有两种：电子和空穴，但金属中的载流子仅是电子。如果半导体单位体积中的电子与空穴的数量（称为"浓度"）相同，称为"本征半导体"；如果电子的浓度大于空穴的浓度，导电以电子为主，则称为"N 型半导体"；如果空穴的浓度大于电子的浓度，导电以空穴为主，则称为"P 型半导体"。造成这种不同情况的原因是由于在半导体内掺入了不同种类的杂质，如半导体硅内掺入Ⅲ族元素如硼、铝、镓等形成 P 型半导体，如果掺入Ⅴ族元素如磷、砷等形成 N 型半导体。

（3）半导体材料的电阻率对杂质极其敏感。某些杂质不仅会改变半导体的导电类型，而且只要含极少量的杂质，就能显著改变其电阻率。

（4）半导体有比金属大得多的温差电效应。

（5）半导体具有光敏特性。半导体经适当波长的光照射时，其电阻率显著下降，呈现"光电导"。

（6）半导体与金属的接触（MN 结）、同种半导体的 N 型材料与 P 型材料形成的接触（PN 结）、异种半导体材料所形成的接触（异质结），都具有非对称的导电特性（称为"整流特性"）和非线性的电流-电压关系，而且电场对半导体表面薄层内的电特性具有明显影响。这些现象是构成绝大部分半导体器件的基础。

半导体材料的种类很多，用途也很广泛，表 2-1 给出了其简单分类及用途情况。

表 2-1 半导体材料种类

分类	材料	主要用途
IV族元素半导体	锗 Ge	二极管、三极管、集成电路、太阳能电池……
	硅 Si	
二元化合物半导体	III-V族化合物： 砷化镓（GaAs） 磷化铟（InP） 锑化铟（InSb） 磷化镓（GaP）	微波元件、光电器件、集成电路、红外接收器件、霍尔器件、发光二极管……
	II-VI族化合物： 硫化镉（CdS） 硫化锌（ZnS） ……	光敏电阻、太阳能电池、荧光材料……
	IV-IV族化合物： 碳化硅（SiC）	高温器件
	IV-VI族化合物： 硫化铅（PbS） ……	光敏电阻……
	其他	温差电材料……
三元化合物半导体	镓砷磷 碲镉汞	发光器件、红外探测……
四元化合物半导体	镓铟砷磷	激光器……
其他	……	……

2. 半导体共价键模型和能带模型

对于半导体特性的解释，通常采用两种模型：共价键模型和能带模型，共价键模型能够直观地说明半导体所具有的很多性质，但不能作深入的定量讨论，而能带模型可以使我们对于半导体的理解比较深入，因此一般要综合运用两种模型来展开讨论。

以IV族元素半导体硅为例，在其晶体中原子是以所谓"共价键"结合在一起，都是所谓"金刚石"结构：每个硅原子与周围 4 个最近邻硅原子依靠"共价键"维系在一起，每个共价键由来自相邻原子间的自旋相反的一对共有电子组成，如图 2-1 所示。图中任意两个原子（以〇代表）之间的短线即表示一对电子，也就是共价键。

而III-V族化合物砷化镓 GaAs 原子排列可以看做一个 Ga 原子由位于正四面体的四个顶角的 As 原子包围着，而一个 As 原子也由位于正四面体的四个顶角的 Ga 原子包围着，其结构与图 2-1 相似，但形成四个共价键的八个电子三个来自III族原子，五个来自V族，形成键的两个电子在原子间的分布并非完全对称，偏向于两个原子中的一个，含有"离子键"的成分。

从原子模型可以知道，原子核位于中心，核外电子按一定的轨道绕核转动。一个最重要的特征是：核外每个电子的能量都不是任意的，而是只能取一系列分立的确定值，不同的轨道对应不同的能量。电子能量只能取一系列分立值的这种特征叫做电子能量"量子化"，量子化的能量值称为"能级"，把能级用一段横线表示，按能量由小到大，把能级从下往上排列起来，即可构成原子中电子的能级图。当这些原子组成晶体时，根据"泡利不相容原理"，没有两个（或两个以上）电子的量子状态是完全一样的，这样原来孤立原子中的一系列能级都将分裂成一系列能带，在能带中各能级彼此靠得很近，总体占有一定的能量范围。以半导体硅为例，在孤立硅原子组成硅晶体时，形成了能量级别不同的两个能带，如图 2-2 所示。设不存在热能，即温度为绝对零度（$T = 0K$ 或 $T = -273.15℃$），这时所有电子都束缚在对应原子上，电子的能量较低，都位于低能带上，而且恰好把低能带填满，这些电子即是半导体共价键中的电子，称为"价电子"，我们一般把这一能带称为"价带"；而能量较高的能带完全空着，这一能带一般称为"导带"；在这两个能带之间存在着空隙，在空隙所占的能量范围内，是不存在任何电子的能量状态的，即电子不可能在这些范围内存在，这一空隙称为"禁带"，在室温下硅的禁带宽度 E_g 约为 1.12eV（电子伏特）。锗的能带结构与硅类似，禁带宽度 E_g 在室温下约为 0.66eV。

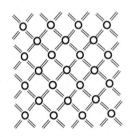

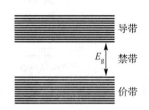

图 2-1　半导体的共价键　　　　图 2-2　半导体的能带结构

3．半导体的本征激发

假如在半导体晶体中，所有的共价键都是完整的，即所有的价电子都在键中，处于束缚状态，这时即使存在着电场的作用也不可能形成电流，晶体原子的离子实际的正电荷与周围电子的负电荷正好数量相等，对外呈现电中性。当存在热能时，如果共价键中的电子获得足以挣脱键约束的能量，就会成为"自由电子"。而一旦出现了一个自由电子，必然在原来的键上留下一个电子的"空位"，如图 2-3 所示。这时在此原子处少了一个负电荷 $-q$，相当于出现了一个正电荷 $+q$。当另外一个键上的电子填补了这个空位时，另一处又会出现一个空位，即相当于正电荷移到了另一处，这种过程可看做是正电荷在晶体内转移。在无电场作用时，这种空位的运动也与自由电子一样，是完全无规则的。如果有电场作用，空位和自由电子的迁移都能获得定向运动的成分，形成方向一致的电流，因此这一空位可以看做是一个带有 $+q$ 电量的粒子，称为"空穴"，把自由电子和空穴统称为"载流子"。这种原来束缚在键上的电子接受了足够的能量之后，挣脱约束形成一个自由电子和一个空穴——电子-空穴对的过程称为"本征激发"。不同材料的本征激发所需的能量不同，金刚石为 5.47eV，硅为 1.12eV，而锗为 0.66eV，因而相同能量下不同材料中本征载流子（由本征激发所产生的载流子，自由电子与空穴成对出现）的浓度就不同，材料的电阻率也就不同，金刚石可达 $10^{10}\Omega\cdot m$，而锗只有 $0.45\Omega\cdot m$，可见绝缘体与半导体并没有本质区别。

当然，如果一个自由电子和一个空穴在移动中相遇，或者说一个挣脱了键的束缚的电子，又正好落到一个键上电子的空位上去，就会造成一对自由电子和空穴同时消失，这一过程称为"复合"。

从能带模型角度来看，对应共价键模型中所有的价电子都在共价键上，没有任何自由电子和空穴的情况，是价带全满、导带全空的情形，这时半导体是不导电的。当共价键中的电子自外界获得能量，核外电子挣脱键的束缚成为自由电子，同时留下空穴的过程，相当于电子自价带跃迁到导带的情形，如图 2-4 所示。这时半导体开始导电，研究证明只有当能带中填有电子，而又未被电子填满时，半导体具有导电能力。如果导带中的电子又落回到价带中，即是载流子的复合（直接复合）。正是受到复合过程的制约，当外界能量一定时，随着载流子数目的增加，载流子复合的数目也在增加，载流子数目最终会达到动态平衡，而不会出现价带中电子被全部激发到导带中的情况。

设 n_0 和 p_0 为半导体中热平衡状态下电子和空穴的浓度，它们遵从费米（Fermi）统计而有[8]：

$$n_0 = N_c \exp\left[-\frac{(E_c - E_F)}{kT}\right] \tag{2-1}$$

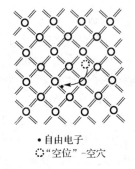

- ● 自由电子
- ◎ "空位"-空穴

图 2-3 半导体的本征激发

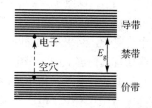

图 2-4 半导体激发的能带示意图

$$p_0 = N_v \exp\left[-\frac{(E_F - E_v)}{kT}\right] \tag{2-2}$$

式中，N_c 称为导带底的"有效能级密度"，N_v 称为价带顶的"有效能级密度"。E_F 称为 Fermi 能级，它并不是一个能为电子所占据的"真实"能级，它反映的是电子填充能带的水平。E_c 和 E_v 分别表示导带底和价带顶的能量。

引入符号 E_i 表示本征情况下的费米能级，可求得：

$$E_F = E_i + \frac{kT}{2}\ln\left(\frac{n_0}{p_0}\right) \tag{2-3}$$

$$E_i = \frac{E_c + E_v}{2} + \frac{kT}{2}\ln\left(\frac{N_v}{N_c}\right) \tag{2-4}$$

由于 N_c 与 N_v 近似相等，可见 E_i 数值上表示 E_c 与 E_v 的平均值。对于本征半导体，产生的自由电子和空穴数目相同（$n_0 = p_0$），可见 $E_F = E_i$，因而 E_F 在室温下非常靠近禁带的中部（E_c 与 E_v 的平均值）。

在本征激发状态下，用 n_i 表示本征浓度，有[8]：

$$n_0 = p_0 = n_i \tag{2-5}$$

$$n_0 \cdot p_0 = n_i^2 \tag{2-6}$$

这一关系也被当做动态平衡条件成立的标志。

引入 E_i 和 n_i 后，热平衡状态下电子和空穴的浓度可表示为：

$$n_0 = n_i \exp\left[\frac{(E_F - E_i)}{kT}\right] \tag{2-7}$$

$$p_0 = n_i \exp\left[\frac{(E_i - E_F)}{kT}\right] \tag{2-8}$$

4．掺杂

前文已经介绍过通过引入杂质可以引发半导体的电特性发生较大改变，这一过程称为掺杂。以半导体硅中掺入Ⅴ族元素磷为例，这些磷原子代替了晶体中一部分硅原子的位置，但是因为磷原子外围有 5 个价电子，其中 4 个可与周围 4 个最近邻硅原子的价电子形成共价键，还有一个多余的电子不能配对成键，如图 2-5 所示。如果这个电子脱离了磷原子对它的约束而称为硅晶体中的自由电子，留下不动的带正电的磷离子 P⁺，称为"杂质电离"，这一过程仅增加了硅晶体中的自由电子数，而不同时增加空穴数，这与本征激发时电子空穴成对产生不同，而且杂质电离所需的能量仅为 0.044eV，比室温下硅本征激发所需能量 1.12eV 低得多，这样电子数量将超过空穴数量。与此同理，掺有其他V族元素的硅锗等半导体中的载流子都以电子为主，电子称为"多数载流子"，简称为"多子"，空穴称为"少数载流子"，简称"少子"，以电子为多子的半导体，称为 N 型半导体，给出电子的杂质称为"施主"。

如果半导体硅中掺入的杂质是III族元素硼，这些硼原子也代替了晶体中一部分硅原子的位置，但是硼原子仅有 3 个价电子，结果形成的四个共价键中有一个键上存在着一个电子的"空位"，即空穴，如图 2-6 所示。假如有其他键上的一个电子填充了这个空位，则相当于空穴脱离了硼原子的束缚，成为半导体内能参与导电的载流子，留下的硼原子称为带负电的硼离子 B⁻，这一过程也称为杂质电离。杂质硼原子电离能仅为 0.045eV，也比硅本征激发所需能量小得多。这时硅晶体内空穴的浓度将大于电子浓度，空穴称为多子，电子为少子，这种半导体称为 P 型半导体，给出空穴的杂质称为"受主"。

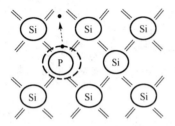

图 2-5　半导体中杂质的作用(a)

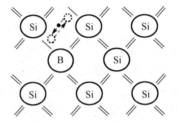

图 2-6　半导体中杂质的作用(b)

如果半导体内同时掺入施主杂质和受主杂质，它们的作用将互相抵消，称为"补偿"作用。如果恰好掺杂一样多的施主杂质和受主杂质，这样的半导体在导电能力上与本征半导体一样。

从能带模型来看，施主电子的能级（称为"施主能级"）应在禁带之中，处于导带底的下方，紧邻导带，与导带底的距离等于施主的电离能 E_D，而且各个施主能级之间是分开的，如图 2-7 所示。可以证明，在掺杂状态下式（2-3）也是适用的，由于 $n_0 > p_0$，其费米能级将升高，接近导带，如图 2-8 所示。而受主能级也位于禁带之中，价带顶的上方，紧邻价带，与价带顶的距离等于受主电离能 E_A，如图 2-9 所示，同样根据式（2-3），由于 $n_0 < p_0$，其费米能级将降低，接近于价带，如图 2-10 所示。当本征半导体中同时掺杂有施主和受主杂质时，决定半导体导电特性的是两种杂质的浓度差，即二者部分抵消后的净效果。

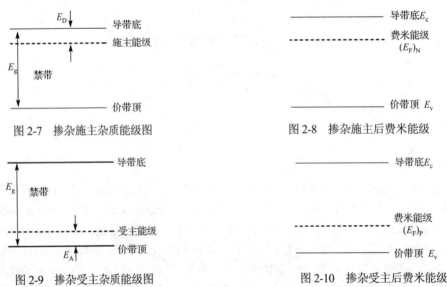

图 2-7　掺杂施主杂质能级图

图 2-8　掺杂施主后费米能级

图 2-9　掺杂受主杂质能级图

图 2-10　掺杂受主后费米能级

当本征半导体掺杂后，多子和少子浓度仍然满足式（2-6）、式（2-7）和式（2-8）的关系，即多子浓度与少子浓度满足反比关系：多子越多，少子就越少。一般都近似把室温下掺杂半导体中的多子浓度看做等于掺入的杂质浓度，即在N型半导体中 $(n_0)_N \approx N_D$（施主浓度），在P型半导体中 $(p_0)_P \approx N_A$（受主浓度），则N型半导体中与P型半导体中少子浓度分别为：

$$(p_0)_N = \frac{n_i^2}{N_D} \tag{2-9}$$

$$(n_0)_P = \frac{n_i^2}{N_A} \tag{2-10}$$

5. 载流子的运动

（1）载流子漂移与漂移电流

当半导体处在电场的作用下时，半导体中的载流子会做定向运动，称为"漂移运动"，由漂移运动产生的电流称为"漂移电流"。电子和空穴的漂移电流密度可表示为：

$$(J_n)_{漂} = n\bar{v}_n(-q) \tag{2-11}$$

$$(J_p)_{漂} = p\bar{v}_p(+q) \tag{2-12}$$

其中 n 和 p 为电子和空穴浓度，$\bar{v}_n$ 和 $\bar{v}_p$ 代表电子和空穴的平均漂移速度。设 A 为半导体内垂直于电流方向的某一截面积，在该面积内漂移电流密度处处相等，则有电流为：

$$(I_n)_{漂} = n\bar{v}_n(-q)A \tag{2-13}$$

$$(I_p)_{漂} = p\bar{v}_p(+q)A \tag{2-14}$$

总电流为二者之和：

$$(I)_{漂} = (I_n)_{漂} + (I_P)_{漂} = \left[n\bar{v}_n(-q) + p\bar{v}_p(+q)\right]A \tag{2-15}$$

研究证明，一块均匀掺入杂质的半导体的导电特性服从欧姆定律，即流过半导体的电流强度正比于半导体两端的电压：

$$n\bar{v}_n(-q)A \propto U \tag{2-16}$$

$$p\bar{v}_p(+q)A \propto U \tag{2-17}$$

设半导体长度为 l，半导体内电场强度为 E，应有 $U = E \times l$，因此有：

$$\bar{v}_n \propto E \tag{2-18}$$

$$\bar{v}_p \propto E \tag{2-19}$$

用 μ 来表示比例常数，有：

$$\bar{v}_n = -\mu_n E \tag{2-20}$$

$$\bar{v}_p = \mu_p E \tag{2-21}$$

式中，μ_n 和 μ_p 即称为电子和空穴的"迁移率"，负号表示电子漂移运动的方向与电场方向相反。根据式（2-20）和式（2-21），迁移率是单位电场强度下载流子的平均漂移速度，它反映了载流子在半导体内做定向运动的难易程度，其单位为 $m^2/(V \cdot s)$ 或 $cm^2/(V \cdot s)$。在一定电场强度范围内，迁移率是一个与电场强度无关的常数，当电场增大到一定程度以后，迁移率将随着电场增加而下降，载流子漂移速度也将趋近于饱和值。

根据漂移电流与电场的关系可导出材料的电阻率和电导率，它们互为倒数，反映材料导电性能。根据式（2-13）～式（2-15），电子和空穴电流及总电流为：

$$(I_n)_{漂} = n\mu_n EqA \tag{2-22}$$

$$(I_p)_{漂} = p\mu_p EqA \tag{2-23}$$

$$(I)_{漂} = (I_n)_{漂} + (I_p)_{漂} = qEA\left[n\mu_n + p\mu_p\right] = q\frac{U}{l}A\left[n\mu_n + p\mu_p\right] \tag{2-24}$$

根据欧姆定律 $R = U/I$ 及 $R = \rho l/A$，可得电阻率为：

$$\rho = \frac{1}{q(\mu_n n + \mu_p p)} \tag{2-25}$$

电导率即为：

$$\sigma = \frac{1}{\rho} = q(\mu_n n + \mu_p p) \tag{2-26}$$

（2）载流子扩散与扩散电流

微粒自动从高浓度的地方向低浓度的地方迁移的现象称为"扩散"，它也是微粒的一种定向运动，可称为"扩散流"。在半导体中，如果载流子的浓度上存在差异，就会出现载流子的扩散流，因为载流子带有电荷，这种载流子的扩散运动将形成电荷的迁移，这就是"扩散电流"。这种扩散和扩散电流是许多半导体器件工作特性的基础。

若只考虑一维的扩散情形（设扩散沿 x 方向），可求得电子和空穴扩散电流密度为：

$$(J_n)_{扩} = -(-q)D_n\frac{dn}{dx} \tag{2-27}$$

$$(J_p)_{扩} = -(+q)D_p\frac{dp}{dx} \tag{2-28}$$

式中，D 称为扩散系数，表达了扩散的程度，D 越大扩散流越大；式前的负号表示扩散总是由高浓度处向低浓度处进行。

设 A 为半导体内垂直于电流方向的某一截面积，在该面积内扩散电流密度处处相等，对应的扩散电流可写为：

$$(I_n)_{扩} = -(-q)D_n A\frac{dn}{dx} \tag{2-29}$$

$$(I_p)_{扩} = -(+q)D_p A\frac{dp}{dx} \tag{2-30}$$

由此两式可以看出：带正电荷的空穴的扩散电流的流向，与空穴扩散方向一致；带负电荷的电子的扩散电流的流向，与电子扩散的方向是相反的。

（3）漂移与扩散的关系

综合前两部分讨论我们可以看到，迁移率 μ 反映了半导体中载流子在电场作用下定向运动的难易程度，而扩散系数 D 反映了载流子扩散的本领大小。漂移和扩散这两种过程实际上都要受到载流子在晶体中所经历的"碰撞"的制约，扩散的难易程度同漂移的难易程度是一致的，具体表现为：

$$\frac{D_n}{\mu_n} = \frac{D_p}{\mu_p} = \frac{kT}{q} \tag{2-31}$$

式中，k 为玻尔兹曼常数；T 为绝对温度；q 为电子电量。这一关系式称为爱因斯坦关系。

当半导体器件工作时，如果既存在外加电场，又存在载流子浓度的梯度，载流子将同时参与漂移和扩散运动，器件内将同时出现漂移和扩散电流。因此总的电子和空穴电流密度可写为：

$$J_n = (J_n)_{漂} + (J_n)_{扩} = qn\mu_n E + qD_n \frac{dn}{dx} \tag{2-32}$$

$$J_p = (J_p)_{漂} + (J_p)_{扩} = qp\mu_p E - qD_p \frac{dp}{dx} \tag{2-33}$$

根据爱因斯坦关系，$\mu = Dq/kT$，代入式（2-33）得：

$$J_n = qD_n \left(\frac{nq}{kT}E + \frac{dn}{dx} \right) \tag{2-34}$$

$$J_p = qD_p \left(\frac{pq}{kT}E - \frac{dp}{dx} \right) \tag{2-35}$$

设 A 为半导体内垂直于电流方向的某一截面积，在该面积内总电流密度处处相等，对应的总电流可写为：

$$I_n = (I_n)_{漂} + (I_n)_{扩} = \left(qn\mu_n E + qD_n \frac{dn}{dx} \right) A \tag{2-36}$$

$$I_p = (I_p)_{漂} + (I_p)_{扩} = \left(qp\mu_p E - qD_p \frac{dp}{dx} \right) A \tag{2-37}$$

当半导体处于热平衡状态下，应有 $I_n = 0$、$I_p = 0$。根据上式可看出，当半导体内部存在浓度梯度时，$dn/dx \neq 0$、$dp/dx \neq 0$，则半导体内部必然存在一个内建电场 $E \neq 0$，来抵消由浓度梯度所产生的扩散效果，这一点是"结"内电场产生的基础。

2.1.2　PN 结

在同一块半导体中，一部分呈现 P 型，另一部分呈现 N 型，P 型区与 N 型区的边界及其附近的很薄的过渡区即称为 PN 结，它是许多半导体器件的核心部分。

1. PN 半导体的接触电势差与势垒

为了了解 PN 结的工作原理，我们可以假设 PN 结是由一块 P 型半导体和一块 N 型半导体接触构成的（当然实际的 PN 结不可能由这种工艺制造），而且为了简化讨论，一般都采用一维模型，即只考虑一维方向上的载流子运动和由这种运动造成的结果。

当 PN 半导体两端没有施加外电压时，P 型和 N 型半导体一接触，由于接触交界面两侧载流子浓度的不同，P 区的空穴将穿过交界面向 N 区扩散，在 P 区暴露出带负电的电离受主，而 N 区的电子也将穿过交界面向 P 区扩散，在 N 区暴露出带正电的电离施主，如图 2-11 所示。这些位置不能自由移动的电离杂质在"结"的两侧附近形成了带异性电荷的"空间电荷区"，将产生"内建电场"，此电场的方向为由 N 指向 P，随着空间电荷区和内建电场的出现，电场的漂移作用开始阻止空穴和电子穿过界面的扩散作用。随着扩散的不断进行，空间电荷层的电量也不断增加，内建电场不断增强，扩散作用也更大程度受到阻止，最终将达到平衡状态，这时载流子不再流动，内建电场和空间电荷层的的宽度也达到一个定值。

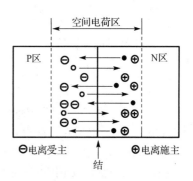

图 2-11　PN 结空间电荷区

由于内建电场的存在，在空间电荷层的两侧将存在电势差，N区的电势较P区的电势高，这一电势差称为"内建电势差"，如图2-12所示。由于空间电荷层存在着电势差，无疑将使P区和N区各自的多子必须克服这一电势差才能到对方去，因此也把空间电荷层称为"势垒区"。PN结的内建电势差就是P型半导体和N型半导体的"接触电势差"，一般把P相对于N的接触电势差记为ϕ。

从能带模型角度讲，根据研究结论：互相紧密接触的任何几种材料，在热平衡状态下，必有统一的费米能级，即整个体系的费米能级处处相等。图2-13表示了P型和N型半导体分别的能级图，根据上述原则，当两种半导体接触时，P区的能带将整体升高（针对电子能量）$(E_F)_N - (E_F)_P$。令

$$(E_F)_N - (E_F)_P = q\phi \tag{2-38}$$

即把P区电子能量提高值表示成电势差。由于电子所带电量为负，而P区相对于N区电势较低（图2-12），所以ϕ为负，这样P区电子能量的提高值应为正。根据对于掺杂情况下费米能级的研究可求得：

$$\phi = \frac{kT}{q}\ln\frac{N_D N_A}{n_i^2} = \frac{kT}{q}\ln\frac{(p_0)_P}{(p_0)_N} = \frac{kT}{q}\ln\frac{(n_0)_N}{(n_0)_P} \tag{2-39}$$

这就表明，对于两区各自的多子来说，结处的空间电荷区都对应一个势垒，可以用$q\phi$代表势垒高度。

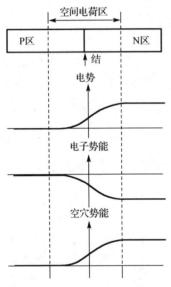

图2-12　PN结接触电势差

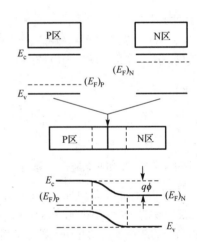

图2-13　PN结接触势垒的形成

2. PN结的整流特性

为了使PN结在外加电压下的电流分析便于进行，可以做一些使问题简化的假设（研究证明，实际情况与这些假设相差不大，即便存在误差，可以用修正解决），这些假设主要是：

I. 假设外加电压全部用来改变势垒高度，即外加电压全部降落在空间电荷区。在空间电荷区以外的半导体中性区内，电压降为0，电场强度为0。因此在空间电荷区之外，载流子只做扩散运动。

II. 在空间电荷区内，无载流子的复合与产生。即当电流流过PN结时，流过空间电荷区两个边界的电子数与空穴数不因经过空间电荷区而改变。

III. 在正向电压下，注入到对方的少子，比该区平衡状态下的多子少得多，即是满足通称的"小注入条件"。

（1）当 PN 结加上正向偏压 V 时（即 P 端接外电源的正极，N 端接外电源的负极）

这时外电源在结处的电场方向与 PN 结内建电场的方向是相反的，这将使结处内建电场削弱，但结两侧载流子浓度梯度并未改变，即扩散作用仍维持不变，导致电子容易自 N 流向 P，成为 P 区的少子，空穴容易自 P 流向 N，成为 N 区的少子，这种现象称为"少子注入"。在正向电压下，因少子注入形成了较大的正向电流，我们称这种状态为 PN 结的"正向导通状态"。

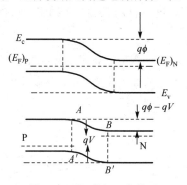

图 2-14　PN 结加正向偏压

这样从能带模型角度来看，当 PN 结两侧加上正向偏压时，使势垒高度降低到 $q\phi - qV$，如图 2-14 所示。这时的 PN 结已经处于非平衡状态，不可能再有统一的费米能级，但在空间电荷区以外的 P 区和 N 区内，各自仍旧有自己的 $(E_F)_P$ 和 $(E_F)_N$，即在远离空间电荷区的地方，两区中的载流子仍各自分别处于平衡状态。

由前面的假设I可以看到，计算流过 PN 结的电流，最终可归结为计算电子和空穴的扩散电流。根据假设II，流过 BB' 面的电子，一定与流过 AA' 面的一样多，而流过 AA' 面的空穴，也一定流过 BB' 面，这样可得：

$$\text{流过PN结的总电流} = I_n(AA') + I_p(BB') \tag{2-40}$$

式中，$I_n(AA')$ 和 $I_p(BB')$ 分别为流过 AA' 面和 BB' 面的少子扩散电流。

考虑到少子在扩散的同时还要与多子复合而消失，经过复杂的推导[8]，可以得出 PN 结的理想"伏安特性（$I-V$ 特性）方程"为：

$$
\begin{aligned}
I &= qA\left[\sqrt{\frac{D_p}{\tau_p}}(p_0)_N + \sqrt{\frac{D_n}{\tau_n}}(n_0)_P\right]\left[\exp\left(\frac{qV}{kT}\right) - 1\right] \\
&= qA\left[\frac{D_p}{L_p}(p_0)_N + \frac{D_N}{L_n}(n_0)_P\right]\left[\exp\left(\frac{qV}{kT}\right) - 1\right] \\
&= I_s\left[\exp\left(\frac{qV}{kT}\right) - 1\right]
\end{aligned}
\tag{2-41}
$$

式中，τ_p 和 τ_n 称为 N 区和 P 区的非平衡少数载流子的寿命。它反映少数载流子因复合而消失的快慢，它是半导体材料的一个重要参数。而 L_p 和 L_n 代表非平衡少数载流子平均走过的距离，$L_p = \sqrt{D_p\tau_p}$，$L_n = \sqrt{D_n\tau_n}$，称为空穴扩散长度及电子扩散长度。A 表示 PN 结的结面积。对于给定的 PN 结，I_s 为一确定值。当 PN 结接正向偏压时（V 取正值），$\exp(qV/kT) > 1$，上式可近似写为

$$I \approx I_s\exp\left(\frac{qV}{kT}\right) \tag{2-42}$$

（2）PN 结加上反向偏压 V 时（即 P 端接外电源的负极，N 端接外电源的正极）

这时外电源在结处的电场方向与 PN 结内建电场的方向一致，使得结处电场加强。这个电场除抵消了扩散作用之外，还把 P 区中进入空间电荷区的电子（P 区少子）推向 N 区，把 N 区中进入空间电荷区的空穴（N 区少子）推向 P 区。由于能进入空间电荷区的少子数量是有限的，因而这样形成的反向电流很小，而且电流很容易饱和，即在相当的电压范围内，反向电流一直保持不变，我们一般把这种状态称为 PN 结的"反向截止状态"。

研究已经证明，在反向截止状态下仍然可以采用上述的三个基本假设。这样从能带模型角度看，

势垒将加高，由 $q\phi$ 增加到 $q\phi+qV$，如图 2-15 所示。经过与正向状态相同的分析可以得到反向状态下的伏安特性（$I-V$ 特性）方程仍然用式（2-41）表示，只是由于 V 取负值，$\exp(qV/kT)<1$，当 $\exp(qV/kT)$ 的值与 1 相比可以略去时，有：

$$I \approx -I_s \tag{2-43}$$

一般把 I_s 就称为反向饱和电流。

综合上述的讨论，我们用图 2-16 所示的 $I-V$ 特性曲线来表示 PN 结的特性，这种非线性关系也称为"整流特性"。

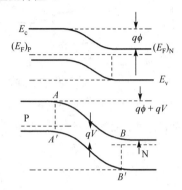

图 2-15　PN 结加反向偏压

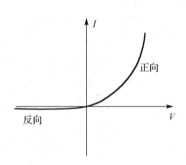

图 2-16　PN 结电压电流特性

3．PN 结的电容效应

我们已经知道，在 PN 结的空间电荷区储存着电量，其数量与加于结上的电压有关，当 PN 结加上交变电压时，所表现出来的特性与电容器的特性相似，这表明 PN 结具有电容效应。PN 结的电容效应有两种：势垒电容和扩散电容。作为研究 PN 结电容效应的基础，本小节将首先介绍 PN 结的电荷、电场及电势分布。

（1）PN 结的电荷、电场及电势分布

按照制作工艺的不同，PN 结可以分为两种主要类型：突变结与缓变结。突变结是指 N 区的施主浓度 N_D 均匀不变，P 区的受主浓度 N_A 也均匀不变，只在结处杂质类型发生突变，如图 2-17 所示（图示是 $N_A > N_D$ 情形）。缓变结一般是用"扩散法"制造的 PN 结，设半导体原有的均匀分布的杂质浓度为 N_A（P 型），扩散进去的 N 型杂质分布为 $N_D(x)$，如图 2-18 所示。图中 $N_D(x)$ 与 N_A 支线之交点即为结处，结的左侧为 N 型（$N_D > N_A$），右侧为 P 型（$N_A > N_D$）。

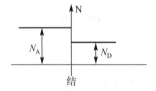

图 2-17　突变 PN 结

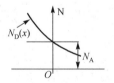

图 2-18　缓变 PN 结

关于空间电荷区的电荷密度的分析一般采用"耗尽层模型"，即认为由于空间电荷区存在电场，自由载流子存留不住而近似为 0，只存在电离施主和电离受主的固定电荷；同时认为空间电荷区的边界是突变的，边界之外的中性区电荷突然下降到 0。因而在突变结中，空间电荷密度在结两侧各点均为常数，在 N 区一侧单位体积中的正电荷数为 $+N_D q$，P 区一侧单位体积的负电荷数为 $-N_A q$，由于电中性的要求，两侧的电量总值应当相等，即：

$$qN_D \times A \times \delta_N = qN_A \times A \times \delta_P \qquad (2-44)$$

式中，A 为 PN 结的结面积；δ_N 和 δ_P 分别为 N 侧和 P 侧空间电荷区的宽度。如图 2-19 所示，两侧阴影部分面积应相等，即：

$$N_D \delta_N = N_A \delta_P \qquad (2-45)$$

可见掺杂重的区域的空间电荷区较窄，而掺杂轻的区域的空间电荷区较宽。

对于缓变结，可以采用线性近似方法使问题简化，即在结附近的杂质分布曲线可以用该处的切线近似代替，这样杂质浓度随距离的变化呈线性关系，如图 2-20 所示。可见在 δ 不很大时，杂质分布在结两侧是对称的，所以结两侧空间电荷区的宽度一样。

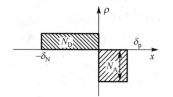
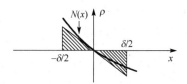

图 2-19 突变 PN 结空间电荷层宽度　　　　　图 2-20 缓变 PN 结空间电荷层宽度

根据 PN 结空间电荷区的电荷密度可以得出其内电场强度 E 与电势 V 的分布。欲求空间电荷区的电场及电势分布，可以采用一维的泊松（Poisson）方程，即：

$$\frac{\mathrm{d}^2 V}{\mathrm{d}x^2} = -\frac{\rho(x)}{\varepsilon_r \varepsilon_0} \qquad (2-46)$$

上式可以写成：

$$\frac{\mathrm{d}}{\mathrm{d}x}\left(\frac{\mathrm{d}V}{\mathrm{d}x}\right) = -\frac{\rho(x)}{\varepsilon_r \varepsilon_0} \qquad (2-47)$$

由此式可以看出电场强度（即电势梯度）随距离的变化与该处的空间电荷密度成比例。

以突变结为例，根据突变结的空间电荷密度分布（图 2-19），可以求得 N 区和 P 区的电势分布规律为：

$$V_N = -\frac{qN_D}{\varepsilon_r \varepsilon_0}\frac{x^2}{2} - \frac{qN_D}{\varepsilon_r \varepsilon_0}\delta_N x \qquad (2-48)$$

$$V_P = \frac{qN_A}{\varepsilon_r \varepsilon_0}\frac{x^2}{2} - \frac{qN_A}{\varepsilon_r \varepsilon_0}\delta_P x \qquad (2-49)$$

因此空间电荷区两端之间的电势差 V_t 为：

$$V_t = \phi - V = V_N\big|_{x=-\delta_N} - V_P\big|_{x=\delta_P} = \frac{q}{2\varepsilon_r \varepsilon_0}(N_D \delta_N^2 + N_A \delta_P^2) \qquad (2-50)$$

这个势差就是接触势差 ϕ 与外加电压 V 之和（当外加正向电压时，V 取正；外加反向电压时，V 取负）。利用式（2-45）和式（2-50），可以求得空间电荷区的总宽度 δ 为：

$$\delta = \delta_N + \delta_P = \left[\frac{2\varepsilon_r \varepsilon_0}{q}\left(\frac{N_D + N_A}{N_D N_A}\right)V_t\right]^{\frac{1}{2}} \qquad (2-51)$$

可见在突变结中，$\delta \propto V_t^{1/2}$。

如突变结一侧为重掺杂，设 $N_A \gg N_D$，即 P$^+$N 结，此时有：

$$\delta \approx \left[\frac{2\varepsilon_r \varepsilon_0}{q} \frac{1}{N_D} V_t \right]^{\frac{1}{2}} \approx \delta_N \qquad (2\text{-}52)$$

可见空间电荷区的宽度，基本上由轻掺杂一侧的杂质浓度决定。

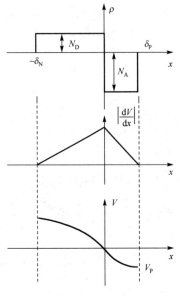

图 2-21　突变 PN 结电荷、电场及电势关系

根据式（2-48）和式（2-49），可见 dV/dx（即电场强度）与 x 呈线性关系。这样突变结空间电荷区的电荷、电场及电势三个量的分布及对应关系如图 2-21 所示。由图 2-21 可见，在结处电场强度 $|dV/dx|$ 最大，从结至空间电荷区边界，电场线性减小到零。根据电场曲线下的面积代表电压的原理，对于掺杂浓度不同的 PN 结来说，电压主要降落在轻掺杂一侧的空间电荷区内，即对 P$^+$N 结，电压主要降落在 N 区一侧空间电荷区，而对 N$^+$P 结，电压主要降落在 P 区一侧空间电荷区。

对于缓变结的讨论所用方法与突变结相同，这里不再赘述。

（2）PN 结的势垒电容

设用 Q 来代表 PN 结空间电荷区的正、负电荷量，根据式（2-44）有：

$$qN_D \times A \times \delta_N = qN_A \times A \times \delta_P = Q \qquad (2\text{-}53)$$

可以得到：

$$\delta_N = \frac{Q}{qN_D A} \qquad (2\text{-}54)$$

$$\delta_P = \frac{Q}{qN_A A} \qquad (2\text{-}55)$$

因此空间电荷区的总宽度可表示为：

$$\delta = \delta_N + \delta_P = \frac{Q}{qA}\left(\frac{N_D + N_A}{N_D N_A} \right) \qquad (2\text{-}56)$$

此式应与式（2-51）等价，可得：

$$Q = A\sqrt{\frac{2\varepsilon_r \varepsilon_0 q N_D N_A}{N_D + N_A}} V_t^{\frac{1}{2}} \qquad (2\text{-}57)$$

因此有：

$$\frac{dQ}{dV_t} = A\sqrt{\frac{\varepsilon_r \varepsilon_0 q N_D N_A}{2(N_D + N_A)}} V_t^{-\frac{1}{2}} \qquad (2\text{-}58)$$

根据 Q 和 V_t 的意义，上式表示空间电荷区中电量随电压的变化，这种变化即具有电容的意义，称为 PN 结的势垒电容 C_t。对上式进行变换，可以写为：

$$C_t = \frac{dQ}{dV_t} = A \frac{1}{\sqrt{\dfrac{2(N_D + N_A)V_t}{\varepsilon_r \varepsilon_0 q N_D N_A}}} = \frac{A\varepsilon_r \varepsilon_0}{\sqrt{\dfrac{2\varepsilon_r \varepsilon_0}{q} \dfrac{(N_D + N_A)}{N_D N_A} V_t}} = \frac{A\varepsilon_r \varepsilon_0}{\delta} \qquad (2\text{-}59)$$

可见势垒电容与平板电容器的电容公式是一样的，因此 PN 结的势垒电容可以等效为一个平板电容器的电容。从式（2-59）中还可见，$C_t \propto (V_t)^{-1/2}$ 或 $1/{C_t}^2 \propto V_t = \phi - V$，因此随着反向电压的加大，$V_t$ 增大，C_t 将减小，电容值是外加电压的函数。

（3）PN 结的扩散电容

PN 结在正向偏置下有少子注入效应，在空间电荷区两侧的少子扩散区内存在着少子电荷的积累，这一部分电荷也与外加电压有关，存在着 dQ/dV 这样一种电容效应，这部分电容称为扩散电容 C_d。根据少子注入的理论可以求得这一电容值，用 Q_p 代表 N 区中注入的空穴总电量，用 Q_n 代表 P 区中注入的电子总电量，可求得：

$$C_d = \frac{dQ_p}{dV_t} + \frac{dQ_n}{dV_t} = \frac{q^2 (p_0)_N A}{kT} L_p \exp\left(\frac{qV_t}{kT}\right) + \frac{q^2 (n_0)_P A}{kT} L_n \exp\left(\frac{qV_t}{kT}\right) \tag{2-60}$$

式（2-60）说明，扩散电容 C_d 随电压的增大按指数规律上升，考虑到式（2-42），C_d 还与正向电流近似成正比。扩散电容与普通电容不同，它实际上是分布在空间电荷区内的非平衡少子与非平衡多子所构成无数小电容的总和。

这样，PN 结的总电容 C_j 是势垒电容 C_t 与扩散电容 C_d 之和，即：

$$C_j = C_t + C_d \tag{2-61}$$

一般来说，正偏时，由于 C_d 通常远大于 C_t，故 $C_j \approx C_d$；而反偏时，由于结边界附近空间电荷区的少子浓度随反偏电压变化很小，故反偏时扩散电容极小，通常可以忽略，此时有 $C_j \approx C_t$。

4. PN 结的击穿

PN 结的击穿有两种情况：电击穿和热击穿。电击穿又可分为两种类型：一种称为"雪崩击穿"，另一种称为"齐纳击穿"，也称为"隧道击穿"。

（1）雪崩击穿

当 PN 结加有反向电压时，空间电荷区的电场强度将随反向电压加大而增强。构成反向电流的少子，在通过空间电荷区时将被电场加强，随着载流子的速度加大，其动能也越来越大，将有可能达到这样一种状态：具有足够能量的载流子与未发生电离的中性原子相碰撞时，能使某些共价键断开，因而产生了电子-空穴对，这一过程称为碰撞电离。新产生的电子-空穴对，在电场中继续被加速，并获得足够的能量，从而使碰撞电离过程不断继续下去，而且产生的载流子数目迅速增加，使反向电流也迅速增大。这种载流子倍增的现象与自然界的雪崩过程相似，称为 PN 结的"雪崩击穿"现象，对应的反向电压 V_B 称为"雪崩击穿电压"。

当考虑雪崩击穿效应时，PN 结的 $I-V$ 特性曲线变为图 2-22 所示，称为"硬击穿"。

（2）齐纳击穿

对于重掺杂的 PN 结，由于空间电荷区的电荷密度大，所以空间电荷区很薄，即 δ 很小，因此不太高的反向电压，就能在空间电荷区内形成很大的电势梯度（电场强度）$\dfrac{dV}{dx}$。在此强电场的作用下，有可能使价带中的电子激发到导带，称为内部场致发射。由于这种效应也使反向电流大大增加，与雪崩击穿有相似之处但又不是雪崩击穿，称为"齐纳击穿"，也称为"隧道击穿"或"软击穿"，其击穿特性与雪崩击穿相比较的结果示于图 2-22。

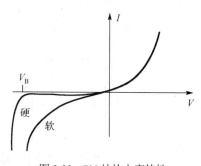

图 2-22　PN 结的击穿特性

利用 PN 结的击穿特性可以构成稳压二极管，由于 PN 结的击穿电压值与半导体的掺杂浓度有关，因此改变半导体的掺杂浓度，就可以获得工作于不同电压范围的稳压二极管。关于这一点可进一步参阅其他参考文献。

（3）热击穿

当反向电压较高，反向电流也较大时，耗散在 PN 结上的功率较大，引起 PN 结温度升高。而结温升高，又使阻挡层内热激发载流子浓度增大，反向电流进一步增大，如果散热不良，结温将继续上升。如此恶性循环，将引起反向电流急剧增大，导致 PN 结击穿。这种由 PN 结过热引起的击穿就是热击穿。热击穿往往导致 PN 结永久性损坏。

2.1.3　金属与半导体的肖特基接触

肖特基接触是一种金属与半导体的接触（简称金半接触）形式，在某些情况下它可以具有非对称的导电特性，其 $I-V$ 关系与 PN 结的类似。这一类接触是某些半导体器件的基本组成部分，其工作特性使得它在射频及微波领域获得了广泛应用。

1.　金半接触的接触电势差——肖特基（Schottky）势垒

金半接触的特性与半导体的导电类型（N 型或 P 型）以及金属和半导体的“逸出功”的相对大小有关。逸出功又称为“功函数”，它是使电子从材料（半导体或金属）体内进入真空所必须赋予电子的能量。确切地说：功函数表示恰好使一个电子从材料的费米能级进入材料外表面真空中，且处于静止状态（动能为 0）所需的能量，如图 2-23 所示。图中把电子在真空中的静止状态表示为真空能级，用 $(E_F)_M$ 和 $(E_F)_S$ 分别代表金属和半导体的费米能级，用 W_M 和 W_S 分别代表金属和半导体的功函数，半导体导带底与真空能级的能量差用 χ_S 表示，称为半导体的电子亲和能。

当金半发生接触而无外加电压、处于平衡状态时，应有统一的费米能级，这与 PN 结的情形一样，也是靠在金属与半导体之间的电子转移，而形成内建电势差（接触电势差）来实现的。

（1）金属与 N 型半导体形成金半接触

① 金属的功函数 W_M 大于半导体的功函数 W_S 时，相对于真空能级，$(E_F)_M$ 比 $(E_F)_S$ 要低，表明电子自半导体中逸出要比从金属中逸出容易。这样，二者接触后，相互交换电子的净结果是半导体中的电子流入金属，金属带负电，半导体中存在由电离施主构成的空间正电荷，故带正电。形成的内建电场是由半导体指向金属，这一电场将阻止电子由半导体继续流向金属，或者说从金属到半导体的电子流与半导体到金属的电子流达到了动态平衡，两者大小相等、方向相反，对外不体现电流。图 2-24 表示了当金属与半导体紧密接触时，接触电势差全部降落在半导体的表面与体内之间的情形。由此图可以看出，金半接触后在半导体表面形成了一个“势垒”，该势垒称为“表面势垒”或“肖特基势垒”，势垒高度同样用 $q\phi$ 表示，其大小为 $(E_F)_S$ 与 $(E_F)_M$ 的差别，或者写为：

$$q\phi = W_M - W_S \tag{2-62}$$

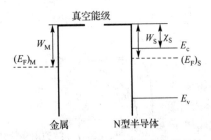

图 2-23　金属和 N 型半导体能带结构

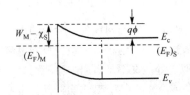

图 2-24　金属和 N 型半导体接触势垒

ϕ称为"扩散势"或"内建电势"。在半导体内的导带电子，只有获得$q\phi$的能量才能越过势垒由半导体进入金属。从金属方面看，电子只有具有从$(E_F)_M$到半导体表面处导带底的能量，才能由金属进入半导体，因此金属一侧的势垒高度为：

$$q\phi + [E_c - (E_F)_S] = W_M - \chi_S \tag{2-63}$$

由以上分析可知，当金属与N型半导体接触时，若$W_M > W_S$，在半导体表面处形成正的空间电荷区，电场方向由半导体体内指向表面，即半导体表面电势较体内电势低。若半导体体内电势为0，半导体表面电势用V_S代表，则有$V_S < 0$，这时半导体表面电子势能高于体内，能带向上弯曲形成表面势垒，表面处由于电子逸出而使浓度较体内小。势垒区也称为"阻挡层"，它具有整流作用，或称导电的不对称性。

② 若金属的功函数W_M小于半导体的功函数W_S，此时应有由金属流向半导体的电子净转移，结果金属带正电、半导体带负电，电场方向由金属指向半导体，半导体表面电势高于体内电势，半导体表面处电子势能较体内低，能带向下弯曲，如图2-25所示。由于能带向下弯曲，表明半导体表面电子浓度较体内高，是一个高导电区，称为"反阻挡层"，它是非整流接触。

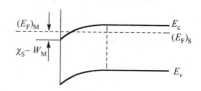

图2-25 金属和N型半导体接触反阻挡层

（2）金属与P型半导体形成金半接触

金属与P型半导体形成金半接触的情形正好与N型相反，当$W_M > W_S$时，形成反阻挡层，而$W_M < W_S$时，形成阻挡层。

必须说明的是，虽然肖特基势垒的高度可用式（2-62）表达，但实际测量的金半接触的肖特基势垒高度值与金属的功函数W_M的关系不大，这主要与金属的"表面态"有关，这里不再论述了。

2. 金半接触的整流特性

这里仅以金属与N型半导体接触构成金半结，而且$W_M > W_S$的情况为例说明金半接触的整流特性。

（1）金半结两端施加正向偏压V（即金属端接外电源的正极，而N型半导体端接外电源的负极）

由于阻挡层（势垒区）中电子浓度小于体内电子浓度，是一个高阻区，因而外加电压基本上降落在阻挡层内。此时的外电场方向与内建电场方向相反，它将使内建电场削弱，势垒高度降低，从平衡

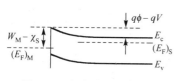

图2-26 金半结加正向偏压

状态的$q\phi$降到$q(\phi-V)$，如图2-26所示。这时，从金属流向半导体的电子流不变（因金属一侧势垒高度未变），但从半导体到金属的电子流却因势垒高度的降低而增强，我们把这种情况称为"正向导通"。由于半导体中电子浓度按能量的指数变化，因此对势垒高度的变化非常敏感，故这种正向电流将随外加正向电压按指数规律变化。根据"热电子发射模型"，经过复杂的推导[8]，可以得出金半结的理想"伏安特性（$I-V$特性）方程"为：

$$I = I_s \left[\exp\left(\frac{qV}{kT}\right) - 1 \right] \tag{2-64}$$

式中，$I_s = Aqn\bar{v}_{th}\exp(-q\phi/kT)$为反向饱和电流。$A$为金半接触面积，$q$为电子电量，$n$为电子浓度，$\bar{v}_{th}$为电子在垂直金半接触面方向上的热运动速度平均值，$\exp(-q\phi/kT)$为玻尔兹曼因子，$n\exp(-q\phi/kT)$表示能达到势垒顶的电子浓度，$I_s$一般为一常数，但实际上对外加电压有一定依存关系。

（2）金半结两端施加反向偏压 V （即金属端接外电源的负极，而 N 型半导体端接外电源的正极，V 取负值）

外电场方向与内建电场方向一致，将使势垒升高，从平衡状态的 $q\phi$ 升高到 $q(\phi+V)$ ，如图 2-27 所示。这时从金属流向半导体的电子流仍旧不变，但从半导体流向金属的电子流大大削弱，所以反向电流是由金属流向半导体的电子构成的，而且这一反向电流比 PN 结的反向电流要大。

式（2-64）对于施加反向电压的情况也是适用的，只是用于反向时 V 取负值。

综合上述，可以把金半结的 $I-V$ 特性曲线表示为图 2-28，具有明显的整流特性。图中也画出了 PN 结的 $I-V$ 特性曲线，由图可以看到金半接触的 $I-V$ 特性与 PN 结的相似，但也有不同之处：导通电压较低、正向压降较小、正反向电流较大、反向耐压较低及较强的非线性程度。由于 $I-V$ 特性曲线较陡，因此在同样偏压下具有较小的结电阻，而且当外加大信号交流电压时可导致微分电导（$\mathrm{d}I/\mathrm{d}V$）有较陡的变化。人们利用金半接触实际上要比 PN 结早得多，如最早的"矿石收音机"等，即是金半接触的整流或检波特性的应用。

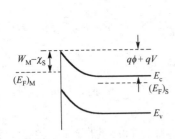

图 2-27　金半结加反向偏压

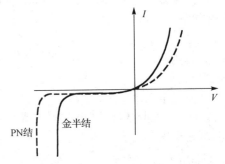

图 2-28　金半结的电压电流特性

3．金半接触的电容效应

（1）势垒电容

金半接触所形成的金半结也具有结电容，电容值也是外加电压的函数。金半接触结可以看做是单边突变结，因此根据求 PN 结空间电荷区宽度所使用的方法，求出金半（N 型）接触结半导体一侧的势垒区宽度与偏压的关系为：

$$\delta = \left[\frac{2\varepsilon_r\varepsilon_0}{q} \frac{1}{N_D} V_t \right]^{\frac{1}{2}} \tag{2-65}$$

式中，$V_t = \phi - V$ ，N_D 为 N 型半导体的掺杂浓度。根据平板电容器的电容计算公式可得：

$$C_t = \frac{A\varepsilon_r\varepsilon_0}{\delta} = A \left[\frac{q\varepsilon_r\varepsilon_0}{2V_t} N_D \right]^{\frac{1}{2}} \tag{2-66}$$

代入典型的参数可以计算出其电容量。与 PN 结对比还可以看出在同样结面积和同样掺杂浓度下，金半结的势垒电容远比 PN 结小。

（2）扩散电容

通过金半结的工作特性我们可以看到，金半结的电流构成与 PN 结并不相同，PN 结的正向电流是通过少子注入所形成的扩散电流，是少子形成电流，在空间电荷区的两侧边界处都有少子堆积。但金半接触结（MN 结）的正向电流是从 N 型半导体流向金属的电子电流，是多子电流，它不存在少子积累的问题，因而也就不存在扩散电容效应，这是金半结与 PN 结的显著区别。

综合来看，PN 结的"大"电容限制了 PN 结开关速度的提高，导致其导电特性的改变来不及跟上外加高频交流电压的变化；而金半结的电容较 PN 结小，可大大减小对正偏非线性电阻的旁路作用，"开关"特性好，这是以金半结为基础构成的半导体元件在射频和微波领域获得广泛应用的主要原因所在。

4．金半接触的击穿

金半结势垒区宽度较薄，反向击穿电压比 PN 结低，因此不能承受大的功率。其击穿的具体分析这里不再涉及了。

下面小结一下，综合上面的内容，可以看出金半结与 PN 结从特性上有许多相似的地方，也有诸多不同之处，表 2-2 给出两种结特性的比较。

表 2-2　金半结与 PN 结的特性比较

名称	金半结（肖特基结）	PN 结
载流子运动方式	多数载流子的运动	少数载流子的扩展运动
伏安特性	明显的整流特性；导通电压较低；正向压降较小；正反向电流较大；反向耐压较低及较强的非线性程度；反向饱和电流与外加电压有一定关系	导通电压高；正向电流小；非线性程度稍弱；反向饱和电流保持稳定，基本不随外加电压变化
结电阻	比较小（微分电导变化陡峭），常用于阻性变频器	比较大
结电容	仅由势垒电容构成，容值小	由势垒电容和扩展电容构成，容值大，常用于实现参量变频器
串联电阻	比较小	比较大
击穿电压	比较低	比较高
功率容量	比较小	比较大

2.1.4　金属与半导体的欧姆接触

我们知道，任何一种半导体器件都需要从器件芯片晶体的各部分做出金属电极引线。一个以 PN 结为基本结构的二极管，就需要从 N 区和 P 区做出两条电极引线，晶体三极管就需要引出三条电极引线，这也是一种金属与半导体的接触形式。这种接触显然不能是具有整流特性的肖特基接触，如一个 PN 结二极管，如果引线与半导体是整流接触，则等效于在 PN 结的两端各再附加一个肖特基二极管，如图 2-29 所示，此时无论外加电压极性如何，总会有一个附加二极管处

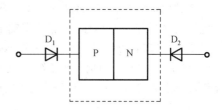

图 2-29　两端非欧姆接触 PN 结管

于反向，结果 PN 结的正向特性则根本无法显示出来。此外，这种接触显然也不能具有大的接触电阻，否则也将会等效于在 PN 结的两端各再附加一个大电阻，会严重影响 PN 结的特性。

由此可以看出，这种金属引线与半导体的接触只能是没有整流特性的接触，或者说接触应该具有对称的、线性的 $I-V$ 特性，同时还要求接触电阻尽可能小，我们把这样一种接触称为"欧姆接触"。没有良好的欧姆接触，器件性能就发挥不出来，所以无论对哪种器件，实现欧姆接触都是非常重要的。

通过前一节对于金半接触反阻挡层的了解，我们已经知道金半接触的反阻挡层是一个高电导的薄层，没有整流特性，对电流的影响也很小。但是我们知道，金半接触的势垒与金属的功函数关系不大，故无法由选择金属来形成反阻挡层。不过从这一点人们受到启发，在实践中可以采用下述方法构成欧姆接触：在欲形成欧姆接触的 N 型（或 P 型）半导体上先形成一层重掺杂 N^+（或 P^+）层，然后再与金属接触，即为金属-N^+-N 或金属-P^+-P 结构。

以金属-N^+-N 结构为例：首先，金属与重掺杂半导体接触时，金半接触在半导体内形成的势垒层

（或称阻挡层）的厚度会很薄，这点由式（2-65）可以看到（与 PN 结类似，重掺杂一侧的空间电荷区宽度小）。对于金属和半导体两侧的电子来说，这样薄的势垒区几乎是透明的，即两侧电子可以不需越过势垒而是通过隧道效应"钻"到对方去，如图 2-30 所示。这样在相当大的电流范围内，电流与电压关系近似为线性，如图 2-31 所示。其次，N^+N 结的能带可见图 2-32，由于势垒高度 $q\phi$ 较低，结的空间电荷区也较窄，不能认为空间电荷区处于"耗尽"状态，因而也就不是高阻区。当其上施加偏压时，外加电压就不是降落在空间电荷区，而是降落在结两侧的半导体上。多数载流子在 N^+N 结之间可以认为是不受阻碍地自由流动。这样，金属-N^+-N 结构就体现出了欧姆性的 $I-V$ 关系。

图 2-30　隧道效应　　　　图 2-31　欧姆接触的电压电流特性　　　　图 2-32　N^+N 结势垒

2.1.5　N 型砷化镓（GaAs）半导体特性

N 型砷化镓（GaAs）半导体材料（或其他 III-V 族及 II-VI 族化合物，如磷化铟 InP、碲化镉 CdTe、硒化锌 ZnSe 等具有相似特性）在射频和微波频段获得了广泛应用，可作为微波毫米波放大、振荡等器件的核心，也是目前最广泛采用的微波毫米波集成电路的基板材料。这里主要对半导体材料本身的特性作简单介绍。

1. N 型砷化镓（GaAs）的能带结构

N 型 GaAs 的能带具有特殊结构，在它的导带中电子有两种能量状态，电子除了位于具有极小能量值的中心能谷外，还可以在子能谷中存在，子能谷的能量比中心能谷的能量高，称为"高能谷"，相比较于子能谷，中心能谷称为"低能谷"，其电子能量状态与运动状态（动量）关系如图 2-33 所示，称为"双谷结构"。

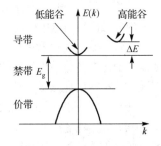

图 2-33　N 型 GaAs 的能带模型

研究和实验已经证明[2][3]：

（1）在 300K 时，导带底和价带顶之间的禁带宽度 E_g 约为 1.43eV，而导带中高低能谷的能量差 ΔE 约为 0.36eV。

（2）低能谷中的电子有效质量约为 $m_1^* = 0.068m_0$，m_0 是电子的重力质量（$m_0 = 9.108 \times 10^{-28}$ g），它的迁移率为 $\mu_1 = 4000 - 8000\,\text{cm}^2/(\text{V}\cdot\text{s})$。

（3）高能谷中的电子有效质量约为 $m_2^* = 1.2m_0$，它的迁移率为 $\mu_2 = 100 - 150\,\text{cm}^2/(\text{V}\cdot\text{s})$。

（4）高低能谷的能态密度差别极大，高能谷的能态密度约是低能谷的能态密度 60 倍。

由此可见：

① 低能谷中的电子是"轻"电子及"快"电子，而低能谷中的电子是"重"电子及"慢"电子。

② 在室温下（$T_0 = 290K$），电子的平均热动能为 $kT_0 = 0.025\text{eV}$，要远小于高低能谷的能量差，因而电子基本处于低能谷，只有当外加足够高的电压以产生足够高的电场强度时，电子才可能获得足够大的动能跃迁到高能谷上去。

③ 由于禁带宽度 E_g 远大于高低能谷的能量差 ΔE，故在电子跃迁过程中一般不会发生雪崩击穿。

④ 由于高低能谷的能量差较小，在较低电压下（一般小于 10V）就能使电子开始发生跃迁。

⑤ 低能谷中的电子在获得足够大的能量时可以全部跃迁到高能谷中去，同时也保证了处在高能谷中的电子，在能量未减小时反跃迁回低能谷的概率很小。

N 型砷化镓半导体材料电子的这种跃迁称为"电子转移效应"。

2．N 型砷化镓的速度-电场特性和 $I-V$ 特性

（1）$E < E_a$

在室温下，由于外加电场 E 很小，GaAs 中的电子几乎都处于低能谷，电子全部是快电子。设 n_1 和 n_2 分别为低和高能谷的电子密度，$n_0 = n_1 + n_2$ 为材料中的总电子密度。此情况下应有：

$$\begin{cases} n_1 = n_0 \\ n_2 = 0 \end{cases} \quad 0 \leqslant E \leqslant E_a \tag{2-67}$$

这时的电子平均漂移速度 $\bar{v}$ 为：

$$\bar{v} = \bar{\mu}E = \mu_1 E = v_1 \tag{2-68}$$

式中，$\bar{\mu}$ 为电子的平均迁移率，v_1 为低能谷电子的漂移速度。可见此时平均漂移速度就是低能谷的电子漂移速度，平均迁移率就是低能谷的电子迁移率。相应的电流密度为 $J = n_0 q \bar{v} = n_0 q \mu_1 E$，可见在外加电场 E 较小时（$E < E_a$），电子平均漂移速度 $\bar{v}$ 及由电子构成的电流密度 J 与外加电场 E 呈线性正比关系，图 2-34 曲线的前一段（$E < E_a$）表示了其速度（电流密度）-电场特性，可以看到这一段是直线，直线斜率即是低能谷的电子迁移率 μ_1（$n_0 q \mu_1$）。由于电流 $I \propto J$、外加电压 $V \propto E$，I 与 V 也呈线性正比关系，可以画出其 $I-V$ 特性曲线如图 2-35 前半段（$V < V_a$）。

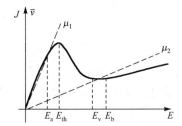

图 2-34　N 型 GaAs 的速度电场特性

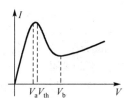

图 2-35　N 型 GaAs 的电压电流特性

（2）$E_a \leqslant E \leqslant E_b$

当外加电压继续增大，材料内电场也不断加强，将有一部分电子从电场获得大于 0.36eV 的能量，开始由低能谷向高能谷转移，从快电子变成慢电子，直到电场足够高使电子全部跃迁到高能谷中时为止。

在这一电场区间内，电子密度 n_0、电子平均迁移率 $\bar{\mu}$、平均漂移速度 $\bar{v}$ 和相应电流密度 J 可以求出为：

$$\begin{cases} n_0 = n_1 + n_2 \\ \bar{\mu} = \dfrac{n_1 \mu_1 + n_2 \mu_2}{n_0} \\ \bar{v} = \bar{\mu}E = \dfrac{n_1 \mu_1 + n_2 \mu_2}{n_0} E \\ J = n_0 q \bar{v} = (n_1 \mu_1 + n_2 \mu_2) qE \end{cases} \quad E_a < E \leqslant E_b \tag{2-69}$$

由于有部分电子发生了跃迁而另一部分尚未跃迁，这一区间电子的平均漂移速度及相应的电流密度将是电场的复杂函数。由于随着电场的增加，n_1 将逐渐减少而 n_2 将逐渐增大，即快电子越来越少而慢电子越来越多，因为 $\mu_1 >> \mu_2$，平均迁移率将大大下降，一旦平均迁移率下降的影响超过电场 E 增大的影响时，平均漂移速度也将动态下降。这时在速度（电流密度）-电场曲线的 $E_a \leqslant E \leqslant E_b$ 区间将有峰点和谷点出现，如图 2-34 的中间段（$E_a < E \leqslant E_b$）所示。显然，在峰点和谷点间的这段曲线上任一点的斜率均为负值，即：

$$\mu_d = \frac{d\overline{v}}{dE} < 0 \qquad (2\text{-}70)$$

式中，μ_d 称为电子的微分迁移率。微分迁移率由正变负所经过的零值处所对应的电场 E_{th} 称为阈值电场（为 3~4kV/cm），对应的外加电压称为阈值电压 V_{th}。而微分迁移率由负变正所经过的零值处所对应的电场为 E_v。可见负微分迁移率段即是 $E_{th} < E < E_v$。

由于 $J = \sigma E = n_0 q \overline{v}$，因此有：

$$\sigma_d = \frac{dJ}{dE} = n_0 q \frac{d\overline{v}}{dE} = n_0 q \mu_d < 0 \qquad (2\text{-}71)$$

式中，σ_d 称为材料的微分电导率，可见微分电导率也是负值。由于电流 $I \propto J$、外加电压 $V \propto E$，I 与 V 也呈反比关系，可以画出其 $I-V$ 特性曲线如图 2-35 中间段（$V_a < V < V_b$）。在这种情况下，半导体材料对外加电压将体现出"负阻"特性，转移电子器件振荡器和放大器等就是利用了这种负阻而工作的。

（3）$E > E_b$

当电场大于 E_b 时（约为 40kV/cm），低能谷中的电子已经全部转移到高能谷，这时有：

$$\begin{cases} n_1 = 0 \\ n_2 = n_0 \\ \overline{\mu} = \mu_2 \\ \overline{v} = \overline{\mu}E = \mu_2 E = v_2 \\ J = n_0 q \overline{v} = n_0 q \mu_2 E \end{cases} \qquad E > E_b \qquad (2\text{-}72)$$

式中，v_2 为高能谷电子的漂移速度。可见电子平均漂移速度 $\overline{v}$ 及电流密度 J 又与外加电场 E 呈线性正比关系，图 2-34 曲线的后一段（$E > E_b$）表示了其速度（电流密度）-电场特性，可以看到这一段也是直线，直线斜率即是高能谷的电子迁移率 μ_2（$n_0 q \mu_2$）。同样 I 与 V 也呈线性正比关系，可以画出其 $I-V$ 特性曲线如图 2-35 后半段（$V > V_b$）。但考虑到此时电场已经大于 10kV/cm，电子漂移速度趋于饱和，所以曲线不再线性上升而是趋于平坦。

综上所述，具有电子转移效应并因此而出现负微分电导率的半导体材料，一般要满足下列要求：

① 导带具有多能谷结构，且高能谷的电子迁移率应远小于低能谷的电子迁移率。

② 高能谷的能量必须比低能谷的能量高几个 kT，即高低能谷能量差要远大于电子在低能谷时的热运动动能，这样才能保证在无外电场时电子处于低能谷。

③ 禁带宽度应大于高低能谷的能量差，否则会因击穿所引起的电流增大而掩盖了谷间电子转移所引起的负微分电导现象。

磷化铟（InP）等其他几种半导体材料正是由于也具有这样的能带结构而体现了电子转移造成的负阻。以 InP 为例，其电子转移进行得比 GaAs 还快，因而峰-谷电流比较高，负微分迁移率也较大，图 2-36 表示了 InP 与 GaAs 峰-谷电流比的比较。

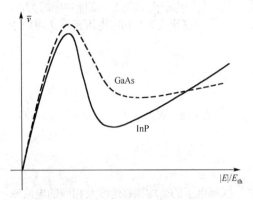

图 2-36 InP 与 GaAs 的峰谷电流比

2.1.6　异质结

通常的 PN 结是由同一种半导体材料的相邻区进行不同元素的掺杂而构成的，结两侧禁带宽度相同，通常称为同质结。本节将要介绍的异质结，即由两种不同的半导体材料构成的结。虽然异质结的概念早在 1951 年就已经提出来了，并进行了一定的理论分析工作，但是由于工艺水平的限制，直到气相外延生长技术开发成功，异质结才在 1960 年得以实现。1969 年第一次用异质结制成了激光二极管，之后半导体异质结的研究和应用才日益广泛起来。异质结通常具有两种半导体各自的 PN 结都不能达到的优良的光电特性，使它适宜于制作超高速开关器件、太阳能电池以及半导体激光器等。

1. 异质结结构

异质结是由两种不同的半导体单晶材料结合而成的，根据这两种半导体材料的导电类型不同，异质结分为以下几类。

（1）同型异质结

同型异质结是指由导电类型相同的两种不同的半导体单晶材料所形成的异质结，即 P-p 结或 N-n 结。

（2）异型异质结

异型异质结是指由导电类型相反的两种不同的半导体单晶材料所形成的异质结，即 P-n 或 p-N 结，例如由 P 型 Ge 与 N 型 Si 构成的结即为反型异质结，并记为 pn-Ge/Si 或 p-Ge/n-Si。

（3）多层异质结

多层异质结是一种更为复杂的情形，由多种不同半导体材料形成的，有时称为异质结构，工艺上就是将不同材料的半导体薄膜，依先后次序沉积在同一基底上。从结构及制造工艺来讲复杂了很多，但同时也呈现出一些特殊的特性，如

①　量子效应：因中间层的能阶较低，电子很容易掉落下来被局限在中间层，而中间层可以只有几十埃（1 埃=10^{-10} m）的厚度，因此在如此小的空间内，电子的特性会受到量子效应的影响而改变。

②　迁移率变大：在一般的半导体材料中，自由电子会受到杂质的碰撞而减低其行动能力，然而在异质结构中，可将杂质加在两边的夹层中，该杂质所贡献的电子会进入到中间层，因其有较低的能量。因此在空间上，电子与杂质是分开的，所以电子的行动就不会因杂质的碰撞而受到限制，因此其迁移率就可以大大增加，这也是形成高速组件的基本要素之一。

③　奇异的二度空间特性：因为电子被局限在中间层内，其沿夹层的方向是不能自由运动的，因此该电子只剩下二个自由度的空间，半导体异质结构因而提供了一个非常好的物理系统可用于研究低维度的物理特性。低维度的电子特性相当不同于三维者，如电子束缚能的增加、电子与空穴复合率变大，量子霍尔效应，分数霍尔效应等。科学家利用低维度的特性，已做出各式各样的组件，其中就包含有光纤通信中的高速光电组件。

2. 异质结的能带图

异质结的能带结构取决于形成异质结的两种半导体的电子亲和能、禁带宽度、导电类型、掺杂浓度和界面态等多种因素，因此不能像同质结那样直接从费米能级推断其能带结构的特征。

（1）突变异型异质结能带图

图 2-37 表示禁带宽度分别为 E_{g1} 和 E_{g2} 的 P 型半导体和 N 型半导体在形成异质 PN 结前的热平衡能带图，$E_{g1}<E_{g2}$。W_1、W_2 分别是两种材料的功函数；χ_1、χ_2 分别是两种材料的电子亲和能。总之，用下标"1"和"2"分别表示禁带宽度小和大的半导体材料的物理参数。

当二者紧密接触时，跟同质 PN 结一样，电子从 N 型半导体流向 P 型半导体，空穴从 P 型半导体流向 N 型半导体，直至两块半导体的费米能级相等时为止。这时两块半导体有统一的费米能级，并在交界面的两边形成空间电荷区。作为理想模型不考虑界面态，空间电荷区中正、负电荷数相等。正、负空间电荷之间产生电场，形成内建电场。因为存在电场，电子在空间电荷区中各点有不同的附加电势能，即能带弯曲，其总弯曲量仍等于二者费米能级之差。

与传统单材料 PN 结不同的是，因为两种半导体材料的介电常数不同，内建电场在交界面处不连续；同时因为两种材料的禁带宽度不同，能带弯曲出现新的特征。对于图 2-37 所示窄禁带材料的禁带包含于宽禁带材料的禁带之中的情况，禁带宽度不同使能带弯曲出现如图 2-38 所示的两个特征。

① 界面处导带在 N 型侧翘起一个"尖峰"，在 P 型侧凹下一个"凹口"。

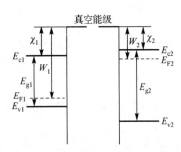

图 2-37　形成突变 PN 异质结之前的平衡能带图　　图 2-38　形成突变 PN 异质结之后的平衡能带图

② 导带和价带在界面处都有突变。导带底在界面处的突变就是两种材料电子亲和能之差：

$$\Delta E_c = \chi_1 - \chi_2 \tag{2-73}$$

而价带顶的突变是禁带宽度之差的剩余部分，即

$$\Delta E_v = (E_{g1} - E_{g2}) - (\chi_1 - \chi_2) \tag{2-74}$$

以上二式对所有突变异质结普遍适用。其中 ΔE_c 和 ΔE_v 分别称为导带阶和价带阶。

图 2-39 和图 2-40 为 N 型窄禁带材料与 P 型宽禁带材料构成的突变异质结的能带图，情况与上述类似。

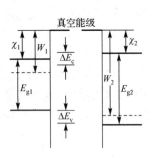

图 2-39　形成突变 PN 异质结之前的平衡能带图　　图 2-40　形成突变 PN 异质结之后的平衡能带图

（2）突变同型异质结的能带图

图 2-41 为都是 N 型的两种不同禁带宽度半导体形成异质结前、后的平衡能带图。当这两种半导体材料紧密接触形成异质结时，由于宽禁带材料比窄禁带材料的费米能级高，因此电子将从前者流向后者。结果在禁带窄的一边形成电子的积累层，而另一边形成耗尽层。这种情况和异型异质结不同。对于异型异质结，两种半导体材料的交界面两边都成为耗尽层。而在同型异质结中，一般必有一边成为积累层。

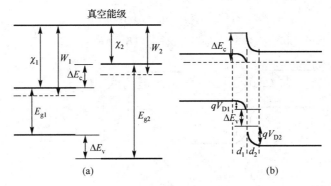

图 2-41　NN 型异质结的平衡能带图

图 2-42 为 PP 型异质结在热平衡状态时的能带图。其情况与 NN 型异质结类似。

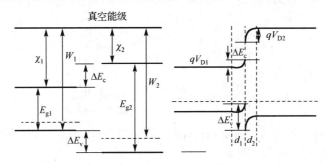

图 2-42　PP 型异质结的平衡能带图

3．异质结的电流

半导体异质结的电流电压关系比同质结复杂得多。迄今已针对不同情况提出了多种模型如扩散模型、发射模型、发射—复合模型、隧道模型和隧道—复合模型等，以下根据实际应用的需要，主要以扩散—发射模型说明半导体突变异质结的电流电压特性及注入特性。

如图 2-43 所示，半导体异质 PN 结界面导带连接处存在一个尖峰势垒，根据尖峰高低的不同，可有图 2-43(a) 和图 2-43(b) 所示的两种情况：宽禁带 N 区势垒尖峰的顶低于窄禁带 P 区导带的底，称为负反向势垒（低势垒尖峰）；N 区势垒尖峰的顶高于 P 区导带的底，称为正反向势垒（高势垒尖峰）。

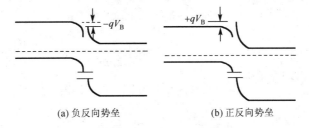

(a) 负反向势垒　　　　　(b) 正反向势垒

图 2-43　半导体异质 PN 结两种势垒

（1）负反向势垒（低势垒尖峰）

图 2-44 表示负反向势垒异质结在零偏压和正偏压情况下的能带图。这种结与同质结的基本情况类似，在正偏压下载流子主要通过扩散运动的方式越过势垒，不同的是结两侧多数载流子面临的势垒高度不同。热平衡时，电子势垒和空穴势垒为：

$$q(V_{D1}+V_{D2}) - \Delta E_c = qV_D - \Delta E_c \tag{2-75}$$

$$q(V_{D1}+V_{D2})+\Delta E_v = qV_D+\Delta E_v \tag{2-76}$$

加正向偏压 U 时，电子势垒和空穴势垒分别变为 $q(V_D-U)-\Delta E_c$ 和 $q(V_D-U)+\Delta E_v$，二者相差很大。

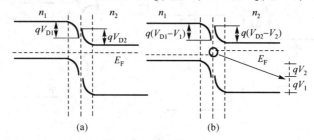

图 2-44 负反向势垒能带图

按求解同质 PN 结电流方程式的相同方法和过程，求得正偏压下电子和空穴的扩散电流密度分别为

$$J_n = \frac{qD_{n1}n_{20}}{L_{n1}}\exp\left[-\frac{qV_D-\Delta E_c}{kT}\right]\left[\exp\left(\frac{qU}{kT}\right)-1\right] \tag{2-77}$$

$$J_p = \frac{qD_{p2}p_{10}}{L_{p2}}\exp\left[-\frac{qV_D+\Delta E_c}{kT}\right]\left[\exp\left(\frac{qU}{kT}\right)-1\right] \tag{2-78}$$

以上两式中，若两侧材料的多子密度 n_{20} 和 p_{10} 在同一数量级，则指数前面的系数也在同一数量级，消去相同因式后，二者最大的不同在于

$$J_n \propto \exp\left(\frac{\Delta E_c}{kT}\right); \quad J_p \propto \exp\left(\frac{-\Delta E_v}{kT}\right) \tag{2-79}$$

对于由窄禁带 P 型半导体和宽禁带 N 型半导体形成的异质 PN 结，ΔE_c 和 ΔE_v 都是正值，一般其值较室温时的 kT 值大得多，故 $J_n \gg J_p$，表明通过异质 PN 结的电流主要是电子电流，空穴电流比例很小，正向电流密度可近似为 J_n，其值随电压指数增大。

（2）正反向势垒（高势垒尖峰）

图 2-45 表示正反向势垒加正向电压时的能带图，设 U_1 和 U_2 分别为所加电压 U 在 P 区和 N 区的降落。利用讨论肖特基势垒电流的热电子发射模型，计算出在正偏压下由 N 区注入 P 区的电子电流密度为：

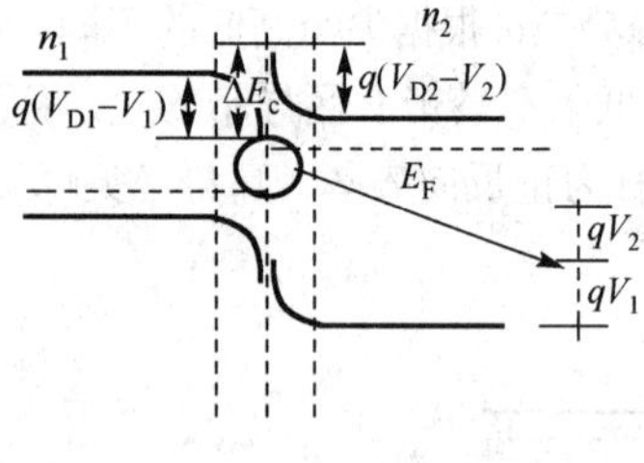

$$J_2 = qn_{20}\left(\frac{kT}{2\pi m_2^*}\right)^{1/2}\exp\left[-\frac{q(V_{D2}-U_2)}{kT}\right] \tag{2-80}$$

图 2-45 正反向势垒加正偏压的能带图

从 P 区注入 N 区的电子流密度为

$$J_1 = qn_{20}\left(\frac{kT}{2\pi m_1^*}\right)^{1/2}\exp\left[-\frac{q(V_{D2}+U_1)}{kT}\right] \tag{2-81}$$

以上两式中利用了 $n_{10} = n_{20}\exp\left(-\dfrac{qV_D-\Delta E_c}{kT}\right)$ 的关系，于是，总电子电流密度为

$$J = J_2-J_1 = qn_{20}\left(\frac{kT}{2\pi m^*}\right)^{1/2}\exp\left(\frac{-qV_{D2}}{kT}\right)\left[\exp\left(\frac{qU_2}{kT}\right)-\exp\left(\frac{-qU_1}{kT}\right)\right] \tag{2-82}$$

式中 $m^*=m_1^*=m_2^*$。由于异质结情况的复杂性，由热电子发射模型推出的这个结论也只得到了部分异

质结实验结果的证实。对正偏压，式中第二项可以略去，即由 P 区注入 N 区的电子流很小，正向电流主要由从 N 区注入 P 区的电子流形成，这时上式简化为

$$J \propto \exp\left(\frac{qU_2}{kT}\right) \propto \exp\left(\frac{qU}{kT}\right) \qquad (2\text{-}83)$$

这说明发射模型也同样能得到正向电流随电压按指数关系增加的结论。

以上结果不能用于反偏置情况。因为反偏置时电子流从 P 区注入 N 区，反向电流的大小由 P 区少数载流子浓度决定，在较大的反向电压下电流应该是饱和的。

从上面分析可以看出，由于采用了不同的材料，异质结界面上存在的能带不连续性会形成复杂的能带形状，因此可以通过对不同材料及不同掺杂的异质结界面能带形状的适当设计，使器件中电子和空穴按照某一特定的规律运动，从而使器件具有所期望的某种良好性能。例如异质结双极型晶体管、高电子迁移率管、半导体激光器等都是利用了异质结的适当的能带设计。当然，要实现这些器件，不仅需要对异质结理论有深入的理论研究，还需要高水平的工艺条件。

2.2　肖特基势垒二极管

肖特基势垒二极管是利用金属与半导体接触形成肖特基势垒而构成的一种微波二极管，它对外主要体现出非线性电阻特性，是构成微波阻性混频器、检波器、低噪声参量放大器、限幅器和微波开关等的核心元件。本节介绍肖特基势垒二极管的结构、等效电路、伏安特性和特性参量。

2.2.1　肖特基势垒二极管的结构

实际应用的肖特基势垒二极管有两种管芯结构：点接触型和面结合型，如图 2-46 所示。点接触型管芯结构用一根金属丝（一般是钨丝）压接在 N 型半导体外延层表面上而形成金半接触。而面结合型管芯先要在 N 型半导体外延层表面上生成二氧化硅（SiO_2）保护层，再用光刻的办法腐蚀出一个小孔暴露出 N 型半导体外延层表面，在其上淀积一层金属膜（一般采用金属钼或钛，称为势垒金属）形成金半接触，其上再蒸发或电镀一层金属（金、银等）构成电极。这两种管芯结构的半导体一侧都采用重掺杂 N+层作衬底，并在其上形成欧姆接触的电极。这样制作成的管芯是长 1000μm、宽 1000μm、厚 10μm 的薄片。

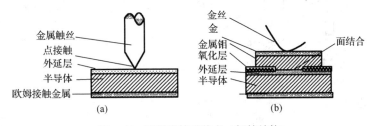

图 2-46　两种肖特基势垒二极管结构

根据上述两种类型管芯的工艺和结构不同，它们分别称为点接触二极管和肖特基表面势垒二极管（简称肖特基势垒二极管），但它们的工作原理都是依靠金半接触形成的肖特基势垒结，但从性能方面来讲后者要优于前者，主要原因在于以下几个方面。

（1）点接触管表面不易清洁，针点压力会造成半导体表面畸变，因而其接触势垒不是理想的肖特基势垒，受到机械震动时还会产生颤抖噪声。但面结合型管子金半接触界面比较平整，不暴露而较易清洁，其接触势垒几乎是理想的肖特基势垒。

（2）不同的点接触管子生产时压接压力不同，使肖特基结的直径不同，因此性能一致性差，可靠性也差。但面结合型管子由于采用平面工艺，因此管子性能稳定、一致性好、不易损坏。

因为这些原因，面结合型管子获得了广泛应用。

点接触型和面结合型二极管的典型封装结构可采用"炮弹式"、"同轴式"、"微带式"等。肖特基势垒二极管还有其他一些变形：如将点接触和平面工艺优点结合起来的触须式肖特基势垒二极管，取消管壳、靠加厚的引线来支撑的梁式引线肖特基势垒二极管等。

2.2.2 等效电路

如把管芯封装造成的影响考虑在内，可得到两种类型管子的等效电路如图 2-47 所示，它们的电路形式一样，但元件的具体参数不同。图中虚线框部分表示管芯，其余为封装寄生元件。

在图中几个关键元件的名称和意义解释如下：

（1）R_j 称为二极管的非线性结电阻，是阻性二极管的核心等效元件。R_j 随着加于二极管上的偏压改变，正向时约为几个欧姆，反向时可达兆欧量级。

（2）C_j 称为二极管的非线性结电容，由于金半结管子不存在扩散电容，故这一电容就是金半结的势垒电容 C_t，其表达式为式（2-59）。它随二极管的工作状态而变，其数值在百分之几到一个皮法（pF）之间。

（3）R_s 称为半导体的体电阻，又称为串联电阻。点接触型管子的 R_s 值约在十几欧姆到几十欧姆，而面结合型管子的 R_s 值约为几欧姆。

（4）L_s 称为引线电感，约为几个纳亨（nH）。

（5）C_p 称为管壳电容，约为几分之一皮法。

肖特基二极管作为非线性电阻应用时，除结电阻 R_j 之外，其他都是寄生参量，会对电路的性能造成影响，必须尽量减小它们本身的值。肖特基二极管的电路符号为图 2-48。

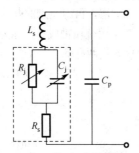

图 2-47　肖特基势垒二极管等效电路

图 2-48　肖特基二极管电路符号

2.2.3 伏安特性

考虑到不论哪种结构的管子其接触势垒都不可能是理想的肖特基势垒，则我们已经得出的理想金半接触伏安特性公式（2-64）需要作修正才能适用于肖特基势垒二极管，其伏安特性可表示为：

$$I = f(V) = I_s \left[\exp\left(\frac{qV}{nkT} \right) - 1 \right] \tag{2-84}$$

式中比式（2-64）多了一项修正因子 n，当势垒是理想的肖特基势垒时，$n=1$，当势垒不理想时，$n>1$。对点接触型管子来说，通常 $n>1.4$，而面结合型管子 $n \approx 1.05 \sim 1.1$。其伏安特性曲线如图 2-49 所示。

设 $\alpha = q/nkT$ ， $n=1$ ，可得：

$$I = I_s \left[\exp(\alpha V) - 1 \right] \qquad (2\text{-}85)$$

设二极管两端的外加偏压由两部分构成：直流偏压 V_{dc} 和交流时变偏压 $v_L(t) = V_L \cos \omega_L t$ （可称为本振电压），即：

$$v(t) = V_{dc} + V_L \cos \omega_L t \qquad (2\text{-}86)$$

代入式（2-85），可求得时变电流为：

$$i(t) = f(v) = I_s \left[\exp(\alpha V_{dc} + \alpha V_L \cos \omega_L t) - 1 \right] \qquad (2\text{-}87)$$

这时的 $i(t)$ 曲线如图 2-50 所示，它也是随时间作周期变化的。

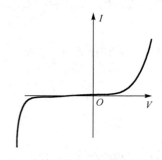

图 2-49　肖特基势垒二极管电压电流特性

可以定义二极管的时变电导 $g(t)$ 为：

$$g(t) = \left. \frac{di}{dv} \right|_{v = V_{dc} + V_L \cos \omega_L t} = f'(v) = f'(V_{dc} + V_L \cos \omega_L t) \qquad (2\text{-}88)$$

根据式（2-85）可求得：

$$g(t) = \alpha \left[i(t) + I_s \right] \approx \alpha i(t) = \alpha I_s \left[\exp(\alpha V_{dc} + \alpha V_L \cos \omega_L t) - 1 \right] \qquad (2\text{-}89)$$

其曲线如图 2-51 所示，表明当交流偏压随时间作周期性变化时，瞬时电导 $g(t)$ 也随时间作周期性变化。

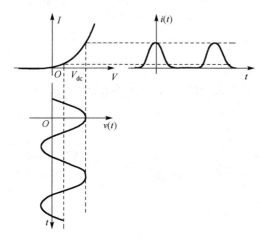

图 2-50　肖特基势垒二极管时变电流波形

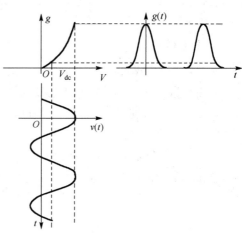

图 2-51　肖特基势垒二极管时变电导波形

式（2-87）可以由傅里叶级数展开为：

$$i(t) = I_{dc} + 2 \sum_{n=1}^{\infty} I_n \cos(n\omega_L t + n\phi) \qquad (2\text{-}90)$$

$$= I_s \exp(\alpha V_{dc}) \left[J_0(\alpha V_L) + 2 J_1(\alpha V_L) \cos \omega_L t + 2 J_2(\alpha V_L) \cos 2\omega_L t + \cdots \right] - I_s$$

式中， $J_n(x)$ 是 n 阶第一类变态贝塞尔函数， x 为宗量。其中的直流分量 I_{dc} 和相应于交流偏压的各次谐波电流振幅系数 I_n 为（忽略反向饱和电流 I_s ）：

$$I_{dc} = I_s \exp(\alpha V_{dc}) J_0(\alpha V_L) \qquad (2\text{-}91)$$

$$I_n = I_s \exp(\alpha V_{dc}) J_n(\alpha V_L) \qquad n = 1, 2, 3, \cdots \qquad (2\text{-}92)$$

其中交流偏压激励的基波电流振幅 $I_1 = I_L$ 为：

$$I_L = 2I_s \exp(\alpha V_{dc})J_1(\alpha V_L) \tag{2-93}$$

根据贝塞尔函数的大宗量近似式，当 αV_L 较大时可求得：

$$I_{dc} \approx \frac{I_s \exp\left[\alpha(V_{dc} + V_L)\right]}{\sqrt{2\pi\alpha V_L}} \tag{2-94}$$

$$I_L \approx 2I_{dc} \tag{2-95}$$

因此交流偏压功率为：

$$P_L = \frac{1}{2}I_L V_L \approx I_{dc}V_L \tag{2-96}$$

二极管对交流偏压源所呈现的电导为：

$$G_L = \frac{I_L}{V_L} \approx 2\frac{I_{dc}}{V_L} \tag{2-97}$$

由此式可见，交流偏压一定时，G_L 随 I_{dc} 的增大而增大，因而借助于 V_{dc} 来调节 I_{dc} 可以改变 G_L 的值，使交流偏压源得到匹配。

2.2.4 特性参量

肖特基势垒二极管的主要特性参量有两个：截止频率和噪声比，下面将作重点介绍。其他还有如中频阻抗等参量，这里不涉及了。

1. 截止频率 f_c

从等效电路中我们可以看到，串联电阻 R_s 和结电容 C_j 的存在，对非线性结电阻起分压和分流的作用，R_s 的数值越大，在 R_s 上的高频电压降越大，R_j 上的分压就越小，能量损失越大；C_j 的数值越大，在 C_j 上的分流越大，R_j 上的分流就越小，能量损失也越大。另一方面，当 R_s 和 C_j 的值给定时，信号频率越高，R_s 和 C_j 的分压分流作用越严重，能量损失越大。

当外加电压角频率为 ω_c，使得 $R_s = 1/\omega_c C_j$ 时，高频信号在 R_s 上的损耗为 3dB，二极管已经不能良好工作。我们定义这时对应的外加信号频率 f_c 为肖特基势垒二极管的截止频率：

$$f_c = \frac{\omega_c}{2\pi} = \frac{1}{2\pi R_s C_{j0}} \tag{2-98}$$

式中，C_{j0} 是零偏压时二极管的结电容值；f_c 是肖特基势垒二极管工作频率的上限。它是肖特基二极管的一个品质因数，它的值越大、管子的频率特性越好。目前用砷化镓材料制造的肖特基势垒二极管的截止频率一般可达 400～1000GHz（砷化镓材料迁移率高，故 R_s 小）。点接触式二极管由于结面积非常小，虽然 R_s 有所增加，但 C_j 大大减小，f_c 可高达 2000GHz 以上，因此在毫米波波段又发挥了重要作用。

2. 噪声比 t_d

肖特基势垒二极管的噪声比 t_d 定义为二极管的噪声功率与相同电阻热噪声功率的比值。肖特基势垒二极管的噪声来源于三个方面：载流子的散粒噪声、串联电阻 R_s 的热噪声和取决于表面情况的闪烁噪声。由于 R_s 很小、势垒接近理想，可认为后两项噪声与散粒噪声相比很小而可以忽略，这里仅考虑载流子散粒噪声的影响。

图 2-52 表示二极管的噪声等效电路，图中噪声发生器的均方值为：

$$\overline{i_n^2} = 2qIB \qquad (2\text{-}99)$$

式中，I 是二极管工作点电流；B 是噪声带宽。噪声发生器内导为二极管小信号电导：

$$g_d = \frac{dI}{dV} = \frac{1}{R_j} = \frac{q}{nkT}(I + I_s) \qquad (2\text{-}100)$$

图 2-52　肖特基势垒二极管噪声等效电路

忽略 I_s，有：

$$g_d \approx \frac{qI}{nkT} \qquad （2\text{-}101）$$

因此散粒噪声的资用功率为：

$$N_a = \frac{\overline{i_n^2}}{4g_d} = \frac{n}{2}kTB \qquad (2\text{-}102)$$

其等效电阻在室温 T_0 下的热噪声资用功率为 kT_0B，因此二极管的噪声比为：

$$t_d = \frac{N_a}{kT_0B} = \frac{n}{2} \cdot \frac{T}{T_0} \qquad (2\text{-}103)$$

当二极管温度 $T = T_0$ 时：

$$t_d = \frac{n}{2} \qquad (2\text{-}104)$$

由于对于理想肖特基势垒 $n \approx 1$，则 $t_d \approx 1/2$。考虑到其他各种因素，可认为 $t_d \approx 1$。实际上对于性能较好的管子 $t_d < 1.2$，较差的可能达到 $t_d = 2$。

2.3　变容二极管

通过前文关于半导体 PN 结的讨论我们已经知道，由于 PN 结上空间电荷层的存在，将会出现结电容（主要是势垒电容），这部分结电容将随着加于 PN 结上的外电压改变，我们正是利用了这一特性构造了变容二极管。变容二极管实质上是一个 PN 结器件，它可作为非线性可变电抗应用，构成参量放大器、参量变频器、参量倍频器（谐波发生器）、可变衰减或调制器等。本节介绍变容二极管的结构、等效电路和特性及特性参量。

2.3.1　变容二极管的结构

变容二极管的主要部分是具有 PN 结的管芯，它有平面型和台式型两种管芯结构，如图 2-53 所示。由于工艺的需要及为了加强机械强度，两种管芯结构都采用一层低电阻（重掺杂）的 N 型衬底，在衬底表面上外延生长出一层电阻率不同的 N 型薄层，在其上制作二氧化硅保护层，再用光刻和氧化扩散的办法形成一层 P 型层，一般是 P+，最后在两面都形成金属与半导体的欧姆接触而制作电极引线，进行适当的封装而形成二极管。

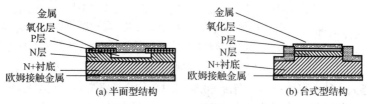

图 2-53　两种 PN 结二极管结构

变容管的封装形式与肖特基势垒二极管类似，也有同轴型、微带型及梁式引线类型等。

2.3.2 等效电路

变容管的等效电路结构与肖特基势垒二极管相同，只是由于工作状态不同而使元件参数不同而已，现把它的等效电路重画于图 2-54。图中虚线框部分还表示管芯，虚框外是封装参量。

（1）在零偏压下，$C_j(0)$ 值为 0.1~1.0pF。

（2）R_j 是外加电压的函数，在反偏压下可达兆欧量级。

（3）R_s 通常为 1~5Ω，也应该是外加电压的函数，由于其值很小，可近似认为是常量。

（4）L_s 通常小于 1nH。

（5）C_p 通常小于 1pF。

这里，除结电容 C_j 是有效参数外，其他都是寄生参量。其电路符号如图 2-55 所示。

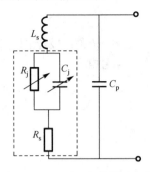

图 2-54　PN 结二极管等效电路

图 2-55　变容管电路符号

2.3.3 特性

根据式（2-59）我们已经知道，重掺杂突变 P^+N 结的势垒电容可表示为：

$$C_t = \frac{A\varepsilon_r\varepsilon_0}{\delta} \approx \frac{A\varepsilon_r\varepsilon_0}{\left[\dfrac{2\varepsilon_r\varepsilon_0}{q}\dfrac{1}{N_D}V_t\right]^{\frac{1}{2}}} \tag{2-105}$$

可认为此电容即是结电容 C_j，对应结上的电压 $V_t = \phi - V$，其中 ϕ 是 PN 结接触电势差，V 是 PN 结上外加电压。对此式进行变换可得：

$$C_j(V) = A\varepsilon_r\varepsilon_0\left[\frac{qN_D}{2\varepsilon_r\varepsilon_0(\phi-V)}\right]^{\frac{1}{2}} = \frac{A\varepsilon_r\varepsilon_0\left[\dfrac{qN_D}{2\varepsilon_r\varepsilon_0\phi}\right]^{\frac{1}{2}}}{\left(1-\dfrac{V}{\phi}\right)^{\frac{1}{2}}} = \frac{C_j(0)}{\left(1-\dfrac{V}{\phi}\right)^{\frac{1}{2}}} \tag{2-106}$$

式中，$C_j(0)$ 是外加电压 $V=0$ 时的结电容值。考虑到缓变结或其他一些特殊结类型，可以把结电容值统一表示为：

$$C_j(V) = \frac{C_j(0)}{\left(1-\dfrac{V}{\phi}\right)^m} \tag{2-107}$$

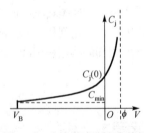

图 2-56　变容管电压电容特性

式中，m 称为结电容非线性系数，它的大小取决于半导体中掺杂浓度的分布状态，反映了电容随外加电压变化的快慢。我们已经看到，对于突变 P^+N 结，$m = 1/2$，电容变化较快；研究已经证明，对于线性缓变结，$m = 1/3$。这两种情况下，电容都随电压平滑变化，其电容-电压特性（$C-V$ 特性）如图 2-56 所示，管子一般工作于反偏状态，反偏压的绝对值越大，结电容值越小。当 $m = 0.5$~6 时，称为超突变结，其电容在某一反偏压范围内随电压变化很陡，一般可用于电调谐器件；特别当 $m = 2$ 时，由于结电容与偏压平方成反比，由结电容构成的调谐回路的谐振频率与偏压成线性关系，有利于压控振荡器实现线性调频。此外，当 $m = 1/15 \sim 1/30$ 时，近似可认为 $m \approx 0$，结电容近似不变，称为阶跃恢复结。

根据 PN 结伏安特性，当变容管加上正向电压 $V > \phi$ 时，可认为变容管开始导电，出现正向电流；当变容管加上反向偏压其值大于击穿电压，即 $|V| > |V_B|$ 时，PN 结将发生击穿，出现反向大电流。为了避免出现电流以及随之产生的电流散粒噪声，通常可将变容管的工作电压限制在 ϕ 和 V_B 之间，即

$$V_B < V < \phi \tag{2-108}$$

当变容管同时加上直流负偏压 V_{dc} 和交流时变偏压 $v_P(t) = V_P \cos \omega_p t$，即

$$v(t) = V_{dc} + V_P \cos \omega_p t \tag{2-109}$$

$v_P(t)$ 可称为泵浦电压。由式（2-106）可求得时变电容为

$$C_j(t) = \frac{C_j(0)}{\left(1 - \dfrac{V_{dc} + V_P \cos \omega_p t}{\phi}\right)^m} = \frac{C_j(V_{dc})}{(1 - p \cos \omega_p t)^m} \tag{2-110}$$

式中

$$C_j(V_{dc}) = \frac{C_j(0)}{\left(1 - \dfrac{V_{dc}}{\phi}\right)^m} \tag{2-111}$$

$$p = \frac{V_P}{\phi - V_{dc}} \tag{2-112}$$

$C_j(V_{dc})$ 为直流工作点 V_{dc} 处的结电容值。p 称为相对泵浦电压振幅（简称为相对泵幅），表明了泵浦激励的强度。当 $p = 1$ 时的工作状态称为满泵工作状态或满泵激励状态，$p < 1$ 称为欠泵工作状态或欠泵激励状态，$p > 1$ 称为过泵工作状态或过泵激励状态。典型的工作状态是 $p < 1$ 但接近 1 的欠泵激励状态，从前文讨论可知这时首先管子内部不会出现电流及随之而来的电流散粒噪声。

时变电容随泵浦电压周期变化的曲线如图 2-57 所示，它也是周期为泵频 ω_p 的周期函数。这样一个周期函数可以用傅里叶级数展开为

$$C_j(t) = \sum_{n=-\infty}^{\infty} C_n e^{jn\omega_p t} = C_0 \sum_{n=-\infty}^{\infty} \gamma_{cn} e^{jn\omega_p t} \tag{2-113}$$

式中

$$C_n = \frac{1}{2\pi} \int_{-\pi}^{\pi} C_j(t) e^{-jn\omega_p t} d(\omega_p t) \tag{2-114}$$

$$C_{-n} = C_n^* \tag{2-115}$$

$$\gamma_{cn} = \frac{C_n}{C_0} \tag{2-116}$$

式中，C_0 是 $C_j(t)$ 的直流分量，表示直流工作点的平均电容，它与时间无关，仅是直流偏压 V_{dc} 和泵浦幅度 V_P 的函数，$C_0 \approx C_j(V_{dc})$。C_1 称为基波电容，它是基波幅度的一半。γ_{cn} 通常称为 n 次谐波电容调制系数、参量激励系数或泵浦系数，是表示变容管在交流激励下非线性特性的一个重要参量。C_1 称为基波电容，$\gamma_{c1} = C_1/C_0$ 称为基波电容调制系数。

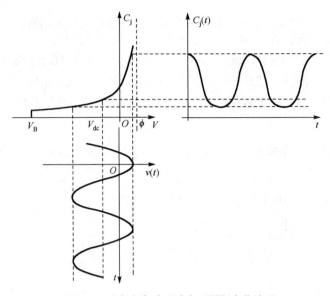

图 2-57　时变电容随泵浦电压周期变化波形

式（2-110）可重新写为

$$\frac{C_j(t)}{C_j(V_{dc})} = (1-x)^{-m} \qquad (2\text{-}117)$$

式中，$x = p\cos\omega_p t$，典型情况下 $x < 1$。利用 $(1-x)^{-m}$ 的级数展开，将上式代入式（2-113）即可以求得 C_0 和 γ_{cn}。图 2-58 和图 2-59 表示了 $C_0/C_j(V_{dc})\sim p$ 及 $\gamma_{c1}=C_1/C_0\sim p$ 特性曲线，由图可见在同样的泵浦激励下，使用突变结管比使用线性缓变结管可以得到更大的电容调制系数，结电容的变化范围更大，因此通常采用突变结变容管为有利。

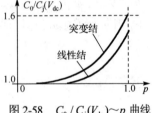

图 2-58　$C_0/C_j(V_{dc})\sim p$ 曲线

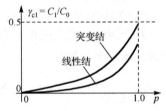

图 2-59　$\gamma_{c1}=C_1/C_0\sim p$ 曲线

在分析变容管特性时，有时也使用"倒电容"$S_j(t)$（或称"电弹"）来表征特性：

$$S_j(t) = \frac{1}{C_j(t)} = S_j(V_{dc})(1-p\cos\omega_p t)^{-m} \qquad (2\text{-}118)$$

式中，$S_j(V_{dc})=1/C_j(V_{dc})$ 是静态工作点倒电容。显然倒电容 $S_j(t)$ 也是泵频 ω_p 的周期函数，同样可以用傅里叶级数展开为：

$$S_j(t) = \sum_{n=-\infty}^{\infty} S_n e^{jn\omega_p t} = S_0 \sum_{n=-\infty}^{\infty} \gamma_{sn} e^{jn\omega_p t} \qquad (2\text{-}119)$$

由于 $C_0 \approx C_j(V_{dc})$，因此有：

$$S_0 \approx S_j(V_{dc}) = 1/C_j(V_{dc}) \approx 1/C_0$$

$\gamma_{sn} = S_n / S_0$ 为 n 次谐波电弹调制系数。可用与前面相同的分析方法求得 S_0 和 γ_{sn} 等参数。根据分析结果可知：

$$\gamma_{c1} = \frac{C_1}{C_0} = \frac{S_1}{S_0} = \gamma_{s1} \qquad (2\text{-}120)$$

因此可把 γ_{c1} 和 γ_{s1} 统一记为 γ。

2.3.4 特性参量

表征变容管特性的特性参量除了前面已经介绍过的相对泵幅、电容（电弹）调制系数等以外，还有静态品质因数和截止频率，以及动态品质因数和截止频率。

1. 静态品质因数 $Q(V_{dc})$

变容管的静态品质因数 $Q(V_{dc})$ 定义为：

$$Q(V_{dc}) = \frac{\dfrac{1}{\omega C_j(V_{dc})}}{R_s} = \frac{1}{2\pi f C_j(V_{dc}) R_s} \qquad (2\text{-}121)$$

它表征变容管储存交流能量与消耗能量之比，$Q(V_{dc})$ 越高说明管子损耗越小。由式（2-121）可以看出，$Q(V_{dc})$ 是结电容值 $C_j(V_{dc})$（取决于外加偏压）和工作频率 f 的函数。当偏压一定时，结电容值 $C_j(V_{dc})$ 一定，工作频率 f 越高，$Q(V_{dc})$ 就越低。

2. 静态截止频率 $f_c(V_{dc})$

定义当频率升高使得 $Q(V_{dc}) = 1$ 的频率为变容管在直流偏压 V_{dc} 下的截止频率 $f_c(V_{dc})$：

$$f_c(V_{dc}) = \frac{1}{2\pi C_j(V_{dc}) R_s} \qquad (2\text{-}122)$$

显然截止频率也是直流偏压 V_{dc} 的函数。外加偏压 V_{dc} 的绝对值越大，结电容值 $C_j(V_{dc})$ 越小，品质因数 $Q(V_{dc})$ 和截止频率 $f_c(V_{dc})$ 就越高。变容管在出厂时一般给定了对应于不同偏压 V 的结电容 $C_j(V_{dc})$ 值和品质因数 $Q(V_{dc})$ 值，由此可计算上述特性参量。由于品质因数可以写为：

$$Q(V_{dc}) = \frac{f_c(V_{dc})}{f} \qquad (2\text{-}123)$$

可见当工作频率一定时，要得到高品质因数，必须选用截止频率高的变容管。

上述两个参量是当变容管仅有直流偏压作用时性能的表征，故称为静态参量。由于结电容是偏压的函数，因此一般以零偏压时的 $Q(0)$ 及 $f_c(0)$ 作为比较管子的参数指标。另外一般规定在反向击穿电压时的截止频率为额定截止频率：

$$f_c(V_B) = \frac{1}{2\pi C_{min} R_s} \qquad (2\text{-}124)$$

下面两个参量是在直流偏压和交流泵浦共同作用下变容管特性的表征，称为动态参量。

3. 动态品质因数 $\tilde{Q}$

定义动态品质因数 $\tilde{Q}$ 为：

$$\tilde{Q} = \frac{S_1}{\omega R_s} = \frac{S_1 C_0}{\omega C_0 R_s} = \gamma \cdot Q(V_{dc}) \qquad (2\text{-}125)$$

4．动态截止频率 $\tilde{f}_c$

动态截止频率 $\tilde{f}_c$ 可定义为：

$$\tilde{f}_c = \frac{1}{2\pi R_s}\left(\frac{1}{C_{min}} - \frac{1}{C_{max}}\right) = \gamma \cdot f_c(V_{dc}) \tag{2-126}$$

式中，C_{min} 和 C_{max} 是在直流偏压和交流泵浦共同作用下变容管电容的最小值和最大值。

2.4 阶跃恢复二极管

阶跃恢复二极管（Step Recovery Diode）简称阶跃管（SRD）。利用阶跃管由导通恢复到截止的电流突变可以构成窄脉冲输出，也可以利用其丰富谐波作为梳状频谱发生器或高次倍频器。本节将介绍阶跃恢复二极管的结构、工作原理及特性参量和等效电路。

2.4.1 阶跃恢复二极管的结构

阶跃恢复二极管与 PN 结二极管的结构稍有不同，采用了 P^+NN^+ 结构，其中 N 层的载流子浓度很低，几乎接近 I 层（本征层），而且该层很薄，图 2-60 表示了阶跃管的管芯结构和典型掺杂浓度情况。

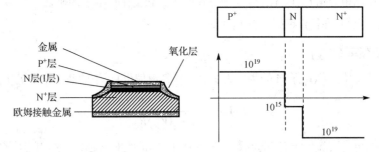

图 2-60 阶跃管管芯结构与掺杂浓度分布

2.4.2 工作原理及特性参量

1．阶跃管特性

从前文对于 PN 结的结电容的分析中我们已经看到，当结电容非线性系数 $m = 1/15 \sim 1/30$ 时，近似可认为 $m \approx 0$，这时有：

$$C_j(V) \approx \frac{C_j(0)}{\left(1 - \dfrac{V}{\phi}\right)^0} = C_j(0) = C_0 \tag{2-127}$$

可见结电容在反偏时近似不变，这种 PN 结称为阶跃恢复结，阶跃管正是利用了阶跃恢复结的特征，使得阶跃管在反偏时近似为一个不变的小电容 C_0（处于高阻状态，近似开路）。

当其处在正偏时，由于采取了上述在结构和材料方面的特殊措施，使 P^+ 区扩散到 N 层的空穴由于 N 层的掺杂浓度低而复合率低，同时 NN^+ 结由于杂质浓度不同而形成的内建电场由 N^+ 指向 N 方向，这一内建电场有阻止空穴向 N^+ 层扩散的作用，因而在 N 层中储存了大量的电荷，形成了较大的扩散电容 C_d（处于低阻状态，近似短路）。

这样，阶跃管的 $C-V$ 特性曲线如图 2-61 所示，它表示阶跃管相当于一个电容开关，由于它的这种电荷储存作用，阶跃管也被称为电荷储存二极管。

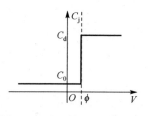

图 2-61　阶跃管电压电容特性

2．工作原理

当阶跃管在大信号交流电压激励下，正是由于阶跃管在正偏下有大量的电荷储存，使得它实际上电容的开关状态转换并不发生在外电压由正半周到负半周的转变时刻。

（1）大信号交流电压正半周加在阶跃管上

如图 2-62 所示，管子开始导通，处于正向导通状态，P^+ 区空穴将注入 N 区，管子相当于一个低阻，这时管子的端压 v 箍位于 PN 结接触电势差 ϕ，管子中有电流 i 流过，如图 2-62 所示；同时阶跃管相当于一个大扩散电容 C_d，交流信号将对其充电，由于空穴在 N 层的复合率低，而且 NN^+ 结的内建电场由 N^+ 区指向 N 区，使空穴不易经过 NN^+ 结流向 N^+ 层，因而有大量的空穴电荷在 N 区堆积下来。

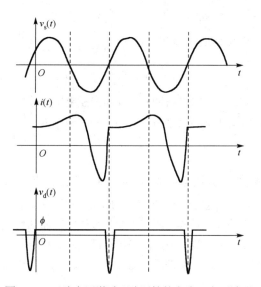

图 2-62　正弦电压激励下阶跃管的电流、电压波形

（2）信号电压进入负半周

管子内部产生的势垒电场将把 N 区内储存的空穴抽回 P^+ 层，这时将产生很大的反向电流，如图 2-62 所示，由于这时阶跃管仍然有很大的电容量，因此阶跃管上的电压降不能突变，相当于电容的放电过程，在这一过程中，由于管子仍然有很大电流，呈现出导通和低阻状态，因此管子端压仍然正向而且箍位于 ϕ，直到正向时储存的电荷基本清除完。一旦电荷耗尽，反向电流将迅速下降到反向饱和电流的值，形成电流阶跃。通过调整直流偏置等，可以使电流阶跃发生在反向电流最大值处，而且是交流电压负半周将结束的时刻。在电流发生阶跃的同时，阶跃管两端将可能产生很大的脉冲电压，如图 2-62 所示。

（3）大信号交流激励电压的下一个周期来临后

上述过程又将重复发生，因此将形成以交流激励电压周期为周期的一个脉冲串序列波形。

3．与混频、检波或高速开关二极管的对比

对混频、检波或高速开关二极管来说，要求其具备整流特性，而且一般注入少子的寿命 τ 要远小于信号周期 T_{in}。这样当加在二极管上的正向电压逐渐减小时，少子浓度将逐渐减小，注入的少子也将很快复合掉，所以当电压从正向转为反向时，几乎已没有多少剩余的尚未来得及复合的存储少子，因此只形成很小的反向饱和电流，其开关特性转换几乎发生在偏压由正向转向反向的同时，如图 2-63 所示。但对于阶跃管来说，情况有很大的不同，由于采取了措施增大了阶跃管的少子寿命，使 $\tau \gg T_{in}$，这时少子的复合速度跟不上交流电压的变化，当电压从正向转为反向时，正向注入的储存电荷远未复合完，由势垒区的电场把剩余的储存少子"吸出"，由此形成较大的反向电流，直到储存电荷基本耗尽，反向电流才陡降为反向饱和电流。可见阶跃管在交流负半周的相当一段时间内，仍然处于"导通"状态，使其高频整流作用失效。管子"导通"与"截止"两种状态的转换时刻不再是外加电压从正变负的时刻，而是在管子储存电荷基本清除完的时刻。

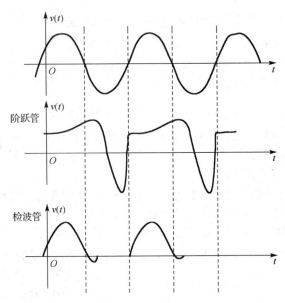

图 2-63　正弦电压激励下阶跃管与检波管的比较

4．特性参量

阶跃管的特性参量主要有少数载流子寿命 τ、储存时间 t_s、阶跃时间 t_t、反向击穿电压、截止频率、反偏结电容、品质因数和最大耗散功率等。其中对阶跃管工作有特殊意义的是少数载流子寿命 τ 与储存时间 t_s 和阶跃时间 t_t。

（1）少数载流子寿命 τ 与储存时间 t_s

少数载流子寿命 τ 表示少数载流子由于复合而减少到原值的 $1/e$ 所需的时间。对阶跃管而言，显然 N 层内少数载流子寿命长，而 N 层外少数载流子寿命短，这样少子才能够在 N 层储存下来。τ 的值越大，意味着储存电荷越多，反向电流的幅值就越大。外延生长硅二极管中少数载流子寿命的典型值为 $\tau = 10^{-8} \sim 10^{-6}\mathrm{s}$，而砷化镓中少数载流子的寿命 $\tau < 10^{-9}\mathrm{s}$，故一般阶跃二极管都是用硅材料制造的。当然理想的阶跃管少数载流子寿命 $\tau \to \infty$，实际要求阶跃管少数载流子寿命 τ 大于输入信号周期的 3 倍左右。

储存时间 t_s 表示存储电荷清除过程所需的时间，即从电流由正向跳变到反向开始，直到二极管储存电荷大部分被清除，二极管上电压为零止的时间。显然 τ 越长，t_s 越大。

（2）阶跃时间 t_t

阶跃时间 t_t 全称为阶跃恢复时间，表示由反向导通状态变到反向截止状态所需的过渡时间，工程上定义为反向电流由峰值的 80%（或 90%）或下降到峰值的 20%（或 10%）所需的时间。t_t 越小，电流阶跃越陡，包含的高次谐波越丰富。理想阶跃管的阶跃时间应有 $t_t \to 0$，但实际上只能达到几十微微秒。

由于阶跃管采用了特殊结构，可以使大量储存电荷有效地压缩在很薄的 N 层范围内，这样既加大了少数载流子寿命 τ，又减小了阶跃时间 t_t，使阶跃管工作特性良好。但很薄的 N 层又使阶跃管的反向击穿电压降低，功率容量变小。因此在实际使用阶跃管时应折衷考虑各方面因素。

2.4.3　等效电路

阶跃管的等效电路仍然具有图 2-54 所示结构，只是具体元件的数值不同，而且根据阶跃管的工作原理，其等效电路必须区分导通期间和截止期间两种情况。在导通期间内管芯等效电路如图 2-64(a)

所示，图中扩散电容 C_D 的值很大，正向结电阻 R_j 表示损耗电阻，表明少数载流子复合的损耗，它虽然较小，但当频率足够高、少子寿命很长时，满足 $1/\omega C_D \ll R_j$，可忽略其分流作用。考虑到串联电阻 R_s 的值也很小而忽略不计，其导通期间简化等效电路如图 2-64 所示。在阶跃管的截止期间，由于结电容 C_0 很小而结电阻 R_j 很大，忽略其影响，等效电路如图 2-64 所示。如果进一步忽略串联电阻 R_s，其简化等效电路如图 2-64 所示。

实际上串联电阻 R_s 是不能忽略的，这正是阶跃管也存在截止频率的原因。由于其分析与前节类似，这里不再赘述。其电路符号如图 2-65 所示。

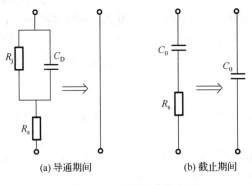

(a) 导通期间　　　　　　(b) 截止期间

图 2-64　阶跃管等效电路

图 2-65　阶跃管电路符号

2.5　PIN 二极管

PIN 二极管（PIN Diode）是一种在微波控制电路中应用非常广泛的器件，具有体积小、质量轻、控制快、损耗小、控制功率大等优点，适用于微波开关、限幅器、可变衰减器、移相器等电路。本节介绍 PIN 二极管的结构、特性和工作原理。

2.5.1　PIN 二极管的结构

PIN 二极管的结构是在重掺杂的 P^+ 和 N^+ 区之间加入一个未掺杂的本征层 I 层构成的，如图 2-66 所示。实际上不可能真正实现 I 层，只能使杂质含量足够低，如果中间层是低掺杂的 P 型半导体，称为 PπN 管；如果中间层是低掺杂的 N 型半导体，称为 PνN 管，这种管子应用较多。

目前制造 PIN 管有两种方法：一种是利用一块未掺杂的单晶硅基片，磨成一定厚度 d，然后在它的两边扩散高浓度的硼和磷，分别形成 P^+ 和 N^+ 区；再蒸发金属于其上作为电极；最后光刻腐蚀成台式管芯，并以二氧化硅低温钝化保护管芯。其结构如图 2-67 所示。另一种方式是利用一块 N 型高掺杂的单晶片，在其上外延一层 I 层，再在其上扩散一层 P^+ 材料而形成 PIN 结构，如图 2-67 所示。

PIN 管的封装形式很多，如双柱型、螺纹管座型、弹丸型、带状线型、微带线型及梁式引线型等，它们的封装参量不同，承受的功率容量也不同。

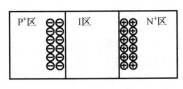

图 2-66　PIN 管空间电荷区

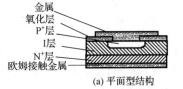

(a) 平面型结构

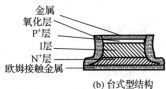

(b) 台式型结构

图 2-67　PIN 管管芯结构

2.5.2 特性

PIN 管的 I 层厚度一般在几个到几百微米之间，可以看做是双结二极管，下面将以理想 PIN 管为例介绍其特性。

1. 直流与低频特性

（1）零偏压下

由于扩散作用，P 层的空穴和 N 层的电子分别向 I 层扩散，然后在 I 层由于复合作用而消失。与此同时，在 P 层和 N 层靠近 I 层的边界，分别建立起带负电和带正电的空间电荷层，其示意如图 2-60 所示。空间电荷层也称为耗尽层和接触势垒，其电场阻挡空穴和电子继续向 I 层注入，而在开始瞬间注入 I 层的两种载流子又很快由于复合而消失。因此 I 层保持本征不导电状态，PIN 管不能导通，处于高阻状态。

（2）PIN 管加上正向偏压

外加电场方向与势垒电场方向相反，势垒高度将降低，空间电荷层变薄，因而 P 层和 N 层的空穴和电子将向 I 层注入，并在 I 层中因复合而消失。但是由于外加正向偏压源的存在，两种载流子将源源不断地向 I 层注入，使在 I 层因复合而消失的电荷得到补充，最后达到平衡状态，因此 I 层存在大量的数量相等而符号相反的载流子，出现了"等离子体状态"，也就是导电状态，因此宏观上电流川流不息地流过 PIN 管，PIN 管呈现低阻。外加电压越大，正向电流也越大，电阻是降低的。

其正向电流可近似计算如下：设 I 层中载流子的平均寿命为 τ，由于复合作用 I 层电荷 Q_0 以均匀速度在时间 τ 内变为零，则其变化率为 Q_0/τ，这即是复合电流；为了维持 I 层电荷 Q_0 不变，则外加偏置电流 I_0 应等于 Q_0/τ 以保持平衡，即：

$$I_0 = \frac{Q_0}{\tau} \qquad (2\text{-}128)$$

载流子的平均寿命与 I 层材料、杂质浓度和工艺有关，实际硅材料 PIN 管典型的 τ 值在 $0.1\sim10\mu s$ 范围内。设 $\tau = 5\mu s$，直流偏置电流为 $I_0 = 100mA$，则有：

$$Q_0 = 100 \times 10^{-3} \times 5 \times 10^{-6} = 5 \times 10^{-7}C \qquad (2\text{-}129)$$

（3）PIN 管加上反向偏压

外加电场方向与势垒电场方向相同，势垒升高，空间电荷层变宽，其不导电程度比零偏压更甚。

如果偏压是低频的交变电压，只要满足交变电压周期 $T \gg \tau$，I 层的导电状态完全能够跟随信号周期的变化：正半周导通，负半周截止。

由以上讨论可以看到，在直流和低频偏压下，PIN 管同样具有整流特性，这一点与 PN 结变容管相同。但由于在 P 层和 N 层之间插入了一层未掺杂的 I 层，其耗尽层宽度加宽了，因此 PIN 管具有更小的结电容，并能承受更高的反向击穿电压，可处理更大的功率；此外，在反偏压达到一定程度时，I 层完全处于耗尽状态，结电容相当于以 P^+ 和 N^+ 层为极板的平板电容，由于极板间距不会随反偏压增大而再增大了，PIN 管可看做是一个恒定电容器件。这是 PIN 管与 PN 结变容管的区别所在。

2. 微波特性

当一个 PIN 管处在直流（或低频）电压与微波电压共同作用下时，其特性将发生显著的改变。由于此时微波信号周期 $T_w \ll \tau$，PIN 管 I 层的导电状态已经来不及跟随微波信号正负变化了。

（1）PIN 管处在直流（或低频）正向偏压下

仍然设直流正向偏置电流为 $I_0 = 100mA$，则 I 层中对应直流正向偏压储存的电荷为

$Q_0 = I_0\tau = 5\times10^{-7}\text{C}$ 。这时当一个大幅度微波信号也加在 PIN 管两端，设微波电流为 $I_1 = 50\text{A}$ ，则有：

① 在微波信号正半周期间，加在 PIN 管上的总偏压处于正向状态，这时 PIN 管是导通和低阻的，大幅度的微波电流将流过 PIN 管。

这时大幅度的微波电流也将向 I 层注入电荷。设微波信号频率为 $f = 1000\text{MHz}$ ，对应周期为 $T_w = 10^{-9}\text{s}$ ，则微波正半周注入的电荷 Q_1 可计算为：

$$Q_1 \approx I_1\frac{T}{2} = 50\times\frac{1}{2}\times10^{-9} = 0.25\times10^{-7}\text{C} \tag{2-130}$$

② 当微波信号负半周来临了，由于微波信号幅度很大，这时加在 PIN 管上的总偏压处于反向状态。反向电场将从 I 层中抽出注入的电荷，能够抽出的电荷数目为 Q_2 ，设管子处于反偏状态的时间也近似等于 $T/2$ ，则应有 $Q_2 = Q_1 = 0.25\times10^{-7}\text{C}$ 。由此可见，由于 $\tau \gg T_w$ ，虽然 $I_1 \gg I_0$ ，仍然有 $Q_0/Q_2 \approx 20$ ，微波负半周期间被抽出的电荷只为直流正偏置的 1/20，因此 I 层仍然储存有大量的注入电荷，仍然处于等离子体状态，必然呈现低阻，所以 PIN 管仍然是导通的。

（2）PIN 管处在直流（或低频）反向偏压下

经过与上面类似的讨论可以看到，由于 I 层没有了直流注入的电荷，微波信号正半周注入的电荷来不及形成导通，很快又全部被负半周抽出，因此不论微波信号的正负半周加在 PIN 管上，PIN 管都是不能导通的，在整个微波信号周期内呈现高阻状态。

由此可见，PIN 管的导通仅来源于处在直流（或低频）正向偏压下，这时 PIN 管类似于一个线性电阻，对于微波信号正负半周都是导通的；当处在直流（或低频）反向偏压下，整个微波信号周期内都是不导通的。而且，直流（或低频）控制电压（电流）可以很小，但能控制很大的微波功率的通与断，这时 PIN 管广泛用于微波控制电路的重要原因之一。

3．PvN 管特性

前面已经介绍过，由于完全不掺杂的 I 层工艺上难以实现，一般 PIN 管的 I 层都含有这样或那样的杂质。现以 I 层实际为掺杂 N 型杂质的 PvN 管为例说明其工作过程与理想 PIN 管的区别。

当 I 层含有少量 N 型杂质时，I 层和 P^+ 层边界两侧形成 P^+N 结。由于 P^+ 区的掺杂浓度远高于 I 层，因而 PN 结的空间电荷层宽度基本上取决于 I 层内的空间电荷层宽度。在零偏压下，空间电荷区的分布情况如图 2-68 所示，一般情况下空间电荷层的宽度小于 I 层宽度。如果在管子两端加反向偏压，则空间电荷层范围将扩大，如果在某一反偏压 V_{PT} 下，空间电荷层扩大到整个 I 层，I 层中所有 N 型载流子都被清除，这时 I 层才能呈现高阻状态。V_{PT} 称为穿通电压，一般为 $-70\sim-100\text{V}$ ，V_{PT} 偏压下管子呈现的状态称为穿通状态。可见，如果要 PvN 管在直流（或低频）反向偏压下呈现高阻状态，则反向偏压必须大于穿通电压 V_{PT} ，而不是理想 PIN 管的仅需很小反偏压即可。

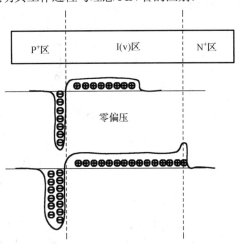

图 2-68　实际 PIN 管和反向穿通特性

2.5.3　等效电路

PIN 管的等效电路需要区分正偏和反偏两种情况。

1. 正偏等效电路

管芯正偏等效电路如图 2-69 所示。图中 R_s 为重掺杂的 P⁺、N⁺层体电阻和欧姆接触电阻，R_j 为 I 层电阻，C_j 主要是由 I 层注入载流子的电荷储存效应所引起的扩散电容。随着正向偏压的增大，I 层处于导通状态，R_j 很快减小到 1Ω 以下；而 C_j 的量级为几个 pF，即使在微波频率下，其容抗也是远大于 R_j，故可将其忽略不计。因此正向时简化等效电路如图 2-69(a)所示。

2. 反偏等效电路

反偏状态下，I 层未穿通时，I 层分为耗尽区与非耗尽区，管芯等效电路如图 2-69(b)所示。由于处在反偏，R_j 很大而可忽略不计；C_j 表示耗尽层势垒电容，其值一般小于 1pF；R_i 表示非耗尽区电阻，由于非耗尽区存在少量载流子，故其值比耗尽区小，约为几千欧姆量级；C_i 表示未耗尽区介质电容，其值也小于 1pF。当 I 层穿通后，非耗尽层并不存在，R_i 的数值变得非常之大，可将其忽略，因此此时管芯等效电路如图 2-69(c)所示。反向电阻近似为 R_s，反向电容近似为一个不变的小电容 C_{j0}。

3. 封装等效电路

当考虑封装效果时，必须把引线电感和管壳电容引入等效电路，如图 2-70 所示。其中虚线所框的电路表示管芯的等效电路。当采用梁式引线结构时，封装参数将大为减小。

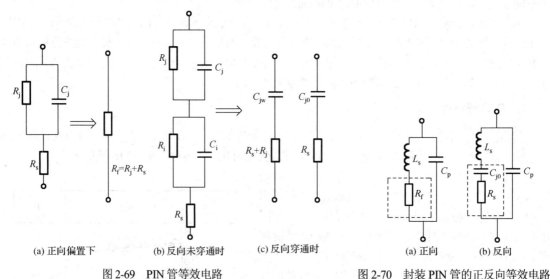

(a) 正向偏置下　　(b) 反向未穿通时　　(c) 反向穿通时　　　　(a) 正向　　(b) 反向

图 2-69　PIN 管等效电路　　　　　　　图 2-70　封装 PIN 管的正反向等效电路

2.6　雪崩二极管

雪崩二极管是碰撞雪崩渡越时间二极管（IMPact Avalanche and Transit Time Diode）的简称，其英文缩写为 IMPATT 二极管。它利用管内雪崩电流滞后效应和渡越时间效应使其对外呈现负阻，它是构成微波固态振荡器和功率放大器的重要核心元件，尤其是在毫米波波段更是占据主导地位。它的最初理论由贝尔实验室的里德（W.T.Read）在 1958 年首次发表，该理论提出了 N⁺PIP⁺多层结构二极管呈现微波负阻的设想，但当时由于工艺困难而未能实现，直到 1965 年才有人首次报道了实验结果，随后在实用上得到了迅速发展。本节将介绍雪崩二极管的结构、工作原理及特性参量和等效电路。

2.6.1 雪崩二极管的结构

最初的里德雪崩二极管模型采用了 N^+PIP^+ 结构，目前广泛采用的其他结构形式还有 P^+NN^+、N^+PP^+、P^+NIN^+ 和 P^+PNN^+（称为双漂移区结构）等类型。N^+PIP^+ 雪崩管的模型如图 2-71 所示，其 P 区很薄而 I 层较厚，其结构复杂，不易制造，实际应用的雪崩管多是 P^+NN^+ 和 N^+PP^+ 结构。由于雪崩管作为微波毫米波固态功率源和固态功率放大器等应用时一般工作于很高的功率密度，器件的温度很高，因此器件的散热性能将限制其输出功率容量，影响其稳定性和可靠性，因此在雪崩管封装时必须考虑其散热性能，一般雪崩管封装结构配有"热沉"，以利于减小热阻，同时"下电极"带有螺纹，以外接散热装置。

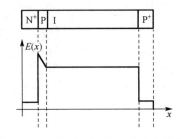

图 2-71　里德二极管模型及反偏电场分布

2.6.2 工作原理及特性参量

这里仅以里德提出雪崩管负阻效应时的基本 N^+PIP^+ 结构为例讨论雪崩管的特性及工作原理，其他结构是完全类似的。

1. 雪崩管特性

当雪崩管两端加上反向偏压时，管内的电场分布如图 2-71 所示，对于重掺杂的 N^+ 和 P^+ 区，由于其电阻很低，电场强度几乎为零；在本征半导体 I 层内，电场均匀分布，大致为一常数，其值大于重掺杂区；对于 N^+P 结，由于处于反偏状态，因此该处电场强度最大，空间电荷区主要处在 P 区。当反偏压不断增大时，此电场分布曲线将整体上移，同时空间电荷区将展宽到占满全部 P 区。

当反偏压增加到某一数值 V_B 时，将使得 N^+P 结处的电场强度首先达到击穿电场 E_B（$E_B > 10^5$ V/cm，不同材料有所不同），这时将发生雪崩击穿，迅速产生大量的电子-空穴对，称这时的电压 V_B 为二极管的雪崩击穿电压，其值为 20～100V。在稳定的雪崩击穿状态下，电子-空穴对将按照指数规律增加，产生的电子将很快被接于 N^+ 层的正极所吸收，而空穴将向负极渡越。由于里德雪崩二极管的 P 区很薄，可以认为空穴几乎无延迟地注入 I 区（称为漂移区），以恒定的饱和漂移速度（对硅半导体约为 10^7 cm/s）向负极渡越，形成空穴电流。适当地控制掺杂浓度，可以使得电场的分布在 N^+P 结处形成相当尖锐的峰值，从而可以限制雪崩击穿在一个很窄的区域内发生。

2. 工作原理

（1）雪崩电离效应

当雪崩管两端在反向击穿直流电压 V_B 上再叠加一个交流信号 $v_{ac}(t) = V_a \sin \omega t$ 时，雪崩管两端的总电压可表示为：

$$v(t) = V_B + V_a \sin \omega t \qquad (2\text{-}131)$$

其波形如图 2-72 所示。显然雪崩将在交流电压的正半周内发生，N^+P 结处形成稳定的雪崩击穿状态，雪崩空穴电流 $i_a(t)$ 将按照指数规律增加，即便当外加电压越过最大值开始下降时，由于刚才雪崩倍增已产生的大量电子、空穴依然参加碰撞，因此总效果是雪崩空穴流继续上升，直到外电压正半周结束。外加电压进入负半周后，由于管子的总端压小于击穿电压 V_B，雪崩将停止，但雪崩空穴流不会立即停止，只能按指数衰落。这样，形成的雪崩空穴电流是具有很窄的脉冲宽度的脉冲电流，合理的调整直流偏压和直流偏流，可使其峰值滞后于交流信号 v_{ac} 的峰值 $\pi/2$（即 $T/4$），如图 2-72 所示，利用小信号雪崩方程可以严格证明 $i_a(t)$ 的基波相位比交变电场的基波相位滞后 $90°$，这一现象称为雪崩电流的初始滞后，也称为雪崩倍增的电感特性。

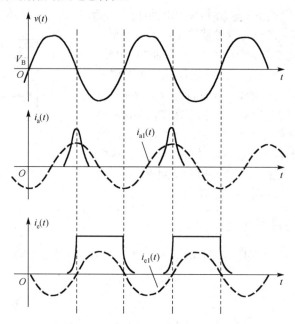

图 2-72　里德二极管电压、电流和外电路感应电流的关系

（2）渡越时间效应

在电场的作用下，雪崩产生的空穴电流 $i_a(t)$ 将注入漂移区并向负极渡越，直到空穴流到达负极为止。当这一电流以饱和漂移速度在漂移区渡越时，外电路中将产生感应电流 $i_e(t)$，它与管内运动电荷的位置无关，只取决于运动速度，而且只要雪崩空穴流在管内开始流动，外电路上就开始有感应电流，其波形如图 2-72 所示，理想情况下是一个矩形波。

设管子 I 层本征漂移区的长度为 l_d，饱和漂移速度为 v_d，则雪崩脉冲电流经过漂移区的渡越时间 τ_d 为：

$$\tau_d = \frac{l_d}{v_d} \tag{2-132}$$

令 $\theta = \omega\tau_d$ 为载流子在漂移区的渡越角，感应电流 $i_e(t)$ 基波比雪崩电流 $i_a(t)$ 基波滞后的相位为 $\theta/2$。

合理设计漂移区的长度以控制空穴流渡越时间，可使管子渡越时间 τ_d 与外加交变电压的周期的关系为 $T = 2\tau_d$，这时对应的频率即称为漂移区的特征频率 f_d：

$$f_d = \frac{1}{2\tau_d} = \frac{v_d}{2l_d} \tag{2-133}$$

当工作频率 $f = f_d$ 时，从功率的角度看，可认为是雪崩二极管这种工作模式的最佳工作频率。这时有 $\theta = \pi$，感应电流 $i_e(t)$ 基波比雪崩电流 $i_a(t)$ 基波滞后的相位为 $\pi/2$（即 $T/4$）。可见若要提高雪崩管的工作频率，需减薄漂移区，即减小 l_d。

这样外电路的感应电流与管子外加交变电压的总相位差为 π，从而二极管相对外电路呈现为一个射频负阻。把这样一个雪崩二极管与一个谐振选频回路相连接，可以把管子两端很小的初始电压起伏逐渐发展为一个射频振荡，相当于有射频功率从雪崩二极管输出，其振荡频率等于外加谐振选频回路的谐振频率，这是雪崩管可以产生微波振荡和具有微波放大作用的根本原因。综合上述，雪崩管的工作原理是利用了碰撞雪崩电离效应和载流子渡越时间效应，产生了负阻，这样的工作模式就称为雪崩渡越时间模式，简称崩越模或碰越模，工作于这一模式的雪崩管称为崩越二极管或碰越二极管。

3. 特性参量

雪崩二极管崩越模式下的主要参量除管子漂移区的特征频率 f_d 外，还有工作频率范围和输出功率与效率。

（1）工作频率范围

如果感应电流 $i_e(t)$ 相对于外加交变电压 v_{ac} 的总相位差不正好是 π，这样雪崩管的负阻效应将受到影响，但在一定的范围内只要能分离出一个负阻分量，就有可能产生射频振荡，这意味着雪崩管有一定的调谐范围。

实际上雪崩电流滞后于交变电压的相位还会受到多种因素的影响，有可能不正好等于 $\pi/2$。图 2-73 画出了雪崩电流、感应电流和交变电压的矢量图，设雪崩电流与交变电压的相位差为 θ_1，θ_1 将受到直流偏流的影响。在实际工作状态下，雪崩产生的空穴空间电荷注

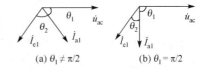

图 2-73　雪崩电流、感应电流和交变电压的关系

入到 I 层后形成的电场将削弱雪崩区的电场，直流电流越大，雪崩电流将越大，雪崩区电场下降越快，雪崩将过早停止，致使雪崩电流最大值出现在交变电压为零之前越早，这样电流基波滞后相位就越比 $\pi/2$ 小。另一方面，由于渡越时间相位 $\theta_2 = \theta/2$ 正比于 ω，故 ω 越小，渡越时间滞后相位越小。当总滞后相位 $\theta_1 + \theta_2$ 小于 $\pi/2$ 时，雪崩管便不能分离出负阻分量，负阻特性将消失。一般把使雪崩管电阻为正的临界频率称为下限截止频率。为了能够分离出负阻分量，雪崩滞后相位越小，则渡越时间相位滞后应越大，因此直流电流增大时，雪崩滞后相位减小，截止频率必将提高以增加渡越时间相位滞后。此外交变电压大小也将影响 θ_1，交流电压较大时，雪崩区电场提高，雪崩滞后相位将加大，截止频率将下降。

从图 2-73 还可看出，如果总相位滞后 $\theta_1 + \theta_2$ 大于 $3\pi/2$，雪崩管同样不能分离出负阻分量，由此可确定雪崩管的上限截止频率。设雪崩滞后相位约等于 $\pi/2$，如果外加交变电压的周期不是正好的 $2\tau_d$，则工作频率 $f \neq f_d$，$\theta_2 = \theta/2 \neq \pi/2$，图 2-73 给出了这时雪崩电流、感应电流和交变电压的矢量图。由图可见当：

$$0 < \theta_2 = \frac{\theta}{2} < \pi \qquad (2\text{-}134)$$

时，$i_e(t)$ 总可以分离出与交变电压 v_{ac} 的反相分量。这时有：

$$f < \frac{1}{\tau} = 2f_d \qquad (2\text{-}135)$$

可根据此式确定上限截止频率为 $2f_d$。目前工艺水平下，雪崩二极管崩越模的工作频率可以高达 300GHz 以上。

（2）输出功率与效率

由于雪崩脉冲宽度远小于漂移区的渡越角，因此采取理想化的模型时可忽略雪崩脉冲宽度的影响，并认为感应电流是一个宽度为渡越角的理性矩形脉冲。这样可以求得二极管获得的直流功率为[2]：

$$P_{dc} = V_B I_{dc} \qquad (2\text{-}136)$$

输出的射频功率为：

$$P_{ac} = V_a I_{dc} \left[\frac{\cos\theta_M - \cos(\theta_M + \theta)}{\theta} \right] \tag{2-137}$$

其中 θ_M 为脉冲电流的相位中心。相应的效率为：

$$\eta = \left| \frac{P_{ac}}{P_{dc}} \right| = \left| \frac{V_a}{V_B} \right| \cdot \left[\frac{\cos\theta_M - \cos(\theta_M + \theta)}{\theta} \right] \tag{2-138}$$

在理想情况下，$\theta_M = \pi$，$\theta = \pi$，这时有：

$$P_{ac} = -\frac{2}{\pi} V_a I_{dc} \tag{2-139}$$

式中，负号表示二极管输出功率。

$$\eta = \left| -\frac{2}{\pi} \frac{V_a}{V_B} \right| \tag{2-140}$$

理论上当 $V_a/V_B = 0.5$ 时，$\eta = 1/\pi \approx 32\%$。但实际上，由于前文介绍过的空间电荷对管内电场分布的影响，渡越角将变坏；同时综合考虑其他影响因素，雪崩管崩越模式的效率要远低于理论值，一般仅在10%以下。

2.6.3 等效电路

雪崩二极管的管芯等效电路如图 2-74 所示，如果封装后还要考虑引线电感和管壳电容的影响。它与其他已经介绍过的几种半导体二极管的等效电路基本相同，不同之处仅在于元件数值不同。图中雪崩管有源区的阻抗为：

$$Z_D = Z_a + Z_d \tag{2-141}$$

其中 Z_a 为工作频率下雪崩区的阻抗，而 Z_d 为漂移区的阻抗。应用雪崩管小信号负阻理论，可以求得[2]：

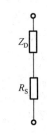

图 2-74 雪崩二极管管芯等效电路

$$Z_D = R_D - jX_D \tag{2-142}$$

$$R_D = \frac{1}{\omega C_d} \left[\frac{1}{1 - (\omega/\omega_a)^2} \cdot \frac{1 - \cos\theta}{\theta} \right] \tag{2-143}$$

$$X_D = \frac{1}{\omega C_d} \left[1 - \frac{\sin\theta}{\theta} + \frac{\sin\theta/\theta + l_a/l_d}{1 - (\omega_a/\omega)^2} \right] \tag{2-144}$$

式中，l_a 为雪崩区长度；ω_a 为雪崩区谐振频率，决定了雪崩电流相位滞后角度，它与 l_a 无关，仅与直流电流的平方根成正比，可通过调整直流偏流来调整雪崩电流相位滞后角度；C_d 为漂移区电容。

当 $\omega > \omega_a$ 时，有：

$$R_D < 0 \tag{2-145}$$

$$Z_D = R_D - jX_D = R_D - j\frac{1}{\omega C_D} \tag{2-146}$$

$$C_D = \frac{C_d}{1 - \frac{\sin\theta}{\theta} + \frac{\sin\theta/\theta + l_a/l_d}{1 - (\omega_a/\omega)^2}} \tag{2-147}$$

可见这时体现出负阻和容性电抗，这即是雪崩管作为振荡器和放大器应用时的状态。实际工作已经证明，考虑到各种修正因素，当 $\theta \approx 3\pi/4$，而不是 $\theta \approx \pi$ 时将获得最大负阻。$\theta = 3\pi/4$ 时雪崩管有源区阻抗 Z_D 和工作角频率 ω 的关系如图 2-75 所示。当雪崩管起振以后，振荡交流幅度增强，雪崩管在大信号下工作时，其有源区阻抗仍然可以用式（2-146）表示，只是式中 ω/ω_a 项必须进行修正。

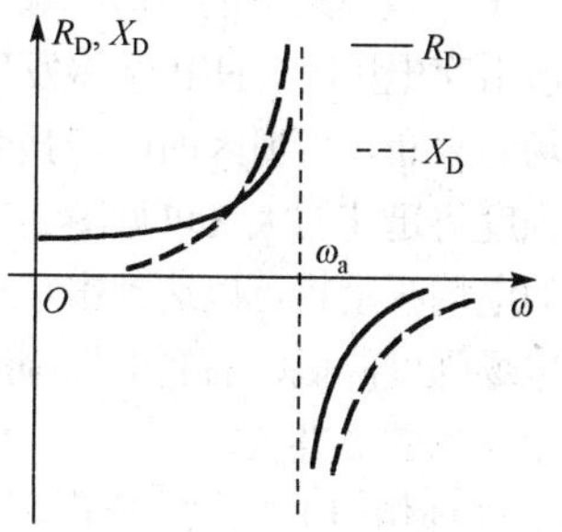

图 2-75　雪崩管有源区阻抗与工作频率关系

2.6.4　其他雪崩管结构及工作模式简介

1. 实用结构雪崩管

由于制造工艺简单，实际应用的雪崩二极管结构多是 P^+NN^+ 和 N^+PP^+ 结构，其中 P^+NN^+ 结构示意如图 2-76 所示，其雪崩区较宽，约占工作区的 1/3，因此其在崩越模式下载流子在雪崩区的渡越时间不能忽略，即雪崩区和漂移区不能严格区分，其理论计算比里德管的 N^+PIP^+ 结构复杂。

2. 双漂移区雪崩管

根据雪崩管崩越模工作原理的特点，人们又提出了双漂移结构的雪崩管，其结构及杂质与电场分布如图 2-77 所示。在这种管子中，雪崩将发生于 PN 结处，雪崩产生的电子和空穴将分别通过 N 区和 P 区漂移到电源正极和负极，因此有两个漂移区，这样外加电压可以加倍，从而可以提高输出功率和效率。同时，由于双漂移区结构，单位面积的管子等效电容减小，使同等阻抗条件下的双漂移区二极管的结面积比单漂移二极管大一倍，因此允许流过的电流增加，也提高了输出功率。实验进一步证明，其噪声随功率增加较为缓慢，而且工作频带较宽。但因为产生热量较多的雪崩区夹在两个漂移区之间，而且频率较低时整个有源区较长，散热性能较差，因而双漂移结构适于在较高频率下获得大功率输出。

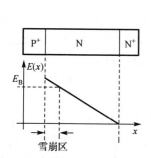

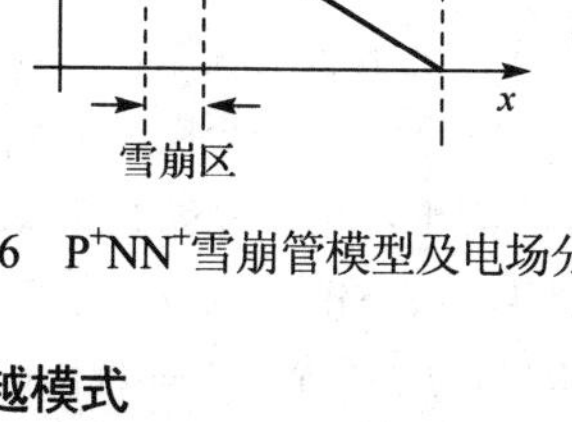

图 2-76　P^+NN^+ 雪崩管模型及电场分布

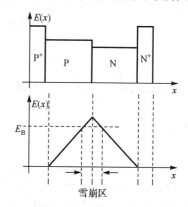

图 2-77　双漂移区雪崩管模型及杂质、电场分布

3. 俘越模式

俘越模式是俘获等离子体雪崩触发渡越（TRApped Plasma Avalanche Triggered Transit）模式的简称，其英文缩写为 TRAPATT 模式。它是雪崩二极管一种大电流工作状态的高效率的工作模式。它的工作原理与崩越模式（IMPATT 模式）并不相同，不再是依靠注入电流的初始滞后和渡越时间延迟来产生负阻，因此与崩越模式的小信号负阻无关。

工作于俘越模式下的雪崩二极管多采用 P^+NN^+ 和 N^+PP^+ 结构。以 N^+PP^+ 结构为例，当外加反偏压大于雪崩击穿电压时，N^+P 结将发生雪崩击穿。在大信号状态下，雪崩击穿所形成的空间电荷将影响管内电场的分布，雪崩区的电场强度由于带电粒子浓度很大而降低到很低的程度，而雪崩区右侧 P 区的电场强度将迅速增大（可见图 2-78）。如果这时再加大管子的偏压（约为击穿电压的两倍以上），右侧增大的电场强度将可以达到击穿电场以上，因而再次引起雪崩击穿；雪崩击穿产生的电荷又使新的雪崩区电场强度降低，右侧电场强度又会升高，再次引起雪崩击穿；直到整个管子长度全部发生雪崩击穿为止（见图 2-78）。

这一过程相当于一个雪崩击穿电场强度的峰值 E_a 迅速向右传播，形成一个在管内传播的雪崩冲击波前。显然管子的过压状态是触发起雪崩冲击波前的条件。由于低电场下载流子的饱和漂移速度很小，而上述过程却极快，因而雪崩载流子的漂移可以忽略，好像被俘获在雪崩区一样，管内形成俘获等离子状态，此时管内电场强度几乎为零，雪崩停止。此后，等离子体将以极低的速度逸出，外电路中将形成很大的脉冲电流。当等离子体全部逸出后，管内电场又恢复到初始分布状态。上述过程重复进行，便产生了周期性的脉冲电压和电流，形成了振荡，其电压电流关系如图 2-79 所示。

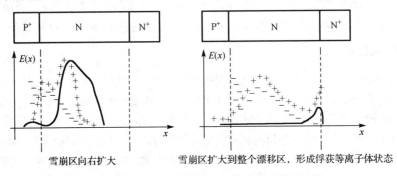

图 2-78 P^+NN^+ 雪崩管 TRAPATT 模式工作原理图

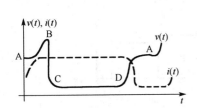

图 2-79 TRAPATT 模式电流电压关系

图 2-79 中 A 点对应 $t = 0$，管子发生雪崩击穿，在开始一段时间内（图中从 A 到 B），尚未触发起雪崩冲击波前，二极管相当于被充电，管子端压将升高；当管子处于相当的过压状态时，立即触发起雪崩冲击波前，迅速形成等离子体状态，二极管接近短路，并输出一个倒向的电压脉冲，这一过程在极短的时间内完成，相当于图中从 B 到 C；从 C 点开始，管子维持很大的电流脉冲，直到 D 点；之后管子回到初始状态，完成俘越模的一个工作周期。

从上述讨论可以看到，俘越模式的特点是在大电流条件下的一种电压崩溃现象，可以看成一种高速开关：由高阻状态迅速转换成几乎短路的低阻状态，从而将外加的直流电压变换成射频脉冲电压。

这种工作模式由于在等离子体逸出（即大电流流动）的那段时间里，电压维持在很低的水平，因而其效率很高。例如 600MHz 的俘越模振荡器，效率可达到 75%以上；在 L 波段，脉冲输出功率为 1kW 时，效率可达 60%。但是由于等离子体形成后，管内电场很低，所以等离子体逸出的速度很小，因此对于同一个二极管来说，其工作于俘越模的频率要远低于崩越模的频率。而且这种模式是工作在大电流状态下，其噪声比崩越模式要大。

这种模式是 1967 年在实验室中发现的，它虽有效率高的优点，但依靠一般的直流偏置要提供这种模式需要的电流密度是很难办到的，必须采取特殊的措施，致使电路复杂，不易实现。

2.7 转移电子效应二极管

转移电子效应二极管（Transfer Electron Diode）也称为体效应二极管和耿氏二极管（Gunn Diode），其英文缩写为 TED。它的出现源于 1961 年和 1962 年相继发表的论文，它们预言：部分电子从高的迁移率转移到低的迁移率状态，使电子漂移速度随电场增大而减小，从而产生负阻，可实现微波振荡和放大。1963 年，耿（J.B.Gunn）首次获得实验结果：在 N 型 GaAs 半导体两端外加电压使内部电场超过 3kV/cm 时，产生了微波振荡。此后，利用这种效应的器件很快发展、应用，成为微波器件的一个重大进展，它与雪崩二极管一样，成为了当今重要的毫米波固态信号源。由于其噪声远比雪崩二极管低，也常被用做毫米波本振信号。本节介绍转移电子效应二极管的结构、工作原理与特性和等效电路。

2.7.1 转移电子效应二极管的结构

转移电子器件是无结器件，最常用的转移电子器件是一片两端面为欧姆接触的均匀掺杂的 N 型 GaAs 半导体，如图 2-80 所示。近年来，通过研究发现 InP 半导体具有更大的负阻，而且可以工作于更高的频率，因此 InP 半导体转移电子器件的研究和应用都有较快的发展。此外由于能带结构的特点，其他Ⅲ-Ⅴ族及Ⅱ-Ⅵ族化合物，如磷化铟 InP、碲化镉 CdTe、硒化锌 ZnSe 等也可能在射频和微波频段获得应用。

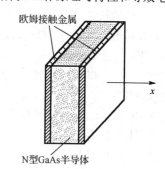

图 2-80　N 型 GaAs 转移电子器件结构

2.7.2 工作原理与特性

1. 转移电子器件的偶极畴

由 2.1 节对 N 型 GaAs 半导体材料能带结构的讨论我们已经看到，由于在电场作用下 N 型 GaAs 半导体内的电子从低能谷向高能谷转移产生负微分迁移率，使得 N 型 GaAs 半导体对外体现出微分负阻。这一负阻效应正是产生微波振荡和具有微波放大作用的基础。

由于 GaAs 样品的杂质分布和电场分布不可能完全均匀，因此实际上不可能在样品的每部分同时超过阈值电场、同时降低电子运动速度，因此前述的静态 $I-V$ 特性一般是得不到的，通常要通过特殊的机制来实现动态 $I-V$ 特性，这一特殊机制就是偶极畴，在转移电子器件内就是依靠偶极畴的产生和消失来形成微波振荡的。

（1）畴的生成

如果外加电压 V_{dc} 小于阈值电压 V_{th}，器件内部 $E < E_{th}$，GaAs 半导体内还未发生大量的电子转移，电子将在两电极间作均匀连续的漂移运动，GaAs 半导体内的电场分布是均匀的。但由于转移电子器件两端是欧姆接触，故阴极的金属半导体结处于反偏状态，其阻值较大，因此相应的该处电场也稍强于半导体其他部分，因而实际的电场分布如图 2-81(a)所示。

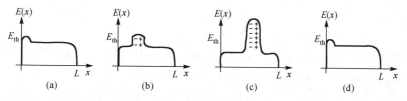

图 2-81　转移电子器件中偶极畴形成、长大、成熟和消失过程

如果外加电压 V_{dc} 大于阈值电压 V_{th}，阴极附近的电场将首先超过阈值电场 E_{th}，此处 GaAs 半导体内发生了电子的转移而进入负阻区，这时该处电子的平均漂移速度将减慢。但是该处左侧的电场仍低于 E_{th}，电子仍然以较快速度向阳极运动，这样形成了负阻区左侧的电子积累层；与此同时，该处右侧的电场也低于 E_{th}，电子同样以较快速度向阳极运动，形成了负阻区右侧的电子欠缺状态，相当于一层正的空间电荷（或称电子耗尽层）。结果就在负阻区的两侧形成了具有正负电荷的对偶极层，这就是偶极畴，如图 2-81(b) 所示。

这一偶极层形成了与外加电场方向相同的一个附加电场，致使畴内部的电场比畴外高得多，所以也称这个畴为高场畴。由于外加电压是一定的，畴内电场高，必然伴随着畴外电场的降低，GaAs 半导体内的电场分布就不再是均匀的，外加电压大部分降落在高场畴上，如图 2-81 所示，畴外电场不可能再超过阈值。因此对于均匀掺杂的器件，一般只能形成一个偶极畴。

（2）畴的长大

在阴极附近生成的畴最初只是一个小"核"，在电场的作用下，"核"将从阴极向阳极运动，由于畴内是慢电子而畴外是快电子，因此随着畴的运动堆积的对偶电荷越来越多，这样畴将逐渐"长大"。随着畴的长大，畴内电场越来越高，而畴外电场越来越低，因此畴内电子是在加速的，而畴外电子是在减速的，这一过程一直继续到畴内电子的平均运动速度与畴外电子的平均运动速度相等为止，如图 2-81(c) 所示。这时畴就不再长大，称为成熟畴或稳态畴。我们把畴核由生成到成熟所需的时间称为畴的生长时间 T_D。

（3）畴的渡越与消失

成熟后的偶极畴将继续以一定的速度向阳极渡越，到达阳极后将被阳极吸收而消失，这段时间称为畴的渡越时间 T_t，畴消失后半导体内电场恢复到没有形成畴的原始状态，电子的平均运动速度也恢复到原始的快电子状态。从畴到达阳极到畴完全消失的时间称为畴的消失时间 T_d，或称为介质的驰豫时间。

一个偶极畴消失后，如果器件的端压仍然维持在阈值电压 V_{th} 以上，将在阴极附近再生成一个偶极畴，重复上述过程。在这一过程中，器件内部所有电子的平均运动速度随时间的变化规律如图 2-82 所示。图中 a 点表示畴核形成，此后电子的平均运动速度将快速下降，直到畴成熟的 b 点，从 a 点到 b 点所需时间即是畴的生长时间 T_D；b 点之后成熟的畴将向阳极渡越，

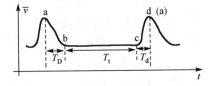

图 2-82　转移电子器件中电子平均漂移速度与时间关系

维持较低的平均运动速度，直到 c 点时畴到达阳极，bc 段对应的时间即是畴的渡越时间 T_t；畴到达阳极后将很快被阳极吸收，随着畴的消失，电子平均运动速度将立刻上升到初始值，即从 c 点到 d 点，这段时间即是畴的消失时间 T_d。由于器件内的电流是与它的电子漂移速度成正比的，因此图 2-82 所示也是器件电流的波形。如果畴消失后在阴极附近立刻形成新的偶极畴，那么将形成连续的电流脉冲串，形成了振荡。该振荡的周期包括 T_D、T_t 和 T_d 三段时间，由于一般 T_D 和 T_d 极短，因此整个周期近似为渡越时间 T_t。

设器件有源区长度为 L，畴的饱和漂移速度为 v_s，则有：

$$T_t = \frac{L}{v_s} = \frac{1}{f_t} \tag{2-148}$$

f_t 称为渡越时间频率或固有频率，在目前工艺水平下 L 可作到微米量级，器件的固有频率可高达 100GHz。但随着 L 的减小，器件承受功率也就不可避免地减小。

利用电动力学的方法可以计算出 T_D 和 T_d 的具体表达式，如果在器件内部能生成成熟的偶极畴，要求[2]：

$$T_t > T_D \tag{2-149}$$

根据 N 型 GaAs 半导体材料的典型参数，可求得当：

$$n_0 L > 10^{12} \, \text{cm}^{-2} \tag{2-150}$$

时，器件内部才能生成成熟的偶极畴，式中 n_0 是器件的掺杂浓度。

2. 转移电子器件的动态 $I-V$ 特性

实际上，以上讨论考虑的仅是转移电子器件两端加固定直流电压的情况，如果器件两端加上交变电压时，将会对畴的产生和消失产生影响。设这时器件端压为（直流偏压 V_{dc} 为 0）：

$$v(t) = V_{dc} + V_{ac} \sin \omega t = V_{ac} \sin \omega t \tag{2-151}$$

（1）当器件两端电压从零开始上升

电流最初应是按直线增加（见 N 型 GaAs 半导体材料能带特性的讨论），如图 2-83 所示的 OA 段，A 点对应端压为 V_{th}。这时偶极畴形成并很快成熟，电子平均漂移速度迅速下降，外电路电流也突然下降，对应图 2-83 中 AB 段。

如果器件端压继续增大，开始会引起畴内电场 E_1 及畴外电场 E_2 都增大，但根据畴内负阻区的速度-电场特性，E_1 增大将使慢电子更多，畴内电子平均漂移速度将减小；而 E_2 增大将使畴外电子的平均漂移速度提高。因此破坏了畴内外原有的平衡，偶极畴将长得更大，畴内电场 E_1 进一步升高以提高畴内电子平均漂移速度，畴外电场 E_2 又会因 E_1 的升高而降低，畴外电子将减速以达到新的平衡。这样，外加电压的增大转移为畴电压 V_d 的增大，而器件内部的电子平均漂移速度是减小的，导致平均电流缓慢减小，直到电子的平均漂移速度（即是平均电流）达到最小值 C 点，对应图 2-83 中的 BC 段。这反映了器件的负阻特性。

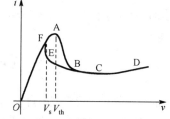

图 2-83　转移电子器件的电压电流关系

从 C 点开始，如果器件端压进一步增大，电流会缓慢增加，如图 2-83 中的 CD 段所示。

（2）如果器件端压从 D 点开始由大变小

直到 B 点以前，由于畴一直存在，因此电流会按照 D→C→B 路径逆向变化。从 B 点再进一步降低器件端压，虽然端压已经降到阈值电压 V_{th} 之下，但电流并不会直接跃升到 A 点，原因是此时畴并没有消失。因为在存在偶极畴的情况下器件内的电场分布并不均匀，畴内电场高而畴外电场低，外加电压虽然已经小于阈值电压，但畴内电场仍然高于阈值电场 E_{th}，因此畴仍然能够维持，器件内电子的平均漂移速度（即是平均电流）不会很快提高，直到端压下降到能维持畴的最小电压 V_s，V_s 称为畴的维持电压。V_s 对应曲线 2-83 的 E 点，因此在这一过程中电流将沿 B→E 段变化。端压再降到 E 点以下，这时畴将消失，电流立即由 E 点跃升到 F 点。由于 F 点对应端压在 V_{th} 以下，因此不会再形成偶极畴，直到端压再上升到 V_{th}。这样完成了外电压的一个完整周期，对应的 $I-V$ 特性曲线即是图 2-83。

2.7.3　等效电路

以上的分析说明，整个器件内偶极畴区呈现负微分迁移率，是负阻区；而畴外呈现低能谷的迁移率，是正阻区。因此转移电子器件的管芯等效电路可表示为图 2-84 所示，它是由畴外小信号电导 Y_1 和畴内小信号电导 Y_d 串联而得，图中 G_1 和 C_1 是畴外的微分电导和静态电容，G_d 和 C_d 是稳态畴的微分电导和静态电容。利用小信号微扰理论可以求得[2]：

$$Y_1 = G_1 + j\omega C_1 \approx \frac{qn_0\mu_1 A}{L - L_d} + j\omega \frac{\varepsilon A}{L - L_d} \tag{2-152}$$

$$Y_{\mathrm{d}} = G_{\mathrm{d}} + \mathrm{j}\omega C_{\mathrm{d}} \approx \frac{qn_0\mu_{\mathrm{d}}A}{L_{\mathrm{d}}} + \mathrm{j}\omega\frac{\varepsilon A}{L_{\mathrm{d}}} \qquad (2\text{-}153)$$

式中，μ_1 和 μ_{d} 表示无畴区和畴区微分迁移率，L 和 L_{d} 表示器件有源区和偶极畴区长度，ε 为 N 型 GaAs 半导体材料介电常数，A 为器件有源区截面积。

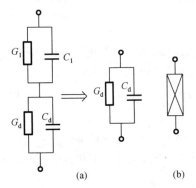

图 2-84　转移电子器件等效电路及电路符号

由于 $\mu_{\mathrm{d}} < 0$，显然有：

$$G_{\mathrm{d}} = \frac{qn_0\mu_{\mathrm{d}}A}{L_{\mathrm{d}}} < 0$$

体现为负阻，而且由于 $\mu_1 \gg |\mu_{\mathrm{d}}|$，其值抵消了 $L \gg L_{\mathrm{d}}$ 的作用，可计算出负阻值比正阻值大几十倍。另一方面，由于 $L \gg L_{\mathrm{d}}$，于是 $C_1 \ll C_{\mathrm{d}}$。串联后 Y_1 可以忽略不计，其总效果等效为一个负阻，图 2-84(a)表示了转移电子器件的简化等效电路，其电路符号如图 2-84(b)所示。

若考虑封装效应，等效电路中还要加上管壳电容及引线电感，这里不再赘述。

2.8　其余类型的二极管

前面部分对比较典型的肖特基势垒二极管、变容二极管、阶跃恢复二极管、PIN 二极管、雪崩渡越时间二极管和转移电子效应二极管特性进行了详细说明，包括其结构、原理特性、等效电路等。本节将按照功能用途，对一些在微波电子线路设计中经常出现，但前面没有详细说明的二极管进行介绍。

2.8.1　检波二极管

检波二极管，顾名思义是用于把叠加在高频载波上的低频信号检出来的器件，它具有较高的检波效率和良好的频率特性。用于检波的二极管通常具有结电容低，工作频率高和反向电流小等特点。

其工作原理如下：将调幅信号通过检波二极管，由于检波二极管的单向导电特性，调幅信号的负向部分被截去，仅留下其正向部分，此时如在每个信号周期取平均值（低通滤波），所得为调幅信号的包络即为基带低频信号，实现了解调（检波）功能。

检波二极管多用 PN 结和肖特基势垒二极管，因为微波信号一般都比较微弱，所以要求检波二极管的灵敏度很高。检波管的等效电路如图 2-85 所示，与 PN 结的等效电路相同，就是参数有些变化而已。

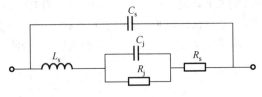

图 2-85　检波管等效电路

选择合适的检波二极管，对于微波电路的设计是很重要的，其电参数有电流灵敏度、电压灵敏度、正切灵敏度、优质系数、视频电阻等。

检波二极管实现的检波电路，从原理上讲，也属于频率变换器的范畴，输入高频信号，输出低频信号，其具体特性及检波电路将在第 3 章中加以描述。

2.8.2 瞬态电压抑制二极管

瞬态电压抑制二极管，简称 TVP 管（Transient Voltage Suppressor）。它是在稳压管的工艺基础上发展起来的一种半导体器件，主要应用于对电压的快速过压保护电路中。由于它具有响应时间快、瞬态功率大、漏电流低、击穿电压偏低、箝位电压较易控制、无损坏极限、体积小等优点，可广泛用于计算机、电子仪表、通信设备、家用电器及汽车用电子设备上，并可以作为过电压冲击或雷电电击等的保护元件。

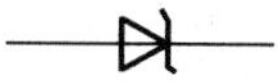

瞬态电压抑制二极管的电路符号与普通稳压二极管相同，如图 2-86 所示。它的正向特性与普通二极管相同；反向特性为典型的 PN 结雪崩器件。瞬态电压抑制二极管在两端电压高于额定值时，会瞬间导通，两端电阻将以极高的速度从高阻变为低阻，从而导通大电流，将管子两端的电压钳位在一个预定的数值上。

图 2-86 瞬态电压抑制二极管的电路符号

当有浪涌脉冲出现后，在瞬态峰值脉冲电流作用下，流过二极管的电流由原来的反向漏电流 I_D 上升到击穿电流 I_R，其两极呈现的电压由额定反向关断电压上升到击穿电压，二极管被击穿。随着峰值脉冲电流的出现，流过二极管的电流也达到峰值电流，但其两极的电压被箝位到预定的最大箝位电压以下。然后随着脉冲电流按指数衰减，二极管两极的电压也不断下降，最后恢复到起始状态。这就是二极管用来抑制可能出现的浪涌脉冲功率，保护电子元器件的整个过程。

瞬态电压抑制二极管的参数主要有以下几个。

（1）最大反向漏电流 I_D 和额定反向关断电压 V_{WM}

V_{WM} 是二极管最大连续工作的直流或脉冲电压，当这个反向电压加入二极管的两极间时，二极管处于反向关断状态，流过它的电流应小于或等于其最大反向漏电流 I_D。

（2）最小击穿电压 V_{BR} 和击穿电流 I_R

V_{BR} 是二极管最小的雪崩电压。小于这个电压时，二极管是不导通的。当二极管流过规定的 I_R 击穿电流时，加入二极管两极间的电压为其最小击穿电压 V_{BR}。按照二极管的 V_{BR} 与标准值的离散程度，可把二极管分为 $\pm 5\% V_{BR}$ 和 $\pm 10\% V_{BR}$ 两种。对于 $\pm 5\% V_{BR}$ 来说，$V_{WM}=0.85V_{BR}$；对于 $\pm 10\% V_{BR}$ 来说，$V_{WM}=0.81V_{BR}$。

（3）最大箝位电压 V_C 和最大峰值脉冲电流 I_{PP}

当持续时间为一定值的脉冲峰值电流 I_{PP} 流过二极管时，在其两极间出现的最大峰值电压定义为 V_C。V_C、I_{PP} 反映二极管器件的浪涌抑制能力。V_C 与 V_{BR} 之比称为箝位因子，一般在 1.2～1.4 之间。

（4）电容量 C

电容量 C 是二极管雪崩结截面决定的，在特定的 1MHz 频率下测得的。C 的大小与二极管的电流承受能力成正比，C 过大将使信号衰减。因此 C 是数据接口电路选用二极管的重要参数。

（5）最大峰值脉冲功耗 P_M

P_M 是二极管能承受的最大峰值脉冲耗散功率。其规定的试验脉冲波形和各种二极管的 P_M 值，可以查阅有关产品手册得知。在给定的最大箝位电压下，功耗 P_M 越大，其浪涌电流的承受能力越大；在给定的功耗 P_M 下，箝位电压 V_C 越低，其浪涌电流的承受能力越大。另外，峰值脉冲功耗还与脉冲波形、持续时间和环境温度有关。而且二极管所能承受的瞬态脉冲是不重复的，器件规定的脉冲重复频率（持续时间与间歇时间之比）为 0.01%，如果电路内出现重复性脉冲，应考虑脉冲功率的"累积"，有可能使二极管损坏。

（6）箝位时间 T_C

T_C 是二极管两端电压从零到最小击穿电压 V_{BR} 的时间。

2.8.3　发光二极管

发光二极管，即 Light Emitting Diode，缩写为 LED。它是半导体二极管的一种，可以把电能转化成光能，从功能上讲比常规的二极管更简单、直观。发光二极管与普通二极管一样，是由一个 PN 结组成的，同样具有单向导电性。当给发光二极管加上正向电压后，从 P 区注入到 N 区的空穴和由 N 区注入到 P 区的电子，在 PN 结附近数微米范围内分别与 N 区的电子和 P 区的空穴复合，产生自发辐射的荧光。PN 结加反向电压时，少数载流子难以注入，故不发光。

不同的半导体材料中电子和空穴所处的能量状态不同，当电子和空穴复合时释放出的能量也不同。释放出的能量越多，则发出的光的波长越短。砷化镓二极管发红光，磷化镓二极管发绿光，碳化硅二极管发黄光，氮化镓二极管发蓝光。传统发光二极管所使用的无机半导体物料和发光的颜色对应关系如表 2-3 所示。

表 2-3　无机半导体物料和发光的颜色对应关系

LED 材料	材料化学式	颜色
铝砷化镓，砷化镓磷化物，磷化钢镓铝，磷化镓（掺杂氧化锌）	AlGaAs, GaAsP，AlGaInP, GaP	红色及红外线
铟氮化镓/氮化镓，磷化镓，磷化钢镓铝，铝磷化镓	InGaN/GaN, GaP, AlGaInP, AlGaP	绿色
砷化镓磷化物，磷化钢镓铝，磷化镓	GaAsP, AlGaInP, GaP	高亮度的，橘红色，橙色，黄色，绿色
砷化镓磷化物	GaAsP	红色，橘红色，黄色
磷化镓，硒化锌，铟氮化镓，碳化硅	GaP, ZnSe, InGaN, SiC	红色，黄色，绿色
氮化镓	GaN	绿色，翠绿色，蓝色
铟氮化镓	InGaN	近紫外线，蓝绿色，蓝色
碳化硅（用作,衬底,）	SiC	蓝色
硅（用作衬底）	Si	蓝色
蓝宝石（用作衬底）	Al_2O_3	蓝色
硒化锌	ZnSe	蓝色
钻石	C	紫外线
氮化铝，铝氮化镓	AlN, AlGaN	紫外线

可以看出，对于发光二极管的研究主要集中在各种半导体材料上。而发光二极管的参数主要体现在光学参数上，包括光通量、发光效率、发光强度、光强分布、波长等，跟我们常规使用的电参量不同，本文不再具体说明。

2.8.4　整流二极管

整流二极管（Rectifier Diode），指一种用于将交流电转变为直流电的半导体器件。通常它包含一个 PN 结，外加正向偏压时，势垒降低，势垒两侧附近产生储存载流子，能通过大电流，具有低的电压降（典型值为 0.7V），即正向导通状态。若加反向电压使势垒增加，可承受高的反向电压，流过很小的反向电流（称反向漏电流），称为反向阻断状态。整流二极管具有明显的单向导电性。

整流二极管可用半导体锗或硅等材料制造。硅整流二极管的击穿电压高，反向漏电流小，高温性能良好。通常高压大功率整流二极管都用高纯单晶硅制造（掺杂较多时容易反向击穿）。这种器件的结面积较大，能通过较大电流（可达上千安），但工作频率不高，一般在几十 kHz 以下。

整流二极管主要用于各种低频半波整流电路，如需达到全波整流需连成整流桥使用。下面给出几种典型的二极管整流电路。

1. 半波整流电路

图 2-87 是最简单的整流电路。它由电源变压器、整流二极管 D 和负载电阻 R_L 组成。变压器把输入的交流信号（大多为交流电 220V）变换为所需要的交变电压，二极管 D 再把交流电变换为脉动直流电。

从图 2-88 的波形图上可以看出二极管整流的过程。产生的变压器次级电压是一个方向和大小都随时间变化的正弦波电压，当变压器次级电压为正半周（即 0～π 时间）内，变压器上端为正下端为负时，二极管承受正向电压而导通，通过二极管加在负载电阻 R_L 上，在 π～2π 时间内，次级电压为负半周，变压器次级电压下端为正，上端为负，这时二极管 D 承受反向电压，不导通，无输出电流，R_L 上无电压。这样反复下去，交流电的负半周就被"削"掉了，只有正半周通过 R_L，在 R_L 上获得了一个上正下为零的电压，达到了整流的目的，但是，负载电压以及负载电流的大小还随时间而变化，因此，通常称它为脉动直流。

这种除去半周、留下半周的整流方法，称为半波整流。不难看出，半波整流是以损失一半交流为代价而换取整流效果的，电流利用率很低。因此常用在高电压、小电流的场合，而在一般无线电装置中很少采用。

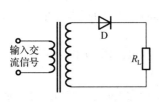

图 2-87　半波整流电路

图 2-88　半波整流波形

2. 全波整流电路（单向桥式整流电路）

如果把整流电路的结构作一些调整，可以得到一种能充分利用电能的全波整流电路。图 2-89 是全波整流电路的电原理图。

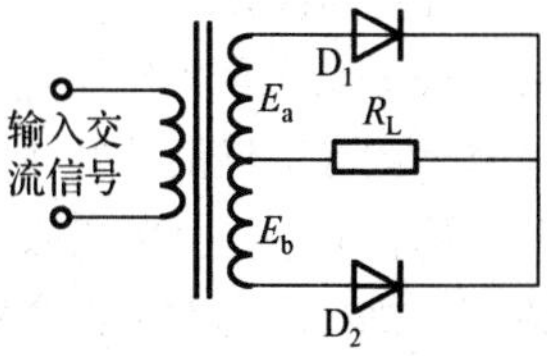

全波整流电路，可以看做是由两个半波整流电路组合成的。变压器次级线圈中间引出一个抽头，把次组线圈分成两个对称的绕组，从而引出大小相等但极性相反的两个电压，分别和输出负载 R_L 构成两个回路。

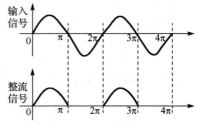

图 2-89　全波整流电路

全波整流电路的工作原理，可用图 2-90 所示的波形说明。在 0～π 间内，D_1 导通，在 R_L 上得到上正下为零的电压；E_b 对 D_2 为反向电压，D_2 不导通。在 π～2π 时间内，E_b 对 D_2 为正向电压，D_2 导通，在 R_L 上得到的仍然是上正下为零的电压；E_a 对 D_1 为反向电压，D_1 不导通。如此反复，由于两个整流元件 D_1、D_2 轮流导电，结果负载电阻 R_L 上在正、负两个半周作用期间，都有同一方向的电流通过，如图 2-90 所示的那样，因此称为全波整流，全波整流不仅利用了正半周，而且还巧妙地利用了负半周，从而大大地提高了整流效率。

该电路也有缺点，使用时需要变压器有一个使两端对称的次级中心抽头，这给制作上带来一些麻烦。另外，这种电路中，每只整流二极管承受的最大反向电压，是变压器次级电压最大值的两倍，因此需用能承受较高电压的二极管。

3. 桥式整流电路

桥式整流电路是使用最多的一种整流电路，如图 2-91 所示。这种电路，需要增加两只二极管并连接成"桥"式结构，便具有全波整流电路的优点，而同时在一定程度上克服了它的缺点。

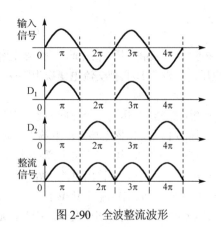

图 2-90 全波整流波形

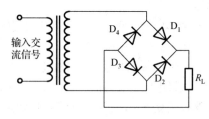

图 2-91 桥式整流电路图

桥式整流电路的工作原理如下：次级线圈电压为正半周时，对 D_1、D_3 是正向偏压，D_1、D_3 导通；对 D_2、D_4 而言为反向偏压，D_2、D_4 截止。电路中构成通电回路，在 R_L 上形成上正下为零的半波整流电压。次级线圈电压为负半周时，对 D_2、D_4 加正向电压，D_2、D_4 导通；对 D_1、D_3 加反向电压，D_1、D_3 截止，同样在 R_L 上形成上正下为零的整流电压。

如此重复下去，结果在 R_L 上便得到全波整流电压。其波形图和全波整流波形图是一样的。但从图中不难看出，桥式电路中每只二极管承受的反向电压等于变压器次级电压的最大值，比全波整流电路小一半。

二极管作为整流元件时，要根据不同的整流方式和负载大小加以选择。如选择不当，则不能安全工作，甚至烧了管子。而检波二极管可供选择的相关参数有：

（1）最大平均整流电流 I_F：指二极管长期工作时允许通过的最大正向平均电流。该电流由 PN 结的结面积和散热条件决定。使用时应注意通过二极管的平均电流不能大于此值，并要满足散热条件。

（2）最高反向工作电压 V_R：指二极管两端允许施加的最大反向电压。若大于此值，则反向电流(I_R)剧增，二极管的单向导电性被破坏，从而引起反向击穿。通常取反向击穿电压(V_B)的一半作为最高反向工作电压(V_R)。

（3）最大反向电流 I_R：它是二极管在最高反向工作电压下允许流过的反向电流，此参数反映了二极管单向导电性能的好坏。该电流值越小，表明二极管质量越好。值得注意的是，由于制造工艺的限制，即使同一型号的二极管其参数的离散性也较大。手册中给出的参数往往是一个范围，若测试条件改变，则相应的参数也会发生变化，例如，在 25℃时测得 1N5200 系列硅塑封整流二极管的 I_R 小于 10μA，而在 100℃时 I_R 则变为小于 500μA。

（4）击穿电压 V_B：指二极管反向电流急剧增加时的电压值。

（5）最高工作频率 f_m：它是二极管在正常情况下的最高工作频率。主要由 PN 结的结电容决定，若工作频率超过 f_m，则二极管的单向导电性能将不能很好地体现。

（6）反向恢复时间 t_{rr}：指在规定的负载、正向电流及最大反向瞬态电压下的反向恢复时间。

（7）零偏压电容 C_0：指二极管两端电压为零时，结电容的大小。

选用整流二极管时，主要应考虑其最大整流电流、最大反向工作电流、截止频率及反向恢复时间等参数。普通串联稳压电源电路中使用的整流二极管，对截止频率的反向恢复时间要求不高，只要根据电路的要求选择最大整流电流和最大反向工作电流符合要求的整流二极管即可。而开关稳压电源的整流电路及脉冲整流电路中使用的整流二极管，应选用工作频率较高、反向恢复时间较短的整流二极管。

2.8.5 隧道二极管

隧道二极管是基于重掺杂 PN 结隧道效应而制成的半导体两端器件。隧道二极管的电路符号如图 2-92 所示。

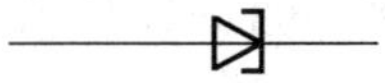

图 2-92　隧道二极管的电路符号

隧道效应是 1958 年日本江崎玲於奈在研究重掺杂锗 PN 结时发现的，故这种二极管也常被称为"江崎二极管"。他研究应用于高速双极晶体管的锗重掺杂 P-N 结时，需要窄的和重掺杂的基区，在此过程中，发现了一种载流子运动的新模式，即在势垒区很薄的情况下，由于隧道效应，电子可能穿过禁带，形成隧道电流，这就是隧道二极管的来历。

产生隧道效应的原理如下：N 型半导体的费米能级靠近导带，而 P 型半导体的费米能级靠近价带，掺杂浓度越高，费米能级越靠近。当两种重掺杂的半导体材料置于一起时，在没有外加电压，处于热平衡状态时，N 区和 P 区的费米能级相等。N 区导带底比 P 区价带顶还低，因此，在 N 区的导带和 P 区的价带中出现具有相同能量的量子态。在重掺杂情况下，杂质浓度大，势垒区很薄，由于量子力学的隧道效应，N 区导带的电子可能穿过禁带，到 P 区价带，P 区价带电子也可能穿过禁带到 N 区导带，从而有可能产生隧道电流。势垒区长度越短，电子穿过隧道的概率越大，隧道电流越显著。

发生隧道效应的条件为：费米能级位于导带和满带内，空间电荷层宽度必须很窄（0.01μm 以下），并且半导体 P 型区和 N 型区中的空穴和电子在同一能级上有交叠的可能性。

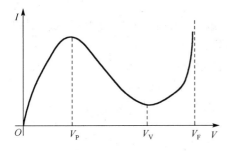

图 2-93　隧道二极管的伏安特性曲线

图 2-93 给出了隧道二极管的伏安特性曲线。

其电流和电压间的变化关系与一般半导体二极管不同。当某一个极上加正电压时，通过管的电流先将随电压的增加而很快变大，但在电压达到某一值后，又变化为很小的值，接着随着电压升高急剧变大。该伏安特性产生的过程可以描述为：

（1）隧道结所加的电压为 0 时，两边有相同的量子态，但 N 区和 P 区的费米能级相等，在结的两边形成了势垒区，阻碍载流子的移动，所以隧道电流为 0。

（2）加一个很小的电压时，N 区能带相对于 P 区将升高 qv，所以 N 区导带中的电子能穿过隧道到 P 区价带中，从而产生正向电流。

（3）继续增大正向电压，势垒高度不断下降，有更多的电子从 N 区穿过隧道到 P 区的空量子态，使隧道电流不断增大。当正向电流增大到某一值时，这时，P 区的费米能级与 N 区的导带底一样高，N 区导带中的电子可能部穿过隧道到 P 区价带的空量子态区去，正向电流达到最大值。

（4）再增大正向电压，势垒高度进一步降低，在结两边的能量相同的量子态减少，使 N 区导带中可能穿过隧道的电子数以及 P 区的价带中可能接收穿过隧道的电子的空量子态均减少，这时隧道电流减小，出现负阻。

（5）正向电压加到 V_V 时，P 区价带和 N 区导带没有相同的量子态，因此不能发生隧道穿通，隧道电流应该减少到 0。但是，实验证明当电压为 V_V 时，由于能带边缘的延伸，N 区导带向下延伸，P 区价带向上延伸，于是仍存在能量相同的量子态，形成谷值电流。

（6）再继续增加电压，这时会在结两侧形成高的场强分布，从而引发类似雪崩击穿效应似的载流子运动，从而导致电流快速增加，形成比较陡的曲线，该处的电压值也是隧道二极管使用时电压的上限。

（7）加反向电压时，P 区能带相对 N 区能带升高。在两边能量相同的量子态范围内，P 区的价带中费米能级以下的量子态被电子占据，而 N 区导带中费米能级以上有空的量子态。因此，P 区的价带电子就可以穿过隧道到 N 区导带中，产生反向隧道电流。随着反向电压的增大，穿过隧道电子数大大增大，反向电流迅速增加。

从图 2-93 可以看出，隧道二极管的几个主要参数有峰点电压 V_p、峰点电流 I_pi、峰谷电流比、谷点电容 C_v。

隧道二极管的用途，除了其负微分电阻（负阻）以外，就是可以高速工作，因为它是一种多数载流子器件，而且并不受少数载流子存储影响。所以隧道二极管开关速度达皮秒量级，工作频率高达100GHz，可用于超高速开关逻辑电路、触发器和存储电路等。隧道二极管还具有小功耗和低噪声等特点，可用于微波混频、检波、低噪声放大、振荡等。

隧道二极管也有缺点，归纳为：由于隧穿电流小，用作振荡器时的输出功率比较低；输入和输出隔离度比较差；器件的产品一致性较差。尽管在 20 世纪 60 年代这种器件看起来很有发展希望，但用作振荡器，却被 TED 和 IMPATT 取代；用作开关元件，也被场效应晶体管取代。通常，它仅在微波低噪声放大器方面得到非常有限的应用。

隧道二极管通常是在重掺杂 N 型（或 P 型）的半导体片上用快速合金工艺形成高掺杂的 PN 结而制成的；其掺杂浓度必须使 PN 结能带图中费米能级进入 N 型区的导带和 P 型区的价带；PN 结的厚度还必须足够薄（150 埃左右），使电子能够直接从 N 型层穿透 PN 结势垒进入 P 型层。典型的掺杂浓度为 $5 \times 10^{19}\,\text{cm}^{-3}$，耗尽宽度范围为 5～10μm。

下面是制作隧道二极管的一些方法：

① 合金法：把含有适当掺杂剂的合金用来与重掺杂衬底接触，在大约 500℃温度下，合金迅速融化，掺杂剂从合金扩散出来。然后采用腐蚀方法来刻出台面结构。

② 脉冲键合：将含有适当掺杂剂合金涂层的金属线，压制在重掺杂衬底上。用局部合金方法，电压脉冲作用形成结。这种方法可制作很小的二极管区，但是不能控制精确区域。

③ 平面技术：利用一些绝缘层，将其中的多数重掺杂衬底掩蔽起来。在暴露区域，采用扩散、合金或外延生长方法，对有源区引入掺杂。

2.9　结型晶体管

晶体管分为两大类，一类为结型晶体管，另一类是场效应晶体管。两类虽然都叫做晶体管，但其工作原理是不同的。结型晶体管也称为双极型晶体管、双极结晶体管（Bipolar-Junction Transistor），习惯上称为晶体管或晶体三极管，英文简称 BJT。这种晶体管是 1948 年由 AT&T Bell 实验室的 Bardeen 和 Brattain 发明的，50 年来得到了一系列改进和提高。由于它的低成本结构、相对较高的工作频率、低噪声性能及高功率容量，BJT 是目前最广泛运用的射频有源器件之一。其名称的由来是由于在这类晶体管中有两种极性的载流子（电子和空穴）都参与器件的工作。本节介绍结型晶体管的工作原理、结构和等效电路、特性，此外在本节最后简单介绍一种特殊的结型晶体管——异质结双极型晶体管。

2.9.1　工作原理

1. 基本工作过程

通过 2.1 节对半导体 PN 结的讨论我们已经看到，处于反偏压下的 PN 结如图 2-94(a)所示，尽管反向偏压可以很大，流过的电流总是很小的，因为反向电流是由 P、N 区的少子形成的。如果设法使 N 区中的空穴浓度加大，自然可以使电流加大。如果 PN 结加上的是正向偏压，如图 2-94(b)所示，即使电压较小，也可产生较大电流。这时 P 区中的空穴注入到 N 区，产生少子注入，使 N 区空间电荷区边界处的空穴浓度大大提高，可见少子注入是增加 N 区空穴浓度的一种手段。

如果把图 2-94(a)和图 2-94(b)中两个 PN 结的 N 区结合成一块，而且使合成后的 N 区较薄，薄到它的宽度可以比注入空穴的扩散长度小很多，则由左方正偏 PN 结注入到 N 区的空穴，可以被右方反偏 PN 结所"收集"。由于空穴在扩散过程中复合的损失极小，因而可把空穴的流通表示为图 2-95。这样就构成了一个结型晶体管，称为 PNP 型晶体管，如图 2-95 所示，左方的 PN 结（正偏）称为发射结，右方的 PN 结（反偏）称为收集结或集电结，左方的 P 区称为发射区，右方的 P 区称为收集区或集电区，中间的 N 区称为基区，三个电极分别称为发射极（E）、集电极（C）和基极（B）。

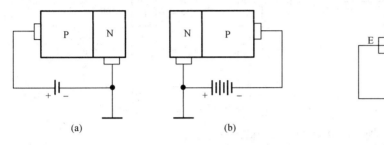

图 2-94　正、反向偏压 PN 结

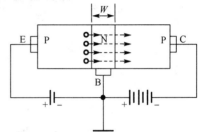

图 2-95　PNP 型双极晶体管结构

在工作状态下，发射结的作用在于向基区提供少子，收集结的作用在于收集从基区扩散过来的少子，结果是：发射结的电流能够控制集电结的电流。具体地说，在某一瞬间发射结注入的空穴多，则集电结的电流就大；反之，发射结注入的空穴少，集电结的电流就小。如果把一个信号加于发射结，使发射结电流随信号改变，则能在集电极的电流变化中把这个信号重现出来，这就是晶体管的基本工作原理。为保证这一控制过程顺利进行，其结构上的先决条件使基区宽度 W 小于少子扩散长度 L_p。

如果三极管是由两层 N 区和一层 P 区构成的 NPN 结构，其工作原理与 PNP 管是完全类似的，区别仅在于发射结向基区注入的少子是电子。需要说明的是实际上常用的微波双极晶体管是硅 NPN 型。

2．能带模型

一般晶体管的发射区掺杂浓度大于基区掺杂浓度，基区的掺杂浓度大于集电区的掺杂浓度，所以平衡状态下晶体管的能带结构如图 2-96(a)所示，费米能级应在同一水平上。图 2-96(b)表示加上工作电压后的能带图，发射结处于正偏而集电结处于反偏。图中用●表示电子，用○表示空穴。

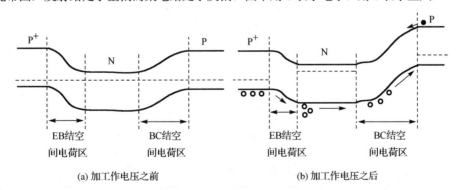

(a) 加工作电压之前　　　　　　　　(b) 加工作电压之后

图 2-96　PNP 型双极晶体管能带结构

3．连接方式

在实际使用时，晶体管三个电极中的任何一个都可作为输入输出的公共端，而不仅限于用图 2-95 所示的基极作为公共端。以 PNP 管为例，其连接方式有三种，如图 2-97 所示，称为共基极连接、共发射极连接和共集电极连接。三种连接方式都可以使发射结处于正偏，有注入少子作用；使集电结处于反偏，有收集作用；外加偏压的极性也表示于图 2-97。

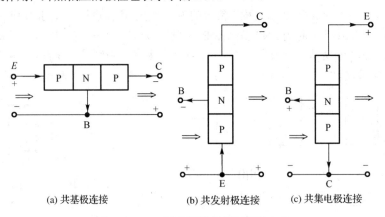

(a) 共基极连接　　　　　　(b) 共发射极连接　　　　　　(c) 共集电极连接

图 2-97　PNP 型双极晶体管的连接方式

2.9.2　等效电路与结构

图 2-98 给出了一个硅微波双极晶体管的管芯简化等效电路，图中晶体管处在小信号下，且共发射极连接。图中各元件参数说明如下：R_B' 为基区体电阻，R_B'' 为基极欧姆接触电阻；R_E 是发射结的结电阻，R_E' 为发射区体电阻，由于发射区掺杂较高而较小可忽略，R_E'' 发射极欧姆接触电阻，C_{TE} 为发射结的势垒电容，C_{DE} 为发射结的扩散电容；R_C 是集电结的结电阻，一般由于反偏而较大可忽略，R_C' 为集电区体电阻，R_C'' 集电极欧姆接触电阻，C_C 为集电结的势垒电容；$\tilde{\alpha}$ 是交流电流放大系数。如果考虑封装因素在内，等效电路中还必须加上封装电容和封装引线电感。一个典型 C 波段低噪声晶体管等效电路元件参数值如表 2-4 所示。

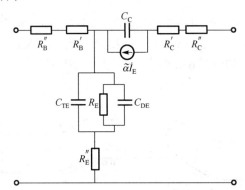

图 2-98　硅微波双极晶体管的管芯简化等效电路

表 2-4　C 波段低噪声晶体管等效电路元件参数值

$R_B' + R_B''$	R_E	C_{TE}	C_C	$R_C' + R_C''$
15 Ω	13 Ω	0.3pF	0.07pF	12 Ω

图 2-99 给出了一个实际平面结构的 NPN 型晶体管的剖面图和俯视图，它采用了条带结构，适用于小信号和小功率。它的发射极及基极做成细长条，相互交叉成指状排列，再各自并联起来引出。发射极条数从 3～5 条至 10 多条，视管子功率要求而定，相应基极条数也增多，它的优点是提高了发射

极有效利用面积，而且可在发射极周长一定的情况下使发射极面积最小，相应的基极面积和集电极面积也最小。此外还有适用于功率管的覆盖型和网状型结构，这里不再介绍。

PNP 和 NPN 型晶体管的电路符号表示于图 2-100。

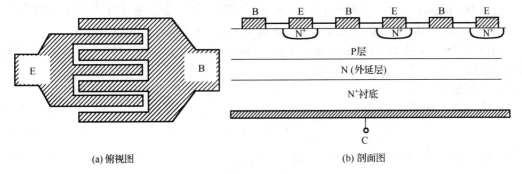

(a) 俯视图　　　　　　　　　　　　(b) 剖面图

图 2-99　微波双极晶体管交指型结构示意图

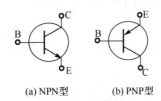

(a) NPN型　　　(b) PNP型

图 2-100　双极型晶体管电路符号

2.9.3　特性

1. 理想晶体管各极电流

不失一般性，以 PNP 晶体管为例进行讨论，其共基极连接时管中载流子的流通如图 2-101 所示。对于 PNP 晶体管，电流的正负可作如下规定：发射极电流 I_E 以流入晶体管为正方向，基极电流 I_B 和集电极电流 I_C 以从晶体管流出为正方向。而对 NPN 晶体管电流正负的规定正好与此相反。显然根据基尔霍夫第一定律，三个电极电流之间应满足：

$$I_E = I_B + I_C \tag{2-154}$$

左边 PN 结处于正偏，电压为 V_{EB}；右边 PN 结处于反偏，电压为 V_{CB}。

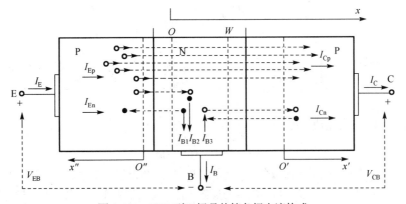

图 2-101　PNP 型双极晶体管各极电流构成

由于构成晶体管电流的均是各区的少子，因此采用下列符号表示各区少子的相关参数：

L_{nE}、D_{nE} 和 $(n_0)_E$ 分别表示发射区少子（电子）的扩散长度、扩散系数和平衡状态下的浓度。

L_{pB}、D_{pB} 和 $(p_0)_B$ 分别表示基区少子（空穴）的扩散长度、扩散系数和平衡状态下的浓度。

L_{nC}、D_{nC} 和 $(n_0)_C$ 分别表示集电区少子（电子）的扩散长度、扩散系数和平衡状态下的浓度。

W 为基区非空间电荷层部分宽度，称为有效基区宽度。A 表示两个结的结面积。

在引入与 PN 结相类似的假设，及经过与 PN 结电流相类似的讨论后，可得出理想状态下晶体管各极电流的表示式。

（1）发射极电流 I_E

发射极电流 I_E 由两部分组成，即：

$$I_E = I_{Ep}(o) + I_{En}(o'') \tag{2-155}$$

其中 I_{Ep} 是由发射区注入基区的空穴电流，而 I_{En} 是由基区注入发射区的电子电流。可求得[8]：

$$I_{Ep}(o) = \frac{qAD_{pB}}{W}(p_0)_B \left\{ \left[\exp\left(\frac{qV_{EB}}{kT}\right) - 1 \right] - \left[\exp\left(\frac{qV_{CB}}{kT}\right) - 1 \right] \right\} \tag{2-156}$$

$$I_{En}(o'') = \frac{qAD_{nE}}{L_{nE}}(n_0)_E \left[\exp\left(\frac{qV_{EB}}{kT}\right) - 1 \right] \tag{2-157}$$

$$I_E = qA\left[\frac{D_{nE}(n_0)_E}{L_{nE}} + \frac{D_{pB}(p_0)_B}{W} \right]\left[\exp\left(\frac{qV_{EB}}{kT}\right) - 1 \right] - \frac{qAD_{pB}}{W}(p_0)_B\left[\exp\left(\frac{qV_{CB}}{kT}\right) - 1 \right] \tag{2-158}$$

（2）集电极电流 I_C

集电极电流 I_C 也由两部分组成，即：

$$I_C = I_{Cp}(W) + I_{Cn}(o') \tag{2-159}$$

其中 I_{Cp} 是由发射区注入到基区的空穴，未经复合扩散到集电结空间电荷区边界，而被集电结收集所形成的电流，I_{Cp} 由 I_{Ep} 决定；I_{Cn} 是集电结的反向电流，它包括由集电区流入基区的电子，以及由基区流入集电区的空穴，由于基区的掺杂浓度较集电区为高，故基区少子空穴比集电区少子电子为少，因而反向电流以集电区流向基区的电子为主，I_{Cn} 不受发射极电流的控制。可求得[8]：

$$I_{Cp}(W) = I_{Ep}(o) = \frac{qAD_{pB}}{W}(p_0)_B \left\{ \left[\exp\left(\frac{qV_{EB}}{kT}\right) - 1 \right] - \left[\exp\left(\frac{qV_{CB}}{kT}\right) - 1 \right] \right\} \tag{2-160}$$

$$I_{Cn}(o') = -\frac{qAD_{nC}}{L_{nC}}(n_0)_C \left[\exp\left(\frac{qV_{CB}}{kT}\right) - 1 \right] \tag{2-161}$$

$$I_C = \frac{qAD_{pB}}{W}(p_0)_B\left[\exp\left(\frac{qV_{EB}}{kT}\right) - 1 \right] - qA\left[\frac{D_{nC}(n_0)_C}{L_{nC}} + \frac{D_{pB}(p_0)_B}{W} \right]\left[\exp\left(\frac{qV_{CB}}{kT}\right) - 1 \right] \tag{2-162}$$

（3）基极电流 I_B

基极电流 I_B 由三部分组成，即：

$$I_B = I_{B1} + I_{B2} - I_{B3} \tag{2-163}$$

其中 I_{B1} 是发射极中的电子电流成分，即 I_{En}；I_{B2} 是为补充基区中与发射结注入的空穴复合掉的电子，由基极流入的电子电流；I_{B3} 是集电结的反向电流，即 I_{Cn} 部分，其电流方向与前面两种成分相反。根据 $I_E = I_B + I_C$，可求得：

$$I_B = \frac{qAD_{nE}}{L_{nE}}(n_0)_E\left[\exp\left(\frac{qV_{EB}}{kT}\right) - 1\right] + \frac{qAD_{nC}}{L_{nC}}(n_0)_C\left[\exp\left(\frac{qV_{CB}}{kT}\right) - 1\right] \tag{2-164}$$

由于一般 EB 结处于正偏，故 $V_{EB} > 0$，CB 结处于反偏，故 $V_{CB} < 0$，称这种工作状态为晶体管的"放大"运用状态。于是有：

$$\exp\left(\frac{qV_{EB}}{kT}\right) \gg 1 \tag{2-165}$$

$$\exp\left(\frac{qV_{CB}}{kT}\right) \ll 1 \tag{2-166}$$

由式（2-164）可以看出，基极电流的第一项是基区向发射区注入的电子电流，第二项是集电结的反向电流 I_{B3}，这是集电区的少子电子进入 CB 结的空间电荷区后，被空间电荷区的电场扫向基区形成的电流，即通常所说的 CB 结"漏电流"。

从 I_C 表达式（2-162）可以看到，由于 V_{EB} 只有零点几伏时，$\exp(qV_{EB}/kT)$ 即能大大超过 1，第二项由于 $V_{CB} < 0$，其值较小，显然第一项起主要作用，即由发射结注入的空穴电流是集电极电流的主要成分。

I_E 的表达式（2-158）中，也是 $\exp(qV_{EB}/kT)$ 起主要作用，即第一项大于第二项。此外，在第一项中，由于 $(p_0)_B \gg (n_0)_E$，同时 $L_{nE} \gg W$，故以注入到基区的空穴电流为主要成分。

以上理想状态下的结论在实际存在基区复合的情况下必须加以修正，但各电流表达式中含有因子 $\left[\exp(qV/kT) - 1\right]$ 并不改变，因此结论的本质不会改变。

2. 晶体管的电流特性参数

以 PNP 晶体管为例，描述晶体管各极间电流相互关系的参数主要有以下几种。

（1）注入效率 γ

注入效率 γ 定义为发射极电流中，空穴电流成分与总电流之比，即：

$$\gamma = \frac{I_{Ep}}{I_E} = \frac{I_{Ep}}{I_{Ep} + I_{En}} \tag{2-167}$$

由于 I_{Ep} 是发射极电流 I_E 中对集电极电流 I_C 起控制作用的成分，因而要求 γ 越接近于 1 越好。为实现这一点，在工艺上可以将发射结制作成 P$^+$N 结，即发射区掺杂浓度远远高于基区掺杂浓度。

（2）传输系数 η_B

传输系数 η_B 定义为集电极电流 I_C 中空穴成分与发射极电流 I_E 中的空穴成分之比，即：

$$\eta_B = \frac{I_{Cp}}{I_{Ep}} \tag{2-168}$$

从以上对于晶体管工作原理的讨论中我们已经可以看到，注入少子在基区扩散过程中的复合是决定 η_B 的主要因素。实际上 η_B 小于 1，但希望它趋于 1。为实现这一点，要使 $L_{pB} \gg W$，即有效基区宽度远小于基区少子扩散长度；此外，可使集电结的面积大于发射结面积。

（3）共基极直流电流放大系数 α_{dc} 和集电结漏电流 I_{CBO}

共基极直流电流放大系数 α_{dc} 也称为共基极直流电流增益，通常就写为 α。它定义为集电极电流 I_C 中空穴成分与发射极电流 I_E 之比，即：

$$\alpha_{dc} = \frac{I_{Cp}}{I_E} = \frac{I_{Cp}}{I_{Ep} + I_{En}} = \eta_B \gamma \tag{2-169}$$

集电结漏电流 I_{CBO} 定义为发射极与基极间开路时，基极与集电极之间的反向饱和电流，它以集电区流向基区的电子电流为主，即 I_{Cn} 部分，$I_{Cn} \approx I_{CBO}$，其值一般很小。

引入 α_{dc} 后，集电极电流 I_C 可表示为：

$$I_C \approx \alpha_{dc} I_E + I_{CBO} \approx \alpha_{dc} I_E \tag{2-170}$$

α_{dc} 的值是小于 1 的，但在优良的晶体管中与 1 相差很小，可达到 0.99 或更高。

（4）共发射极直流电流放大系数 β_{dc} 和穿透电流 I_{CEO}

共发射极直流电流放大系数 β_{dc} 也称为共发射极直流电流增益，通常就写为 β。根据式（2-170）和式（2-154），可得：

$$I_C = \alpha_{dc} I_E + I_{CBO} = \alpha_{dc}(I_B + I_C) + I_{CBO} \tag{2-171}$$

$$I_C = \frac{\alpha_{dc}}{1 - \alpha_{dc}} I_B + \frac{I_{CBO}}{1 - \alpha_{dc}} \tag{2-172}$$

令

$$\beta_{dc} = \frac{\alpha_{dc}}{1 - \alpha_{dc}} \tag{2-173}$$

称为共发射极直流电流放大系数或共发射极直流电流增益。式（2-162）变为：

$$I_C = \beta_{dc} I_B + (\beta_{dc} + 1) I_{CBO} \tag{2-174}$$

令

$$I_{CEO} = (\beta_{dc} + 1) I_{CBO} \tag{2-175}$$

由于它实际上是基极开路（$I_B = 0$）时的 I_C，称为集电极与发射极之间的反向漏电流或"穿透电流"。

由以上分析可以得出结论：

① 如果 $\alpha_{dc} = 0.95 \sim 0.99$，则 $\beta_{dc} = 19 \sim 99$，可见 β_{dc} 的值比 α_{dc} 大得多。式（2-174）中，若不计 I_{CEO}，$\beta_{dc} \approx I_C / I_B$，也就是说，在共发射极情形下，以 I_B 为输入电流，I_C 为输出电流，则输出比输入大约 β_{dc} 倍，可见 β_{dc} 是共发射极电流放大系数。

② 由式（2-175）可见，基极开路时，发射极-集电极之间的反向电流，是发射极开路时，基极-集电极间反向电流的 $(\beta_{dc} + 1)$ 倍。原因是集电区经集电结进入基区的电子，由于基极开路，电子不可能由基极流走，将会使基区中的电子（多子）增多，结果发射结基区一侧的空间电荷区中正电荷减少，相当于发射结加上了正向电压，将使更多的空穴从发射区注入基区，注入基区的空穴除少量与电子复合外，大部分为集电结所收集，成为 I_C。如果此时基区复合电流大小等于 I_{CBO} 使基区中不再有多余的电子累积，此时相当于存在大小为 I_{CBO} 的 I_B，按照 I_C 应为 I_B 的 β_{dc} 倍，所以 I_C 大小为 $\beta_{dc} I_{CBO}$。总电流再加上 I_{CBO} 本身，即为 $(\beta_{dc} + 1) I_{CBO}$。

③ 如果在发射极与基极间接一电阻，如图 2-102 所示，可从基极中流出部分由集电区进入基区的电子，这部分电子将起不到减小发射结空间电荷区中正电荷的作用，因此此时集电极-发射极间电流将比 I_{CEO} 小。如果将发射极与基极短接（$R = 0$），$V_{EB} = 0$，则集电极-发射极间电流应近似等于 I_{CEO}，但仍比 I_{CBO} 略大。因为此时与发射极开路不同，由于基区有一定的体电阻，反向电流流过将产生很小的电压，从而使发射结处于一个较小的正向偏压下。

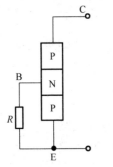

图 2-102　PNP 管 BE 间接电阻

（5）交流电流放大系数 $\tilde{\alpha}$ 和 $\tilde{\beta}$

交流电流放大系数 $\tilde{\alpha}$ 定义为集电极-基极交流短路时，集电极交流电流 $\tilde{i}_C$ 与发射极交流电流 $\tilde{i}_E$ 的比值，即：

$$\tilde{\alpha} = \left. \frac{\tilde{i}_C}{\tilde{i}_E} \right|_{\tilde{v}_{CB}=0} \tag{2-176}$$

当交流频率不高时，$\tilde{\alpha}$ 与 α_{dc} 相差不多。

交流电流放大系数 $\tilde{\beta}$ 定义为集电极-发射极交流短路时，集电极交流电流 $\tilde{i}_C$ 与基极交流电流 $\tilde{i}_B$ 的比值，即：

$$\tilde{\beta} = \left. \frac{\tilde{i}_C}{\tilde{i}_B} \right|_{\tilde{v}_{CE}=0} \tag{2-177}$$

当交流频率不高时，$\tilde{\beta}$ 与 β_{dc} 相差不多。

3. 晶体管的伏安特性曲线

在工作原理部分，我们已经介绍过晶体管的三种连接方式，每一种连接方式都有各自的输入和输出端。输入端与公共端之间的电流-电压关系称为输入特性；输出端与公共端之间的电流-电压关系称为输出特性。这些特性用曲线形式表示出来就是特性曲线。对应于三种连接方式，总共有三种输入特性曲线和三种输出特性曲线。

晶体管的工作基础在于两个结之间的相互作用，因而会导致输入对输出、输出对输入存在相互之间的影响，所以还有一种转移特性曲线。

本小节将仍以 PNP 型晶体管为例，介绍共基极连接和共发射极连接的输入、输出特性曲线。

（1）共基极连接情况

① 输入特性。共基极连接的输入特性曲线即是 V_{EB} 与 I_E 之间的关系曲线。因为 CB 结的电压会对 EB 结的电压-电流关系产生影响，所以在测定 V_{EB} 与 I_E 之间关系的全过程中必须维持 V_{CB} 为一定值，因而输入特性曲线是以 V_{CB} 为参数的一族曲线，如图 2-103 所示。

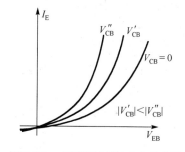

图 2-103 共基极连接输入特性曲线

当 $V_{CB}=0$ 时，集电极与基极间短路，其曲线就是 EB 这一 PN 结单独存在时的特性：V_{EB} 正向时，I_E 指数增加；V_{EB} 反向时，I_E 也呈现饱和状，且在一定的 V_{EB} 下会发生击穿。

当 $V_{CB}<0$，集电结处于反偏，集电结空间电荷区展宽，在同样的正向 V_{EB} 下，基区的少子（空穴）浓度梯度加大，因而扩散电流（集电极电流 I_E）比 $V_{CB}=0$ 时加大；而且 $|V_{CB}|$ 越大，在同样的正向 V_{EB} 下，集电极电流 I_E 越大。或者说对于同一个 I_E 值，随 $|V_{CB}|$ 的加大，其所对应的 V_{EB} 值越来越小。这种现象称为"基区宽度调制效应"，如图 2-104 所示，设在 $V_{CB}=0$ 时，集电结空间电荷层在基区的边界为 WW，此时基区中空穴分布曲线为直线 AW；当 $V_{CB}<0$ 且 $|V_{CB}|$ 加大，集电结空间电荷层在基区的边界为 W'W'，有效基区宽度变窄，此时的空穴分布曲线为直线 AW'，可见基区中少子浓度梯度是加大的，I_E 值将加大。另一方面，若要 I_E 维持不变，即基区中少子浓度梯度不变，当 $V_{CB}<0$ 且 $|V_{CB}|$ 加大时，基区中空穴分布曲线必将是与直线 AW 平行的直线 BW'，B 点对应浓度显然低于 A 点浓度，即要求的 V_{EB} 减小。

② 输出特性。共基极连接的输出特性曲线即是 V_{CB} 与 I_C 之间的关系曲线。因为 I_C 受到 I_E 的控制，

所以输出特性曲线必须以 I_E 为参变量，也是一族曲线，如图2-105所示。图中标明了"放大"、"截止"、"击穿"和"饱和"四个区。

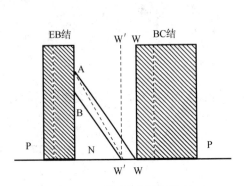

图 2-104　基区宽度调制效应

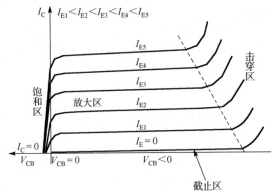

图 2-105　共基极连接输出特性曲线

放大区是晶体管在放大电路中的工作区域，在这一区域范围内，I_C 基本上与 V_{CB} 无关，主要由 I_E 来决定。实际上在一定的 I_E 下，随着 $|V_{CB}|$ 的增大，I_C 曲线并不是完全平行于横轴，而是微微上翘，表明 I_C 微微增加。其原因在于集电结反向偏压加大而造成基区空间电荷区加宽，有效基区宽度变窄，由发射极注入的电子经过基区时复合损失减小，相当于 I_{B2} 减小，因而使共基极直流电流放大系数 α_{dc} 加大；另一方面由于空间电荷区加宽造成空间电荷区产生电流加大，也添加到 I_C 中去。从曲线中可以求出 α_{dc} 和 $\tilde{\alpha}$：

对应某一确定 I_C 值，有：

$$\alpha_{dc} \approx \frac{I_C}{I_E} \qquad (2\text{-}178)$$

$$\tilde{\alpha} = \frac{\Delta I_C}{\Delta I_E} = \frac{I_{C2} - I_{C1}}{I_{E2} - I_{E1}} \qquad (2\text{-}179)$$

由于对应很大的 V_{CB} 变化，I_C 的变化很小，这表明共基极接法的输出动态电阻很大，因而 I_C 可作为受控于 I_E 的恒流源对待。

截止区是 $I_E = 0$ 曲线以下的区域，这时发射极开路，CB 结反偏，流过晶体管的只有 I_{CBO}；I_{CBO} 下方，$I_C < 0$，发射区对基区无注入，不能起控制 I_C 的作用，称为截止状态。

饱和区对应了 I_C 取正值的情况，CB 结处于正偏，随 V_{CB} 增大，I_C 很快减小。当 $V_{CB} = 0$ 时，I_C 的值仍然较大，这是因为零偏时 CB 区 PN 结的内建电场仍能将注入基区的空穴收集过来；但当 $V_{CB} > 0$ 时，集电区将向基区注入空穴，使集电极电流 I_C 很快减小；当 V_{CB} 达到某值时可使 $I_C = 0$，这时尽管维持 I_E 不变，但发射极注入的空穴已经不能流向集电区，而是与基区中电子复合，使 I_B 加大；如果继续加大正偏 V_{CB}，电流又会从 0 增加，但方向会相反，变成从集电极流入。

击穿区是当 CB 结上的反向偏压 I_C 绝对值足够大时，CB 出现雪崩倍增现象，电流 I_C 迅速增加的区域，晶体管不能在这个区域工作。$I_E = 0$ 情况下电流 I_C 迅速增加时所对应的电压用 BV_{CBO} 表示。

（2）共发射极连接情况

① 输入特性。共发射极连接的输入特性曲线即是 V_{EB} 与 I_B 之间的关系曲线，它是以 V_{CE} 为参数的一族曲线，如图2-106所示。

当 $V_{CE} = 0$ 时，电路的输出端短路，由于发射结处于正偏，相当于发射结和集电结处于正偏下并联，其曲线与 PN 结的正向伏安特性相似。

当$V_{CE}<0$时，集电结处于反偏，集电结空间电荷区展宽，基区有效宽度将减小，基区内复合损失也将减小，I_B就减小，因而曲线向右移。即在同样的正向V_{EB}下，I_B随$|V_{CE}|$的增加而减小。当$V_{EB}=0$时，发射极与基极短路，流过基极的将是集电结反向饱和电流I_{CBO}。

② 输出特性。共发射极连接的输出特性曲线即是V_{CE}与I_C之间的关系曲线，与共基极情况大体相似，是以I_B为参变量的一族曲线，如图 2-107 所示。图中也标明了"放大"、"截止"、"击穿"和"饱和"四个区。

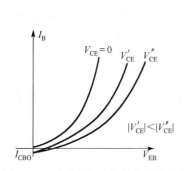

图 2-106　共发射极连接输入特性曲线

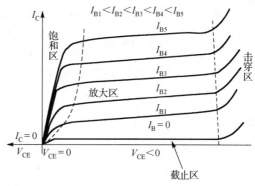

图 2-107　共发射极连接输出特性曲线

在放大区，共发射极输出特性曲线比共基极情形时上翘更为显著。这同样是由于$|V_{CE}|$加大使有效基区宽度变窄，这一效应使I_B减小，但输出特性曲线中的每一条都是根据I_B不变画出的，为维持I_B不变就必须相应加大I_E，即使发射极正偏增加，这一部分I_E的增加就表现在I_C的增加上，因而曲线上翘显著。同样，也可从图中求出某一确定V_{CE}下电流放大系数β_{dc}与$\tilde{\beta}$。

截止区是$I_B=0$曲线以下的区域，这时基极是开路的，根据$I_C=\beta_{dc}I_B+I_{CEO}$可知此时$I_C=I_{CEO}$。这时$V_{CE}$的绝大部分用于使集电结处于反偏，但也有一小部分降落在发射结上，因此尽管$I_B=0$，仍有发射极注入即I_E存在，因此I_C的数值I_{CEO}比I_{CBO}大。

在饱和区我们看到，在V_{CE}下降到 0 之前，输出电流I_C已经开始下降，这是与共基极连接输出特性的显著区别所在。一般对于硅晶体管来说，$V_{CE}\approx0.7V$时，I_C开始下降，这是因为共发射极电路的V_{CE}包含两部分：$V_{CE}=V_{CB}+V_{EB}$，欲使晶体管有发射极注入即I_E存在，发射结上的正偏I_B至少应为 PN 结的接触电势差，即 0.7V，当V_{CE}下降到 0.7V 时，集电结偏压已近似为零，此时可以靠集电结空间电荷区的内建电场来收集自发射结注入的载流子，电流不会很快减小；若$|V_{CE}|<0.7V$，即相当于集电结处于正偏，势垒电场减弱，收集能力下降，即I_C下降。

在击穿区特性曲线同样要陡峭上弯，但对应的V_{CE}数值与共基极情况的V_{CB}不同。$I_B=0$情况下电流I_C迅速增加时所对应的电压用V_{CEO}表示。以共基极$I_E=0$时情况与共发射极$I_B=0$时情况作对比，共发射极时雪崩击穿电压BV_{CEO}要小于共基极情况的BV_{CBO}。在共基极时，雪崩击穿发生于集电结，由于发射极开路故与发射结无关；但在共发射极时，一旦集电结出现了一点倍增现象，就有倍增的电子注入基区，这一部分电子在基区中会抵消发射结基区一侧空间电荷区的正电荷，相当于发射结处于正偏，致使发射结注入空穴加多；这部分空穴进入集电结空间电荷区后又会经倍增而产生更多的电子……，如此进行下去，会使I_C大大增加，这造成了导致雪崩击穿的电压要小于共基极连接时的雪崩击穿电压。

4. 晶体管的工作特性

晶体管在使用中，随着运用条件的不同，如信号频率的高低、功率大小等，它的性能将要发生变

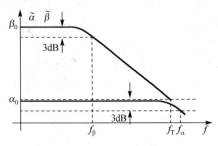

图 2-108　晶体管的频率特性

化。而且除前面已经介绍的增益等特性，晶体管还有其他一些对应用非常重要的特性。本小节将讨论晶体管的频率特性、功率特性、温度特性、噪声特性和开关特性。

（1）频率特性

实践发现晶体管的电流放大系数 α 和 β 只有在低频下保持为一个定值，而当使用频率提高时，其值要下降，如图 2-108 所示。其原因是由于当晶体管输入端除固定偏压外还有交变信号的作用，则结的空间电荷区宽度和注入基区的少子数目，都将随交变信号而改变，或者说有一部分电流用来给"结"的势垒电容和扩散电容充放电，这部分电流对晶体管的电流传输是一种损失，导致电流放大系数下降。为了表征晶体管频率特性，定义如下几个参数。

① 共基极交流短路电流放大系数 $\tilde{\alpha}$ 的截止频率 f_α，它表示 $\tilde{\alpha}$ 下降到其低频值 α_0 的 $1/\sqrt{2}$ 倍时对应的频率，即：

$$\tilde{\alpha} = \frac{\alpha_0}{1 + j\dfrac{f}{f_\alpha}} \qquad (2\text{-}180)$$

可见当 $f = f_\alpha$ 时，$|\tilde{\alpha}| = 0.707\alpha_0$，即下降 3dB，因而 f_α 也称为 3dB 频率。

② 共发射极交流短路电流放大系数 $\tilde{\beta}$ 的截止频率 f_β，它表示 $\tilde{\beta}$ 下降到其低频值 β_0 的 $1/\sqrt{2}$ 倍时对应的频率，即：

$$\tilde{\beta} = \frac{\beta_0}{1 + j\dfrac{f}{f_\beta}} \qquad (2\text{-}181)$$

对于微波双极晶体管来说，f_β 仅有几百兆赫兹。

③ 特征频率 f_T。由于一般晶体管的 $\tilde{\beta}$ 较大，尽管随频率升高而下降到原值的 $1/\sqrt{2}$ 倍，其值仍然较大，能达到几十的量级，还可以正常工作，因此用 f_β 作为晶体管使用的极限频率是不合适的，一般定义 $\tilde{\beta}$ 值下降到 1 时所对应的频率为特征频率 f_T。f_T 越高，表示晶体管的高频性能越好。可以求得：

$$f_T \approx \frac{1}{2\pi\tau} \qquad (2\text{-}182)$$

其中 τ 称为晶体管的总延迟时间。τ 由四个部分组成，即：

$$\tau = \tau_E + \tau_B + \tau_d + \tau_C \qquad (2\text{-}183)$$

τ_E 称为发射结势垒电容时间常数。由于发射结势垒电容的充放电作用，使得注入基区的少子电流同输入信号相比，有一个时间上的延迟，即注入电流的上升比输入信号电压的上升来得缓慢，这一时间就用时间常数 τ_E 来表示，τ_E 也称为发射结延迟时间。显然，要想提高晶体管的工作频率，必须减小 τ_E，为此要在功率容量和可靠性允许的前提下，尽量减小发射结面积以减小发射结势垒电容，图 2-99 中所示实际晶体管采用条带结构就是为了有效减小发射结面积。

τ_B 称为基区渡越时间常数。注入基区的少子在基区形成一定的累积，因而发射结在交变电压作用下，基区少子的累积量必然跟着作相应改变，这就是说，注入基区的少子其中有一部分用来改变累积量，即用来给发射结基区一侧的扩散电容进行充放电，这部分少子不能被集电结所收集，因而使传输

系数 η_B 下降，这一扩散电容的充放电时间 τ_B 与少子通过基区所需的时间是完全相同的，故称基区渡越时间常数。要想提高晶体管的工作频率，也必须减小 τ_B，措施是尽量减小基区宽度和提高载流子的运动速度，但器件的功率容量不可避免的要下降。

τ_d 称为集电结空间电荷区渡越时间常数。由于集电结处于反偏，空间电荷区较宽，载流子通过它也需要一定的时间，其值一般只有几个皮秒（ps），近似可忽略。

τ_C 称为集电结势垒电容时间常数。其产生与发射结势垒电容时间常数类似，当交变电流进入集电区后，由于集电区的体电阻比较大，电流流过时便产生一个交变的电压降，因而使加于集电结上的电压发生交变，集电结空间电荷区的宽度也作相应的变化，这就意味着到达集电区的电流还有一部分为集电结的势垒电容充放电。但由于集电结势垒电容较小，其值也较小，一般也只有几个皮秒量级，近似可忽略。

可见 τ_E 和 τ_B 是 τ 的主要组成部分，也是影响晶体管频率特性的主要因素。由于双极晶体管的工作原理决定了载流子在器件中的渡越时间受到多项因素限制，从而也使特征频率的提高受到限制。在目前的工艺水平下，双极晶体管 f_T 的数值为 10G～20GHz。

④ 最高振荡频率 f_{max}。虽然当工作频率为 f_T 时晶体管共发电流增益已降为 1，但是在输入阻抗低、输出阻抗高的情况下，仍然有功率增益。忽略内反馈，可以求得当 $f > f_\beta$ 时，晶体管的单向最大资用功率增益近似为：

$$G \approx \frac{f_T}{8\pi f^2 R'_B C_C} \tag{2-184}$$

其中 R'_B 为基区体电阻，C_C 为集电结的势垒电容。定义 $G = 1$ 时对应的频率为最高振荡频率 f_{max}，即：

$$f_{max} \approx \sqrt{\frac{f_T}{8\pi R'_B C_C}} \tag{2-185}$$

超过此频率，晶体管既不能作为放大器，也不能作为振荡器使用。由式（2-184）和式（2-185）可得：

$$G = \left(\frac{f_{max}}{f}\right)^2 \tag{2-186}$$

可见，当 $f > f_\beta$ 时，单向功率增益近似以每倍频程 6dB 的速率下降。f_{max} 是表征晶体管固有性能的一个重要参数。提高 f_{max} 与提高 f_T 对器件设计和工艺的要求是一致的。

此外，双极晶体管的频率特性还受到材料的影响，这一问题这里不再详细讨论了。为了提高晶体管的频率限制，又提出了砷化镓异质结双极晶体管等其他结构，可以从工作原理及器件材料两方面突破上述的频率极限。

（2）功率特性

前面介绍的晶体管各种特性，一般是适用于小信号条件的，若晶体管工作于大信号下，其性能也将会有变化。一般来说，欲使晶体管输出较大的功率，可以通过提高集电结的反向耐压和增大集电极电流来实现，但这两方面都有限制。本小节介绍晶体管在大信号下的特性改变和极限值。

① 电压限制：雪崩击穿电压 BV_{CEO} 或 BV_{CBO}，其产生原因前面已经介绍过，它们是晶体管输出电压的极限值。由于晶体管工艺和工作原理的限制，提高反向耐压有一定的限度。

② 电流限制：集电极最大电流 I_{CM}。增大集电极电流要增大结面积或增大发射结电流密度，这会带来一系列别的问题，导致性能的改变，因此增大集电极电流也是有限制的。

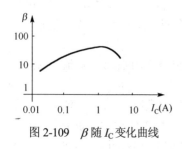

图 2-109 β 随 I_C 变化曲线

第一，增大发射结电流密度将导致大注入，而大注入时 β 将下降。晶体管共发射极电流放大系数 β 随集电极电流 I_C 变化的曲线如图 2-109 所示。由图可见，当 I_C 较小时，β 随 I_C 的增大而增大；在 I_C 为某一定值时，β 达到最大值；而后随 I_C 增大，β 迅速减小。因而可以定义集电极最大电流 I_{CM} 为：当共发射极直流电流放大系数 β 下降到最大值一半时所对应的集电极电流。β 下降的原因可以用"基区大注入自建电场"及"基区电导调制"两种效应来解释，这里只介绍结论。

第二，为减小基区电导调制效应的影响，可通过增大发射结面积以相应增加基区体积的措施。但由于发射极电流集边效应（或称基区自偏压效应），单纯增大结面积会导致沿结面出现电流的非均匀分布，不能收到期望的效果。实践中通常采用改进晶体管芯片的图形设计结构来提高集电极电流。

③ 功率限制：最大耗散功率 P_{CM}。晶体管的集电结在反偏状态下，具有很高的阻抗，因而在运用中不断消耗电功率，且以"热"的形式向外散发。如果所产生的热量能够散发出去，就不会使"结"温上升，管子仍能正常工作；如果产生的热量不能全部散发出去，就会使结温不断升高，最终导致"热击穿"：热激发使载流子浓度增加，进一步使反向电流加大，因而温度更高……，这种恶性循环终将器件烧毁。根据这一点，定义单位时间内晶体管所能耗散掉的最大功率，称为晶体管最大耗散功率 P_{CM}（其具体数值取决于多种因素，这里不再讨论）。在工作状态下，只要晶体管的消耗功率小于 P_{CM}，则能正常工作，否则不能使用。

④ 安全工作区 SOAR（Safe Operating Area）。综合考虑 V_{CEO} 或 V_{CBO}、I_{CM} 和 P_{CM}，可以得出晶体管特性曲线上安全工作的工作点区域，称为安全工作区，如图 2-110 所示。

（3）温度特性

由于半导体器件的工作基础是载流子的运动，因此几乎所有用于描述半导体器件静态和动态性能的参量都要受到"温度"这一物理参数的影响。就晶体管而言，各种电流及电流相关参量，如注入效率、增益等都会受到温度的强烈影响。这里所讲的温度包括环境温度和晶体管内部由于功率耗散而导致的温升在内。举例来说，图 2-111 表示了在一定 V_{CE} 下，以结温 T_j 为参变量时，共发射极晶体管的输入特性曲线（即 I_B 随 V_{EB} 变化的曲线）。研究结果表明，温度对于晶体管的特性影响是相当大的，过高的温度还会导致"热击穿"，温度和散热处理是晶体管工作的一个重要方面。由于这方面问题非常复杂，这里只简要介绍。

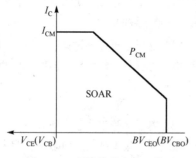

图 2-110 晶体管的安全工作区

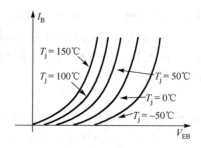

图 2-111 结温对输入特性的影响

（4）噪声特性

① 噪声来源。晶体管的噪声主要来源于三个方面：热噪声主要由基极电阻 R_B' 引起；散粒噪声主要是发射极电流的散粒噪声及分流噪声（由于 I_E 分为 I_B 和 I_C 的比例有起伏而造成）；闪烁噪声，对于微波频率它较小，不起主要作用。

② 噪声系数与工作频率的关系。噪声系数 F 是描述器件直到系统噪声性能的一种重要参量，噪声系数越大，噪声性能越差。尽管描述晶体管噪声系数的公式有很多种，噪声系数与频率的关系的趋势是一致的，有与频率无关的部分及随频率增长的项，如图 2-112 所示。图中 $f_2 \approx f_\alpha \sqrt{1-\alpha_0} \approx 1.2 f_T \sqrt{1-\alpha_0}$，当 $f > f_2$ 时，分配噪声起主要作用，而使噪声系数以近似 6dB/倍频程的速率上升。描述双极晶体管最小噪声系数特性的常用近似表达式为：

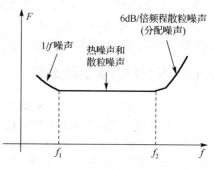

图 2-112 双极晶体管的 $F \sim f$ 关系

$$F_{\min} \approx 1 + K\left(\frac{f}{\sqrt{1-\alpha_0} f_\alpha}\right)^2 \qquad (2\text{-}187)$$

称为尼尔逊（Nielsen，1957 年）公式的修正式，它对高频区有较为准确的结果。式中 K 是取决于双极晶体管 R'_B、R_E 和 C_E 的常数。另一个公式是：

$$F_{\min} \approx 1 + h\left(1 + \sqrt{1 + \frac{2}{h}}\right) \qquad (2\text{-}188)$$

$$h = \frac{q}{kT} I_C R'_B \left(\frac{f}{f_T}\right)^2 \qquad (2\text{-}189)$$

称为福井（Fukui，1966 年）公式，在 L 波段和 S 波段低端与实验较吻合。

不论采用哪一个公式，大致上噪声系数随频率的增加是平方关系。为获得较低噪声，要求 R'_B 尽量小，f_T 尽量高，而且工作频率 f 与 f_T 的关系最好满足：

$$f_T \approx (3 \sim 5) f \qquad (2\text{-}190)$$

③ 噪声系数与集电极电流 I_C 的关系。

图 2-113 表示了双极晶体管最小噪声系数与集电极电流 I_C 的典型关系，可见该管的最小噪声系数对应的 I_C 为 1~3mA，存在一个最佳值，而且可能与最大增益要求的数值不同，使用时需根据具体情况合理选取。

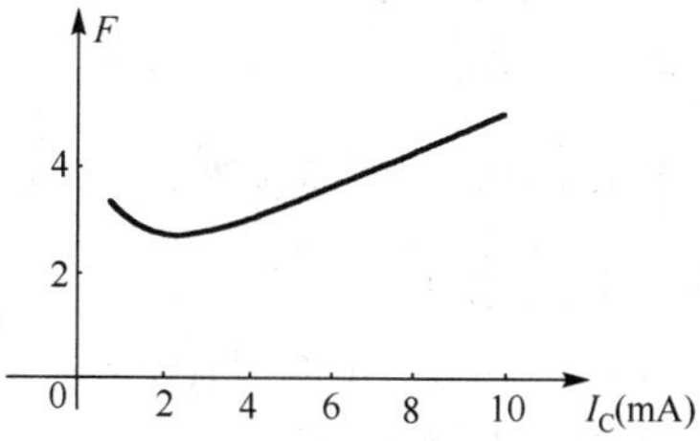

图 2-113 双极晶体管的 $F \sim I_C$ 关系

（5）开关特性

本章中我们在讨论 PN 结特性时已经看到，PN 结在正向偏置时，具有低阻抗，可流过很大的电流，在反偏时，具有高阻抗，仅有很小的反向漏电流流过，这种特性称为"开关"特性。与 PN 结管类似，双极型晶体管也具有"开关"特性。

当晶体管处于共发射极接法时，如输入端电压为零或正，则发射极处于零偏或反偏，基极就没有注入，此时晶体管工作于截止区，输出端没有电流流出，可认为晶体管处于"关断"状态；如输入端电压为负，发射极处于正偏状态，产生基极电流 I_B，这时会有较大的集电极电流 I_C 流过晶体管，若能够满足 $I_C \approx$ 集电极偏压/输出负载电阻，则加在晶体管集电极与基极间的电压很小，晶体管工作于饱和区，这种状态称为"开通"状态。可见，只要在晶体管的输入端加上正、负脉冲，就能使晶体管在截止与饱和状态之间转换，起到开关作用。同样，由于晶体管也存在电荷储存，其开关状态的转换也不可能立刻完成，有一定的"开启时间"和"关闭时间"。为提高开关速度，应该在工艺上减小结电容、减小少子寿命，同时在使用中选择合适的基极电流。

一般来说，晶体管的开关速度跟不上微波频率的变化。与 PIN 管类似，利用这一点可以在晶体管输入端加上低频的控制电压，以决定晶体管的通与断。在晶体管导通状态下，晶体管对微波信号的正负半周都有作用；在关断状态下，对微波信号的正负半周都没有作用。此外，还可以利用控制电压使晶体管工作于不同的工作状态：在微波信号的正负半周内，晶体管都是导通的，对微波信号的正负半周都有作用称为 A 类（或称甲类）工作状态；如果管子只在微波信号的半个周期内导通，称为 B 类（或称乙类）工作状态；如果管子导通时间比微波信号的半个周期还小，则称为 C 类（或称丙类）工作状态。

2.9.4 异质结双极型晶体管

异质结双极型晶体管（Heterojunction Bipolar Transistor，HBT）是一种特殊的结型晶体管，由于采用了特殊的结构，其工作原理与性能也与一般的晶体管有所不同。

图 2-114 表示了一个 GaAlAs-GaAs 界面异质结 NPN 双极型晶体管，其发射结是由 N 型的 $Ga_{1-x}Al_xAs$（禁带宽度为 E_{ge}）和 P 型 GaAs（禁带宽度为 E_{gb}）组成的异质结，且 $E_{ge} > E_{gb}$，E_{ge} 的大小可由铝的成分 x 来调节。晶体管的基区和集电区都由 GaAs 构成，因此集电结是同质结，其集电区禁带宽度可以根据不同要求设计成等于、大于和小于基区禁带宽度。图 2-114 表示了一个 NPN 异质结晶体管的发射结加正偏、集电结加反偏后的能带图，图中略去了异质结的导带底尖峰 ΔE_c，图 2-115 表示了这种晶体管的杂质浓度分布。

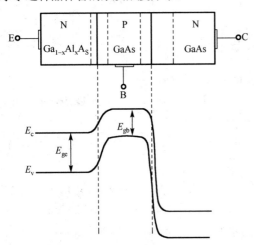

图 2-114 异质结双极晶体管结构及加偏压后能带图

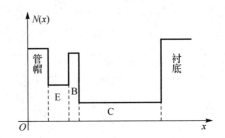

图 2-115 异质结双极晶体管杂质浓度分布

由图 2-114 可见，由异质结基区注入发射区的空穴所遇到的势垒高于由发射区注入基区的电子所遇到的势垒，因此阻挡了空穴流，有效地提高了发射极的注入效率，从而使晶体管的电流增益加大（因为发射极电流中的空穴对集电极电流无贡献）。可以推导出注入电子和空穴比值的关系为[3]：

$$\frac{I_{En}}{I_{Ep}} \propto \frac{N_{De}}{N_{Ab}} \exp\left(\frac{\Delta E_g}{kT}\right) \tag{2-191}$$

式中，N_{De} 表示发射区施主杂质浓度；N_{Ab} 表示基区受主杂质浓度，ΔE_g 表示 E_{ge} 与 E_{gb} 的差。此式中由 ΔE_g 决定的指数项对 I_{En}/I_{Ep} 起主要作用，掺杂比等因素甚至可以忽略。因此，异质结可以通过控制 $Ga_{1-x}Al_xAs$ 中的含铝量 x，使 ΔE_g 足以产生高的发射极注入效率，而不必像同质结那样靠 $N_{De} \gg N_{Ab}$ 来获得大的发射极效率，其杂质浓度可以如图 2-115 那样来设计：发射区轻掺杂，而基区为重掺杂。

正是由于在材料和结构上的特点，使得这种 GaAs HBT 有如下的优点。

（1）减小了发射结延迟时间 τ_e 和基区渡越时间 τ_b，从而提高了特征频率 f_T。其原因在于，首先由于发射区掺杂浓度很低，减小了发射结电容 C_{Te}，故可使得载流子 τ_e 减小；由于基区掺杂浓度很高，这样减小了基区体电阻 r_B'，改善了注入电子流的均匀程度，可以减小发射结面积及相应集电结面积，也使 C_{Te} 和集电结电容 C_c 减小，从而 τ_e 和集电势垒电容时间常数 τ_c 又要减小。同时砷化镓材料的电子迁移率又是硅的六倍，而且恰当设计 HBT 的能带，可使电子越过发射结势垒后具有足够的动能，以极高的速度穿过基区，则 τ_b 明显缩短。这些因素都使 f_T 大大提高。

（2）提高了最高振荡频率，改善了噪声性能。基区重掺杂使 r_B' 减小，根据式（2-185），可使 f_{max} 增大，因此作为放大器和振荡器的工作频率也可提高。而且小 r_B' 降低了电阻热噪声源，有利于降低噪声系数。

（3）提高了器件的击穿电压。由于砷化镓材料的击穿场强比硅材料高，加上 HBT 发射区为轻掺杂，使晶体管的 BV_{CEO} 有可能达到 300～400V，远超过通常的同质结晶体管，因此 GaAs HBT 作为微波功率晶体管是很有潜力的。

（4）GaAs HBT 还有开关速度高等优点，因此成为新型的微波毫米波器件及高速逻辑器件。除分立元件外，已发展成为以 GaAlAs-GaAs 为基本单元的 GaAs 双极集成电路。又由于它是两种载流子参与导电、有两个 PN 结（可作成双异质结），还可独立地选择三个区的材料、掺杂及进行灵活的能带设计，因此有着宽广的应用前景。

GaAs HBT 的缺点是工艺较复杂，制作较困难，III-V族化合物器件的平面工艺也比硅的平面工艺更复杂。但近年来 GaAs HBT 的发展很快，1980 年时，GaAs HBT 的 f_T 突破了 1GHz，1987 年已经可达 40GHz，目前已经可以达到 100GHz。除 GaAs 外，用 InP 发射极和 InGaAs 基极界面已实现了异质结，与 GaAs 相比较，InP 材料有击穿电压高、能带隙较大和热传导较高的优点。

2.10　场效应晶体管

场效应晶体管（Field Effect Transistor），习惯上称为场效应管，英文简称 FET。场效应管也称为"单极型晶体管"，构成其工作的只有一种载流子，或是空穴，或是电子，形成的是多子电流。从原理上说，它是一种利用电场的作用，来改变多子电流流通通道的几何尺寸，从而改变通道导电能力的一种器件。对它的基本原理的设想，至少在双极晶体管出现之前 20 年就产生了，但它成为一种实用的器件，却又发生在双极晶体管之后。场效应晶体管可以分为以下四类。

（1）结型场效应晶体管（Junction Field Effect Transistor，JFET）。

（2）金属绝缘栅型场效应晶体管（Metal Insulator Semiconductor Field Effect Transistor，MISFET），它是一种应用最为广泛的类型，金属氧化物半导体场效应管（Metal Oxide Semiconductor Field Effect Transistor，MOSFET）即属于这一类，通称为 MOS 管。

（3）金属半导体场效应晶体管（MEtal Semiconductor Field Effect Transistor，MESFET）。

（4）异质场效应晶体管（Hetero Field Effect Transistor，Hetero FET），高电子迁移率晶体管（High Electron Mobility Transistor-HEMT）即属于这一类。

本节将介绍它们的基本工作原理、MOSFET、GaAs MESFET、HEMT 特性与结构。

2.10.1　结型场效应晶体管

1. 基本工作原理与结构

结型场效应晶体管的原理示意如图 2-116 所示。图中画有斜线的部分是金属电极，与半导体形成欧姆接触。主体是一条 N 型半导体，上下电极与 N 型半导体间夹有 P⁺区。N 型半导体左右两端的电

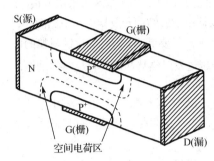

图 2-116 结型场效应管结构示意图

极分别称为"源极"和"漏极"，以 S 和 D 表示；P⁺ 区的电极称为"栅极"，以 G 表示；栅极下的 P⁺N 结称为"栅结"。两个栅结空间电荷区之间的 N 型区，即 S 到 D 之间的导电通道，称为"沟道"，在图 2-116 结构下，沟道是 N 型沟道。当然，也可以构成 P 型沟道场效应管，其各极命名及工作原理与 N 型沟道管完全相似。

结型场效应晶体管的基本工作原理是利用栅极上的电压，产生可变电场来控制源、漏之间的电流，是一种电压控制器件。因为栅电压的变化，一定会使栅结的空间电荷区宽度发生变化，由于栅结有意构成 P⁺N 结，故反向偏置下的 P⁺N 结空间电荷区基本在 N 型半导体内扩展，P⁺N 结的反向偏压越高，则空间电荷区中间的 N 沟道就越窄，呈现的电阻就越大，在源、漏间加有一定电压的情况下，流过源、漏之间的电流也就越小。设想在栅极上除了加一个固定的反向电压，是 N 区的空间电荷区维持一定的宽度之外，再在栅结上叠加一个交变电压，并假设交变电压的幅度小于直流偏压值，于是空间电荷区的宽度将变化，进而沟道的宽度也将随交变电压变动，其变化的频率与交变电压的频率相同，这样就在源、漏之间流过的电流中出现了交变的成分。如果在源、漏之间接入负载电阻，便可以从负载两端取出交变电压。

实际上应用的结型场效应晶体管是用平面工艺制造的，图 2-117 给出了其结构剖面图。剖面上画有斜线的部分为金属电极，N 沟道的厚度（即 P⁺ 区与 P⁺ 型衬底基片间的距离）为 $0.5 \sim 1\mu m$，沟道长度 L 为几个 μm。

N 沟道与 P 沟道结型场效应晶体管的电路符号如图 2-118 所示。

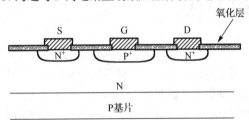

图 2-117 平面工艺结型场效应管结构剖面图

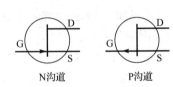

图 2-118 结型场效应管电路符号

2. 源、漏间电压电流关系

以 N 型沟道结型场效应晶体管为例，设栅极对地（源极接地）电压为 V_{GS}，$V_{GS} \le 0$，使栅结处于零偏或反偏；源漏间电压为 V_{DS}，使漏极相对于源极为正，$V_{DS} > 0$，N 沟道中的电子可以自源极流向漏极，则源漏间电流自漏极流向源极，如图 2-119 所示。可以看到，在场效应晶体管中参与工作的只有多子，N 型沟道管中是电子，而 P 型沟道管中是空穴。

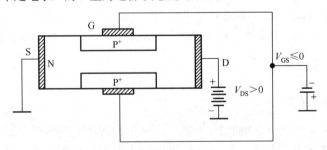

图 2-119 结型场效应管工作电压

（1）$V_{GS} = 0$

这时相当于上下栅极均接地，与源极同处于零电位。

① $V_{DS} = 0$ 时，整个器件处于平衡状态，N 区中只有平衡状态下的空间电荷区，如图 2-120(a)所示。

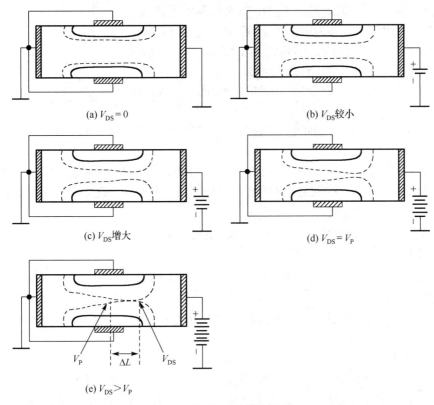

(a) $V_{DS} = 0$ 　　　　　　 (b) V_{DS} 较小

(c) V_{DS} 增大 　　　　　　 (d) $V_{DS} = V_P$

(e) $V_{DS} > V_P$

图 2-120　结型场效应管工作原理

② $V_{DS} > 0$ 时，则应有电流 I_D 经过 N 沟道，自漏极流向源极，栅结处于由 V_{DS} 造成的反偏压下。当 V_{DS} 较小时，沟道可视为一个简单电阻，结果 I_D 与 V_{DS} 的关系是线性的。

当 V_{DS} 逐渐增大，电流 I_D 也会加大，沟道中的欧姆压降也将随之加大，即 V_{DS} 从漏极向源极逐渐降落为 0，这会造成 N 区中靠近漏极端的电位高于靠近源极端的电位，因此栅结靠近漏极端部分比靠近源极端部分处于更高的反偏压之下，于是靠近漏极端的空间电荷区较靠近源极端的空间电荷区宽，如图 2-120(c)所示。这时不能把 N 沟道视为一个数值不变的简单电阻，尽管随电压升高，电流仍旧加大，但由于空间电荷区扩展，只是沟道变窄，电阻加大，结果与开始一段相比，电流随电压的增加变缓，所以 I_D 对 V_{DS} 的曲线斜率减小，曲线变弯。

继续增加 V_{DS} 使 $V_{DS} = V_P$，可导致在靠近漏极端处，上下两个空间电荷区碰到一起，将沟道"夹断"，如图 2-120(d)所示。V_P 称为夹断电压，此时对应的电流用 I_{DS} 表示，必须认识到的是 I_D 并不会由于沟道出现夹断而突然变成零，沟道中此时必然还有一个电流在流动，形成的压降正好维持沟道的夹断状态，否则也就无所谓夹断了。实际上，夹断区中电场的分布与电流的分析非常复杂，这里不作详细论证。$V_{GS} = 0$、$V_{DS} = V_P$ 时，夹断后电流可以看做是沟道中左侧进入夹断区的电子，全部都可以被由 V_{DS} 形成的沿沟道方向的电场扫向漏极，形成由漏极向源极的电流。

在 V_P 基础上，继续增大 V_{DS}，使 $V_{DS} > V_P$，沟道被夹断的范围将扩大，这是上下空间电荷区继续扩展的结果，如图 2-120(e)所示。夹断的沟道长度用 ΔL 来表示，可见夹断区左端的电位为 V_P，表示上下空间电荷区刚相碰，电压 V_P 降落在未夹断沟道长度上，而 $(V_{DS} - V_P)$ 部分电压应该完全降落在夹断区。如果满足 $\Delta L \ll L$ ，则从源极到夹断点的沟道形状基本上同 $V_{DS} = V_P$ 时一样，也就是说，沟道的导电能力及其两端的电压降，同 $V_{DS} = V_P$ 时一样，则流过沟道的电流也应基本保持不变。因此，$V_{DS} > V_P$ 后，电流 I_D 基本等于 I_{DS} ，称为处于"饱和"状态，I_{DS} 称为饱和电流。若 ΔL 与 L 可比，则电压 V_P 应降落在长度为 $(L - \Delta L)$ 的一段沟道内，沟道长度减小则相应电阻将减小，此时 I_D 随 V_{DS} 增大将有显著增加。

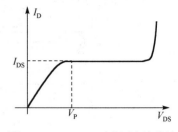

图 2-121　$V_{GS} = 0$ 时电压电流特性

如果进一步使 V_{DS} 加大，将会发生栅结的雪崩击穿，电流突然增大。

综合上述，$V_{GS} = 0$ 时源、漏间电压电流关系如图 2-121 所示。

（2）$V_{GS} < 0$

即在源漏间已经存在一个固定的直流负偏压，这时的源、漏间电压电流关系与 $V_{GS} = 0$ 完全相似，只是由于存在负偏压，栅结的空间电荷区将展宽，即 N 区的空间电荷区有所扩展，使沟道较 $V_{GS} = 0$ 时为窄，电阻更大。其不同点可归纳为以下几点。

① 由于沟道变窄，呈现电阻加大，源、漏间电压电流关系曲线开始的一段线性部分的斜率变小，$|V_{GS}|$ 越大，斜率就越小。

② 随 $|V_{GS}|$ 的加大，即使在 $V_{DS} = 0$ 时，单独加于栅、源间的负偏压 V_{GS} 也可以使沟道全部夹断，这时 $|V_{GS}| = V_P$ 。

③ 在较小的 V_{DS} 下，沟道已经出现夹断，即曲线转为水平越早，夹断电压和饱和电流值都小于 $V_{GS} = 0$ 时。

④ 栅结发生击穿的 V_{DS} 值也要小于 $V_{GS} = 0$ 时。

综合上述讨论，可以画出以 V_{GS} 为参变量的结型场效应晶体管的源、漏间电压电流关系曲线族，如图 2-122 所示。根据图 2-122 还可以画出在固定的 V_{DS} 下，I_D 与 V_{GS} 的关系曲线，如图 2-123 所示，称为转移特性曲线。V_{DS} 的值应取为大于夹断电压 V_P 的值，即 I_D 进入饱和状态后的某一 V_{DS} 值。

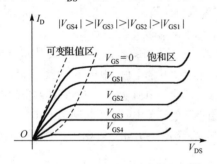

图 2-122　结型场效应管电压电流特性

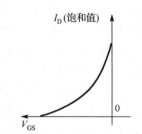

图 2-123　结型场效应管转移特性

如果当 $V_{GS} = 0$ 时，在 $V_{DS} > V_P$ 情况下（即沟道已被夹断），所对应的 I_D 用 I_{DSS} 表示（实际上 I_{DSS} 表示源漏间饱和电流的最大值），则转移特性曲线可以导出

$$I_D = I_{DSS} \left(1 - \frac{|V_{GS}|}{V_P} \right)^2 \tag{2-192}$$

由此式可见：$V_{GS} = 0$ 时，$I_D = I_{DSS}$ ；$V_{GS} = V_P$ 时，$I_D = 0$ 。

3. 特性参数

描述场效应管的常用参数有：

（1）输出电阻 r_D

也称为漏极动态漏电阻，它定义为

$$r_D = \frac{\partial V_{DS}}{\partial I_D}\bigg|_{V_{GS}=常数} \qquad (2\text{-}193)$$

同时，可定义输出电导 g_D 为输出电阻的倒数，即

$$g_D = \frac{1}{r_D} = \frac{\partial I_D}{\partial V_{DS}}\bigg|_{V_{GS}=常数} \qquad (2\text{-}194)$$

g_D 又称为漏极微分电导。假如场效应晶体管的输出特性曲线，在沟道夹断之后为平行于横轴的直线，则应有 $r_D = \infty$、$g_D = 0$。但实际上曲线微向上倾斜，有一定的斜率，故 r_D 和 g_D 有一定值。

（2）跨导 g_m

它表示在一定的 V_{DS} 下，栅压 V_{GS} 对源漏间电流 I_D 的控制能力。它定义为

$$g_m = \frac{\partial I_D}{\partial V_{GS}}\bigg|_{V_{DS}=常数} \qquad (2\text{-}195)$$

根据式（2-182），可求出：

$$g_m = -\frac{2I_{DSS}}{V_P}\left(1 - \frac{|V_{GS}|}{V_P}\right) = -\frac{2}{V_P}\sqrt{I_{DSS}I_D} \qquad (2\text{-}196)$$

令 $V_{GS} = 0$ 时，

$$g_{m0} = g_m\big|_{V_{GS}=0} = -\frac{2I_{DSS}}{V_P} \qquad (2\text{-}197)$$

则有

$$g_m = g_{m0}\left(1 - \frac{|V_{GS}|}{V_P}\right) \qquad (2\text{-}198)$$

以 $|g_m/g_{m0}|$ 为纵坐标，以 $|V_{GS}|/V_P$ 为横坐标，可以画出一条直线：表示归一化跨导与归一化栅压的关系，如图 2-124 所示。

（3）频率特性

由于存在负偏压下栅结形成的势垒电容，结型场效应管具有较低的截止频率，其具体表达式的推导这里从略。通常它只能工作于低和中等频率范围内，典型值在 1GHz 以下。

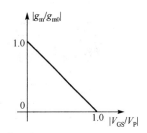

图 2-124 $|g_m/g_{m0}|$ 与 $|V_{GS}|/V_P$ 关系

2.10.2 金属氧化物半导体场效应管

金属氧化物半导体场效应管即所谓的 MISFET，通常是在半导体（S 层）表面生长一层薄绝缘层（I 层），在薄绝缘层上再淀积一层金属（M 层）。I 层的材料可以有多种，但在绝大多数情况下绝缘层利用二氧化硅（SiO_2），即把硅表面氧化成一层厚约为几十到几百 nm 的 SiO_2 层作为绝缘层，通常称为 MOS 结构，"O"即指氧化层，这种 MISFET 也称为 MOSFET。本小节即主要介绍 MOSFET。

1. 基本结构与工作原理

典型 MOSFET 的基本结构如图 2-125 所示。在 P 型硅片上，形成两个条状 N$^+$区，N$^+$区和 P 型基

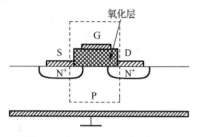

图 2-125　MOSFET 的基本结构

片形成 N$^+$P 结。在两个 N$^+$区中间的硅片上生长一层二氧化硅，在二氧化硅和两个 N$^+$区之上，再淀积一层金属，形成电极，也分别称为源极（S）、漏极（D）和栅极（G）。根据半导体中电流流动原理可以看到，在 S、D 之间加上电压，无论极性如何，S、D 之间的电流总是很小的。例如，D 接外电源正极，S 接外电源负极，此时 S 极下的 N$^+$P 结为正偏，D 极下的 N$^+$P 结处于反偏，虽然其结构和偏压设置类似于 NPN 双极晶体管，但其 P 区厚度远大于双极晶体管情况，故不会出现双极晶体管的电流，在 S、D 之间流过的只有流过 D 极下 N$^+$P 结的反向电流；反之，D 接外电源负极、S 接外电源正极的情况也一样。总之，两个 N$^+$P 结总有一个处于反偏，S、D 之间不能流过很大的电流，如果 N$^+$P 结做得好，可以使这个反向电流只有 $10^{-2}\,\mu A$ 量级。若让 S 极接地，在 G、S 极之间加上一个电压 V_{GS}，可以在半导体表面形成垂直于表面的电场，这种电场可以形成半导体表面内侧的空间电荷区，影响半导体表面的导电特性，构成类似于结型场效应管的"沟道"特性，MISFET（MOSFET）就是利用这种"场效应"进行工作的。

现在把 MOS 结构（即图 2-125 中虚线框内部分）重画于图 2-126，为使读者认识较全面，这里设半导体层（S 层）为 N 型半导体并接地。而且为简化对问题的讨论，假定半导体表面的电场纯粹是由金属栅极（G 极）上的外加电压造成的，这一外加电压仍然用 V_{GS} 表示，由氧化层中电荷及金半接触势差产生的电场不在考虑范围之内。在形成的空间电荷区中，电场是逐渐变化的，表面处电场强度最大，向半导体内电场逐渐减弱，直到空间电荷区边界处减到零，如图 2-126 所示。图中也表达了电势 $V(x)$ 的变化（假设 $V_{GS}<0$），由于接地半导体内电势为零，可见半导体表面处电势绝对值最大，设表面电势用 V_S 表示，称为表面势。由于 $V(x)$ 引起的电子静电势能随 x 的变化，将使半导体的能带在空间电荷区发生弯曲。金属、绝缘层和半导体在接触之前各自的能带如图 2-127 所示。下面根据 V_{GS} 的不同情况分别讨论。

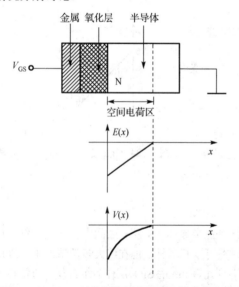

图 2-126　MOS 结构及空间电荷区电场电势分布

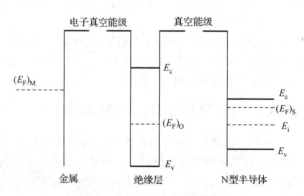

图 2-127　MOS 各自的能带结构

（1）$V_{GS} = 0$ 时

整个 MOS 系统处于平衡状态下，各部分的费米能级 E_F 在同一水平线上，即整个系统有统一的费米能级，如图 2-128 所示。

（2）$V_{GS} > 0$ 时

金属将带正电，金属栅上的正电荷将把半导体内的电子吸引到表面，形成负的空间电荷区，其电荷分布如图 2-129 所示，图中用 Q 代表单位面积上的电量。此时半导体中的空间电荷区是由聚集在表面的电子构成的，故多子浓度比平衡时的大，此空间电荷层称为"累积层"。设 MOS 结构为理想平板情形，当在金属与半导体之间加上电压后（理想情况 O 层中没有电荷），单位面积金属上的电量，与单位面积半导体表面处的电量数值相等，但符号相反。在正电压下，由于半导体中多子浓度比平衡时的大，故此时空间电荷层厚度较薄。

从能带角度看，由于金属处于高电势，电子势能降低，所以 $(E_F)_M$ 比 $(E_F)_S$ 低，绝缘层的导带底倾斜，半导体表面处的电势比体内高，$V_S > 0$，故电子势能在表面处比体内低，所以能带向下弯曲，如图 2-130 所示。能带的这一弯曲，反映了电子势能在空间电荷区的变化。由于电流为 0，整个半导体内的 E_F 仍旧是水平的，表示半导体内载流子处于热平衡状态。根据载流子浓度表达式（2-1），也可看到表面处的 n_0 比体内大。

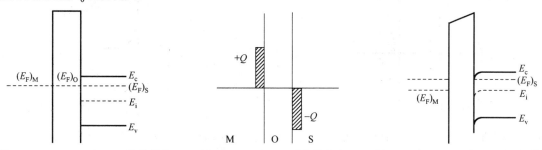

图 2-128　$V_{GS} = 0$ 时 MOS 能带结构　　图 2-129　$V_{GS} > 0$ 时电荷分布　　图 2-130　$V_{GS} > 0$ 时 MOS 能带结构

（3）$V_{GS} < 0$ 时

金属将带负电，金属栅上的负电荷所产生的电场将把半导体表面处的电子排斥开，暴露出不动的电离施主，形成正的空间电荷区，其电荷分布如图 2-131 所示，此时半导体表面处的多子浓度比平衡时小，此空间电荷层称为"耗尽层"。由于金属与半导体中的载流子浓度差别很大，金属中的电子浓度可达 10^{22}cm^{-3}，对于一个掺杂到 10^{18}cm^{-3} 的 N 型半导体来说，电子浓度比金属浓度小 4 个数量级。所以在金属一边，电荷只存在于面对半导体表面的薄薄一层厚度，而在半导体一边，表面电荷要占据相当厚的一层，这就是空间电荷区的厚度。这种情况我们在讨论肖特基接触时已经讨论过，金半接触与 PN 结为单边突变结时情况类似，空间电荷区厚度由轻掺杂的一侧决定。

从能带角度看，由于半导体表面处电子势能较体内高，能带向上弯曲，如图 2-132 所示。

图 2-131　$V_{GS} < 0$ 时电荷分布　　　　图 2-132　$V_{GS} < 0$ 时 MOS 能带结构

（4）$V_{GS} \ll 0$ 时

即金属栅上的负电压更大，这时金属栅上的负电荷将产生更大的电场，不仅把半导体表面的电子排斥开，还能把半导体内的少子—空穴吸引到表面处，使半导体表面处的空穴浓度大大增加，甚至要超过电子浓度，从而使表面由 N 型转变为 P 型，这种情况称为"反型"，这一 P 型半导体层称为反型层。这种情况下的电荷分布如图 2-133 所示，此时半导体中带正电的空间电荷区由两部分电荷组成：一部分是电离施主，另一部分是反型层中的空穴。

从能带角度看，半导体的能带将随 V_{GS} 的越负而更加向上弯曲，终于会在半导体表面内某点处出现本征能级 E_i 与 $(E_F)_S$ 相交的情况，如图 2-134 所示。以 E_i 与 $(E_F)_S$ 交点为界，在相交点 $E_i = (E_F)_S$，左侧有 $E_i - (E_F)_S > 0$，而右侧有 $E_i - (E_F)_S < 0$，根据载流子浓度的公式可见，在相交点应有 $n_0 = p_0$，相交点左侧 $n_0 < p_0$，已成为 P 型半导体，相交点右侧 $n_0 > p_0$，仍为 N 型半导体。如果能带弯曲导致：

$$E_{i(\text{表面})} - E_{i(\text{体内})} = 2\left[E_F - E_{i(\text{体内})} \right] \tag{2-199}$$

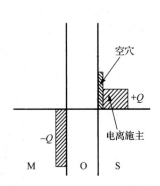

图 2-133　$V_{GS} \ll 0$ 时电荷分布

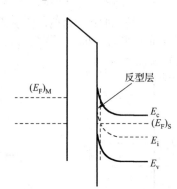

图 2-134　$V_{GS} \ll 0$ 时 MOS 能带结构

也即表面处有：

$$E_{i(\text{表面})} - E_F = E_F - E_{i(\text{体内})} \tag{2-200}$$

此时，有：

$$(p_0)_S = n_i \exp\left[(E_{i(\text{表面})} - E_F)/kT \right] = n_i \exp\left[(E_F - E_{i(\text{体内})})/kT \right] = n_0 \approx N_D \tag{2-201}$$

其中 $(p_0)_S$ 为表面处的空穴浓度，N_D 为 N 型半导体掺杂浓度。上式表明：表面处的空穴浓度与体内电子（多子）的浓度相等，这种状态我们称为"强反型"，对应出现强反型时的 V_{GS} 称为"开启电压"，用 V_T 表示。

出现强反型之后，如果进一步在加大负电压 V_{GS}，虽然半导体表面空间正电荷的数量仍继续增加，但此时增加的是反型层中的空穴，而不是暴露出更多的电离施主。换言之，即此时由于在强反型下的半导体表面处空穴的屏蔽作用，耗尽层的宽度将达到最大值，不再向半导体内延伸。

根据同样的原理，可以把图 2-125 所示结构在 $V_{GS} \gg 0$ 时的电荷分布及能带结构图画为图 2-135 和图 2-136。如果半导体表面出现了反型，即在 P 型半导体表面附近出现大量的电子，形成了一个电子流动的通道，称为"N 型沟道"，这时再在 S、D 之间加上电压，电流将容易通过。如果外加电压是 D 极相对于 S 极为正，则当 G 极下呈现反型时，有电子自 S 极流向 D 极，即电流经 N 型沟道由 D 极流向 S 极。当然，也可以形成所谓的"P 型沟道"，我们前面在讨论原理时采用的 MOS（N 型）结构即是这种情况。

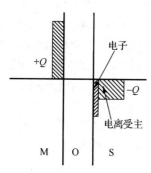

图 2-135　$V_{GS} \gg 0$ 时电荷分布

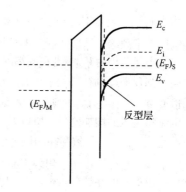

图 2-136　$V_{GS} \gg 0$ 时 MOS 能带结构

2. 源、漏间电压电流关系

设在图 2-125 结构中，栅极加有正电压 V_{GS}（$V_{GS} > 0$），将可以求得此时 MOSFET 源、漏间电压电流关系曲线。

（1）$V_{GS} < V_T$（V_T 表示 P 型半导体基片的开启电压）时

由于半导体表面不可能出现强反型，即不能在 S、D 两个 N^+ 区之间建立 N 型沟道，所以无论 V_{DS} 有多大，都不可能有源漏间电流 I_D 存在。

（2）$V_{GS} > V_T$ 时，在半导体表面的强反型层已经形成

① $V_{DS} = 0$ 时，N 型沟道中没有电流流过，半导体中空间电荷区分布如图 2-137(a)所示，图中两个 N^+ 区周围的耗尽层是平衡状态下 N^+P 结固有的。

② $V_{DS} > 0$ 时，此时应有电流 I_D 流过 N 型沟道。

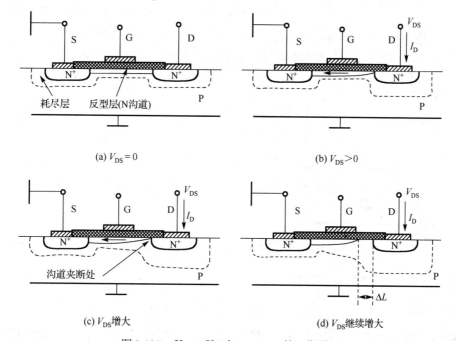

(a) $V_{DS} = 0$

(b) $V_{DS} > 0$

(c) V_{DS} 增大

(d) V_{DS} 继续增大

图 2-137　$V_{GS} > V_T$ 时 MOSFET 的工作原理

当 V_{DS} 值较小时，沟道的作用类似于一个电阻，流过其中的电流的大小与 V_{DS} 成比例，此时电压电流关系是一直线。

继续增大V_{DS}，电流将继续加大，电流在N沟道中所产生的欧姆压降必须考虑。由于沟道存在压降，漏端电位高于源端，结果使栅与半导体表面处的电势差，从源到漏逐渐减小。如果说在源端，栅与半导体间的电势差仍为V_{GS}，则在漏端的电势差将小于V_{GS}。从而可推论出，如果说在V_{GS}的作用下，半导体表面为强反型，则在势差小于V_{GS}的漏端就不能达到强反型的条件，意味着沟道中电子将少于源端，沟道变窄，如图 2-137(b)所示。相应的漏端 N$^+$P 结空间电荷区将变宽。由于沟道变窄，电阻逐渐加大，电流随电压的增加变缓，所以I_D对V_{DS}的曲线斜率减小，曲线变弯。

再继续增大V_{DS}，将导致漏端沟道完全消失，也称为"夹断"，如图 2-137(c)所示。这一现象与结型场效应管漏端沟道变窄以至于出现夹断是类似的。此时在漏端，栅与半导体之间的电势差已不足引起半导体表面反型，即在这一点上，V_{GS}比开启电压小。

在沟道夹断后继续增大V_{DS}，夹断区域将不断扩大，如图 2-137(d)所示。设沟道总长度为L，夹断的沟道长度为ΔL，如果$\Delta L \ll L$，则此时的电压电流关系曲线基本上是平行于横轴的直线，即I_D饱和。如果ΔL与L可比拟，则曲线明显向上倾斜，表示随V_{DS}增加，I_D还要增加。

如果V_{DS}增大到一定程度，也会导致在漏端出现雪崩击穿，I_D急剧上升。

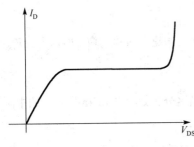

图 2-138　$V_{GS} > V_T$ 时电压电流特性

综合上述，源、漏间电压电流关系如图 2-138 所示。

（3）V_{GS} 在 $V_{GS} > V_T$ 基础上增大到另一固定值

其源、漏间电压电流关系应该与图 2-121 所示曲线完全类似。其不同之处应当表现在沟道夹断所对应的V_{DS}不同，V_{GS}加大，对应夹断所需的V_{DS}也加大。因为在沟道夹断处，栅与半导体之间的电势差等于开启电压V_T，此时的V_{DS}刚好满足$V_{GS} - V_{DS} = V_T$，再继续增加V_{DS}，将使栅与半导体表面沟道之间的电势差小于V_T值。由此可见，随着V_{GS}增加，沟道夹断时的V_{DS}也相应随着加大，对应沟道夹断后的饱和电流I_D值也不同。因此，MOSFET 的电压电流关系应是以V_{GS}为参变量的一族曲线，如图 2-139 所示。

根据电压电流特性曲线可以画出 MOSFET 的转移特性曲线，如图 2-140 所示。

以上论述虽然是针对 N 型沟道管的，但其过程和讨论方法完全可以适用于 P 型沟道管，读者可根据需要自行导出。

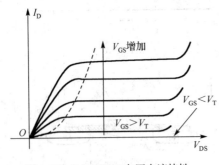

图 2-139　MOSFET 电压电流特性

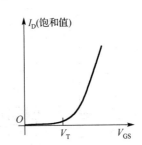

图 2-140　MOSFET 转移特性

3. 特性参数

MOSFET 的特性参数定义与结型场效应管完全相同，这里不再赘述。MOS 管除源区和漏区 PN 结的势垒电容外，还有由于栅极与半导体沟道构成的电容，这些电容都是V_{GS}和V_{DS}的函数，尽管电容值可能较小，但是仍可以使高频信号短路，因而使 MOS 管在高频下的运用受到限制。通常它也只能工作于低和中等频率范围内，典型值在 1GHz 以下。应用中，MOSFET 还有一种击穿，即 SiO$_2$ 层的击穿，它是破坏性的，是使用 MOS 管必须严加注意的问题。需注意静电屏蔽，在存放时把各极短路，在焊接线路时，应采取烙铁头接地等防止栅绝缘层击穿的措施。

4. 增强型与耗尽型 MOSFET

（1）增强型 MOSFET

我们上面介绍的 MOS 管，在 $V_{GS} = 0$ 时半导体表面无反型层存在，只有当 $V_{GS} > V_T$ 时，才能出现导电沟道，这种 MOS 管称为"增强型 MOS 晶体管"。而且可以这样定义：凡是 $V_{GS} = 0$ 时，管子处于"关断"状态（无沟道存在，$I_D = 0$）的 MOS 管，都称为增强型 MOS 晶体管。其"增强型"称谓来源于随 V_{GS} 增加，流过沟道的电流也"增强"。增强型 MOS 晶体管可以有 N 沟道和 P 沟道两种类型，我们上面介绍的 MOS 管即可全称为"N 沟道增强型 MOSFET"。

（2）耗尽型 MOSFET

耗尽型 MOSFET 来源于对前面讨论理想前提的修正。我们前面讨论 MOS 管工作原理时，曾假设了两个理想条件：绝缘层中无电荷及栅极金属与半导体之间无接触势差。在这一理想情况下，V_T 为两部分电压之和：一部分是使半导体表面强反型所需的电压，即强反型时半导体的表面势；另一部分是氧化层中的电势差。可见在理想情况下，V_T 取决于氧化层的厚度及半导体的掺杂程度，这两部分电压完全由 V_{GS} 来提供。但是在实际情况下，上述假设将不可能实现。

如果氧化层和氧化层-半导体界面处存在着正电荷，则可使半导体表面处能带向下弯曲，表示电子在表面处能势低于体内，这样对 N 型半导体使表面形成电子积累层，对 P 型半导体可使表面形成耗尽层，甚至出现反型层。

栅极金属与半导体之间还会存在接触势差，二者的费米能级应该达到同一水平，使半导体表面能带发生弯曲。

由此可见，即使在 $V_{GS} = 0$ 情况下，半导体表面已受到电场的作用，将影响开启电压值。以 Al-SiO$_2$-P 型 Si 组成的系统为例，其在 $V_{GS} = 0$ 时能带结构如图 2-141 所示，可见这时半导体表面已经达到反型，我们把这种类型的管子称为"耗尽型 MOSFET"。而且可定义：凡是 $V_{GS} = 0$ 时，管子就处于"开通"状态的 MOS 管，称为"耗尽型 MOSFET"。以 P 型半导体表面存在 N 沟道为例，其输出特性及转移特性曲线如图 2-142 和图 2-143 所示。可以看到最明显的特点可归纳为：

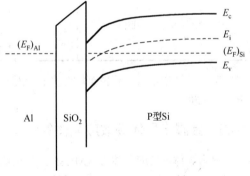

图 2-141　$V_{GS} = 0$ 时 Al-SiO$_2$-P 型 Si 能带结构

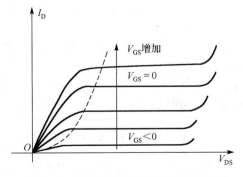

图 2-142　耗尽型 MOSFET 电压电流特性

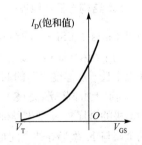

图 2-143　耗尽型 MOSFET 转移特性

① $V_{GS}=0$ 时，$I_D \neq 0$；

② V_{GS} 取大于 0 的值时，可以使反型更强，因而相当于沟道导电能力"增强"；

③ V_{GS} 取小于 0 的值时，只要栅与沟道间的电压仍旧大于开启电压，已经存在的反型层不会消失，则沟道依然存在导电能力，只是导电能力弱了。而且 $|V_{GS}|$ 越大，导电能力越弱，直到 $|V_{GS}|$ 加大到一定程度使导电沟道完全消失，I_D 将减小为零。

同样，P 沟道 MOS 管也有增强型和耗尽型之分，这样 MOSFET 可以细分为四种类型，如表 2-5 所示。

表 2-5 MOSFET 四种类型

沟道	类型	电路符号	衬底基片	V_T
N 沟道	增强型		P 型	> 0
	耗尽型		P 型	< 0
P 沟道	增强型		N 型	< 0
	耗尽型		N 型	> 0

实际上，结型场效应管也有增强型和耗尽型之分，其原理与 MOSFET 完全相似，读者可自行推导出相关结论。

2.10.3 金属半导体场效应晶体管

金属半导体场效应晶体管（MESFET）也称为肖特基势垒栅场效应晶体管，其工作原理与结型场效应管类似。这种管子可工作于射频及微波频段，是一种重要的微波场效应管。由于 GaAs 材料的微波性能优越，本小节只介绍 GaAs MESFET。

1. 基本结构与工作原理

典型 GaAs MESFET 的结构示意于图 2-144。它以高电阻率的半绝缘 GaAs（接近于本征层）材料作衬底，在衬底上生长一层厚度极薄的 N 型外延层，称为有源层沟道，在沟道上方制作源极（S）、栅极（G）和漏极（D），源极和漏极的金属与 N 型半导体之间形成欧姆接触，而

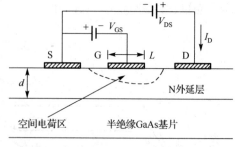

图 2-144　GaAs MESFET 的结构示意图

栅极的金属与 N 型半导体之间形成肖特基势垒。图中 L 为栅极的长度，d 表示 N 型外延层的厚度，一般 $d < L/3$。

在图 2-144 结构下，在漏极和源极之间加上正电压 V_{DS}，将会有多数载流子（电子）从源极经栅极下的沟道漂移到漏极，形成从漏极到源极的电流 I_D。根据金半结的原理，栅极金属与 N 型半导体接触形成肖特基势垒后，将在 N 型半导体中形成空间电荷层（耗尽层），如果在栅极和源极之间加上负电压 V_{GS}（栅压），使金半结处于反偏，这时空间电荷层将展宽，使沟道变窄，从而加大沟道电阻、减小 I_D。因此控制栅压 V_{GS} 可以灵活地改变耗尽层宽窄，从而调制沟道厚度，达到最终控制漏流 I_D 的目的。这就是金属半导体场效应管的基本工作原理。

2. 源、漏间电压电流关系（一般情况）

（1）$V_{GS} = 0$

① 若 $V_{DS} = 0$ 时，整个器件处于平衡状态，N 区中只有平衡状态下的空间电荷区，如图 2-145(a) 所示。

② 若 $V_{DS} > 0$ 时，则应有电流 I_D 经过 N 沟道，自漏极流向源极，栅结处于由 V_{DS} 造成的反偏压下。

● 当 V_{DS} 较小时，沟道可视为一个简单电阻，结果 I_D 与 V_{DS} 的关系是线性的。

● 当 V_{DS} 逐渐增大，电流 I_D 也会加大，沟道中的欧姆压降也将随之加大，V_{DS} 对沟道宽度的控制作用开始显现出来，栅极与 N 沟道之间的反向偏置沿着从源到漏的方向越来越大，于是靠近漏极端的空间电荷区较靠近源极端的空间电荷区宽，如图 2-145(c)所示。由于空间电荷区扩展，沟道变窄，电阻加大，结果与开始一段相比，电流随电压的增加变缓，所以 I_D 对 V_{DS} 的曲线斜率减小，曲线变弯。

● 继续增加 V_{DS} 使 $V_{DS} = V_P$，可导致在靠近漏极端处，沟道厚度减为零，沟道出现"夹断"状态，如图 2-145(d)所示，V_P 也称为夹断电压。这时载流子到达夹断点后在电场作用下掠过耗尽层，所以 I_D 并不截止。

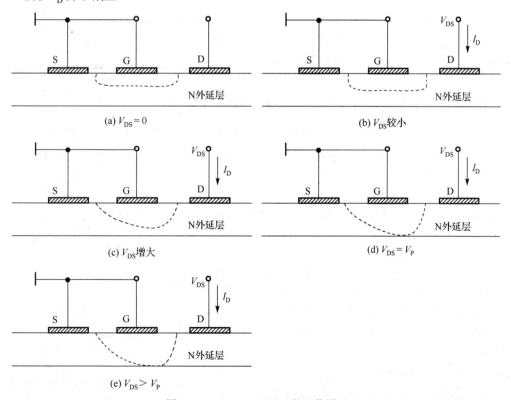

(a) $V_{DS} = 0$ (b) V_{DS}较小

(c) V_{DS}增大 (d) $V_{DS} = V_P$

(e) $V_{DS} > V_P$

图 2-145　GaAs MESFET 的工作原理

- 在 V_P 基础上，继续增大 V_{DS}，使 $V_{DS} > V_P$，沟道被夹断的范围将扩大，如图 2-145(e)所示。V_{DS} 的增长主要降落在较长的夹断区上，使得夹断点和源极之间的电场基本上保持不变，于是沟道中的漂移电子流（与场强成正比）也基本上保持不变，形成饱和电流。
- 如果进一步使 V_{DS} 加大，将会发生栅结的雪崩击穿，电流突然增大。

（2）$V_{GS} < 0$

即在源漏间已经存在一个固定的直流负偏压，这时的源、漏间电压电流关系与 $V_{GS} = 0$ 完全相似，只是由于存在负偏压，栅结的空间电荷区将展宽，使沟道较 $V_{GS} = 0$ 时为窄，电阻更大。这时出现电流饱和时的漏电压相应降低，饱和电流值也减小。

可以看到，其特点与结型场效应管情况完全类似。可以画出以 V_{GS} 为参变量的 MES 场效应晶体管的源、漏间电压电流关系曲线族，如图 2-146 所示。根据图 2-146 还可以画出在固定的 V_{DS} 下的转移特性曲线，如图 2-147 所示。V_{DS} 的值应取为大于夹断电压 V_P 的值，即 I_D 进入饱和状态后的某一 V_{DS} 值。

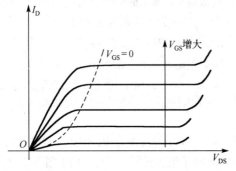

图 2-146　MESFET 电压电流特性（不存在电子速度饱和效应时）

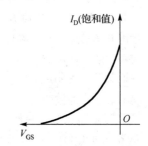

图 2-147　MESFET 转移特性

上述工作模式称为"耗尽型"。完全可以设想，MESFET 也可以工作于"增强型"工作模式下，其工作原理与 MOS 管类似，读者可以自行推导其工作原理及输出电压电流特性。

3. 源、漏间电压电流关系（短栅 GaAs MESFET 情况）

在微波频段应用的 MESFET 为了减小载流子在器件中的渡越时间，一般采用迁移率高的 GaAs 材料，并尽量缩短栅的长度 L。这种短栅 GaAs MESFET 与上面分析的情况不同，其电压电流特性出现饱和的原因不是由于夹断电压引起，而是在漏电压尚未到达夹断之前，沟道内电场已高到导致电子漂移速度饱和效应。

图 2-148 表示了栅长度为 $3\mu m$、漏极电流已饱和的 GaAs MESFET 情况。此时短沟道内电场很高，而且由于沟道厚度不均匀而造成电场分布不均匀。但 I_D 应该是连续的，因此沟道厚度的不均匀由载流子漂移速度 $\bar{v}(x)$ 和载流子密度 $n(x)$ 的变化来补偿。由于 GaAs 材料的高低子能谷特性导致的速度电场特性，当 $E > E_{th}$ 时，在 $x_1 \sim x_2$ 之间，电子速度变慢，形成电子累积层；而 $x_2 \sim x_3$ 之间，电子速度又加快，形成电子抽空的正空间电荷区，这样在漏端形成了

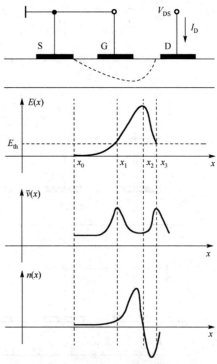

图 2-148　GaAs MESFET 沟道内电场、
电子漂移速度及空间电荷分布

偶极层。由于在偶极层内电场很高，V_{DS} 主要降落在偶极层上，而且当继续增加 V_{DS} 时，偶极层外电场即源栅之间的电压基本保持不变，于是漏电流 I_D 也基本不变，出现饱和现象。在饱和区内，由于 V_{DS} 增大会使偶极层宽度增大，使沟道有效长度缩短，从而使沟道电阻减小，相应的饱和漏电流 I_D 随 V_{DS} 会有所增大，即饱和区电压电流曲线有所上升。于是，以 V_{GS} 为参变量的短栅 GaAs MESFET 的源、漏间电压电流关系曲线族，如图 2-149 所示。

4. 等效电路

图 2-150 给出了 GaAs MESFET 的管芯等效电路。电路中各元件说明如下：C_{GS} 是栅源部分的耗尽层结电容，C_{DG} 是栅漏部分的耗尽层结电容，$C_{GS} + C_{DG}$ 为栅极和沟道之间耗尽层总电容；C_d 是沟道中电荷偶极层的电容，即畴电容，在一般简化电路中往往忽略；R_{GS} 是栅源之间未耗尽层的沟道电阻；g_D 是漏极的微分电导，其定义与结型场效应管相同，表示漏电压 V_{DS} 对漏电流 I_D 的控制，反映了总的沟道电阻的作用，它与 V_{GS} 和 V_{DS} 都有关系；C_{DS} 是漏极和源极之间的衬底电容；R_G、R_S 和 R_D 分别为栅极、源极和漏极的串联电阻；g_m 是 MESFET 的小信号跨导，其定义与结型场效应管相同，$g_m V_{GS}$ 表示受控电流源。一个典型 C 波段低噪声 GaAs MESFET 的等效电路元件参数如表 2-6 所示。

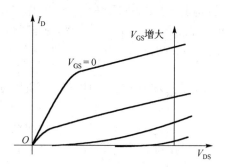

图 2-149　短栅低噪声 GaAs MESFET 电压电流特性

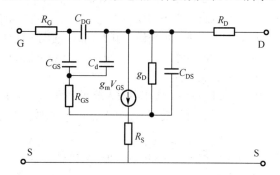

图 2-150　MESFET 管芯等效电路

表 2-6　C 波段低噪声 GaAs MESFET 等效电路元件参数值

C_{GS}	C_{DG}	C_d	C_{DS}	R_{GS}	g_D	R_G	R_S	R_D	g_m
0.62pF	0.014pF	0.02pF	0.12pF	2.6 Ω	2.5ms	2.9 Ω	2.0 Ω	3.0 Ω	53ms

MESFET 在电路中的符号如图 2-151 所示。

5. 特性

（1）频率特性

① 特征频率 f_T。MESFET 的高频率性能取决于载流子在沟道中的渡越时间，而渡越时间又取决于沟道中载流子的迁移率。其特征频率 f_T 定义与双极晶体管基本相同，即共源极交流短路电流放大系数下降到 1 时所对应的频率。可求得特征频率 f_T 表示式为：

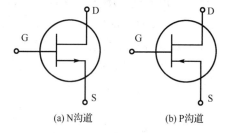

(a) N沟道　　　(b) P沟道

图 2-151　MESFET 电路符号

$$f_T \approx \frac{g_{m0}}{2\pi(C_{GS} + C_{DG})} \tag{2-202}$$

式中，g_{m0} 是跨导 g_m 的低频值。此式说明提高 f_T 要求栅极宽度尽可能短，以减小栅极和沟道之间的电容 C_{GS} 和 C_{DG}，因此短栅有利于提高场效应管的高频性能。

② 最高振荡频率 f_{max}。MESFET 的最高振荡频率 f_{max} 也是用单向最大资用功率增益下降到 1 时

的频率定义的。由于采用等效电路的不同，f_{max} 有多种表达式，一般在忽略 C_{DG}、C_d 的情况下，可求得单向最大资用功率增益为：

$$G = \frac{1}{4f^2}\left(\frac{g_m}{2\pi C_{GS}}\right)^2 \frac{r_D}{R_G + R_{GS} + R_S} \tag{2-203}$$

式中，$r_D = 1/g_D$ 是漏极动态漏电阻，即沟道电阻。令 $G = 1$ 可求得：

$$f_{max} = \frac{f_T}{2}\sqrt{\frac{r_D}{R_G + R_{GS} + R_S}} \tag{2-204}$$

$$G = \left(\frac{f_{max}}{f}\right)^2 \tag{2-205}$$

说明 MESFET 的单向最大资用功率增益也是以每倍频程 6dB 的速率下降的。

由上可见，为提高 f_T 和 f_{max} 对器件设计和工艺的要求是一致的，栅长度 L 是 MESFET 提高工作频率的关键尺寸，但必须同时保证栅长度 L 与沟道厚度 d 的比值满足 $L/d > 1$，而沟道厚度 d 的大小将影响击穿电压，因此继续提高 MESFET 的工作频率与提高器件承受功率是矛盾的。由于在 Si 和 GaAs 中电子比空穴有高得多的迁移率，从提高工作频率的角度看，N 沟道的 MESFET 比较适合于工作在射频和微波频率；进一步来说，由于 GaAs 的电子迁移率比 Si 的电子迁移率又要高 5 倍之多，故经常采用的是 GaAs MESFET，典型情况下，GaAs MESFET 可使用在 60~70GHz 范围内。

（2）功率特性

MESFET 必须工作在由最大漏极电流 I_{Dmax}、最大栅源电压 V_{GSmax} 和最大漏源电压 V_{DSmax} 所局限的区域中。最大耗散功率 P_{CM} 由 V_{DS} 和 I_D 的乘积决定，即：

$$P_{CM} = V_{DS} \cdot I_D \tag{2-206}$$

图 2-152 表示了 MESFET 的功率极限情况。实际应用中，P_{CM} 与沟道温度、环境温度以及沟道与焊点间的热阻有关。

（3）噪声特性

① 噪声来源。MESFET 的噪声等效电路如图 2-153 所示，噪声主要来源于两个方面。第一是热噪声，图 2-153 中 $\overline{i_{nD}^2}$ 是由载流子通过沟道时的不规则热运动而产生的热噪声，称为沟道热噪声；$\overline{i_{nG}^2}$ 是由沟道热噪声电压通过沟道和栅极之间的电容耦合而在栅极上感应的噪声，表示为栅源之间的噪声电流源。由于 $\overline{i_{nG}^2}$ 与栅源电容耦合有关，因此随频率上升，微波场效应管噪声增大，而 C_{GS} 小则噪声也小，所以从低噪声角度出发也希望采用短栅。第二个噪声来源是高场扩散噪声和谷际散射噪声。由于短栅 GaAs MESFET 出现高场下电子速度饱和效应和偶极层，因此会产生高场扩散噪声及谷际散射噪声，也会使管子的噪声增加。

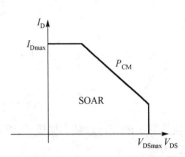

图 2-152　MESFET 的典型最大输出特性

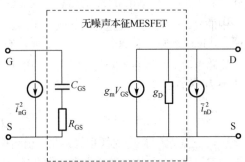

图 2-153　本征 MESFET 噪声等效电路

以上分析未考虑 MESFET 的散粒噪声，原因是栅源之间是负偏置，只有很小的反向饱和电流（高输入阻抗），可以不计其散粒噪声影响，这是场效应管比双极型晶体管噪声低的一个重要原因。而且由于 MESFET 的噪声以热噪声为主，可以采用致冷的办法有效降低其热噪声，即所谓的"致冷微波场放——冷场"。

② 噪声系数与工作频率的关系。可以求得描述 MESFET 最小噪声系数特性的常用近似表达式为[3]：

$$F_{\min} \approx 1 + 2\sqrt{P \cdot R \cdot (1-C^2)}\frac{f}{f_T} \qquad (2\text{-}207)$$

式中，P 和 R 分别为决定沟道热噪声 $\overline{i_{nD}^2}$ 和栅极感应噪声 $\overline{i_{nG}^2}$ 两个因子，取决于管子的材料、结构尺寸和直流偏置；C 为上述两种噪声的相关系数，其值小于 1。

由此式可见，MESFET 的 $F_{\min}$ 随频率增长是近似线性关系，速率为 3dB/倍频程，比双极晶体管最小噪声系数上升的趋势缓慢许多，因此在 C 波段以上通常都选用 MESFET 作为低噪声放大器。

但是 GaAs MESFET 的噪声转角频率 f_1（参看图 2-112）却较高，可能延伸到几百兆赫，而双极晶体管的 f_1 可能低于 100MHz，这是 GaAs MESFET 的一个缺点，当用于振荡器时对相位噪声有影响。

③ 噪声系数与漏电流 I_D 的关系。

图 2-154 表示了 MESFET 最小噪声系数与漏电流 I_D 的典型关系。可见该管的最小噪声系数对应的 I_D 约为 0.1 到 0.2 倍饱和电流值，而且与双极晶体管类似，可能与最大增益要求的数值不同，使用时需根据具体情况合理选取。

MESFET 同样具有开关特性，其开关时间明显短于双极型晶体管，这里不再详细介绍了，有兴趣的读者可自行查阅参考文献。

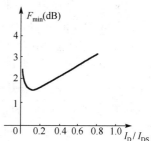

图 2-154 MESFET 的 $F \sim I_D/I_{DS}$ 关系
（I_{DS} 为零偏压时饱和漏电流）

2.10.4 异质场效应晶体管

异质场效应晶体管的典型代表是高电子迁移率晶体管（HEMT）。高电子迁移率晶体管也称为调制掺杂场效应晶体管（Modulation-Doped Field Effect Transistor，MODFET），它利用不相似半导体材料诸如 GaAlAs/GaAs 异质结带隙能上的差别，可以大大突破 MESFET 的最高频率限制，而同时保持其低噪声性能和高功率额定值。

1. 结构

图 2-155 给出了 HEMT 的基本结构。图中最上部的 N$^+$ 型 GaAs 层是为了提供一个良好的源极和漏极接触电阻，形成源极和漏极引线的欧姆接触；在栅极下形成金属引线与半导体的金半接触；最下部为半绝缘的 GaAs 衬底。在 N 型 GaAlAs 和非掺杂的 GaAs 之间加了一层非掺杂的 GaAlAs 薄层。由于结构中各层的厚度均很薄，掺杂浓度相差又很大，控制精度要求高，因此不能采用通常的工艺，而要用分子束外延工艺来完成，其成本比 GaAs MESFET 要高得多。

HEMT 基本上由异质结构组成，这些异质结构具有协调的晶格常数以避免层之间的机械张力，如 GaAs 和 InGaAs-InP 界面。对有不协调晶格的研究也在不断地进展着，举例来说，一较大的 InGaAs 晶格被压缩在较小的 GaAs 晶格上，这种器件称为假晶体（Pseudomorphic）HEMT 或简称 pHEMT。

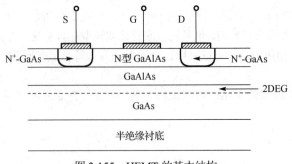

图 2-155　HEMT 的基本结构

2. 工作原理

HEMT 的特性来源于其 GaAlAs/GaAs 异质结的特殊能带结构，当 GaAlAs 和 GaAs 紧密接触形成异质结后，其能带结构如图 2-156 所示。由图 2-156 可见，由于电子载流子从掺杂 GaAlAs 和未掺杂 GaAs 层之间界面上的施主位置分离出来，进入到 GaAs 层一侧的量子势阱中，在那里它们被局限于非常窄（约 10nm 厚）的层内，在垂直于界面方向受到阻挡，只可能平行于界面作运动，形成所谓的"二维电子气（Two-Dimensional Electron Gas，2DEG）"。由于这部分电子在空间上已脱离了原来施主杂质离子的束缚，在运动过程中所受杂质散射的作用大大减弱，因此载流子迁移率大为提高，尤其在低温下因所受晶格散射作用大大减弱，因此迁移率更明显增大，迁移率可达 $9000\,\mathrm{cm^2/(V\cdot s)}$，甚至 $2\times10^5\,\mathrm{cm^2/(V\cdot s)}$，载流子在薄层内表面密度可达 $10^{12}\sim10^{13}\,\mathrm{cm^{-2}}$ 量级，这是对 GaAs MESFET 的一个重大改进。图 2-155 结构中在 N 型 GaAlAs 和非掺杂的 GaAs 之间插入一层非掺杂的 GaAlAs 薄层，其作用是使二维电子气中的电子在空间上与原来附属的施主杂质进一步脱离，从而可使迁移率进一步提高，但是这一非掺杂的 GaAlAs 薄层使二维电子气浓度下降，因此其厚度要恰当选择。

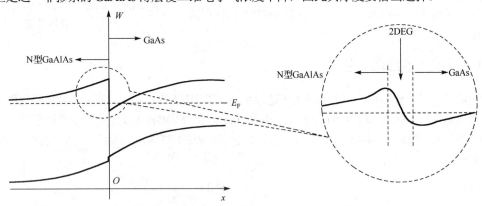

图 2-156　HEMT 的 GaAlAs-GaAs 界面的能带图

在形成二维电子气后，二维电子气中的电子可以在外加漏极电压 V_{DS} 的作用下，由源极向漏极流动，形成漏极电流 I_D。而外加栅压 V_{GS} 形成的肖特基势垒区中的载流子耗尽，会影响从 N 型 GaAlAs 一侧进入 GaAs 一侧而形成的二维电子气浓度，因此通过控制 V_{GS} 就控制了漏极电流 I_D。可见 HEMT 的结构于工作原理类似于 MESFET，但又有所不同。正是由于这种工作原理，HEMT 又可称为二维电子气场效应晶体管（Two-Dimensional Electron Gas Field Effect Transistor，2DEGFET 或 DEGFET）。

3. 电压电流关系

HEMT 也可以工作在两种工作模式下。当 N 型 GaAlAs 层较厚时，零栅压时肖特基势垒不足以影响二维电子气浓度；当外加栅压时，二维电子气浓度逐渐降低，相应 I_D 逐渐减小；当负栅压达到一定程度时 I_D 接近截止，称为"耗尽型"。当 N 型 GaAlAs 层较薄时，零偏压下肖特基势垒已足以影响二维电子气浓度并使之接近为零，使 I_D 截止；只有适当在栅极上加正向偏压，才能使 I_D 逐渐增加，这是"增强型"。一般耗尽型模式用于微波器件，而增强型模式用于大规模数字集成电路。

4．特性

HEMT 最突出的特性即是其高工作频率和低噪声。与 MESFET 类似，HEMT 的高频特性也取决于渡越时间和电子迁移率。可以看到，由于载流子的高迁移率，显然 HEMT 的特征频率和最高振荡频率远高于 MESFET。目前工艺水平下，HEMT 的工作频率已经可超过 100GHz。而目前正在开展的研究，如 GaInAs/AlIn 异质结、包含多个 2DEG 沟道的多层异质结构有望使其工作频率提高到更高的水平。

2.11 晶体管发展新技术

在当今全球超过 2500 亿美元的半导体市场中，90%以上的产品都是使用硅材料的器件与集成电路。相对其他半导体材料而言，硅具有廉价丰富、易于生长大尺寸、高纯度的晶体及热性能与机械性能优良等优点。然而正如前节所述，为满足微波频段的需要，几十年来微波器件与集成电路一直使用价值昂贵的 GaAs 或 InP 作衬底材料，并为此发展了一套全新的加工工艺和逻辑设计方法。这是因为传统上认为硅若作为微波器件与电路的衬底，有两个明显的缺陷：一是电子技术发展所依赖的两种重要晶体管——硅 BJT 和 MOSFET 的工作速度太低，达不到微波电路的频率要求；二是常用硅的电阻率太小（$1 \sim 100 \Omega \cdot cm$），将引起过高的介质损耗，使硅衬底微波传输线与无源元件的衰减比 GaAs 衬底平均高出一个数量级，不能投入实际使用。虽然研究已经发现，高电阻率 Si 的某些性能（如导热率）比 GaAs 优良，损耗等性能与 GaAs 相差不大，说明高电阻率 Si 很适合用做微波器件和集成电路的衬底材料。然而高电阻率硅的价格也相当昂贵，为了提高有源器件的可靠性及进行直流隔离而在衬底表面附加的绝缘层引起的寄生效应不容忽视，并且不能利用常用的已经十分成熟的硅工艺。

为了使硅材料的器件与集成电路达到微波电路的要求，同时又保持硅衬底电路在产量、成本及制作工艺方面的传统优势，使硅衬底电路与目前在射频及微波电路中占主导地位的Ⅲ-Ⅴ族化合物 GaAs 及 InP 技术展开竞争，解决上述难题的方法是将 Ge 引入 Si，利用能带工程形成 $Si_{1-x}Ge_x$（简写为 SiGe）合金的新型高速晶体管——锗硅异质结双极晶体管（SiGe Heterojunction Bipolar Transistor，SiGe HBT），以及锗硅金属氧化物场效应晶体管（SiGe Metal Oxide Semiconductor Field Effect Transistor，SiGe MOSFET）等。其工作原理的讨论因需要深入的半导体理论与技术知识，本书不再涉及，如需要可参看相关参考文献[34]。SiGe HBT 技术可以和标准的 Si 工艺相匹配，使得在同一衬底上集成数字电路和射频与微波模拟电路成为可能。这种集成有多方面优点，如电路数减少因而封装成本降低，可靠性提高，系统的尺寸也因电路之间互连线的减少而变小。

HBT 的概念早在 1957 年就已提出，1977 年开始在高频应用中开发 SiGe HBT，1987 年报道了第一只功能 SiGe HBT。但 SiGe HBT 技术真正引起微波学界的注意还是到了 20 世纪 90 年代中期特征频率高达 75GHz 的 SiGe HBT 问世之后。最近几年，随着频率高达 100GHz 的硅二极管与 SiGe HBT 的研制成功，以及发现通过在硅衬底与信号导体之间加入多层薄膜绝缘介质可以降低标准硅传输线的损耗，证明了硅完全适合于取代 GaAs 或 InP 用做微波集成电路的衬底，从而形成了国际学术界一个非常热门的研究方向，即硅衬底上的微波电路研究。美国的 IBM 公司及德国、日本的一些研究机构已经开发出了多种硅衬底的实用微波集成电路。

在当今的信息时代背景下，无线通信系统，如移动通信、卫星通信及无线局域网，需要高频低制作成本来支撑真正的多媒体服务。硅衬底微波集成电路非常适用于这类应用，原因就在于可以获得高度集成的多功能混合 IC，并且因为使用数字 IC 工艺使制作成本大大降低。过去几年通过使用 SiGe HBT，设计并实现了大量创纪录的数字、模拟射频与微波电路，频率从蜂窝移动电话的 900MHz 到光数据通信的 40Gb/s。目前，广阔的射频市场需求集中在 900MHz 与 20GHz 两个频率。1981 年提出了硅单片毫米波集成电路的概念，现已在毫米波通信领域中引起高度重视。与此同时，最近关于 Si 衬底传输线与无源元件的研究表明，Si 衬底微波单片集成与毫米波单片集成是完全可能的，SiGe HBT 与先进的 Si CMOS 技术结合形成的 SiGe BiCMOS 技术代表着实现 Si 衬底上微波片上系统（System-on-a-Chip）的唯一途径。

以硅材料为主的晶体管在目前电子芯片、设备发展历程中扮演了非常重要的角色，然而受其物理性质的限制，硅基集成电路已经走到一个瓶颈，它的集成度和运算速度提升的空间已经不是很大。因此研究人员提出了多种新的晶体管结构，配合现有的半导体工艺，能够得到很多优异的性能。下面将近年来比较突出的几种结构进行说明。

2.11.1 以 SiC 材料为基底的肖特基二极管

碳化硅（SiC)作为一种宽禁带半导体材料，不但击穿电场强度高、热稳定性好，还具有载流子饱和漂移速度高、热导率高等特点，可以用来制造各种高温频的大功率器件，应用于硅器件难以胜任的场合。从表 2-7 中材料的性能参数的比较中可以看出 SiC 与传统的硅和砷化镓相比所具有的优越性。

表 2-7　多种半导体材料特性的比较

类型	Si	GaAs	SiC		
			4H-SiC	6H-SiC	3C-SiC
禁带宽度/eV	1.12	1.42	3.2	3.0	2.3
击穿电场（MV/cm）	0.6	0.6	2	2	2
热导率（W/cm·K）	1.5	0.5	4.9	4.9	5
介电常数	11.9	13.1	9.7	9.7	9.7
熔点（℉）	1690	1510	>2100（升华）	>2100（升华）	>2100（升华）
饱和速度（10^7cm/s）	1.0	1.2	2	2	2
电子迁移率（$cm^2/V \cdot s$）	1200	6500	800	800	750
空穴迁移率（$cm^2/V \cdot s$）	420	320	115	90	40

由表可知，SiC 材料的击穿电场是硅材料的 3 倍，极大地提高了 SiC 器件的耐压能力和电流密度；由于导通电阻与击穿电场的立方成反比，所以 SiC 功率器件的导通电阻只有硅器件的 1/30，这大大地降低了 SiC 器件的导通损耗，高热导率意味着导热性能好，可以提高电路的集成度，减少冷却散热系统。

美国北卡州立大学功率半导体研究中心(PSRC)于 1992 年最先报道了首次研制成功的 6H-SiC 肖特基势垒二极管，其阻断电压为 400V，在他们 1994 年的报道中，阻断电压提高到 1000V，接近其理论设计值。随后，对碳化硅肖特基势垒二极管的研发活动扩展到欧洲和亚洲，使用材料扩大到 4H-SiC，阻断电压也有很大提高。

目前，碳化硅器件替代硅器件的过程已经开始，美国的 Cree 公司和德国 Infineon 公司（西门子集团）都已有耐压 600V、电流 10A 或 12A 以下的碳化硅肖特基势垒二极管系列产品出售。随着碳化硅肖特基势垒二极管的投入市场，一下子将肖特基势垒二极管的应用范围从 250V（砷化镓器件）提高到 600V。据报道，在 2003 年时，反向电压高达 10kV 的 4H-SiC 肖特基势垒二极管的正向电流密度高达 48A/cm^2，而相应的正向压降只有 6V。

20 世纪 80 年代末 90 年代初，一种新概念的提出打破了"硅限"，它可以同时得到低功耗和高的开关速度。这一概念经过演化和完善之后，成为现在的"超结结构及超结理论"。超结结构（SJ 结构）是由交替存在的 N 区和 P 区所构成的耐压层，以及在该耐压层上面和下面的 N^+ 和 P^+ 区域组成的，如图 2-157 所示。当该结构加上反向偏压时，耐压层将承受反向耐压，在临近击穿的大反向偏压情况下，该耐压层将全部耗尽。由于存在横向电场和纵向电场的相互作用，此时电场分布趋于均匀，这样使得该结构的耐压达到最大。

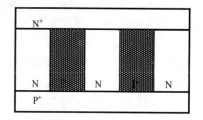

图 2-157　超结结构

近年来，超结理论体系不断得到改进和完善，而超结结构的工艺研究大多放在硅材料的 MOSFET 上。1998 年，超结 MOSFET 刚提出的时候，曾采用多次外延和离子注入相结合的办法来制作超结结构。但在实际的工艺中很难做到 N 柱和 P 柱的电荷平衡。随后，工艺工程师又采用深槽刻蚀和外延再生长填充技术来制造这种结构。2002 年，飞利浦研究实验室的 C.Ro Cheford 等人提出了另外一种 SJ 的新工艺，利用的是沟槽刻蚀后再进行气相掺杂来形成 P 型区。2006 年，日本 DENSO 公司研究室使用 SIHZC12(DCS) 和 HCl 气体源进行各向异性外延生长来填充沟槽形成 P 柱，该方法成功地应用于最大深宽比为 18 的沟槽填充中，并且制造出了核心尺寸为 2.7pm，耐压为 225V 的超结 MOSFET。

2.11.2　扩散型双基区二极管

广泛应用于功率电路中的 PIN 二极管要求具有较高的反向耐压，为此传统 PIN 二极管采用深扩散缓变结构措施，造成关断前存在着大量存储电荷使得反向恢复时间延长；为了减小正向压降，这种高压二极管通常又需要设计成基区穿通结构，以减薄基区，从而使得反向恢复特性更硬，无法满足电力电子技术的发展。为了缩短二极管的反向恢复时间，提高反向恢复软度，同时使得二极管具有较高的耐压，提出的解决办法是在传统 PIN 二极管的基础上，增加一个 N 型缓冲基区。即二极管的基区由基片的轻掺杂 N^- 衬底区及较重掺杂的 N 区组成。

国外设计的二极管当中，也有采用双基区结构的，但其 N 缓冲基区的形成均是采用外延工艺实现。但高阻厚膜外延的目前水平尚难满足大功率二极管的要求，因此利用传统扩散工艺制作 N 缓冲基区结构，以期达到提高二极管反向恢复软度的目的。

这里要求反向恢复过程短的二极管称为快恢复二极管（Fast Recovery Diode）。高频化的电力电子电路要求快恢复二极管的反向恢复时间短，反向恢复电荷少，并具有软恢复特性。本小节给出一种双基区二极管的结构及其工作原理。

这种双基区二极管的横截面结构及浓度分布如图 2-158 和图 2-159 所示。

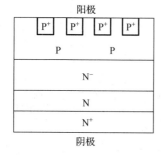

图 2-158　双基区二极管结构示意图

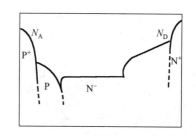

图 2-159　双基区二极管浓度分布示意图

双基区二极管的主要特点是它的基区由 N⁻ 区和 N 区两部分组成，N⁻ 是初始硅片的轻掺杂衬底区，N 区则为较重掺杂区，掺杂浓度高于 N⁻ 区，但远低于 N⁺ 区。我们称 N 基区为缓冲基区或缓冲层，通常用外延方法获得。

双基区结构可以显著改善二极管的软度，这是由于缓冲层的杂质浓度高于衬底的浓度，在反向恢复过程中使得耗尽区到达缓冲层后扩展明显减慢。这样，经过少数载流子存储时间之后，在缓冲层中还有大量的载流子未被复合或抽走，使得复合时间相应增加，从而提高了二极管的软度因子。为此，有两个条件需要满足：二极管的 N 基区必须足够窄，以保证额定电压下的空间电荷区展宽能够进入缓冲层；缓冲层的浓度应适宜，浓度不宜过高，以保证缓冲层具有电导调制效应，但也不宜过低，以保证空间电荷区不会穿通缓冲层。

二极管的阳极则由轻掺杂的 P 区与重掺杂的 P 区嵌套组成，该 P-P⁺ 结构可以控制空穴注入效应，从而达到控制自调节发射效率和缩短反向恢复时间的目的。P 区和 P⁺ 区的杂质浓度及结深主要考虑保证二极管不仅具有足够的反向阻断能力，而且在低电流密度下空穴注入效率低，大电流密度下才有高注入效率。

低的空穴注入效率使阳极侧注入载流子浓度下降，转入阻断状态时，NP 结处较早关断，在规定电流换向速度下，反向峰值电流小，同时由于基区中性部分仍有较多载流子存在，使软度因子得到改善。二极管的阴极则与一般二极管相同，由重掺杂的 N⁺ 区构成。

2.11.3　3-D 三栅极晶体管

晶体管自提出以来，一直到现在都是二维结构，即平面硅晶体管。早在 2002 年时，英特尔就曾发布消息，称它在实验室中成功制造出了三栅极晶体管，即所谓的 3D 晶体管（又称三栅、三闸或三门晶体管），并验证了这种晶体管的性能和功耗优势。2D 平面硅晶体管被 3D 晶体管所取代，这确是一种划时代的进步。

三栅极晶体管追求的是晶体管形态的进化。它把传统晶体管置于硅底层中的源极、漏极和沟道"拔"出了硅底层表面，让沟道与栅极/栅介质的接触面从一个面变成三个面。由于三个面上所能聚集的电子或空穴的数量要远远超过在一个面上所能达到的水平，因此与沟道长度相同的传统晶体管相比，三栅极晶体管的阀值电压更低、切换速度更快，漏电更少，在性能和功耗表现上明显优于传统的晶体管。

三栅极晶体管的结构如图 2-160 所示。22nm 三栅极晶体管在垂直鳍状物结构的三个侧面形成导电通道，提供"全耗尽"操作，电流控制是通过在鳍状物三面的每一面安装一个栅极而实现的（两侧和顶部各有一个栅极），而不是像 2-D 平面晶体管那样，只在顶部有一个栅极。更多控制可以使晶体管在"开"的状态下让尽可能多的电流通过（高性能），而在"关"的状态下尽可能让电流接近零（即减少漏电，低能耗），同时还能在两种状态之间迅速切换，进一步实现更高性能。

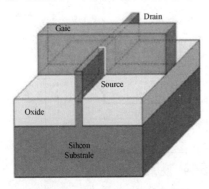

图 2-160　三栅极晶体管立体模型

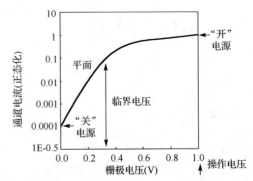

图 2-161　三栅极晶体管电压电流特性

英特尔的 3-D 三栅极晶体管结构提供了一种管理晶体管密度的方式，如图 2-162 所示。由于这些鳍状物本身是垂直的，晶体管也能更紧密地封装起来。未来设计人员还可以通过不断增加鳍状物的高度，从而获得更高的性能和能效。

图 2-162　平面晶体管和三栅极晶体管结构的比较

目前几种主流3D 晶体管技术的比较：3D 三栅极晶体管技术优于 Bulk、PDSOI 以及 FDSOI 技术。对于 Bulk 晶体管技术，衬底电压在反型层（源漏电流在其上流动）施加某些电气影响，衬底电压的影响降级电气次临界斜率（晶体管关闭特征），是未完全耗尽的方式；部分耗尽的 SOI（PDSOI），浮体在反型层施加某些电气影响，降级次临界斜率，也是未完全耗尽；全耗尽 SOI（FDSOI），浮体消除，而次临界斜率提高，需要昂贵的超薄 SOI 晶圆，这让整体制程成本增加了大约 10%。而英特尔的全耗尽型 3D 三栅极晶体管，栅极从三个侧面控制硅鳍状物，提高次临界斜率，反型层面积增加，用于更高的驱动电流，成本只增加 2%～3%。

三栅极晶体管结构提出的重大意义有：

（1）提高单位面积晶体管的数量：3D 三栅极晶体管架构能够有效提高单位面积内的晶体管数量，使得非常适合轻薄著称的移动设备，它将取代 CPU 领域现有的 2D 架构，手机和消费电子等移动领域都将应用这一技术。

（2）显著提升供电效率、降低能耗：全新的 3D Tri-Gate 能够提供同等性能的同时，功耗降低一半。新的接口极大地减少了漏电率，阈值电压可以得到极大的降低。

2.11.4　石墨烯晶体管

石墨烯是由 2008 年诺贝尔物理奖提名的英国曼彻斯特大学安德列·汤姆和康斯坦丁·诺沃肖洛夫所发明的，根据现有的对其的研究趋势，很有可能在未来数十年中接替硅材料，成为未来的芯片材料，如果完成这一交接，半导体将由硅时代进入碳时代。

2010 年 9 月 16 日出版的 Nature 杂志上，来自 University of California 的段镶锋领导的科研小组发表了题为 "High-speed graphene transistors with a self-aligned nanowire gate（自校准纳米线门高速石墨烯晶体管）" 的论文，宣称他们发明了一种构造石墨烯晶体管的新方法，他们采用一根带氧化铝包层的硅化钴纳米线来作为器件的栅极，并且摆放于两片石墨烯膜之间，论文给出的数据显示该旗舰的开关速度已经达到 100～300GHz，超过了同类器件的最高纪录，比现有的最好的 MOSFET 快两倍，其迁移率达到 2000$cm^2/V \cdot s$，比相近尺度硅基器件高两个数量级。该实验也清晰地展示了石墨烯基电子器件在高频电子电路领域的广阔应用前景。图 2-163 给出了以 Co_2Si-Al_2O_3core-shell 纳米线作为自对准上门限的高速石墨烯晶体管示意图。图 2-164 给出了 Co_2Si 和 Co_2Si–Al_2O_3 core–shell 纳米线特性。

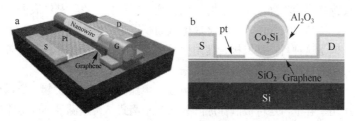

图 2-163　以 Co_2Si-Al_2O_3core-shell 纳米线作为自对准上门限的高速石墨烯晶体管示意图

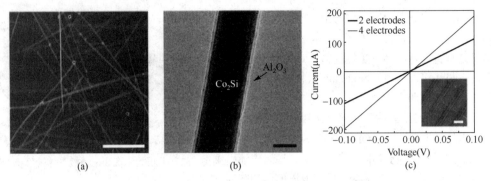

(a)   (b)   (c)

图 2-164　Co_2Si 和 $Co_2Si–Al_2O_3$ core–shell 纳米线特性

2.11.5　太赫兹肖特基二极管

目前，应用于太赫兹频段的太赫兹肖特基二极管基本上都是以高电子迁移率的砷化镓（GaAs）材料为基底形成肖特基接触。结构上主要有两种结构形式，分别为触须接触型肖特基二极管（Whisker-contacted Diodes）和平面型肖特基二极管（Planar Schottky Diodes），如图 2-165 所示。与前文中介绍过的点接触型和面接触型肖特基二极管结构基本一致。

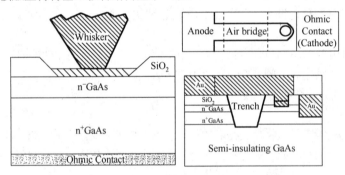

图 2-165　太赫兹肖特基二极管结构示意图

其中太赫兹肖特基二极管的截止频率表示如下：

$$f_C = \frac{1}{2\pi R_s C_{total}} \tag{2-208}$$

式中，f_C 为太赫兹肖特基二极管的截止频率；R_s 为串联电阻，C_{total} 为总电容，是肖特基二极管结电容与所有寄生电容之和。

由上式可见，要提高肖特基二极管的截止频率，就需要减小其串联电阻和总电容。触须接触型肖特基二极管在重掺杂（n^+层）砷化镓一面沉积金属形成欧姆接触作为阴极，在轻掺杂（n^-层）砷化镓一面沉积金属形成肖特基接触阵列，在使用时金属触须式探针扎到肖特基结表面金属形成二极管的阳极。这种触须接触型肖特基二极管由于阳极金属电极面积很小，电容非常小（约 0.5fF），截止频率可以做到大于 10THz，但是这种肖特基二极管使用中装配难度大，接触可靠性差，难以与其他电路模块集成，因此平面型太赫兹肖特基二极管被研发出来。

平面型肖特基二极管采用全平面工艺制作，可以与电路模块集成到一起，所以可靠性好，电路设计相对容易，为增加功率容量，还可被制作成阵列或者平衡式结构以满足不同电路结构的需要。但是通常这种平面型肖特基二极管由于阴、阳电极的存在，寄生电容相对较大，截止频率较低，通过采用一些空气桥技术、集成技术和芯片减薄技术，目前也可以把截止频率提高到近 10THz。

国外开展太赫兹肖特基二极管研究的机构和单位主要有美国 VDI 公司（Virginia Diode Inc）、美国喷气推进实验室（Jet Propulsion Laboratory，JPL）、英国卢瑟福阿普尔顿实验室（Rutherford Appleton Laboratory，RAL）、法国光子学与纳米结构实验室（LPN）等。

VDI 公司于 1996 年由 Thomas W. Crowe 博士成立，1970—1996 年在维吉尼亚大学半导体器件研究室工作期间其研究小组就一直对太赫兹肖特基二极管持续进行研究（对触须接触型和平面型太赫兹肖特基二极管都有过相关研制）。VDI 公司最初以器件研究为主，后面逐渐以利用其自主的太赫兹非线性器件发展出各种微波组件，如混频器、倍频器、太赫兹频率源等。目前在各种组件中使用的肖特基二极管主要是平面型。VDI 公司的触须接触型和平面型肖特基二极管分别如图 2-166、图 2-167 所示。

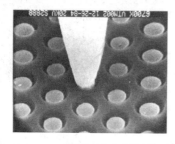

图 2-166　VDI 触须接触型肖特基二极管

图 2-167　VDI 平面型肖特基二极管

VDI 公司触须接触型肖特基二极管阳极直径为 0.5μm，整个芯片尺寸为 250μm×250μm×120μm。直流测试结果显示该肖特基二极管串联电阻在 33～35Ω 之间，零偏结电容在 0.45fF～0.5fF 之间，所以估算出器件的截止频率约为 10.6THz。该类型须接触肖特基二极管被验证可用于 1THz～3THz 频率范围内的信号检测应用。

美国喷气推进实验室（JPL）也开展了类似的平面型太赫兹肖特基二极管研究，具备很高的技术水平，但从未商用化，主要用于天文观测。JPL 实验室研制的平面型肖特基二极管采用一种名为单片薄膜二极管工艺（Monolithic Membrane-diode Process）的方法制作，把肖特基二极管与混频电路和倍频电路集成制作在一层厚度为 3μm 的砷化镓（GaAs）薄膜上，薄膜由四周厚度为 50μm 砷化镓（GaAs）框架支撑。后来为了增加电路设计灵活性，增加与波导匹配应用的可行性，减小芯片尺寸面积等方面考虑，整个混频器或倍频电路都集成在一层宽 30μm，厚度 3μm 的砷化镓（GaAs）薄膜上。JPL 实验室研制的混频电路和倍频电路中使用到的肖特基二极管接触面积为 0.14μm×0.6μm，同样采用类似 VDI 公司的空气桥结构，而且由于把二极管与混频电路和倍频电路集成到一起，去除了大的阴阳极金属电极，极大地减小了寄生电容，因此可提高肖特基二极管的截止频率。JPL 实验室研制的 2.5THz 框架式和无框架式薄膜混频电路分别如图 2-168、图 2-169 所示。

图 2-168　JPL 2.5 THz 框架式薄膜混频电路

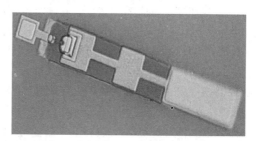

图 2-169　JPL 2.5 THz 无框架式薄膜混频电路

英国卢瑟福阿普尔顿实验室（RAL）最初是利用商业化的太赫兹肖特基二极管开展肖特基接收机

技术研究，研制的太赫兹肖特基二极管采用类似 VDI 公司的平面型结构，空气桥技术减小寄生电容，肖特基接触直径在 1μm～2μm 之间，探针台测试串联电阻 1Ω，其研制的肖特基二极管在 160GHz～380GHz 频率范围内进行了混频测试。同时为了提高工作频率，卢瑟福阿普尔顿实验室也开发了类似于美国喷气推进实验室的薄膜二极管结构，把肖特基二极管和混频电路集成到一层厚度为 3μm 的 GaAs 薄膜上，实现了 500GHz 的次谐波混频，在最新的文献中，卢瑟福阿普尔顿实验室首次验证了 2.5THz 波导二极管混频器。卢瑟福阿普尔顿实验室研制的太赫兹肖特基二极管和薄膜混频电路分别如图 2-170、图 2-171 所示。

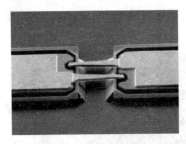

图 2-170　RAL 反向并联肖特基二极管　　　　图 2-171　RAL 500 GHz 次谐波薄膜混频电路

　　法国光子与纳米结构技术实验室（LPN）的 Cécile Jung 等与巴黎天文台 LERMA 部门合作设计制作了混频 Beam-lead 肖特基二极管，LPN 肖特基二极管的结构如图 2-172 所示。LPN 的肖特基二极管基于电子束光刻和传统的外延层设计，初始材料为 500μm 厚的半绝缘 GaAs，通过金属-有机物化学气相沉积（MOCVD）或者是分子束外延（MBE）制作外延层。

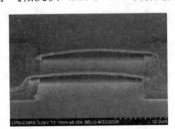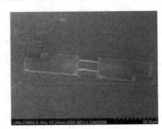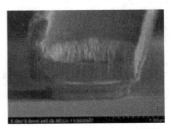

图 2-172　LPN 的 Beam-lead 肖特基二极管

　　目前国内研究太赫兹肖特基二极管的单位还不多。其中由北京理工大学设计，中国电子科技集团公司第 13 研究所流片制作的平面型肖特基二极管经测试串联电阻 20Ω，S 参数测试提取总电容 10.8fF，推算出截止频率 650GHz，研制的肖特基二极管如图 2-173 所示。

　　传统的硅基微电子技术通常采用"缩小尺寸"来提高晶体管的特征频率，当晶体管制造技术发展到纳米尺度后，器件性能的提高将受到一系列基本物理问题和工艺技术问题的限制，硅基晶体管的频率性能难以进一步提高。中科院微电子所太赫兹核心器件研究团队采用高迁移率 InP 基材料体系设计了一种新型异质结双极晶体管，通过巧妙利用"II 型"能带结构使电子以弹道输运的方式渡越晶体管，大幅度地提高了晶体管的工作频率，为突破太赫兹晶体管技术探索了一条新途径。最近报道了截止频率达到 3.37 THz 的肖特基二极管研究成果，图 2-174 为其研制的肖特基二极管的 SEM 照片。

　　太赫兹肖特基二极管的工作原理简单，结构不复杂，但要研制出满足高频应用要求且具有一定的转换效率难度较大，因此在太赫兹肖特基二极管的研制过程中，需要解决以下关键技术。

　　（1）太赫兹肖特基二极管设计技术

　　太赫兹肖特基二极管设计技术包括了肖特基势垒半导体理论计算及仿真、基于载流子运动方程的肖特基结非线性特性计算及仿真、最小化寄生参量的二极管外围结构设计及电磁学设计仿真。上述计算仿真需要对肖特基二极管的材料参数、物理结构形式、几何尺寸等进行模拟优化，从而获得最终的器件制作参数。

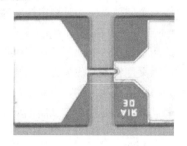

图 2-173　北京理工大学研制的肖特基二极管

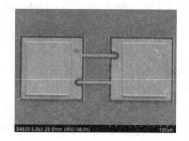

图 2-174　微电子所研制的肖特基二极管

（2）太赫兹肖特基二极管工艺制作技术

太赫兹肖特基二极管由于需要工作到很高的频率，因此对器件的尺寸例如阳极接触面积、芯片厚度、电极尺寸等都要求非常严格，给工艺制作带来很大挑战。要提高肖特基二极管截止频率，这就需要在外延生长中严格控制材料参数，工艺流片中制备获得良好的肖特基势垒接触和欧姆接触，阳极接触面积严格控制在设计范围之内，芯片厚度尽可能减薄，制备结构可靠的空气桥等。只有解决这些流片工艺过程的关键技术，才能制备出满足要求的太赫兹肖特基二极管。

（3）太赫兹肖特基二极管性能测试及参数提取技术

肖特基二极管完成制作后需要设计出测试方案，测试其直流、交流特性，以获得 I–V、C–V 特性，从 I–V、C–V 特性中提取出肖特基二极管的理想因子 n、串联电阻、饱和电流、零偏置结电容等二极管参数，并应用高频测试，如 S 参数测试法对寄生参数进行提取。利用所有提取参数，建立起肖特基二极管的等效电路模型，并反馈到设计仿真，重新调整优化器件参数，最终获得满足太赫兹频段混频、倍频应用的肖特基二极管器件和模型。

太赫兹肖特基二极管是太赫兹电子学应用领域中非常重要的基础器件，其可广泛应用于混频、倍频、检测等方面。欧美发达国家在太赫兹技术及太赫兹肖特基二极管研制方面都处于技术领先水平，其中太赫兹肖特基二极管研制在 20 世纪 90 年代就已相当成熟。

2.11.6　几种新概念型的晶体管

1. 单原子晶体管

美国 Cornell 大学发明了可能是迄今最小的单原子晶体管，其尺寸仅有 1.3nm，而当今的硅晶体管尺寸一般都大于 100nm。研究人员将单个钴原子放在一个由有机物烷基链形成的包围中，将其嵌入一根金丝的、由电徙动产生的裂缝中，构成晶体管，然后观察到其在加上电压后的一组实验现象。他们采用单个钴原子作为开关，该 SAT 采用离子注入技术，在两个金电极之间，或者线状物上面注入"设计的分子"，形成一个电路。当将电压加在晶体管上，电子流经过分子中的单个钴原子，电子从一个电极到另一个电极是跳跃式的开和关，如图 2-175 所示。

图 2-175　单原子晶体管

2. 单电子晶体管（SET）

1985 年，莫斯科大学的 Dmitri Averin 和 Konstantin Likharev 等人提出一种新的三端器件设想，称为单电子隧穿晶体管。两年后，美国贝尔实验室的 Theodore Fulton 和 Gerald Dolan 制造和展示了这种器件。

单电子晶体管可以看成一个单电子盒子，它包括两个供电子进出的分开的结，如图 2-176 所示，也可看成为一个场效应晶体管，其沟道则是由两个隧道结组成的金属孤岛。通过栅电极的偏压控制的改变，满足孤岛中的电子数目所需的势能。

SET 包括两个版本，即所谓"金属的"和"半导电的"。两个版本的器件原理均利用绝缘隧道势垒来隔离导电电极。在 Fulton 和 Dolan 制造的金属原型版本中，采用铝薄膜作为金属材料制造所有的电极。首先，透过掩模板蒸发淀积金属铝，形成源、漏和栅的电极；其次，在真空室中加入氧气，在淀积的铝金属表面生成一层薄的天然氧化物，形成隧道结；最后，再蒸发淀积第二层铝金属，旋转实验样品，形成孤岛。在半导体版本中，获得源、漏和孤岛的方法是切割位于两层半导体，譬如 GaAlAs 和 GaAs 之间的二维电子气区，并由顶层半导体的电极图形限制其导电区。若将一定的负电压加在这些电极上，电极下面的耗尽区变得很窄，在源、孤岛和漏之间出现隧穿效应，并可将孤岛状的电极作为栅电极。在这个 SET 的半导体版本中，通常，将孤岛做成量子点，其中的电子受到三维的限制。

3. 量子力学晶体管

量子力学晶体管利用的是隧道效应，电子隧穿通过势垒，形成相应特性，而根据经典物理学，则电子是难于跨越势垒的。隧穿过程的发生时间很短，电子在能带图中发生了异常的现象，它隧穿通过势垒，没有驱动却跨越过一个看似很大的壁垒，出现在能带图中新的位置上。这种原子领域中的效应只能采用量子力学原理来解释。

这类器件的例子之一是双电子层隧穿晶体管（DELTT）。该器件如图 2-177 所示，其材料结构包括两层非常薄的外延电子层（0.25μm）可让光线透过。正面和背面的两个耗尽栅分别与两个电子层连接，而正面的控制栅控制其开和关。

高速器件具有简单的隧穿效应，其运算速度达到每秒万亿次，比当今晶体管的运算速度高出 10 倍以上。这种器件不仅运算速度非常快，而且功耗极低，只有几十毫伏或微安。

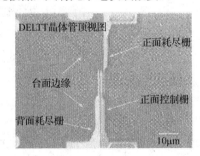

图 2-176　单电子晶体管（SET）　　　　图 2-177　双电子层隧穿晶体管（DELTT）

4. 薄膜晶体管（TFT）

长期以来，工业界就有一个目标，在塑料上生长硅材料，在透明的塑料上实现制造高性能的薄膜晶体管的目标。实现这个目标的困难往往在于制作 TFT 的加工工艺的高温融化了塑料。韩国汉城国立大学的研究者提出了在 150℃以下在塑料上制作硅 TFT 的新工艺。他们采用准分子激光器退化和专用的 ICP 气相淀积工艺。该 TFT 呈现出很高的电子迁移率 141cm^2/V·s。将多晶硅薄膜晶体管技术和有机发光二极管技术结合起来，很有希望实现制造具有高分辨、柔性和可携带的平板显示器。据称，荷兰 Philips 公司已经研制出一种用于柔性显示器的塑料晶体管。该公司采用这种器件研制出一种高速、柔性、薄如纸张、并不昂贵的计算机显示屏。

5．高温自旋场效应晶体管

2010 年，美国得克萨斯 A&M 大学物理学家杰罗·斯纳夫领导的一个国际科研小组在《科学》杂志上宣布，他们研制出了首个能在高温下工作的自旋场效应晶体管（FET），该设备由电力控制，其功能基于电子的自旋。

晶体管发现 60 年来，其操作仍然基于与半导体内的电子操作和电子电荷探测同样的物理原理。随着晶体管的尺寸越来越小，小到已接近极限点，科学家们开始专注于建立新的物理操作规则，即使用电子基本的磁运动（自旋）代替电荷作为逻辑变量。20 年来，科学家一直认为，在半导体内操作电子并探测到电子自旋（突破这一点将有助于研发出自旋晶体管）很难在实验室实现。

为了观察电子的操作并探测自旋，研究人员特别设计了一个平板光子二极管（同一般使用的圆极化光源相反）并将其放置在晶体管隧道附近。通过在二极管上照射光线，研究人员朝晶体管内注射了光激发电子，而不是通常的自旋极化电子。接着朝其输入门电极施加电压，通过量子相对论效应来控制电子的自旋运动。这些效应同时负责在该设备内生成横向电压（代表输出信号），其取决于晶体管管道内运动电子的自旋方向。研究人员观察到的输出电子信号在高温下也很强，并且线性依赖于入射光圆极化的程度。新设备在自旋电子学研究领域有广泛的应用，它可以作为一个有效工具来操作和探测半导体内的电子自旋而不会破坏自旋极化电流。

6．纳米晶体管

据美国物理学家组织网报道，美国得克萨斯大学的一个研究小组用非常细的纳米线制造出一种晶体管，表现出明显的量子限制效应，纳米线的直径越小，电流越强。该技术有望在生物感测、集成电路缩微制造方面发挥重要作用。实验中，他们用平版印刷技术制造了一种直径仅有 3～5nm 的硅纳米线。由于直径非常小，表现出明显的量子限制效应，纳米线的块值（Bulk values）性质发生了变化。尤其是用极细纳米线制造的晶体管，在空穴迁移率、驱动电流和电流强度等方面属性明显增强，大大提高了晶体管的工作效率，其性能甚至超过最近报道的用半导体掺杂技术改良的硅纳米线晶体管。

得克萨斯大学研究人员已经证明，载荷子迁移率会随着硅隧道的量子限制程度增加而不断提高，这在理论上为 3nm 直径纳米线的受激高速空穴流动提供了实验证据。在块状硅中，形成电流的空穴能量分布很宽，量子限制效应限制了空穴，形成了更加一致的能量排列，从而提高了导线中的载荷子迁移率。在细纳米线中，由于空穴能量分布更窄，反而提高了流动性和电流强度。当与构造类似的纳米带（只在厚度维度进行限制）相比时，细纳米线也显示出隧道的量子限制程度提高，能产生更高的载荷子迁移率。

纳米线晶体管技术主要用于制造廉价且超灵敏的生物传感器，其灵敏度将随纳米线直径的减小而增加。研究人员计划用这种型号的微细纳米线晶体管来开发蛋白质生物感测器，小直径纳米线依靠本身优势，可在生物感测方面发挥重要作用，有望开发出最终达到一个单分子的灵敏感测仪器，而且信噪比更好。除了生物感测器，新型高性能晶体管还在互补金属氧化物半导体缩微技术（CMOS， 一种集成电路材料微型化）上有极大潜力，目前，该领域的发展已经接近极限，变得越来越难。研究人员认为硅材料在纳米电子设备领域仍具有很多潜能。硅纳米线晶体管的性能随着直径减小而增强，将细微纳米线晶体管排成阵列，无须新的工艺技术就能制造出高性能产品。新型纳米线晶体管在把 CMOS 缩小到纳米级别时甚至能简化目前的工序，并不需要用高掺杂的补充质结作为源漏。

7．光二极管

2014 年 10 月发表在《自然物理学》期刊上的一篇文章显示，美国华盛顿大学的研究人员将理论物理学预测转变为实际应用，成功开发了光二极管，其或可用于制作运行速度更快、能耗更低的新型光子计算机，为在芯片上操控光信号开辟了新方向。

这款光二极管是通过在硅芯片上利用宇称时间（PT）对称性耦合两个分别具有增益和损耗特性的圆环形光学谐振器制作而成的，可在一个方向上完全消除光信号，而在其他的非互易光传输方向上极大地增强光信号，如图 2-178 所示。研究人员称，这种 PT 理论可延伸到电子学、声学、等离子体学和超材料等领域，开发创新型产品，如隐形器件、低输入功率的高强度激光器和监测单光子的探测器。未来，研究人员将利用其他材料制作此类型光二极管，以使其易与 CMOS 器件相兼容。

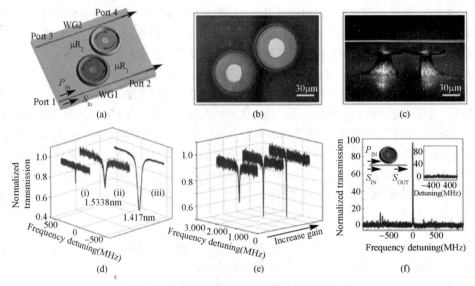

图 2-178　宇称结构的回音壁模式微波谐振腔

2.12　微波半导体产品简介

2.12.1　半导体产品命名方式

1. 中国半导体器件型号命名方法

按照国家标准 GB-249-74 规定的命名方法，半导体器件型号由五部分（场效应器件、半导体特殊器件、复合管、PIN 型管、激光器件的型号命名只有第三、四、五部分）组成。五个部分意义如下：

第一部分：用数字表示半导体器件有效电极数目，2 代表二极管、3 代表三极管。

第二部分：用汉语拼音字母表示半导体器件的材料和极性。表示二极管时：A 代表 N 型锗材料、B 代表 P 型锗材料、C 代表 N 型硅材料、D 代表 P 型硅材料。表示三极管时：A 代表 PNP 型锗材料、B 代表 NPN 型锗材料、C 代表 PNP 型硅材料、D 代表 NPN 型硅材料。

第三部分：用汉语拼音字母表示半导体器件的类型。P 代表普通管、V 代表微波管、W 代表稳压管、C 代表参量管、Z 代表整流管、L 代表整流堆、S 代表隧道管、N 代表阻尼管、U 代表光电器件、K 代表开关管、X 代表低频小功率管（f<3MHz，P_c<1W）、G 代表高频小功率管（f>3MHz，P_c< 1W）、D 代表低频大功率管（f<3MHz，P_c>1W）、A 代表高频大功率管（f>3MHz，P_c>1W）、T 代表半导体晶闸管（可控整流器）、Y 代表体效应器件、B 代表雪崩管、J 代表阶跃恢复管、CS 代表场效应管、BT 代表半导体特殊器件、FH 代表复合管、PIN 代表 PIN 型管、JG 代表激光器件。

第四部分：用数字表示序号。

第五部分：用汉语拼音字母表示规格号。

上述命名方法用表 2-8 来表示更直观。

表 2-8　国产晶体管型号组成部分的符号及其意义

第一部分		第二部分		第三部分		第四部分	第五部分
用数字表示器件的电极数目		用汉语拼音字母表示器件材料与极性		用汉语拼音字母表示器件类型		用数字表示器件序号	用字母表示器件规格号
符号	意义	符号	意义	符号	意义		
2	二极管	A	N 型：锗材料	P	普通管		
		B	P 型：锗材料	V	微波管		
				W	稳压管		
		C	N 型：硅材料	C	参量管		
				Z	整流管		
		D	P 型：硅材料	L	整流堆		
				S	隧道管		
3	三极管	A	PNP 型：锗材料	N	阻尼管		
				U	光电管		
		B	NPN 型：锗材料	K	开头管		
				X	低频小功率管 $(f_a<3\mathrm{MHz};P_c<1\mathrm{W})$		
		C	PNP 型：硅材料	G	高频小功率管 $(f_c<3\mathrm{MHz};P_c<1\mathrm{W})$		
		D	NPN 型：硅材料	D	低频大功率管 $(f_D<3\mathrm{MHz};P_c\geqslant1\mathrm{W})$		
		E	化合物材料	A	高频大功率管 $(f_a\geqslant3\mathrm{MHz},P_c\geqslant1\mathrm{W})$		
				T	半导体闸流管		
				Y	体效应管		
				B	雪崩管		
				J	阶跃恢复管		
				CS	场效应管		
				BT	特殊器件		
				FH	复合管		
				PIN	PIN 型管		
				JG	激光器件		

示例：锗 NPN 型场高频大功率三极管

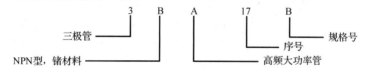

2．日本半导体分立器件型号命名方法

日本晶体管型号均按日本工业标准 JIS-C-7012 规定的日本半导体分立器件型号命名方法命名。日本生产的半导体分立器件，由五至七个部分组成。通常只用到前五个部分，其各部分的符号意义如下：

第一部分：用数字表示器件有效电极数目或类型。0 代表光电（即光敏）二极管三极管及上述器件的组合管、1 代表二极管、2 代表三极或具有两个 PN 结的其他器件、3 代表具有四个有效电极或具有三个 PN 结的其他器件，以此类推。

第二部分：日本电子工业协会 JEIA 注册标志。S 表示已在日本电子工业协会 JEIA 注册登记的半导体分立器件。

第三部分：用字母表示器件使用材料极性和类型。A 代表 PNP 型高频管、B 代表 PNP 型低频管、C 代表 NPN 型高频管、D 代表 NPN 型低频管、F 代表 P 控制极可控硅、G 代表 N 控制极可控硅、H 代表 N 基极单结晶体管、J 代表 P 沟道场效应管、K 代表 N 沟道场效应管、M 代表双向可控硅。

第四部分：用数字表示在日本电子工业协会 JEIA 登记的顺序号。两位以上的整数，从"11"开始，表示在日本电子工业协会 JEIA 登记的顺序号；不同公司的性能相同的器件可以使用同一顺序号；数字越大，越是近期产品。

第五部分：用字母表示同一型号的改进型产品标志。A、B、C、D、E、F 表示这一器件是原型号产品的改进产品。

日本半导体分立器件的型号，除上述 5 个基本部分外，有时还附加有后缀字母及符号，以便进一步说明该器件的特点。这些字母、符号和它们所代表的意义，往往是各公司自己规定的。

后缀的第一个字母，一般是说明器件特定用途的。常见的有以下几种：

M：表示该器件符合日本防卫厅海上自卫参谋部的有关标准。

N：表示该器件符合日本广播协会（NHK）的有关标准。

H：是日立公司专门为通信工业制造的半导体器件。

K：是日立公司专门为通信工业制造的半导体器件，并用采用塑封外壳。

Z：是松下公司专门为通信设备制造的高可靠性器件。

G：是东芝公司为通信设备制造的器件。

S：是三洋公司为通信设备制造的器件。

后缀的第二个字母常用来作为器件的某个参数的分档标志。例如，日立公司生产的一些半导体器件，是用 A、B、C、D 等标志说明该器件的 β 值分档情况。

3. 美国半导体分立器件型号命名方法

美国许多电子公司分别研制与生产了各种各样的半导体分立器件，并将其生产专利输往各国。这些半导体器件的型号原来都是由厂家自己命名的，所以十分混乱。为了解决美国半导体分立器件型号统一的问题，美国电子工业协会（EIA）的电子元件联合技术委员会（JEDEC）制定了一个标准半导体分立器件型号命名法，推荐给半导体器件生产厂家使用。由于种种原因，虽有大量半导体器件按此命名法命名，但未能完全统一各厂家产品的型号，所以美国半导体器件型号有以下两点不足之处。

① 有不少美国半导体分立器件型号仍是按各厂家自己的型号命名法命名，而未按此标准命名，故仍较混乱。

② 由于这一型号命名法制定较早，又未做过改进，所以型号内容很不完备。

美国电子工业协会半导体分立器件命名方法如下。

第一部分：用符号表示器件用途的类型。JAN 代表军级、JANTX 代表特军级、JANTXV 代表超特军级、JANS 代表宇航级、（无）代表非军用品。

第二部分：用数字表示 PN 结数目。1 代表二极管、2 代表三极管、3 代表三个 PN 结器件、…、n 代表 n 个 PN 结器件。

第三部分：美国电子工业协会（EIA）注册标志。N 代表该器件已在美国电子工业协会（EIA）注册登记。

第四部分：美国电子工业协会登记顺序号。多位数字代表该器件在美国电子工业协会登记的顺序号。

第五部分：用字母表示器件分档。A、B、C、D 代表同一型号器件的不同档别，如 JAN2N3251A 表示 PNP 硅高频小功率开关三极管，JAN 代表军级，2 代表三极管，N 代表 EIA 注册标志，3251 代表 EIA 登记顺序号，A 代表 2N3251A 档。

4. 国际电子联合会半导体器件型号命名方法

德国、法国、意大利、荷兰、比利时等欧洲国家以及匈牙利、罗马尼亚、南斯拉夫、波兰等东欧国家，大都采用国际电子联合会半导体分立器件型号命名方法。这种命名方法由四个基本部分组成，各部分的符号及意义如下：

第一部分：用字母表示器件使用的材料。A 代表器件使用材料的禁带宽度 E_g=0.6～1.0eV，如锗；B 代表器件使用材料的 E_g=1.0～1.3eV，如硅；C 代表器件使用材料的 E_g>1.3eV，如砷化镓；D 代表器件使用材料的 E_g<0.6eV，如锑化铟，E 代表器件使用复合材料及光电池使用的材料。

第二部分：用字母表示器件的类型及主要特征。A 代表检波开关混频二极管、B 代表变容二极管、C 代表低频小功率三极管、D 代表低频大功率三极管、E 代表隧道二极管、F 代表高频小功率三极管、G 代表复合器件及其他器件、H 代表磁敏二极管、K 代表开放磁路中的霍尔元件、L 代表高频大功率三极管、M 代表封闭磁路中的霍尔元件、P 代表光敏器件、Q 代表发光器件、R 代表小功率晶闸管、S 代表小功率开关管、T 代表大功率晶闸管、U 代表大功率开关管、X 代表倍增二极管、Y 代表整流二极管、Z 代表稳压二极管。

第三部分：用数字或字母加数字表示登记号。三位数字代表通用半导体器件的登记序号，一个字母加二位数字表示专用半导体器件的登记序号。

第四部分：用字母对同一类型号器件进行分档。A、B、C、D、E 表示同一型号的器件按某一参数进行分档的标志。

除四个基本部分外，有时还加后缀，以区别特性或进一步分类。常见后缀如下：

（1）稳压二极管型号的后缀。其后缀的第一部分是一个字母，表示稳定电压值的容许误差范围，字母 A、B、C、D、E 分别表示容许误差为±1%、±2%、±5%、±10%、±15%；其后缀第二部分是数字，表示标称稳定电压的整数数值；后缀的第三部分是字母 V，代小数点，字母 V 之后的数字为稳压管标称稳定电压的小数值。

（2）整流二极管后缀是数字，表示器件的最大反向峰值耐压值，单位是伏特。

（3）晶闸管型号的后缀也是数字，通常标出最大反向峰值耐压值和最大反向关断电压中数值较小的那个电压值。例如，BDX51 表示 NPN 硅低频大功率三极管，AF239S 表示 PNP 锗高频小功率三极管

这四个基本部分的符号及其意义如表 2-9 所示。

表 2-9 欧洲晶体管型号组成部分的符号及其意义

第一部分		第二部分				第三部分		第四部分	
用数字表示器件使用的材料		用字母表示器件的类型及主要特征				用数字或字母表示登记号		用字母表示同一器件进行分档	
符号	意义	符号	意义	符号	意义	符号	意义	符号	意义
A	器件使用禁带为 0.6～1.0eV 的半导体材料如锗料	A	检波二极管 开关二极管 混频二极管	M	封闭磁路中 霍尔元件	三位数字	代表通用半导体器件的登记号	A B C ⋮	表示同一型号的半导体器件按某一参数进行分档的标志
		B	变容二极管	P	光敏器件管（f_a≥3）				
B	器件合作禁带为 1.0～1.3eV 的半导体材料如硅	C	低频小功率三极管 R_{tj}>15℃/W	Q	发光二极管				
		D	低频大功率三极管 R_{tj}>15℃/W	R	小功率可控硅 R_{tj}>15℃/W				
C	器件使用禁带大于 1.3eV 的半导体材料如镓	E	隧道二极管	S	小功率功率开关管 R_{tj}>15℃/W	一个字母二位数字	代表专用半导体器件的登记号（同一类型器件使用一个登记号）		
		F	高频小功率三极管 R_{tj}>15℃/W	T	大功率开关管 R_{tj}<15℃/W				
D	器件使用禁带大于 0.6eV 的半导体材料如锑化铝	G	复合器件及其他器件	U	大功率开关率 R_{tj}<15℃/W				
		H	磁敏二极管	X	倍增二极管				
R	器件使用复合材料。如堆霍尔元件和光电电池	K	开放磁路中的霍尔元件	Y	整流二极管				
		L	高频大功率三极管 R_{tj}<15℃/W	Z	稳压二极管				

2.12.2 微波半导体产品

微波电路的组成中必不可少的有振荡器、放大器、变频器、开关、限幅器、衰减器、移相器等组件，而这些组件的核心就是微波半导体器件，所以如何选取合适的微波半导体器件，是微波电路和微波系统的设计关键，其直接影响到整机指标。下面给出一些器件选择的具体分类及其特点。

1. 微波二极管器件的分类选择

（1）根据构造分类

① 点接触型二极管：是在锗或硅材料的单晶片上压触一根金属针后，再通过电流法而形成的。因此，其 PN 结的静电容量小，适用于高频电路。但是该二极管正向特性和反向特性都差，因此，不能使用于大电流和整流。构造简单，价格便宜。

② 键型二极管：是在锗或硅的单晶片上熔接金或银的细丝而形成的。与点接触型相比较，虽然键型二极管的 PN 结电容量稍有增加，但正向特性特别优良。多作开关用，有时也被应用于检波和电源整流（不大于 50mA）。

③ 合金型二极管：在 N 型锗或硅的单晶片上，通过合金铟、铝等金属的方法制作 PN 结而形成的。正向电压降小，适于大电流整流。因其 PN 结反向时静电容量大，所以不适于高频检波和高频整流。

④ 扩散型二极管：在高温的 P 型杂质气体中，加热 N 型锗或硅的单晶片，使单晶片表面的一部分变成 P 型，以此法得到 PN 结。因 PN 结正向电压降小，适用于大电流整流。

⑤ 台面型二极管：PN 结的制作方法与扩散型相同，只保留 PN 结及其必要的部分，把不必要的部分腐蚀掉，其剩余的部分呈现出台面形。对于这一类型来说，大电流整流用的产品型号很少，而小电流开关用的产品型号却很多。

⑥ 平面型二极管：在半导体单晶片上，扩散 P 型杂质，利用硅片表面氧化膜的屏蔽作用，在 N 型硅单晶片上仅选择性地扩散一部分而形成的 PN 结。PN 结合的表面，因被氧化膜覆盖，所以公认为是稳定性好和寿命长的类型。最初，对于被使用的半导体材料是采用外延法形成的，故又把平面型称为外延平面型。

⑦ 合金扩散型二极管：是合金型的一种。合金材料是容易被扩散的材料。把难以制作的材料通过巧妙地掺配杂质，就能与合金一起过扩散，以便在已经形成的 PN 结中获得杂质的恰当的浓度分布。此法适用于制造高灵敏度的变容二极管。

⑧ 外延型二极管：用外延面长的过程制造 PN 结而形成的二极管。因能随意地控制杂质的不同浓度的分布，故适宜于制造高灵敏度的变容二极管。

⑨ 肖特基二极管：在金属（例如铅）和半导体（N 型硅片）的接触面上，用已形成的肖特基来阻挡反向电压。其耐压程度只有 40V 左右，开关速度非常快，反向恢复时间短。因此，能制作开关二极管和低压大电流整流二极管。

（2）根据用途分类

① 检波用二极管：从输入信号中取出调制信号是检波，以整流电流的大小（100mA）作为界线通常把输出电流小于 100mA 的称为检波。锗材料点接触型工作频率可达 400MHz，正向压降小，结电容小，检波效率高，频率特性好。

② 整流用二极管：从输入交流中得到输出的直流是整流。面结型，工作频率小于 1kHz，最高反向电压从 25V 至 3000V 分 A～X 共 22 挡。

③ 限幅用二极管：大多数二极管能作为限幅使用。也有像保护仪表用和高频齐纳管那样的专用

限幅二极管。为了使这些二极管具有特别强的限制尖锐振幅的作用，通常使用硅材料制造的二极管。依据限制电压需要，有时需要把若干个整流二极管串联起来形成一个整体使用。

④ 调制用二极管：通常指的是环形调制专用的二极管，即正向特性一致性好的四个二极管的组合件。

⑤ 混频用二极管：使用二极管混频方式时，多采用肖特基型和点接触型二极管。

⑥ 放大用二极管：用二极管放大，大致有依靠隧道二极管和体效应二极管那样的负阻性器件的放大，以及用变容二极管的参量放大。因此，放大用二极管通常是指隧道二极管、体效应二极管和变容二极管。

⑦ 开关用二极管：小电流的开关二极管通常有点接触型和键型等二极管，也有在高温下还可能工作的硅扩散型、台面型和平面型二极管。开关二极管的特长是开关速度快。而肖特基型二极管的开关时间特短，因而是理想的开关二极管。2AK 型点接触为中速开关电路用；2CK 型平面接触为高速开关电路用；肖特基（SBD）硅大电流开关，正向压降小，速度快、效率高。

⑧ 变容二极管：被使用于自动频率控制、扫描振荡、调频和调谐等用途。通常采用硅的扩散型二极管，也可采用合金扩散型、外延结合型、双重扩散型等特殊制作的二极管，其静电容量的变化率特别大。

⑨ 频率倍增用二极管：依靠变容二极管的频率倍增和依靠阶跃二极管的频率倍增。通常频率倍增用的变容二极管称为可变电抗器，阶跃二极管又被称为阶跃恢复二极管。

⑩ 稳压二极管：是代替稳压电子二极管的产品。被制作成为硅的扩散型或合金型。是反向击穿特性曲线急骤变化的二极管。

⑪ PIN 型二极管：作为可变阻抗元件使用。它常被应用于高频开关（即微波开关）、移相、调制、限幅等电路中。

⑫ 雪崩二极管：它常被应用于微波领域的振荡电路和放大电路中。

⑬ 江崎二极管：被应用于低噪声高频放大器及高频振荡器中（其工作频率可达毫米波段），也可以被应用于高速开关电路中。

⑭ 阶跃恢复（快速关断）二极管：它也是一种具有 PN 结的二极管。其结构上的特点是：在 PN 结边界处具有陡峭的杂质分布区，从而形成"自助电场"。该自助电场缩短了存储时间，使反向电流快速截止，并产生丰富的谐波分量。利用这些谐波分量可设计出梳状频谱发生电路。阶跃恢复（快速关断）二极管用于脉冲和高次谐波电路中。

⑮ 肖特基二极管：它是高频和快速开关的理想器件。其工作频率可达 100GHz。并且，MIS（金属—绝缘体—半导体）肖特基二极管可以用来制作太阳能电池或发光二极管。

⑯ 阻尼二极管：具有较高的反向工作电压和峰值电流，正向压降小，高频高压整流二极管，用在电视机行扫描电路作阻尼和升压整流用。

⑰ 瞬变电压抑制二极管：TVP 管，对电路进行快速过压保护，分双极型和单极型两种。

⑱ 双基极二极管（单结晶体管）：两个基极，一个发射极的三端负阻器件，用于张弛振荡电路，定时电压读出电路中，它具有频率易调、温度稳定性好等优点。

⑲ 发光二极管：用磷化镓、磷砷化镓材料制成，体积小，正向驱动发光。工作电压低，工作电流小，发光均匀、寿命长、可发红、黄、绿单色光。

2. 微波晶体管器件的分类选择

晶体管也有多种分类方法。下面进行简单介绍。

① 按构造方式分类：可分为结型晶体管和场效应晶体管。

② 按半导体材料：可分为硅材料晶体管和锗材料晶体管。

③ 按照极性分类：为锗 NPN 型晶体管、锗 PNP 晶体管、硅 NPN 型晶体管和硅 PNP 型晶体管。

④ 按结构及制造工艺分类：可分为扩散型晶体管、合金型晶体管和平面型晶体管。

⑤ 按电流容量分类：可分为小功率晶体管、中功率晶体管和大功率晶体管。

⑥ 按工作频率分类：可分为低频晶体管、高频晶体管和超高频晶体管等。

⑦ 按封装结构分类：可分为金属封装（简称金封）晶体管、塑料封装（简称塑封）晶体管、玻璃壳封装（简称玻封）晶体管、表面封装（片状）晶体管和陶瓷封装晶体管等。其封装外形多种多样。

⑧ 按功能和用途分类：可分为低噪声放大晶体管、中高频放大晶体管、低频放大晶体管、开关晶体管、达林顿晶体管、高反压晶体管、带阻晶体管、带阻尼晶体管、微波晶体管、光敏晶体管和磁敏晶体管等多种类型。

⑨ 场效应晶体管分类：可分为结场效应晶体管和 MOS 场效应晶体管。

⑩ MOS 场效应晶体管分类：可分为 N 沟耗尽型和增强型、P 沟耗尽型和增强型四大类。

3. 知名半导体厂商及其产品简介

下面给出几家常用的半导体厂商及其微波产品介绍，详细情况可查阅公司网站或者公司手册资料。

（1）M/A-COM 公司

总部位于美国马萨诸塞州罗维尔市，1950 年 8 月成立，主要产品为高性能模拟射频、微波和毫米波产品。其产品服务于高速光纤、卫星、雷达、有线和无线网络、汽车、工业、医学和移动设备。其网址为http://www.macom.com。

其产品分为 12 类，每个类别又包含多种功能器件，每个功能型的下面给出了具体指标型号等，如表 2-10 所示。

表 2-10 M/A-Com 公司产品类型表

序号	分类类别	不同功能型	具体产品型号（举例）
1	射频功率类	基于 SiC 的 GaN 晶体管，基于 Si 的 GaN 晶体管，GaN 放大器，硅双基晶体管，硅 MOSFET 晶体管，GaN 系列	MAGX-000035-045000，MRF176GU
2	光电子类	时钟和信号恢复，光学放大器，激光调制器/驱动器，变阻放大器	M02040，M02025
3	放大器	有源功分器，增益放大模块，CATV 放大器，分布式放大器，FET 放大器，混合放大器，线性放大器，低噪声放大器，功率放大器，增益放大器	MAAM-011132，MAAM-008863
4	二极管	PIN 限幅管，PIN 开关，PIN 衰减管，肖特基混频二极管，肖特基检波二极管，变容二极管，变容调谐二极管	MADL-011021-14150T，MAVR-044769-12790T
5	控制型产品	CMOS 开关驱动器，数字衰减器，数字移相器，IQ 调制器/解调器，限幅器，功率检波器，开关，T/R MMIC 电路，压控衰减器	MADR-009269-000100，2690-1005
6	信号调制器	交叉点开关器，信号调制器	M21167，M21048
7	变频器	倍频器，混频器，接收机用，发射机用，上变频器	MAFC-004403，MAMX-009722-25MHLP
8	无源器件	偏压网络，电容器，耦合器，滤波器，功分器，合成器，变阻器/巴伦	MACP-010718-CG09E0，MAPD-011018
9	SDI 产品	SDI 电缆驱动器，SDI 电缆均衡器	M21418
10	HDcctv 产品	HDcctv 电缆驱动器，HDcctv 电缆均衡器	M08018
11	频率发生器	压控振荡器	MAOC-009261
12	通信产品	VOIP 处理器，宽带网络	M82353

在电路设计中需要的器件，可以根据其功能和参数在产品目录中寻找，产品的说明中也会给出该产品的使用条件和一些特性参数变化曲线。

（2）ADI 公司（收购了原 Hittite 微波公司）

Hittite 微波公司面向技术要求严苛的射频（RF）微波和毫米波应用，设计和开发高性能集成电路、模块和子系统。在模拟、数字和混合信号半导体技术领域有着深厚的积淀，从器件级到完整子系统的设计和装配，覆盖面十分广泛，应用包括蜂窝、光纤和卫星通信，以及医学及科学成像、工业仪表、航空航天和防务电子。该公司与 2014 年 7 月被 ADI 公司收购，从而 ADI 公司与 Hittite 微波公司的 RF 和微波产品组合共有超过 2000 种高性能产品，范围从功能模块到高度集成解决方案。其网址为 http://www.analog.com。

其主要产品如表 2-11 所示。

表 2-11　ADI 公司微波类相关产品

序号	产品类别	分类名称	细分类名称
1	放大器和线性产品	高速运算放大器(>50MHz)	电流反馈型放大器，FET 输入型放大器，高输出电流放大器，高速差分放大器，高速轨到轨放大器，高电压放大器，低噪声/低失真放大器
		特殊线性器件	比较器，线性隔离器，对数放大器和限幅放大器，匹配晶体管，乘法器和除法器，有效值直流转换器，热电偶接口，电压参考
		专用放大器	宽带放大器，有线电视放大器和分配器，充电积分放大器，电流检测放大器，差动放大器 差分放大器，仪表放大器和 PGA，隔离放大器 对数放大器和检测器，放大器，采样和跟踪保持放大器，光纤互阻放大器，可变增益放大器(VGA)，视频放大器、缓冲器和滤波器
2	数据转换器	模/数转换器（ADC）	ADC，音频 ADC，宽带编码解码器，电容数字转换器，数字上变频器和下变频器，电能计量 IC，高速 ADC，集成的接收器，带隔离的模数转换器，自整角机数字转换器（SDC）和分解器数字转换器（RDC），温度数字转换器，视频解码器，电压频率转换器（VFC）
		数/模转换器（DAC）	音频 DAC，数字电位计，数字上变频器和下变频器，直接数字频率合成器（DDS）和调制器，高速数模转换器，精密通用 DAC，视频编码器
3	宽带产品	宽带放大器，宽带编码解码器，有线电视放大器和分配器，时钟和数据恢复，数字交叉点开关	
4	时钟和定时 IC	时钟和数据恢复，时钟分配，PLL 锁相环/集成 VCO 的 PLL 锁相环	
5	电源和散热管理	电池充电器，数字电源管理，LED 驱动器，热插拔控制器，线性稳压器，MOSFET 驱动器，多路输出调节器，电压监测器，电源时序控制器，电压监控器，开关电容变换器，开关控制器，变换调节器	
6	RF 和微波	放大器，衰减器，VGA 和滤波器，检波器，直接数字频率合成器（DDS）和调制器，集成收发器，发射器和接收器，混频器和乘法器，调制器和解调器，PLL 锁相环/集成 VCO 的 PLL 锁相环，预分频器（微波），开关，定时 IC 和时钟	
7	开关和多路复用器	模拟交叉点开关，模拟开关，数字交叉点开关，电平转换器，多路复用器，保护产品，RF 开关	
8	其他产品	自动测试设备，IOS 子系统 LVDT 传感器放大器，磁传感器，军用和航空产品，多芯片	

（3）其他微波公司或研究所产品

微波器件产品在下列公司也能找到。

① VISHAY 中文名称为威世集团。公司成立于 1962 年，总部位于美国宾夕法尼亚州。为世界上最大的分离式半导体和无源电子器件制造商之一。

② International Rectifier 中文名称为国际整流器公司。公司于 1947 年成立，总部位于美国洛杉矶。IR 公司，以提供高效率功率器件著称，主产功率整流二极管、大功率整流器、各类相位控制、马达控制、功率转换 IC、MOSFET、第四代 IGBT 技术、第五代 HEXFET 型 MOSFET 器件等。

③ Microsemi 中文名称为美国美高森美公司。成立于 1960 年。是全球性的电源管理、电源调理、瞬态抑制和射频/微波半导体器件供应商。2005 年 10 月收购了 API 公司（中文名称为美国先进功率技术公司），该公司提供双极晶体管、VDMOS 和 LDMOS 三大类产品。

④ IXYS 中文名称为艾赛斯公司，公司成立于 1983 年，总部设于加利福尼亚州，其产品括 MOSFET、IGBT、Thyristor、SCR、整流桥、二极管、DCB 块、功率模块、Hybrid 和晶体管等。

⑤ Diodes 中文名称为美台二极体股份有限公司，分立式半导体元件制造商。生产肖特基二极管/整流器、开关二极管、齐纳二极管、瞬态电压抑制二极管、标准/快速/超快/特快复原整流器、桥式整流器，小信号晶体管和 MOS 场效应管。

⑥ 中电集团第十三研究所，中电集团第五十五研究所，国营九七〇厂，国营七一五厂从事专门器件的研制生产。

⑦ MCC 中文名称为中国深圳美微半导体股份有限公司，于 2007 年 2 月份成立。公司总部在北美。是国内目前最大的二极管生产厂家之一。

⑧ LRC 中文名称为中国乐山无线电股份有限公司。公司创建于 1970 年，位于四川乐山市。以分立半导体为主产品的综合性电子厂。主产品有：肖特基二极管、稳压二极，快恢复二极管；桥式整流器；开关三极管，MOS 管；集成电路。

具体半导体厂家信息及网址信息可以查看附录，有详细介绍。

习 题 2

2-1　简要解释下列概念：共价键、载流子、电子、空穴、本征激发、杂质电离、施主、受主、多子、少子、本征半导体、N 型半导体、P 型半导体。

2-2　画出下列两种情况的金属与 P 型半导体接触的能带图，并说明那一种情况产生阻挡层，那一种情况产生反阻挡层。

（1）金属的功函数 W_M 大于半导体的功函数 W_S；

（2）金属的功函数 W_M 小于半导体的功函数 W_S；

2-3　简述 N 型 GaAs 半导体材料能带结构的特点以及能够产生转移电子效应的半导体材料的共同特征。

2-4　比较肖特基势垒二极管与普通 PN 结二极管的特点。

2-5　对比变容二极管与阶跃恢复二极管的异同点。

2-6　何谓 PIN 管的穿通电压？当 PIN 管的反向偏压从零变到穿通电压时，它的结电容如何变化？为什么？

2-7　对比雪崩二极管与转移电子效应二极管产生负阻的不同之处。

2-8　试就工作原理、特征频率、噪声性能等方面简要比较微波双极晶体管和 MESFET 的特点。

2-9　试比较 PIN 管和阶跃恢复二极管的结构、特性及应用有何区别？

第3章 微波频率变换器

3.1 概　　述

在雷达、通信及其他微波毫米波系统中要广泛采用频率变换器，它们是微波毫米波发射机和接收机的重要组成部分。频率变换器是一个广义的称呼，其作用是对信号的频谱进行"搬移"，针对特定的输入信号按需要产生频谱变化了的输出信号，以利于实现无线电发射，或者进行进一步的放大、解调等信号处理。从频率变换器的功能来看，其本质必然是非线性变换，需要利用非线性元件。在固态电路中，采用的非线性元件一般是半导体二极管，从管子的主要特性来看，所用的二极管有两种类型：一种是非线性电阻二极管，如肖特基势垒二极管；另一种是非线性电容二极管，如变容管、阶跃恢复二极管等。习惯上，我们将频谱搬移过程主要由非线性电阻完成，即核心元件是非线性电阻的频率变换器称为"阻性变频器"，而将频谱搬移过程主要由非线性电抗完成，即核心元件是非线性电容的频率变换器称为"参量变频器"。在某些情况下，还可以采用微波场效应管，如 MESFET 等实现频率变换。

频率变换器按照功能还可进一步划分为下变频器、上变频器和倍频器。

微波下变频器广泛应用在微波超外差接收机中，顾名思义是把信号频谱向下搬移，图 3-1 表示了微波下变频器的组成，图中包括非线性元件的网络也称为"混频器"。在这一电路中，角频率为 ω_S 的输入信号与角频率为 ω_L 的"本地振荡信号"一同加到由非线性元件和各信号耦合器组成的网络中，两个信号在非线性元件内经过变换，可以在输出端产生 ω_S 和 ω_L 的各种谐波组合频率信号 ω_O。只要在输出端接上适当的滤波器取出角频率为 $\omega_{if} = \omega_S - \omega_L$，$\omega_{if} < \omega_S$（或者 $\omega_{if} = \omega_L - \omega_S$，$\omega_{if} < \omega_S$）的信号，即可完成下变频作用，$\omega_{if}$ 一般称为"中频信号"。微波下变频一般采用阻性变频器，它具有结构简单、便于集成化、工作稳定的优点。微波阻性变频器虽然具有变频损耗，但它与低噪声中频放大器组合做成的混频-中放组件，其总噪声系数可以作得相当低，如在 1～100GHz 频段总噪声系数为 3～6dB（中放噪声系数为 1.5dB）。因此，在中等灵敏度的微波接收机中常用混频-中放组件作为低噪声前端器件；在毫米波段，目前它是主要的低噪声前端器件。二极管阻性混频器的工作频带可作得很宽，可达几个甚至几十个倍频程，而且动态范围比较大。本章将进行非线性电阻微波混频器的基本分析，介绍基本电路的结构实现以及低噪声混频器。

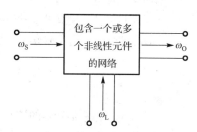

图 3-1　微波下变频器的组成

微波上变频器除应用于微波低噪声接收机中外，主要应用于微波发射机，完成载频调制和功率上变频。它把信号频谱向上搬移，图 3-2 表示了微波上变频器的组成，可以看到它与微波下变频器基本类似。在这一电路中，输入非线性元件的是角频率为 ω_S 的信号和角频率为 ω_p 的"泵浦信号"，两个信号在非线性元件内经过变换，只要在输出端接上适当的滤波器取出角频率为 $\omega_u = \omega_S + \omega_p$，$\omega_u > \omega_S$（或者 $\omega_u = \omega_p - \omega_S$，$\omega_u > \omega_S$）的信号，即可完成上变频作用，$\omega_u$ 一般称为"和频信号"。微波上变频一般采用参量变频器，它变频效率高、绝对稳定。本章将进行微波参量变频器的基本分析，介绍基本电路结构以及功率上变频器。

微波倍频器也是微波毫米波系统中常用的部件，在一些微波设备中，例如频率合成器和微波倍频链中，它更是不可缺少的关键部件之一。近年来，在毫米波超外差接收机的本振源中，也常常用到倍频器。其工作原理可简单表示为图 3-3，在非线性元件的输入端加上角频率为 ω_S 的信号，经过非线性元件的非线性作用，在输出端产生 ω_S 的各次谐波频率，如按照需要取出角频率为 $n\omega_S$ 的信号即可完成倍频，n 称为倍频次数。原则上，各种半导体元件只要具有非线性，都可以用来构成倍频器。但实际上，最常用的是变容管倍频器和阶跃管倍频器。变容管倍频器适用于低次倍频，其效率较高，如果忽略损耗电阻等寄生参量的影响，效率甚至可以达到 100%；而阶跃管倍频器多用在高次倍频场合，其结构相对简单，倍频次数可达 100 以上。本章将讨论变容管倍频器和阶跃管倍频器的性能及电路结构。

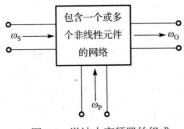

图 3-2　微波上变频器的组成

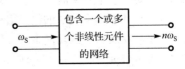

图 3-3　微波倍频器的组成

检波器也是一种变频器件，其作用是把叠加在高频载波上的低频信号检出来，也是利用固态器件的非线性特性产生直流或低频电压及电流，用以检测微波功率，是微波指示设备中最常用的部件。其原理和混频器类似，但是检波器应用电路和衡量指标与混频器差别比较大，所以本章中也将详细说明检波器的性能及电路结构。

本章还将简要介绍微波晶体管混频器与倍频器，作为微波晶体管应用的一个重要领域，它们的发展也比较迅速。本章将主要介绍它们的工作原理和典型电路结构。

3.2　非线性电阻微波混频器

非线性电阻微波混频器的核心元件是肖特基势垒二极管，在第 2 章中我们已经做过比较详细的介绍。常见的非线性电阻微波混频器的基本电路有三种类型：单端混频器采用一个混频二极管，是最简单的微波混频器；单平衡混频器采用两个混频二极管；双平衡混频器采用四个二极管。本节将以元件的特性为基础，分析非线性电阻微波混频器的工作原理及性能指标，包括电路时频域关系、功率关系、变频损耗、噪声特性，并给出各种非线性电阻微波混频器的电路实现（微带电路结构）等。

3.2.1　电路工作原理与时频域关系

最简单的微波混频器只采用一个肖特基势垒混频二极管，称为单端混频器，其原理等效电路如图 3-4 所示。它虽然简单，但它的分析方法和结论可应用于较复杂的其他混频器。图中 Z_S 是信号源内阻抗，Z_L 是本振源内阻抗，Z_O 表示输出负载阻抗，V_{dc} 为直流偏压。先假设肖特基势垒混频二极管是一个理想的非线性电阻，不考虑寄生参量 C_j、R_s 及封装参量的影响。设 $v_S(t) = V_S \cos(\omega_S t)$ 及 $v_L(t) = V_L \cos(\omega_L t + \phi)$。

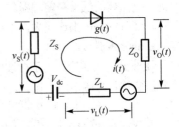

图 3-4　二极管混频器原理图

1. 输出电流频谱（设 $\omega_S > \omega_P$）

为了简单起见，我们可以先假设 Z_S、Z_L 和 Z_O 均被短路。根据线性电阻特性我们知道，这种假设的结果是仅影响电路中电压、电流各频率分量振幅的大小，而不会影响各频率分量的存在与否。这时，负载电压（输出电压）$v_O(t)=0$，加于二极管两端的电压为信号电压 $v_S(t)$、本振电压 $v_L(t)$ 及直流偏压（或零偏压）V_{dc} 之和。根据 2.3 节的讨论，我们已经知道肖特基势垒二极管的特性可以表示为式（2-73），则二极管电流为：

$$i(t)=f(v)=f(V_{dc}+v_L+v_S) \tag{3-1}$$

（1）小信号情况

如果信号电压幅度 V_S 远小于本振电压幅度 V_L，则式（3-1）可按台劳级数在 $V_{dc}+v_L$ 处展开为：

$$i(t)=f(V_{dc}+v_L)+f^{(1)}(V_{dc}+v_L)v_S+\frac{1}{2!}f^{(2)}(V_{dc}+v_L)v_S^2+\cdots+\frac{1}{l!}f^{(l)}(V_{dc}+v_L)v_S^l+\cdots \tag{3-2}$$

式中

$$f^{(l)}(V_{dc}+v_L)=\frac{\partial^l i}{\partial v^l}\bigg|_{v=V_{dc}+v_L}, \quad l=1,2,3,\cdots \tag{3-3}$$

由于信号电压 $v_S(t)$ 的幅度很小，可将式（3-2）中 v_S^2 以上的各高次项忽略不计，故有：

$$i(t)\approx f(V_{dc}+v_L)+f^{(1)}(V_{dc}+v_L)v_S=f(V_{dc}+v_L)+g(t)v_S \tag{3-4}$$

$g(t)$ 为二极管的时变电导，其定义为式（2-77）。这里假设混频二极管对所有本振谐波电压都是短路的，$g(t)$ 仅由正弦本振电压决定。$f(V_{dc}+v_L)$ 是仅加直流及本振电压时的二极管电流。从第 2 章讨论中已经看到，$g(t)$ 和 $f(V_{dc}+v_L)$ 都是本振频率 ω_L 的周期函数，可利用傅里叶级数展开为：

$$g(t)=g_0+2\sum_{n=1}^{\infty}g_n\cos(n\omega_L t+n\phi) \tag{3-5}$$

$$f(V_{dc}+v_L)=I_{dc}+2\sum_{n=1}^{\infty}I_n\cos(n\omega_L t+n\phi) \tag{3-6}$$

式中，g_n 和 I_n 分别是 $g(t)$ 和 $f(V_{dc}+v_L)$ 傅里叶级数展开式中的各分量系数，根据 2.2 节混频二极管的交流激励特性的讨论可知（忽略反向饱和电流 I_s）：

$$g_0=aI_s\exp(aV_{dc})J_0(aV_L) \tag{3-7}$$

$$g_n=aI_s\exp(aV_{dc})J_n(aV_L) \quad\quad n=1,2,3,\cdots \tag{3-8}$$

$$I_{dc}=I_s\exp(\alpha V_{dc})J_0(\alpha V_L) \tag{3-9}$$

$$I_n=I_s\exp(\alpha V_{dc})J_n(\alpha V_L) \quad\quad n=1,2,3,\cdots \tag{3-10}$$

把式（3-5）和式（3-6）代入式（3-4），经过三角函数分解，可求得：

$$
\begin{aligned}
i(t)=&f(V_{dc}+v_L)+g(t)v_S\\
=&\left[I_{dc}+2\sum_{n=1}^{\infty}I_n\cos(n\omega_L t+n\phi)\right]+ & \text{（本振电流）}\\
&g_0 V_S\cos(\omega_S t)+ & \text{（信号基波电流）}\\
&g_1 V_S\cos\big[(\omega_S-\omega_L)t-\phi\big]+ & \text{（输出中频电流）}\\
&\sum_{n=2}^{\infty}g_n V_S\cos\big[(\omega_S-n\omega_L)t-n\phi\big]+ & \text{（高次差频电流）}\\
&\sum_{n=1}^{\infty}g_n V_S\cos\big[(\omega_S+n\omega_L)t+n\phi\big] & \text{（各次和频电流）}
\end{aligned} \tag{3-11}
$$

根据这一结果可绘成如图 3-5 所示的二极管电流频谱图，图中频率 $\omega_u=\omega_S+\omega_L$ 称为和频，

$\omega_{if} = \omega_S - \omega_L$ 除称为中频外还称为差频，$\omega_i = 2\omega_L - \omega_S = \omega_L - \omega_{if}$ 称为镜像频率。镜像频率 ω_i 是信号 ω_S 在频谱上相对于本振频率 ω_L 的"镜像"，故此得名。

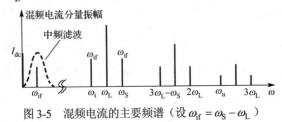

图 3-5　混频电流的主要频谱（设 $\omega_{if} = \omega_S - \omega_L$）

从式（3-11）及图 3-5 可以得出以下基本结论：

① 在非线性电阻混频过程中产生了无数的组合分量，其中包含有中频分量，能够实现混频功能。可用中频带通滤波器取出所需的中频分量而将其他组合频率滤掉。

② 由式（3-11）可见中频电流的振幅为：

$$I_{if} = g_1 V_S \tag{3-12}$$

它与输入信号振幅 V_S 成正比例。也就是说，混频器输入端与输出端分量振幅之间具有线性关系。这一点对信号接收时的保真无疑是非常有意义的。

③ 由于本振信号是强信号，在混频过程中它通过二极管的非线性作用而产生了无数的谐波，每一个谐波都包含了部分有用的信号功率，是对信号功率的浪费，这对混频来说是不希望得到的副产品，应该采取措施加以回收利用，以提高从信号变换为中频的变换效率。但各谐波功率大约随 $1/n^2$ 变化（n 为谐波次数），因此混频产物电路的组合分量强度随 n 增加而很快减小。通常只有本振基波 ω_L 和二次谐波 $2\omega_L$ 等分量才足够强，对混频变换效率产生较大影响。

（2）大信号情况

如果混频器的输入信号是强信号（但可认为信号电压幅度仍远小于本振电压幅度），例如雷达探测近距离目标时的回波信号等，将不能忽略 v_S^2 以上的各高次项。此时信号也将产生各次谐波，混频产物电流的频谱分量将大为增加。

为使问题分析及表达简洁，可以借助欧拉公式把上述各三角函数表示为指数形式，例如：

$$2g_n \cos(n\omega_L t + n\phi) = g_n \exp(jn\phi)\exp(jn\omega_L t) + g_n \exp(-jn\phi)\exp(-jn\omega_L t) \tag{3-13}$$
$$= y_n \exp(jn\omega_L t) + y_n^* \exp(-jn\omega_L t)$$

式中，$y_n = g_n \exp(jn\phi)$，$y_n^* = g_n \exp(-jn\phi)$ 为 y_n 的复数共轭值。如果定义 $g_n = g_{-n}$，则有：

$$y_{-n} = g_{-n} \exp(-jn\phi) = g_n \exp(-jn\phi) = y_n^* \tag{3-14}$$
$$y_0 = g_0 \tag{3-15}$$

故式（3-5）可写为：

$$
\begin{aligned}
g(t) &= g_0 + 2\sum_{n=1}^{\infty} g_n \cos(n\omega_L t + n\phi) \\
&= y_0 + \sum_{n=1}^{\infty} (y_n \exp(jn\omega_L t) + y_n^* \exp(-jn\omega_L t)) \\
&= y_0 + \sum_{n=1}^{\infty} (y_n \exp(jn\omega_L t) + y_{-n} \exp(-jn\omega_L t)) \\
&= \sum_{n=-\infty}^{\infty} y_n \exp(jn\omega_L t)
\end{aligned}
\tag{3-16}
$$

由于 $f(V_{dc}+v_L)$ 和 $f^{(l)}(V_{dc}+v_L)=\dfrac{\partial^l i}{\partial v^l}\Big|_{v=V_{dc}+v_L}$ （$l=2,3,\cdots$）也是 ω_L 的周期函数，与上同样道理可

写成：

$$f(V_{dc}+v_L)=I_{dc}+2\sum_{n=1}^{\infty}I_n\cos(n\omega_L t+n\phi)$$

$$=\sum_{n=-\infty}^{\infty}I_n\exp\big[j(n\omega_L t+n\phi)\big]$$

$$=\sum_{n=-\infty}^{\infty}I_n\exp(jn\phi)\exp(jn\omega_L t) \tag{3-17}$$

$$=\sum_{n=-\infty}^{\infty}\dot{I}_n\exp(jn\omega_L t)$$

$$f^{(l)}(V_{dc}+v_L)=\dfrac{\partial^l i}{\partial v^l}\Big|_{v=V_{dc}+v_L} \qquad l=2,3,\cdots \tag{3-18}$$

$$=\sum_{n=-\infty}^{\infty}y_{n,l}\exp(jn\omega_L t)$$

信号电压及其各次幂同样可以写成：

$$v_S^l(t)=\big[V_S\cos(\omega_S t)\big]^l=\frac{1}{2^l}V_S^l\big[\exp(j\omega_S t)+\exp(-j\omega_S t)\big]^l \qquad l=1,2,3,\cdots \tag{3-19}$$

将式（3-16）、式（3-18）和式（3-19）代入式（3-2），经过归并整理，可将 $i(t)$ 表示为：

$$i(t)=\sum_{n=-\infty}^{\infty}\sum_{m=-\infty}^{\infty}\dot{I}_{n,m}\exp\big[j(n\omega_L+m\omega_S)t\big] \tag{3-20}$$

由于 $i(t)$ 是时间 t 的实函数，故应有 $\dot{I}_{-n,-m}=\dot{I}_{n,m}{}^*$。可以看到，上式实际上是混频输出电流的一般表达式，小信号下输出电流式（3-11）可以看做是式（3-20）的一种特殊情况，即 m 仅等于 ±1。

从式（3-20）可以得出大信号下混频的基本结论：

① 在非线性电阻混频过程中产生了信号和本振所有可能的各次谐波组合分量，比小信号时丰富得多。其中包含有中频分量，能够实现混频功能。可用中频带通滤波器取出所需的中频分量而将其他组合频率滤掉。

② 由式（3-20）可见在二极管电流中包含中频分量为：

$$i_{if}(t)=\dot{I}_{-1,+1}\exp\big[j(\omega_S-\omega_L)t\big]+\dot{I}_{+1,-1}\exp\big[-j(\omega_S-\omega_L)t\big]$$

$$=2\big|\dot{I}_{-1,+1}\big|\cos\big[(\omega_S-\omega_L)t-\phi\big] \tag{3-21}$$

其振幅可计算出为：

$$2\big|\dot{I}_{-1,+1}\big|=g_{1,1}V_S+\frac{1}{8}g_{1,3}V_S^3+\cdots \tag{3-22}$$

与式（3-12）对比可见中频电流振幅不再与输入信号振幅 V_S 成线性关系，将产生非线性失真。

③ 由于信号也产生各次谐波，将有可能在输出端产生组合干扰。假设信号输入端除正常信号 ω_S 外还进入混频器一个干扰信号 ω_S'，而且 $\omega_S\neq\omega_S'$。从表面看来，它与本振基波混频不能得出中频，即

$\omega'_{\rm S} - \omega_{\rm L} \neq \omega_{\rm if}$，因而不能通过中频滤波器产生干扰输出。但是，由于非线性作用，它可能通过谐波组合产生干扰中频，即 $|m\omega'_{\rm S} - n\omega_{\rm L}| = \omega_{\rm if}$。例如，设 $f_{\rm S} = 1000\text{MHz}$，$f_{\rm L} = 900\text{MHz}$，$f_{\rm if} = 100\text{MHz}$，$f'_{\rm S} = 1300\text{MHz}$，$f'_{\rm S} - f_{\rm L} = 400\text{MHz} \gg f_{\rm if}$，不能通过中频滤波器；但 $3f_{\rm L} - 2f'_{\rm S} = 100\text{MHz} = f_{\rm if}$，这样就可以通过中频滤波器，但不包含有用信号信息，是一种干扰，将使信噪比下降。

2. 电路时域与频域关系

在上一小节中，我们仅从分析获取混频二极管输出电流频谱的目的出发而将电路中各电阻假设为短路，但实际情况是这些电阻都存在，流过它们的电流将在它们各自两端产生电压降，图 3-4 所示电路中加在二极管两端的电压就不再仅是信号电压 $v_{\rm S}(t)$、本振电压 $v_{\rm L}(t)$ 及直流偏置 $V_{\rm dc}$，而是包含了各电阻的压降在内。

假设输入信号满足小信号条件，这时混频器对输入信号来说是线性的，这种电路网络称为"线性周期时变电阻网络"。从前一小节的讨论中我们已经知道，小信号条件下混频二极管的电流由两部分构成：一部分是由直流及本振电压激励起的 $f(V_{\rm dc} + v_{\rm L})$ 部分；另一部分是由加在二极管两端的其他压降 Δv 激励起的电流，记为 Δi，这部分电流对于混频有实际意义。Δi 可以表示为：

$$\Delta i = g(t)\Delta v \tag{3-23}$$

当假设电路中各电阻均短路时，Δv 仅由 $v_{\rm S}(t)$ 构成，即：

$$\Delta i = g(t)v_{\rm S}(t) \tag{3-24}$$

为进一步简化分析，设输入信号是复信号，即：

$$v_{\rm S}(t) = \dot{V}_{\rm S}\exp(j\omega_{\rm S}t) \tag{3-25}$$

这时的 Δi 可求得为：

$$\Delta i = \sum_{n=-\infty}^{\infty} y_n \dot{V}_{\rm S}\exp\left[j(n\omega_{\rm L} + \omega_{\rm S})t\right]$$
$$= \sum_{n=-\infty}^{\infty} \dot{I}_n\exp\left[j(n\omega_{\rm L} + \omega_{\rm S})t\right] \tag{3-26}$$

以 $\omega_{\rm S} = \omega_{\rm L} + \omega_{\rm if}$ 代入式（3-26），并且令 $m = n+1$，可得：

$$\Delta i = \sum_{m=-\infty}^{\infty} y_{m-1}\dot{V}_{\rm S}\exp\left[j(n\omega_{\rm L} + \omega_{\rm S})t\right]$$
$$= \sum_{m=-\infty}^{\infty} \dot{I}_m\exp\left[j(m\omega_{\rm L} + \omega_{\rm if})t\right] \tag{3-27}$$

可把电流分量的频率记为 $\omega_m = m\omega_{\rm L} + \omega_{\rm if}$，当 m 为正时，$\omega_m > 0$，m 为负时，$\omega_m < 0$，信号频率 $\omega_{\rm S} = \omega_{+1} = \omega_{\rm L} + \omega_{\rm if}$，中频频率 $\omega_{\rm if} = \omega_0$，镜像频率 $\omega_i = -\omega_{-1} = -(-\omega_{\rm L} + \omega_{\rm if}) = \omega_{\rm L} - \omega_{\rm if}$，余可类推。

现在在电路中加入各电阻，电流 Δi 的各个分量流过这些电阻，将在这些电阻两端产生电压降，这些电压降将连同 $v_{\rm S}(t)$ 一起加在二极管上，即这时的 Δv 将不再仅含有 $v_{\rm S}(t)$ 部分。由于这些电阻都是线性电阻，Δi 流过它们只能产生与 Δi 具有相同频谱成分的电压，不会增加新的频谱分量，已有的频谱分量也不会减少。这时二极管两端的总电压变化 Δv_m 可表示为：

$$\Delta v_m = \sum_{m=-\infty}^{\infty} \dot{V}_m\exp\left[j(m\omega_{\rm L} + \omega_{\rm if})t\right] \tag{3-28}$$

Δv_m 中每个分量都与 $v_{\rm S}(t)$ 作用相同，加在二极管两端，经过二极管的非线性混频作用都会产生式（3-27）给出的电流变化。很容易推导出，所有Δv_{m}分量所激励起的总电流变化Δi_{m}将仍然具有式（3-27）的形式，即：

$$\begin{aligned}\Delta i_{\mathrm{m}} &= g(t)\Delta v_{\mathrm{m}} \\ &= \sum_{m=-\infty}^{\infty} \dot{I}_{\mathrm{m}} \exp\left[\mathrm{j}(m\omega_{\mathrm{L}}+\omega_{\mathrm{if}})t\right]\end{aligned} \tag{3-29}$$

只是需注意这时电流复振幅$\dot{I}_{\mathrm{m}}$与电阻短路时式（3-27）不同而已。

由于只有Δv_{m}激励出的Δi_{m}对混频输出中频有贡献，为简化描述公式，可重新令$\Delta i_{\mathrm{m}} = i(t)$，$\Delta v_{\mathrm{m}} = v(t)$，可把式（3-23）重新写为：

$$i(t) = g(t)v(t) \tag{3-30}$$

图 3-6　周期时变电导一端口网络

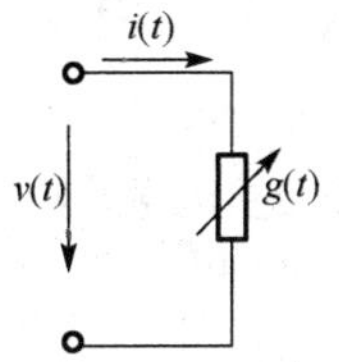

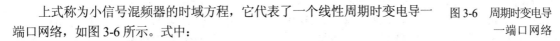

上式称为小信号混频器的时域方程，它代表了一个线性周期时变电导一端口网络，如图 3-6 所示。式中：

$$i(t) = \sum_{m=-\infty}^{\infty} \dot{I}_{\mathrm{m}} \exp\left[\mathrm{j}(m\omega_{\mathrm{L}}+\omega_{\mathrm{if}})t\right] \tag{3-31}$$

$$g(t) = \sum_{n=-\infty}^{\infty} y_{\mathrm{n}} \exp(\mathrm{j}n\omega_{\mathrm{L}}t) \tag{3-32}$$

$$v(t) = \sum_{k=-\infty}^{\infty} \dot{V}_{\mathrm{k}} \exp\left[\mathrm{j}(k\omega_{\mathrm{L}}+\omega_{\mathrm{if}})t\right] \tag{3-33}$$

将式（3-30）表示的各频率分量振幅之间的相互关系写出，即可得到时变网络的频域关系。

$$\begin{aligned}i(t) &= \left\{\sum_{n=-\infty}^{\infty} y_{\mathrm{n}} \exp(\mathrm{j}n\omega_{\mathrm{L}}t)\right\} \times \left\{\sum_{k=-\infty}^{\infty} \dot{V}_{\mathrm{k}} \exp\left[\mathrm{j}(k\omega_{\mathrm{L}}+\omega_{\mathrm{if}})t\right]\right\} \\ &= \sum_{n=-\infty}^{\infty}\sum_{k=-\infty}^{\infty} y_{\mathrm{n}}\dot{V}_{\mathrm{k}} \exp\left\{\mathrm{j}\left[(n+k)\omega_{\mathrm{L}}+\omega_{\mathrm{if}}\right]t\right\}\end{aligned} \tag{3-34}$$

令$m = n + k$，上式可写为：

$$i(t) = \sum_{m=-\infty}^{\infty}\left(\sum_{k=-\infty}^{\infty} y_{\mathrm{m-k}}\dot{V}_{\mathrm{k}}\right)\exp\left[\mathrm{j}(m\omega_{\mathrm{L}}+\omega_{\mathrm{if}})t\right] \tag{3-35}$$

此式与式（3-31）对比，令同频率项的系数相等，可得：

$$\dot{I}_{\mathrm{m}} = \sum_{k=-\infty}^{\infty} y_{\mathrm{m-k}}\dot{V}_{\mathrm{k}} \qquad m = 0, \pm1, \pm2, \cdots \tag{3-36}$$

给定不同的m值，将式（3-36）展开，可得到无限多个线性方程，可将它们表示成矩阵形式：

$$\left[\dot{I}\right] = \left[y\right]\left[\dot{V}\right] \tag{3-37}$$

$$\begin{bmatrix} \vdots \\ \dot{I}_{+2} \\ \dot{I}_{+1} \\ \dot{I}_{0} \\ \dot{I}_{-1} \\ \dot{I}_{-2} \\ \vdots \end{bmatrix} = \begin{bmatrix} \ddots & \vdots & \vdots & \vdots & \vdots & \vdots & \iddots \\ \cdots & y_0 & y_1 & y_2 & y_3 & y_4 & \cdots \\ \cdots & y_1^* & y_0 & y_1 & y_2 & y_3 & \cdots \\ \cdots & y_2^* & y_1^* & y_0 & y_1 & y_2 & \cdots \\ \cdots & y_3^* & y_2^* & y_1^* & y_0 & y_1 & \cdots \\ \cdots & y_4^* & y_3^* & y_2^* & y_1^* & y_0 & \cdots \\ \iddots & \vdots & \vdots & \vdots & \vdots & \vdots & \ddots \end{bmatrix} \begin{bmatrix} \vdots \\ \dot{V}_{+2} \\ \dot{V}_{+1} \\ \dot{V}_{0} \\ \dot{V}_{-1} \\ \dot{V}_{-2} \\ \vdots \end{bmatrix} \tag{3-38}$$

式中已经引用了 $y_{-n} = y_n^*$。

从网络理论上看，式（3-38）表明了图 3-6 所示的包含非线性元件的物理单端口网络在频域上是一个具有无穷多个频率及端口的线性网络，如图 3-7 所示。该多频多端口网络既反映了混频器的非线性频率变换作用，又给出了频率变换后的各小信号成分幅度之间的线性关系。该网络的变换矩阵 $[y]$ 仅由二极管特性

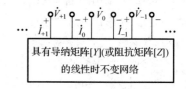

图 3-7　时域单端口网络的频域表示

和二极管的直流、本振激励条件决定，而与电路中小信号成分（Δi_m、Δv_m）的幅度大小无关。也就是说，直流偏置与本振激励的作用是使混频二极管体现出混频所需的非线性电导（电阻）特性 $g(t)$，在此基础上，对加在二极管上的任何输入信号 $v_S(t)$ 及由 $v_S(t)$ 导致的 Δv_m 产生非线性混频作用，产生中频输出。

在式（3-38）和图 3-7 中，显然 $\dot{I}_{+1}$ 和 $\dot{V}_{+1}$ 表示信号频率 $\omega_S = \omega_{+1}$ 的电流、电压复振幅 $\dot{I}_S$ 和 $\dot{V}_S$；$\dot{I}_0$ 和 $\dot{V}_0$ 表示中频频率 $\omega_{if} = \omega_0$ 的电流、电压复振幅 $\dot{I}_{if}$ 和 $\dot{V}_{if}$；而 $\dot{I}_{-1}$ 和 $\dot{V}_{-1}$ 表示负镜像频率 $-\omega_i = \omega_{-1}$ 的电流、电压复振幅，在复信号表示系统中，它们与正镜像频率电流、电压复振幅是互为共轭的，即 $\dot{I}_{-1} = \dot{I}_i^*$，$\dot{V}_{-1} = \dot{V}_i^*$。直流和本振的作用由于已体现为使混频二极管呈现非线性电导（电阻）特性 $g(t)$，故不再存在直流和本振端口。

3. 混频二极管非线性结电容 C_j 的非线性变频效应

在前面分析中我们曾假设肖特基势垒混频二极管是一个理想的非线性电阻，不考虑寄生参量 C_j、R_s 及封装参量的影响。实际上这些寄生参量对于混频必然是有影响的，尤其是非线性结电容 C_j 的变频效应。

混频二极管的结电容（主要是势垒电容）也可以表示为式（2-95）的形式，现重写如下：

$$C_j(V) = \frac{C_j(0)}{\left(1 - \dfrac{V}{\phi}\right)^{\frac{1}{2}}} \tag{3-39}$$

如果在混频二极管上加上信号电压 $v_S(t)$、本振电压 $v_L(t)$ 及直流偏压（或零偏压）V_{dc}，则与 $i \sim v$ 特性的变频原理类似，该 $c \sim v$ 特性也会产生 $n\omega_L \pm m\omega_S$ 的各组合频率成分，但是应根据电容 $i = dq/dt$ 才能求出流过电容的电流，即要根据上述 $c \sim v$ 特性积分求得 $q \sim v$ 特性，这里仅以 $q = f(v)$ 表示。

假设混频器工作在小信号下，因此同样认为二极管工作点随本振大信号电压而变化，然后在工作点展开为台劳级数，可求得二极管势垒电容储存电荷的瞬时值为：

$$\begin{aligned}
q(v) &= f(V_{dc} + v_L + v_S) \\
&= f(V_{dc} + v_L) + f^{(1)}(V_{dc} + v_L)v_S + \frac{1}{2!}f^{(2)}(V_{dc} + v_L)v_S^2 + \cdots + \frac{1}{l!}f^{(l)}(V_{dc} + v_L)v_S^l + \cdots
\end{aligned} \tag{3-40}$$

展开式中第一项包含直流项和本振基波及其谐波项，相应的容性电流为：

$$\begin{aligned}
i(t) &= \frac{d}{dt}\left[f(V_{dc} + v_L)\right]\Big|_{v = V_{dc} + V_L \cos\omega_L t} \\
&= \left[\frac{df(V_{dc} + v_L)}{dv} \cdot \frac{dv}{dt}\right]\Big|_{v = V_{dc} + V_L \cos\omega_L t} \\
&= \left[C_j(v) \cdot \frac{dv}{dt}\right]\Big|_{v = V_{dc} + V_L \cos\omega_L t} \\
&= C_j(t) \cdot \frac{dv_L(t)}{dt}
\end{aligned} \tag{3-41}$$

参考 2.3 节的讨论，$C_j(t)$ 称为时变电容，反映当本振电压随时间作周期性变化时，瞬时电容也随时间作周期变化。

由于混频器工作在小信号下，可忽略 v_S^2 以上各项，考虑到：

$$f^{(1)}(V_{dc} + v_L) = \left.\frac{dq(v)}{dv}\right|_{v = V_{dc} + V_L \cos \omega_L t}$$
$$= C_j(t) \tag{3-42}$$

于是，流过电容的这部分容性电流为：

$$i(t) = \frac{d}{dt}\left[f^{(1)}(V_{dc} + v_L) \cdot v_S(t)\right]$$
$$= \frac{d}{dt}\left[C_j(t) \cdot v_S(t)\right] \tag{3-43}$$
$$= C_j(t) \cdot \frac{dv_S(t)}{dt} + v_S(t) \cdot \frac{dC_j(t)}{dt}$$

$C_j(t)$、$v_S(t)$ 和 $v_L(t)$ 都可以展开成傅里叶级数（$C_j(t)$ 的展开可见 2.3 节），显然式（3-42）中仅包含 ω_L 基波及谐波 $n\omega_L$ 成分，而式（3-43）包含 $n\omega_L \pm \omega_S$ 成分，如果不忽略 v_S^2 以上各项，则非线性结电容的变频产物应包含 $n\omega_L \pm m\omega_S$ 各组合频率成分。因此，不能只认为混频二极管的结电容起了旁路作用，而必须考虑其非线性变频效应。

与前小节同样道理及过程，可求得非线性电容具有的时域、频域关系。考虑非线性变频效应在内，这时二极管的输出电流增量为两项之和：

$$\Delta i_m = \Delta i_{gm} + \Delta i_{cm} \tag{3-44}$$

Δi_{gm} 和 Δi_{cm} 分别表示非线性电导（电阻）及非线性电容引起的电流增量，有：

$$\Delta i_{gm} = g(t) \cdot \Delta v(t) \tag{3-45}$$

$$\Delta i_{cm} = \frac{d}{dt}\left[C_j(v) \cdot \Delta v(t)\right] \tag{3-46}$$

式中的 $\Delta v(t)$ 不仅仅是输入信号 $v_S(t)$，还考虑了所有混频产物。

其频域多频多端口网络方程变为：

$$
\begin{bmatrix} \vdots \\ \dot{I}_{+2} \\ \dot{I}_{+1} \\ \dot{I}_0 \\ \dot{I}_{-1} \\ \dot{I}_{-2} \\ \vdots \end{bmatrix} = \begin{bmatrix}
\ddots & & & & & & \iddots \\
\cdots & y_0 + j\omega_{+2}C_0 & y_1 + j\omega_{+2}C_1 & y_2 + j\omega_{+2}C_2 & y_3 + j\omega_{+2}C_3 & y_4 + j\omega_{+2}C_4 & \cdots \\
\cdots & y_1^* + j\omega_{+1}C_1^* & y_0 + j\omega_{+1}C_0 & y_1 + j\omega_{+1}C_1 & y_2 + j\omega_{+1}C_2 & y_3 + j\omega_{+1}C_3 & \cdots \\
\cdots & y_2^* + j\omega_0 C_2^* & y_1^* + j\omega_0 C_1^* & y_0 + j\omega_0 C_0 & y_1 + j\omega_0 C_1 & y_2 + j\omega_0 C_2 & \cdots \\
\cdots & y_3^* + j\omega_{-1}C_3^* & y_2^* + j\omega_{-1}C_2^* & y_1^* + j\omega_{-1}C_1^* & y_0 + j\omega_{-1}C_0 & y_1 + j\omega_{-1}C_1 & \cdots \\
\cdots & y_4^* + j\omega_{-2}C_4^* & y_3^* + j\omega_{-2}C_3^* & y_2^* + j\omega_{-2}C_2^* & y_1^* + j\omega_{-2}C_1^* & y_0 + j\omega_{-2}C_0 & \cdots \\
\iddots & & & & & & \ddots
\end{bmatrix}
\begin{bmatrix} \vdots \\ \dot{V}_{+2} \\ \dot{V}_{+1} \\ \dot{V}_0 \\ \dot{V}_{-1} \\ \dot{V}_{-2} \\ \vdots \end{bmatrix}
$$
$$\tag{3-47}$$

式中，C_n 是 $C_j(t)$ 的傅里叶级数展开式的系数，$C_{-n} = C_n^*$。

在结束电路时频域关系讨论之前，必须说明的是，实际上我们进行的仅是混频器的"线性分析"，即认为二极管的结电压和结电流波形都是正弦的（$g(t)$ 和 $C_j(t)$ 由外加正弦本振决定）。实际上，由于二极管肖特基结的非线性特性，即使外加正弦本振电压，二极管的结电压和结电流波形也不是正弦的，该波形还受到二极管寄生参量、封装参量及外电路阻抗的影响，正是二极管上的实际电压波形决定了混频器的主要性能。我们前面的线性分析是不完善的，随着混频器工作频率的提高，例如毫米波混频器，这种分析的误差将显著加大。因此，严格的理论分析应首先求出二极管上实际结电压（结电流）波形，在此基础上求出时变电导 $g(t)$ 和时变电容 $C_j(t)$，及它们的各次谐波分量幅度，这种分析称为混频器的"非线性分析"。完成非线性分析的主要方法有时域法、谐波平衡法及数值法等，依靠计算机的高效运算完成。关于非线性分析的主要内容，本书不再涉及，读者可自行参看文献[3]。

3.2.2 电路功率关系与变频损耗

混频器的变频损耗 L 一般可定义为：

$$L_{mn} = \frac{P_{am}}{P_{an}} \tag{3-48}$$

它表示混频器中任意边带频率 f_m 到另一边带频率 f_n 之间的变频损耗，P_{am} 和 P_{an} 分别表示这两个频率上的资用功率。由于一般只关注输出中频的情况，可把混频器的变频损耗 L 定义限定为：

$$L = \frac{P_{aS}}{P_{aif}} = \frac{P_{+1}}{|P_0|} \tag{3-49}$$

式中，P_{aS} 和 P_{aif} 分别为从信号源和中频输出端得到的资用功率。为求得变频损耗，需要首先明确混频器电路的功率关系。

1．混频器的功率关系

由于混频器电路中二极管的 $v(t)$ 和 $i(t)$ 都是时间 t 的复函数，则二极管这一非线性电阻 $r(t)$ 中的瞬时功率可表示为：

$$p(t) = |i(t)|^2 r(t) = \left[i(t) \cdot i^*(t) \right] r(t) = v(t) \cdot i^*(t) \tag{3-50}$$

因而 $r(t)$ 中的平均功率一般可表示为：

$$P = \operatorname{Re}\langle p(t) \rangle = \operatorname{Re}\langle v(t) \cdot i^*(t) \rangle \tag{3-51}$$

式中 $\langle \cdots \rangle = \dfrac{1}{2\pi} \displaystyle\int_{-\pi}^{\pi} \cdots \mathrm{d}(\omega_L t)$ 代表周期内的平均值。

以式（3-31）和式（3-33）代入上式可求得：

$$P = \operatorname{Re}\left\{ \sum_{k=-\infty}^{\infty} \sum_{m=-\infty}^{\infty} \dot{V}_k \dot{I}_m^* \left[\frac{1}{2\pi} \int_{-\pi}^{\pi} \mathrm{e}^{j(k-m)\omega_L t} \mathrm{d}(\omega_L t) \right] \right\} \tag{3-52}$$

上式中，当 $k = m$ 时，积分项为 1，当 $k \neq m$ 时，积分项为 0，因此可得：

$$P = \sum_{m=-\infty}^{\infty} \operatorname{Re}(\dot{V}_m \dot{I}_m^*) = \sum_{m=-\infty}^{\infty} P_m \tag{3-53}$$

式中 $P_m = \operatorname{Re}(\dot{V}_m \dot{I}_m^*)$ 是在频率 $\omega_m = m\omega_L + \omega_{if}$ 上进入时变电阻的平均功率。

对于阻性二极管来说，$r(t)$ 是时间的实函数，而且对所有的时间 t 来说 $r(t) \geq 0$，则由式（3-50）可见 $p(t)$ 为实数，而且恒有 $p(t) \geq 0$。因此：

$$P = \operatorname{Re}\langle p(t) \rangle = \langle p(t) \rangle = \sum_{m=-\infty}^{\infty} P_m \geq 0 \tag{3-54}$$

考虑到只有信号源对时变电阻 $r(t)$ 馈给功率，故 P_{+1}（信号频率上进入的功率）是正的，而在其他频率 ω_m（$m \neq 1$）上均吸收功率，因而它们的功率 P_m 均为负值。因此可将式（3-54）表示为：

$$\sum_{m=-\infty}^{\infty} P_m = P_{+1} - |P_0| - \sum_{\substack{m=-\infty \\ m \neq 0,1}}^{\infty} |P_m| \geqslant 0 \qquad (3\text{-}55)$$

或者

$$P_{+1} \geqslant |P_0| + \sum_{\substack{m=-\infty \\ m \neq 0,1}}^{\infty} |P_m| \qquad (3\text{-}56)$$

上式右边代表所有混频产物的总功率，P_0 表示中频输出功率。

从式（3-56）可得出结论：对于非负的时变电阻 $r(t)$ 和时变电导 $g(t)$ 来说，混频器中所有混频产物所得到的总功率不大于信号源所供给的信号功率。

如果用变频损耗表达式（3-56）的结论，可以看到变频损耗不可能小于1，即不可能有变频增益，因而我们所讨论的线性周期时变电阻网络是无源的。由于其无源性，因而它是绝对稳定的，即在任何终端负载和本振条件下都不会产生自激振荡。

从式（3-56）还可以看到，在无穷多个混频产物频率中，我们一般仅需要输出一种频率成分，即中频。那些不需要输出的混频产物（称为带外闲频）在相应频率的端口阻抗上造成功率损耗，如果能使混频器对这些无用边带频率造成特殊的终端条件，则可减少有用功率的浪费，减小变频损耗。从式（3-56）来看，即是使右边第二项尽可能为零。根据在频率 ω_m 的端口上配置的终端阻抗不同，混频器可以分为几种类型，也有不同的线路结构。如使得 $\dot{V}_m = 0$ 且 $\dot{I}_m \neq 0$，或者 $\dot{V}_m \neq 0$ 且 $\dot{I}_m = 0$，或者 $\dot{V}_m \neq 0$ 且 $\dot{I}_m \neq 0$，但两者之间的相位相差 $\pm 90°$，相当于在频率为 ω_m 的端口上分别具有短路、开路和电抗终端，根据式（3-56）都可以使 $P_m = 0$。如果这些功率能够重新返回到二极管又参与混频时，得到新的中频成分的相位合适，则与一次混频的中频分量叠加，可以进一步减小变频损耗。这些是减小变频损耗、提高信号能量利用效率的有效措施。

2. Y 混频器及其变频损耗

在各种减小变频损耗的措施中，如果采取的是对所有带外闲频 $\omega_{\pm m}$（$m > 1$）提供短路终端，构成的混频器称为 Y 混频器，这是一种传统的、常见的混频器类型，其电路原理如图3-8所示。图中谐振回路 $L_S C_S$、$L_L C_L$ 和 $L_{if} C_{if}$ 分别谐振于信号频率 ω_S、本振频率 ω_L 和中频频率 ω_{if}，它们对所有带外闲频 $\omega_{\pm m}$（$m > 1$）都是严重失谐而呈现近似短路的终端阻抗。在这样的终端条件下，相当于前面线性分析中加在混频二极管上的电压只有三个：信号电压 v_{+1}、镜频电压 v_{-1} 和中频电压 v_0，因此混频器是三端口网络，根据式（3-38），可将这种 Y 混频器的电路方程表示为：

$$\begin{bmatrix} \dot{I}_{+1} \\ \dot{I}_0 \\ \dot{I}_{-1} \end{bmatrix} = \begin{bmatrix} y_0 & y_1 & y_2 \\ y_1^* & y_0 & y_1 \\ y_2^* & y_1^* & y_0 \end{bmatrix} \begin{bmatrix} \dot{V}_{+1} \\ \dot{V}_0 \\ \dot{V}_{-1} \end{bmatrix} \qquad (3\text{-}57)$$

或写为：

$$\begin{bmatrix} \dot{I}_S \\ \dot{I}_{if} \\ \dot{I}_i^* \end{bmatrix} = \begin{bmatrix} y_0 & y_1 & y_2 \\ y_1^* & y_0 & y_1 \\ y_2^* & y_1^* & y_0 \end{bmatrix} \begin{bmatrix} \dot{V}_S \\ \dot{V}_{if} \\ \dot{V}_i^* \end{bmatrix} \qquad (3\text{-}58)$$

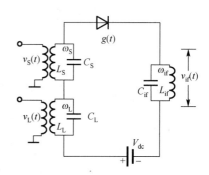

图 3-8　Y 混频器电路原理图

由于 y_n 表示时变电导 $g(t)$ 各分量的复振幅，表示导纳，因而 $[y]$ 矩阵是 Y 矩阵（导纳矩阵），故把这种混频器称为 Y 混频器。

本小节以 Y 混频器为例来具体分析变频损耗。为简化分析，可假设本振电压的初相 $\phi = 0°$（可证明本振电压的初相不会影响混频器中的能量转换和传输，故任意假设初相不会影响分析结果[2]），根据 y_n 的定义，$y_n = g_n$，$g_{-n} = g_n$，这时 Y 混频器的矩阵方程式（3-58）进一步简化为：

$$\begin{bmatrix} \dot{I}_S \\ \dot{I}_{if} \\ \dot{I}_i^* \end{bmatrix} = \begin{bmatrix} g_0 & g_1 & g_2 \\ g_1 & g_0 & g_1 \\ g_2 & g_1 & g_0 \end{bmatrix} \begin{bmatrix} \dot{V}_S \\ \dot{V}_{if} \\ \dot{V}_i^* \end{bmatrix} \tag{3-59}$$

由于 Y 混频器除信号端口和中频端口之外，还有一个镜频端口。混频产生的镜像频率同样包含有信号的有用功率，也会造成变频损耗的降低，因此必须对镜频端口进一步施加特殊的终端条件，以利于回收镜像频率混频产物中包含的有用信号功率，进一步降低变频损耗。具体做法是再把镜频能量反射回二极管，重新与本振混频产生附加中频，称为"镜频回收"。Y 混频器按照对于镜频端口采取措施与否及采取措施的不同，又可以分为三种类型：镜像匹配、镜像短路和镜像开路，这三种镜像终端由于终端条件不同会有不同的变频损耗性能，为获得最佳变频损耗，对信号源电阻和负载电阻的要求也不同。

（1）镜像匹配情况

我们已经知道，在图 3-8 中 Y 混频器并没有谐振于镜像频率的回路，似乎镜像电压和电流不能存在于混频器电路中。但实际情况并非如此，在完成微波混频时，$\omega_{if} \ll \omega_S$，镜频距离信号频率仅有二倍中频，如果信号输入回路的通带带宽相对于中频来说足够宽、而且不对镜像频率单独采取措施，则镜频也落在信号输入回路通带内，从二极管向外电路看去，信号输入回路对镜频的阻抗与对信号频率的阻抗近似相等，这种混频器称为"镜像匹配混频器"。由于这种混频器的信号输入回路带宽较宽（最起码宽于两倍中频），通带覆盖信号通道和镜频通道，这种混频器也称为"宽带混频器"。

设输入回路对镜频的电导为 G_i，对信号频率的电导为 G_S（即信号源电导），$G_i = G_S$。这时镜频的电压和电流都不等于零，混频器是三端口网络。在图 3-7 中，当镜像口接有负载 G_i 时，$\dot{I}_i^*$ 流过 G_i 产生的电压与假设的 $\dot{V}_i^*$ 极性相反，故有 $\dot{I}_i^* = -G_i \cdot \dot{V}_i^* = -G_S \cdot \dot{V}_i^*$，代入式中可消去 $\dot{V}_i^*$，可得到镜像匹配混频器的等效二端口网络方程为：

$$\begin{cases} \dot{I}_S = Y_{11}\dot{V}_S + Y_{12}\dot{V}_{if} \\ \dot{I}_{if} = Y_{21}\dot{V}_S + Y_{22}\dot{V}_{if} \end{cases} \tag{3-60}$$

式中

$$Y_{11} = g_0 - \frac{g_2^2}{g_0 + G_S} \tag{3-61}$$

$$Y_{12} = Y_{21} = g_1 - \frac{g_1 g_2}{g_0 + G_S} \tag{3-62}$$

$$Y_{22} = g_0 - \frac{g_1^2}{g_0 + G_S} \tag{3-63}$$

这时混频器的网络参量与信号源电导 G_S 有关。可画出表示式（3-60）的等效二端口网络如图 3-9 所示，设中频负载电导为 G_{if}。根据式（3-60）可求得混频器的输入输出电导和变频损耗等性能指标。

图 3-9　一般混频器等效电路

① 输出电导 G_{out}。混频器的输出电导 G_{out} 定义为：

$$G_{out} = \frac{\dot{I}_{if}}{\dot{V}_{if}} \tag{3-64}$$

为求得 G_{out}，可在中频端口加上假想的中频信号源，而信号端口只接 G_S，这时 $\dot{I}_S = -\dot{V}_S G_S$，因此：

$$G_{out} = Y_{22} - \frac{Y_{12}Y_{21}}{Y_{11} + G_S} \tag{3-65}$$

把式（3-61）～式（3-63）代入式（3-65），可求得：

$$G_{out} = g_0 - \frac{2g_1^2}{g_0 + g_2 + G_S} = g_0\left(1 - \frac{\varepsilon}{1+x}\right) \tag{3-66}$$

式中：

$$x = \frac{G_S}{g_0(1+\gamma_2)} \tag{3-67}$$

$$\varepsilon = \frac{2\gamma_1^2}{1+\gamma_2} \tag{3-68}$$

$$\gamma_1 = \frac{g_1}{g_0} \tag{3-69}$$

$$\gamma_2 = \frac{g_2}{g_0} \tag{3-70}$$

由式（3-67）可见 x 直接与信号源电导 G_S 成比例，而 ε 只取决于混频器网络参量。

② 变频损耗 L。根据变频损耗的定义，可求得

$$L = \frac{P_{aS}}{P_{aif}} = \frac{\left|\dot{I}_A\right|^2 / 4G_S}{\left|\dot{I}_{if}\right|^2 / G_{if}} = \left|\frac{\dot{I}_A}{\dot{I}_{if}}\right|^2 \frac{G_{if}}{4G_S} \tag{3-71}$$

由于 $\dot{I}_S = \dot{I}_A - \dot{V}_S G_S$，$\dot{V}_{if} = \dot{I}_{if}/G_{if} = -\dot{I}_{if}/G_{out}$（输出端匹配时 $G_{out} = G_{if}$），可求得：

$$\frac{\dot{I}_A}{\dot{I}_{if}} = \frac{2(Y_{11} + G_S)}{Y_{21}} \tag{3-72}$$

故有：

$$L = \frac{(Y_{11} + G_S)\left[Y_{22}(Y_{11} + G_S) - Y_{12}Y_{21}\right]}{Y_{21}^2 G_S}$$

$$= \frac{2(1+x)(1-\varepsilon+x)}{x\varepsilon} \tag{3-73}$$

x 和 ε 的定义同上。由式（3-73）可见 L 不仅与网络参量有关，而且是信号源电导的函数。

③ 最佳变频损耗 L_{opt} 与最佳信号源电导 G_{S-opt} 及输出电导 $G_{out-opt}$

由式（3-73）可见，改变 G_S 的值（即改变 x 值）可以调整变频损耗的值，令

$$\frac{\partial L}{\partial x} = 0 \tag{3-74}$$

可求得当：

$$x = x_{\text{opt}} = \sqrt{1-\varepsilon} \qquad (3\text{-}75)$$

时，L 达到最小值 L_{opt}：

$$L_{\text{opt}} = 2\left(\frac{1+\sqrt{1-\varepsilon}}{1-\sqrt{1-\varepsilon}}\right) \qquad (3\text{-}76)$$

此时对应的信号源电导及输出电导为 $G_{\text{S-opt}}$ 和 $G_{\text{out-opt}}$：

$$G_{\text{S-opt}} = g_0(1+\gamma_2)\sqrt{1-\varepsilon} \qquad (3\text{-}77)$$

$$G_{\text{out-opt}} = g_0\sqrt{1-\varepsilon} \qquad (3\text{-}78)$$

根据 g_n 的定义式（3-8）并进一步考虑到一般 $\alpha V_L \gg 1$，引用大宗量贝塞尔函数的近似式，可求得 g_0、γ_1、γ_2 和 ε 的值。略去具体过程，并简化去掉表示最佳性能的"opt"下标，可得镜像匹配滤波器的性能：

$$L_{\text{匹}} \approx 2\left(1+\frac{\sqrt{2}}{\alpha V_L}\right) \qquad (3\text{-}79)$$

$$G_{\text{S匹}} \approx \sqrt{2}\alpha\frac{I_{\text{dc}}}{\alpha V_L} \qquad (3\text{-}80)$$

$$G_{\text{out匹}} \approx \frac{G_{\text{S匹}}}{2} \qquad (3\text{-}81)$$

可把上述各参量随 $1/\sqrt{\alpha V_L}$ 变化的曲线画为图 3-10 和图 3-11。由式（3-79）和曲线可见：当 $\alpha V_L \to \infty$ 时，$L_{\text{匹}} \approx 2\text{dB}(3\text{dB})$，这意味着在极限本振激励下，信号输入功率仅有一半变换为有用的中频功率，而另一半会变成镜像功率在信号源内导上消耗掉。

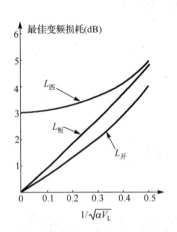
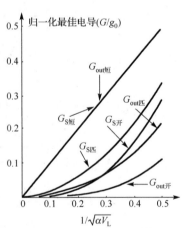

图 3-10　变频损耗与本振电压和镜像终端类型的关系　　图 3-11　归一化最佳电导与本振电压和镜像终端类型的关系

（2）镜像短路情况

如果信号和本振输入回路 $L_S C_S$ 和 $L_L C_L$ 都是窄带的，对镜像频率它们具有很低的阻抗，可以使得镜像电压 $\dot{V}_i = 0$ 但镜像电流 $\dot{I}_i^* \neq 0$，就会出现"镜像短路"情况。在实际电路中，一般是采用"嵌入"镜像滤波器的办法来构造镜像短路，这种电路不要求输入回路具有能区分信号频率和镜像频率的窄带特性，镜像短路由专门的结构来实现，如图 3-12 所示。图中电路在二极管输入口并联一个窄带的串联谐振回路，谐振于镜像频率，根据串联谐振的特性，该回路对镜像频率提供近似短路的低阻抗，但对信号频率提供高阻抗，因此该回路对信号功率损耗很小。

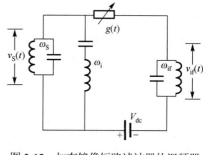

图 3-12　加有镜像短路滤波器的混频器

设镜频的电导仍为 G_i，这时 $G_i \to \infty$，混频器仍是三端口网络。根据镜像端口条件，镜像短路下混频器的等效二端口网络仍可用图 3-9 表示，其电路方程仍为式（3-60），只是这时 Y_{ij} 的具体数值不同于镜像匹配情况而已。根据这一点，镜像短路混频器的分析过程与镜像匹配混频器完全相同，故这里仅给出分析结果。

这时显然有：

$$Y_{11} = Y_{22} = g_0 \tag{3-82}$$

$$Y_{12} = Y_{21} = g_1 \tag{3-83}$$

$$L_{\text{短}} \approx 1 + \frac{2}{\sqrt{\alpha V_L}} \tag{3-84}$$

$$G_{\text{S短}} = G_{\text{out短}} \approx \frac{\alpha I_{\text{dc}}}{\sqrt{\alpha V_L}} \tag{3-85}$$

这时混频器网络参量与信号源电导无关。上述各参量随 $1/\sqrt{\alpha V_L}$ 变化的曲线也画在图 3-10 和图 3-11 上。可见当 $\alpha V_L \to \infty$ 时，$L_{\text{短}} \to 1$（0dB），这是因为在镜像短路情况下，包括镜频在内的所有高次闲频分量均被短路而没有功率损耗，故在极限本振激励下，所有信号输入功率都可变成中频功率。当然，实际混频器本振激励是有限的，变频损耗总是大于 1，是有耗的。这又具体证明了二极管阻性混频网络是无源的。

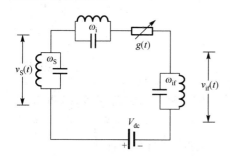

图 3-13　加有镜像开路滤波器的混频器

（3）镜像开路情况

如果在混频器输入端与二极管之间嵌入一个镜像频率的并联谐振回路，如图 3-13 所示，它将在镜像频率上呈现高阻抗，使得镜像电压 $\dot{V}_i \neq 0$ 但镜像电流 $\dot{I}_i^* = 0$，就会出现"镜像开路"情况。这时，在镜频谐振回路两端的镜像电压将又加在二极管上，并与本振再次混频产生中频，又得到有用的中频能量。因此，这里镜像频率的并联谐振回路相当于镜频的能量存储器，并最终把镜频能量再转化为中频能量，可以预料，这种混频器的变频损耗将较低。

镜像开路的分析方法与前完全类似，注意这时 $G_i \to 0$。这里仅给出分析结果如下：

$$Y_{11} = g_0 - \frac{g_2^2}{g_0} \tag{3-86}$$

$$Y_{12} = Y_{21} = g_1 - \frac{g_1 g_2}{g_0} \tag{3-87}$$

$$Y_{22} = g_0 - \frac{g_1^2}{g_0} \tag{3-88}$$

$$L_{\text{开}} \approx 1 + \frac{\sqrt{2}}{\alpha V_L} \tag{3-89}$$

$$G_{\text{S开}} \approx 2\sqrt{2}\alpha \frac{I_{\text{dc}}}{(\alpha V_L)^{\frac{3}{2}}} \tag{3-90}$$

$$G_{\text{out开}} \approx \frac{G_{\text{S开}}}{4} \tag{3-91}$$

这时混频器网络参量也与信号源电导无关。上述各参量随 $1/\sqrt{\alpha V_L}$ 变化的曲线也画在图 3-10 和图 3-11 上。可见当 $\alpha V_L \to \infty$ 时，$L_{\text{短}} \to 1$ (0dB)。

综合三种类型镜像终端 Y 混频器的性能，可以得出一些重要结论：

① 从图 3-10 可以看出，变频损耗 $L_{\text{开}} \leqslant L_{\text{短}} < L_{\text{匹}}$，即在同样的本振激励功率下，镜像开路的损耗最小，而镜像匹配的损耗最大。但是从图 3-11 看出，镜像开路混频器所要求的最佳信号源电导比镜像短路混频器的小得多，如果给定的信号源电阻较低（约几十欧），那么镜像短路混频器比较容易与信号源匹配，实际上所得性能并不比镜像开路混频器差。

② 我们已经知道镜像匹配混频器是宽带混频器，它具有存在于本振频率两侧的信号及镜频通道，是双通道混频器，如果在信号输入端存在一个频率等于镜像频率的外来干扰信号（注意要区别于作为混频产物的镜像频率分量，镜像频率的外来干扰信号不含有有用的信号能量），一样能够通过混频在中频输出端产生反映，造成中频干扰，使混频器性能变坏。而镜像短路与开路混频器是窄带混频器，只在本振频率一侧存在信号通道，是单通道混频器，如果在信号输入端存在一个频率等于镜像频率的外来干扰信号，它也会被输入回路中的镜像抑制滤波器（短路或开路）所抑制，不能通过混频器产生输出。因此，常用镜像匹配混频器来接收宽带信号或调制产生的双边带信号，这时虽然每个通道的变频损耗较大，但中频功率可以是两个通道之和，这样总变频损耗并不会恶化太多；而用镜像开路或短路混频器来接收窄带或单边带信号。如果必须用镜像匹配混频器来接收窄带信号，就必须尽可能"抑制"或"关闭"镜像通道以减小中频干扰。

③ 根据式（2-86）和式（3-80）可见，镜像匹配的最佳信号源电导为：

$$G_{\text{S匹}} \approx \sqrt{2}\frac{I_{\text{dc}}}{V_L} \approx \frac{1}{\sqrt{2}}G_L \tag{3-92}$$

因此，混频器对本振源的输入电导 G_L 与混频器最佳信号源电导 $G_{\text{S匹}}$ 数值相近，即混频器与本振源电导 G_L 匹配得到的性能与最佳性能相近。因此实际设计宽带混频器时，常用 G_L 来估计 $G_{\text{S匹}}$，而 G_L 可通过对二极管的高频阻抗测量来获得，这给宽带混频器的设计提供了基础和方便。

3. 二极管寄生参量对变频损耗的影响

我们前面的分析都忽略了二极管寄生参量对变频损耗的影响，实际设计时它们的影响必须考虑。考虑 R_s 和 C_j 时，实际混频器可用图 3-14 的等效电路来表示。图中理想二极管混频器是只考虑二极管结电阻 R_j 的理想混频器，当 R_s 和 C_j 存在时，它们对高频信号和中频信号都要起分流和分压作用，因此在理想混频器的输入和输出端都应接上并联电容 C_j 和串联电阻 R_s。G_{in} 和 G_{out} 分别为理想混频器的输入输出电导，$R_S = 1/G_S$ 为信号源内阻，R_O 为负载电阻，L_T 为调谐电感。

信号输入端的等效电路如图 3-15 所示，图中：

$$C_j' = C_j \left[1 + \frac{1}{(\omega_S C_j R_{\text{in}})^2} \right] \tag{3-93}$$

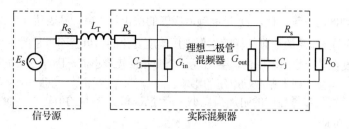

图 3-14　实际混频器的等效电路

$$R'_{in} = R_{in}\left[1 + \frac{1}{(\omega_S C_j R_{in})^2}\right] \tag{3-94}$$

式中 $R_{in} = 1/G_{in}$。由于 L_T 与 C'_j 串联谐振于信号频率 ω_S，故对信号频率呈现近似零阻抗。根据图 3-15 可求得实际加于混频器的输入信号功率 P_{S1} 与加于理想混频器的输入信号功率 P_{S2} 为：

$$P_{S1} = \frac{E_S^2(R_s + R'_{in})}{(R_S + R_s + R'_{in})^2} \tag{3-95}$$

$$P_{S2} = \frac{E_S^2 R'_{in}}{(R_S + R_s + R'_{in})^2} \tag{3-96}$$

于是可以求得当 R_s 和 C_j 存在时所引起的输入附加损耗为：

$$L_A = \frac{P_{S1}}{P_{S2}} = 1 + \frac{R_s}{R_{in}} + \omega_S^2 C_j^2 R_s R_{in} \tag{3-97}$$

中频输出端的等效电路如图 3-16 所示，由于 C_j 较小，其中频电抗很大，通常可将其忽略。由图 3-16 可以求得实际输出的中频功率 P_{if1} 与加于中频负载的输出功率 P_{if2} 为：

$$P_{if1} = \frac{E_{if}^2(R_s + R_O)}{(R_{out} + R_s + R_O)^2} \tag{3-98}$$

$$P_{if2} = \frac{E_{if}^2 R_O}{(R_{out} + R_s + R_O)^2} \tag{3-99}$$

式中，$R_{out} = 1/G_{out}$。可以求得当输出端匹配时（即 $R_O = R_{out}$）中频功率附加损耗为：

$$L_B = \frac{P_{if1}}{P_{if2}} = 1 + \frac{R_s}{R_O} = 1 + \frac{R_s}{R_{out}} \tag{3-100}$$

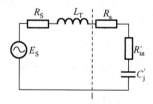

图 3-15　实际混频器的输入等效电路

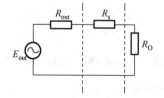

图 3-16　实际混频器的中频输出等效电路

由此可以求出实际混频器的变频损耗为：

$$L_r = L \cdot L_A \cdot L_B \approx L\left[1 + R_s G_{out} + R_s G_{in} + \left(\frac{\omega_S}{\omega_c}\right)^2 \frac{1}{R_s G_{in}}\right] \tag{3-101}$$

式中，L 是理想混频器的变频损耗，ω_{c} 是混频二极管的截止角频率，其表达式为式（2-87）。如果考虑二极管的寄生参量在内，总的变频损耗随本振电压幅度变化的趋势就不再是图 3-10 所示的单调变化了，当本振电压幅度在某个数值范围内，会出现一个变频损耗最小值。因此变频损耗的最佳值不仅受信号源内阻的影响，还会受到本振激励电压的影响。

一般来说，为使寄生参量造成的附加损耗小，应使 R_{s} 和 C_{j} 本身的值较小，而且混频二极管的截止频率应满足 $\omega_{c} \geq 20\omega_{S}$。

在实际电路中，混频器的损耗还要包括输入和输出端的失配损耗，及混频器电路其他元件的损耗，这些损耗是实际设计混频器必须考虑的，实际得到的混频器变频损耗要比理论计算的高。还需说明的是，以上这些分析计算还属于早期简化计算的范畴：未考虑结电容变频损耗，仅考虑了结电容的分流作用，g_{n} 的各值也仅由正弦本振电压求出。因此分析结果还是粗略的。但其物理概念很清楚，所以至今仍有指导意义。

3.2.3 噪声特性

混频器的噪声特性主要用"噪声系数"和"噪声比"来描述。在线性电子线路课程中，我们已经知道线性二端口网络（系统）的噪声系数定义为：

$$F = \frac{输入信号噪声功率比}{输出信号噪声功率比} = \frac{P_{in}/N_{in}}{P_{out}/N_{out}} \tag{3-102}$$

混频器由于存在非线性频率变换，因此噪声系数应该对每一对相应的频率来定义。这样噪声系数的定义就必须扩展，使之不仅能适用于单响应的线性网络，而且能适用于多响应的外差式接收系统。针对混频器输出的核心变频产物-中频，混频器的噪声系数可定义为：

$$F_{m} = \frac{输入信号噪声功率比}{输出中频噪声功率比} = \frac{P_{aS}/N_{aS}}{P_{aif}/N_{aif}} = L\frac{N_{aif}}{N_{aS}} \tag{3-103}$$

式中，$L = P_{aS}/P_{aif}$ 为混频器的变频损耗；N_{aS} 和 N_{aif} 分别为混频器输入和输出的噪声资用功率。

为使噪声系数的概念清晰，一般把混频器的总输出噪声等效为温度 T_{m} 的电阻所产生的热噪声，称为混频器的等效噪声温度，并可定义混频器的噪声比 t_{m} 为：

$$t_{m} = \frac{T_{m}}{T_{0}} \tag{3-104}$$

式中，T_{0} 为标准噪声温度，一般取常温 290K。

严格分析和计算混频器的噪声输出和噪声系数可以把噪声看做是与输入信号 ω_{S} 地位相同的小信号成分，相当于许多不同频率的电流源，分别加在混频器多频多端口网络的各相应频率端口上，根据一般的变频损耗 L_{mn} 计算通过变频作用而产生的总中频噪声输出功率。但一般采用近似方法，即把混频器等效为一个衰减量为中频变频损耗 L、噪声温度为 T_{d} 的无源衰减网络。混频器的噪声系数及噪声比与混频器的电路结构（单或双通道）及信号频谱宽度（单或双边带）有关。

1. 镜像开路和短路混频器的噪声系数

这时混频器是单通道的，它是二端口有耗网络，其噪声等效电路如图 3-17 所示。

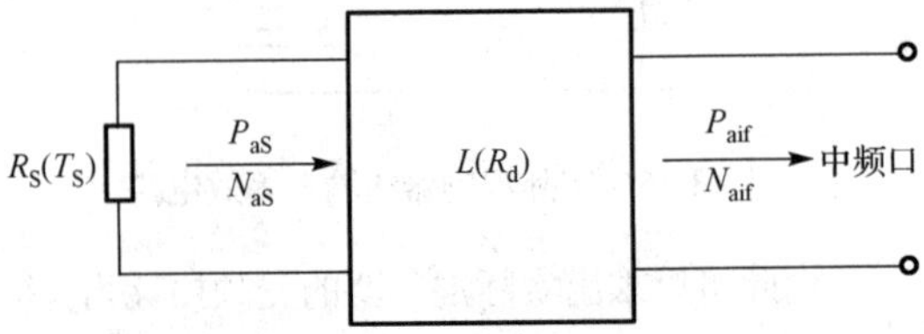

设 T_{S} 为信号源内阻 R_{S} 的噪声温度，可求得输入的噪声资用功率 N_{aS} 为：

$$N_{aS} = kT_{S}B \tag{3-105}$$

式中，B 为噪声等效带宽。

图 3-17 单通道混频器的噪声等效电路

混频器的输出噪声由两部分构成：一部分是输入噪声经过混频器衰减后的噪声输出功率，另一部分是混频器内部噪声产生的输出功率。设 T_d 为二极管等效噪声温度，当 $T_S = T_d$ 时，整个系统处于同一温度下，可求得输出端的噪声资用功率 N_{aif} 为：

$$N_{aif} = kT_d B \tag{3-106}$$

如果现在 $T_S = T_0 \neq T_d$（T_0 为常温 290K），则源阻抗在混频器输入端多产生的噪声功率为 $k(T_S - T_d)B$，此功率受到混频器电路的衰减，则这一增量传到输出端时变为 $k(T_S - T_d)B/L$，因此输出端总噪声资用功率 N_{aif} 可表示为：

$$
\begin{aligned}
N_{aif} &= kT_d B + \frac{1}{L}k(T_S - T_d)B \\
&= \frac{1}{L}kT_S B + \left(1 - \frac{1}{L}\right)kT_d B \\
&= \frac{1}{L}kT_0 B + \left(1 - \frac{1}{L}\right)kT_d B \\
&= \frac{kT_0 B}{L}\left[1 + (L-1)t_d\right]
\end{aligned}
\tag{3-107}
$$

式中，$t_d = T_d/T_0$ 为混频二极管的噪声比。可以看到上式中第一项 $kT_0 B/L$ 即表示输入噪声经过混频器衰减后的噪声输出功率，而第二项 $(1-1/L)kT_d B$ 即表示混频器内部噪声产生的输出功率。

这样，可求得噪声系数和噪声比为：

$$F_{m1} = L_1 \frac{N_{aif1}}{N_{aS1}} = 1 + (L_1 - 1)t_d \tag{3-108}$$

$$t_{m1} = \frac{T_{m1}}{T_0} = \frac{kT_{m1}B}{kT_0 B} = \frac{N_{aif1}}{kT_0 B} = \frac{1}{L}\left[1 + (L-1)t_d\right] \tag{3-109}$$

式中用下标"1"表示单通道混频器。将噪声系数用变频损耗和噪声比表示，可得：

$$F_{m1} = L_1 t_{m1} \tag{3-110}$$

由于 $t_d \approx 1$，根据式（3-109）可知 $t_{m1} \approx 1$，所以：

$$F_{m1} = L_1 t_{m1} \approx L_1 \tag{3-111}$$

可见混频器的噪声系数近似等于变频损耗，要获得低噪声系数，必须使混频器的变频损耗尽可能低，两者是一致的。

2．镜像匹配混频器的噪声系数

这时混频器是双通道的，它是三端口有耗网络，如图 3-18 所示。对于这种双通道混频器，当信号的边带结构不同时，如单边带（SSB）信号或双边带（DSB）信号，其噪声系数及噪声比是不同的，必须分别讨论。

（1）单边带信号情况

这时信号功率仅存在于信号通道，镜像通道没有信号，但由于镜像通道也存在热噪声，因此将会有两个通道的噪声通过混频产生中频噪声输出。可以设想，其噪声性能将变坏。其噪声系数定义式（3-103）具体表现为：

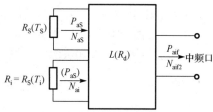

图 3-18　双通道混频器的噪声等效电路

$$F_{m2}(SSB) = \frac{P_{aS}(SSB)/N_{aS1}}{P_{aif}(SSB)/N_{aif2}} = L_2 \frac{N_{aif2}}{N_{aS1}} \tag{3-112}$$

式中 $L_2 = P_{aS}(SSB)/P_{aif}(SSB)$ 是双通道混频器对窄带信号的变频损耗,仍用下标"1"表示单通道参量,而用下标"2"表示双通道参量。

仍用 T_S 表示信号源内阻 R_S 的噪声温度,可求得输入的噪声资用功率 N_{aS1} 为:

$$N_{aS1} = kT_S B \tag{3-113}$$

设 T_i 为镜像电导的噪声温度,当 $T_S = T_i = T_d$ 时,整个系统处于同一温度,其输出的总中频噪声资用功率 N_{aif2} 为:

$$N_{aif2} = kT_d B \tag{3-114}$$

当 $T_S = T_i = T_0 \neq T_d$ 时,源阻抗在混频器两个输入端口多产生的噪声功率都用 $k(T_0 - T_d)B$ 表示,此功率受到混频器电路的衰减,产生的实际噪声输出功率为:

$$
\begin{aligned}
N_{aif2} &= kT_d B + \frac{2}{L_2} k(T_0 - T_d)B \\
&= \frac{2kT_0 B}{L_2}\left[1 + \left(\frac{L_2}{2} - 1\right)t_d\right]
\end{aligned}
\tag{3-115}
$$

于是可求得这时噪声系数和噪声比为:

$$F_{m2}(SSB) = 2\left[1 + \left(\frac{L_2}{2} - 1\right)t_d\right] = L_2 t_{m2} \tag{3-116}$$

$$t_{m2} = \frac{T_{m2}}{T_0} = \frac{2}{L_2}\left[1 + \left(\frac{L_2}{2} - 1\right)t_d\right] \tag{3-117}$$

(2)双边带信号情况

这时信号和镜像通道都存在信号功率,因此输出中频功率 $P_{aif}(DSB) = 2P_{aif}(SSB)$,而输出的总中频噪声资用功率仍为 N_{aif2},故输出中频的信噪比比单边带信号情况增加一倍;而输入信噪比这时并没有改变。这样噪声系数为:

$$F_{m2}(DSB) = \frac{1}{2}F_{m2}(SSB) = \frac{1}{2}L_2 t_{m2} = 1 + \left(\frac{L_2}{2} - 1\right)t_d \tag{3-118}$$

由上式可见,如果用双通道混频器来接收"单边带"信号时,由于噪声输出是双通道的,而信号是单通道的,噪声系数要增大一倍,或者说输出信噪比变坏 3dB。为了降低混频器的噪声系数以改善灵敏度,应将镜像通道抑制,这样对信号传输无影响,但可将噪声削弱 3dB。

3. 混频器-中放组件的噪声系数

在外差式微波接收机中,一般采用混频器-中频放大器组件作为接收前端。由于阻性混频器本身没有增益,其后面中频放大器的噪声影响不能忽略。因此,以混频器作前端器件的整机噪声系数取决于混频器-中放组件的总和噪声系数。根据线性系统的噪声系数级联公式,可求得总噪声系数如下:

$$F_{mA} = F_m + \frac{F_{if} - 1}{1/L} = F_m + L(F_{if} - 1) \tag{3-119}$$

式中,F_{if} 为中放的噪声系数。对于单通道混频器,因 $F_{m1} = L_1 t_{m1}$,故有:

$$F_{mA1} = L_1(t_{m1} + F_{if} - 1) \tag{3-120}$$

若 $t_{m1} \approx 1$，可得：

$$F_{mA1}(dB) \approx L_1(dB) + F_{if}(dB) \tag{3-121}$$

对于双通道混频器接收单边带信号情况，$F_{m2}(SSB) = L_2 t_{m2}$，故有：

$$F_{mA2}(SSB) = L_2(t_{m2} + F_{if} - 1) \tag{3-122}$$

对于双通道混频器接收双边带信号情况，$F_{m2}(DSB) = L_2 t_{m2}/2$，故有：

$$F_{mA2}(DSB) = \frac{L_2}{2}(t_{m2} + F_{if} - 1) \tag{3-123}$$

若 $t_{m2} \approx 1$，可得：

$$F_{mA2}(SSB)(dB) \approx L_2(dB) + F_{if}(dB) \tag{3-124}$$

$$F_{mA2}(DSB)(dB) \approx L_2(dB) + F_{if}(dB) - 3dB \tag{3-125}$$

由于理论上 $L_1 < L_2$，因此理想的镜像短路（开路）混频器及低噪声中放应获得较小的整机噪声系数。一般常用式（3-121）、式（3-124）和式（3-125）来粗估以混频器为接收机高频头第一级的噪声系数。

从以上的分析可见，要获得低噪声，必须降低变频损耗 L、二极管的噪声比 t_d 以及中频放大器的噪声系数 F_{if}。在一定的 t_d 和 F_{if} 下，降低 L 是获得低噪声系数的关键。因此低噪声混频器必须具有低损耗。

4．本阵源引入的噪声

在前面的分析中，我们在计算噪声系数和噪声比时，除混频二极管本身产生噪声外，仅考虑了信号源部分的噪声输入在中频端造成的噪声输出。实际上，本阵源也会有噪声，并会将其噪声引入混频过程，对混频造成影响。本振源的噪声频谱包络如图3-19所示，由于本振源谐振滤波器的作用，噪声频谱包络与谐振器的频率特性相同。由于这部分输入噪声导致的噪声输出也是由噪声与本振信号混频产生的，因此只有中心频率为 $\omega_L + \omega_{if}$、带宽为中频滤波器带宽 B，以及中心频率为 $\omega_L - \omega_{if}$、带宽为 B 的两部分噪声可以产生落在中频通带内的噪声输出，如图3-20所示。当然，信号与噪声混频，以及彼此相差一个中频的噪声分量之间都能通过混频产生中频噪声，但其值极小可忽略不计。我们仅需考虑本振与噪声之间混频产生的中频噪声输出。

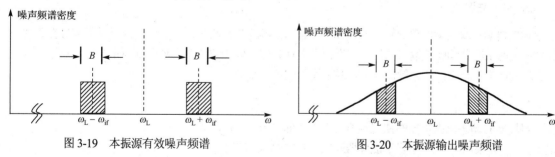

图3-19 本振源有效噪声频谱　　　　　图3-20 本振源输出噪声频谱

根据图3-20，我们可将有效噪声功率谱表示成频带分开的两个矩形窄带噪声谱，如图3-20 所示，并把有效噪声表示为：

$$\begin{aligned}n(t) &= n^+(t) + n^-(t) \\ &= V_n(t)\cos[(\omega_L + \omega_{if})t + \phi_1(t)] + V_n(t)\cos[(\omega_L - \omega_{if})t + \phi_2(t)]\end{aligned} \tag{3-126}$$

式中，$V_n(t)$ 表示有效噪声振幅；$\phi_1(t)$ 和 $\phi_2(t)$ 表示有效噪声相位，它们是时间的随机函数。因为 $n^+(t)$ 和 $n^-(t)$ 的频谱是分离的、不相关的，所以两部分乘积的统计平均值 $E\{n^+(t) \cdot n^-(t)\} = 0$，而两部分噪声的均方值相等，即 $E\{n^{+2}(t)\} = E\{n^{-2}(t)\} = N_0 B$，图 3-20 中两个矩形面积相等。根据关于混频器输出电流的讨论方法，设本振初相位 $\phi = 0°$，可知图中二极管的本振引入噪声电流为：

$$
\begin{aligned}
i_n(t) &= g(t) \cdot n(t) \\
&= \left[g_0 + 2\sum_{n=1}^{\infty} g_n \cos(n\omega_L t) \right] \times \\
&\quad \left\{ V_n(t)\cos\left[(\omega_L + \omega_{if})t + \phi_1(t)\right] + V_n(t)\cos\left[(\omega_L - \omega_{if})t + \phi_2(t)\right] \right\}
\end{aligned}
\tag{3-127}
$$

其中频噪声分量为：

$$
i_{nif}(t) = g_1 V_n(t)\cos\left[\omega_{if}t + \phi_1(t)\right] + g_1 V_n(t)\cos\left[\omega_{if}t - \phi_2(t)\right]
\tag{3-128}
$$

这部分噪声分量出现在中频输出端，将使混频器的噪声系数恶化。在微波波段，噪声系数增加大约 2～3dB，这是一个可观的数值，因此在电路设计中必须尽可能采取措施消去本振噪声的影响。

3.2.4 混频器的其他电气指标

1. 信号端口与本振端口的隔离度

如果信号端口与本振端口的隔离较差，将会发生信号能量泄漏到本振端口，造成能量损失，以及本振能量泄漏到信号端口，造成信号源的不稳定及向外辐射能量，因此要求信号端与本振端之间保证一定的隔离度。

用 P_S 表示输入信号功率，P_{LS} 表示信号泄漏到本振端口的功率，则隔离度定义为：

$$
L_{SL} = 10\lg\frac{P_S}{P_{LS}}
\tag{3-129}
$$

或者也可用 P_L 表示输入本振功率，P_{SL} 表示本振泄漏到信号端口的功率，则隔离度定义为：

$$
L_{LS} = 10\lg\frac{P_L}{P_{SL}}
\tag{3-130}
$$

根据互易原理，$L_{SL} = L_{LS}$。一般信号端口与本振端口的隔离度是依靠采用特殊的电路结构来实现的，如采用定向耦合器来接入信号及本振。

2. 输入驻波比

混频器输入端反射不仅导致失配损耗，而且当混频器为接收机前置级时，由于反射信号在天线与接收机之间来回传输，使输入端信号产生相位失真。在某些相位关系要求严格的系统里，对输入驻波比有特别严格的要求，在一般情况下，要求输入驻波比小于 2。

3. 动态范围

混频器的动态范围指能够使混频器有效工作的输入电平范围。如果用图 3-21 来表示混频器变频损耗与输入功率的关系，结合前面对小信号混频器的讨论，可见当输入电平较低时，输入功率与输出中频功率呈线性关系，变频损耗也是常数；当输入功率增加到一定电平时，由于大信号作用，寄生频率增多，使变频损耗增加。可定义变频损耗相对于低电平恒定值增大 1dB 时的输入电平为"1dB 压缩点"。混频器的动态范围上限即是 1dB 压缩点，下限决定于噪声电平。

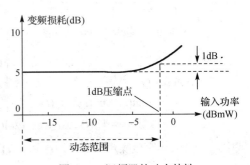

图 3-21 混频器的动态特性

对于一般接收机，动态范围的限制一般并不构成太大影响。但对用于测试仪表的混频器来说，由于需用混频器输出来表征待测量参数，因此输入输出信号之间需保持严格的线性关系，动态范围就必须严格限制了。

4. 频带宽度

频带宽度是指满足各项指标的混频器工作频率范围，它主要取决于二极管的寄生参量及组成电路各元件的频带宽度。

除了这些指标，由于应用场合的不同，对混频器还会有不同的要求，应用中应具体问题具体分析。

3.2.5 单平衡混频器

1. 90°相移型平衡混频器

前面讨论的单端混频器是一种最简单的非线性电阻微波混频器，它的性能较差，在实际工程中应用不多。为了改善混频器的性能，可以采用多个阻性二极管构成"平衡混频器"。本小节介绍采用两个二极管的单平衡混频器，而采用四个二极管的双平衡混频器将在下一小节介绍。根据单平衡混频器两个混频二极管上信号及本振相位的不同，平衡混频器分为90°相移和180°相移型两种类型。

图 3-22 给出了 90°相移型单平衡混频器的等效电路，它通过功率混合电路使加在两个二极管上信号及本振相位有所区别。图中 $n(t)$ 为本振源的等效噪声，由于它很小，在研究信号混频过程时可忽略它。

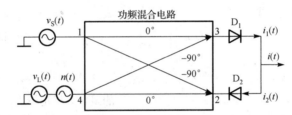

图 3-22　90°相移型平衡混频器等效电路

（1）输出电流与性能

由图 3-22 可见，加于二极管 D_1 和 D_2 管上的信号电压为：

$$v_{S1}(t) = V_S \cos(\omega_S t) \tag{3-131}$$

$$v_{S2}(t) = -V_S \cos\left(\omega_S t - \frac{\pi}{2}\right) = V_S \cos\left(\omega_S t + \frac{\pi}{2}\right) \tag{3-132}$$

式中反映了功率混合电路 2 端口 D_2 管的信号相位滞后于 3 端口 D_1 管 90°，同时已经考虑了 D_2 管的接法与 D_1 相反，若以 D_1 极性为正，则需在 D_2 管电压上引入 "－" 号。

同理，加于二极管 D_1 和 D_2 管上的本振电压为：

$$v_{L1}(t) = V_L \cos\left(\omega_L t + \phi - \frac{\pi}{2}\right) = V_L \cos\left[\left(\omega_L t - \frac{\pi}{2}\right) + \phi\right] \tag{3-133}$$

$$v_{L2}(t) = -V_L \cos(\omega_L t + \phi) = V_L \cos(\omega_L t + \phi + \pi) = V_L \cos\left[(\omega_L t + \pi) + \phi\right] \tag{3-134}$$

式中也反映了 3 端口 D_1 管本振相位滞后于 2 端口 D_2 管 90°，以及 D_2 管的极性相反。

根据式（3-20）可分别求得 D_1 管和 D_2 管的混频电流为：

$$i_1(t) = \sum_{n=-\infty}^{\infty} \sum_{m=-\infty}^{\infty} \dot{I}_{n,m} \exp\left[jn\left(\omega_L t - \frac{\pi}{2}\right) + jm\omega_S t \right] \tag{3-135}$$

$$i_2(t) = \sum_{n=-\infty}^{\infty} \sum_{m=-\infty}^{\infty} \dot{I}_{n,m} \exp\left[jn(\omega_L t + \pi) + jm\left(\omega_S t + \frac{\pi}{2}\right) \right] \tag{3-136}$$

根据电路中输出端接法可知输出电流为：

$$
\begin{aligned}
i(t) &= i_1(t) - i_2(t) \\
&= \sum_{n=-\infty}^{\infty} \sum_{m=-\infty}^{\infty} \left\{ \dot{I}_{n,m} \cdot \exp\left[j(n\omega_L + m\omega_S)t \right] \cdot \exp(jn\pi) \cdot \left[\exp\left(-j\frac{3n\pi}{2}\right) - \exp\left(j\frac{m\pi}{2}\right) \right] \right\} \\
&= \sum_{n=-\infty}^{\infty} \sum_{m=-\infty}^{\infty} \left\{ \dot{I}_{n,m} \cdot \exp\left[j(n\omega_L + m\omega_S)t \right] \cdot \exp(jn\pi) \cdot \left[\exp\left(j\frac{n\pi}{2}\right) - \exp\left(j\frac{m\pi}{2}\right) \right] \right\}
\end{aligned}
\tag{3-137}
$$

分析此式可以得到 90° 相移型平衡混频器的几个重要结论：

① 当 $m = +1, n = -1$ 及 $m = -1, n = +1$ 时，考虑到 $\dot{I}_{-n,-m} = \dot{I}_{n,m}{}^*$ 的关系，可求得中频电流为：

$$i_{if}(t) = 4\left|\dot{I}_{-1,+1}\right| \cos\left[(\omega_S - \omega_L)t - \phi + \frac{\pi}{2} \right] \tag{3-138}$$

即在非线性混频过程中产生了中频分量，而且 D_1 管和 $n(t)$ 管的中频电流是相加的，能够实现混频功能。

② 由式（3-137）可见，当

$$\exp\left(j\frac{n\pi}{2}\right) - \exp\left(j\frac{m\pi}{2}\right) = 0 \tag{3-139}$$

时，有 $i(t) = 0$，即在混频器的输出端有许多分量互相抵消（平衡）而不存在。这样，平衡混频器输出电流频谱含量比单端混频器的少得多，在强信号下它产生的组合干扰也较少。

③ 由于平衡混频器利用两个二极管，在同样强的输入信号下，分到每个管的信号功率比单管混频时小 3dB，因此它所容许的不失真的信号强度（即输入动态范围）比单端混频器大 3dB。

90° 相移型平衡混频器的严格理论分析及性能估算须分别讨论两个混频二极管各自的贡献，具体到每一个混频二极管则与前节对单端混频器的分析完全类似，这里不再赘述。

（2）抵消本振噪声

根据前节对本振引入噪声的讨论，在图 3-22 由于加在 D_1 管的本振和噪声电压均有 -90° 相移，则由式（3-127）可知 D_1 管产生的噪声电流为：

$$
\begin{aligned}
i_{n1}(t) &= g(t) \cdot n(t) \\
&= \left[g_0 + 2\sum_{n=1}^{\infty} g_n \cos\left(n\omega_L t - \frac{n\pi}{2}\right) \right] \times \\
&\quad \left\{ V_n(t)\cos\left[(\omega_L + \omega_{if})t + \phi_1(t) - \frac{\pi}{2} \right] + V_n(t)\cos\left[(\omega_L - \omega_{if})t + \phi_2(t) - \frac{\pi}{2} \right] \right\}
\end{aligned}
\tag{3-140}
$$

其中中频噪声电流为：

$$i_{nif1}(t) = g_1 V_n(t)\cos\left[\omega_{if}t + \phi_1(t) \right] + g_1 V_n(t)\cos\left[\omega_{if}t - \phi_2(t) \right] \tag{3-141}$$

加在 D_2 管的本振和噪声电压均有 0° 相移，则由式（3-127）可知 D_2 管产生的中频噪声电流仍为：

$$i_{\text{nif2}}(t) = g_1 V_n(t)\cos\left[\omega_{\text{if}}t + \phi_1(t)\right] + g_1 V_n(t)\cos\left[\omega_{\text{if}}t - \phi_2(t)\right] \tag{3-142}$$

于是，总的输出中频噪声电流为：

$$i_{\text{nif}}(t) = i_{\text{nif1}}(t) - i_{\text{nif2}}(t) = 0 \tag{3-143}$$

由此可见，在 90° 相移型平衡混频器中本振噪声经混频后两管产生的中频噪声在输出端互相抵消而无输出，这是它优越于单端混频器的又一方面。

2. 180° 相移型平衡混频器

这种混频器的低频电路原理如图 3-23 所示。从图可见，变压器次级信号电压 $v_{\text{S}1}$ 的正极加于二极管 D_1 的正极，$v_{\text{S}2}$ 的正极加于二极管 D_2 的正极，因而加于 D_1 管和 D_2 管上的信号电压是同相的。而本振电压加于变压器次级中心点与两管连接点（高频地电位点）之间，因而 D_1 管上的本振电压与 D_2 管

上的反相。正是由于两个加在两个混频管上的本振电压反相，这种结构构成了 180° 相移型平衡混频器的一种，称为本振反相型平衡混频器。当然，如果将本振口与信号口互换，则可构成信号反相型平衡混频器，这两种 180° 相移型平衡混频器的分析方法是相同的，这里仅以图 3-23 所示本振反相型平衡混频器为例介绍其一般性能。

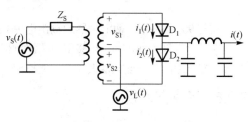

图 3-23　本振 180° 相移型平衡混频器等效电路

由图 3-23 可见，加于二极管 D_1 和 D_2 管上的信号电压为：

$$v_{\text{S}1}(t) = V_{\text{S}}\cos(\omega_{\text{S}}t) \tag{3-144}$$

$$v_{\text{S}2}(t) = v_{\text{S}1}(t) = V_{\text{S}}\cos(\omega_{\text{S}}t) \tag{3-145}$$

式中反映了 D_1 管和 D_2 管的信号同相。

加于二极管 D_1 和 D_2 管上的本振电压为：

$$v_{\text{L}1}(t) = V_{\text{L}}\cos(\omega_{\text{L}}t + \phi) \tag{3-146}$$

$$v_{\text{L}2}(t) = -v_{\text{L}1}(t) = V_{\text{L}}\cos(\omega_{\text{L}}t + \phi + \pi) = V_{\text{L}}\cos\left[(\omega_{\text{L}}t + \pi) + \phi\right] \tag{3-147}$$

即 D_1 管本振与 D_2 管反相。

根据式（3-20）可分别求得 D_1 管和 D_2 管的混频电流为：

$$i_1(t) = \sum_{n=-\infty}^{\infty}\sum_{m=-\infty}^{\infty}\dot{I}_{\text{n,m}}\exp(jn\omega_{\text{L}}t + jm\omega_{\text{S}}t) \tag{3-148}$$

$$i_2(t) = \sum_{n=-\infty}^{\infty}\sum_{m=-\infty}^{\infty}\dot{I}_{\text{n,m}}\exp\left[jn(\omega_{\text{L}}t + \pi) + jm\omega_{\text{S}}t\right] \tag{3-149}$$

根据电路中输出端接法可知输出电流为：

$$\begin{aligned}i(t) &= i_1(t) - i_2(t) \\ &= \sum_{n=-\infty}^{\infty}\sum_{m=-\infty}^{\infty}\left\{\dot{I}_{\text{n,m}}\cdot\exp\left[j(n\omega_{\text{L}} + m\omega_{\text{S}})t\right]\cdot\left[1 - \exp(jn\pi)\right]\right\}\end{aligned} \tag{3-150}$$

分析此式可以得到本振反相型平衡混频器的几个重要结论：

① 同样当 $m = +1, n = -1$ 及 $m = -1, n = +1$ 时，可求得中频电流为：

$$i_{if}(t) = 4\left|\dot{I}_{-1,+1}\right|\cos\left[(\omega_S - \omega_L)t - \phi\right] \qquad (3\text{-}151)$$

即在非线性混频过程中产生了中频分量，而且 D_1 管和 D_2 管的中频电流是相加的，能够实现混频功能。

② 由式（3-150）可见，由于

$$1 - \exp(jn\pi) = \begin{cases} 0 & |n| = ev(\text{偶数}) \\ 2 & |n| = od(\text{奇数}) \end{cases} \qquad (3\text{-}152)$$

即在混频器的输出端包含有本振偶次谐波的组合分量被抵消而无输出，这样本振反相型平衡混频器的输出电流可进一步表示为：

$$i(t) = \sum_{n=\pm od} \sum_{m=-\infty}^{\infty} 2\dot{I}_{n,m} \cdot \exp\left[j(n\omega_L + m\omega_S)t\right] \qquad (3\text{-}153)$$

它与 90° 相移型平衡混频器的输出电流频谱不同。

在其他性能方面，180° 相移型平衡混频器与 90° 相移型平衡混频器是基本相同的：如组合干扰少、输入动态范围比单端混频器大 3dB、能抵消本振噪声等，这里不再赘述。读者可自行证明。

3.2.6 双平衡混频器

为了进一步改善非线性电阻混频器的性能，又提出了一种双平衡微波混频器电路，它的低频电路示于图 3-24。图中四个二极管的正负极顺次相连，组成一个环路或二极管电桥，故又称之为环形混频器。本振电压从左端输入，经过本振巴伦加于二极管电桥的 1、3 端之间。信号电压从右端加入，经信号巴伦加于桥的 2、4 两端之间。当四个二极管特性相同时，各个二极管上信号和本振电压幅度完全相同。中频信号从信号巴伦的平衡端（变换器次级）的中点引出，而本振巴伦次级的中点接地。

根据平衡电桥理论，当四个二极管特性相同时，它们组成平衡电桥，加于对角端 1、3 之间的电压不会在另一对角端 2、4 之间出现，因此双平衡混频器具有固有的高隔离度。我们知道，单平衡混频器中隔离度是靠功率混合电路（定向耦合器）来保证的，它的工作频带有限，而且在微带耦合器中由于介质非均匀、介质损耗较大及匹配不理想等原因，一般难以得到良好的隔离度。这是双平衡混频器优于单平衡混频器的一个主要方面。如果混频二极管性能优良，这种高隔离度将在很宽频带内实现，因此双平衡混频器可以作为宽带和超宽带微波混频器。

根据双平衡混频器的输出等效电路图 3-25 可以看到，加于四个二极管上的信号和本振电压分别为：

$$v_{S1}(t) = -V_S\cos(\omega_S t) = V_S\cos(\omega_S t + \pi) \qquad (3\text{-}154)$$

$$v_{S2}(t) = V_S\cos(\omega_S t) \qquad (3\text{-}155)$$

$$v_{S3}(t) = V_S\cos(\omega_S t) \qquad (3\text{-}156)$$

$$v_{S4}(t) = -V_S\cos(\omega_S t) = V_S\cos(\omega_S t + \pi) \qquad (3\text{-}157)$$

$$v_{L1}(t) = -V_L\cos(\omega_L t + \phi) = V_L\cos(\omega_L t + \phi + \pi) = V_L\cos\left[(\omega_L t + \pi) + \phi\right] \qquad (3\text{-}158)$$

$$v_{L2}(t) = -V_L\cos(\omega_L t + \phi) = V_L\cos(\omega_L t + \phi + \pi) = V_L\cos\left[(\omega_L t + \pi) + \phi\right] \qquad (3\text{-}159)$$

$$v_{L3}(t) = V_L\cos(\omega_L t + \varphi) \qquad (3\text{-}160)$$

$$v_{L4}(t) = V_L\cos(\omega_L t + \phi) \qquad (3\text{-}161)$$

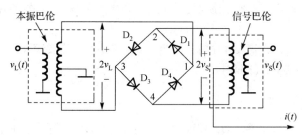

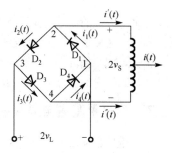

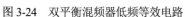

图 3-24　双平衡混频器低频等效电路　　　　　图 3-25　双平衡混频器输出等效电路

根据每一个管子的信号与本振电压情况，可分别求出每一个管子的混频电流为：

$$i_1(t) = \sum_{n=-\infty}^{\infty} \sum_{m=-\infty}^{\infty} \dot{I}_{n,m} \exp\left[jn(\omega_L t + \pi) + jm(\omega_S t + \pi)\right] \tag{3-162}$$

$$i_2(t) = \sum_{n=-\infty}^{\infty} \sum_{m=-\infty}^{\infty} \dot{I}_{n,m} \exp\left[jn(\omega_L t + \pi) + jm\omega_S t\right] \tag{3-163}$$

$$i_3(t) = \sum_{n=-\infty}^{\infty} \sum_{m=-\infty}^{\infty} \dot{I}_{n,m} \exp(jn\omega_L t + jm\omega_S t) \tag{3-164}$$

$$i_4(t) = \sum_{n=-\infty}^{\infty} \sum_{m=-\infty}^{\infty} \dot{I}_{n,m} \exp\left[jn\omega_L t + jm(\omega_S t + \pi)\right] \tag{3-165}$$

根据平衡电桥的接法，可知电桥的输出电流为：

$$i'(t) = i_1(t) - i_2(t) \tag{3-166}$$

$$i''(t) = i_3(t) - i_4(t) \tag{3-167}$$

于是总输出电流为：

$$
\begin{aligned}
i(t) &= i'(t) + i''(t) \\
&= \left[i_1(t) - i_2(t)\right] + \left[i_3(t) - i_4(t)\right] \\
&= \sum_{n=-\infty}^{\infty} \sum_{m=-\infty}^{\infty} \left\{ \dot{I}_{n,m} \cdot \exp\left[j(n\omega_L + m\omega_S)t\right] \cdot \left[1 - \exp(jn\pi)\right] \cdot \left[1 - \exp(jm\pi)\right] \right\}
\end{aligned} \tag{3-168}
$$

分析此式，可得以下结论：

① 当 $m = +1, n = -1$ 及 $m = -1, n = +1$ 时，可求得中频电流为：

$$i_{if}(t) = 8\left|\dot{I}_{-1,+1}\right| \cos\left[(\omega_S - \omega_L)t - \phi\right] \tag{3-169}$$

即在非线性混频过程中产生了中频分量，能够实现混频功能。

② 当 $m = \pm$ 偶数 、 $n = \pm$ 偶数 时，输出电流 $i(t) = 0$ 。即所有信号和本振的偶次谐波组合分量都被抵消而无输出，剩下的只有奇次谐波组合分量，因此输出电流可进一步表示为：

$$i(t) = \sum_{n=\pm od} \sum_{m=\pm od} 4\dot{I}_{n,m} \cdot \exp\left[j(n\omega_L + m\omega_S)t\right] \tag{3-170}$$

因此与反相型平衡混频器相比，双平衡混频器的输出电流频谱含量又减少了一半，比单端混频器减少了 3/4。这也是双平衡混频器的优点之一。

③ 由于双平衡混频器利用了 4 个二极管，与单平衡混频器相比，在同样的输入信号强度下，分

配到每个二极管的信号功率又小了 3dB。因此，它的动态范围又比单平衡混频器大 3dB，比单端混频器大 6dB。这又是双平衡混频器的优点之一。

但是，双平衡混频器也有缺点：其结构较复杂，需要 4 个特性完全一致的二极管，需要较大的本振功率等。但它的优点是主要的，因此目前得到了广泛应用。

3.2.7 双双平衡宽带混频器

如果混频器实现时信号带宽和中频带宽有部分重叠，如何保证信号和中频的有效隔离呢？这正是本节要引入的内容。从目前的研究发展情况看，双双平衡宽带混频器（也称为"三平衡宽带混频器"）是实现信号和中频带宽重叠且仍能保持信号、本振和中频端口相互隔离的最有效的形式。

双双平衡混频器需要双环二极管（共计 8 只二极管，每 4 个首尾连接形成电桥）和独立的信号、本振和中频巴伦，它的核心是宽频带巴伦和二极管电桥。二极管电桥可以采用环形结构或星形结构，一般设计中采用的是环形结构；宽带巴伦是用来增加带宽。中频端口使用中频巴伦后，具有独立的中频回路，不需要任何滤波元件就可将中频扩展至与本振、射频工作频段相交叠，且隔离度好。

双双平衡混频器基本原理：

图 3-26 为双双平衡混频器原理电路，可以看出该混频器包括两个二极管电桥和 3 组巴伦结构，电桥的作用在上节双平衡混频器中已经介绍过，此处不再详述。为了更好地说明该混频器的工作原理，给出图 3-27 所示的双双平衡混频器微波等效电路图，就是把图 3-26 中的巴伦结构给出具体实现示意图。当本振信号和射频信号加到各自端口时，经过功分和巴伦变换，加到双环二极管电桥上为平衡信号。也就是说，对本振（LO）信号来讲，A、B 两点上的电位相同，由于二极管电桥巴伦变换对称，根据对应关系，点 E、F 上电位为零，是虚拟的地点，同样对 RF 信号来讲 C、D 两点电位相同，RF 信号巴伦对称，E、F 也为虚拟地。于是理论上讲本振（LO）到中频（IF）和射频（RF）到中频（IF）提供了高隔离。

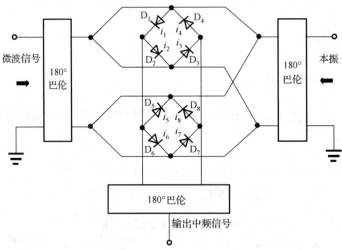

图 3-26　双双平衡混频器原理图

采用本振电路和射频电路相互正交，相应的电场交叉极化，完成了本振与射频的隔离。如图 3-27 中，当一个不平衡的 $2E\cos(\omega t + \varphi)$ 信号加在本振端口时，在 h'、g' 两点变成为平衡信号，且 g、g' 两点电位相同，h、h' 两点电位相同。

则 h、h' 两点电位为：

$$U_{\mathrm{h}} = E\cos(\omega t + \varphi) \tag{3-171}$$

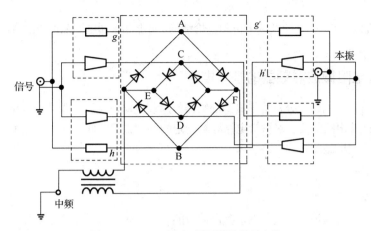

图 3-27 双双平衡混频器微波等效电路

g、g' 电位为：

$$U_g = E\cos(\omega t + \varphi - \pi) \tag{3-172}$$

在信号输入端，这两个本振电压叠加：

$$U_{信号端} = U_h + U_g = E\cos(\omega t + \varphi) + E\cos(\omega t + \varphi - \pi) = 0 \tag{3-173}$$

以此类推可知，本振信号也不能传入射频信号端口。同样也可证明射频信号不能传入本振口。所以从理论上讲由于正交馈电，该电路对于本振和信号来说提供了高隔离度及宽频带特性。

当本振和射频加到各自端口时，经过各自的巴伦结构变换成平衡信号。在本振足够大时，本振和双环二极管就像一个双刀双掷开关，在每半个本振信号周期内，这双掷开关对称切换射频信号到输出回路，即二极管对称导通输出中频信号。在本振正半周内，二极管 D_1、D_3、D_5、D_7 导通，可以求得流过每一个二极管的电流，流过中频回路的电流为：

$$I_{1F} = i_1 + i_3 + i_5 + i_7 \tag{3-174}$$

在负半周内，二极管 D_2、D_4、D_6、D_8 导通，流过中频回路的电流为：

$$I_{2F} = i_2 + i_4 + i_6 + i_8 \tag{3-175}$$

输出的中频电流是平衡信号，又经过中频巴伦结构变换成不平衡信号，从 IF 端口输出。这正是双双平衡混频器有时也称为三平衡混频器的来由。

该电路的混频产物在中频输出端口除了所需的中频信号外，只存在偶阶的混频产物 ω_{ne}，即

$$\omega_{ne} = n_e\omega_L \pm \omega_l = (n_e \pm 1)\omega_L \pm \omega_R \tag{3-176}$$

其中 $n_e = 0,2,4,6,8,\cdots,+\infty$，与双平衡混频器的混频输出电流相同。

在射频频率 ω_R 的输入端口只有奇阶的混频产物 ω_{no}，即

$$\omega_{no} = n_o\omega_L \pm \omega_l \tag{3-177}$$

其中 $n_o = 1,3,5,\cdots,+\infty$。在本振频率 ω_L 输入端口的混频产物与中频端口的混频产物完全相同。

在实际混频器中，需要双环二极管电桥中的二极管一致性高、巴伦结构的微带线长短、阻抗应完全一样，这样混频器处于良好的工作状态。在结构上，采用本振和信号巴伦正交形式，本振和中频巴伦正交形式，可以减少本振强信号串入 RF、IF 信号回路中，从而提高本振-信号端之间的隔离度和本振-中频端之间的隔离度。中频输出端口也采用巴伦变换，这样中频至少可以拓展到 10GHz，且各个端口隔离度高，动态范围大，抑制互调分量优于其他混频电路，输出频谱纯净。但缺点是制造成本高，

工艺复杂，因而价格较高。另外涉及双电桥和巴伦结构，属于非平面电路从而不适合采用普通的MMIC工艺。

3.2.8　非线性电阻微波混频器的基本电路

本小节将结合前面的理论分析给出典型混频器的原理电路，及以微带类型电路为主的电路版图，使未接触过具体微波电路的读者对微带电路等有一定的感性认识，此外本小节还将介绍为降低变频损耗和噪声系数而采取措施的具体电路。

1. 单端混频器

（1）基本电路

单端混频器是一种最简单的混频器，我们前节的分析实际上就是以单端混频器为例来进行的，因此其工作原理和性能已经详细讨论过了，这里主要关注其电路结构。图 3-28 给出了微带型单端混频器的电路结构图，它由耦合微带线定向耦合器、1/4 波长阻抗匹配电路、阻性混频二极管（通常采用梁式引线肖特基势垒二极管）、中频和直流通路及高频旁路等部分组成。信号从左边送入，经由定向耦合器和阻抗变换器加到混频二极管上，本振功率从定向耦合器的另一端口输入也加到二极管上。

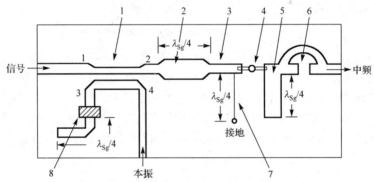

1—定向耦合器；2—阻抗变换器；3—相移线段；4—混频二极管；5—高频旁路块；
6—半环电感及缝隙电容；7—中频及直流通路；8—匹配负载

图 3-28　微波单端混频器

定向耦合器除保证信号和本振功率有效加在二极管上之外，还可以保证信号口和本振口之间有适当的隔离度。其耦合度也不宜取得过大和过小，如果耦合度过小，则耦合过松，使完成正常混频要求的本振功率过大；耦合度过大，即耦合过紧，由于定向耦合器 3 端口接有匹配负载，又使信号功率传到定向耦合器 3 端口被负载吸收过多，信号功率损耗加大。因此一般取耦合度为 10dB。

在定向耦合器与混频二极管之间接有 $\lambda_{Sg}/4$（λ_{Sg} 为信号频率对应的微带导内波长）阻抗变换器及相移线段。相移线段的作用是抵消二极管输入阻抗中的电抗成分，再经过 $\lambda_{Sg}/4$ 阻抗变换器完成定向耦合器 2 端口与混频二极管之间的阻抗匹配，使信号和本振最有效地加到二极管上。

在二极管的右边接有低通滤波器，它的作用是滤除信号和本振及它们各次谐波等高频信号，它由 $\lambda_{Sg}/4$ 终端开路线、半环电感和缝隙电容组成。$\lambda_{Sg}/4$ 终端开路线对高频信号呈现短路输入阻抗，高频信号将从这里短路到地板上而不会从中频端口输出，但这一开路线对中频信号则呈现较大容抗而近似不影响中频传输；为了对偏离中心频率 f_S 的其他高频信号也提供低阻，$\lambda_{Sg}/4$ 开路线采用低阻线（阻抗为 5～10Ω），即微带线很宽。中频引出线上的半环电感和缝隙电容组成谐振于本振频率的并联谐振回路，以进一步加强对本振的抑制，不让它进入中频回路；但这一并联谐振回路对中频则近似短路，中频可以顺利通过。

为能构成中频电流流动的通路，在二极管输入端还接有中频通路。为了减小本振功率，改善混频器的噪声性能，可以给二极管适当加一个较小的正向偏压，但从简化电路出发，往往工作于零偏，但这时仍要保证给混频电流中的直流成分也提供通路。图 3-26 中直流通路就是由中频接地线兼作的。它是长度为 $\lambda_{sg}/4$ 奇数倍的终端短路微带线，对主传输通道提供近似开路阻抗，同时它设计成线条很窄的高阻线，目的都是使它对信号和本振的传输没有影响。

我们可以注意到电路中设计微带线长都是以信号频率对应的微带导内波长为基准的，这一方面是由于信号和本振频率靠得很近，按信号波长设计对本振传输带来的影响不大，另一方面是由于信号功率比较微弱，电路设计务必要保证对信号的损失最小，只能牺牲部分本振功率。

整个电路是以微带形式光刻在介质基片上，整个电路为平面电路，结构简单、制造容易、体积小、质量轻，但其性能较差，实际应用不多。然而构成其基本结构的各部分及设计考虑对于各种其他混频器都是基本要求，这种单端混频器也是其他各种混频器的基础，因此分析介绍它也是必需的。

（2）滤波器型电抗镜像终端单端混频器

在前节的讨论中我们已经知道，要想降低 Y 混频器的变频损耗和噪声系数，除必须对各高次闲频提供短路终端外，还需对镜像频率提供短路和开路终端，在电路设计中的措施即是在信号输入端适当位置嵌入镜像抑制滤波器，把镜像功率反射回二极管再次参加混频，得到附加的中频输出。图 3-29 和图 3-30 分别给出了镜像短路和镜像开路的单端混频器微带电路。

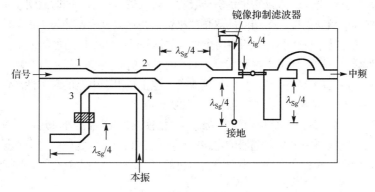

图 3-29　镜像短路单端混频器

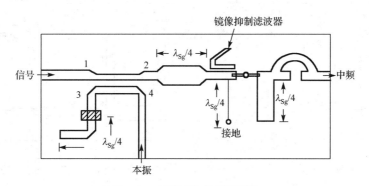

图 3-30　镜像开路单端混频器

从图 3-28 与图 3-29 的对比可见，图 3-29 中提供镜像短路的滤波器是一段长约 $\lambda_{ig}/4$（λ_{ig} 为镜像频率对应的微带导内波长）、终端开路的微带线，这段线对镜频频率提供很低的阻抗，因而使镜频近似短路。这段线一般放在紧靠二极管输入接点的地方，使混频产生的镜频分量在二极管接点处就被短路到地。如果这段线离开二极管有一段距离（$\neq \lambda_{ig}/2$），那么这一小段线的电抗就会形成镜像电压，而不能将镜像真正短路。电路的其他部分与图 3-28 相同。

图 3-30 中在二极管输入接点处放置了一个平行耦合带阻滤波器，组成此滤波器的微带线总长约为 $\lambda_{ig}/2$，其中 $\lambda_{ig}/4$ 长度与主线作平行耦合。根据无源微波元器件的性能，它是以 f_{ig} 为带阻中心频率的带阻滤波器，对镜像频率提供开路阻抗从而形成镜像开路终端。

对于图 3-29 和图 3-30 中这些镜像抑制滤波器的一般要求是：对镜频有足够的衰减（约 20dB），而对输入信号的插入损耗足够小（小于 0.5dB）。为了保证这一要求，信号和镜频边带的频率间隔应足够宽，因此中频不能选得太低。根据经验法则，中频 $f_{if} \approx 1.5 B_S$，B_S 为信号带宽。因此这类混频器是窄带的，其信号相对带宽小于 10%。作为例子，可以给出图 3-29 所示结构的某一混频器的实验性能如下：信号频率 $f_S = 4\text{GHz}$，中频 $f_{if} = 70\text{MHz}$，中放带宽 $\pm 10\text{MHz}$，中放噪声系数 $F_{if} = 1.7\text{dB}$，镜像抑制滤波器对信号的插入损耗为 0.4dB。二极管的直流电流为 2.2mA，本振功率为 4mW，混频器-中放组件的总噪声系数为 4.1dB。

2. 单平衡混频器

（1）90°相移型平衡混频器

在单端混频器的讨论中，我们知道单端混频器的主要缺点之一就是由于输入定向耦合器的端口 3 接的是匹配负载，尽管耦合度较松，它也仍然会吸收一部分信号功率，同时浪费了本振功率。如果我们在这个端口不接匹配负载而接一个相同的混频二极管，并将耦合度设计为 3dB，使得分配到两个混频二极管的本振和信号功率都相等，然后将两个管子的混频结果同相位的加起来，如图 3-31 所示。这样构造的单平衡混频器，即保证了本振和信号之间具有较高的隔离度，又使高频功率不被匹配负载所吸收而得到充分利用，混频器的性能必然会得到改善。也正是由于电路的对称性，这种混频器被称为"平衡混频器"。图 3-31 即是图 3-22 等效电路的一种实现方式。

90°相移型平衡混频器除由平行耦合线组成的 90°相移 3dB 耦合器外，还可以利用其他耦合器，实际上广泛采用的分支线电桥平衡混频器的电路结构如图 3-32 所示。这种结构中本振和信号的输入口同在电桥的一侧，两个二极管和中频输出电路在电桥的另一侧，电路没有交叉，完全是平面结构，容易制造，因此应用广泛。

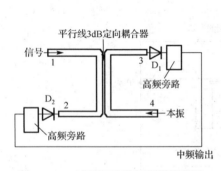

图 3-31　90°相移型平衡混频器原理图

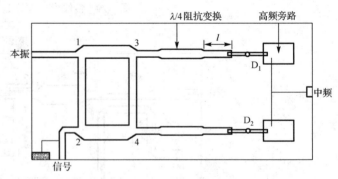

图 3-32　微带型 3dB 分支线电桥平衡混频器

根据 1.4 节的讨论，我们可画出信号和本振传输的等效电路如图 3-33 所示，可以看到这种结构完全可以形成信号和本振的 90°相移。电路中的其他部分如相移线段、高频旁路等与单端混频器相同，这里不再赘述。这种耦合器电路同样是窄带的，因为当信号频率变化时，耦合器各臂产生的相移将偏离 90°，这导致本振口与信号口之间的隔离度下降，中频输出减小，因而变频效率降低。这种混频器电路的相对带宽小于 10%，为展宽频带，需采取特殊的措施。

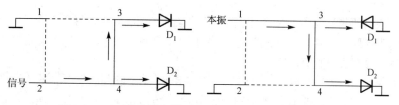

图 3-33　3dB 分支线电桥平衡混频器信号与本振传输通路

（2）180°相移型平衡混频器

图 3-34 给出了由环形电桥构成的 180°相移型平衡混频器，根据 1.4 节的讨论，我们知道这种结构确实能够保证 D_1 管和 D_2 管的信号电压等分同相，而本振电压等分反相，而且信号口与本振口具有良好的隔离。其具体工作原理读者可自行分析。

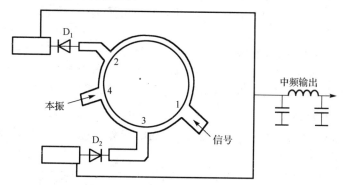

图 3-34　微带型 3dB 环形电桥平衡混频器

微波混频器电路除由上述的微带线电路构成外，还可以由带状线、同轴线和波导等结构构成。一般来说，微带电路具有体积小、质量轻、成本低和容易加工等优点，但其线路损耗较大，混频器的性能较差，因此在高质量的微波混频器中常要采用波导腔体结构，如图 3-35 所示。

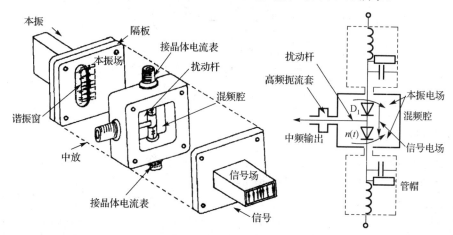

图 3-35　波导型正交场平衡混频器

这种混频器主要由正方形混频腔和两根相互垂直的波导组成，信号和本振分别从这两根波导输入混频腔中。在混频腔中，有两个二极管串联地安装在一条轴上，两管连接处有一根与二极管轴线垂直的金属横杆（又称为"扰动杆"）将混频后得到的中频分量引至中频输出接头。混频腔侧壁的中频输出接头内加有高频扼流套，它是一种低通滤波器，用来防止高频能量进入中频电路。混频腔上下两端的管帽接直流电流表以便测量混频管的整流电流（指示本振功率的大小）。两个二极管与混频腔的外壳是绝缘的，管帽与混频腔之间具有高频旁路电容，以防止高频逸出腔外。在每个管帽内部都装有中频滤波器，用来滤除中频并提供直流通路。

在这种混频器中，由于信号波导的宽边与二极管轴线垂直，因此信号 TE_{10} 波的电场方向与二极管轴线平行，于是加在两个二极管上的信号电压大小相等，方向相同，如图 3-35 所示。本振波导宽边与二极管轴线平行，如果腔体内没有那根金属扰动杆的话，腔内本振电场方向就与二极管轴线垂直而导致二极管上没有本振电压。当扰动杆存在时，因为在金属杆表面上只能有法线方向的电场分量，腔内的本振电场就向金属杆弯曲，在金属杆上面的电场向下弯曲，产生与管轴线平行的向下的电场分量，所以上面一个二极管 D_1 上就有正方向的本振电压；与此同理，下面一个二极管 D_2 上就有负方向的本振电压。由于结构的对称性，两管上的本振电压大小相等。因此，这种混频器是本振反相型平衡混频器。由于在这种混频中加入混频腔的信号和本振电场是互相垂直的，因此又称它为"正交场混频器"或"交叉场混频器"。

（3）滤波器型镜像回收平衡混频器

图 3-36 给出了镜像短路平衡混频器的微带电路图。在分支线电桥的信号和本振输入端都放置了平行耦合镜像带阻滤波器，在该处它们将镜像开路。由于该处距二极管约为 $\lambda_{ig}/4$，故在两个二极管输入接点处镜像信号被短路到地。

同样，由波导腔体结构构成的平衡混频器也可以运用镜像回收技术，如安置镜像抑制滤波器，这里不再介绍了。

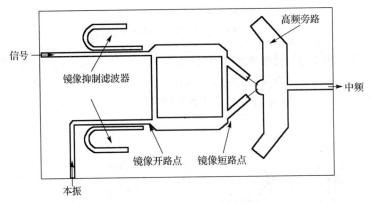

图 3-36　镜像短路平衡混频器

3. 双平衡混频器

由于双平衡混频器结构复杂，通常采用尺寸小的微带结构。图 3-37 表示了微带型双平衡混频器的结构示意图，信号巴伦和本振巴伦是由双面微带线构成的，它是在介质两面光刻腐蚀出上下对准的两条金属带组成的传输线，线长约为 1/4 波长，详见 1.9 节。在巴伦的输入端，上金属带是高电位端，下金属带直接接地。它们是巴伦的不平衡端口，即信号和本振的输入口。下金属带的另一段通过 1/4 波长线接地，它对地的阻抗很高，因此巴伦的输出端是两个平衡端（两端对地都是高阻抗），它们与二极管电桥两个对角端相连。

由于双面微带巴伦没有中心抽头，因此在巴伦的输出端并联两个串联的高频扼流圈 L_T，其中心点作为巴伦的中心抽头，一个作为中频输出端，另一个抽头中心接地。扼流圈 L_T 对中频来说是低阻抗，而对高频来说是高阻抗。同时为了防止中频电流通过微带线直接短路到地和流入信号及本振口，在微带线上加有微带电容器 C，适当选择 C 的值可使得它对高频具有低电抗，而对中频具有高电抗。

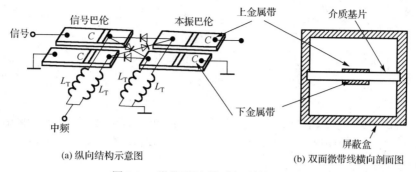

(a) 纵向结构示意图　　　　　　　　　(b) 双面微带线横向剖面图

图 3-37　微带型环形混频器结构示意图

4. 平衡式镜像回收混频器

通过前节的分析，我们已经看到采用滤波器型电抗镜像终端可以有效降低变频损耗和噪声系数，但其代价是限制了中频的选择，在信频和镜频之间必须留出足够大的频率间隔，以便运用实际可行的低损耗镜像滤波器。如果混频器接收的信号频带加宽，就要求中频增高，前置中频放大器的噪声系数也就有所增大。这样一来，抵消了镜像抑制带来的好处，使得混频器-中放组件的总噪声系数得不到什么改善，或改善很小。

解决这一问题的办法是采用平衡式镜像回收混频器，这种混频器是利用两个混频器结构中内部的对称性来获得镜像终端的。图 3-38 给出了一种典型平衡式镜像回收混频器的方框图，它包括两个相同的混频器。输入信号经过功率分配器大小相等而相位相同地加到两个混频器的信号输入端，本振信号通过 90° 相移耦合器接到两个混频器的本振输入端，使加到两个混频器的本振电压相移为 90°，而两个混频器的中频输出端连接到中频 90° 相移耦合器，经过合成后产生中频输出。

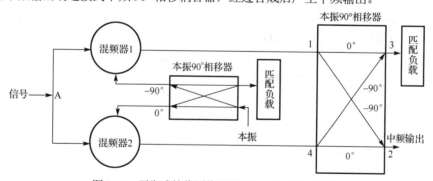

图 3-38　平衡式镜像回收混频器的一种方案原理图

由以上分析可见混频器各电流分量的相位关系是这种类型混频器实现功能的关键。根据式（3-11）可求得混频后产生的中频电流为：

$$i_{if}(t) = g_1 V_S \cos\left[(\omega_S - \omega_L)t - \phi\right] = I_{if} \cos(\omega_{if}t - \phi) \tag{3-178}$$

镜像电流为：

$$i_i(t) = g_2 V_S \cos\left[(2\omega_L - \omega_S)t + 2\phi\right] = I_i \cos(\omega_i t + 2\phi) \tag{3-179}$$

将这些电流用矢量来表示有：

$$\dot{I}_{if} = I_{if}\angle -\phi \tag{3-180}$$

$$\dot{I}_i = I_i\angle 2\phi \tag{3-181}$$

根据图 3-38 中两个混频器的信号及本振相位安排，对混频器 1 来说 $\phi = -90°$，而对混频器 2 来说 $\phi = 0°$，于是有：

$$\dot{I}_{if1} = I_{if}\angle 90° \tag{3-182}$$

$$\dot{I}_{i1} = I_i\angle 180° \tag{3-183}$$

$$\dot{I}_{if2} = I_{if}\angle 0° \tag{3-184}$$

$$\dot{I}_{i2} = I_i\angle 0° \tag{3-185}$$

这样可以看到：

首先，信号通过两个混频器产生的两路中频在中频 90° 相移耦合器的端口 2 同相相加，而在端口 3 反相相加而抵消，因此中频输出口能量加强，而匹配负载端口没有信号混频产生的中频能量被吸收而造成的信号能量损耗。

其次，两个混频器内部产生的镜像分量在功率分配器分支点（图 3-38 中 A 点）反相相加，使信号输入支路的镜像电流为零。A 点是镜像电压波节点，相当于实现了镜像短路。

如果信号输入端存在一个频率等于镜像频率的外来干扰信号 $v_S'(t) = V_S'\cos[(\omega_S - 2\omega_{if})t] = V_S'\cos(\omega_i t)$，经过混频器混频后产生的干扰中频电流为：

$$i_{if}'(t) = g_1 V_S'\cos\{[\omega_L - (\omega_S - 2\omega_{if})]t + \phi\} = I_{if}'\cos(\omega_{if}t + \phi) \tag{3-186}$$

同样用矢量表示两个混频器混频产生的结果：

$$\dot{I}_{if1}' = I_{if}'\angle -90° \tag{3-187}$$

$$\dot{I}_{if2}' = I_{if}'\angle 0° \tag{3-188}$$

因此镜像通道干扰产生的干扰中频电流与信号混频产生的中频电流正好相反，它在中频 90° 相移耦合器的端口 2 反相相加而抵消，而在端口 3 同相相加被匹配负载吸收，不会产生干扰中频输出。可见，这种混频器在实现对混频产生镜频短路的同时，还能够抑制外来镜像干扰，具有"单通道特性"。

由于镜像回收混频器是利用相位抵消而不是利用窄带滤波器来回收镜频能量的，因而它是宽带低噪声混频器，它的频带只受到混频器微波元件带宽的限制。但是要获得良好的性能，两个混频器的通路必须具有极好的匹配。例如，要获得 20dB 的镜像对消，要求两路信号的振幅不平衡低于 1.0dB，相位不平衡低于 10°，但当信号频率较高时，实现匹配相当困难。

图 3-39 给出了这种混频器的微带电路版图，两个子混频器采用了 90° 相移型分支线电桥平衡混频器。注意本振经过功率分配器后加到两个混频器时的两路微带线长相差 $\lambda_{Lg}/4$，因而构造了本振对两个子混频器输入初始相差 90°。

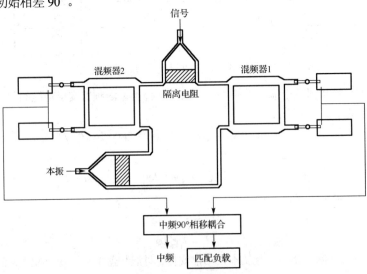

图 3-39　平衡式镜像回收混频器的微带电路

3.2.9 微带型单平衡混频器设计

前面介绍了单平衡混频器的电路结构和特点，3.2.8 节中给出了几种常见的单平衡型混频器微带型电路，在此基础上，本小节主要内容是按照指标要求进行设计实现流程的介绍，主要有原理分析、无源微波电路的仿真，混频电路的整体仿真，并给出微带线实现版图。

1. 设计指标要求

本振源为点频，信号输入为工作带宽内的某一频率，属于小信号输入。下面给出具体设计指标：
（1）本振频率：3.2GHz。
（2）本振功率：+10dBm。
（3）信号工作频带：3.0GHz～3.4GHz。
（4）射频信号输入功率：–20dBm。
（5）混频器输入驻波比小于 1.5（假定信号、本振源的阻抗均为50Ω）。
（6）混频器设计为微带平面电路。

2. 原理分析

单平衡混频电路按照相位滞后的不同，可以分为 90° 相移型单平衡混频器和 180° 相移型单平衡混频器，因为要求是微带型电路，即平面型设计，其中 90° 相移型单平衡混频器如前文所述，可以使用 3dB 定向耦合器和分支线电桥来实现信号和本振的隔离；180° 单平衡混频器采用环形电桥来实现。综合比较这几种常用的混频器优缺点，考虑到电路设计、实现及后期调试的方便，选用微带型的 90° 单平衡混频器，其功率混合电路推荐采用 3dB 分支线定向耦合器。

90° 单平衡混频器构成原理图如图 3-40 所示，在各端口匹配的条件下，1、2 为隔离端口，1 到 3、4 端口以及从 2 到 3、4 端口都是功率平分而相位差 90°。下面首先分析该混频电路是否能够如期地得到有效的中频信号。

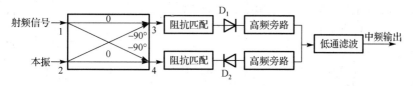

图 3-40　90° 单平衡混频器原理图

设射频信号和本振分别从隔离端口 1、2 端口加入时，初相位都是 0°，考虑到传输相同的路径不影响相对相位关系。通过 3dB 分支线电桥功分作用，加到 D_1、D_2 上的信号和本振电压分别为：
D_1 管上的信号和本振电压

$$v_{s1} = V_s \cos\left(\omega_s t - \frac{\pi}{2}\right)$$

$$v_{L1} = V_L \cos(\omega_L t - \pi) = V_L \cos(\omega_L t + \pi) \qquad (3\text{-}189)$$

D_2 管上信号和本振电压

$$v_{s2} = -V_s \cos(\omega_s t - \pi) = V_s \cos(\omega_s t) \qquad (3\text{-}190)$$

$$v_{L2} = -V_L \cos\left(\omega_L t - \frac{\pi}{2}\right) = V_L \cos\left(\omega_L t + \frac{\pi}{2}\right) \qquad (3\text{-}191)$$

可见，信号和本振都分别以 90°相位差分配到两只二极管上，故这类混频器为 90°型平衡混频器。由一般混频电流的计算公式，并考虑到射频电压和本振电压的相位差，可以得到 D_1 中混频电流为：

$$i_1(t) = \sum_{m=-\infty}^{\infty} \sum_{n=-\infty}^{\infty} I_{n,m} \exp\left[jm\left(\omega_s t - \frac{\pi}{2} \right) + jn(\omega_L t + \pi) \right] \tag{3-192}$$

同样，D_2 式中的混频器的电流为：

$$i_2(t) = \sum_{m=-\infty}^{\infty} \sum_{n=-\infty}^{\infty} I_{n,m} \exp\left[jm(\omega_s t) + jn\left(\omega_L t + \frac{\pi}{2} \right) \right] \tag{3-193}$$

最后得出的混频电流是

$$i(t) = i_1(t) - i_2(t) = \sum_{m=-\infty}^{\infty} \sum_{n=-\infty}^{\infty} I_{n,m} \exp(jm\omega_s t + jn\omega_L t) \left[\exp\left(-jm\frac{\pi}{2} + jn\pi \right) - \exp\left(jn\frac{\pi}{2} \right) \right] \tag{3-194}$$

$$i(t) = \sum_{m=-\infty}^{\infty} \sum_{n=-\infty}^{\infty} I_{n,m} \exp(jm\omega_s t + jn\omega_L t) \exp(jn\pi) \left[\exp\left(-jm\frac{\pi}{2} \right) - \exp\left(-jn\frac{\pi}{2} \right) \right] \tag{3-195}$$

当 $m = \pm 1, n = \mp 1$ 时，利用 $I_{-1,+1} = I_{+1,-1}$ 的关系，可以求出中频电流为：

$$i_{IF} = 4 \left| I_{-1,+1} \right| \cos\left[(\omega_s - \omega_L)t + \frac{\pi}{2} \right] \tag{3-196}$$

推导出的中频电流表达式说明该电路可以用来实现差频变频，符合混频器的功能要求，n 和 m 取某些值时其组合频谱分量为零，使得输出信号频谱分量比单端混频器要少，体现了 90°单平衡混频器的优点。

3. 混频电路方案设计

（1）采用 3dB 分支线电桥作为功率混合电路

选用 3dB 分支线电桥的优点是：结构紧凑，有较好的射频端口驻波比，无中频交叉输出；缺点：带宽窄，隔离度不高；单节分支线电桥的结构如图 3-41 所示。

各个端口及端口之间传输线的长度和宽度如图 3-41 所示。在实际应用中，通常选取 $L_1 = L_2 = L_3 = \lambda_g/4$，$W_1 = W_2$，$W_3 = W_5$。

$$\tag{3-197}$$

根据网络理论采用奇偶模分析方法可以证明，当：

$$Z_{c1} = Z_{c2} = Z_{c3} = Z_{c5} = Z_{c0} \tag{3-198}$$

$$Z_{c4} = Z_{c0}/\sqrt{2} \tag{3-199}$$

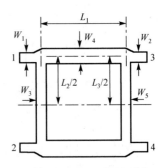

图 3-41 3dB 分支线电桥

这时，将能达到各端口的理想匹配以及端口间的完全隔离。

（2）混频二极管及电路基片选择

因为混频器要求为下混频，得到属于低频的中频信号，所以混频二极管选用以非线性电阻为变频元件的阻性混频二极管，一般可选取肖特基势垒混频管（Schottky 管）来进行。微带电路基片选用聚四氟乙烯纤维微波板，$\varepsilon_r = 2.54$，基片高度 $h = 0.8$mm，微带线金属膜厚度按 20μm 计算。

（3）阻抗匹配设计

为了实现混频器输入驻波比小于 1.2 的要求，混频器输入端和输出端都要做阻抗匹配网络，其中作为混频器输入的 3dB 电桥，输入端特性阻抗都按照信号源、本振源的 50Ω 一致（做到传输线匹配）进行，即 W_1、W_2 宽度应取使得微带线阻抗为 50Ω 的宽度。

为了将电桥输出的信号更有效地加在混频二极管上，在分支线电桥输出端口与混频二极管之间采用 $\lambda_{Sg}/4$（λ_{Sg} 为信号频率对应的微带导内波长）阻抗变换器及相移线段。

1/4 波长阻抗变换器是一种非常常用的阻抗变换与匹配机构，根据传输线理论，其输入阻抗为纯电阻 $R_{in} = Z_c^2/R_1$，取 $Z_c = \sqrt{R_{in}R_1}$，完成了 R_1 到 R_{in} 的变换。若终端负载具有任意阻抗 Z_1，需要完成从 1/4 波长阻抗变换器完成 Z_1 到 R_{in} 的变换，考虑到实际电路结构尽量简单，在负载和 1/4 波长阻抗变换器之间串联一段合适长度的传输线，使 1/4 波长阻抗变换器的等效负载，即支线始端向负载方向看去的输入阻抗为纯电阻性的，以上这些匹配器的设计工作完全可以由圆图来完成，这一段传输线称为相移线段。从而经过阻抗变换器和相移线段的作用，使信号和本振最有效地加到二极管上。

（4）低通滤波器采用方案

在二极管的右边接有低通滤波器，它的作用是滤除信号和本振及它们各次谐波等高频信号。为了更好地消除本振信号，在低通滤波器旁边可以加入高频旁路，即采用 $\lambda_{Lo}/4$ 终端开路线，对高频信号呈现短路输入阻抗，高频信号将从这里短路到地板上而不会从中频端口输出，但这一开路线对中频信号则呈现较大容抗而近似不影响中频传输。低频滤波器的设计相对比较简单，可以采用电容和电感等集总参数元件搭个多阶滤波器。

4．各个部分的仿真设计

（1）微波仿真软件简介

微波系统的设计越来越复杂，对电路的指标要求越来越高，电路的功能越来越多，电路的尺寸要求越做越小，而设计周期却越来越短。传统的设计方法已经不能满足微波电路设计的需要，使用微波 EDA 软件工具进行微波元器件与微波系统的设计已经成为微波电路设计的必然趋势。EDA 即 Electronic Design Automation，电子设计自动化。目前，国外各种商业化的微波 EDA 软件工具不断涌现，微波射频领域主要的 EDA 工具首推有 ADS 软件和 HFSS 软件，CST 软件，Microwave Office 等电路设计软件。主要对"路"进行仿真的首推 ADS 软件，也是目前应用最广泛的微波电路仿真软件，对"场"进行仿真的主要有 HFSS 和 CST 软件。

ADS（Advanced Design System）是 Agilent 公司推出的微波电路和通信系统仿真软件，是国内各大学和研究所使用最多的软件之一。其仿真手段丰富多样，可实现包括时域和频域、数字与模拟、线性与非线性、噪声等多种仿真分析手段，并可对设计结果进行成品率分析与优化，从而大大提高了复杂电路的设计效率，是非常优秀的微波电路、系统信号链路的设计工具。主要应用于：射频和微波电路的设计，通信系统的设计，DSP 设计和向量仿真。

CST MICROWAVE STUDIO 是德国 CST（Computer Simulation Technology）公司推出的高频三维电磁场仿真软件。广泛应用于移动通信、无线通信（蓝牙系统）、信号集成和电磁兼容等领域。微波工作室使用简洁，能为用户的高频设计提供直观的电磁特性。它的仿真器自带全新的理想边界拟合技术和薄片技术，与其他传统的仿真器相比，在精度上有数量级的提高，软件内含有多种不同求解器，如瞬态求解器、频域求解器、本征模求解器、模式分析求解器等。其中最为灵活的是瞬态求解器，只需进行一次计算就能得到所仿真器件在整个宽频带上的响应。CAD 文件的导入功能及 SPICE 参量的提取增强了设计的可能性并缩短了设计时间。

Ansoft HFSS 是 Ansoft 公司推出的三维电磁仿真软件。HFSS 提供了一简洁直观的用户设计界面、精确自适应的场解器、拥有功能强大的后处理器，能计算任意形状三维无源结构的 S 参数和全波电磁场。使用 HFSS，可以计算：① 基本电磁场数值解和开边界问题，近远场辐射问题；② 端口特征阻抗和传输常数；③ S 参数和相应端口阻抗的归一化 S 参数；④ 结构的本征模或谐振解。而且，由 Ansoft HFSS 和 Ansoft Designer 构成的 Ansoft 高频解决方案，提供了从系统到电路直至部件级的快速而精确的设计手段，覆盖了高频设计的所有环节。

Microwave Office 是 AWR 公司推出的微波 EDA 软件，它是通过两个模拟器来对微波平面电路进行模拟和仿真的。对于由集总元件构成的电路，用电路的方法来处理较为简便；该软件设有"VoltaireXL"的模拟器来处理集总元件构成的微波平面电路问题。而对于由具体的微带几何图形构成的分布参数微波平面电路则采用场的方法较为有效；该软件采用的是"EMSight"的模拟器来处理任何多层平面结构的三维电磁场的问题。MWO 可以分析射频集成电路（RFIC）、微波单片集成电路（MMIC）、微带贴片天线和高速印制电路（PCB）等电路的电气特性。

Ansoft Designer 是 Ansoft 公司推出的微波电路和通信系统仿真软件；它采用了最新的视窗技术，将高频电路系统、版图和电磁场仿真工具无缝地集成到同一个环境的设计工具，它使使用者根据需要选择求解器，从而实现对设计过程的完全控制。Ansoft Designer 实现了版图与原理图自动同步，大大提高了版图设计效率。同时，Ansoft 还能方便地与其他设计软件集成到一起，并可以和测试仪器连接，完成各种设计任务。主要应用于射频和微波电路的设计、通信系统的设计、电路板和模块设计、部件设计中。

诸多微波电路及电磁仿真软件的详细介绍，可见附录。

（2）关于 3dB 分支线电桥的设计

方法一：使用 MMW Office 软件仿真

利用 MMW Office 软件建立的 3dB 分支线电桥连接框图如图 3-42 所示，四个端口都接匹配负载，经过仿真可以得到各个端口的 S 参量特性，如图 3-43～图 3-46 所示。

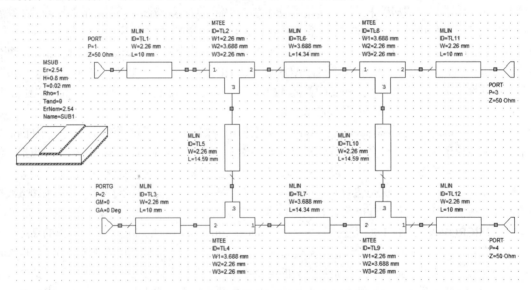

图 3-42　MMW Office 软件仿真电路连接示意图

从图 3-43、图 3-44 和图 3-45 可以看出在中心频率 3.2GHz 上，各项指标都符合设计要求，如果输入的信号频率不在中心频率上，而是 3.0GHz 到 3.4GHz 内某一频率，则上述特性会发生变化，最为明显的是端口反射系数和 1、2 端口隔离度。如果射频输入信号频率为频带上限或下限频率，则与本振 3.2GHz 间的频率差为 200MHz，端口反射系数从–55dB 上升到–18.8dB，从 1 端口传送到 3 端口和 4 端口的传输系数分别为–3.021dB 和–3.341dB，产生了一定的功率分配偏差值，会对最终的混频电流产生影响。

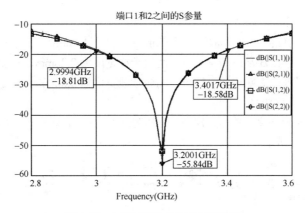

图 3-43　1 端口和 2 端口的反射系数

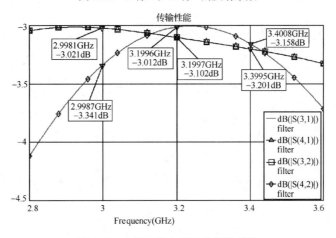

图 3-44　1 端口和 2 端口的传输系数

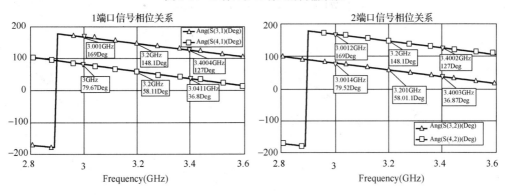

图 3-45　由 1 端口或 2 端口传送到 3 端口和 4 端口之间的相位关系

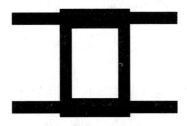

图 3-46　微带型分支线电桥仿真尺寸版图

通过仿真优化可以得到：

- 4 个端口分别为 50Ω 微带线：宽度为 2.26mm，长度为 10mm；
- 1 端口和 2 端口之间、3 端口和 4 端口之间微带线宽度为 2.26mm，长度为 14.59mm；
- 1 端口和 3 端口之间、2 端口和 4 端口之间微带线宽度为 3.688mm，长度为 14.34mm。

方法二：使用 ADS 软件仿真

图 3-47 为使用 ADS 软件建立的仿真模型。配置好参数进行仿真，可以得出各个端口及端口间的特性，如图 3-48～图 3-50 所示。

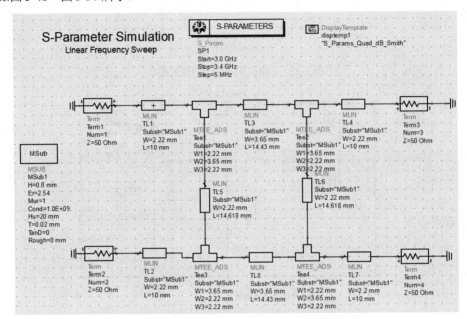

图 3-47　利用 ADS 软件仿真的电路连接模型

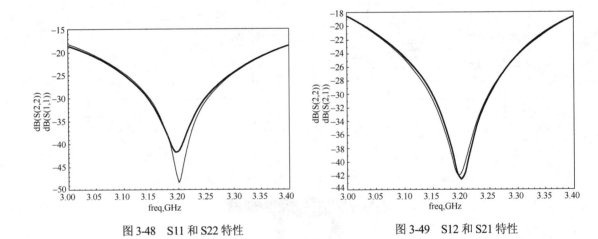

图 3-48　S11 和 S22 特性　　　　　　图 3-49　S12 和 S21 特性

通过仿真优化可以得到：

- 4 个端口分别为 50Ω 微带线：宽度为 2.22mm，长度为 10mm；
- 1 端口和 2 端口之间、3 端口和 4 端口之间微带线宽度为 2.22mm，长度为 14.618mm；
- 1 端口和 3 端口之间、2 端口和 4 端口之间微带线宽度为 3.65mm，长度为 14.43mm。

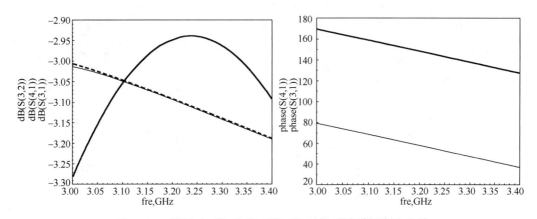

图 3-50 1 端口（2 端口）到 3 端口和 4 端口的幅度和相位关系

可以看出，使用 ADS 软件和 MWO 软件之间得出的结果稍微有所不同，误差在 2‰~2%之内，是由算法不同导致的，对最后的结果不会产生质的变化。

方法三：给出 HFSS 软件仿真结果

图 3-51 给出了相应的 3dB 分支线电桥三维模型。经过仿真可以得出各个端口特性，如图 3-52~图 3-54 所示。

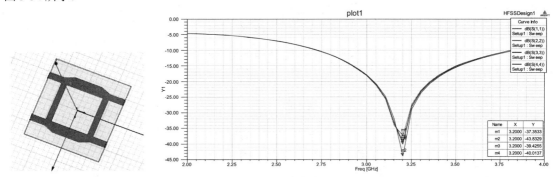

图 3-51 分支线电桥的 HFSS 模型　　　　　　　　　图 3-52 各个端口的反射系数

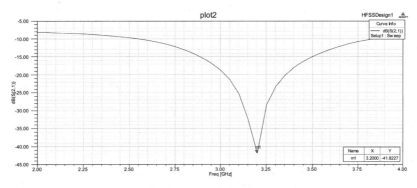

图 3-53 1 和 2 端口隔离度

从仿真结果看，在同样的微带线基板情况下，四个端口的微带线宽度为 2.187mm，1 和 3 端口、2 和 4 端口之间微带线宽为 3.162mm，长度为 14.53mm，与前两个软件仿真的结果出入稍微大一些，主要是因为该仿真从场的分析角度出发进行的，与路的仿真之间从算法上存在一些差异。

不管哪种算法进行仿真，尺寸上的稍微差异不会对要求的设计指标产生明显的影响。

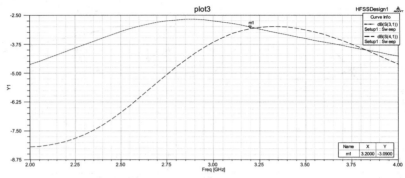

图 3-54　输入功率分到 3、4 端口情况

（3）相移线段和 1/4 阻抗匹配器的设计

要进行混频管的匹配，需要测得混频管的输入和输出阻抗特性，为此在中心频率 $f_0 = 3.2\text{GHz}$ 进行测试，可以测得二极管（选择某信号的肖特基管）的归一化阻抗为 $\overline{Z_D} = 1.32 - j0.85$；从而利用阻抗圆图，可以求得相移线段，使得复数阻抗变换为纯电阻，再设计 1/4 阻抗匹配器进行阻抗匹配。

图 3-55 给出了阻抗原图上的一些关键点及区域，从而在图 3-56 上完成相移线段长度的求解。首先在阻抗圆图上找到归一化阻抗 $\overline{Z_D} = 1.32 - j0.85$ 的点，然后顺时针在圆图上按照等反射系数圆旋转，与电压波节点所在的轴上交于一点，即变为纯电阻。从图上可知，相移线段长为 $0.5\lambda - 0.32\lambda = 0.18\lambda$，在电压波节点上的坐标为（0.46，0），即阻抗为 $50\Omega \times 0.46 = 23\Omega$。

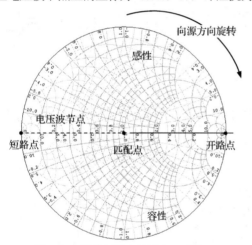

图 3-55　阻抗圆图上关键点及区域

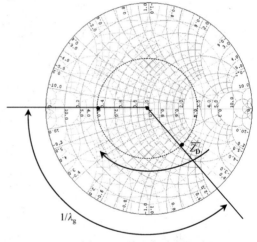

图 3-56　线段相移求解过程

1/4 波长阻抗变换器的理论设计：

中心频点 3.2GHz 对应波长为 64.31mm。

50Ω 对应微带线宽度为 2.23mm，长度选为 6mm。

$\sqrt{50 \times 23} = 33.91\Omega$ 对应微带线宽度为 3.86mm，长度为 1/4 波长，为 15.783mm。

23Ω 对应微带线宽度为 6.35mm，长度选为 6mm，如图 3-57 所示。

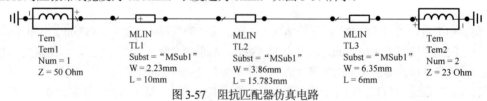

图 3-57　阻抗匹配器仿真电路

从图 3-58 可以看到该 1/4 阻抗变换器在极限的 3.0GHz 和 3.4GHz 表现都不错，图 3-59 给出了利用 MWO 软件形成的阻抗匹配器版图。

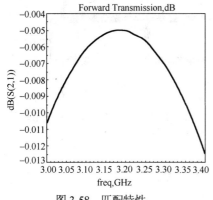

图 3-58　匹配特性

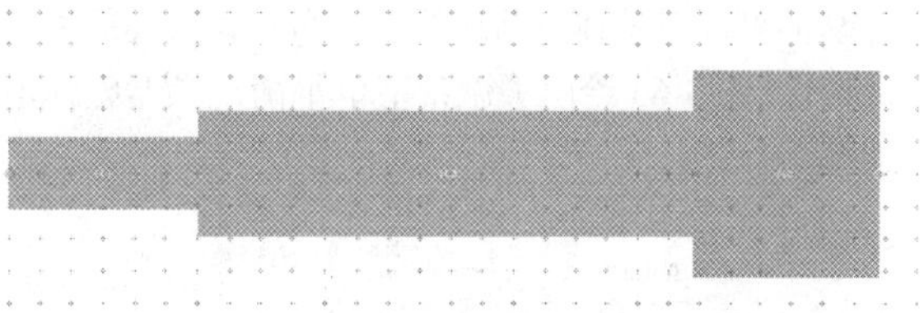

图 3-59　形成的阻抗匹配器版图

（4）高频短路和中频输出线的设计

高频短路线主要针对的是本振信号，采用 1/4 开路线实现，微带线宽度 2.22mm，长度 16.11mm。

中频引线可以简单地采用特性阻抗为 100Ω 的高阻线，算出对应的微带线宽度 0.6mm，如果需要的话，可以设置为高低阻抗线构成的低通滤波器。

（5）中频低通滤波器

由于混频器输出的频率成分中含有其他的高次谐波成分，因此混频输出后，需要对信号进行滤波才能得到需要的中频信号。低通滤波器要求在 200MHz 范围内保持良好的传输性能。

图 3-60 给出了 ADS 仿真低通滤波器的电路连接图，从图 3-61 中可以看出，利用七阶的电容、电感集总元件构成的滤波器在 200MHz 以内具有非常不错的低通特性。

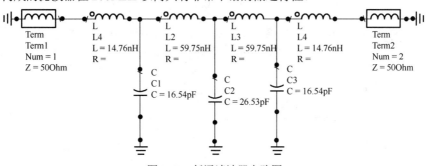

图 3-60　低通滤波器电路图

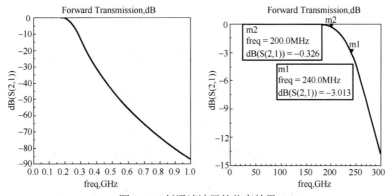

图 3-61　低通滤波器的仿真结果

5. 混频器综合特性分析

根据上面的仿真结果可以获得电路的版图，如图 3-62 所示。黑色部分是微带线形状，为了更加形象地说明二极管和集总参数元件，图 3-62 中也给出了需要单独焊接上去的两个极性相反连接的二极管和多个电感电容贴片示意图。

从而可以对整体电路进行仿真分析，尤其关注的是其频谱特性。图 3-63 给出了微带型单平衡混频器整体电路仿真连接图。

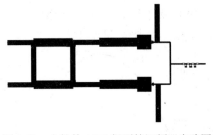

图 3-62　由软件 ADS 得到的混频器电路图

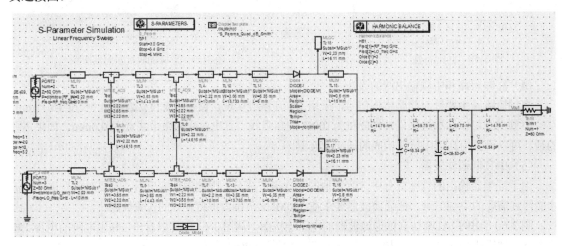

图 3-63　微带型单平衡混频器整体电路仿真连接图

图 3-64 给出了混频输出的电流频谱，将其展示的频带缩短即可得到图所示的中频信号功率谱曲线，如图 3-65 所示。图 3-66 给出的是混频电流频谱模式组成表，可以看出各个输出频率是由信号和本振取不同值阶数时得到的频点。

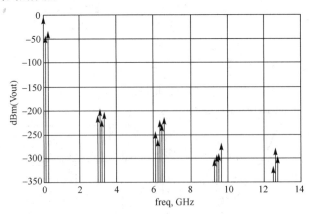

图 3-64　混频输出电流频谱

图 3-65(b)中给出了输出中频的幅度在本振频率变化时的输出情况，可以看出当本振功率为 16dBm 时，中频输出最大值−29.217。

由于射频信号频率为 3.1GHz，本振信号频率为 3.2GHz，因此中频信号频率应为 100MHz，输出信号的频谱中有这个频率成分，且功率值为-35.69dBm 左右，信号输入为-20dBm，故可以得到变频增益为 15.69dB。

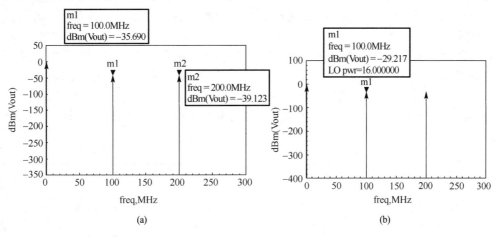

图 3-65   中频信号功率谱

还可以得到混频器的输入驻波特性，如图 3-67 所示。可以看出来，在信号频率为 3.235GHz 时可以获得最佳的驻波特性，驻波比为 1.001，当中频频率增大时，驻波也随之增大，在 3.0GHz 时驻波约为 1.22，在 3.40GHz 时驻波为 1.45，满足指标要求的小于 1.5。驻波增大的原因就是因为随着中频频率的增加，原先按照 3.2GHz 设计的分支线电桥、阻抗匹配器等均会出现不匹配的情况，从而引起驻波恶化。由此也可以看出，该种结构的混频电路，带宽是受到限制的，一般在 10%左右，这也是微带型电路的通性。

freq	Mix	
	Mix(1)	Mix(2)
0.0000Hz	0	0
100.0MHz	-1	1
200.0MHz	-2	2
3.000GHz	2	-1
3.100GHz	1	0
3.200GHz	0	1
3.300GHz	-1	2
6.100GHz	3	-1
6.200GHz	2	0
6.300GHz	1	1
6.400GHz	0	2
6.500GHz	-1	3
9.300GHz	3	0
9.400GHz	2	1
9.500GHz	1	2
9.600GHz	0	3
12.50GHz	3	1
12.60GHz	2	2
12.70GHz	1	3

图 3-66   混频电流频谱模式组成表

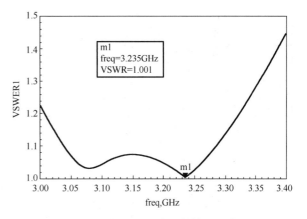

图 3-67   混频器的输入驻波

3.2.10 采用芯片实现混频器

3.2.9 节采用了肖特基二极管进行了混频电路的设计，整个电路包括了功率分配网络、阻抗匹配网络、高频短路线及低通滤波器等部分，从仿真结构看能有效输出中频电流。目前工程实践中，这种实现混频电路的方式越来越少地被采用，而是采用混频器芯片实现混频电路，芯片方式实现起来简单，性能较优，噪声、功耗控制得很小，电路实现简单，体积小，下面对采用芯片 HMC412AMS8G 实现电路进行介绍，主要是比较性能，也可以看到目前技术的发展水平。

1. HMC412AMS8G 芯片介绍

本小节采用的混频器芯片型号为 HMC412AMS8G，是一个适用于低电压工作的微型、低成本、低噪声下变频器集成芯片，由国外 Hittite 微波公司生产，特别适用于长距离无线平台、微波电台和小型微型地面站里。

从芯片内部结构来讲，属于无源双平衡混频器，工作频带为 9～15GHz。它的几个典型指标是：本振输入功率为+9dBm～+13dBm，在整个频带内变频损耗为 8dB，噪声系数小于 8dB，输入三阶交调为 19dBm，利用芯片来搭建混频电路不需要额外的组件和偏压电路。

HMC412AMS8G 芯片的结构外形及引脚功能如图 3-68 所示，为 8 个引脚。具体各个引脚的定义如表 3-1 所示。

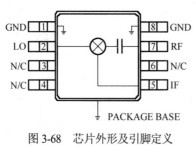

图 3-68　芯片外形及引脚定义

表 3-1　引脚说明

端口号	引脚定义	引脚说明
1	GND	接地
2	LO	本地振荡信号输入端
3	N/C	空端口
4	N/C	空端口
5	IF	中频信号输出端
6	N/C	空端口
7	RF	射频信号输入端
8	GND	接地

芯片电性能指标（测试温度 25℃），如表 3-2 所示。

表 3-2　芯片电性能指标（测试温度 25℃）

性能参数	测试环境：中频 1.45GHz，本振+13dBm 时			单位
	最小值	典型值	最大值	
信号和本振输入的频率范围		9.0～15.0		GHz
中频信号频率范围		DC-2.5		GHz
变频损耗		8	11	dB
噪声系数（SSB）		8	11	dB
本振 LO 到信号 RF 端的隔离度	30	44		dB
本振 LO 到中频 IF 端的隔离度	33	42		dB
信号 RF 到信号 RF 端的隔离度	8	30		dB
三阶交调 IP3（输入）	14	19		dBm
输入 1dB 压缩点	7	11.5		dBm

2. HMC412AMS8G 指标测试曲线

下面给出该芯片指标测试的一些曲线，便于对芯片的性能有全面了解。

图 3-69 给出了不同温度下变频芯片测试的变频损耗，给定的本振功率为+13dBm，可以看出变频损耗随温度变化有一些改变，变化幅度不大，随着温度降低，变频损耗也在降低，通常都是按照常温条件下使用。图 3-70 给出了端口间隔离度的测试曲线，可以看出来芯片本振端口与信号端口的隔离度最大，在–40～–50dB 之间，本振端口与中频端口之间隔离度越在–40dB 左右，信号端口与中频端口隔离度最差，在–25～–40dB 之间，这也符合芯片信号功率输入的特点，本振功率输入最大，信号功率输入最小，所以按照这个变化曲线输出的中频还是有保障的。

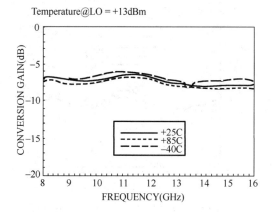

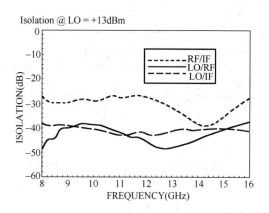

图 3-69　不同温度下变频损耗（给定本振功率）　　　　图 3-70　端口间隔离度测试曲线

图 3-71 也给出了不同本振功率下的变频损耗，本振功率给出+7dBm、+9dBm、+11dBm、+13dBm 和+15dBm，可以看出本振功率比较小时，尤其是频率低端，变频损耗下降很多，在 12GHz 附近效果比较好，其余频段都很差，无法满足应用需求，而本振功率增加到+13dBm 以后变频损耗在整个频段内大小比较一致，功率再增加也没有太多变化，所以以+13dBm 是最佳的本振输入功率。图 3-72 给出了本振和信号端口的发射损耗，可以看出相比隔离度来讲这个发射还是比较好的，信号端口最大到−6dB。

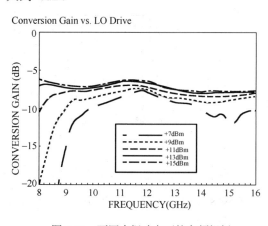

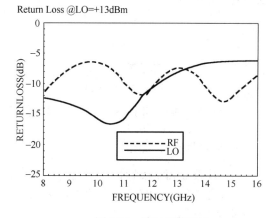

图 3-71　不同本振功率下的变频损耗　　　　　　　图 3-72　端口反射损耗

图 3-73 和图 3-74 给出了基于不同本振功率、不同温度下的输入三阶交调特性，图 3-75 给出了不同本振功率下的二阶交调特性，这些都方便设计时参考。图 3-76 给出了不同温度下的输入信号 1dB 压缩点，可以看出来温度的变化对 1dB 压缩点影响不大。随着输入信号频率的增加，该 1dB 压缩点值也在增加。

该芯片对于输入的信号有最大值限制，如果超出该值，芯片无法正常工作，甚至被损坏。输入的最大值有下列几项：

① 射频/中频功率：最大为 24dBm。

② 本振功率：最大为+24dBm。

③ 中频直流电流：±4mA。

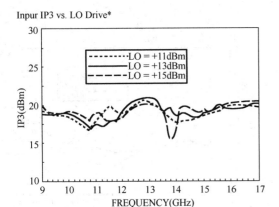

图 3-73　基于不同本振功率的输入三阶交调特性

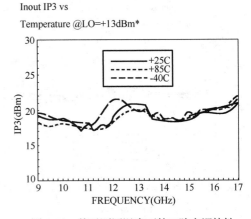

图 3-74　基于不同温度下的三阶交调特性

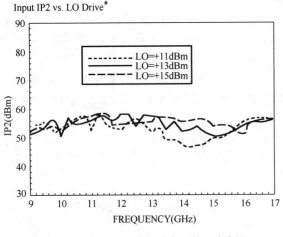

图 3-75　基于不同本振功率下的二阶交调

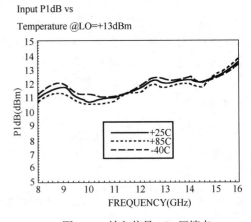

图 3-76　输入信号 1dB 压缩点

3. 混频器 PCB 版图

该芯片微带电路实现时，不需要再额外增加元器件等配套电路，只需要设计将信号、本振和中频信号有效的输入和输出即可，为此需要设计相应的阻抗匹配网络。最后给出推荐的微波混频器 PCB 版图如图 3-77 所示。

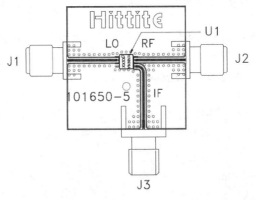

图 3-77　微波混频器的 PCB 版图

3.2.11　下变频器的常见结构

根据前面章节的介绍可知，以非线性阻性为核心的阻性变频器一般用于下变频电路，从微波电路的功能看，这一部分功能模块常在接收电路中使用。面对的接收信号幅度很小，为了获得好的小变频效果，采用了不同的结构，具体如下。

1. 超外差式结构

超外差式接收机射频前端的结构框图如图 3-78 所示。其中射频滤波器主要完成对频带的选择，中频滤波器完成有用信道的选择并抑制相邻信道。该结构的下变频器具有增益稳定，频率选择性好、幅频特性较平坦等特点。缺点就是组合干扰频率点多，易形成寄生通带干扰。

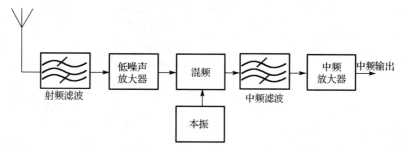

图 3-78　超外差式下变频器结构

当中频频率和射频相差很大时，为了让系统达到足够的镜像抑制度，还可以把超外差式下变频器设计成两次变频系统。

2. 零中频式结构

零中频下变频器是让本振频率等于载频，把载频直接下变频为基带。其结构框图如图 3-79 所示。零中频下变频系统的优点有：无镜像频率干扰，不需要中频滤波器来选择信道，有利于系统的单片集成等。但与超外差结构相比，零中频方案也存在着本振泄漏、低噪声放大器偶次谐波失真干扰、直流偏差和闪烁噪声等问题。

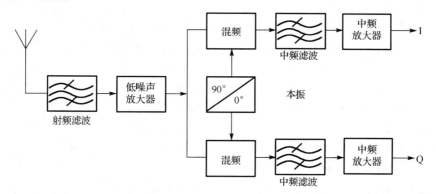

图 3-79　零中频下变频电路框图

3. 镜像抑制式结构

超外差式下变频器靠镜像抑制滤波器来消除镜像频率的干扰，而镜频抑制下变频器则通过改变电路结构来抑制镜像频率的干扰。基本结构有 Hartley 和 Weaver 两种，如图 3-80 所示。这两种结构的下变频器在理论上完全消除了镜像频率和镜像噪声的影响，但是其抑制度对正交两通路的相位和幅度都非常敏感，在实际应用中抑制度很难做得很高。

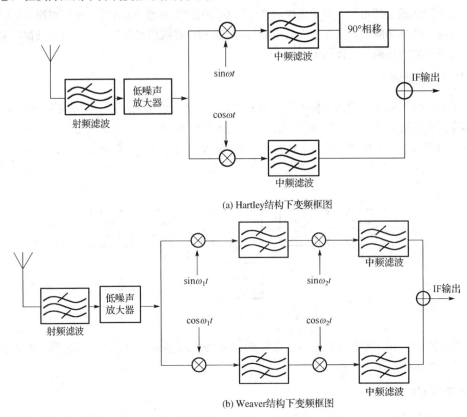

(a) Hartley结构下变频框图

(b) Weaver结构下变频框图

图 3-80　镜像抑制电路结构

3.3　参量变频器

　　参量变频器是利用非线性电抗作为换能元件以完成变频作用的一种微波部件，常用的非线性电抗是微波变容管，在第 2 章中我们已经做过比较详细的介绍。参量变频器是一种时变电抗网络，主要用来完成上变频功能，其变频效率高、绝对稳定。微波上变频器一般分为两种工作方式。一是用于低噪声接收的小信号工作方式。由于信号功率 P_S 远小于泵浦功率 P_P（变容管的激励信号，其功能类似于本振信号，它的作用是像"水泵"一样把能量源源不断地提供给参量变频器），因此分析方法和前节对于非线性电阻微波混频器类似，关心的指标是变频增益、噪声系数等。另一种是用于发射机或激励源的大信号工作方式。由于 P_S 和 P_P 都是大信号，都对变容管起激励作用，因此分析方法不同，关心的指标是输出功率及变换效率，称为功率上变频器。

　　本节将以元件的特性为基础，分析小信号参量变频器的工作原理及性能指标。参量功率上变频器将在下节分析。

3.3.1　小信号和频上变频器的工作原理与方程

　　以变容管为核心组成的时变电抗网络在小信号下的分析方法与时变电阻网络的分析方法是类似的，我们在 3.2 节分析寄生结电容 C_j 对非线性电阻混频的影响时，实际上已经讨论了非线性电容的非线性变频效应，只不过在时变电抗网络中非线性电容的变频效应变成了主体。有了前文的基础，这里仅把前面的分析归纳整理如下。

一般的包含一个非线性电容的参变网络有两种结构，如图 3-81 和图 3-82 所示。图 3-81 是并联型参变网络，图中并联支路的方框表示带通滤波器，它对该方框中标注频率的信号呈现短路阻抗，而对其他频率的信号呈现开路阻抗。只有两条支路中接有电压源 $v_P(t)$ 和 $v_S(t)$，其他均为无源支路。图 3-81 表示了串联型参变网络，图中串联的方框表示理想的带阻滤波器，它只对该方框内标注频率的信号呈现开路阻抗，而对其他频率的信号呈现短路阻抗。同样只有两条支路上接有电流源，其他支路无源。两种网络结构的分析方法是类似的，这里仅以并联型参变网络为例进行分析。

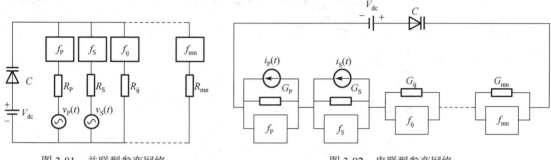

图 3-81　并联型参变网络　　　　　　　　　图 3-82　串联型参变网络

当变容管两端仅加上直流偏压 V_{dc} 及周期时变电压 $v_P(t)$（称为泵浦电压）激励时，变容管的结电容将随激励电压变化形成 $c\sim v$ 特性。根据 $c\sim v$ 特性积分求得 $q\sim v$ 特性，即：

$$q_P = f(V_{dc} + v_P) \tag{3-200}$$

如果同时再加上一个很小的信号电压 $v_S(t)$，则由于信号电压 $v_S(t)$ 与泵浦电压 $v_P(t)$ 相互作用的结果，变容管两端的电压将产生增量 Δv。认为二极管工作点随泵浦大信号电压而变化，然后在工作点展开为台劳级数，可求得电容储存电荷的瞬时值为：

$$q_P + \Delta q = f(V_{dc} + v_L + \Delta v)$$
$$= f(V_{dc} + v_L) + f^{(1)}(V_{dc} + v_L)\Delta v + \frac{1}{2!} f^{(2)}(V_{dc} + v_L)\Delta v^2 + \cdots + \frac{1}{l!} f^{(l)}(V_{dc} + v_L)\Delta v^l + \cdots \tag{3-201}$$

由于 $\Delta v \ll v_P$，可忽略 Δv^2 以上各项，由上式可得：

$$\Delta q = f^{(1)}(V_{dc} + v_L)\Delta v \tag{3-202}$$

式中：

$$f^{(1)}(V_{dc} + v_L) = \left.\frac{dq(v)}{dv}\right|_{v=V_{dc}+V_L\cos\omega_L t} \tag{3-203}$$
$$= C_j(t)$$

是变容管的微分电容，它反映当泵浦电压随时间作周期性变化时，瞬时电容也随时间作周期变化。为方便起见，我们令 $\Delta q = q(t)$，$\Delta v = v(t)$，则式（3-202）可写成：

$$q(t) = C_j(t) \cdot v(t) \tag{3-204}$$

于是，流过变容管的小信号容性电流为：

$$i(t) = \frac{dq}{dt} = \frac{d}{dt}\left[C_j(t) \cdot v(t)\right] \tag{3-205}$$

或者写成积分形式，电容两端电压为：

$$v(t) = \frac{1}{C_{\text{j}}(t)} \int i(t) \cdot \mathrm{d}t = S_{\text{j}}(t) \int i(t) \cdot \mathrm{d}t \qquad (3\text{-}206)$$

上述两式即是在小信号下周期时变电容网络的时域方程。这一电流和电压将包括信号频率 ω_{S} 与泵浦频率 ω_{P} 的各次谐波的组合频率分量 $m\omega_{\text{P}} + \omega_{\text{S}}$（忽略了信号二次及以上各次谐波），可将变容管电流及电压展开为傅里叶级数形式为：

$$i(t) = \sum_{m=-\infty}^{\infty} \dot{I}_{\text{m}} \exp\big[\mathrm{j}(m\omega_{\text{P}} + \omega_{\text{S}})t\big] \qquad (3\text{-}207)$$

$$v(t) = \sum_{m=-\infty}^{\infty} \dot{V}_{\text{m}} \exp\big[\mathrm{j}(m\omega_{\text{P}} + \omega_{\text{S}})t\big] \qquad (3\text{-}208)$$

$C_{\text{j}}(t)$ 的展开可见 2.3 节。把 $v(t)$ 和 $C_{\text{j}}(t)$ 的表达式代入式（3-205），可得：

$$\begin{aligned}
i(t) &= \frac{\mathrm{d}}{\mathrm{d}t}\big[C_{\text{j}}(t) \cdot v(t)\big] \\
&= \frac{\mathrm{d}}{\mathrm{d}t}\left\{ \sum_{n=-\infty}^{\infty} C_n \exp(\mathrm{j}n\omega_{\text{P}}t) \times \sum_{m=-\infty}^{\infty} \dot{V}_{\text{m}} \exp\big[\mathrm{j}(m\omega_{\text{P}} + \omega_{\text{S}})t\big] \right\} \\
&= \frac{\mathrm{d}}{\mathrm{d}t}\left\{ \sum_{n=-\infty}^{\infty}\sum_{m=-\infty}^{\infty} C_n \dot{V}_{\text{m}} \exp\big\{\mathrm{j}\big[(m+n)\omega_{\text{P}} + \omega_{\text{S}}\big]t\big\} \right\} \\
&= \sum_{n=-\infty}^{\infty}\sum_{m=-\infty}^{\infty} C_n \dot{V}_{\text{m}} \big\{\mathrm{j}\big[(m+n)\omega_{\text{P}} + \omega_{\text{S}}\big]\big\} \exp\big\{\mathrm{j}\big[(m+n)\omega_{\text{P}} + \omega_{\text{S}}\big]t\big\}
\end{aligned} \qquad (3\text{-}209)$$

式中，C_n 是 $C_{\text{j}}(t)$ 的傅里叶级数展开式的系数，$C_{-n} = C_n^*$。令 $m+n=k$，上式可写为：

$$\begin{aligned}
i(t) &= \sum_{k=-\infty}^{\infty}\left(\sum_{m=-\infty}^{\infty} C_{k-m}\dot{V}_{\text{m}} \right)\big[\mathrm{j}(k\omega_{\text{P}} + \omega_{\text{S}})\big] \exp\big[\mathrm{j}(k\omega_{\text{P}} + \omega_{\text{S}})t\big] \\
&= \sum_{k=-\infty}^{\infty} \dot{I}_k \exp\big[\mathrm{j}(k\omega_{\text{P}} + \omega_{\text{S}})t\big]
\end{aligned} \qquad (3\text{-}210)$$

式中：

$$\dot{I}_k = \big[\mathrm{j}(k\omega_{\text{P}} + \omega_{\text{S}})\big] \sum_{m=-\infty}^{\infty} C_{k-m}\dot{V}_{\text{m}} \qquad k = 0, \pm 1, \pm 2, \cdots \qquad (3\text{-}211)$$

表示电流复振幅 $\dot{I}_k$ 与电压复振幅 $\dot{V}_{\text{m}}$ 的关系，即是在小信号下周期时变电容网络的频域方程。令 $\omega_k = k\omega_{\text{P}} + \omega_{\text{S}}$，有：

$$\dot{I}_k = \mathrm{j}\omega_k \sum_{m=-\infty}^{\infty} C_{k-m}\dot{V}_{\text{m}} \qquad (3\text{-}212)$$

令 k 等于不同的值，将上式展开，可得到无限多个线性方程，表示为矩阵形式：

$$\begin{bmatrix} \vdots \\ \dot{I}_{+2} \\ \dot{I}_{+1} \\ \dot{I}_0 \\ \dot{I}_{-1} \\ \dot{I}_{-2} \\ \vdots \end{bmatrix} = \begin{bmatrix} \ddots & \vdots & \vdots & \vdots & \vdots & \vdots & \iddots \\ \cdots & \mathrm{j}\omega_{+2}C_0 & \mathrm{j}\omega_{+2}C_1 & \mathrm{j}\omega_{+2}C_2 & \mathrm{j}\omega_{+2}C_3 & \mathrm{j}\omega_{+2}C_4 & \cdots \\ \cdots & \mathrm{j}\omega_{+1}C_1^* & \mathrm{j}\omega_{+1}C_0 & \mathrm{j}\omega_{+1}C_1 & \mathrm{j}\omega_{+1}C_2 & \mathrm{j}\omega_{+1}C_3 & \cdots \\ \cdots & \mathrm{j}\omega_0 C_2^* & \mathrm{j}\omega_0 C_1^* & \mathrm{j}\omega_0 C_0 & \mathrm{j}\omega_0 C_1 & \mathrm{j}\omega_0 C_2 & \cdots \\ \cdots & \mathrm{j}\omega_{-1}C_3^* & \mathrm{j}\omega_{-1}C_2^* & \mathrm{j}\omega_{-1}C_1^* & \mathrm{j}\omega_{-1}C_0 & \mathrm{j}\omega_{-1}C_1 & \cdots \\ \cdots & \mathrm{j}\omega_{-2}C_4^* & \mathrm{j}\omega_{-2}C_3^* & \mathrm{j}\omega_{-2}C_2^* & \mathrm{j}\omega_{-2}C_1^* & \mathrm{j}\omega_{-2}C_0 & \cdots \\ \iddots & \vdots & \vdots & \vdots & \vdots & \vdots & \ddots \end{bmatrix} \begin{bmatrix} \vdots \\ \dot{V}_{+2} \\ \dot{V}_{+1} \\ \dot{V}_0 \\ \dot{V}_{-1} \\ \dot{V}_{-2} \\ \vdots \end{bmatrix} \qquad (3\text{-}213)$$

它也表示一个多频多端口网络。式中 $\dot{I}_0$ 和 $\dot{V}_0$ 是 $k=0$ 的频率分量的电流和电压，即频率 $\omega_0 = \omega_S$ 的电流和电压，所以 $\dot{I}_0 = \dot{I}_S$，$\dot{V}_0 = \dot{V}_S$，分别是信号电流和信号电压的复振幅。同理，$\dot{I}_{-1}$ 和 $\dot{V}_{-1}$ 是频率 $-\omega_P + \omega_S = -\omega_i$ 的电流和电压复振幅，$\dot{I}_{-1} = \dot{I}_i^*$，$\dot{V}_{-1} = \dot{V}_i^*$；$\dot{I}_{+1}$ 和 $\dot{V}_{+1}$ 是频率 $\omega_P + \omega_S = \omega_u$ 的电流和电压复振幅，$\dot{I}_{+1} = \dot{I}_u$，$\dot{V}_{+1} = \dot{V}_u$；余者可以类推。必须注意的是，与线性周期时变电阻网络类似，电路方程中并没有直流和泵浦端口，这同样是由于时变电容已经体现出了直流和泵浦激励的作用，实际的变容管与直流、泵浦信号源组成了整体的理想时变电容出现在电路中。

当然也可以根据式（3-206）按相同的处理得出用时变倒电容表示的电路频域方程为：

$$\dot{V}_k = \sum_{m=-\infty}^{\infty} \frac{S_{k-m}}{j\omega_m} \dot{I}_m , \quad \omega_m = m\omega_P + \omega_S , \quad k = 0, \pm 1, \pm 2, \cdots \quad (3\text{-}214)$$

式中，S_n 是倒电容 $S_j(t)$ 的傅里叶级数展开式的系数，$S_{-n} = S_n^*$。

$$
\begin{bmatrix}
\vdots \\
\dot{V}_{+2} \\
\dot{V}_{+1} \\
\dot{V}_0 \\
\dot{V}_{-1} \\
\dot{V}_{-2} \\
\vdots
\end{bmatrix}
=
\begin{bmatrix}
\ddots & \vdots & \vdots & \vdots & \vdots & \vdots & \iddots \\
\cdots & \dfrac{S_0}{j\omega_{+2}} & \dfrac{S_1}{j\omega_{+1}} & \dfrac{S_2}{j\omega_0} & \dfrac{S_3}{j\omega_{-1}} & \dfrac{S_4}{j\omega_{-2}} & \cdots \\
\cdots & \dfrac{S_1^*}{j\omega_{+2}} & \dfrac{S_0}{j\omega_{+1}} & \dfrac{S_1}{j\omega_0} & \dfrac{S_2}{j\omega_{-1}} & \dfrac{S_3}{j\omega_{-2}} & \cdots \\
\cdots & \dfrac{S_2^*}{j\omega_{+2}} & \dfrac{S_1^*}{j\omega_{+1}} & \dfrac{S_0}{j\omega_0} & \dfrac{S_1}{j\omega_{-1}} & \dfrac{S_2}{j\omega_{-2}} & \cdots \\
\cdots & \dfrac{S_3^*}{j\omega_{+2}} & \dfrac{S_2^*}{j\omega_{+1}} & \dfrac{S_1^*}{j\omega_0} & \dfrac{S_0}{j\omega_{-1}} & \dfrac{S_1}{j\omega_{-2}} & \cdots \\
\cdots & \dfrac{S_4^*}{j\omega_{+2}} & \dfrac{S_3^*}{j\omega_{+1}} & \dfrac{S_2^*}{j\omega_0} & \dfrac{S_1^*}{j\omega_{-1}} & \dfrac{S_0}{j\omega_{-2}} & \cdots \\
\iddots & \vdots & \vdots & \vdots & \vdots & \vdots & \ddots
\end{bmatrix}
\begin{bmatrix}
\vdots \\
\dot{I}_{+2} \\
\dot{I}_{+1} \\
\dot{I}_0 \\
\dot{I}_{-1} \\
\dot{I}_{-2} \\
\vdots
\end{bmatrix}
\quad (3\text{-}215)
$$

也可以得到与上同样的结论。实际的参变网络是由有限个并联支路或有限个串联支路所组成的，因此它们的网络方程的数目是有限的，可以通过消去不需要的电流分量或电压分量而使它们的矩阵方程大大简化，实际上就是对不同的组合频率提供特殊的终端条件，这一点同非线性电阻网络的处理类似。

图 3-81 的并联型参变网络的泵浦信号等效电路如图 3-83(a)所示。由于是并联结构，显然这时流过变容管的泵浦电流是正弦的，但实际流过变容管的总电流是各并联支路正弦电流的总和，因而必然是非正弦的，从而电容上的电荷、电压都是非正弦的，我们把这种状态称为"电流激励状态"，又称为"电流泵浦状态"。而对于图 3-82 所示的串联型参变网络，其泵浦信号等效电路如图 3-83(b)所示，这时变容管两端的泵浦电压是正弦的，而流过变容管的总电流是非正弦的，这种状态称为"电压激励状态"，又称为"电压泵浦状态"。分析计算表明，当电容非线性系数 $m = 1/2$ 时，电流泵浦的倒电容为：

$$S_j(t) = \frac{1}{C_j(V_{dc})}(1 + \gamma_{s1} \cos \omega_P t) \quad (3\text{-}216)$$

式中，γ_{s1} 是基波倒电容调制系数，因泵浦情况而异：$\gamma_{s1} < 1$ 表示欠泵激励状态，$\gamma_{s1} = 1$ 表示满泵激励状态，$\gamma_{s1} > 1$ 表示过泵激励状态，典型的工作状态是 γ_{s1} 接近于 1 的欠泵激励状态。在最佳工作状态下，上式中 $C_j(V_{dc}) \approx C_0$，C_0 是电压泵浦下的平均电容，即 $C_j(t)$ 的直流分量。因此有：

$$S_0 = \frac{1}{C_0} \quad (3\text{-}217)$$

$$S_1 = \frac{\gamma_{s1}}{C_0} = \frac{\gamma}{C_0} \tag{3-218}$$

它只有直流项和基波项，没有二次及二次以上各次谐波项。而根据式（3-217）可以看出，电压泵浦的倒电容却包含各次谐波项，而且在同样的泵浦功率下，电流泵浦的倒电容基波振幅大于电压泵浦的倒电容基波振幅。这就意味着电流泵浦下参变网络的性能较好，而且从理论上讲不会在处理较强信号时造成失真和交调干扰。因此电流泵浦一般优于电压泵浦，实际电路多采用并联结构。

根据上述讨论，如果在并联型参变网络中只保留信号 f_S 及和频 f_u 支路，而消去其他各带外闲频支路，即可得参量上变频器的等效电路如图 3-84 所示，其网络方程简化为：

$$\begin{bmatrix} \dot{V}_u \\ \dot{V}_S \end{bmatrix} = \begin{bmatrix} \dfrac{S_0}{\mathrm{j}\omega_u} & \dfrac{S_1}{\mathrm{j}\omega_S} \\[2mm] \dfrac{S_1^*}{\mathrm{j}\omega_u} & \dfrac{S_0}{\mathrm{j}\omega_S} \end{bmatrix} \begin{bmatrix} \dot{I}_u \\ \dot{I}_S \end{bmatrix} \tag{3-219}$$

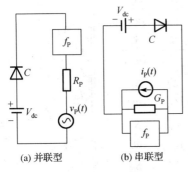

图 3-83　泵浦等效电路

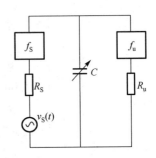

图 3-84　并联型参量上变频器

3.3.2　参变网络及和频上变频器的一般能量关系

1. 门雷-罗威关系

从前面的分析我们已经看出，一般来说，当直流偏置、频率为 f_P 的泵浦电压 $v_P(t)$ 及频率为 f_S 的信号电压 $v_S(t)$ 作用于非线性电容 C 上时，由于非线性变频作用，电容 C 上的交变电荷 q 中包含了 f_P 和 f_S 的各次谐波的组合频率分量 $f_{mn} = mf_P + nf_S$（$m, n = 0, \pm1, \pm2, \cdots$），由于 $i = \mathrm{d}q/\mathrm{d}t$，所以流过非线性电容的电流也包含频率为 f_{mn} 的各种分量。由图 3-81 可见，此电流中的每个分量将分别流过相应的一条支路。我们可以假设非线性电容是理想无耗的，因而它是一个理想储能元件，它本身既不产生能量，也不消耗能量，所以注入非线性电容中的能量只能转换成其他频率的能量全部输出，即应符合能量守恒定律。也就是说，在非线性电容中，各频率分量的平均功率之和应等于零，即：

$$\sum_{m=-\infty}^{\infty} \sum_{n=-\infty}^{\infty} P_{mn} = 0 \tag{3-220}$$

将上式乘以并除以组合频率 $f_{mn} = mf_P + nf_S$，有：

$$f_P \sum_{m=-\infty}^{\infty} \sum_{n=-\infty}^{\infty} \frac{mP_{mn}}{mf_P + nf_S} + f_S \sum_{m=-\infty}^{\infty} \sum_{n=-\infty}^{\infty} \frac{nP_{mn}}{mf_P + nf_S} = 0 \tag{3-221}$$

上式左边第一项可推导为：

$$f_P \sum_{m=-\infty}^{\infty} \sum_{n=-\infty}^{\infty} \frac{mP_{mn}}{mf_P + nf_S} = f_P \sum_{m=-\infty}^{0} \sum_{n=-\infty}^{\infty} \frac{mP_{mn}}{mf_P + nf_S} + f_P \sum_{m=0}^{\infty} \sum_{n=-\infty}^{\infty} \frac{mP_{mn}}{mf_P + nf_S}$$

$$= f_P \sum_{m=0}^{\infty} \sum_{n=-\infty}^{\infty} \frac{-mP_{-m-n}}{-mf_P - nf_S} + f_P \sum_{m=0}^{\infty} \sum_{n=-\infty}^{\infty} \frac{mP_{mn}}{mf_P + nf_S} \quad （3-222）$$

$$= f_P \sum_{m=0}^{\infty} \sum_{n=-\infty}^{\infty} \frac{mP_{-m-n}}{mf_P + nf_S} + f_P \sum_{m=0}^{\infty} \sum_{n=-\infty}^{\infty} \frac{mP_{mn}}{mf_P + nf_S}$$

因为 $P_{-m-n} = P_{mn}$，所以上式变为：

$$f_P \sum_{m=-\infty}^{\infty} \sum_{n=-\infty}^{\infty} \frac{mP_{mn}}{mf_P + nf_S} = 2f_P \sum_{m=0}^{\infty} \sum_{n=-\infty}^{\infty} \frac{mP_{mn}}{mf_P + nf_S} \quad （3-223）$$

同理式（3-221）第二项变为：

$$f_S \sum_{m=-\infty}^{\infty} \sum_{n=-\infty}^{\infty} \frac{nP_{mn}}{mf_P + nf_S} = 2f_S \sum_{m=-\infty}^{\infty} \sum_{n=0}^{\infty} \frac{nP_{mn}}{mf_P + nf_S} \quad （3-224）$$

于是有：

$$2f_P \sum_{m=0}^{\infty} \sum_{n=-\infty}^{\infty} \frac{mP_{mn}}{mf_P + nf_S} + 2f_S \sum_{m=-\infty}^{\infty} \sum_{n=0}^{\infty} \frac{nP_{mn}}{mf_P + nf_S} = 0 \quad （3-225）$$

由于 f_P 和 f_S 都是不为零的正数，若上式对任意的 m 和 n 都成立，则必然有：

$$\begin{cases} \displaystyle\sum_{m=0}^{\infty} \sum_{n=-\infty}^{\infty} \frac{mP_{mn}}{mf_P + nf_S} = 0 \\ \displaystyle\sum_{m=-\infty}^{\infty} \sum_{n=0}^{\infty} \frac{nP_{mn}}{mf_P + nf_S} = 0 \end{cases} \quad （3-226）$$

这就是非线性电抗构成的参变网络的两个独立的基本能量关系式，它们是由门雷和罗威首先提出来的，故称为"门雷-罗威关系式"。

2. 参量和频上变频器的一般能量关系

如果讨论的参变网络是和频上变频器，其等效电路如图 3-85 所示（已画出泵浦源支路）。除和频支路、信号源支路及泵浦源支路外，其他各支路都不存在。按照上面采用的组合频率表示法，和频无源支路对应 $m=1$、$n=1$，信号源支路对应 $m=0$、$n=1$，泵浦源支路对应 $m=1$、$n=0$。因此门雷-罗威关系式具体表现为：

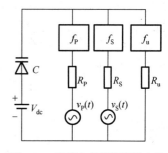

$$\begin{cases} \dfrac{P_{1,0}}{f_P} + \dfrac{P_{1,1}}{f_P + f_S} = \dfrac{P_P}{f_P} + \dfrac{P_u}{f_u} = 0 \\ \dfrac{P_{0,1}}{f_S} + \dfrac{P_{1,1}}{f_P + f_S} = \dfrac{P_S}{f_S} + \dfrac{P_u}{f_u} = 0 \end{cases} \quad （3-227）$$

图 3-85　和频上变频器等效电路

式中，f_u 和 P_u 分别表示和频的频率与功率。我们假定向非线性电容注入的功率为正值，从非线性电容吸出的功率为负值，由于和频支路是无源的，它只能从非线性电容吸收功率，所以和频功率 $P_u < 0$。由式（3-227）可见，此时必然有 $P_P > 0$ 及 $P_S > 0$，即泵浦源和信号源都向非线性电容注入功率，因此此电路是绝对稳定的。而且，可以求出和频上变频器的功率增益为：

$$G_{u} = -\frac{P_{u}}{P_{S}} = \frac{f_{u}}{f_{S}} = 1 + \frac{f_{P}}{f_{S}} \tag{3-228}$$

可见当忽略非线性电容中的损耗时，即门雷-罗威关系成立时，和频上变频器的功率增益 G_{u} 等于输出信号频率与输入信号频率的比值，而且 G_{u} 总是大于 1 的；泵浦频率越高，功率增益越大。由于这种参量变频器在典型工作状态下没有直流电流，因此它不直接消耗直流功率，其和频的能量来源由泵浦源提供，通过非线性电容作用使交流能量互相转换，为此还可以定义变换效率为：

$$\eta_{u} = -\frac{P_{u}}{P_{P}} = \frac{f_{u}}{f_{P}} = 1 + \frac{f_{S}}{f_{P}} \tag{3-229}$$

可见 f_{P} 相对越高，变换效率越低，这与式（3-228）提高增益的要求相矛盾。理想电容的 $\eta_{u} > 1$，但由于存在损耗，实际电路的变换效率总是小于 1。

由于电路绝对稳定和功率增益总大于 1，参量的和频上变频器得到了广泛应用。这种变频器的输出频率高于泵浦频率，因此也称为"上边带上变频器"；又由于输出信号比输入信号放大，工作机理依赖可变电容参量，故也可称为"上边带参量放大器"。

3. 参量差频变频器的一般能量关系

作为对比，我们可以利用门雷-罗威关系考察一下参量差频变频器。在图 3-81 所示电路中，如果除了有源支路外，只有一条差频无源支路（$m=1$、$n=-1$ 及 $m=-1$、$n=1$），其他的支路都不存在，那么就得到图 3-86 所示的差频变频器电路。假定 $f_{P} > f_{S}$，根据门雷-罗威关系可得：

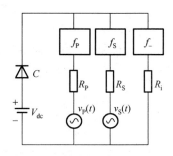

$$\begin{cases} \dfrac{P_{1,0}}{f_{P}} + \dfrac{P_{1,-1}}{f_{P} - f_{S}} = \dfrac{P_{P}}{f_{P}} + \dfrac{P_{-}}{f_{-}} = 0 \\[2mm] \dfrac{P_{0,1}}{f_{S}} + \dfrac{P_{-1,1}}{-f_{P} + f_{S}} = \dfrac{P_{S}}{f_{S}} - \dfrac{P_{-}}{f_{-}} = 0 \end{cases} \tag{3-230}$$

图 3-86　参量差频变频器等效电路

式中，$f_{-} = f_{P} - f_{S}$ 和 $P_{-} = P_{1,-1} = P_{-1,1}$ 分别表示差频信号的频率及功率。同样由于差频支路是无源的，它总是从非线性电容吸取功率，故 $P_{-} < 0$。根据式（3-230）可求得 $P_{P} > 0$ 及 $P_{S} < 0$，即泵浦源向非线性电容注入功率，而信号源则从非线性电容中得到功率。由于输入信号和差频信号都从泵浦源得到功率，只要泵浦功率足够大，差频变频器总是具有功率增益的。但是当泵浦功率大到一定程度时，就可能产生自激振荡，破坏了系统正常工作，达不到由信号经变频输出且放大的目的，所以差频变频系统是潜在不稳定的。可以定义差频变频器的功率增益和变换效率为：

$$G_{-} = -\frac{P_{-}}{P_{S}} = \frac{f_{-}}{f_{S}} = \frac{f_{P}}{f_{S}} - 1 \tag{3-231}$$

$$\eta_{-} = -\frac{P_{-}}{P_{P}} = \frac{f_{-}}{f_{P}} = 1 - \frac{f_{S}}{f_{P}} \tag{3-232}$$

当利用变容管实现差频上变频时（即 $f_{-} = f_{P} - f_{S} > f_{S}$），要注意控制本振功率，并设计好信号回路，以避免振荡。当实现差频下变频时，除了潜在不稳定外，由式（3-232）可见，当中频较低时，f_{S} 将很接近 f_{P}，导致变换效率极低，而且其线性度差、成本高，因此一般不利用变容管来实现差频下变频，而采用阻性混频电路。

3.3.3 小信号和频上变频器的性能

考虑到变容管的损耗及变频器电路中的调谐电感后,参量和频上变频器的原理电路从图 3-84 变为图 3-87。图中 L_S 和 L_u 分别为信号回路及和频回路的外加调谐电感,它们使两个回路分别调谐在频率 f_S 和 f_u 上;R_s 是变容二极管的串联损耗电阻;$C_j(t)$ 表示泵浦激励下的时变电容;R_u 是和频回路的负载电阻。$\dot{V}_{eg}$ 为信号源电压复振幅,R_g 为信号源内阻。我们已经推出不考虑损耗电阻 R_s 时参量和频上变频器时变电容的网络方程为式(3-219),因此把式(3-217)和式(3-218)代入其中可得网络方程具体为:

$$\begin{bmatrix} \dot{V}_u \\ \dot{V}_S \end{bmatrix} = \begin{bmatrix} \dfrac{1}{j\omega_u C_0} & \dfrac{\gamma}{j\omega_S C_0} \\ \dfrac{\gamma}{j\omega_u C_0} & \dfrac{1}{j\omega_S C_0} \end{bmatrix} \begin{bmatrix} \dot{I}_u \\ \dot{I}_S \end{bmatrix} \tag{3-233}$$

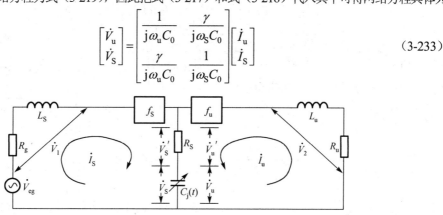

图 3-87 和频上变频器小信号等效电路

为了减小变容二极管损耗电阻 R_s 的影响,由图 3-87 可写出变容管支路两端的电压为:

$$\begin{bmatrix} \dot{V}_{2u} \\ \dot{V}_{1S} \end{bmatrix} = \begin{bmatrix} \dot{V}_u \\ \dot{V}_S \end{bmatrix} + \begin{bmatrix} \dot{V}_u' \\ \dot{V}_S' \end{bmatrix} = \left\{ \begin{bmatrix} \dfrac{1}{j\omega_u C_0} & \dfrac{\gamma}{j\omega_S C_0} \\ \dfrac{\gamma}{j\omega_u C_0} & \dfrac{1}{j\omega_S C_0} \end{bmatrix} + \begin{bmatrix} R_s & 0 \\ 0 & R_s \end{bmatrix} \right\} \begin{bmatrix} \dot{I}_u \\ \dot{I}_S \end{bmatrix} \tag{3-234}$$

另一方面,根据图 3-87 还可求出:

$$\begin{bmatrix} \dot{V}_{2u} \\ \dot{V}_{1S} \end{bmatrix} = \begin{bmatrix} -\dot{V}_2 \\ \dot{V}_{eg} - \dot{V}_1 \end{bmatrix} = \begin{bmatrix} 0 \\ \dot{V}_{eg} \end{bmatrix} - \begin{bmatrix} \dot{V}_2 \\ \dot{V}_1 \end{bmatrix} = \begin{bmatrix} 0 \\ \dot{V}_{eg} \end{bmatrix} - \begin{bmatrix} R_u + j\omega_u L_u & 0 \\ 0 & R_g + j\omega_S L_S \end{bmatrix} \begin{bmatrix} \dot{I}_u \\ \dot{I}_S \end{bmatrix} \tag{3-235}$$

根据上两式,可得:

$$\begin{bmatrix} 0 \\ \dot{V}_{eg} \end{bmatrix} = \begin{bmatrix} Z_{11} & Z_{12} \\ Z_{21} & Z_{22} \end{bmatrix} \begin{bmatrix} \dot{I}_u \\ \dot{I}_S \end{bmatrix} \tag{3-236}$$

式中

$$\begin{aligned} \begin{bmatrix} Z_{11} & Z_{12} \\ Z_{21} & Z_{22} \end{bmatrix} &= \begin{bmatrix} \dfrac{1}{j\omega_u C_0} & \dfrac{\gamma}{j\omega_S C_0} \\ \dfrac{\gamma}{j\omega_u C_0} & \dfrac{1}{j\omega_S C_0} \end{bmatrix} + \begin{bmatrix} R_s & 0 \\ 0 & R_s \end{bmatrix} + \begin{bmatrix} R_u + j\omega_u L_u & 0 \\ 0 & R_g + j\omega_S L_S \end{bmatrix} \\[2mm] &= \begin{bmatrix} R_s + R_u + j\left(\omega_u L_u - \dfrac{1}{\omega_u C_0} \right) & -j\dfrac{\gamma}{\omega_S C_0} \\ -j\dfrac{\gamma}{\omega_u C_0} & R_s + R_g + j\left(\omega_S L_S - \dfrac{1}{\omega_S C_0} \right) \end{bmatrix} \end{aligned} \tag{3-237}$$

上式即为考虑到变容管损耗及外电路后，图 3-87 所示的参量和频上变频器的网络方程。可把该式展开为：

$$\dot{V}_{\mathrm{eg}} = Z_{21}\dot{I}_{\mathrm{u}} + Z_{22}\dot{I}_{\mathrm{S}} \tag{3-238}$$

$$0 = Z_{11}\dot{I}_{\mathrm{u}} + Z_{12}\dot{I}_{\mathrm{S}} \tag{3-239}$$

联立上两式，消去 $\dot{I}_{\mathrm{u}}$，可得：

$$\dot{V}_{\mathrm{eg}} = \left(Z_{22} - \frac{Z_{12}Z_{21}}{Z_{11}}\right)\dot{I}_{\mathrm{S}} = (Z_{22} + Z_{\mathrm{Su}})\dot{I}_{\mathrm{S}} \tag{3-240}$$

由此式可以得出和频上变频器的信号回路等效电路如图 3-88 所示，图中 Z_{Su} 是和频回路对信号回路引入的阻抗，把电路的网络参量代入上式，可求得：

$$
\begin{aligned}
Z_{\mathrm{Su}} &= -\frac{Z_{12}Z_{21}}{Z_{11}} \\
&= \frac{\gamma^2}{\omega_{\mathrm{S}}\omega_{\mathrm{u}}C_0^2} \frac{1}{R_{\mathrm{s}} + R_{\mathrm{u}} + \mathrm{j}\left(\omega_{\mathrm{u}}L_{\mathrm{u}} - \dfrac{1}{\omega_{\mathrm{u}}C_0}\right)} \\
&= R_{\mathrm{Su}} + \mathrm{j}X_{\mathrm{Su}}
\end{aligned} \tag{3-241}
$$

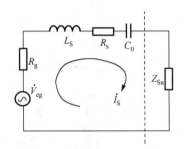

图 3-88　和频上变频器信号回路等效电路

式中

$$
\begin{aligned}
R_{\mathrm{Su}} &= \frac{\gamma^2}{\omega_{\mathrm{S}}\omega_{\mathrm{u}}C_0^2} \frac{R_{\mathrm{s}} + R_{\mathrm{u}}}{(R_{\mathrm{s}} + R_{\mathrm{u}})^2 - \left(\omega_{\mathrm{u}}L_{\mathrm{u}} - \dfrac{1}{\omega_{\mathrm{u}}C_0}\right)^2} \\
&= \frac{\omega_{\mathrm{S}}}{\omega_{\mathrm{u}}}(\gamma Q)^2 R_{\mathrm{s}}^2 \frac{R_{\mathrm{s}} + R_{\mathrm{u}}}{(R_{\mathrm{s}} + R_{\mathrm{u}})^2 - \left(\omega_{\mathrm{u}}L_{\mathrm{u}} - \dfrac{1}{\omega_{\mathrm{u}}C_0}\right)^2}
\end{aligned} \tag{3-242}
$$

$$
\begin{aligned}
X_{\mathrm{Su}} &= \frac{\gamma^2}{\omega_{\mathrm{S}}\omega_{\mathrm{u}}C_0^2} \frac{-\left(\omega_{\mathrm{u}}L_{\mathrm{u}} - \dfrac{1}{\omega_{\mathrm{u}}C_0}\right)}{(R_{\mathrm{s}} + R_{\mathrm{u}})^2 - \left(\omega_{\mathrm{u}}L_{\mathrm{u}} - \dfrac{1}{\omega_{\mathrm{u}}C_0}\right)^2} \\
&= -\frac{\omega_{\mathrm{S}}}{\omega_{\mathrm{u}}}(\gamma Q)^2 R_{\mathrm{s}}^2 \frac{\omega_{\mathrm{u}}L_{\mathrm{u}} - \dfrac{1}{\omega_{\mathrm{u}}C_0}}{(R_{\mathrm{s}} + R_{\mathrm{u}})^2 - \left(\omega_{\mathrm{u}}L_{\mathrm{u}} - \dfrac{1}{\omega_{\mathrm{u}}C_0}\right)^2}
\end{aligned} \tag{3-243}
$$

式中，$Q = 1/(\omega_{\mathrm{S}}C_0 R_{\mathrm{s}})$ 是变容二极管在信号频率上对平均电容而言的品质因数；γQ 为泵浦激励下的动态品质因数（见 2.3 节）。

同样根据网络方程展开式（3-236），消去 $\dot{I}_{\mathrm{S}}$，可得：

$$\frac{Z_{12}}{Z_{22}}\dot{V}_{\mathrm{eg}} + \left(Z_{11} - \frac{Z_{12}Z_{21}}{Z_{22}}\right)\dot{I}_{\mathrm{u}} = \dot{V}_{\mathrm{uS}} + (Z_{11} + Z_{\mathrm{uS}})\dot{I}_{\mathrm{u}} = 0 \tag{3-244}$$

式中

$$\dot{V}_{\text{uS}} = \frac{Z_{12}}{Z_{22}} \dot{V}_{\text{eg}} \tag{3-245}$$

称为反映电压，表示由于非线性电容的耦合作用，信号回路的信号源反映到和频回路的电源。

$$Z_{\text{uS}} = -\frac{Z_{12} Z_{21}}{Z_{22}} \tag{3-246}$$

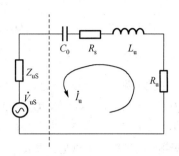

表示由于非线性电容的耦合作用，信号回路反映到和频回路的阻抗。根据式（3-246），可以画出和频上变频器的和频回路等效电路如图 3-89 所示。

根据电路的网络方程，可求得小信号和频上变频器的主要技术指标。

图 3-89　和频上变频器和频回路等效电路

1. 变频增益 G_u 和稳定性

小信号和频上变频器的变频增益 G_u 也称为转换功率增益，它定义为：

$$G_\text{u} = \frac{P_\text{u}}{P_\text{Sa}} = \frac{\left|\dot{I}_\text{u}\right|^2 R_\text{u}}{\left|\dot{V}_\text{eg}\right|^2 \big/ 4R_\text{g}} = 4R_\text{g} R_\text{u} \frac{\left|\dot{I}_\text{u}\right|^2}{\left|\dot{V}_\text{eg}\right|^2} \tag{3-247}$$

式中，$P_\text{u} = \left|\dot{I}_\text{u}\right|^2 R_\text{u}$ 是在负载 R_u 上输出的和频信号功率，$P_\text{Sa} = \left|\dot{V}_\text{eg}\right|^2 \big/ 4R_\text{g}$ 是信号源的信频资用功率。联立电路的网络方程展开式（3-238）和式（3-239），消去 $\dot{I}_\text{S}$，可得：

$$\dot{V}_\text{eg} = \left(Z_{21} - \frac{Z_{11} Z_{22}}{Z_{12}} \right) \dot{I}_\text{u} \tag{3-248}$$

代入式（3-247），可得：

$$G_\text{u} = 4R_\text{g} R_\text{u} \left[\frac{Z_{12}}{Z_{21} Z_{12} - Z_{11} Z_{22}} \right]^2 \tag{3-249}$$

把电路的网络参数代入上式，可求得当信号回路及和频回路分别调谐于频率 f_S 和 f_u 上时（即 $\omega_\text{u} L_\text{u} = 1/\omega_\text{u} C_0$，$\omega_\text{S} L_\text{S} = 1/\omega_\text{S} C_0$ 时），变频增益为：

$$\begin{aligned}
G_{\text{u}0} &= 4R_\text{g} R_\text{u} \frac{\dfrac{\gamma^2}{\omega_\text{S}^2 C_0^2}}{\left[(R_\text{g} + R_\text{s})(R_\text{u} + R_\text{s}) + \dfrac{\gamma^2}{\omega_\text{S} \omega_\text{u} C_0^2} \right]^2} \\
&= \frac{4k_\text{S} k_\text{u} (\gamma Q)^2}{\left[(k_\text{S} + 1)(k_\text{u} + 1) + \dfrac{\omega_\text{S}}{\omega_\text{u}} (\gamma Q)^2 \right]^2}
\end{aligned} \tag{3-250}$$

式中，$k_\text{S} = R_\text{g}/R_\text{s}$ 称为信号回路与变容管之间的耦合系数或耦合比，$k_\text{u} = R_\text{u}/R_\text{s}$ 称为和频回路与变容管之间的耦合系数或耦合比。

根据式（3-250），可求得当耦合比 k_S 和 k_u 为：

$$k_{Sm} = k_{um} = k_m = \sqrt{\frac{\omega_S}{\omega_u}(\gamma Q)^2 + 1} \qquad (3\text{-}251)$$

时，变频增益 G_u 达到最大值 G_{um}：

$$G_{um} = \frac{(\gamma Q)^2}{\left[\sqrt{\dfrac{\omega_S}{\omega_u}(\gamma Q)^2 + 1} + 1\right]^2} = \frac{(\gamma Q)^2}{(k_m + 1)^2} \qquad (3\text{-}252)$$

由此可见，当 (γQ) 一定时，频率比 ω_u/ω_S 越高，即泵浦频率越高，功率增益就越大；当频率比 ω_u/ω_S 一定时，(γQ) 越大，G_{um} 就越大；当 $(\gamma Q) \to \infty$ 时，$G_{um} \to \omega_u/\omega_S = f_u/f_S$，即得到式（3-252）的理想功率增益。当然，通常 (γQ) 的值是有限的，$(\gamma Q) \approx 5\sim10$，所以恒有 $G_{um} < f_u/f_S$。由于和频上变频器的功率增益总是有限的，所以和频上变频器是绝对稳定的。

2．输入和输出阻抗

和频上变频器作为一个二端口网络，它的两个端口的匹配情况对其功率增益、带宽和噪声系数等主要特性都有极大影响，因此，必须知道其输入阻抗和输出阻抗。当输入和输出两个回路分别调谐时，根据图 3-88 和式（3-241），以及图 3-89 和式（3-246），可求得和频上变频器的归一化输入阻抗 k_{in} 和输出阻抗 k_{out} 分别为：

$$
\begin{aligned}
k_{in} &= \frac{R_{in}}{R_S} = \frac{R_S + Z_{Su}}{R_S}\Bigg|_{\omega_u L_u = 1/\omega_u C_0,\, \omega_S L_S = 1/\omega_S C_0} \\
&= \frac{\omega_S}{\omega_u}(\gamma Q)^2 \frac{1}{k_u + 1} + 1
\end{aligned} \qquad (3\text{-}253)
$$

$$
\begin{aligned}
k_{out} &= \frac{R_{out}}{R_S} = \frac{R_S + Z_{uS}}{R_S}\Bigg|_{\omega_u L_u = 1/\omega_u C_0,\, \omega_S L_S = 1/\omega_S C_0} \\
&= \frac{\omega_S}{\omega_u}(\gamma Q)^2 \frac{1}{k_S + 1} + 1
\end{aligned} \qquad (3\text{-}254)
$$

由此两式可见，当变容管的激励和频率比一定时，和频上变频器的输入阻抗完全由负载阻抗决定，而输出阻抗完全由信号源阻抗决定。当频率比、信号源阻抗和负载阻抗一定时，和频上变频器的输入阻抗和输出阻抗随变容管的激励状态迅速变化。所以在实际应用中和频上变频器激励状态的稳定是极为重要的。如果按式（3-251）的最大功率增益条件选择信号源电阻 R_g 和负载电阻 R_u，则和频上变频器的输入输出阻抗相等，为：

$$k_{in} = k_{out} = k_m = \sqrt{\frac{\omega_S}{\omega_u}(\gamma Q)^2 + 1} \qquad (3\text{-}255)$$

可见这时和频上变频器的输入输出阻抗完全由 (γQ) 值和频率比决定。

3．带宽特性

带宽特性也是衡量参量变频器的一个重要指标，小信号和频上变频器的带宽 B 通常指输入输出回路失谐时，其变频增益下降到最大谐振功率增益的一半时所对应的频率范围。由于带宽特性与变频增益是紧密联系的，工程中常用增益-带宽积来表示带宽特性。

设信号回路的谐振频率为 f_{S0}，和频回路的谐振频率为 f_{u0}，由于 $f_u = f_P + f_S$，所以有 $f_{u0} = f_P + f_{S0}$。若信号回路相对失谐表示为：

$$\delta_{\mathrm{S}} = \frac{f_{\mathrm{S}}}{f_{\mathrm{S0}}} - \frac{f_{\mathrm{S0}}}{f_{\mathrm{S}}} \approx \frac{2(f_{\mathrm{S}} - f_{\mathrm{S0}})}{f_{\mathrm{S0}}} = \frac{B}{f_{\mathrm{S0}}} = \delta \tag{3-256}$$

相应的和频回路的相对失谐为：

$$\begin{aligned}
\delta_{\mathrm{u}} &= \frac{f_{\mathrm{u}}}{f_{\mathrm{u0}}} - \frac{f_{\mathrm{u0}}}{f_{\mathrm{u}}} \approx \frac{2(f_{\mathrm{u}} - f_{\mathrm{u0}})}{f_{\mathrm{u0}}} \\
&= \frac{2(f_{\mathrm{u}} - f_{\mathrm{P}} - f_{\mathrm{S0}})}{f_{\mathrm{u0}}} = \frac{2(f_{\mathrm{S}} - f_{\mathrm{S0}})}{f_{\mathrm{u0}}} = \frac{B}{f_{\mathrm{S0}}} \frac{f_{\mathrm{S0}}}{f_{\mathrm{u0}}} = \delta \frac{f_{\mathrm{S0}}}{f_{\mathrm{u0}}}
\end{aligned} \tag{3-257}$$

信号与和频回路的电抗可用相对失谐 δ 表示为：

$$\mathrm{j}X_{\mathrm{S}} = \mathrm{j}\left(\omega_{\mathrm{S}}L_{\mathrm{S}} - \frac{1}{\omega_{\mathrm{S}}C_0} \right) = \mathrm{j}\omega_{\mathrm{S0}}L_{\mathrm{S}}\delta \tag{3-258}$$

$$\mathrm{j}X_{\mathrm{u}} = \mathrm{j}\left(\omega_{\mathrm{u}}L_{\mathrm{u}} - \frac{1}{\omega_{\mathrm{u}}C_0} \right) = \mathrm{j}\omega_{\mathrm{u0}}L_{\mathrm{u}}\delta \frac{\omega_{\mathrm{S0}}}{\omega_{\mathrm{u0}}} \tag{3-259}$$

定义信号回路与和频回路的有载 Q 值为：

$$Q_{\mathrm{SL}} = \frac{\omega_{\mathrm{S0}}L_{\mathrm{S}}}{R_{\mathrm{g}} + R_{\mathrm{s}}} \tag{3-260}$$

$$Q_{\mathrm{uL}} = \frac{\omega_{\mathrm{u0}}L_{\mathrm{u}}}{R_{\mathrm{u}} + R_{\mathrm{s}}} \tag{3-261}$$

引入相对失谐 δ 和有载 Q 值后，忽略小项[2]，和频上变频器的变频增益式（3-250）可用相对失谐 δ 和有载 Q 值表示为：

$$G_{\mathrm{u}} = \cfrac{G_{\mathrm{u0}}}{1 + \delta^2 \cfrac{(k_{\mathrm{S}}+1)^2 (k_{\mathrm{u}}+1)^2 \left(Q_{\mathrm{SL}} + \cfrac{f_{\mathrm{S0}}}{f_{\mathrm{u0}}} Q_{\mathrm{uL}} \right)^2}{\left[(k_{\mathrm{S}}+1)(k_{\mathrm{u}}+1) + \cfrac{\omega_{\mathrm{S}}}{\omega_{\mathrm{u}}}(\gamma Q)^2 \right]^2}} \tag{3-262}$$

令 $G_{\mathrm{u}} = G_{\mathrm{u0}}/2$，则可求得相对失谐 δ 为：

$$\delta = \frac{B}{f_{\mathrm{S0}}} = \cfrac{\left[(k_{\mathrm{S}}+1)(k_{\mathrm{u}}+1) + \cfrac{\omega_{\mathrm{S}}}{\omega_{\mathrm{u}}}(\gamma Q)^2 \right]}{(k_{\mathrm{S}}+1)(k_{\mathrm{u}}+1) \left(Q_{\mathrm{SL}} + \cfrac{f_{\mathrm{S0}}}{f_{\mathrm{u0}}} Q_{\mathrm{uL}} \right)} \tag{3-263}$$

因此带宽 B 为：

$$B = \delta \cdot f_{\mathrm{S0}} = \cfrac{\cfrac{\left[(k_{\mathrm{S}}+1)(k_{\mathrm{u}}+1) + \cfrac{\omega_{\mathrm{S}}}{\omega_{\mathrm{u}}}(\gamma Q)^2 \right]}{(k_{\mathrm{S}}+1)(k_{\mathrm{u}}+1)}}{\cfrac{1}{B_{\mathrm{SL}}} + \cfrac{1}{B_{\mathrm{uL}}}} \tag{3-264}$$

式中，$B_{\mathrm{SL}} = f_{\mathrm{S0}}/Q_{\mathrm{SL}}$ 及 $B_{\mathrm{uL}} = f_{\mathrm{u0}}/Q_{\mathrm{uL}}$ 分别为信号回路及和频回路的有载带宽。

这样，和频上变频器的增益-带宽积可表示为：

$$\sqrt{G_{u0}} \cdot \frac{B}{f_{S0}} = \frac{2\sqrt{k_S k_u}(\gamma Q)}{(k_S+1)(k_u+1)\left(Q_{SL} + \frac{f_{S0}}{f_{u0}}Q_{uL}\right)} \tag{3-265}$$

$$\sqrt{G_{u0}} \cdot B = \frac{2\sqrt{k_S k_u}(\gamma Q)}{(k_S+1)(k_u+1)\left(\frac{1}{B_{SL}} + \frac{1}{B_{uL}}\right)} \tag{3-266}$$

如果选择两回路的耦合比相同，即 $k_S = k_u = k$，则上两式变为：

$$\sqrt{G_{u0}} \cdot \frac{B}{f_{S0}} = \frac{(\gamma Q)\dfrac{2k}{k+1}}{Q_{S0} + \dfrac{f_{S0}}{f_{u0}}Q_{u0}} \tag{3-267}$$

$$\sqrt{G_{u0}} \cdot B = \frac{(\gamma Q)\dfrac{2k}{k+1}}{\dfrac{1}{B_{S0}} + \dfrac{1}{B_{u0}}} \tag{3-268}$$

式中：

$$Q_{S0} = \frac{\omega_{S0}L_S}{R_s} = Q_{SL}(k_S+1) \tag{3-269}$$

$$Q_{u0} = \frac{\omega_{u0}L_u}{R_s} = Q_{uL}(k_u+1) \tag{3-270}$$

$$B_{S0} = \frac{f_{S0}}{Q_{S0}} \tag{3-271}$$

$$B_{u0} = \frac{f_{u0}}{Q_{u0}} \tag{3-272}$$

分别为信号回路及和频回路的空载 Q 值和空载带宽。

由式（3-268）可见，当 (γQ) 一定时，和频上变频器的增益-带宽积为常数；此外，在匹配方便的情况下，选择较大耦合比 k，可得到较大的增益-带宽积。增大泵浦激励，即增大 (γQ) 值，也可得到较大的增益-带宽积。

4. 噪声特性

参变网络在典型工作情况下，满足泵浦条件，变容管中既无正向电流，也无反向电流，因而不存在电流的散粒噪声，这是参变网络噪声系数较低的主要因素。在图 3-87 中，噪声仅来源于电路中信号源内阻 R_g、变容管损耗电阻 R_s 产生的热噪声，据此可画出图 3-90 所示的和频上变频器的噪声等效电路，图中同时画出了各电阻在相应频率上产生的热噪声等效电压源。

信号源内阻 R_g 在信号频率上产生的热噪声电压均方值为：

$$\overline{e}_{ng}^2 = 4kT_0 R_g B \tag{3-273}$$

式中，T_0 为信号源的工作温度，以绝对温度 K 计；B 为和频上变频器带宽。

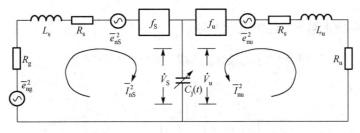

图 3-90　和频上变频器噪声等效电路

变容二极管的损耗电阻 R_s 在信号频率和和频上产生的噪声电压均方值分别为：

$$\overline{e}_{nS}^2 = 4kT_dR_sB \tag{3-274}$$

$$\overline{e}_{nu}^2 = 4kT_dR_sB \tag{3-275}$$

式中，T_d 为变容管的工作温度，以 K 计。

由于变容二极管的非线性变换作用，信号回路的噪声将变换为和频频率噪声。根据图 3-89 及和频上变频器的网络方程式（3-236），利用反映电压的概念，可知信号回路的两个噪声源对和频回路引入的噪声电压均方值分别为：

$$\overline{e}_{nuS1}^2 = \left|\frac{Z_{12}}{Z_{22}}\right|^2 \overline{e}_{ng}^2 \tag{3-276}$$

$$\overline{e}_{nuS2}^2 = \left|\frac{Z_{12}}{Z_{22}}\right|^2 \overline{e}_{nS}^2 \tag{3-277}$$

根据图 3-90，可知这时噪声等效电路变换成图 3-91 所示。这时噪声 $\overline{e}_{nu}^2$、$\overline{e}_{nuS1}^2$ 和 $\overline{e}_{nuS2}^2$ 处于同一回路中，而且是互不相关的，分别将各自的噪声功率加到负载上去，于是根据噪声系数的定义，在信号和和频回路分别调谐的情况下，可求得和频上变频器的噪声系数为：

$$F = \frac{\overline{e}_{nuS1}^2 + \overline{e}_{nuS2}^2 + \overline{e}_{nu}^2}{\overline{e}_{nuS1}^2}$$
$$= 1 + \frac{T_d}{T_0}\frac{1}{k_S}\left[1 + \frac{(1+k_S)^2}{(\gamma Q)^2}\right] \tag{3-278}$$

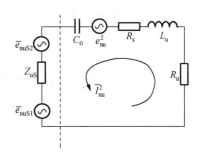

图 3-91　和频上变频器简化噪声等效电路

定义信号回路与变容管的最佳耦合比 k_{Sopt} 为：

$$k_{Sopt} = \sqrt{(\gamma Q)^2 + 1} \tag{3-279}$$

当信号回路与变容管的耦合比取为 k_{Sopt} 时，和频上变频器可得到最小噪声系数 F_{min} 为：

$$F_{min} = 1 + 2\frac{T_d}{T_0}\frac{1}{\sqrt{(\gamma Q)^2 + 1} - 1} \tag{3-280}$$

可见，当变容管 (γQ) 值一定时，将变容管冷却，即降低变容管的温度 T_d，可得到很低的噪声系数；当变容管温度 T_d 一定时，增大 (γQ) 值，也可降低噪声系数。通常 (γQ) 值为 5～10，若变容管工作在室温状态下，$T_d = T_0$，则由上式可求得：$F_{min} = 0.87$～1.72dB。可见其噪声系数是相当低的。

3.3.4 小信号和频上变频器的电路结构

图 3-92 表示了一个从中频到微波的波导腔体型和频上变频器的结构。

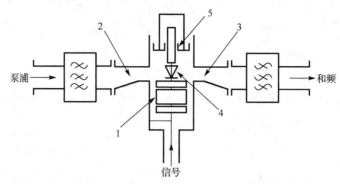

图 3-92　波导腔体型和频上变频器

- 1 是中频信号带通滤波器，它可以阻止泵频、差频与和频信号进入中频信号系统，并起输入阻抗变换器的作用，以达到要求的信号耦合比 k_S。
- 2 是泵频过渡波导，并在 E 面上加以压缩，使泵浦功率有效地加到变容管上；F_p 是泵频带通滤波器，它可以阻止中频、差频与和频信号进入泵浦系统。
- 3 是和频过渡波导，起输出阻抗变换器作用，以达到要求的和频耦合比 k_u。
- 4 是变容管。
- 5 是调谐活塞。
- F_u 是和频带通滤波器，用来阻止中频、泵频与差频信号进入和频系统。

图 3-93 所示的是微带和频上变频器。

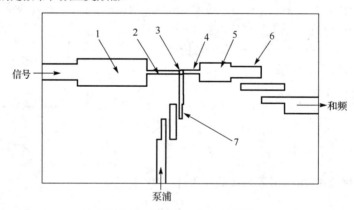

图 3-93　微带型和频上变频器

- 1 是信号阻抗变换器，利用它可达到要求的耦合比 k_S。
- 2 是信号调谐电感，用来对信号回路进行调谐。
- 3 是变容管。
- 4 是和频调谐电感，用来对和频回路进行调谐。
- 5 是和频阻抗变换器，利用它可达到要求的耦合比 k_u。
- 6 是和频带通滤波器，用来阻止其他频率的信号进入和频系统。
- 7 是泵频带通滤波器，用来阻止其他频率的信号进入泵频系统。

3.4 变容管功率上变频器

功率上变频器的分析和设计理论与前节参量变频器小信号理论有很大差别。在功率上变频器的情况下，最关心的也是最重要的参量是功率变换效率，而变频增益及噪声系数，都不再是重要的参量。20 世纪 70 年代以来，由于大容量数字微波通信和卫星通信的发展，要求发射单元中的上变频器具有良好的线性。宁可适当牺牲功率与效率，减小输入信号，使发射上变频器也工作于 P_S 远小于泵浦功率 P_P 的工作状态。但是该 P_S 不是接收机前端收到的弱小信号，而是系统中频放大器送到上变频器的较强的 "小信号"，为此，功率上变频器的分析方法也有所发展，要考虑其三阶交调等问题。

由于这时涉及的所有频率上的信号都是大信号，就不能再用前述的泵激时变电容和时变倒电容来进行分析，而需要根据在三种频率分量上的电荷与电压关系，即所谓 "电荷分析法"，或者前文已经提到的 "谐波平衡法" 来分析这种特殊的参变网络。电荷分析法是早期的功率上变频器的典型分析方法，这里仅以电荷分析法为例进行变容管功率上变频器的分析。

3.4.1 变容管的电压-电荷特性

掌握变容管的电压-电荷特性是应用电荷分析法的基础。在第 2.3 节中，我们已经得出反偏压下，变容管结电容 C_j 与外加电压 v 的关系为式 (3-281)，即：

$$C_j(V) = \frac{C_j(0)}{\left(1 - \frac{V}{\phi}\right)^m} \tag{3-281}$$

又考虑到：

$$C_j(v) = \frac{\mathrm{d}q}{\mathrm{d}v} \tag{3-282}$$

对上式进行积分，可求得结电容电荷 $q(v)$ 为：

$$\begin{aligned} q(v) &= \int C_j(v)\mathrm{d}v \\ &= -\frac{C_j(0)\phi^m}{1-m}(\phi-v)^{1-m} + Q_\phi \end{aligned} \tag{3-283}$$

式中，Q_ϕ 是积分常数。由于 $v = \phi$ 时，变容管势垒近似消失，势垒电容也会趋于零，即 $q(v) = q(\phi) = 0$，于是有 $Q_\phi = 0$，这样式 (3-283) 变为：

$$q(v) = -\frac{C_j(0)\phi^m}{1-m}(\phi-v)^{1-m} \tag{3-284}$$

图 3-94 绘出了上式表达的变容管的 $q-v$ 特性曲线，图中同时也画出了 C_j-v 特性。对应反向击穿电压 V_B，结电容电荷为：

$$Q_B = -\frac{C_j(0)\phi^m}{1-m}(\phi-V_B)^{1-m} = C_{\min}V_M\frac{1}{1-m} \tag{3-285}$$

式中：

$$C_{\min} = C(V_B) = \frac{C_j(0)\phi^m}{(\phi-V_B)^m} \tag{3-286}$$

$$V_M = V_B - \phi < 0 \qquad (3\text{-}287)$$

因此式（3-266）可写为：

$$\frac{q}{Q_B} = \left(\frac{v-\phi}{V_M}\right)^{1-m} \qquad (3\text{-}288)$$

$$v = \phi + V_M \left(\frac{q}{Q_B}\right)^{\frac{1}{1-m}} \qquad (3\text{-}289)$$

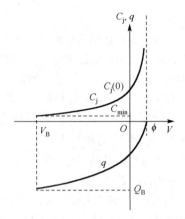

图 3-94　变容管的 C_j-v 和 q-v 特性曲线

式（3-289）即为变容管 q-v 的一般关系式。对于突变结变容管，$m = 1/2$，q-v 特性满足平方律关系。

如果在变容管上只加入一个正弦电荷激励，由于 q-v 特性的非线性，二极管上的电压将是非正弦的，如图 3-94 所示。图中二极管电压限制在反向击穿电压 V_B 和势垒电位差 ϕ 之间，称为满激励（全激励）状态。

3.4.2　变容管功率上变频器的电路和电路方程

这时和变容管并联有三个支路，图 3-85 的一般电路具体表现为图 3-95。这种电路中因变容管一端接地，有利于散热，适合于较大功率，在实际电路中经常采用。图 3-95 中分别以 L_S、C_S 和 r_S，L_P、C_P 和 r_P 及 L_u、C_u 和 r_u 串联回路表示三个频率的滤波器，并假设各滤波器都是理想的，只分别允许 f_S、f_P 和 $f_u = f_S + f_P > f_P$（或者 $f_P - f_S < f_P$）三个正弦电流分量通过二极管，而对其他频率分量均开路。因此，电路各回路中电流为对应频率的基波电流 $i_S(t)$、$i_P(t)$ 和 $i_u(t)$，由于输入的 P_S、P_P 都是大信号，产生的输出功率也是大信号，因此变容管被三个正弦电流所激励，假设它们在 $t = 0$ 时相位相同，变容管中相应的电荷为：

$$q_k(t) = Q_k \sin(\omega_k) \qquad k = S, P, u \qquad (3\text{-}290)$$

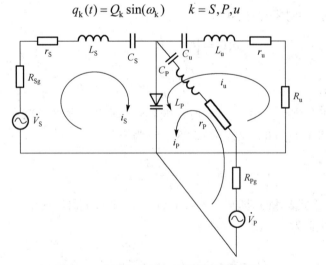

图 3-95　变容管功率上变频器的等效电路

于是假设二极管上的总激励电荷为：

$$q(t) = Q_0 + q_S + q_P + q_u \qquad (3\text{-}291)$$

式中，Q_0 为电荷直流分量。

这时各回路电流为：

$$i_k(t) = \frac{dq_k}{dt} = \omega_k Q_k \cos \omega_k t \quad k = S, P, u \tag{3-292}$$

于是电路中 L_k、C_k 和 r_k（包括管子的寄生参量 L_S、C_P 和 R_S 的影响）串联回路两端的瞬时电压为：

$$v_k = r_k i_k + L_k \frac{di_k}{dt} + \frac{1}{C_k} \int i_k dt \qquad k = S, P, u \tag{3-293}$$

$$= r_k \omega_k Q_k \cos \omega_k t - X_k \omega_k Q_k \sin \omega_k t$$

式中：

$$X_k = \omega_k L_k - \frac{1}{\omega_k C_k} \tag{3-294}$$

根据图 3-96，可得三个回路的时域方程为：

$$\begin{cases} V_S \cos \omega_S t = R_{Sg} i_S + v_S + v_d \\ V_P \cos \omega_P t = R_{Pg} i_P + v_P + v_d \\ 0 = R_u i_u + v_u + v_d \end{cases} \tag{3-295}$$

式中，v_S、v_P 和 v_u 由式（3-293）决定；$V_S \cos \omega_S t$ 和 $V_P \cos \omega_P t$ 是信号和泵浦激励电压；v_d 表示变容管端压，由式（3-295）给出；R_{Sg} 和 R_{Pg} 为信号源及泵浦源内阻；R_u 为和频负载电阻。

3.4.3 变容管功率上变频器的性能

根据电路的时域方程，代入变容管电荷-电压关系及其他各电压分量，即可求得变容管功率上变频器的各种性能。

为了获得最大的交变电荷幅度，变容管功率上变频器一般工作在满激励状态，根据图 3-94 一般取 $Q_0 = Q_B/2$。当变容管上有三个正弦电荷激励，并保持 $Q_0 = Q_B/2$ 时，式（3-291）变成：

$$q(t) = Q_0 + Q_S \sin \omega_S t + Q_P \sin \omega_P t + Q_u \sin \omega_u t$$

$$= Q_B \left(\frac{1}{2} + \bar{Q}_S \sin \omega_S t + \bar{Q}_P \sin \omega_P t + \bar{Q}_u \sin \omega_u t \right) \tag{3-296}$$

式中，$\bar{Q}_k$ 称为相对于 Q_B 的归一化电荷或电荷激励系数，$\bar{Q}_S = Q_S/Q_B$，$\bar{Q}_P = Q_P/Q_B$，$\bar{Q}_u = Q_u/Q_B$。

流过变容管的电流为：

$$i(t) = \frac{dq}{dt} = \omega_S Q_S \cos \omega_S t + \omega_P Q_P \cos \omega_P t + \omega_u Q_u \cos \omega_u t \tag{3-297}$$

将式（3-296）代入式（3-289）可求出变容管上电压为：

$$v_d(t) = \phi + V_M \left(\frac{1}{2} + \bar{Q}_S \sin \omega_S t + \bar{Q}_P \sin \omega_P t + \bar{Q}_u \sin \omega_u t \right)^2$$

$$= \phi + V_M \left\{ \left(\frac{1}{4} + \frac{\bar{Q}_S^2}{2} + \frac{\bar{Q}_P^2}{2} + \frac{\bar{Q}_u^2}{2} \right) + (\bar{Q}_S \sin \omega_S t + \bar{Q}_P \sin \omega_P t + \bar{Q}_u \sin \omega_u t) + \right.$$

$$(\bar{Q}_P \bar{Q}_u \cos \omega_S t + \bar{Q}_S \bar{Q}_u \cos \omega_P t - \bar{Q}_S \bar{Q}_P \cos \omega_u t) +$$

$$\left[\bar{Q}_S \bar{Q}_P \cos(\omega_P - \omega_S)t - \bar{Q}_S \bar{Q}_u \cos(\omega_S + \omega_u)t - \bar{Q}_P \bar{Q}_u \cos(\omega_P + \omega_u)t \right]$$

$$\left. + \cdots \right\} \tag{3-298}$$

可见变容管两端电压中包含直流分量、谐波分量以及 ω_S、ω_P 和 ω_u 的正弦和余弦分量。由于理想滤波器的滤波作用，流经变容管的电流只有信号分量、泵频分量和和频分量。

略去推导过程，可求得当三个频率的回路分别调谐及匹配情况下，变容管功率上变频器的信号回路输入阻抗、泵浦回路输入阻抗、和频回路的输出阻抗、功率增益和变换效率分别为[3]：

$$Z_{\mathrm{inS}} = \left(\frac{1}{\omega_{\mathrm{S}} C_{\min}} \frac{\bar{Q}_{\mathrm{P}} \bar{Q}_{\mathrm{u}}}{2\bar{Q}_{\mathrm{S}}} + R_{\mathrm{s}} \right) - \mathrm{j} \left(\frac{1}{2\omega_{\mathrm{S}} C_{\min}} \right) \tag{3-299}$$

$$Z_{\mathrm{inP}} = \left(\frac{1}{\omega_{\mathrm{P}} C_{\min}} \frac{\bar{Q}_{\mathrm{S}} \bar{Q}_{\mathrm{u}}}{2\bar{Q}_{\mathrm{P}}} + R_{\mathrm{s}} \right) - \mathrm{j} \left(\frac{1}{2\omega_{\mathrm{P}} C_{\min}} \right) \tag{3-300}$$

$$Z_{\mathrm{outu}} = \left(-\frac{1}{\omega_{\mathrm{u}} C_{\min}} \frac{\bar{Q}_{\mathrm{S}} \bar{Q}_{\mathrm{P}}}{2\bar{Q}_{\mathrm{u}}} + R_{\mathrm{s}} \right) - \mathrm{j} \left(\frac{1}{2\omega_{\mathrm{u}} C_{\min}} \right) \tag{3-301}$$

$$G_{\mathrm{u}} = \frac{P_{\mathrm{u}}}{P_{\mathrm{S}}} = \frac{f_{\mathrm{u}}}{f_{\mathrm{S}}} \cdot \frac{\dfrac{\bar{Q}_{\mathrm{P}}}{2} - \dfrac{f_{\mathrm{u}}}{f_{\mathrm{c}}} \dfrac{\bar{Q}_{\mathrm{u}}}{\bar{Q}_{\mathrm{S}}}}{\dfrac{\bar{Q}_{\mathrm{P}}}{2} + \dfrac{f_{\mathrm{S}}}{f_{\mathrm{c}}} \dfrac{\bar{Q}_{\mathrm{S}}}{\bar{Q}_{\mathrm{u}}}} \tag{3-302}$$

$$\eta = \frac{P_{\mathrm{u}}}{P_{\mathrm{P}}} = \frac{f_{\mathrm{u}}}{f_{\mathrm{P}}} \cdot \frac{\dfrac{\bar{Q}_{\mathrm{S}}}{2} - \dfrac{f_{\mathrm{u}}}{f_{\mathrm{c}}} \dfrac{\bar{Q}_{\mathrm{u}}}{\bar{Q}_{\mathrm{P}}}}{\dfrac{\bar{Q}_{\mathrm{S}}}{2} + \dfrac{f_{\mathrm{P}}}{f_{\mathrm{c}}} \dfrac{\bar{Q}_{\mathrm{P}}}{\bar{Q}_{\mathrm{u}}}} \tag{3-303}$$

式中，R_{s} 为变容管串联损耗电阻，$f_{\mathrm{c}} = 1/2\pi R_{\mathrm{s}} C_{\min}$ 为反向击穿电压时对应的变容管截止频率。由式（3-299）、式（3-300）和式（3-301）可见，变容管对信号回路和泵浦回路呈现的为正阻及容抗，而对输出回路呈现为负阻及容抗，说明在 ω_{u} 频率上，变容管将给出能量。功率上变频器各回路阻抗不仅决定于变容管参量和工作频率，而且决定于电路的激励状态，三个回路还存在相互制约，相互影响。由式（3-302）和式（3-303）可见，若变容管理想无耗，$R_{\mathrm{s}} = 0$，$f_{\mathrm{c}} \to \infty$，则该两式与门雷-罗威关系完全一致。显然应该选择截止频率高的变容管，以得到较大的变频增益与变换效率。对已确定的变容管及工作频率，要恰当选择激励系数 $\bar{Q}_{\mathrm{S}}$、$\bar{Q}_{\mathrm{P}}$ 和 $\bar{Q}_{\mathrm{u}}$ 以使输出功率最大或效率最高。

变容管功率上变频器也可以工作在过激励状态，使输出功率和效率提高；尤其是当变容管被激励到正向导电区时，可以得到最高效率。其分析方法较复杂，这里不再讨论。

3.4.4 变容管功率上变频器的电路结构

为了提高功率容量，实际变容管功率上变频器常采用导热性更好的硅变容管而不采用砷化镓变容管。为了消除不需要的频率分量的信号输出，改善上变频器的性能，也常采用平衡式结构，与平衡阻性混频器类似。图 3-96 表示了一个平衡式和频上变频器的例子，图 3-97 为其等效电路。在图 3-96 中：

（1）1 是泵浦波导，在 E 面上做成阶梯状阻抗变换器（2 是 $\lambda_{\mathrm{P}}/4$ 阻抗变换器），使泵浦波导系统与变容管匹配，让泵浦功率能有效地加到变容管上，图 3-97 中变压器 T_1 为其等效元件。

（2）4 是泵浦耦合电容，其等效元件是图 3-97 中的 C_4。

（3）变容管左边的波导 3 部分的等效元件是图 3-98 中的 C_3。

（4）5 是两只串联的变容二极管。

（5）6 是射频旁路电容，它保证了射频的连续性，又能将直流偏压加到变容管上，其等效元件是图 3-97 中的 C_6。

（6）7 是直流偏压引入线。

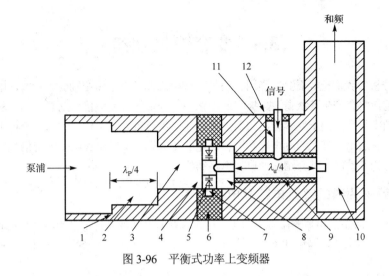

图 3-96　平衡式功率上变频器

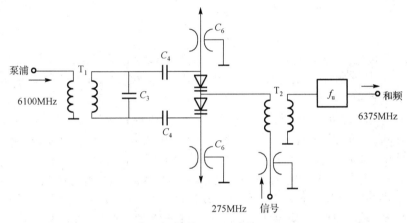

图 3-97　平衡式功率上变频器的等效电路

（7）8 的波导部分与变容二极管构成泵频谐振回路。

（8）9 是同轴线和频 $\lambda_u/4$ 阻抗变换器，使变容管与和频波导 10 达到要求的耦合比 k_u，其等效元件是图 3-97 中的变压器 T_2。

（9）信号从同轴线 11 引入。在平衡情况下，同轴线 9 的内导体中流过的两变容管的泵浦电流大小相等，方向相反，相互抵消，结果泵浦信号既不会进入信号系统，也不会进入和频系统。和频输出波导 10 只能传输 $f_u = f_P + f_S$ 及频率更高的信号，它对频率低于 f_u 的信号是截止的，所以泵频 f_P、信频 f_S 以及差频 $f_- = f_P - f_S$ 的信号都不能通过而被隔离，这就是图 3-97 中的和频带通滤波器。泵浦波导也是截止波导，所以输入信号 f_S 也不能在其中传输，因而泵频及和频系统对信频 f_S 是隔离的。调谐器 12 用来调整信号输入电路，使其从变换器 9 向信号系统看去，对和频信号呈开路，因而和频信号不能进入信号电路中去，从而达到隔离的目的。

此和频功率上变频器的实测数据如下：
- 泵浦功率 $P_P = 1.0W$
- 信号输入功率 $P_S = 160mW$
- 和频输出功率 $P_u = 350mW$
- 信号带宽 $B = 20MHz$

3.5 变容管倍频器

从前节的分析中我们已经看到，当用大信号正弦电流或正弦电压激励变容管时，由于变容管的非线性容抗的作用，将会产生各次谐波，提取所需频率的分量即可完成倍频功能。同时变容管的损耗极小，因此倍频效率很高。由于变容管倍频器大多是在大信号条件下工作，因此其分析也必须采用电荷分析法，理论上它适用于任意激励电平和电容变化的变容管。本节将介绍变容管倍频器的电荷分析法及分析结论，讨论其性能，并介绍它的典型电路结构。

3.5.1 变容管倍频器的等效电路及电路方程

如果在图 3-81 所示的电流激励型电路中，只有一条有源支路，就可以构成参量倍频器电路。如果在式（3-226）中取 $m = 0$，即泵浦支路不存在，仅由信号源 $v_S(t)$ 激励变容二极管，则由式（3-226）可得到：

$$\sum_{n=1}^{\infty} P_n = 0 \tag{3-304}$$

即在忽略非线性电容损耗电阻的情况下，所有谐波输出功率的总和等于基波输入功率。设输入信号频率 $f_S = f_1$，输出信号频率为 $nf_1 = f_n$，n 为倍频次数。假设两个回路中滤波器理想，则只有 f_1 和 f_n 两个正弦电流分量通过二极管。

实际电路中，除了这两个回路外，一般还需设置"空闲回路"，它是除了第 n 次谐波以外的其他某次谐波的工作回路，但是不从此回路中直接输出功率，因此称为空闲回路。空闲回路在倍频器中起能量转换站的作用，实际上并不空闲，它可以把中间频率的能量再反射回变容管，通过非线性变频作用获得需要的 n 次倍频信号，有效地提高倍频器的倍频效率。因此，变容管倍频器的等效电路如图 3-98 所示，与变容管和频上变频器类似。图 3-98 中分别以 L_1、C_1 和 r_1，L_n、C_n 和 r_n 及 L_j、C_j 和 r_j 串联回路表示输入信号、输出信号和空闲频率的滤波器，并假设各滤波器都是理想的，只分别允许 f_S、f_P 和 f_j 三个正弦电流分量通过二极管，而对其他频率分量均开路。图 3-98 中未画出变容管的负偏置电路（直流电压源或自给偏压电位器），这一点读者需注意。

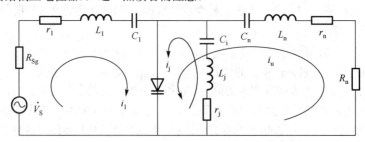

图 3-98 电流激励型变容管倍频器的等效电路

根据讨论变容管功率上变频器相同的方法，可求得电荷分析法要求的电路时域方程为：

$$\begin{cases} V_S \cos\omega_1 t = R_{Sg} i_1 + v_1 + v_d \\ 0 = v_i + v_d \\ 0 = R_n i_n + v_n + v_d \end{cases} \tag{3-305}$$

式中

$$v_k = r_k i_k + L_k \frac{\mathrm{d}i_k}{\mathrm{d}t} + \frac{1}{C_k} \int i_k \mathrm{d}t \qquad\qquad k = 1, j, n \qquad (3\text{-}306)$$

$$= r_k \omega_k Q_k \cos\omega_k t - X_k \omega_k Q_k \sin\omega_k t$$

$$X_k = \omega_k L_k - \frac{1}{\omega_k C_k} \qquad k = 1, j, n \qquad\qquad (3\text{-}307)$$

$V_S \cos\omega_1 t$ 是信号电压；v_d 表示变容管端压，同样由式（3-289）给出；R_{Sg} 为信号源内阻；R_n 为输出负载电阻。利用此电路方程，即可对具体的倍频器进行分析。

3.5.2 变容管倍频器的性能

本节以常用的突变结变容管倍频器为例来进行具体倍频器的分析。对突变结变容管，其电容非线性系数 $m = 1/2$，$q-v$ 特性满足平方律关系。

1. 变容管二次倍频器

对于二次倍频器，显然不存在空闲回路，这时 $k = 1$、2，$q_j = 0$，电路时域方程变为：

$$\begin{cases} V_S \cos\omega_1 t = R_{Sg} i_1 + v_1 + v_d \\ 0 = R_2 i_2 + v_2 + v_d \end{cases} \qquad (3\text{-}308)$$

把上式中需要的各电压电流的表示式代入其中，可将上述两个回路方程分解成与各个回路电流同相位和正交的两组电压振幅分量，经过比较复杂的推导[1]，可得输入、输出回路谐振时的简化电路方程为：

$$\begin{cases} V_S = \omega_1 Q_1 (R_{Sg} + r_1) + \dfrac{V_M}{Q_B^2} Q_1 Q_2 \\[2mm] 0 = -\omega_1 X_1 Q_1 + 2\dfrac{V_M}{Q_B^2} Q_0 Q_1 \\[2mm] 0 = \omega_2 Q_2 (R_2 + r_2) - \dfrac{V_M}{Q_B^2} \dfrac{Q_1^2}{2} \\[2mm] 0 = -\omega_2 X_2 Q_2 + 2\dfrac{V_M}{Q_B^2} Q_0 Q_2 \end{cases} \qquad (3\text{-}309)$$

据此可求得二次倍频器的性能参量。略去推导过程，变容管二次倍频器的信号输入阻抗、倍频输出阻抗、输出功率、效率和偏置电压等电路参数列于下面：

$$R_{in} = \frac{V_M}{Q_B^2} \frac{Q_2}{\omega_1} = \frac{1}{\omega_1} \frac{\bar{Q}_2}{2C_{min}} \qquad (3\text{-}310)$$

$$X_{in} = 2\frac{V_M}{Q_B^2} \frac{Q_0}{\omega_1} = \frac{\bar{Q}_0}{\omega_1 C_{min}} \qquad (3\text{-}311)$$

$$Z_{in} = R_{in} - \mathrm{j} X_{in} \qquad (3\text{-}312)$$

$$R_{out} = \frac{V_M}{Q_B^2} \frac{Q_1^2}{2\omega_2 Q_2} = \frac{1}{8} \frac{\bar{Q}_1^2}{\omega_1 C_{min} \bar{Q}_2} \qquad (3\text{-}313)$$

$$X_{out} = 2\frac{V_M}{Q_B^2} \frac{Q_0}{\omega_2} = \frac{\bar{Q}_0}{\omega_2 C_{min}} \qquad (3\text{-}314)$$

$$Z_{out} = R_{out} - jX_{out} \tag{3-315}$$

$$P_{out} = \frac{1}{2} V_M \bar{Q}_1^2 \bar{Q}_2 Q_B \omega_1 = \bar{Q}_1^2 \bar{Q}_2 C_{min} V_M^2 \tag{3-316}$$

$$\eta = \frac{1 - \dfrac{8\bar{Q}_2}{\bar{Q}_1^2} \dfrac{\omega_1}{\omega_c}}{1 + \dfrac{2}{\bar{Q}_2} \dfrac{\omega_1}{\omega_c}} \tag{3-317}$$

$$\frac{V_{dc} - \phi}{V_M} = \frac{1}{Q_B^2} \left(Q_0^2 + \frac{Q_1^2}{2} + \frac{Q_2^2}{2} \right) = \bar{Q}_0^2 + \frac{\bar{Q}_1^2}{2} + \frac{\bar{Q}_2^2}{2} = \bar{V} \tag{3-318}$$

式中，$\bar{Q}_0 = Q_0/Q_B$、$\bar{Q}_1 = Q_1/Q_B$ 和 $\bar{Q}_2 = Q_2/Q_B$ 为直流、信号基波和二次倍频电荷分量相对于 Q_B 的归一化电荷或电荷激励系数，$Q_B = 2C_{min}V_M$，$\omega_c = 1/R_s C_{min}$，$\bar{V} = \bar{Q}_0^2 + \bar{Q}_1^2/2 + \bar{Q}_2^2/2$ 为归一化电压。

2. 变容管高次倍频器

以三次倍频器为例，设置一个二次倍频的空闲回路，这时 $k = 1,2,3$，即 $\omega_j = \omega_2 = 2\omega_1$，$\omega_n = \omega_3 = 3\omega_1$，变容管中的电荷为：

$$\begin{aligned} q(t) &= Q_0 + q_1 + q_2 + q_3 \\ &= Q_0 + Q_1 \sin(\omega_1 t + \varphi_1) + Q_2 \sin(\omega_2 t + \varphi_2) + Q_3 \sin(\omega_3 t + \varphi_3) \end{aligned} \tag{3-319}$$

因此三次倍频器的时域方程为：

$$\begin{cases} V_S \cos(\omega_1 t + \phi_S) = R_{Sg} i_1 + v_1 + v_d \\ 0 = v_2 + v_d \\ 0 = R_3 i_3 + v_3 + v_d \end{cases} \tag{3-320}$$

根据求解二次倍频器同样的方法，可得到与各个回路电流同相位和正交的两组电压振幅分量为：

$$\begin{cases} V_S \cos(\phi_1 - \phi_S) = \omega_1 Q_1 (R_{Sg} + r_1) + \dfrac{V_M}{Q_B^2} Q_1 Q_2 \cos\alpha + \dfrac{V_M}{Q_B^2} Q_2 Q_3 \cos\beta \\[2mm] V_S \sin(\phi_1 - \phi_S) = -\omega_1 X_1 Q_1 - \dfrac{V_M}{Q_B^2} Q_1 Q_2 \sin\alpha - \dfrac{V_M}{Q_B^2} Q_2 Q_3 \sin\beta + 2\dfrac{V_M}{Q_B^2} Q_0 Q_1 \\[2mm] 0 = r_2 \omega_2 Q_2 + \dfrac{V_M}{Q_B^2} Q_1 Q_3 \cos\beta - \dfrac{V_M}{Q_B^2} \dfrac{Q_1^2}{2} \cos\alpha \\[2mm] 0 = -\omega_2 X_2 Q_2 - \dfrac{V_M}{Q_B^2} Q_1 Q_2 \sin\beta - \dfrac{V_M}{Q_B^2} Q_1^2 \sin\alpha + 2\dfrac{V_M}{Q_B^2} Q_0 Q_2 \\[2mm] 0 = \omega_3 Q_3 (R_3 + r_3) - \dfrac{V_M}{Q_B^2} Q_1 Q_2 \cos\beta \\[2mm] 0 = -\omega_3 X_3 Q_3 - \dfrac{V_M}{Q_B^2} Q_1 Q_2 \sin\beta + 2\dfrac{V_M}{Q_B^2} Q_0 Q_3 \end{cases} \tag{3-321}$$

式中，$\alpha = \varphi_2 - 2\varphi_1$，$\beta = \varphi_3 - \varphi_2 - \varphi_1$。根据此电路方程，可求得当电路调谐时（即 $\alpha = 0$、$\beta = 0$ 时）电路参数为：

$$R_{in1} = \frac{\dfrac{\bar{Q}_2}{2}\left(1 + \dfrac{\bar{Q}_3}{\bar{Q}_1}\right)}{\omega_1 C_{min}} \tag{3-322}$$

$$X_{\mathrm{in1}} = \frac{\bar{Q}_0}{\omega_1 C_{\mathrm{min}}} \qquad (3\text{-}323)$$

$$Z_{\mathrm{in1}} = R_{\mathrm{in1}} - \mathrm{j} X_{\mathrm{in1}} \qquad (3\text{-}324)$$

$$R_{\mathrm{out3}} = \frac{\dfrac{1}{6} \dfrac{\bar{Q}_1 \bar{Q}_2}{\bar{Q}_3}}{\omega_1 C_{\mathrm{min}}} \qquad (3\text{-}325)$$

$$X_{\mathrm{out3}} = \frac{\bar{Q}_0}{\omega_3 C_{\mathrm{min}}} \qquad (3\text{-}326)$$

$$Z_{\mathrm{out3}} = R_{\mathrm{out3}} - \mathrm{j} X_{\mathrm{out3}} \qquad (3\text{-}327)$$

$$X_2 = \frac{\bar{Q}_0}{\omega_2 C_{\mathrm{min}}} \qquad (3\text{-}328)$$

$$P_{\mathrm{out}} = 3 \frac{V_{\mathrm{M}}^2}{R_{\mathrm{s}}} \bar{Q}_1 \bar{Q}_2 \bar{Q}_3 \left(\frac{\omega_1}{\omega_{\mathrm{c}}} \right) \qquad (3\text{-}329)$$

$$\eta = \exp\left[-\left(\frac{\dfrac{8\bar{Q}_2}{3} + 6\bar{Q}_1^{\,3}}{\bar{Q}_1^{\,2}\bar{Q}_2 + \bar{Q}_1\bar{Q}_2\bar{Q}_3} + \frac{\dfrac{2\bar{Q}_1}{3}}{\bar{Q}_1\bar{Q}_2 + \bar{Q}_2\bar{Q}_3} \right) \frac{\omega_3}{\omega_{\mathrm{c}}} \right] \qquad (3\text{-}330)$$

$$\frac{V_{\mathrm{dc}} - \phi}{V_{\mathrm{M}}} = \frac{1}{Q_{\mathrm{B}}^2} \left(Q_0^{\,2} + \frac{Q_1^{\,2}}{2} + \frac{Q_2^{\,2}}{2} + \frac{Q_3^{\,2}}{2} \right) = \bar{Q}_0^{\,2} + \frac{\bar{Q}_1^{\,2}}{2} + \frac{\bar{Q}_2^{\,2}}{2} + \frac{\bar{Q}_3^{\,2}}{2} = \bar{V} \qquad (3\text{-}331)$$

上述式中符号含义与二次倍频器相同。

综合上述关于突变结变容管倍频器的讨论，可得到以下结论：

（1）变容管倍频器的电路参数都是 $\bar{Q}_0$、$\bar{Q}_1$、$\bar{Q}_2$、$\bar{Q}_3$、…的函数，而 $\bar{Q}_0$、$\bar{Q}_1$、$\bar{Q}_2$、$\bar{Q}_3$、…由倍频器的电路方程决定，它们都与变容管非线性系数、电路结构及输入信号电平等有关。利用解析方法对电路方程求解是相当麻烦的，现在一般利用计算机对它们进行数值求解。具体做法是：在变容管非线性系数和信号激励电平确定后，利用计算机对电路方程进行数值计算，选择满足效率最大的那组可能的 $\bar{Q}_0$、$\bar{Q}_1$、$\bar{Q}_2$、$\bar{Q}_3$、…组合，然后用这组组合计算其他电路参数。伯克哈特已经采用了计算机完成了典型情况的分析[1]，把结果列成了数据表格，在设计时直接参看即可大大简化设计过程。这些表格和使用限定条件可看许多参考文献，本书不再给出。

（2）把三次倍频器与二次倍频器电路方程加以比较可以看出，三次倍频器由于引入了一个二次频率的空闲回路，造成了从电路方程到分析结果的复杂化；如果倍频次数更高，空闲回路可能不止一个，可想而知电路的分析和设计将极端复杂化。那么是不是可以取消空闲回路，仅保留信号回路及 n 次倍频回路就可以完成倍频呢？假设突变结变容管倍频器电路中仅存在信号回路及 n 次倍频回路，设变容管上电荷为：

$$q(t) = Q_0 + Q_1 \sin \omega_1 t + Q_n \sin \omega_n t \qquad (3\text{-}332)$$

则流经变容管的电流为：

$$i(t) = \frac{\mathrm{d}q}{\mathrm{d}t} = \omega_1 Q_1 \cos \omega_1 t + \omega_n Q_n \cos \omega_n t \qquad (3\text{-}333)$$

变容管两端的电压为：

$$v_d(t) = \phi + V_M \left(\frac{1}{2} + \bar{Q}_1 \sin \omega_1 t + \bar{Q}_n \sin \omega_n t \right)^2$$

$$= \phi + V_M \left\{ \left(\frac{1}{4} + \frac{\bar{Q}_1^2}{2} + \frac{\bar{Q}_n^2}{2} \right) + (\bar{Q}_1 \sin \omega_1 t + \bar{Q}_n \sin \omega_n t) \right.$$

$$- \frac{1}{2} (\bar{Q}_1^2 \cos 2\omega_1 t + \bar{Q}_n^2 \cos 2\omega_n t) \qquad (3\text{-}334)$$

$$\left. - \left[\bar{Q}_1 \bar{Q}_n \cos(\omega_1 + \omega_n)t - \bar{Q}_1 \bar{Q}_n \cos(\omega_1 - \omega_n)t \right] \right\}$$

对于 n 次倍频器，只有含有 $\omega_n = n\omega_1$ 的分量为有用分量，其电压为：

$$v_{dn}(t) = V_M \bar{Q}_n \sin \omega_n t \qquad (3\text{-}335)$$

根据式（3-333），同一频率的电流分量为：

$$i_n(t) = \omega_n Q_n \cos \omega_n t \qquad (3\text{-}336)$$

可见它们之间存在 90° 相位差，输出平均功率必然为零。而且信号频率的电压与电流之间也存在 90° 相位差，变容管也不吸收基波功率。因此可以得出结论，在没有空闲回路的情况下，这种电路不能完成高次（$n > 2$）倍频。

根据以上分析，可以推断其根本原因是突变结变容管的电压-电荷关系为平方律，因此只能产生信号频率的二次谐波，而不能产生高次谐波，由式（3-334）可见，当 $n = 2$ 时，电压的余弦分量与电流分量反相，这说明变容管向输出回路提供功率，因此可完成二次倍频。

在我们以上讨论的三次倍频器中，由于设置了二次谐波的空闲回路，二次谐波电流通过空闲回路流回变容管，在非线性电容的变频作用下与基波电流再次混频产生所需要的三次谐波，从而完成三次倍频。空闲回路起了能量转换站的作用，对高次倍频器也是如此。因此在突变结变容管倍频器中，必须设置空闲回路才能完成高次倍频，而且为提高倍频效率，空闲回路不止一个。但是必须注意，由于加设空闲回路后电路结构及调整复杂，因此只要功率、效率能满足要求，则应尽可能少加空闲回路。

（3）对于突变结变容管倍频器，还可以采用另外的办法使它能够完成高次倍频。如果加大激励信号和选择合适的负偏压，使得变容管在信号周期的部分时间内呈现导通状态，这时变容管端电压将会因限幅而出现高次谐波，引起变容管的电压-电荷特性高次非线性项的出现，在没有空闲回路的情况下也可以完成高次倍频。可以定义变容管的激励状态参数 D 为：

$$D = \frac{q_{max} - q_{min}}{Q_B - \phi} \qquad (3\text{-}337)$$

式中 q_{max} 和 q_{min} 表示变容管受激励时的最大和最小电荷。$D < 1$ 称为欠激励，$D = 1$ 称为满激励，而 $D > 1$ 称为过激励。我们前面的分析都是在满足 $V_B \leqslant v \leqslant \phi$ 条件下进行的，显然这是欠激励或满激励状态。如果再加大激励信号，显然倍频器将工作在过激励状态下。图 3-99 绘出了二次倍频器在三种情况下的电荷-电压波形。

在过激励状态下工作的变容管，由于部分时间内处于导通状态，变容管的等效电容主要是很大的扩散电容，这样较之 $D \leqslant 1$ 时变容管具有非常强烈的电容变化率，因而相应的非线性变频作用也必然强烈，从这一方面讲也有利于高次倍频的实现。

当然，过激励状态下的分析非常复杂，一般只能借助计算机数值求解。

根据以上的讨论，显然如果采用非突变结变容管（如缓变结管 $m = 1/3$），原则上不设置空闲回路也可以完成高次倍频。但实际上，为了充分利用中间谐波能量，提高倍频效率，往往都加有空闲回路。

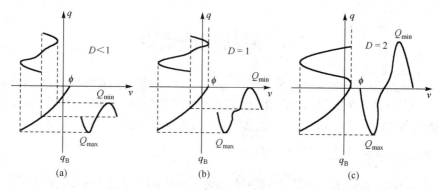

图 3-99　变容管二次倍频器工作在不同激励状态下的电荷-电压波形

3.5.3　变容管倍频器的电路结构

图 3-100 给出了一个四次倍频器的微带电路图，电路中设置了一个二次谐波的空闲回路，称为四次倍频器，它是一个典型的并联型倍频器混合集成电路（HMIC），整个电路集成在一块 50mm×40mm 的氧化铝陶瓷（$\varepsilon_r = 9.5$）基片上。

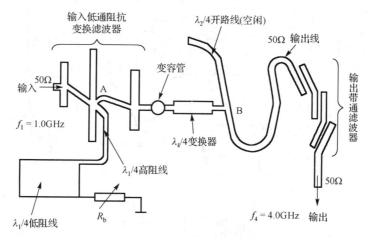

图 3-100　微带型四次倍频器

输入电路是一个 6 元件的、半集总参数的低通阻抗变换器，它完成 50Ω信号源电阻和变容管等效输入电阻间的匹配。倍频器工作时，输入信号经过此低通阻抗变换器加在变容管上。

$\lambda_1/4$ 的高阻抗线和 $\lambda_1/4$ 的低阻抗线构成直流偏置网络，R_b 是自偏电位器。偏置网络在 A 点对输入信号呈现开路，因而不会影响信号的传播，但对变容管整流电流提供了通路，这样在偏置电阻 R_b 上形成的电压加在变容管上，就提供了变容管工作时所需的负偏压。

在输出电路中，$\lambda_4/4$ 阻抗变换器用来完成变容管等效输出电阻和 50Ω电阻间的匹配。输出信号带通滤波器是一个两谐振器的半波长平行耦合线滤波器。倍频所产生的四次谐波通过 $\lambda_4/4$ 阻抗变换器和带通滤波器输出。

二次谐波的空闲回路由一根接在二次谐波谐振点处的 $\lambda_2/4$ 的开路线构成。$\lambda_2/4$ 开路线对二次谐波而言相当于一个对地的串联谐振电路，即二次谐波在 B 点对地短路，从而变容管和 B 点为二次谐波电流构成了通路，即形成空闲回路。但 $\lambda_2/4$ 的开路线对于四次谐波而言其电长度为 $\lambda_4/2$，因而在 B 点对四次谐波呈开路状态，不会影响四次谐波信号的传播。

3.6 阶跃管倍频器

在 2.4 节中，我们已经知道阶跃恢复二极管（SRD）是一种特殊的变容管或称电容开关。在外加交流电压的激励下，它相当于一个窄脉冲串发生器，产生丰富的谐波，利用它可以完成高次倍频。本节将介绍阶跃管倍频器的基本组成和性能分析，并介绍它的典型电路结构。

3.6.1 阶跃管倍频器的工作原理及分析

并联型的 SRD 倍频器的原理方框及各级时频域波形如图 3-101 所示。输入匹配网络完成输入信号源内阻和有载的 SRD（包括激励电感 L）的输入阻抗间的匹配，使输入电压有效地加在 SRD 上。SRD 的作用是把每一个周期的输入信号能量转换为一个谐波丰富的大幅度窄脉冲。激励电感 L 的作用是在 SRD 导通时存储能量，而在截止瞬间将该能量转换为脉冲能量。输出信号谐振电路调谐在第 n 次谐波上，其作用是将脉冲变换为衰减振荡，以把能量集中在要求输出的第 n 次频率上。最后，利用带通滤波器将第 n 次谐波取出加在负载上。下面将对每一部分分别介绍。

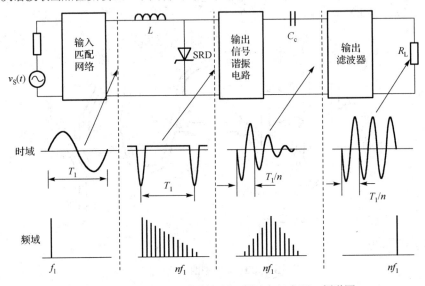

图 3-101　并联型 SRD 倍频器原理图及各级电压、频谱图

1. SRD 脉冲发生器

对于 SRD，可以仿照前面对于变容管的讨论对其电容开关特性作频域分析，分析结果显示只有在激励系数 $D = 2$ 时倍频效率才比较高，此时只能获得偶次倍频。因此伯克哈特设计表格中给出过 SRD 在 $D = 2$ 时 1-2，1-4，1-8 次倍频器的有关设计参数。如果在 SRD 为"开"或"关"两个状态时，分别用两个准线性电路来进行时域分析，也能提供设计电路的方法。这样可以获得任意高次倍频的结果，并得到较高的效率。下面就是采用这种方法进行 SRD 脉冲发生器分析的。

图 3-102 给出了 SRD 脉冲发生器原理图，图中忽略了信号源内阻，V_{dc} 为负偏压，R_L 为脉冲发生器等效负载。在 2.4 节中我们已经较详细介绍过 SRD 在大信号交流电压激励下的工作原理，这里主要关注其性能分析。

（1）导通期间的分析

当信号源电压 v_S 和偏压 $-V_{dc}$ 叠加，使加到 SRD 的电压超过势垒电位差 ϕ 时，SRD 上压降箝位于 ϕ，同时 SRD 相当于一个大扩散电容C_D，由激励源对其充电。此时图 3-102(a)的等效电路如图 3-102(b)所示。由于大扩散电容C_D的容抗很小，近似短路，但管上电压值为ϕ，因此等效电路中以一个等效电压源ϕ来表示（注意其方向与势垒电位方向相反）。负载电阻R_L相对很大，在等效电路中忽略。

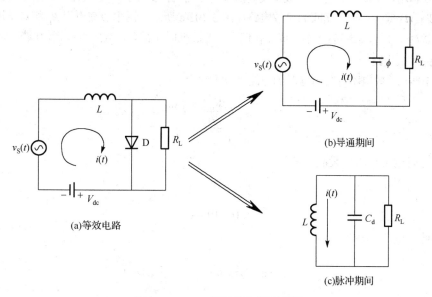

(a)等效电路

(b)导通期间

(c)脉冲期间

图 3-102　SRD 脉冲发生器原理图

由图 3-102(b)可写出电路的微分方程为：

$$L\frac{\mathrm{d}i}{\mathrm{d}t} = V_S\sin(\omega_1 t + \theta) - V_{dc} - \phi \tag{3-338}$$

ω_1是激励源角频率。设起始条件为$i_d(t=0)=I_0$，则由上式可解得：

$$i_d(t) = I_0 + \frac{V_S}{\omega_1 L}\big[\cos\theta - \cos(\omega_1 t + \theta)\big] - \frac{V_{dc}+\phi}{L}t \tag{3-339}$$

上式中包括正的直流分量、负的余弦分量和线性下降项，因此 SRD 电流波形如图 3-103 所示。可见由于激励电压摆动到负半周期以及负偏压的作用，当$t > t_0$后 SRD 转为出现大的反向电流，也就是将$t < t_0$正向导通时注入的少子电荷清除掉。到$t = t_a$时，时间轴上下方正、负电流波形包围的面积近似相等，表明储存的电荷基本清除，反向电流陡降，因此$t > t_a$时进入阶跃期间。

在$t_0 < t < t_a$反向导通期间，二极管等效于大扩散电容C_D放电，管压降仍箝位于ϕ。因此整个导通区间内负载R_L上输出电压为$v_d(t) = \phi$，这一情况也绘于图 3-103。

（2）脉冲期间（阶跃期间）的分析

为了使电流阶跃幅度大，要求t_a发生在$i(t)$达到负的最大值$-I_1$的时刻，这时 SRD 反偏等效电容C_0中电荷为零，电感L的端压为零，则有：

$$\left.\frac{\mathrm{d}i}{\mathrm{d}t}\right|_{t=t_a} = 0 \tag{3-340}$$

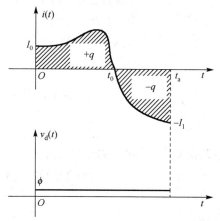

图 3-103　导通期间阶跃管上电流、电压波形

因此对图 3-102(a)电路，当 $t = t_a$ 时，根据式（3-338），各电压之间关系为：

$$V_S \sin(\omega_1 t + \theta) - V_{dc} = \phi \approx 0 \tag{3-341}$$

这里将 ϕ 忽略，是由于相对于二极管反向激励电压而言，ϕ 很小。式（3-341）意味着 t_a 时刻偏压源 V_{dc} 正好被 $v_S(t)$ 抵消，阶跃期间的等效电路如图 3-102(c)所示。图中负载电阻 R_L 相对于该大容抗不能忽略。虽然 $t > t_a$ 后式（3-341）不再成立，但因为阶跃期时间很短，因此可以近似以图 3-102(c)作为整个阶跃期的等效电路。

由图 3-102(c)等效电路可写出这时的电路微分方程为：

$$i_L(t) + C_0 \frac{\mathrm{d}\left(L\dfrac{\mathrm{d}i_L}{\mathrm{d}t}\right)}{\mathrm{d}t} + \frac{L\dfrac{\mathrm{d}i_L}{\mathrm{d}t}}{R_L} = 0 \tag{3-342}$$

重新令 t_a 时刻为 $t = 0$，设起始条件为：

$$i_L(t = 0) = I_1 \tag{3-343}$$

$$v_d(t = 0) = 0 \tag{3-344}$$

可求得此时电流 $i_L(t)$ 为：

$$i_L(t) = I_1 \exp(-\gamma t)\left(\cos\omega_n t + \frac{\gamma}{\omega_n}\sin\omega_n t\right) \tag{3-345}$$

式中

$$\gamma = \frac{1}{2R_L C_0} = \frac{\xi\omega_n}{\sqrt{1 - \xi^2}} \tag{3-346}$$

$$\omega_n = \sqrt{\frac{1 - \xi^2}{LC_0}} \tag{3-347}$$

$$\xi = \frac{1}{2R_L}\sqrt{\frac{L}{C_0}} \tag{3-348}$$

式中，ξ 称为阻尼因子，由电路参数决定。注意这里 $i_L(t)$ 与导通期间电流 $i_d(t)$ 的正方向相反。适当设计激励电感 L 及负载 R_L 的值，使对选定的管子（C_0 确定），$\xi < 1$，则 $i_L(t)$ 为衰减振荡波形，ω_n 为衰减振荡角频率，ξ 表示衰减因子。

然后根据 $L\mathrm{d}i_L/\mathrm{d}t$ 可求得负载上输出电压 $v_d(t)$ 为：

$$v_d(t) = L\frac{\mathrm{d}i_L}{\mathrm{d}t} = -\frac{I_1\sqrt{\dfrac{L}{C_0}}}{\sqrt{1 - \xi^2}}\exp\left(-\frac{\xi\omega_n}{\sqrt{1 - \xi^2}}t\right)\sin\omega_n t \tag{3-349}$$

这也是一个衰减振荡波形。但是由于二极管的存在，当振荡电压转入正向，达到接触电位差 ϕ 时，阶跃管又开始导通，端压又将箝位于 ϕ，因此上述衰减振荡有效的只是第一个负半周期，见图 3-104 实线部分，可见形成的大幅度窄脉冲是半个正弦波形。其脉冲宽度和幅度为：

$$t_p = \frac{T_n}{2} = \frac{1}{2}\frac{2\pi}{\omega_n} = \pi\sqrt{\frac{LC_0}{1 - \xi^2}} \tag{3-350}$$

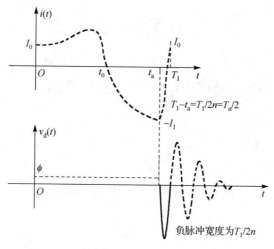

图 3-104 脉冲期间阶跃管上电流、电压波形

$$V_p = \left| v_d\left(t = \frac{T_n}{4}\right) \right| = -\frac{I_1\sqrt{\dfrac{L}{C_0}}}{\sqrt{1-\xi^2}} \exp\left(-\frac{\xi\pi}{2\sqrt{1-\xi^2}}\right) \qquad (3\text{-}351)$$

式中，T_n 为衰减振荡周期。

在外加激励电压的下一个周期，上述过程又将重复发生，因此负载上将获得一个脉冲串的电压波形，这一脉冲串的重复频率即是外加激励电压的频率 f_1，周期即是外加激励电压的周期 T_1。

可以求得脉冲发生器的输出平均功率为：

$$P_L = \frac{1}{T_1}\int_0^{t_p}\frac{v_d^2(t)}{R_L^2}\mathrm{d}t = \frac{\pi\xi V_p^2 C_0}{T_1\sqrt{1-\xi^2}} \qquad (3\text{-}352)$$

一般选择 ξ 较小，如 $0.3\sim0.5$，于是有下列近似式：

$$t_p \approx \pi\sqrt{LC_0} \qquad (3\text{-}353)$$

$$V_p \approx I_1\sqrt{\frac{L}{C_0}} \qquad (3\text{-}354)$$

$$P_L = \pi\xi V_p^2 f_1 C_0 \qquad (3\text{-}355)$$

可以电流阶跃幅度 I_1 越大，越可以获得较大的输出功率。

（3）脉冲串的频谱

脉冲期间产生的周期性窄脉冲具有丰富的谐波分量，现求其频谱。为计算简便，将负脉冲变为正脉冲，并将时间坐标移动，使电压波形成为偶函数，如图 3-105 所示，这样并不影响电压波形的频谱幅度值。图 3-105 周期性脉冲信号的表达式为：

$$v_d'(t) = \begin{cases} V_p\cos\omega_n t & -\dfrac{t_p}{2}\leqslant t\leqslant\dfrac{t_p}{2} \\ 0 & \dfrac{t_p}{2}\leqslant t\leqslant\left(T_1-\dfrac{t_p}{2}\right) \end{cases} \qquad (3\text{-}356)$$

将它展开为傅里叶级数为：

$$v'_d(t) = \sum_{l=-\infty}^{\infty} C_l \exp(jl\omega_l t) \tag{3-357}$$

$$C_l = \frac{2}{\pi} \int_0^{\frac{t_p}{2}} V_p \cos\omega_n t \cdot \cos l\omega_l t \mathrm{d}t$$

$$= \frac{V_p}{\pi n} \frac{\cos\left(\frac{\pi}{2} \cdot \frac{l}{n}\right)}{1 - \left(\frac{l}{n}\right)^2} \tag{3-358}$$

式中，l 是任意次谐波，n 是所要求的倍频次数。当 $l = 0$ 时得：

$$C_0 = \frac{V_p}{\pi n} \tag{3-359}$$

因此脉冲串频谱的相对幅值为：

$$\frac{C_l}{C_0} = \frac{\cos\left(\frac{\pi}{2} \cdot \frac{l}{n}\right)}{1 - \left(\frac{l}{n}\right)^2} \tag{3-360}$$

该式表示的频谱幅度分布示于图 3-105(b)。由图可见，第一个零值点发生在：

$$\begin{cases} \cos\left(\frac{\pi}{2} \cdot \frac{l}{n}\right) = 0 \\ 1 - \left(\frac{l}{n}\right)^2 \neq 0 \end{cases} \tag{3-361}$$

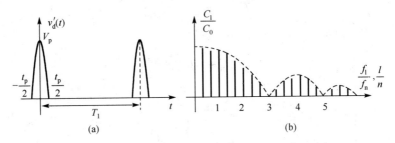

图 3-105　脉冲发生器输出脉冲及其频谱

即 $l/n = 3$ 处，或 $f = 3nf_1 = 3f_n = 3/2t_p$ 处。所以若脉冲宽度越窄，则第一个零值点的频率越高，频谱特性越平坦。

如果用滤波器取出某次谐波成分，就可完成倍频功能。对于 $f < 2nf_1$ 的成分，其幅度还比较大，所以在 $t_p = T_n/2 = 1/2f_n$ 的情况下，倍频次数不限于 n 次，而可以取到 $2n$ 次倍频输出。换言之，若要求 n 次倍频输出，则脉冲发生器的脉冲宽度 t_p 允许放宽为：

$$\frac{T_n}{2} \leq t_p \leq T_n \tag{3-362}$$

如果脉冲发生器端接一电阻性负载，则可在相当宽的频率范围内得到间隔为 f_1 的均匀谱线，故这种电路也可用作梳状频谱发生器。

（4）偏压值的选择

图 3-106 给出了输入激励电压与偏压的叠加波形及阶跃管上电流和电压各周期稳定时的波形，激励电压的初始相位 θ 将会影响每周期中电流阶跃的时刻和所形成脉冲串的周期，而输入激励电压的初始相位 θ 与偏压值的选择有关。因此必须选择并调整合适的偏压，使相应的 θ 最佳，也就是使每个周期的电流阶跃发生在最大值处，而且是在二极管由反偏转到正偏（大于 ϕ ）的时刻。

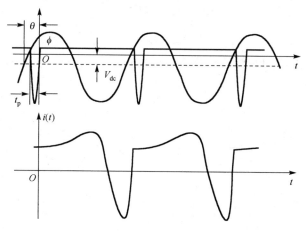

图 3-106　正弦电压与偏置共同激励下阶跃管的电流、电压波形

由图 3-106 可见，首先当 $t = t_1 = -t_p$ 时，前一周期的反向电流陡降也要求发生在负的最大值处，于是有：

$$V_S \sin(-\omega_1 t_p + \theta) - V_{dc} = \phi \approx 0 \tag{3-363}$$

因此有：

$$V_{dc} = V_S \sin\left(-\omega_1 \frac{\pi}{\omega_n} + \theta\right) = V_S \sin\left(\theta - \frac{\pi}{n}\right) \tag{3-364}$$

可见当输入电压幅度 V_S 及倍频次数 n 确定后，可以通过调整直流偏置值 V_{dc} 来达到调整 θ 的目的。此外，在导通期结束即 $t = t_2 = T_1 - t_p$ 时，二极管上电流 $i_d(t) = -I_1$ ，因此根据式（3-357）得：

$$-I_1 = I_0 + \frac{V_S}{\omega_1 L}\left[\cos\theta - \cos(\omega_1 t + \theta)\right] - \frac{V_{dc} + \phi}{L} t_2 \tag{3-365}$$

又由导通期间总电荷为零的条件得：

$$\int_0^{t_2} i_d(t)\,\mathrm{d}t = \int_0^{t_2}\left\{I_0 + \frac{V_S}{\omega_1 L}\left[\cos\theta - \cos(\omega_1 t + \theta)\right] - \frac{V_{dc} + \phi}{L} t\right\}\mathrm{d}t = 0 \tag{3-366}$$

经过推导和计算，可以绘出以 ξ 为参变量的 $\theta \sim n$ 曲线如图 3-107 所示。当已知 n 和 ξ 后，即可确定对最佳 θ 的要求，从而决定偏压 V_{dc} 值。

（5）输入阻抗

为了使信号源有效地把功率传给 SRD，在输入频率上，信号源内阻和二极管的输入阻抗应该匹配。为此，必须求得 SRD 和推动电感 L 在脉冲工作时的基波总输入阻抗。这就需要将输入电流分解成和输入电压同相的分量和正交分量，与电压相除，就可得到输入电阻 R_{in} 和输入电抗 X_{in} 。略去

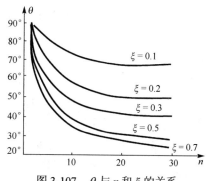

图 3-107　θ 与 n 和 ξ 的关系

推导过程，仅把结果列出为：

$$R_{in} \approx \frac{\omega_1 L}{2\cos\theta\sin\left(\theta - \frac{\pi}{n}\right)} = \omega_1 L R_0 \tag{3-367}$$

$$X_{in} \approx \frac{\omega_1 L}{1 + 2\sin\theta\sin\left(\theta - \frac{\pi}{n}\right)} = \omega_1 L X_0 \tag{3-368}$$

$$Z_{in} = R_{in} + jX_{in} \tag{3-369}$$

式中，R_0 和 X_0 称为阻抗倍乘系数，图 3-108 分别给出了以 ξ 为参变量的 $R_0 \sim n$ 和 $X_0 \sim n$ 曲线。

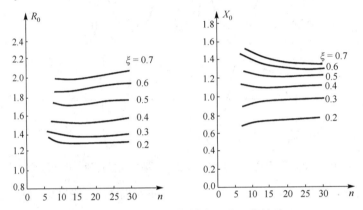

图 3-108　阻抗倍乘系数与 n 和 ξ 的关系

2. 谐振电路

通过对 SRD 脉冲发生器的频谱分析我们已经看到，如果直接在输出端接上合适的滤波器，就可以获得 n 次倍频信号，但其效率总是较低的，因为在 f_n 左右有很多旁频的幅度也不小，其能量是被浪费掉的。因此应该采取措施使能量向 f_n 处集中，办法是让 SRD 产生的周期为 T_1 的窄脉冲串去激励一个谐振回路，产生一个频率为 f_n 的衰减振荡。谐振电路的具体形式视倍频器输出频率不同而异，在低频段可采用集总参数电路，而在较高频率，一般都采用分布参数的传输线或谐振腔。最简单的一种谐振回路形式是一段特性阻抗为 Z_c、长度接近 $\lambda_{gn}/4$ 的传输线，接在阶跃管和终端负载之间，如图 3-109 所示。

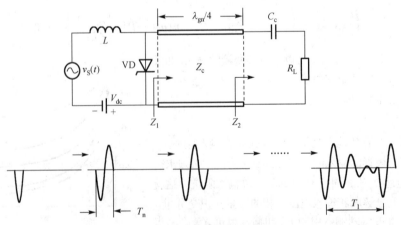

图 3-109　输出谐振电路及负载上衰减振荡原理图

若将传输线直接接负载电阻，则脉冲将延迟 $T_n/4$ 无畸变地传输给负载。现在在传输线与负载之间再接一适当的耦合电容 C_c，C_c 容抗与 R_L 的串联阻抗为 Z_2，它构成传输线终端等效负载。调整 C_c 的值可以使 $Z_2 > Z_c$，$R_L \ll X_c$，因此传输线与终端等效负载失配。当脉冲到达终端时，负载只吸收了部分能量，另一部分将反射回始端；反射波回到始端所需的时间为 $2 \times T_n/4 = T_n/2$，由于 SRD 产生脉冲的宽度为 $t_p = T_n/2$，此时 SRD 阶跃期间恰好结束并进入导通周期，SRD 等效于短路，因此这部分反射能量将在 SRD 再次反射向终端，而且反射系数为 -1，形成的反射波相位相反；能量到达终端后又将其一部分交给负载，另一部分反射回 SRD；如此下去，每次反射都有一部分能量被负载吸收，另一部分反射，直到幅度很小为止。由于负载每次得到的半正弦波脉冲相位依次互为反相，故连接起来的得到一个随时间作衰减振荡的波形。负载上获得能量的过程和波形如图 3-109 所示，这一衰减振荡波形可用下式表示：

$$v_L(t) = -(1+\Gamma)V_p \exp(-\alpha t)\sin\omega_n t \tag{3-370}$$

式中，α 为衰减常数；Γ 为谐振电路等效负载的反射系数。

根据谐振回路的实际电路结构，可求出谐振点电抗斜率参量或电纳斜率参量，从而有载品质因数 Q_L 可以求得为：

$$Q_L = \frac{\pi}{4}\frac{1}{Z_c R_L (\omega_n C_c)^2} \tag{3-371}$$

α 的数值与谐振回路的有载品质因数 Q_L 有关，可以证明有：

$$\alpha = \frac{\omega_n}{2Q_L} = \frac{n\omega_1}{2Q_L} \tag{3-372}$$

以上说明，通过调节耦合电容 C_c 可改变谐振回路的 Q_L，从而控制衰减常数 α，以达到控制衰减速度的目的。选择 Q_L 的原则是在输入信号的一个周期内振荡衰减至很小，由第二个脉冲再激励起振荡。当取 $Q_L = \pi n/2$ 时，$\omega = \omega_1/\pi$，于是当 $t = T_1$ 时，$\exp(-\alpha t) = \exp(-2) = 13\%$；而当 $Q_L = n$ 时，$\exp(-\alpha t) = \exp(-\pi) = 4\%$。此即意味着在输入信号的一个周期内，$v_L(t)$ 的幅度已经衰减至最初值的 13%，大部分能量靠多次反射已传递给负载，虽然平均功率不变，但能量集中到输出频率 f_n 附近。Q_L 值的选取不能过小，否则衰减太快，其极端情况就是直接接负载电阻，脉冲无畸变地传输，没有起到转移频谱的作用；若 Q_L 值选取过高，振荡衰减太慢，则在输入信号的一个周期内，来不及把大部分能量传递到负载上，同样是不利的。因此一般选择 Q_L 在 $n\pi/2 \sim n$ 范围内。

将式（3-370）的衰减振荡 $v_L(t)$ 展开成傅里叶级数，即可得到图 3-110 所示的频谱。由分析可知，频谱在 $l/n = \sqrt{1 - (1/4Q_L^2)}$ 时幅度最大，当 Q_L 较高时，近似在 $l/n \approx 1$ 时频谱幅度最大。可见谐振回路的作用是将原来窄脉冲的宽频谱能量集中到 nf_1 附近。

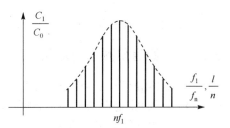

图 3-110　负载衰减振荡频谱

关于传输线特性阻抗 Z_c 的确定，可认为脉冲发生器产生负脉冲期间，负脉冲向传输线终端传播，尚未产生反射波，在此期间从二极管向传输线看去，相当于一个"无限长传输线"。因此传输线特性阻抗 Z_c 就是阶跃期间等效电路中二极管的等效负载 R_L，由式（3-348）可知：

$$\xi = \frac{1}{2R_L}\sqrt{\frac{L}{C_0}} = \frac{1}{2Z_c}\sqrt{\frac{L}{C_0}} \tag{3-373}$$

一般要求满足 $\xi = 0.3 \sim 0.5$，即可确定 Z_c 值：

$$Z_c = (1 \sim 1.67)\sqrt{\frac{L}{C_0}} > \sqrt{\frac{L}{C_0}} \tag{3-374}$$

SRD 倍频器的谐振回路形式很多，$\lambda_{gn}/4$ 传输线只是其中一种，还可以应用各种形式的谐振腔，通过谐振腔将谐波能量取出。

由上面的分析可知，SRD 倍频器的倍频原理本质上虽然也是利用电容的非线性变化，但它并不是向变容管倍频器那样，直接取出电容非线性变频作用产生的高次谐波，而是设法将阶跃管产生的脉冲能量集中在所需要的高次谐波上，因此它可以不需要空闲回路而达到高效率高次倍频的目的。

3. 输出带通滤波器

经过谐振电路，频谱能量已大部分集中到输出频率附近。为了得到纯净的单一输出频率，滤去不需要的旁频，需要采用输出带通滤波器。因为输入信号频率 f_1 通常在一定范围内变动，所以输出带通滤波器也相应地具有一定的频带。

当输入频率变化范围为 $\Delta f_1 = f_{1\max} - f_{1\min}$ 时，倍频器的输出频率变化范围为 $n\Delta f_1 = \Delta f_n = f_{n\max} - f_{n\min}$。但是输出滤波器最大带宽不得超过输入频率的最低值 $f_{1\min}$，这样才能保证滤波器只输出单一的频率。

为输出单一频率，必须有：

$$(n+1)f_{1\min} > f_{n\max} \tag{3-375}$$

$$(n-1)f_{1\max} > f_{n\min} \tag{3-376}$$

由此得：

$$f_{1\min} \cdot n + f_{1\min} > f_{n\max} \Rightarrow f_{1\min} > f_{n\max} - f_{1\min} \cdot n \Rightarrow f_{1\min} > f_{n\max} - f_{n\min} \Rightarrow f_{1\min} > \Delta f_n \tag{3-377}$$

$$f_{1\max} \cdot n - f_{1\max} > f_{n\min} \Rightarrow f_{1\max} \cdot n - f_{n\min} > f_{1\max} \Rightarrow f_{n\max} - f_{n\min} > f_{1\max} \Rightarrow f_{1\max} > \Delta f_n \tag{3-378}$$

由于 $f_{1\max} > f_{1\min}$，故有：

$$\Delta f_n < f_{1\min} \Rightarrow \Delta f_1 < \frac{f_{1\min}}{n} \tag{3-379}$$

由此可见，倍频器的最大带宽必须小于输入频率的最低值。由于实际滤波器没有理想的截止性能，需要把极限带宽缩减为：

$$\Delta f_n < \frac{f_{1\min}}{2} \Rightarrow \Delta f_1 < \frac{f_{1\min}}{n} \tag{3-380}$$

由此可知，对于高次倍频器，其频带限制是很严格的。

3.6.2 阶跃管倍频器的电路

图 3-111 给出了微带型阶跃管五倍频器，其输入信号为 1000MHz，输入功率为 1W，输出功率 100mW。

（1）输入基波信号通过阻抗变换低通滤波器 2、调谐电容和激励电感 3，加到阶跃管 4 上。

（2）为得到最大激励，阶跃管的位置应选在输入频率电压波腹上，这一点可以通过选择合适的连接线 5 的长度来做到。

（3）6 为 $\lambda_{g5}/4$ 传输线，起谐振回路的作用。

（4）7 为倍频带通滤波器。

（5）8 为倍频器输出端。

（6）9 为偏置电路引线，长度应为的 $\lambda_{g1}/4$ 的奇数倍，其特性阻抗为 100Ω。

（7）100pF 的电容和并联偏置电阻 10 是保证偏置引线与信号输入端连接处良好开路。

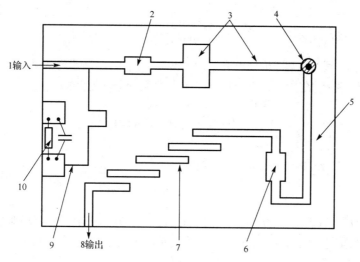

图 3-111　微带型阶跃管五倍频器

图 3-112 为阶跃管高次倍频器电路图。其输入信号频率为 120MHz，输出频率为 2.16GHz。此电路为 18 次倍频器，其输入电路包括匹配网络 C_1、C_2 和偏置电阻 R 及低通滤波器 C_3L_1、C_4L_2。由于这种电路一次完成高次倍频，输出功率及效率都很低，故只适用于低功率场合，如作本振源。

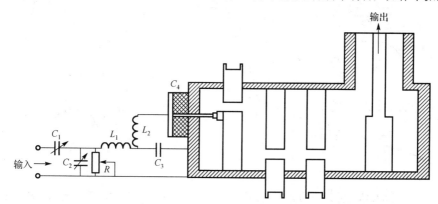

图 3-112　18 次阶跃管倍频器示意图

3.7　场效应管混频器及倍频器

随着 GaAs FET 器件性能的提高，以及微波单片集成电路的发展，应用场效应管作混频器及倍频器越来越广泛。用场效应晶体管作混频或倍频与二极管混频器及倍频器相比较，主要优点是具有混频增益、所需本振功率小，如果应用双栅 MESFET 作混频器，本振端口和信号端口隔离度高。本节将简要介绍单栅和双栅 FET 混频器或倍频器的工作原理与特性。

3.7.1　单栅场效应管混频器

1. 单栅 FET 混频的工作原理

利用场效应管漏电流 I_D 和栅源电压 V_{GS} 的非线性关系可以实现混频。根据 2.9 节的讨论，场效应管的跨导为：

$$g_m = \frac{\partial I_D}{\partial V_{GS}}\bigg|_{V_{DS}=\text{常数}} \tag{3-381}$$

因此 $I_D \sim V_{GS}$ 的非线性使得不同偏压下 g_m 不是常数，图 3-113 所示为某管的 $g_m \sim V_{GS}$ 曲线。于是当栅源之间加有频率为 ω_L 的大信号本振电压时，跨导将是一个时变函数：

$$g_m(t) = \sum_{n=-\infty}^{\infty} g_n \exp(jn\omega_L t) \tag{3-382}$$

其中：

$$g_n = \frac{1}{2\pi} \int_0^{2\pi} g_m \exp(jn\omega_L t) \mathrm{d}\omega_L t \tag{3-383}$$

当栅源之间再加有频率为 ω_S 的小信号电压 $v_S(t)$ 时，$g_m(t)$ 与 $v_S(t)$ 的相乘项即为混频的小信号产物。$g_m(t)$ 分解的傅里叶级数基波分量幅度 g_1 称为变频跨导。为了能获得尽量大的有用中频分量，要求 g_1 尽量大。

若改变栅极直流偏压 V_{GS}，同时改变本振幅度、保持最大可能值，即本振的正向峰值不超过最大正向栅压（受限于栅源间肖特基势垒导通电压），求出 $g_1 \sim V_{GS}$ 关系曲线如图 3-114 所示。此管夹断电压 $V_P = -3.3\text{V}$，由图可见当 V_{GS} 接近 V_P 时，g_1 最大；如果本振电压不取最大可能值，则 g_1 值将减小。

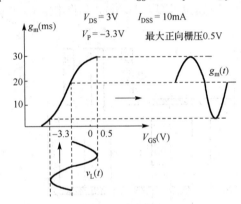

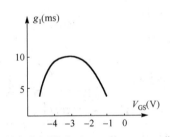

图 3-113　最大本振激励下 FET 的 $g_m \sim V_{GS}$ 曲线　　　图 3-114　最大本振激励下 FET 的 $g_1 \sim V_{GS}$ 曲线

但是，由于 $g_m(t)$ 中高次谐波会产生很多组合频率成分，因此为减小失真和对增益的影响，希望工作在 $I_D \sim V_{GS}$ 曲线的平方律特性范围、即 $g_m \sim V_{GS}$ 的线性范围，这样要求混频器的偏置工作点偏离夹断电压为好，本振幅度也不宜太大。可见与上述实现最大变频增益的要求有所不同。

2. 单栅 FET 混频器的典型电路

图 3-115 给出了一个 X 波段场效应管单端混频器微带电路图。图中本振和射频信号通过定向耦合器同时加到 FET 的栅极。在栅极端的低通滤波器为偏置电路，并使中频接地而不会泄漏到信号端口去。漏极输出端有 1/4 波长分支线使射频信号、本振、镜频短路，低通滤波器允许中频输出并兼作漏极偏置电路。一般情况下，由于 FET 混频器输出中频阻抗较高，因此需要中频匹配电路使混频器与后级阻抗匹配。

显而易见，图 3-115 这种单端混频器的信号和本振通过定向耦合器加到 FET 栅极时，将引入信号损失，要求加大本振功率。其改进电路主要有两种：一是采用平衡混频电路，另一是两个 FET 的串联电路，其原理图分别示于图 3-116 和图 3-117，图中没有画出微波及中频的匹配电路和滤波电路。

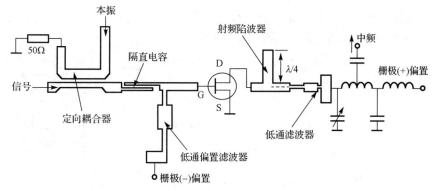

图 3-115 X 波段 FET 单端混频器微带电路

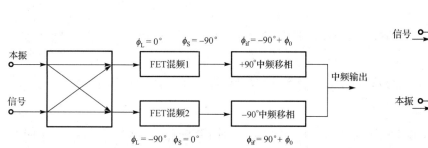

图 3-116 平衡式 FET 混频器的原理框图

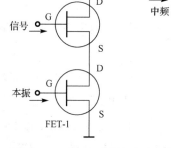

图 3-117 双 FET 串联电路原理图

图 3-116 中借助 3dB 定向耦合器的作用，使本振和信号以 ±90° 相位差分别加到两个 FET。假设两个场效应管性能完全相同，输出与输入的相移相同，则 FET-1 和 FET-2 的输出中频为反相。但场效应管不可能像二极管混频器那样，靠两个二极管接法和中频负载连接方式来实现中频叠加输出，因此由图示 ±90° 移相器（或 0° 和 180° 移相器）使有用中频叠加，同时可使本振引入噪声抵消。

图 3-117 表示本振加到 FET-1 的栅极，放大后加到 FET-2 的源极，而信号直接加到 FET-2 的栅极，由 FET-2 起混频作用，中频从 FET-2 的漏极输出。这种电路的优点是可以输入较低的本振电平，并免除了功率混合电路。此电路和下述双栅场效应管混频电路类似。

3.7.2 双栅场效应管混频器

1. 双栅 FET 的特性

图 3-118 给出了双栅肖特基势垒场效应管的一种结构。在源极和漏极两个欧姆接触之间，有两个肖特基势垒栅，栅宽 w 相同，栅长分别为 L_{G1} 和 L_{G2}，对应沟道厚度分别为 d_1 和 d_2，沟道中掺杂的浓度也不同。这种结构比两个栅极下面的沟道厚度相等的结构优越，可以获得更大的功率增益，可以应用于更高的工作频率。

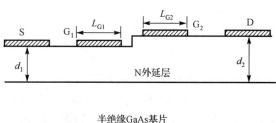

图 3-118 双栅 FET 的结构示意图

双栅场效应管可理解为两个单栅场效应管串联电路，如图 3-119 所示。FET-1 的栅源电压即加到第一栅的电压：

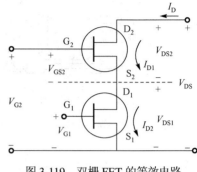

$$V_{GS1} = V_{G1} \qquad (3-384)$$

FET-2 的栅源电压由加到第二栅的电压和 FET-1 的特性决定：

$$V_{GS2} = V_{G2} - V_{DS1} \qquad (3-385)$$

此外，FET-1 和 FET-2 有相同的漏流，即总漏流为：

$$I_{D1} = I_{D2} = I_D \qquad (3-386)$$

图 3-119　双栅 FET 的等效电路

而总漏源电压为两管漏源电压之和：

$$V_{DS2} + V_{DS1} = V_{DS} \qquad （3-387）$$

因此，可以由 FET-1 和 FET-2 的特性及上述约束条件，求出双栅管的特性：

$$I_D = f(V_{G1}, V_{G2}, V_{DS}) \qquad （3-388）$$

有关的理论计算和实测结果基本吻合，可得到双栅场效应管的输出特性和转移特性。

2. 双栅 FET 混频的工作原理

图 3-120 为 V_{G1} 固定、V_{G2} 为参变量的 $I_D \sim V_{DS}$ 输出特性，对不同的 V_{G1}，有不同的曲线族。图 3-121 为第一栅的转移特性，定义第一栅的跨导为：

$$g_m = \left. \frac{\partial I_D}{\partial V_{G1}} \right|_{V_{DS}, V_{G2} = 常数} \qquad (3-389)$$

因此，当第一栅偏置 V_{G1} 固定时，若将频率为 ω_L 的大信号本振电压加到第二栅，由图 3-121 可见 I_D 将随 V_{G2} 的变化而改变，形成 I_D 中的大信号成分（含直流、本振基波及谐波项）；同时对不同 V_{G2}，由图 3-121 曲线族斜率可求得不同的 g_m，即第二栅压随本振摆幅而变化时，产生时变跨导 $g_m(t)$。

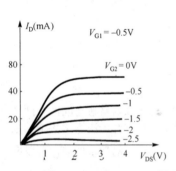

图 3-120　双栅 FET V_{G1} 固定、V_{G2} 为参变量的输出特性

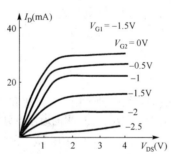

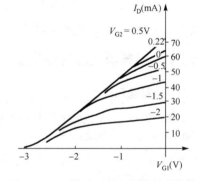

图 3-121　双栅 FET 第一栅的转移特性

若第一栅加上频率为 ω_S 的小信号电压 $v_S(t)$，则由 $g_m(t)$ 和 $v_S(t)$ 相乘，形成 I_D 中的小信号成分，即 $(n\omega_L + \omega_S)$ 各项混频产物。

综上所述，双栅场效应管混频器可看做一个共源放大器（FET-1）和共源调制器（FET-2）级联，在第一栅上加入小信号、第二栅上加入大信号本振。图 3-122 表示了双栅 FET 混频器的原理框图。

为了得到高的变频增益，应选择合适的工作点（即 V_{G1}、V_{G2} 的偏置），本振应有足够的幅度。图 3-123(a) 表示了某 X 波段双栅 FET 混频器的 $V_{G1} = -1.5V$ 时，跨导 $g_m(t)$ 受本振调制的情况；图 3-123(b) 给出了不同本振幅度时的变频跨导 g_1 与 V_{G2} 的关系曲线。为获得最佳变频增益,应选第二栅偏压 $V_{G2} = -1.5\text{V}$,本振幅度 $V_L = 2.35\text{V}$。

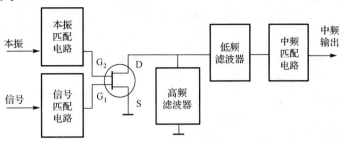

图 3-122 双栅 FET 混频器的原理框图

此外,在本振功率较小但第二栅工作到正偏的情况下,也能获得较高的变频增益。例如由图 3-123 可见,当第一栅偏压 V_{G1} 取得很小,而第二栅偏压 V_{G2} 在零和最大正偏压 0.5V 之间时,相对较小的本振幅度变化会产生较大的第一栅跨导 g_m 的变化,这样一来,能减小对本振功率的要求显然是有利的。

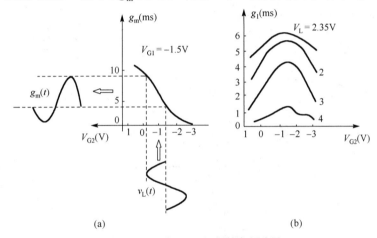

图 3-123 双栅 FET 混频的变频跨导

和单栅 FET 混频类似,如果技术指标要求主要是线性混频,则可适当牺牲变频增益,应将第二栅偏压选在 g_m 接近线性变化范围的中心;而与单栅 FET 相比,双栅 FET 第一栅 $g_m(V_{G2})$ 的线性较好。

由于双栅 FET 混频能分别输入本振和信号,无需功率混合电路,结构上显然也优于单栅 FET,因此双栅 FET 混频比单栅 FET 混频更受欢迎。

最后要指出,场效应管混频器的噪声系数比相同管子的放大器的噪声系数要高一些,有关其噪声的理论分析也较复杂。但是场效应管混频有较高的变频增益和 1dB 压缩点输出,在这方面明显优于二极管混频器。

3.7.3 FET 倍频原理

微波晶体管倍频器与二极管倍频器相比有一些比较突出的优点,如频带宽、变频增益大于 1、消耗直流功率小、热耗散较小等,对输入信号电平也要求较低,因此也获得了广泛的应用。本节简单介绍微波场效应管倍频的工作原理。

在场效应晶体管中,产生谐波的非线性作用主要有以下几种:

(1)栅源和栅漏的非线性电容 C_{GS} 和 C_{DG};

(2)漏极电流 I_D 被限幅引起的非线性;

（3）$I_D \sim V_{GS}$ 的非线性转移特性；

（4）输出电导的非线性。利用其中任何一种非线性均可实现倍频。在此主要研究对单栅场效应管利用其漏极电流 I_D 的限幅作用实现高次倍频的机理。

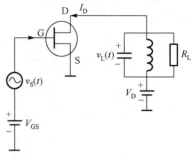

图 3-124 示出了单栅 FET 倍频器的原理图，此电路的输出回路调谐于激励信号频率的第 n 次谐波，对其他谐波和基波分量都是短路的。根据栅偏压的不同，这种倍频器可以分为 A 倍频、B 倍频和 AB 倍频三种工作状态。

在 A 倍频工作状态下，栅极偏置电压在 ϕ 附近（ϕ 为栅极肖特基势垒电压），利用 I_D 的限幅效应得到半波，导通角 $\theta = 2\pi$，如图 3-125 所示。A 倍频器直流分量较大，平均直流分量为 $0.613I_{DSS}$（I_{DSS} 为最大的漏源极电流）。

图 3-124　单栅 FET 倍频器原理图

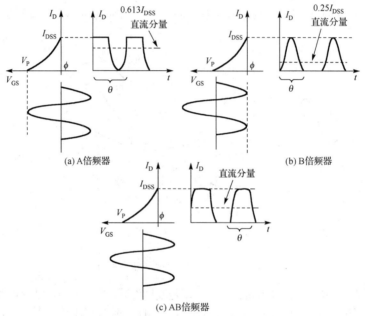

(a) A倍频器

(b) B倍频器

(c) AB倍频器

图 3-125　FET 倍频器的工作状态

在 B 倍频工作状态下，栅极偏置在夹断电压 V_P 附近，利用管子夹断效应得到尖峰脉冲电流，如图 3-125 所示。这种倍频器平均直流分量小（约等于 $0.25I_{DSS}$），因而管耗小、效率高，且不容易产生自激振荡，是目前广泛采用的倍频方式。

AB 倍频工作状态下，栅极偏压处于 ϕ 和 V_P 之间，大信号输入后使限幅和夹断效应同时出现，引起漏极电流的上、下截顶，如图 3-125 所示。若忽略交调失真，电压变化近似为对称方波。

对 B 倍频器，将 I_D 的波形分解为各次谐波分量的叠加，求出各次谐波电流幅值，可以表示为：

$$I_n = I_{Dmax} \frac{\theta}{\pi} \left| \frac{\cos\left(\dfrac{n\theta}{2}\right)}{1 - \left(\dfrac{n\theta}{\pi}\right)^2} \right| \qquad (3\text{-}390)$$

$$\theta = 2\arccos \frac{2V_P - V_{GSmax} - V_{GSmin}}{V_{GSmax} - V_{GSmin}} \qquad (3\text{-}391)$$

式中，I_{Dmax} 为漏极电流峰值；V_{GSmax} 为栅极饱和电压；V_{GSmin} 为栅极反向电压峰值。

对 AB 倍频器，有：

$$I_{2n-1} = \frac{2I_{\text{Dmax}}}{\pi \dfrac{\theta - \pi}{2}} \left| \frac{\sin\left[(2n-1)\dfrac{\theta - \pi}{2}\right]}{(2n-1)^2} \right| \tag{3-392}$$

$$\theta = 2\arccos\frac{2V_{\text{P}} - \phi - V_{\text{P}}}{V_{\text{GSmax}} - V_{\text{GSmin}}}$$
$$= 2\arccos\frac{V_{\text{P}} - \phi}{V_{\text{GSmax}} - V_{\text{GSmin}}} \qquad \pi < \theta \leq 2\pi \qquad n = 2,3,4,\cdots \tag{3-393}$$

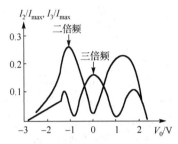

图 3-126　全偏置区域内谐波电流 I_2、I_3 与 $I_{\max}$ 的关系

当 $\theta \to \pi$ 时，I_{2n-1} 有最大值，这是由于方波中所含的谐波丰富，在逼近方波时，各次谐波的幅度最大。

AB 倍频器的效率比 A 倍频器和 B 倍频器高，但 AB 倍频器不能得到偶次谐波。图 3-126 示出了栅极电压在整个偏置域内产生谐波电流 I_2、I_3 与最大电流值 $I_{\max}$ 之间的关系。由图可见，对于三倍频器有三个峰值，中间峰值最大，为 AB 倍频器，二倍频器只有两个峰值，对应于 A 倍频器和 B 倍频器。但是 AB 倍频器工作于放大区，工作电流大，容易自激。

3.7.4　FET 倍频器电路

1. FET 三倍频器

图 3-127 给出了 FET 三倍频器微带电路版图。该倍频器输出中心频率在 7.42GHz。图中 L_1、C_2、L_3 和 C_4 组成了输入滤波器，同时起阻抗匹配的作用。为保证输出频率在输入端短路，选取 C_4 短截线下边的长度 W 为输出频率的四分之一波长开路线。L_5 用来匹配管子的输入端呈现的容抗。在输出端采用了匹配开路线，并经带通滤波器输出。

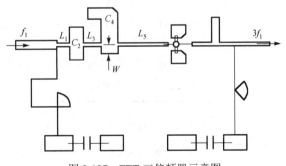

图 3-127　FET 三倍频器示意图

2. 双栅 FET 倍频器

双栅 FET 倍频器比单栅 FET 有较高的增益，且隔离度和非线性特性均较好。在分析双栅 FET 混频器时已经介绍过，双栅 FET 可以等效为两个单栅器件级联。由此可以画出双栅 FET 倍频器原理图，如图 3-128 所示。图中示出输入信号加至 FET-1 的栅极 G_1，信号调制 g_{m1}，放大后的信号送至 FET-2，在 FET-2 的栅极，被 $i_{\text{G2}} \sim v_{\text{D1S}}$ 正向导通曲线削减，因此波形畸变，放大后由 FET-2 的漏极输出，经过高通滤波器和 nf_1 的调谐回路取出谐波。G_2 对地接有纯电抗 jX，调节它可获得最佳变频增益。

由以上分析可知，FET 倍频器比变容管倍频器有其优越之处，它是一种较新型的电路，但对高次倍频而言，阶跃恢复二极管仍然用得较为普遍。

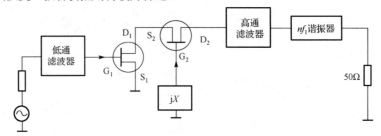

图 3-128　双栅 FET 倍频器原理图

3.8 检 波 器

检波器的功能是从调制信号中不失真的解调出原调制信号。当输入信号为高频等幅波时，检波器输出电压为直流电压；当输入信号为脉冲调制调幅信号时，检波器输出电压为脉冲波。从信号的频谱来看，检波电路的功能是将已调信号的边频或边带信号的频谱搬移到原调制信号的频谱处。从功能上看，发生了频谱的搬移，也是一种频率变换器，只不过输出的是直流或低频信号。

微波检波器是微波设备中很常用的器件，其电路元件少，电路结构简单，有时还集成在其他电路之中，作为单独的监视设备部件。主要用途如下。

（1）信号强度指示器。当做功率计使用，其特点是时间常数短，速度快，从反应性能及显示度上要优于热敏式功率探头。

（2）自动增益控制。因为检波器具有一定线性度和稳定性，经常用于微波设备的自动增益控制（AGC）或自动电平控制（ALC）。

（3）状态监视器。用于监视微波系统的工作状态。例如，在微波发射机中用定向耦合器分离出一部分功率，用检波器监视发射功率的变化。此刻无需精密校正功率值，只求给出一个稳定检波即可。

（4）视频控制。可用来检出调幅信号的视频分量和脉冲。

（5）测试指示。一般微波测量仪表系统中用于微波信号的相对指示。微波信号常用方波调制，以便检波出低频调制信号再加以放大，提高指示灵敏度。

检波器的应用有着不同的分类，可以参看表 3-3，根据需要选择不同的核心器件及应用电路类型。

表 3-3　检波器的分类

分类依据	分类情况	特点
检波器件	二极管检波器	优点是：线路简单，检波特性和直线性好，因此非线性失真小；动态范围大。缺点是电压传输系数较小
	三极管检波器	失真系数相当小，其检波效率大大提高，输出阻抗小，传输系数比较高，但缺点是非线性差，非线性失真大
根据信号大小	小信号检波器	当输入电压很小时，电压对应于检波特性曲线的非线性区，输出直流电压与输入高频电压振幅之间近似成平方关系，即小信号检波具有平方律的检波特性。小信号的平方律检波特性有着比较明显的缺点，它会严重抑制小信号，输入信号越小时，输出电压就会更小，另一个严重缺点是　失真大，所以其使用得比较少
	大信号检波器	对应的检波特性曲线可以近似为一条斜线，此时输出直流电压与输入高频电压振幅之间可以认为成线性关系，即大信号检波具有线性检波特性，所以大信号检波非线性失真小，传输系数大
根据信号特点	连续波检波器	输出的为直流信号
	脉冲检波器	输出为脉冲波形
根据工作特点	包络检波器	检波器的输出电压直接反映输入高频调幅波包络变化规律的波形特点，只适合于普通调幅波的解调
	同步检波器	主要应用于双边带调幅波和单边带调幅波的解调

本节主要针对检波二极管的特性、检波器工作原理、检波管的参数和检波管的应用电路几个方面展开说明。

3.8.1 检波二极管

检波二极管的选取对于检波器的性能是很关键的一步，要选择合适的二极管并配合相应的电路才行。一般检波二极管的选择遵从以下几点原则：

① 能够起到非线性变换的功能；

② 寄生电抗特别是结电容低；

③ 低结势垒高度，当低电平检波的时候应该允许不加外偏压的情况下有足够电流通过；

④ 具有较高的击穿电压，当高电压检波时，防止信号变动形成大电流烧毁二极管；

⑤ 良好的灵敏度以达到能检测微弱信号，这个指标还取决于二极管的本征噪声和外部阻抗匹配情况的好坏；

⑥ 大信号检波时恢复时间短。

图 3-129 是一个简化的检波器电路，频率为 ω_R 的输入信号（功率为 P_{inc}）通过一个匹配网络接到检波二极管电路上，这样 P_{inc} 被二极管阻抗的电阻部分 $R_v = R_j + R_s$ 吸收，旁路电容 C_L 短路掉射频输出电路，并且阻止 P_{inc} 进入视频电阻负载 R_L。二极管上加有外部偏置电流 I_{dc}，射频扼流圈（RFC）提供直流回路，在视频频率 ω_m 上可忽略电抗的大隔直电容 C_B，将 I_{dc} 与视频放大器隔离。

检波二极管是检波器中最重要的部分，对整个检波器性好坏起着重要作用。图 3-130 为加了封装之后的检波二极管等效模型。图中 L_P、C_P 为二极管封装引入的引线电感和并联电容。

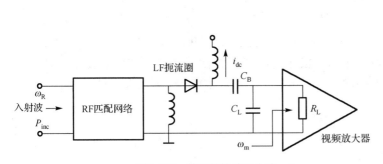

图 3-129　简化的检波器电路

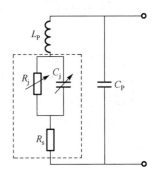

图 3-130　检波二极管等效电路

检波二极管通常选用肖特基二极管，所以其输出电流特性及伏安特性与肖特基二极管相同，如果假设二极管电压为

$$V = V_0 + v \tag{3-394}$$

其中 V_0 是直流偏置电压，v 是小的交流信号电压，这样上式对 V_0 做台劳级数展开，有：

$$I(V) = I_0 + v\frac{\mathrm{d}I}{\mathrm{d}V}I_{V_0} + \frac{1}{2}v^2\frac{\mathrm{d}^2I}{\mathrm{d}V^2}I_{V_0} + \cdots \tag{3-395}$$

式中，$I_0 = I(V_0)$ 是直流偏置电流。

二极管结电阻 R_j，动态电导 G_d 用函数的一阶导数表示

$$\frac{\mathrm{d}I}{\mathrm{d}V}I_{V_0} = \alpha(I_0 + I_S) = G_d = \frac{1}{R_j} \tag{3-396}$$

则 $I(V)$ 可进一步表示为直流偏置电流 I_0 和交流电流 i 之和：

$$I(V) = I_0 + i = I_0 + vG_d + v^2 G_d' + \cdots \tag{3-397}$$

式中前三项近似称为小信号近似。若二极管电压由直流偏置电压和小信号射频电压组成：

$$V = V_0 + v_0 \cos \omega_0 t \tag{3-398}$$

则二极管电流为

$$
\begin{aligned}
I &= I_0 + vG_d \cos \omega_0 t + \frac{v_0^2}{2} G_d' + \cos^2 \omega_0 t \\
&= I_0 + \frac{v_0^2}{2} G_d' + v_0 G_d \cos \omega_0 t + \frac{v_0^2}{4} G_d' \cos 2\omega_0 t
\end{aligned}
\tag{3-399}
$$

其中，I_0 是偏置电流，$\frac{v_0^2}{4} G_d'$ 是直流整流电流。输出还包含有频率为 ω_0 和 $2\omega_0$（及更高次谐波）的交流信号，这些信号通常用低通滤波器滤掉。

对于小信号的整流，只有二次项有意义，从而称该二极管工作在平方律区域，即输出电流与射频输入电压的平方成正比。当 V 升高到一定程度时，式中的四次项将不能忽略，二极管的响应已在平方律检波区之外，其特性按准平方律整流，这段区域称为过渡区。V 继续升高，二极管响应特性就进入线性检波区。

图 3-131 给出了检波二极管特性。图中 TSS 为正切灵敏度，定义为当输入脉冲调制信号时，检波器检波视频信号在脉内的噪声下沿与脉间的噪声上沿相切时对应的输入信号峰值功率。P_{-1dB} 定义为检波器工作区从平方律区进入到线性区的时候，输出幅度相对平方律特性压缩−1dB 的时候对应的输入功率。所以可以知道检波器的动态范围（定义为 D_r）是

$$D_r = P_{-1dB} - \text{TSS} \tag{3-400}$$

原则上任何非线性器件均可用于检波器电路设计，比如各种二极管和三极管。但通常还是选取为了提高检波性能而使用专门工艺设计的检波二极管。如图 3-132 给出的是 VIRGINIA 公司的零偏置肖特基低势垒检波二极管，这是一种专用的检波二极管，具有截止频率高，检波失真小的特点。

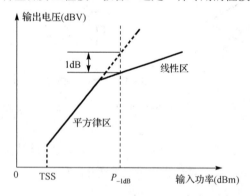

图 3-131　二极管检波特性图

图 3-132　VIRGINIA 公司检波二极管

下面给出几种可用作检波管的二极管。

（1）肖特基势垒二极管

检波用的肖特基势垒二极管不同于混频用的肖特基势垒二极管。为了简化检波器电路，往往不用外加偏置电压，因此在零偏置电压原点附近的 I-V 特性斜率要足够大，才能对弱信号有较高灵敏度。在一些应用场合，如对于毫米波幅度低的小信号，检波电流非常微弱。所以常规肖特基势垒二极管做检波器使用时必须加正向偏压，以克服较大的接触势垒。还有一种检波二极管，称为平面掺杂势垒检

波管。它从工艺过程和结构上做了较大改进，具有极好的频率响应特性，可以在多倍频程的极宽频带内获得平坦响应，还具有很好的宽温度范围稳定性。

（2）点接触二极管

点接触二极管用金属丝靠机械压力与半导体接触而形成半导体结。点接触管虽然其结构工艺较为简单，但是结的长期稳定性差，管芯参数一致性也不好，所以在工程应用少，逐渐被肖特基二极管所代替。点接触二极管在零偏置点灵敏度高，尤其是点接触结面积较小，所以结电容较小，在毫米频段高端有时被采用。也有的点接触管设计成使金属引丝电感与芯片结电容形成谐振，以提高检波灵敏度。

（3）反向二极管

反向二极管是隧道二极管的一个变种形式。在半导体结中极大的掺杂情况下，二极管反向特性接近导通。零偏置时，负向电流特性很陡；正向电压时，隧道二极管的峰值电流很低，隧道负阻现象几乎消失。用于检波器时，是利用它的反向电流作为检波电流。在零偏置电压时，对弱信号有很高的检波灵敏度。但是由于正向接触电位所限，反向二极管不能用于较强信号检波。

以上几种二极管的 I-V 特性曲线如图 3-133 所示。

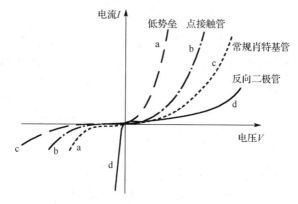

图 3-133　几种二极管的 I-V 特性曲线

从图 3-133 可以看出肖特基结混频二极管的接触电位高，使用时需加正向偏压，使工作点处于电流非线性开始上升的转弯点。低势垒检波二极管的反向饱和电流比常规肖特基势垒二极管要大几个数量级，在零偏压点附近就有较好的接通特性。反向二极管在零偏置点的负电流斜率最大，属于专用弱信号检波器件，它的正向导通电位较低，所以稍微大点的信号就会使二极管双向都将导通，因此不能用于较强信号的检测。点接触二极管的非线性相比于其他几种二极管较差。由于结构简单，结电容小，截止频率高，在毫米频段还有应用。

表 3-4 是几种典型二极管噪声特性比较，从中可以看出硅肖特基势垒二极管用于检波器时具有较好特性。

表 3-4　几种典型检波管的噪声特性

	硅肖特基二极管	砷化镓肖特基管	点接触
闪烁噪声拐角频率	50kHz	2kHz	1kHz
闪烁噪声（1kHz，100Hz 带宽）	1μV	20μV	0.25μV
白噪声（100Hz 带宽）	0.1μV	5μV	0.2μV
信噪比	2500	160	400
温度系数	+2.5/℃	−0.15/℃	/

从检波管等效电路可以看出，在检波器工作时，通过结电阻 R_j 的电流是有效的检波电流，结电容

C_j 与 R_j 并联，具有旁路作用，将降低检波灵敏度，而电阻 R_s 是和结电阻串联，将对有用信号进行分压。因此，在检波中应保持串联电阻 R_s 远小于结阻抗，同时结电容的容抗要远大于结电阻。从检波管制造工艺来看，为了使 C_j 减小，应该使结面积减小，这又必然会引起 R_s 增大。根据 R_s 和 C_j 的综合效果考虑，可以用截止频率 f_{C_0} 来说明

$$f_{C_0} = \frac{1}{2\pi R_s C_{j0}} \tag{3-401}$$

式中，C_{j0} 是指工作点上的结电容。为获得高灵敏度检波，应有

$$f_{C_0} > 10 f_0 \tag{3-402}$$

式中，f_0 是指检波器工作频率。也可以近似写成

$$C_j < \frac{16}{R_s f_0} \tag{3-403}$$

3.8.2 检波器原理

检波器是利用非线性器件对射频信号进行非线性变换，然后提取变换后信号中的直流和低频分量，用以表征输入信号功率与检测电压值的量化关系。最常用的是零偏压检波电路，其具体电路拓扑结构如图 3-134 所示。

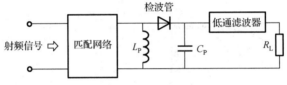

图 3-134　零偏置检波电路原理图

电路中 C_P 是射频信号通路，L_P 是低频通路，R_L 是负载电阻。输入匹配网络用来匹配检波管和信号源阻抗，低通滤波器用于消除非线性检波所产生的高次谐波，输出直流或低频信号分量。

在 3.8.1 节已经推导了一部分输出电路的表达式，式（3-399）采用的是台劳级数展开的办法，在得到的表达式中：

V_0——直流偏置电压；

I_0——直流或者平均偏流；

v——检波二极管两端的交流电压。

设 $v = V_c \cos \omega_c t$，且忽略二阶以上的项时有：

$$i = i(V) = i(V_0) + V_c \cos \omega_c t \frac{\mathrm{d}i}{\mathrm{d}V}\bigg|_{I_0} + \frac{1}{2}V_c^2 \cos^2(\omega_c t) \frac{\mathrm{d}^2 i}{\mathrm{d}V^2}\bigg|_{I_0} \tag{3-404}$$

式中，ω_c 是载波频率；V_c 是载波峰值幅度。

从式中可以看出，二极管检波电流成分中包含由外加偏压产生的直流项，ω_c 项以及下式所表示的二阶整流项：

$$\Delta i = \frac{V_c^2}{4}[1 + \cos(2\omega_c t)] \frac{\mathrm{d}^2 i}{\mathrm{d}V^2}\bigg|_{I_0} \tag{3-405}$$

该项由一个直流分量和一个高频分量组成，它们正比于输入载波信号电压的平方值，即功率，通

过定标检波器输出分量与输入功率的关系，即可根据检波输出的直流分量大小来获得输入信号功率的大小。

通过对上述单一的弦信号激励的电路响应分析可知，检波器是用来提取包含输入信号的"信息"的器件。根据提取信号所含的信息，能够获取输入信号的幅度或相位的变化。为了更具有普遍性的分析，考虑由下式给出的调幅输入信号：

$$v_s(t) = V_c p[1 + m\sin(\omega_m t)\sin(\omega_c t)]$$
$$= V_c \sin(\omega_c t) + \frac{1}{2}V_c[\cos(\omega_c - \omega_m)t - \cos(\omega_c + \omega_m)t] \tag{3-406}$$

式中：$v_s(t)$ 为瞬时信号电压；ω_c 为载波角频率；V_c 为载波峰值幅度；ω_m 为调制信号角频率；m 是调制指数，值取 $0 \leqslant m \leqslant 1$。

当输入信号的调制指数为 $m = 0.5$ 时，平方律检波输出信号的频谱如图 3-135 所示，表 3-5 列出了检波输出信号分量和相对幅度，这些相对幅值乘以 $\dfrac{V_c^2}{4}\dfrac{\mathrm{d}^2 i}{\mathrm{d}V^2}$，就可得到各输出分量的真实幅值。

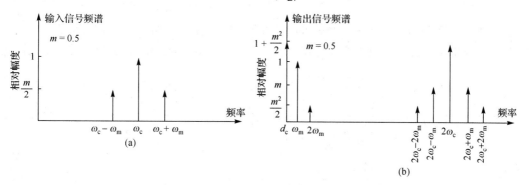

图 3-135　输入信号频谱及输出频谱示意图

所以，检波输出信号分量和相对幅度之间的关系如表 3-5 所示。

表 3-5　检波输出信号分量和相对幅度

频率	直流分量	ω_m	$2\omega_m$	$2\omega_c$	$2\omega_c \pm \omega_m$	$2\omega_c \pm 2\omega_m$
相对幅度	$1 + m^2/2$	$2m$	$m^2/2$	$1 + m^2/2$	m	$m^2/4$

3.8.3　检波器主要技术指标

1. 电流灵敏度

电流灵敏度 β_i 定义为

$$\beta_i = \frac{i_d}{P_s} \tag{3-407}$$

式中，i_d 为检波电流；P_s 为检波器的输入信号功率。上式表示检波器在负载短路条件下（一般产品都是按短路电流灵敏度来测量和标定），检波输出电流与输入的信号功率的比值，其单位是 A/V，有时也为 mA/mV。

假如在二极管的两端电压幅值为 V_s 的微弱信号，如果二极管封装的引线电感和管壳分布电容足够小，而检波电路中的 L_p 和 C_p 足够大，则加到检波二极管上的电压 V_j 可近似为：

$$V_j = \frac{V_s}{\left(1 + \dfrac{R_s}{R_j}\right) + j\omega C_j R_s} \tag{3-408}$$

这时加到二极管上的实际交流电压为 $v = V_j \cos(\omega_c t)$ 时，代入上式并进行泰勒级数展开，结合上述对检波灵敏度的定义，可以得到：

$$\beta_i = \frac{i_d}{P_s} = \frac{\dfrac{q}{nKT}}{\left(1 + \dfrac{R_s}{R_j}\right)\left[\left(1 + \dfrac{R_s}{R_j}\right) + (\omega_c C_j)^2 R_s R_j\right]} \tag{3-409}$$

2．电压灵敏度

电压灵敏度 β_v 定义为

$$\beta_v = \frac{V_L}{P_s} \tag{3-410}$$

式中，V_L 为负载检波电压，P_s 为检波器输入信号功率。上式表示了在负载近似开路状况下，检波输出电压与输入信号功率的比值，其单位为 V/W，有时也为 mV/mW。当负载 R_L 不是无穷大时，实际电压灵敏度 β_v 是：

$$\beta_v = \frac{\dfrac{R_L}{2}}{(I_s + I_0)(R_s + R_j + R_L)\left(1 + \dfrac{R_s}{R_L}\right)\left[\left(1 + \dfrac{R_s}{R_L}\right) + (\omega_c C_j)^2 R_s R_j\right]} \tag{3-411}$$

当 $R_s \ll R_j$ 时，电压灵敏度近似为：

$$\beta_v = \frac{0.0005}{(I_s + I_0)\left(1 + \dfrac{R_j}{R_L}\right)\left[1 + (\omega_c C_j)^2 R_s R_j\right]} \tag{3-412}$$

实际测试当中经常采用 $R_L = 1\text{M}\Omega$ 的负载阻抗来近似开路状态，来测量检波器的电压灵敏度。

3．视频电阻

检波器输出的视频信号所呈现的阻抗即视频电阻。由于检波器输出电压通常需要后级放大器放大，后级器件的匹配设计必须以检波器的视频电阻作为参考来进行匹配；在较低的视频情况下，检波器视频电阻可以近似为 $R_v = R_s + R_j$，除此之外还要考虑其他参数的影响。一般情况下检波二极管在零偏置时，其视频电阻大约为 1～3kΩ。

4．优质因数

在小信号检波电路中，因为检波电流较小，所以在检波器后面通常要加低频放大器，以提高指示数值。优质因数是反映探测接收机的灵敏度与噪声特性的参数，检波器的优质因数或称 Q 值定义为

$$Q = \frac{\beta_v}{\sqrt{R_v + R_a}} \tag{3-413}$$

或者写成

$$Q = \frac{\beta_i}{\sqrt{R_v + R_a}} \tag{3-414}$$

式中，β_v 是电压灵敏度；β_i 为电流灵敏度；R_v 是检波管视频电阻；R_a 是检波器后级器件的等效噪声电阻。

5. 最小可检测功率

由于检波二极管本身存在噪声，所以使得检波器可检测的最小信号受到限制。当被检测信号输出电压等于二极管噪声等效电压时，检波器输入端的被测信号功率就是最小可检测功率。

检波管的噪声来源有电阻热噪声、电流散粒噪声和闪烁噪声。

电阻热噪声是由电阻 R_s 产生的，由下面式子给出：

$$v_{n_1}^2 = 4kTR_s\Delta f \tag{3-415}$$

式中，Δf 为频带宽度。

电流散粒噪声电压可通过下面公式给出：

$$v_{n_2}^2 = 2nkTR_j\left(\frac{2I_s + I_0}{I_s + I_0}\right)\Delta f \tag{3-416}$$

闪烁噪声随着 $1/f$ 变化，可以近似表示为

$$v_{n_3}^2 = A\ln\left(1 + \frac{\Delta f}{f_L}\right) \tag{3-417}$$

式中，f_L 是测量带宽 Δf 的频率下限；A 是由二极管闪烁噪声决定的常数，取决于二极管质量。

当闪烁噪声等于结电阻上散粒噪声时的频率称为拐角频率 f_c，并且 I_0 很小时，近似得到

$$f_c = \frac{A}{2nkTR_j} \tag{3-418}$$

代入式（3-417），得到

$$v_{n_3}^2 = 2nkTR_jf_c\ln\left(1 + \frac{\Delta f}{f_L}\right) \tag{3-419}$$

在实际应用中，小信号检波器的后级放大器也引入噪声，放大器等效噪声电阻为 R_a 时，放大器产生的热噪声为

$$v_{n_a}^2 = 4kTR_a\Delta f \tag{3-420}$$

综合上述 4 项噪声来源，可以得到放大器后面输出总噪声为

$$v_n^2 = 4kTG^2\Delta f\left[R' + R_j\left(\frac{n}{2}\frac{f_c}{\Delta f}\right)\ln\left(1 + \frac{\Delta f}{f_L}\right)\right] \tag{3-421}$$

式中，等效电阻 R' 为

$$R' = R_j \cdot \frac{n}{2} \cdot \frac{2I_s + I_0}{I_s + I_0} + R_s + R_a \tag{3-422}$$

检波以后的信号电压经放大器放大后为

$$V_s = \beta_v P_s G \tag{3-423}$$

从而得到检波系统的电压信号噪声比为

$$\frac{S}{N} = \frac{V_s}{\sqrt{v_n^2}} = \frac{\beta_v P_s}{\sqrt{4kTG^2\Delta f\left[R' + R_j\left(\frac{nf_c}{2\Delta f}\right)\ln\left(1 + \frac{\Delta f}{f_L}\right)\right]}} \tag{3-424}$$

当闪烁噪声很小的时候有

$$\frac{S}{N} = \frac{\beta_v P_s}{\sqrt{4kT\Delta f R'}} \qquad (3\text{-}425)$$

由于二极管优质因数是 $Q = \dfrac{\beta_v}{\sqrt{R'}}$，在 $I_0 = 0$ 时有

$$Q = \frac{\beta_v}{\sqrt{R_s + R_j + R_a}} \qquad (3\text{-}426)$$

代入上式可得

$$\frac{S}{N} = \frac{P_s Q}{\sqrt{4kT\Delta f}} \qquad (3\text{-}427)$$

当信噪比为 1 时的信号功率就是最小可检测功率 P_{smin}，即

$$P_{smin} = \frac{\sqrt{4kT\Delta f}}{Q}(\text{W}) \qquad (3\text{-}428)$$

$$P_{smin}(\text{dB}) = 10\lg\frac{\sqrt{4kT\Delta f}}{Q}(\text{dBW}) \qquad (3\text{-}429)$$

P_{smin} 表征了检波器把微弱信号从噪声中检测出的能力。从上式也可以看出，最小可检测功率主要取决于检波器的优质品质因数 Q 和工作带宽 Δf。

6. 切线灵敏度

切线灵敏度又称为正切灵敏度，英文缩写为 TSS。根据前面对 P_{smin} 定义，实际使用过程中，输入微波信号功率等于 P_{smin} 时，是很难被观测的，往往由于噪声把信号淹没而无法判断信号。所以在实际情况中，把正切灵敏度作为检测微弱信号的指标，TSS 定义为检波管检测电压 V_L 的负噪声峰值等于无信号输入时的噪声峰值。当检波器输入信号为方波调制信号或矩形高斯脉冲信号时，其检波输出电压波形如图 3-136 所示。

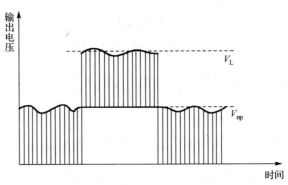

图 3-136　切线灵敏度的信号示意图

在噪声峰值相切情况下检波电压与噪声电压相互关系是：

$$V_L = 2V_{np} \approx 2\sqrt{2}V_n \qquad (3\text{-}430)$$

式中，V_{np} 是噪声电压峰值；V_n 是峰值有效电压值，所以根据前面式（3-430）可得：

$$V_L = \beta_v P_s = 2\sqrt{2} V_n \qquad (3\text{-}431)$$

当二极管闪烁噪声不大时，上式中的 P_s 就是切线灵敏度所对应的功率，简称 T_{ss}：

$$T_{ss} = \frac{2\sqrt{2} V_n}{\beta_v} = \frac{2\sqrt{2}\sqrt{4kT\Delta f}}{Q} \qquad (3\text{-}432)$$

近似的切线灵敏度为

$$T_{ss} = 2.8 P_{smin} \qquad (3\text{-}433)$$

切线灵敏度大约是最小可检测功率的 2.8 倍，用分贝表示近似值是 4dB。事实上，噪声波形和等幅值波形大不相同，其顶部是随机的无规律的起伏变化，不仅 4dB 只差是一个近似值，而且切线灵敏度只能用示波器凭人眼观测来主观判别，所以观察到的相切情况只是一个近似，很难严格判定。然而在工程实用中是一个明确可用的信息，因此又是具有实用价值的指标。

切线灵敏度和检波带宽及前级增益也有一定的关系，下面给出相关说明。

设检波前（射频带宽）为 Δf_R，检波后视频放大器带宽为 Δf_V，检波器电路如图 3-137 所示。

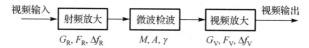

图 3-137　检波器实际工作电路示意图（附各部分参量）

其中，G_R、F_R、Δf_R 分别是射频放大器的增益、噪声系数和带宽；M 是检波二极管的品质因素、A 是检波常数、γ 是检波器的开路电压灵敏度；G_V、F_V、Δf_V 分别是视频放大器的增益、噪声系数和带宽。

（1）当 $\Delta f_V \leq \Delta f_R \leq 2\Delta f_V$

此时射频和视频带宽相当，为窄带接收机的情况。采用平方率检波器时，信号切线

$$P_{TSS} = KT_0 F_R \left[\frac{K_c^2}{2} \Delta f_R + K_C \sqrt{2\Delta f_R \Delta f_V - \Delta f_V^2 + \frac{K_C^2 \Delta f_R^2}{4} + \frac{A\Delta f_V}{G_R^2 F_R^2}} \right] \quad (W) \qquad (3\text{-}434)$$

其中 $K_C = 2.5$ 是峰值系数，$K = 1.38 \times 10^{-23}$ J/K 是玻尔兹曼常数，T_0 是环境温度，取 290K。以分贝表示

$$P_{TSS} = -114\text{dBm} + F_R + 10\lg \left[3.1\Delta f_R + 2.5\sqrt{2\Delta f_R \Delta f_V - \Delta f_V^2 + 1.5\Delta f_R^2 + \frac{A\Delta f_V}{G_R^2 F_R^2}} \right] \qquad (3\text{-}435)$$

上式中 Δf_R 和 Δf_V 以 MHz 为单位，F_R 以 dB 为单位。

（2）当 $\Delta f_R \geq 2\Delta f_V$

此时射频带宽比视频带宽大，为宽带接收机的情况。采用平方率检波器时，信号切线灵敏度为

$$P_{TSS} = KT_0 F_R \left[\frac{K_c^2}{2} \Delta f_V + K_C \sqrt{2\Delta f_R \Delta f_V + \Delta f_V^2 \left(\frac{K_C^2}{4} - 1 \right) + \frac{A\Delta f_V}{G_R^2 F_R^2}} \right] \quad (W) \qquad (3\text{-}436)$$

用分贝表示为

$$P_{TSS} = -114\text{dBm} + F_R + 10\lg \left[3.1\Delta f_V + 2.5\sqrt{2\Delta f_R \Delta f_V + 0.56\Delta f_V^2 + \frac{A\Delta f_V}{G_R^2 F_R^2}} \right] \qquad (3\text{-}437)$$

（3）如果检波前增益不足

此时无射频放大器或者射频放大器增益不足。因子 $\dfrac{A\Delta f_V}{G_R^2 F_R^2}$ 很大，灵敏度计算可以近似为：

当$\Delta f_V \leqslant \Delta f_R \leqslant 2\Delta f_V$时，

$$P_{TSS} \approx -114\text{dBm} + F_R + 10\lg\left[3.1\Delta f_R + 2.5\sqrt{\frac{A\Delta f_V}{G_R^2 F_R^2}}\right] \qquad (3\text{-}438)$$

当$\Delta f_R \geqslant 2\Delta f_V$时

$$P_{TSS} = -114\text{dBm} + F_R + 10\lg\left[3.1\Delta f_V + 2.5\sqrt{\frac{A\Delta f_V}{G_R^2 F_R^2}}\right] \qquad (3\text{-}439)$$

（4）检波前级增益高

此时射频放大器增益较高，因子$\dfrac{A\Delta f_V}{G_R^2 F_R^2}$很小，灵敏度计算可以近似为：

当$\Delta f_V \leqslant \Delta f_R \leqslant 2\Delta f_V$时，

$$P_{TSS} = -114\text{dBm} + F_R + 10\lg\left[3.1\Delta f_R + 2.5\sqrt{2\Delta f_R\Delta f_V - \Delta f_V^2 + 1.5\Delta f_R^2}\right] \qquad (3\text{-}440)$$

当$\Delta f_R \geqslant 2\Delta f_V$时

$$P_{TSS} = -114\text{dBm} + F_R + 10\lg\left[3.1\Delta f_V + 2.5\sqrt{2\Delta f_R\Delta f_V + 0.56\Delta f_V^2}\right] \qquad (3\text{-}441)$$

7. 动态范围

图 3-138 表征了检波器检波电压随输入信号功率的变化曲线。

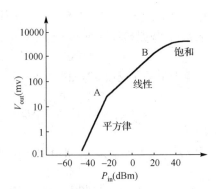

图 3-138　检波器输入功率与输出电压曲线

从图上看，输出电压随着输入信号功率的增加，它们之间分别呈现出平方律，线性，饱和三种变化关系，即当输入信号很小时，检波特性呈平方律曲线，输出电压正比于输入电压的平方，也就是说正比于输入功率；当输入信号增大后，检波器呈现线性工作状态，输出电压正比于输入电压。当输入微波功率增大到二极管上的反向偏压达到击穿点时，反向电流出现，它将抵消一部分正向检波电流，使输出电压下降，从而达到图中曲线上端的饱和区。同时过大的信号功率输入将造成较大二极管检波电流，从而使二极管结温度急速上升，金属-半导体结接触面积非常小，过高的功率密度将使二极管烧毁。工程上也用检波器所能承受的脉冲功率来表征检波所能承受的抗烧毁能力。

平方律检波区和线性检波区的转变点通常称为压缩点，见图中的 A 点。增加直流偏置可以提高压缩点来扩展平方律检波特性范围。检波信号功率大于切线灵敏度T_{SS}、小于压缩点，这两者之间的功率范围称为动态范围。随着直流偏置的增加，压缩点提高，而T_{SS}也升高。但相比较而言，压缩点提升得更快，所以随着直流偏置的增加，动态范围有所增大。

8. 检波管解调性能参数

二极管解调性能主要包括三个指标：电压传输系数K_d、输入阻抗和非线性失真系数。下面分别进行简单介绍。

（1）电压传输系数

输入信号为高频等幅波时，输出平均电压V_0对输入高频电压振幅V_{mi}的比值，称为直流电压传输系数

$$K_d = \frac{V_0}{V_{\text{mi}}} \qquad (3\text{-}442)$$

当输入信号为高频调幅波时，定义为输出的低频交流分量振幅 $V_{\Omega m}$ 对调幅波包络振幅 mV_{mi} 的比值，称为交流电压传输系数，表示为

$$K_{d\Omega} = \frac{V_{\Omega m}}{mV_{\text{mi}}} \qquad (3\text{-}443)$$

设计二极管时，应尽量使 K_d 接近1。

（2）输入电阻

检波器的输入电阻相当于前级电路的负载，次级电阻越大，检波器对前级电路影响越小。因此，检波器输入电阻用来说明检波器对前级电路的影响程度。

（3）检波器失真系数

在实现检波器电路时，如果选取的电阻、电容元件不合适，检波器可能会出现对角切割和底部切割两种失真，如图 3-139 所示。

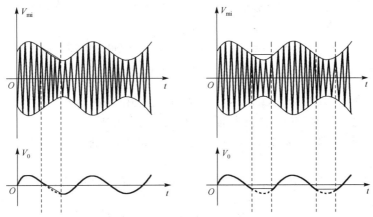

图 3-139 对角切割和底部切割失真

底部切割失真电路模型如图 3-140 所示。

当负载电阻 R 越大，$\tau = RC$ 越大，当 R 大到一定程度后，电容 C 上电压减小速度比输入高频调制信号包络减小的速度慢时，就会在输入信号较小的瞬间使二极管不能导通，这时输出电压不随着输入高频调制包络变化，而是随着 C 对 R 放电规律变化，造成包络对角切割失真。解决办法就是使得 RC 满足下列条件

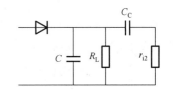

图 3-140 底部切割失真电路模型

$$RC \leqslant \sqrt{\frac{1 - m_{\text{max}}^2}{m_{\text{max}}\Omega_{\text{max}}}} \qquad (3\text{-}444)$$

式中，m_{max} 为最大调制系数，Ω_{max} 为最大调制角频率。

当检波器直流负载电阻 R_L 远小于交流负载电阻时，调制信号的负半周包络被切去一部分，形成底部切割失真。要使调制信号的负半周不出现底部切割失真，必须是直流负载电阻小于交流负载电阻。

3.8.4 检波器的分类

检波器在实际工程中大致分为两种用途：一类是同轴或者波导式的作为信号检测的独立设备；二类是在微带集成电路中和总电路集成为一个整体，比如功率电平监视，反馈电路中控制电压的获取等。根据它们在不同环境下的应用对性能的要求可以有以下分类。

1. 正负峰值检波电路

如果从检波电路对正值、负值信号检波的特性出发分类，常用的检波电路有正峰值、负峰值、电压倍增、偏压负峰值四种电路，分别如图 3-141 所示。

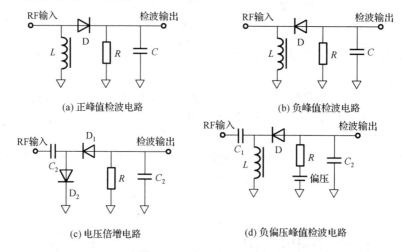

(a) 正峰值检波电路   (b) 负峰值检波电路

(c) 电压倍增电路   (d) 负偏压峰值检波电路

图 3-141　常用的检波电路

正峰值检波电路，如图 3-141(a)所示，是可以得到正极性检波输出的检波电路。RF 输入信号为振幅一定的载波时，检波输出能得到与载波振幅成比例的正的直流电压。

负峰值检波电路，如图 3-141(b)所示，这是肖特基二极管反向连接的检波电路，可以得到负极性的检波输出。

电压倍增电路，如图 3-141(c)所示，使用两个肖特基二极管的检波电路，可以得到图 3-141(b)中检波电路的数倍检波输出。

加有偏置的负峰值检波电路，如图 3-141(d)所示，这是肖特基二极管中稍有直流偏置电流流通，在伏安特性的线性部分工作的检波电路，输入高频信号电平较小时，这种电路可以减小失真。

在上面各个检波电路中，与前级的连接电路在使用频带中必须阻抗匹配，否则检波器的灵敏度会降低很多。如果在上面图中不使用扼流圈，用 50Ω电阻来代替的话，检波器的灵敏度也会降低，但是检波带宽增加，变成宽频带检波器。

2. 窄频带及宽带检波器

如果检波器从检波频带宽窄来分，可分为高灵敏度窄频带检波器和宽带检波器两种。

（1）高灵敏度窄频带检波器

高灵敏度检波器设计的关键因素是检波二极管的选用和匹配电路的设计。

在检波二极管的选取上，如果要获得高灵敏度检波，则二极管的截止频率应该满足

$$f_c > 10 f_0 \tag{3-445}$$

式中，f_0 为检波二极管的工作频率。

匹配网络的设计好坏直接影响检波器灵敏度的高低，有时为了加宽工作频带，可以使工作频带内有一定的失配。检波管失配将造成灵敏度损失，电压灵敏度的损失可有下式给出：

$$\beta'_v = \beta_v(1 - |\Gamma|^2) \tag{3-446}$$

式中，Γ 为检波器反射系数；β'_v 为考虑失配影响的电压灵敏度值。

$$\Gamma = \frac{Z_d - Z_o}{Z_d + Z_o} \qquad\qquad (3-447)$$

式中，Z_d 为包络匹配电路的检波器输入阻抗；Z_o 为信号源阻抗，通常为 50Ω。当 $|\Gamma| = 0.5$ 时（驻波比为 3），使得电压灵敏度降低 25%。

（2）宽频带检波器

使用检波器测试微波信号时，往往根据需要检波器具有倍频程以上的宽频带特性。前面提到过可以使用失配的设计来获得倍频程量级的检波，但这时候灵敏度也大为降低，输入驻波比比较大，同时检波器将变得对信号源阻抗的变化很灵敏。

基于这些问题，提出一种带有有损电路的宽频带检波器，即在检波管之前并联一个电阻 R_M，改变这个电阻的大小，可以在检波灵敏度和宽频带之间做一个折中处理。

通常检波管在工作频率上的阻抗都比较高，所以从图 3-142 的 A 面向右的输入阻抗很接近于 50Ω。在经过适当的匹配电路即可获得一个或多个倍频程宽度的检波器。在全频带内驻波比接近于 1，灵敏度也平坦。

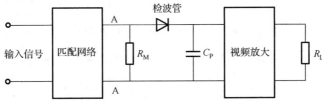

图 3-142　宽频带检波器原理电路图

3．补偿型检波电路

如果从对检波器做补偿角度来分的话，现在常见的有对宽频带检波器的补偿电路，以及温度补偿检波器电路，下面逐一介绍。

在上面图 3-142 所示的宽频带检波器中，因为加入电阻 R_M 进行频带宽度和灵敏度之间的平衡，会使得灵敏度下降比较多，甚至一到两个数量级，为了获得多倍频程的性能较好的检波器，就需要加入较为复杂的补偿电路。检波二极管在弱信号时输出电流的直流分量与输入电压成平方律关系，但在 L_s 和 C_j 构成串联谐振时，在二极管结上将出现很大的谐振电压，使二极管阻抗降低。这些因素都造成灵敏度与驻波比的大幅度变化，图 3-143 给出了一种较好的补偿电路。在谐振频率附近，并联支路的匹配电阻 R_M 和补偿电感 L_s 构成分流，而串联的补偿电阻 R_c 将有一定压降，从而保持了全频带内的灵敏度和驻波比的均匀度。

图 3-144 所示为一种简单的温度补偿检波电路，这种检波器是通过两个反向检波管正负电压的变化来遏制对方检波特性的漂移，即结电阻的变化。从而实现温度补偿。

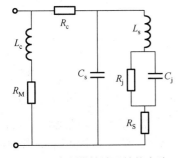

图 3-143　宽频带检波器补偿电路

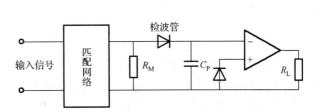

图 3-144　温度补偿检波原理图

4. 平衡式检波器设计

基于单管检波的设计理论，下面介绍一种平衡式检波器的基本原理。平衡式检波器与单管检波器相比，具有输入驻波系数低，动态范围大，抗烧毁能力强等优点，可广泛应用于微波、毫米波领域。

平衡式检波器原理：平衡式检波器是利用 3dB 混合电桥和两个性能相同或接近的检波二极管制作而成的。其电路原理如图 3-145 所示。设计的第一步是选择两只特性接近的检波二极管 D_1、D_2。第二步是设计频带宽、性能良好的 3dB 混合电桥，其带宽要稍大于检波器工作频率带宽。输出端通过低通滤波器和电容滤除基波和谐波分量输出直流分量。

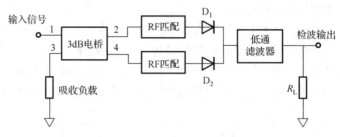

图 3-145 平衡式检波器电路原理图

如图 3-145 所示，微波信号从 1 端口输入，通过 3dB 混合电桥将信号功率分配到 2、4 端口，二极管 D_1 与 2 端口相连接，二极管 D_2 与 4 端口相连接。当 3dB 电桥是理想电桥时，只要 D_1、D_2 检波二极管特性一致，则对于微波输入端口来说，D_1、D_2 反射过来的电压大小相同，相位相反，正好抵消，输入端因此获得良好的匹配。由于 D_1 和 D_2 管在 3 端口的反射电压同相位，故二者叠加后不为 0，说明 2 端口有反射电压存在。通过在 3 端口加上一个 50Ω 的吸收电阻，可以吸收掉反射信号。

5. 大动态微波检波器

如图 3-146 所示，输入信号范围可以从 –45dBm 到 +10dBm 。其原理是：当输入信号为小信号功率时，B 路的检波器由于自身性能检测不出信号。A 路的低噪放把小信号放大并通过滤波器滤掉放大器在其他频点产生的信号，再通过检波器在检波范围内有效输出。当输入信号为大信号功率时，B 路检波输出，A 路当低噪放达到饱和后会趋于稳定输出。这时 A、B 两路的输出合并后就实现了大动态范围检波。

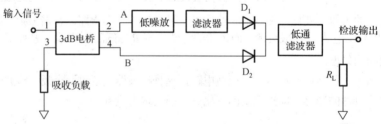

图 3-146 大动态范围微波检波器原理图

3.8.5 检波器电路

下面给出一些检波器电路。

微带型肖特基势垒二极管检波电路如图 3-147 所示。这种形式的检波器可以工作在 6GHz 到 12GHz，外加直流偏置 50μA 时输入反射系数可做到 0.44（–7.131dB），在整个带宽内，驻波系数为 2.8。

Meinel 最早提出了鳍线检波电路形式，采用芯片二极管，在短路调谐的情况下实现了高的检波灵敏度，二极管焊接在单面鳍线的槽缝内，基本电路形式如图 3-148 所示。

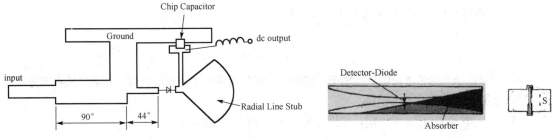

图 3-147　微带型肖特基势垒二极管检波电路　　　　　图 3-148　鳍线检波电路

美国学者 Juan Luglio 等人用 FET MGF1304A 研制了一种微波检波器，并用 8.6GHz 的微波信号进行了测试，由于采用了正向增益的方法其音频功率与吸收的微波功率比值达到 135%。检波器测试结果显示对低的微波信号功率比二极管更加有效，但需要提供直流偏置。如图 3-149 所示。

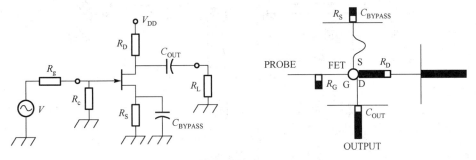

图 3-149　微波检波器电路图及版图

图 3-150 所示为 W 波段检波器电路版图，在 GaAs 基板上加二极管的微波单片检波电路，该检波器可以实现 10000V/W 的灵敏度和 40GHz 的等效带宽。

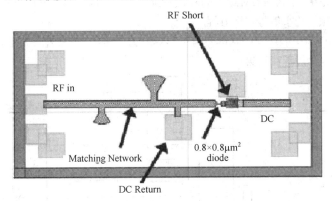

图 3-150　W 波段检波器电路版图

习　题　3

3-1　比较阻性单端、单平衡和双平衡混频器的优缺点。

3-2　详细推导式（3-137）和式（3-150）。

3-3　证明反相型平衡混频器能抵消本振引入噪声，并定性求出信号反相型平衡混频器的电流频谱。

3-4 设肖特基势垒混频二极管的伏安特性为：

$$i = \begin{cases} g_{\mathrm{d}}v & v \geqslant 0 \\ 0 & v < 0 \end{cases}$$

在零直流偏压及正弦本振电压激励下，试画出二极管时变电导 $g(t)$ 的波形，并求出其直流分量和各次谐波分量 g_n 的幅度值。

3-5 设 $f_{\mathrm{S}} > f_{\mathrm{L}}$，$f_{\mathrm{if}} = f_{\mathrm{S}} - f_{\mathrm{L}}$，定性分析以下三个阻性平衡混频器。

（1）写出图中加在 D_1、D_2 两个二极管上的本振、信号电压；

（2）判断输出电流 $i(t)$ 的成分：有无中频成分？有无和频成分？有无镜频成分？

（3）判断能否抵消本振引入噪声；

（4）判断能否抑制外来镜频干扰。

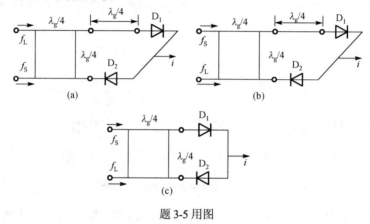

题 3-5 用图

3-6 假设某一微波阻性混频器对除了信号、中频、镜频、和频之外的其他寄生频率成分都呈现短路阻抗，试写出该混频器的小信号网络方程。

3-7 如题 3-7 用图所示的镜像回收混频器，假设有 $f_{\mathrm{L}} > f_{\mathrm{S}}$，$f_{\mathrm{if}} = f_{\mathrm{L}} - f_{\mathrm{S}}$。试说明此混频器的信号和外来镜像干扰的混频过程和结果。

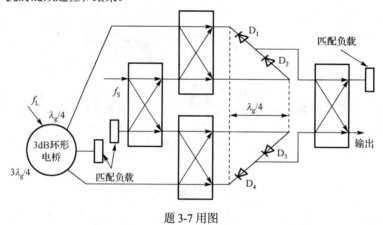

题 3-7 用图

3-8 查阅资料，试证明镜像匹配混频器-中放组件的级联噪声系数为 $F_{\mathrm{mA}} = F_{\mathrm{m}} + \dfrac{F_{\mathrm{if}} - 1}{1/L} = F_{\mathrm{m}} + L(F_{\mathrm{if}} - 1)$。其中 F_{m} 为混频器的噪声系数，L 为混频器的变频损耗，F_{if} 为中放的噪声系数。

3-9 若 $f_{\mathrm{P}} < f_{\mathrm{S}}$，$f_{-} = f_{\mathrm{S}} - f_{\mathrm{P}}$。

（1）根据门雷-罗威关系写出这种情况下的差频变频器的基本能量关系。

（2）与 $f_P > f_S$，$f_- = f_P - f_S$ 的差频变频器比较，说明其特点。

3-10 试就所用器件、工作原理、分析方法、电路组成、倍频次数等方面比较变容管倍频器与阶跃管倍频器的异同。

3-11 已知 $f_1 = 1\text{GHz}$，选用阶跃管反向结电容 $C_0 = 3\text{pF}$，试设计一个六倍频器，求出：激励电感 L、谐振线特性阻抗 Z_c、耦合电容 C_c 及谐振线长度 l。设计时选取阻尼因子 $\xi = 0.3$，脉宽 $t_p = T_N / 2$，要求振荡幅度在一个周期内衰减为原来幅度的 10%。

3-12 题 3-12 用图表示一个变容管四次倍频器微带电路。试分析电路的工作原理，说明各部分的作用。

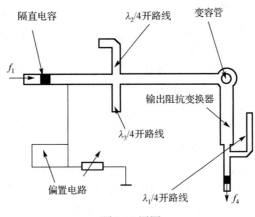

题 3-12 用图

第4章 微波放大器

4.1 概　述

　　微波放大器在整个微波电子线路中居于十分突出的重要地位，是各种微波毫米波系统的核心。它的进展往往标志着整个微波电子线路的进展，其指标也成为考核微波毫米波系统的一个重要因素。固态微波放大器按照分类方式的不同有许多种类。按照采用元件的不同可分为采用可变电抗器件的常温参量放大器与制冷参量放大器、采用微波晶体管的晶体管放大器、采用雪崩二极管的雪崩管放大器，采用转移电子器件的转移电子放大器、采用隧道二极管的隧道二极管放大器等。按照功能的不同可分为用于微弱信号放大的低噪声放大器、用于大功率放大的功率放大器等。这些放大器都有不同的适用范围，有不同的功能和特点，也就有不同的分析和设计方法；同时，这些放大器出现时间有先后，在功能上也有交叉和替代，必须根据具体需求来具体分析。

　　参量放大器是一种 20 世纪 50 年代末 60 年代初发展起来的，利用非线性电抗特性来进行信号放大的微波低噪声放大器，一般利用的非线性电抗是结电容随偏压而变的变容管。当变容管受到泵浦和信号激励时，在有空闲回路的情况下，非线性电抗器件呈现出负阻，直接将泵浦源的微波能量转换成频率较低的信号能量，使信号得到放大。由于它利用的是高频能源，而不是直流能源，在典型的可变电容参量放大器中，一般不存在直流电流（见 2.3 节），因而没有电流散粒噪声，只有可变电容中损耗电阻产生的极低的电阻热噪声。所以，可变电容参量放大器是一种噪声很低的微波放大器。如果进一步用液态氮（78K）和液态氦（4.2K）将参量放大器冷却到极低的温度，还可将损耗电阻的热噪声降低到更低的程度，从而可进一步降低参量放大器的噪声系数，这就是所谓致冷参量放大器，或简称"冷参"。相应地将在室温下工作的参量放大器简称为"常参"。工作在 S 波段到 X 波段的常参，其噪声系数在 1～2dB 范围，而冷参的噪声系数可降低到 0.1～0.2dB。参量放大器曾经应用于雷达、微波通信、宇宙航行、射电天文和遥感测绘等微波系统中作为微波接收机前端放大器件，但由于其电路复杂、成本高等因素，目前已经被晶体管（尤其是 HEMT、pHEMT 管等）放大器所取代。

　　微波晶体管放大器由于它的体积小、质量轻、结构简单、稳定性好、频带宽、动态范围大和功耗小等特点，受到极大的重视，目前已经在通信、雷达、电子对抗、微波测量等等各种微波系统中得到非常广泛的应用，成为居于主导地位的微波放大器。

　　晶体管自 20 世纪四五十年代出现以来，在很长时期内其工作频率都不高，而二端器件不断在微波领域取得重大进展，因此我们在第 2 章介绍的各种微波半导体二极管获得了广泛应用。但 20 世纪 60 年代中期后，尤其是 70、80 年代以来情况发生了变化。首先是由于外延工艺的发展，使双极晶体管的工作频率跨入微波频段。1965 年首先有晶体管可工作于 L 波段，1968 年在 S 波段和 C 波段的微波通信系统中实际采用了晶体管放大器，此后双极型晶体管无论在低噪声或功率容量方面都获得了很大进展。但依据第 2 章的讨论我们知道，双极晶体管的工作是以少数载流子的扩散运动为基础的，它的工作频率受到这种工作原理的限制，特征频率 f_T 在 10GHz 量级已接近极限。所幸的是 1966—1967 年提出的肖特基势垒栅砷化镓场效应管（即金属-半导体场效应管 MESFET）填补了这一空白，它的工作是以多数载流子的漂移运动为基础的，因而其工作频率较高、噪声性能也较好。1971 年 GaAs FET 的基本材料工艺和生产过程获得了重大突破，使首批产品进入了微波领域。此后 GaAs 技术发展极为迅速，20 世纪 70 年代中期到 80 年代以来，从 C 波段以上、直到毫米波段的场效应管低噪声宽带放大器及振荡器相继实现，说明 GaAs FET 作为毫米波宽带器件是大有希望的。与此同时，虽然 GaAs FET 使微波晶体管向更高频率、更宽频带发展，但在微波频率的低端，即 2GHz 以下，由于双极晶体管价格较低，而且 GaAs FET 不易实现阻抗匹配，低噪声系数的优势不明显，因此还是较多采用双极晶体管。此外，双极晶体管在 X 波段也还在功率性能方面与场效应管竞争；何况 80 年代初期的先进工艺又将双极晶体管的特征尺寸缩小到亚微米量级，使最高振荡频率 f_{max} 大为提高。由此可见，微波双极晶体管也还在发展之中。

微波晶体管放大器按用途可分为低噪声放大器和功率放大器两类。在低噪声放大器方面，其工作频段一般在 8GHz 以下且已经系列化。双极晶体管放大器在 1GHz 时噪声系数约为 1dB，3GHz 时达到 2dB，6GHz 时可达 4.5dB。场效应晶体管放大器在 8GHz 时噪声系数可达 1.25dB，12GHz 时达到 3dB，18GHz 时达 4dB。C 波段常温 HEMT 放大器噪声系数约为 0.3~0.4dB，70K 制冷 HEMT 放大器噪声系数已低至 0.1~0.2dB，其性能指标基本达到甚至超过了参量放大器，但在结构上却简单得多，所以在微波段，它几乎已经完全取代了参量放大器等其他形式放大器的地位。

微波晶体管功率放大器是目前微波段中小功率放大的一种主要类型，应用非常广泛。目前，单管功率放大器，如 8GHz 以下的双极晶体管功率放大器，工作在 1GHz 时输出功率可达 40W，3GHz 时输出功率可达 10W，5GHz 时可达 5W，8GHz 时可达 0.5W；场效应管功率放大器在 4GHz 时输出功率可达 20W，10GHz 时可达 10W，20GHz 时可达 1W。据估计，微波晶体管将成为微波、毫米波广阔频段内的主要固态源。如果利用功率合成技术，放大器功率可以更大，因此，在许多微波系统中，微波晶体管功率放大器已经在取代中等功率的行波管等电真空器件放大器。

根据微波放大器的实际应用情况，本章仅介绍比较有代表性及应用较广泛的参量放大器、小信号晶体管放大器及晶体管功率放大器，介绍它们性能的基本分析和电路结构。此外，本章还将简单介绍分布放大器及功率合成的概念。

4.2 微波参量放大器

由于参量放大器目前已经基本被晶体管放大器所取代，仅在某些特殊场合才有应用，故本节将只简单介绍参量放大器的基本工作原理。

4.2.1 可变电抗中能量转换与放大的物理过程

为了有助于理解参量放大器放大信号的基本原理，首先研究一下可变电容器中能量转换的物理过程。假设有图 4-1(a)所示的一个并联谐振回路，它谐振于信号频率 $\omega_S = 2\pi f_S$ 上，当电路参数不变时，回路上的电压 v_C 和电容上的电荷 q 将随输入信号 v_S 变化，如图 4-1(b)所示。这时，电压 v_C 和电容中储存能量 W 分别为

$$v_C = \frac{q}{C} \tag{4-1}$$

$$W = \frac{1}{2}qv_C^2 = \frac{q^2}{2C} \tag{4-2}$$

如果有一外力使回路电容如图 4-1(c)那样作周期性突变：

当电容上电荷 q 达到最大值 q_m 时（图中的 P_k 点，$k=1,2,\cdots$，这时回路电压 v_C 也达到其最大值），突然拉开电容极板间距离，电容将突然减小 ΔC，则电压 v_C 和电容中储存能量 W 将产生相应的增量

Δv_{C} 和 ΔW :

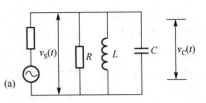

$$\frac{\Delta v_{\mathrm{C}}}{v_{\mathrm{C}}} = -\frac{\Delta C}{C} \qquad (4\text{-}3)$$

$$\frac{\Delta W}{W} = -\frac{\Delta C}{C} \qquad (4\text{-}4)$$

由于电容量减小，这时 $\Delta C < 0$ ，因而 $\Delta v_{\mathrm{C}} > 0$ ， $\Delta W > 0$ 。也就是说，这时有能量注入回路，如图 4-1(e)所示，相应地回路电压振幅将增大，如图4-1(d)所示。

当电容上电荷 $q = 0$ 时（图中的 Q_k 点，$k = 1, 2, \cdots$ ，这时回路电压 $v_{\mathrm{C}} = 0$ ），突然把电容极板间距离缩小到原位，相当于将电容增大到原值，这时 v_{C} 和 W 将不会产生变化，即这时既没有能量注入回路，也没有能量从回路中流出。

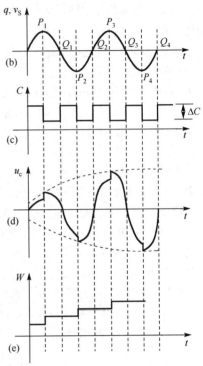

根据上述原理，如果在电容电荷的每一个峰值时，瞬时地使电容减小，而在电容电荷为零的瞬间又将电容增大，这样周期地下去，就可不断地向电容中注入能量，使电容器中的储能和电容器上的电压振幅不断地增长，从而在电容器上（即回路两端）得到放大了的信号电压，如图 4-1(d)所示。

显然，当回路电压 v_{C} 增大、电容上电荷 q 增多时，要将电容减小同样的数量 $|\Delta C|$ 所需的外力就大些；或者说，若每次用来改变电容的外力一定时，所能改变的电容量 $|\Delta C|$ 将逐渐减小，因而每次注入回路的能量将减少。与此同时，回路中的损耗（在图 4-1(a)中用 R 表示）也将随电容器上电压的增长而增大。因此，在改变电容的外力一定的情况下，电压增长到一定的程度后就不再继续增大，从而达到一个稳定值。

图 4-1　参量放大器放大信号过程

上述使回路电容值周期性变化的外力也称为"泵浦信号"，回路两端电压获得放大的能量即来源于此泵浦信号，是泵浦能量转化为输入信号能量的结果。上述能量转换过程也称为参量激励过程。从上述讨论可以看到，要实现上述这种参量放大，需要具备以下三个条件。

（1）需要有一个在周期泵浦能量激励下，电容值能够作周期变化的时变电容。

（2）电容变化的频率 f_{P} （也即是泵浦信号的频率）应当等于信号频率 f_{S} 的两倍。

（3）使电容变化的泵浦信号与输入信号之间要有适当的相位关系。

为实现第一个条件，在微波参量放大器中通常都应用反向偏置变容二极管作为回路可变电容，我们在 2.3 节中已经对它作过较详细的介绍。当用一个微波交变信号（即泵浦信号）激励变容管时，其电容量将随泵浦信号变化，从而得到一个微波周期时变电容。正是由于变容二极管的出现，微波参量放大器才得以实现。

但是上述后两个条件是难以实现的，由于频率稳定度的限制，激励电容器的泵浦频率严格地等于输入信号频率的两倍是不可能的；而且输入信号的起始相位也是随机的，要想保证泵浦信号与输入信号有上述适当的相位关系更是不可能的，这是这种"单回路"参量放大器的严重缺点。因此，典型的参量放大器是由多回路系统构成的，参与能量交换的也不止一个频率。

4.2.2　参量放大的一般能量关系

在 3.3 节中，我们已经得到非线性电抗的一般能量关系为门雷-罗威关系，它是从能量守恒定律出发约束一切非线性电抗中能量交换的定律，自然也要约束参量放大的应用，只是表现形式与参量变频有所差别而已。

实际上我们在 3.2 节中讨论差频变频系统时已经知道，在 $f_P > f_S$ 情况下，根据门雷-罗威关系可得：

$$
\begin{cases}
\dfrac{P_{1,0}}{f_P} + \dfrac{P_{1,-1}}{f_P - f_S} = \dfrac{P_P}{f_P} + \dfrac{P_-}{f_-} = 0 \\[3mm]
\dfrac{P_{0,1}}{f_S} + \dfrac{P_{-1,1}}{-f_P + f_S} = \dfrac{P_S}{f_S} - \dfrac{P_-}{f_-} = 0
\end{cases}
\tag{4-5}
$$

式中，$f_- = f_P - f_S$ 和 $P_- = P_{1,-1} = P_{-1,1}$ 分别表示差频信号的频率及功率。这时 $P_- < 0$、$P_P > 0$ 及 $P_S < 0$，即不但在差频频率上 f_- 上得到功率，而且在信号频率 f_S 上也得到功率。这样对于完成差频变频功能来说，会造成信号源潜在不稳定，是不利于应用的；但是，如果完成的是参量放大的功能，则是非常有利的。这时，图 3-43 整个网络对信号支路相当于呈现一个"负阻"，直接用信号频率 f_S 作为输出信号频率，从而可构成"负阻反射型参量放大器"。在这种放大器中，只要满足 $f_P > f_S$，$f_S = f_P - f_-$，输入信号就能从频率较高的泵浦源获得能量而得到放大，而且泵浦电压 $v_P(t)$ 和信号电压 $v_S(t)$ 的相位关系可以是任意的，它是目前应用最广泛的参量放大器的典型形式。

从式（3-212）中还可以看到，如果将差频支路取消，只保留两条有源支路 f_P 和 f_S，则会有 $P_- = 0$，相应地 $P_P = 0$ 及 $P_S = 0$。也就是说，这时信号源和泵浦源都不向非线性电容中注入功率，也不从非线性电容中吸收功率，从而不存在泵浦源与信号源之间的功率转换。只有当无源差频支路 f_- 存在时，即 $P_- \neq 0$，才存在 $P_P \neq 0$ 及 $P_S \neq 0$，从而有泵浦功率与信号功率之间的转换。可以看到，泵浦功率是通过与差频功率的变频作用转换成信号功率，从而使信号得到放大的。因此，在负阻反射型参量放大器中，差频回路是必不可少的。由于不从差频支路输出功率，故差频支路也称为空闲回路，差频频率也称为空闲频率 f_j。如同在参量倍频器中的作用，这里空闲回路也起能量转换站的作用。

如果在构成负阻反射型参量放大器时，选择泵浦频率 $f_P = 2f_S$，则空闲频率 $f_j = f_S$，这时空闲信号频谱与输入信号频谱将重叠在一起（但两信号的边带被倒置），空闲回路与信号回路合二为一，这就是前面讨论可变电抗中能量转换物理过程时采用的单回路放大器。在这种放大器中，空闲信号与输入信号相加起来同时输出，在理想的相位条件下，输出功率将增加一倍。通常将这种特殊类型的参量放大器称为"简并型参量放大器"，相应地将 $f_j \neq f_S$ 的参量放大器称为"非简并型参量放大器"。但是，正如前文所述，简并型参量放大器的实现是很困难的，实际上能够实现的仅是"准简并型参量放大器"，在这种参量放大器中信号频率并不严格等于空闲频率，但却很接近空闲频率，即 $f_j \approx f_S$。在这种情况下，信号回路与空闲回路仍可以用一个回路来代替。因此，这种参量放大器在结构上是简并的（只有一个回路），但在工作原理上仍然是非简并的。准简并型参量放大器在接收星球辐射的噪声信号的射电天文系统中得到了应用，真正的简并型工作模式主要用来作为参量分谐波振荡器，如在前文所述系统中，当泵浦功率足够大时，系统将产生频率为 $f_S = f_P / 2$ 的振荡。

参量放大器的性能分析与参量变频器基本类似，电路结构也有共通之处，本书不再介绍，如有需要可参阅参考文献[1]、[2]和[5]。参量放大器虽然已经逐渐退出微波放大器应用领域，但是从历史发展角度来看，它还是一种起过重要作用的放大器类型。

4.3 微波晶体管放大器

本节将主要讨论小信号、低噪声微波晶体管放大器，介绍其性能的基本分析、设计步骤及电路结构。而微波晶体管功率放大器将在下节讨论。

4.3.1 微波晶体管放大器的基本分析

1. 微波晶体管的散射参量

在第 2 章中，我们介绍了微波晶体管的等效电路，它在一定程度上反映了微波晶体管的内部物理过程，但由于其等效电路非常复杂，分析过繁，不便于应用，因此一般采用网络参量来表示它的外特性。虽然网络参量本身并不涉及管芯和管壳的物理结构，但是晶体管网络参量呈现的性质及其变化规律是由器件内部的物理结构所决定的，因而它与等效电路是等价的。进一步来说，由于微波晶体管的结构复杂，而且封装之后的参量更多，在微波频率上各种因素的影响难以全面考虑和估计，物理参数的测量也极为困难，有时甚至不可能测量。因此，在电路分析和设计方面，传统常用的在低频段的典型方法，即以电压、电流概念为基础的阻抗参量、导纳参量等由于要求在测量时具有开路或短路终端条件，容易造成器件内部产生寄生振荡使测量无法进行，故已不再适用，必须采用以电压波、电流波概念为基础的散射参量来进行微波放大器的分析与设计。这是由于在微波段，输入和输出端均由分布参数传输线元件构成，其上电压波和电流波可以较方便测量，而且很容易满足端口接匹配负载的散射参量定义条件。

由于微波晶体管小信号应用是线性器件，可以把它看成是线性有源二端口网络，如图 4-2 所示，根据散射参数定义有：

$$S_{11} = \frac{b_1}{a_1}\bigg|_{a_2=0} \qquad S_{12} = \frac{b_1}{a_2}\bigg|_{a_1=0} \qquad S_{21} = \frac{b_2}{a_1}\bigg|_{a_2=0} \qquad S_{22} = \frac{b_2}{a_2}\bigg|_{a_1=0} \tag{4-6}$$

针对于有源二端口网络的具体情况，4 个 S 参量在一般定义的基础上，还具有特定的物理意义和特点。

（1）S_{11} 和 S_{22}

根据散射参量的一般定义，S_{11} 表示晶体管输出端接有匹配负载时输入端的电压反射系数，S_{22} 表示晶体管输入端接有匹配负载时输出端的电压反射系数。图 4-3 分别给出了一个双极晶体管的 S_{11} 和 S_{22} 值，表示在阻抗（导纳）圆图上，包括了管芯芯片的测试值及封装管子的测试值。由图可见：

① 双极晶体管输入阻抗在频率较低时呈容性，频率升高后呈感性，其原因主要由基极及发射极引线电感引起。

② 输出阻抗基本上呈容性。

③ 封装参数对管子电抗部分影响很大，电阻部分也略有增加。

④ 观察图中 S_{11} 和 S_{22} 的轨迹，可以看到，S_{11} 近似沿等电阻圆变化，而 S_{22} 如果画到导纳圆图上，近似沿等电导圆变化。

因此由 S_{11} 和 S_{22} 测试值可以模拟双极晶体管在端接匹配负载时的输入、输出阻抗的最简单等效电路，如图 4-4 所示。但在封装晶体管的情况下，要能更准确地模拟，需要增加等效电路元件数。

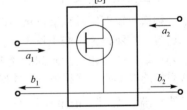

图 4-2　微波晶体管二端口网络 S 参数

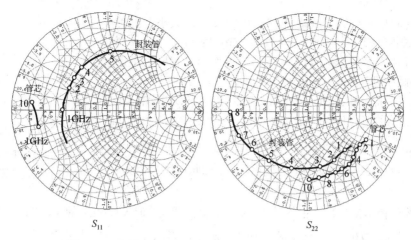

图 4-3　无封装及有封装时双极晶体管 S_{11} 和 S_{22} 频率特性

图 4-5 给出了某微波场效应管的 S_{11} 和 S_{22} 参数值；图 4-6 为一低噪声 MESFET 的 S_{11} 和 S_{22} 测试值，图中还给出了不同工作点时的 S 参数。由图可见：

① 在管子端接匹配负载时的输入、输出阻抗在很大的频率范围内都是容性的。其最简等效模型如图 4-7 所示。

② 由于不同的管子及封装参数的影响，MESFET 的阻抗也可能出现感性。

③ MESFET 的 S_{11} 在频率较低时其模接近于 1，因此不易进行阻抗匹配，这就是为什么在 2GHz 以下较多采用双极晶体管的原因之一。

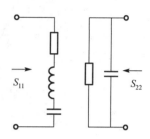

图 4-4　双极晶体管输入、输出
阻抗的最简等效电路

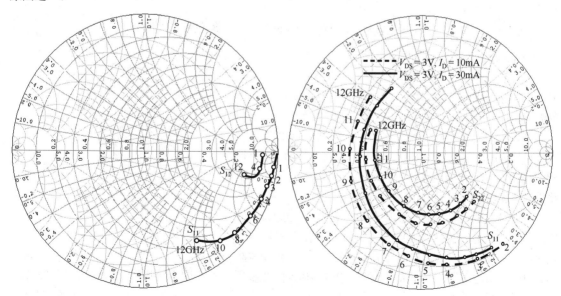

图 4-5　MESFET 的 S_{11} 和 S_{22} 频率特性　　图 4-6　MESFET 不同工作点的 S_{11} 和 S_{22} 频率特性

（2） S_{21} 和 S_{12}

由式（4-6）可知，S_{21} 是晶体管输出端接匹配负载时的正向传输系数，S_{12} 是晶体管输入端接匹配负载时的反向传输系数，代表晶体管内部反馈的大小。显然 $S_{12} \neq S_{21}$，有源器件的二端口网络是非互易网络。图 4-8 给出了某双极晶体管的管芯和封装后的 S_{21} 和 S_{12} 值，图 4-9 给出了 MESFET 的 S_{21} 和 S_{12}，都画在极坐标系下。由图可见：

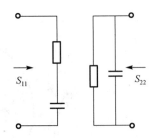

图 4-7　MESFET 输入、输出
阻抗的最简等效电路

① 封装参数对 S_{21} 和 S_{12} 也有影响，但比对 S_{11} 和 S_{22} 的影响小。

② 双极晶体管的 $|S_{21}|$ 在频率较低时虽较大，但随频率升高而下降快，通常 $|S_{21}|^2$ 以 6dB/倍频程的速率下降。而 MESFET 在一定频率范围内，如图 4-9 中 1～12GHz 内 $|S_{21}|$ 变化较小，因此有利于宽频带设计。

③ 双极晶体管和 MESFET 的 $|S_{12}|$ 都随频率升高而增大，但 MESFET 的 S_{12} 要小得多，这说明场效应管的内部反馈比双极晶体管小，因此作放大器时稳定性好。

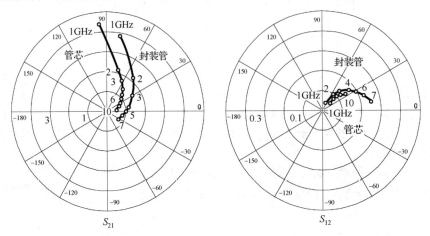

图 4-8　无封装及有封装时双极晶体管 S_{22} 和 S_{12} 频率特性

（3）S 参量与其他工作状态的关系

前面我们已经分析了晶体管 S 参量与频率和工作点的关系，实际上晶体管 S 参量还与晶体管放大器的其他工作状态，如温度、信号电平和参考阻抗等有关。这些关系的分析是极为复杂、烦琐而冗长的，实际上这些关系本就不可能用数学式子精确描述，因此在实际应用中都采用直接测量的方法来得到 S 参量与这些参量的关系，从而找出其规律性，以便在电路设计中加以补偿。这里简要介绍主要结论。

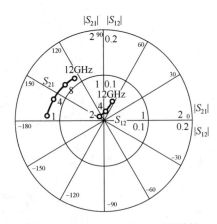

图 4-9　MESFET S_{21} 和 S_{12} 频率特性

当晶体管放大器激励信号电平不超过−30～−20dBm，即输入信号功率不超过 1～10μW 时，可看成小信号线性工作，这时微波晶体管的 S 参量与信号电平无关。反之，则微波晶体管处于大信号非线性工作状态，这时微波晶体管的 S 参量就与信号电平有关了。

根据 S 参量的定义，S 参量会随参考阻抗不同而不同。因此，在设计放大器时如果所用的参考阻抗不是 50Ω（一般测量 S 参量时的参考阻抗），则必须对 S 参量加以换算[2]。

通过上面的讨论可以看到，实际放大器应以所用器件在不同工作状态下的具体 S 参数为设计依据，每一组 S 参数也都依从于不同的工作状态，不存在一成不变的 S 参量。这是微波晶体管 S 参量与低频网络和某些微波无源网络 S 参量的区别所在，在分析与设计中必须特别注意。在我们下面的分析中，都是利用具备晶体管 S 参量的二端口网络来表征晶体管，并且认为其 S 参量都是通过测量等手段而已知的。

2. 微波晶体管放大器的增益特性

微波放大器作为一个二端口网络，其两个端口的端接负载情况直接影响放大器的增益特性。作为研究放大器增益特性的基础，必须首先研究晶体管端接任意负载时的输入、输出阻抗和对应的反射系数，从而可以求得各端口的功率表达，由此定义放大器的各种功率增益。

在不同的条件下，根据不同的目的和不同的要求，经常用到的功率增益主要有以下几种：转换功率增益 G_t、工作功率增益 G_p、资用功率增益 G_a、单向转换功率增益 G_{tu} 等，它们各自有着不同的定义和不同的物理意义。

（1）晶体管端接任意负载时的输入、输出阻抗及反射系数

在放大器设计中，为了得到要求的功率增益，总是在放大器的输入端设计一个输入匹配网络，使放大器的输入端阻抗与信号源阻抗匹配；在放大器的输出端也设计一个输出匹配网络，使放大器的输出阻抗与负载阻抗匹配，如图 4-10 所示。图中用 Z_S 表示从放大器输入端口经输入匹配网络向信号源看去的等效信号源阻抗；Z_L 表示从放大器输出端口经输出匹配网络向负载看去的等效负载阻抗；Z_1 表示放大器输出端口接任意负载 Z_L 时，放大器的输入阻抗；Z_2 表示放大器输入端口接任意信号源阻抗 Z_S 时，放大器的输出阻抗。对应于以上各阻抗，可定义它们相对于测量 S 参量时参考阻抗 Z_c 的反射系数为：

$$\Gamma_S = \frac{Z_S - Z_c}{Z_S + Z_c} \tag{4-7}$$

$$\Gamma_L = \frac{Z_L - Z_c}{Z_L + Z_c} \tag{4-8}$$

$$\Gamma_1 = \frac{Z_1 - Z_c}{Z_1 + Z_c} \tag{4-9}$$

$$\Gamma_2 = \frac{Z_2 - Z_c}{Z_2 + Z_c} \tag{4-10}$$

分别称为信号源反射系数、负载反射系数、输入端口反射系数和输出端口反射系数。利用上述各阻抗，可画出图 4-10 的等效形式如图 4-11，图中标注了各反射系数。

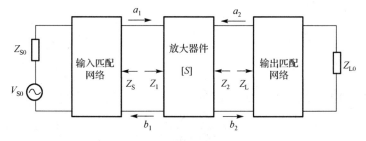

图 4-10　单级放大器网络

根据图 4-11，当晶体管输出端口接有任意负载 Z_L 时，依据散射参量定义有：

$$\Gamma_1 = \frac{b_1}{a_1} = S_{11} + \frac{S_{12}S_{21}\Gamma_L}{1 - S_{22}\Gamma_L} \tag{4-11}$$

其中：

$$\Gamma_L = \frac{a_2}{b_2} \tag{4-12}$$

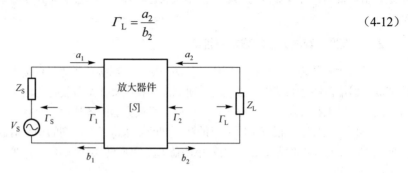

图 4-11　简化单级放大器网络

同理，当晶体管输入端口接有任意信号源阻抗 Z_S 时（将信号波源 a_S 短路），可求得输出端反射系数为：

$$\Gamma_2 = \frac{b_2}{a_2} = S_{22} + \frac{S_{12}S_{21}\Gamma_S}{1 - S_{11}\Gamma_S} \tag{4-13}$$

其中：

$$\Gamma_S = \frac{a_1}{b_1} \tag{4-14}$$

应用信号源反射系数 Γ_S，并用 S 参量表示放大器网络，可以把信号电压源 V_S 进一步表示为波源 a_S，即：

$$a_S = a_1 - \Gamma_S b_1 \tag{4-15}$$

其等效电路进一步表示为图 4-12。

应用输出反射系数 Γ_2，可以将波源 a_S 和放大器网络合成一体，得到放大器输出端口的等效波源 a_O，a_O 实际上是信号波源 a_S 经放大器放大后产生的。根据图 4-11 有：

$$a_O = b_2 - \Gamma_2 a_2 \tag{4-16}$$

对于放大器输出端口的负载而言，其等效电路再进一步表示为图 4-13。

图 4-12　信号源等效电路

图 4-13　输出端口等效电路

根据式（4-16）及 S 参量定义，可以导出[3]：

$$a_O = \frac{S_{21}}{1 - S_{11}\Gamma_S} a_S \tag{4-17}$$

（2）晶体管放大器输入、输出功率

由式（4-14）及式（4-15）可得放大器输入端口的入射波为：

$$a_1 = \frac{a_S}{1 - \Gamma_S \Gamma_1} \tag{4-18}$$

输入端口反射波为：

$$b_1 = \Gamma_1 a_1 \tag{4-19}$$

因此，传送到放大器输入端口的信号功率 P_1 为：

$$P_1 = |a_1|^2 - |b_1|^2 = (1 - |\Gamma_1|^2)|a_1|^2 = \frac{1 - |\Gamma_1|^2}{|1 - \Gamma_S \Gamma_1|^2}|a_S|^2 \tag{4-20}$$

当放大器的输入端口达到共轭匹配时，即 $\Gamma_1 = \Gamma_S^*$ 时，放大器输入端口得到的功率即是信号源输出的最大功率，即信号源的资用功率 P_{1a}。

$$P_{1a} = P_1\big|_{\Gamma_1 = \Gamma_S^*} = \frac{1}{1 - |\Gamma_S|^2}|a_S|^2 \tag{4-21}$$

显然，输入端口未达到共轭匹配的一般情况下，$P_1 < P_{1a}$。

与上同理，由式（4-12）及式（4-16）可得放大器输出端口对负载的入射波为：

$$b_2 = \frac{a_O}{1 - \Gamma_L \Gamma_2} = \frac{1}{1 - \Gamma_L \Gamma_2} \cdot \frac{S_{21}}{1 - S_{11} \Gamma_S} \cdot a_S \tag{4-22}$$

负载反射波为：

$$a_2 = \Gamma_L b_2 \tag{4-23}$$

因此，放大器输出端口传送给负载的信号功率 P_2 为：

$$P_2 = |b_2|^2 - |a_2|^2 = (1 - |\Gamma_L|^2)|b_2|^2 = \frac{1 - |\Gamma_L|^2}{|1 - \Gamma_L \Gamma_2|^2} \cdot \frac{|S_{21}|^2}{|1 - S_{11} \Gamma_S|^2} \cdot |a_S|^2 \tag{4-24}$$

当放大器的输出端口达到共轭匹配时，即 $\Gamma_L = \Gamma_2^*$ 时，负载得到放大器可能输出的最大功率，即放大器输出端口的资用功率 P_{2a}。

$$P_{2a} = P_2\big|_{\Gamma_L = \Gamma_2^*} = \frac{1}{1 - |\Gamma_2|^2} \cdot \frac{|S_{21}|^2}{|1 - S_{11} \Gamma_S|^2} \cdot |a_S|^2 \tag{4-25}$$

显然，负载未达到共轭匹配的一般情况下，$P_2 < P_{2a}$。

（3）转换功率增益 G_t

转换功率增益 G_t 定义为放大器输出端口实际传送到负载的功率 P_2 与放大器信号源的资用功率 P_{1a} 之比，即：

$$G_t = \frac{P_2}{P_{1a}} = \frac{\dfrac{1 - |\Gamma_L|^2}{|1 - \Gamma_L \Gamma_2|^2} \cdot \dfrac{|S_{21}|^2}{|1 - S_{11} \Gamma_S|^2}}{\dfrac{1}{1 - |\Gamma_S|^2}} \tag{4-26}$$

把式（4-21）和式（4-24）代入上式，经整理可求得：

$$G_t = \frac{|S_{21}|^2 (1 - |\Gamma_S|^2)(1 - |\Gamma_L|^2)}{\left|(1 - S_{11} \Gamma_S)(1 - S_{22} \Gamma_L) - S_{12} S_{21} \Gamma_S \Gamma_L\right|^2} \tag{4-27}$$

由以上分析可以得出结论：

① 转换功率增益 G_t 是放大器输入端口单独实现共轭匹配的情况下产生的功率增益，它是最常用的增益参数，通常电子设备指标中所列增益即是指转换功率增益。转换功率增益 G_t 表明当利用晶体管将某一负载匹配到信号源时，比将同一负载直接匹配到信号源可能得到的利益的量度。也可以说是插入放大器后负载实际得到的功率是无放大器时可能得到的最大功率的多少倍。

② 当输入输出端都满足传输线匹配，即 $\Gamma_S = \Gamma_L = 0$ 时，根据式（4-27）有：

$$G_t = |S_{21}|^2 \tag{4-28}$$

此式说明了晶体管自身参数 $|S_{21}|^2$ 的物理意义。但这样并未充分发挥晶体管用作放大器的潜力。只有共轭匹配，才能传输最大功率，即满足 $\Gamma_1 = \Gamma_S^*$ 及 $\Gamma_L = \Gamma_2^*$ 时，G_t 达到最大值，这种工作状态称为双共轭匹配。

③ 由式（4-27）可见，放大器的转换功率增益 G_t 除与放大器件的四个 S 参量有关外，与信号源反射系数 Γ_S、负载反射系数 Γ_L 都有关。因此，转换功率增益 G_t 对于同时研究信号源反射系数、负载反射系数对放大器功率增益的影响是非常有利的。

（4）工作功率增益 G_p

工作功率增益 G_p 定义为放大器输出端口传送到负载的功率 P_2 与信号源实际传送到放大器输入端口的功率 P_1 之比，即：

$$G_p = \frac{P_2}{P_1} = \frac{\dfrac{1-|\Gamma_L|^2}{|1-\Gamma_L\Gamma_2|^2} \cdot \dfrac{|S_{21}|^2}{|1-S_{11}\Gamma_S|^2}}{\dfrac{1-|\Gamma_1|^2}{|1-\Gamma_S\Gamma_1|^2}} \tag{4-29}$$

把式（4-20）和式（4-24）代入上式，可求得：

$$G_p = \frac{|S_{21}|^2(1-|\Gamma_L|^2)}{|1-S_{22}\Gamma_L|^2 - |S_{11}-D\Gamma_L|^2} \tag{4-30}$$

其中

$$D = \det[S] = \begin{vmatrix} S_{11} & S_{12} \\ S_{21} & S_{22} \end{vmatrix} = S_{11}S_{22} - S_{12}S_{21} \tag{4-31}$$

为晶体管散射参量矩阵的行列式。

利用复数绝对值恒等式：

$$|x \pm y|^2 = |x|^2 \pm 2\mathrm{Re}[x^* \cdot y] + |y|^2 = |x|^2 \pm 2\mathrm{Re}[x \cdot y^*] + |y|^2 \tag{4-32}$$

将式（4-30）展开，整理后得：

$$G_p = \frac{|S_{21}|^2(1-|\Gamma_L|^2)}{1-|S_{11}|^2 + |\Gamma_L|^2(|S_{22}|^2 - |D|^2) - 2\mathrm{Re}[\Gamma_L C_2]} \tag{4-33}$$

式中，$C_2 = S_{22} - S_{11}^* D$。

由以上分析可以得出结论：

① 工作功率增益 G_p 是放大器在工作中特殊情况下功率增益的量度，一般不能反映放大器真实工作状态的情况，因此在工程应用上实际意义不大。

② 由式（4-33）可见，放大器的工作功率增益 G_p 除与放大器件的四个 S 参量有关外，仅与负载反射系数 Γ_L 有关。因此，工作功率增益 G_p 对于研究负载反射系数对放大器功率增益的影响是非常理想的。

（5）资用功率增益 G_a

资用功率增益 G_a 定义为放大器输出端口的资用功率 P_{2a} 与信号源的资用功率 P_{1a} 之比，即：

$$G_a = \frac{P_{2a}}{P_{1a}} = \frac{\dfrac{1}{1-|\Gamma_2|^2} \cdot \dfrac{|S_{21}|^2}{|1-S_{11}\Gamma_S|^2}}{\dfrac{1}{1-|\Gamma_S|^2}} \tag{4-34}$$

把式（4-21）和式（4-25）代入上式，采用上述同样方法，经整理可求得：

$$\begin{aligned}
G_a &= \frac{|S_{21}|^2(1-|\Gamma_S|^2)}{|1-S_{11}\Gamma_S|^2 - |S_{22}-D\Gamma_S|^2} \\
&= \frac{|S_{21}|^2(1-|\Gamma_S|^2)}{1-|S_{22}|^2 + |\Gamma_S|^2(|S_{11}|^2-|D|^2) - 2\mathrm{Re}[\Gamma_S C_1]}
\end{aligned} \tag{4-35}$$

式中，$C_1 = S_{11} - S_{22}^* D$。

由以上分析可以得出结论：

① 资用功率增益 G_a 是放大器在两个端口分别实现共轭匹配的特殊情况下产生的功率增益，也不是实际的工作功率增益。G_a 可能大于 G_p，也可能小于 G_p，取决于放大器输入端口和输出端口的匹配情况。

② 根据前三种功率增益的定义有：

$$G_t = \frac{P_2}{P_{1a}} = \frac{P_2}{P_1} \cdot \frac{P_1}{P_{1a}} = G_p \cdot M_1 = \frac{P_2}{P_{2a}} \cdot \frac{P_{2a}}{P_{1a}} = M_2 \cdot G_a \tag{4-36}$$

式中 M_1、M_2 分别为输入端和输出端的失配系数。容易求得：

$$M_1 = \frac{(1-|\Gamma_1|^2)(1-|\Gamma_S|^2)}{|1-\Gamma_1\Gamma_S|^2} \tag{4-37}$$

$$M_2 = \frac{(1-|\Gamma_L|^2)(1-|\Gamma_2|^2)}{|1-\Gamma_L\Gamma_2|^2} \tag{4-38}$$

因此，三个功率增益中若已知一个，即可求得另外两个。一般情况下，$M_1 < 1$，$M_2 < 1$，表示两个端口都偏离共轭匹配，因此 $G_p > G_t$，$G_a > G_t$，G_t 是前三种功率增益中最小的一个。在双共轭匹配情况下，$M_1 = 1$，$M_2 = 1$，这三个功率增益相等，都达到最大值。当仅满足 $\Gamma_L = \Gamma_2^*$ 时，$G_t = G_a$，但并非最大值。

③ 由式（4-35）可见，放大器的资用功率增益 G_a 除与放大器件的四个 S 参量有关外，仅与信号源反射系数 Γ_S 有关。因此，资用功率增益 G_a 对于研究信号源反射系数对放大器功率增益的影响是非常理想的。而且将式（4-33）与式（4-35）对比可见，它们之间完全是成对偶关系的，因此只要详细研究了 Γ_L 对 G_p 的影响，也就完全知道 Γ_S 对 G_a 的影响，反之亦然。

（6）单向化及单向转换功率增益 G_{tu}

由于微波晶体管内部反馈的存在，反向电压传输系数 $S_{12} \neq 0$，因此，微波晶体管实际上是一个双向传输器件。也就是说，在正常工作时，除了有信号从放大器的输入端向放大器的输出端传输（其正向电压传输系数为S_{21}）外同时也有信号从放大器的输出端向放大器的输入端传输（其反向电压传输系数为S_{12}）。在放大信号过程中，由于微波晶体管的内反馈造成的这种反向传输，将使放大器的输入阻抗、输出阻抗、增益频率特性、稳定性和噪声性能等发生变化，常常带来不利的影响，也给放大器的设计带来许多复杂的问题，特别是在宽频带放大器的设计中，这种影响尤其突出。

正因为如此，在微波晶体管的设计中，在设法提高其工作频率的同时，总是力求增大S_{21}而减小S_{12}。在性能良好的微波晶体管中，S_{12}可达$-20\sim-40$dB，而S_{21}为$5\sim15$dB；在性能较差的微波晶体管中，S_{12}也在-10dB以下。由于S_{12}一般很小，因此在放大器的功率增益估算和宽频带放大器设计中，常常将S_{12}忽略，认为$S_{12}=0$，先将放大器看成单向传输器件进行估算和设计，然后通过实际调试对设计加以修正。这样将S_{12}略去，称为单向化处理。它会给晶体管放大器的分析及设计带来极大的方便。

在将晶体管单向化处理后，放大器所具有的转换功率增益就称为单向转换功率增益G_{tu}，即：

$$G_{tu} = G_t\big|_{S_{12}=0} = \frac{|S_{21}|^2(1-|\varGamma_S|^2)(1-|\varGamma_L|^2)}{|(1-S_{11}\varGamma_S)(1-S_{22}\varGamma_L)|^2} = G_0 \cdot G_1 \cdot G_2 \qquad (4\text{-}39)$$

式中：

$$G_0 = |S_{21}|^2 \qquad (4\text{-}40)$$

$$G_1 = \frac{1-|\varGamma_S|^2}{|1-S_{11}\varGamma_S|^2} \qquad (4\text{-}41)$$

$$G_2 = \frac{1-|\varGamma_L|^2}{|1-S_{22}\varGamma_L|^2} \qquad (4\text{-}42)$$

由此可见，放大器的单向转换功率增益G_{tu}由三个部分功率增益的乘积构成：G_0为当输入输出端都满足传输线匹配，即$\varGamma_S = \varGamma_L = 0$时放大器的功率增益；$G_1$表示放大器输入端口的匹配状态决定的附加功率增益；$G_2$表示放大器输出端口的匹配状态决定的附加功率增益。根据式（4-39）可见，这三部分功率增益相互独立，互不影响。因此，单向化处理之后的放大器的设计大为简化，可以单独地设计输入端口和输出端口的匹配状态。利用G_1和G_2的频率特性对G_0的频率特性进行补偿，以得到宽频带放大器，这是宽频带放大器设计的基本方法之一。

将一个$S_{12} \neq 0$的实际双向器件当成$S_{12}=0$的单向器件，由此设计出的放大器单向转换功率增益G_{tu}与实际双向器件的转换功率增益G_t之间有显著差别。这个转换增益误差与S_{12}成正比，S_{12}越大，单向化设计误差越大；反之S_{12}越小，则误差也越小。

上面给出了不同功率增益的定义，而且功率增益之间根据某些参数还有关系，下面通过一个算例从数值上描述各个功率的大小。假设给定一个晶体管放大器的 S 参量如下所述：

$$\begin{cases} S_{11} = 0.277\angle -60° \\ S_{21} = 1.95\angle 72° \\ S_{12} = 0.08\angle 85° \\ S_{22} = 0.85\angle -31° \end{cases} \qquad (4\text{-}43)$$

测量射频放大器 S 参量时采用的传输线特性阻抗为：$Z_0 = 50\Omega$；与放大器输入端连接的信号源参数为$V_S = 6\angle 0°$ V（相位初始为 0）；信号源内阻为$Z_S = 15\Omega$；输出端负载为$Z_L = 70\Omega$。

根据以上参数比较转换功率增益 G_t、资用功率增益 G_a、功率增益 G_p、单向化功率增益 G_{tu} 参数。首先根据所给条件，给出放大器连接示意图（图4-14），图中标有各个反射系数。

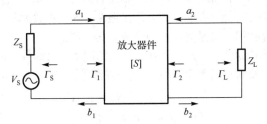

图 4-14　单级放大器网络

第一步：考虑到信号源内阻为15Ω，输出端负载为70Ω，而测量 S 参量时采用的特性阻抗标准为50Ω，所以首先通过这三个参数可以获得信号源反射系数、负载反射系数，分别为：

$$\Gamma_S = \frac{Z_S - Z_0}{Z_S + Z_0} = \frac{15 - 50}{15 + 50} = -0.538 \tag{4-44}$$

$$\Gamma_L = \frac{Z_L - Z_0}{Z_L + Z_0} = \frac{70 - 50}{70 + 50} = 0.167 \tag{4-45}$$

第二步：根据求得的信号源反射系数和负载反射系数，就可以通过散射参量定义，获得放大器输入端的反射系数 Γ_1 和输出端的反射系数 Γ_2

$$\Gamma_1 = \frac{b_1}{a_1} = S_{11} + \frac{S_{12}S_{21}\Gamma_L}{1 - S_{22}\Gamma_L} = 0.112 - j0.226 \tag{4-46}$$

$$\Gamma_2 = \frac{b_2}{a_2} = S_{22} + \frac{S_{12}S_{21}\Gamma_S}{1 - S_{11}\Gamma_S} = 0.777 - j0.443 \tag{4-47}$$

第三步，求取各个功率增益参数。转换功率增益 G_t 为：

$$G_t = \frac{|S_{21}|^2 (1 - |\Gamma_S|^2)(1 - |\Gamma_L|^2)}{|(1 - S_{11}\Gamma_S)(1 - S_{22}\Gamma_L) - S_{12}S_{21}\Gamma_S\Gamma_L|^2} = 2.94 \tag{4-48}$$

工作功率增益 G_p 为：

$$G_p = \frac{|S_{21}|^2 (1 - |\Gamma_L|^2)}{1 - |S_{11}|^2 + |\Gamma_L|^2 (|S_{22}|^2 - |D|^2) - 2\mathrm{Re}[\Gamma_L C_2]} = 3.40 \tag{4-49}$$

资用功率增益 G_a 为：

$$G_a = \frac{|S_{21}|^2 (1 - |\Gamma_S|^2)}{1 - |S_{22}|^2 + |\Gamma_S|^2 (|S_{11}|^2 - |D|^2) - 2\mathrm{Re}[\Gamma_S C_1]} = 11.502 \tag{4-50}$$

单向化转换功率增益 G_{tu} 为：

$$G_{tu} = G_t\big|_{S_{12}=0} = \frac{|S_{21}|^2 (1 - |\Gamma_S|^2)(1 - |\Gamma_L|^2)}{|(1 - S_{11}\Gamma_S)(1 - S_{22}\Gamma_L)|^2} = G_0 \cdot G_1 \cdot G_2 = 3.802 \times 0.606 \times 1.239 = 2.86 \tag{4-51}$$

从上面结果可以看出，资用功率增益最大，工作功率增益次之，而转换功率最小。单向转换功率增益与转换功率增益相差不大，约2.72%。这主要也是因为 S_{12} 值比较小的缘故，因此在设计中可以直接按照单向化处理。

3. 微波晶体管放大器的稳定性

稳定性是微波放大器的首要问题。要判断放大器是否稳定，可以从放大器是否有负阻来决定。如果放大器端口存在负阻，则有可能（并非一定）产生振荡。通常将放大器的稳定程度分为两大类：一类是绝对稳定或无条件稳定；另一类是潜在不稳定或有条件稳定。

若网络某一端口的输入阻抗为 $Z = R + jX$，在任何情况下，它都具有正电阻分量 R，则网络在这个端口上是绝对稳定的。这个端口对参考阻抗 Z_c 的反射系数 Γ 为：

$$\Gamma = \frac{Z - Z_c}{Z + Z_c} = \frac{R - Z_c + jX}{R + Z_c + jX} \tag{4-52}$$

反射系数的模为：

$$|\Gamma| = \sqrt{\frac{(R - Z_c)^2 + X^2}{(R + Z_c)^2 + X^2}} \tag{4-53}$$

显然，这时反射系数的模 $|\Gamma| < 1$。因此，端口绝对稳定的条件可用其反射系数的模表示为：

$$|\Gamma| < 1 \tag{4-54}$$

若网络某一端口的输入阻抗为 $Z' = -R + jX$，具有负电阻分量 $-R$，则网络在这个端口上是不稳定的，因而整个网络也是不稳定的。这个端口对参考阻抗 Z_c 的反射系数 Γ' 为：

$$\Gamma' = \frac{Z' - Z_c}{Z' + Z_c} = \frac{-R - Z_c + jX}{-R + Z_c + jX} \tag{4-55}$$

反射系数的模为：

$$|\Gamma'| = \sqrt{\frac{(R + Z_c)^2 + X^2}{(R - Z_c)^2 + X^2}} \tag{4-56}$$

显然，这时反射系数的模 $|\Gamma'| > 1$。因此，网络不稳定的条件可用其反射系数的模表示为：

$$|\Gamma'| > 1 \tag{4-57}$$

因此，网络绝对稳定和不稳定的边界条件是网络某端口的反射系数的模等于 1，即：

$$|\Gamma| = 1 \tag{4-58}$$

对于晶体管放大器这一线性二端口网络来说，若要使整个网络稳定，则必须满足：

$$|\Gamma_1| < 1 \tag{4-59}$$

$$|\Gamma_2| < 1 \tag{4-60}$$

观察 Γ_1 与 Γ_2 的表达式（4-11）及式（4-13）可见：影响 Γ_1 的因素除晶体管的 S 参量以外，只有负载反射系数 Γ_L；影响 Γ_2 的因素除晶体管的 S 参量以外，只有信号源反射系数 Γ_S。因此，在放大器晶体管选定的前提下，其 S 参量已经确定，影响放大器稳定性的只有负载阻抗和信号源阻抗。限于条件式（4-59）和式（4-60），负载阻抗和信号源阻抗的取值范围将受到限制。研究放大器的稳定问题实际就是研究负载阻抗和信号源阻抗取值对输入、输出反射系数 Γ_1 和 Γ_2 的影响，或者说是研究在确定的 Γ_1 和 Γ_2 取值下负载阻抗和信号源阻抗可能的取值范围。

将式（4-11）与式（4-13）比较可以看出，在任意负载反射系数 Γ_L 的情况下，放大器输入端口的反射系数 Γ_1，与在任意信号源反射系数 Γ_S 的情况下，放大器输出端反射系数 Γ_2，其表达式在形式上是完全相似的，只要将下标"1"与下标"2"、下标"L"与"S"对换，即可从一个表达式变换成另一个表达式。因此，对于晶体管放大器，只要研究了其一个端口的稳定性，其结论对另一个端口也完全适用。一般仅以输入端口为例来研究晶体管放大器的稳定性问题。

（1）稳定判别圆

由式（4-11），当放大器输出端接任意负载，具有反射系数 Γ_L 时，放大器网络输入端口反射系数 Γ_1 为：

$$\Gamma_1 = S_{11} + \frac{S_{12}S_{21}\Gamma_L}{1 - S_{22}\Gamma_L} = \frac{S_{11} - D\Gamma_L}{1 - S_{22}\Gamma_L} \tag{4-61}$$

由上式可解出 Γ_L 表示为 Γ_1 的函数关系为：

$$\begin{aligned}
\Gamma_L &= \frac{S_{11} - \Gamma_1}{D - S_{22}\Gamma_1} = \frac{S_{11} - \Gamma_1}{D - S_{22}\Gamma_1} \cdot \frac{|S_{22}|^2 - |D|^2}{|S_{22}|^2 - |D|^2} \\
&= \frac{S_{22}^* - S_{11}D^*}{|S_{22}|^2 - |D|^2} + \frac{S_{12}S_{21}}{|S_{22}|^2 - |D|^2} \cdot \frac{S_{22}^* - \Gamma_1 D^*}{D - S_{22}\Gamma_1} \\
&= \rho_2 + r_2 h_e \exp(j\theta_e)
\end{aligned} \tag{4-62}$$

式中：

$$\rho_2 = \frac{S_{22}^* - S_{11}D^*}{|S_{22}|^2 - |D|^2} \tag{4-63}$$

$$r_2 = \left| \frac{S_{12}S_{21}}{|S_{22}|^2 - |D|^2} \right| \tag{4-64}$$

$$h_e = \left| \frac{S_{22}^* - \Gamma_1 D^*}{D - S_{22}\Gamma_1} \right| \tag{4-65}$$

$$\theta_e = \arctan\left[\frac{S_{12}S_{21}(S_{22}^* - \Gamma_1 D^*)}{(|S_{22}|^2 - |D|^2)(D - S_{22}\Gamma_1)} \right] \tag{4-66}$$

由上述结果可见，当网络的 S 参量确定后，ρ_2 和 r_2 为常数，与 Γ_L 无关；而 h_e 和 θ_e 随 Γ_1 变化，从而 Γ_L 随 Γ_1 变化。

当 $|\Gamma_1|$ 为常数时，式（4-62）表示一个圆的极坐标方程。它意味着 Γ_1 平面上的恒定 $|\Gamma_1|$ 圆映射到 Γ_L 平面上仍为一个圆，如图 4-15 所示。其圆心坐标为 ρ_2，而圆的半径为 $r_2 h_e$，分别见式（4-63）、式（4-64）和式（4-65）。

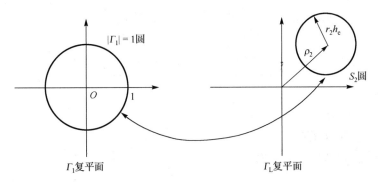

图 4-15　稳定判别圆的物理概念

当 $|\Gamma_1| = 1$ 时，$h_e = 1$，因此式（4-62）变为：

$$\Gamma_L = \rho_2 + r_2 \exp(j\theta_e) \qquad (4\text{-}67)$$

根据保角变换的原则，因为 $|\Gamma_1| = 1$ 封闭曲线代表了 Γ_1 平面上 $|\Gamma_1|$ 大于或小于 1 的分界，则相对应的 Γ_L 平面上的圆（式（4-65））必然代表了使得 $|\Gamma_1|$ 大于或小于 1 的 Γ_L 取值的分界。这样，Γ_1 平面上放大器输入端口稳定与不稳定的边界状态，映射为 Γ_L 平面上使得放大器输入端口稳定与不稳定的 Γ_L 的边界状态。式（4-65）表达的圆称为 Γ_L 平面上的稳定性判别圆，简称为 S_2 圆。

（2）绝对稳定判别准则

$|\Gamma_1| = 1$ 圆将 Γ_1 平面划分成了两个区域：圆内区域及圆外区域，根据式（4-59）其中圆内区域代表放大器输入端口稳定的区域。S_2 圆也将 Γ_L 平面划分为两个区域：圆内区域及圆外区域，分别与 Γ_1 平面上的两个区域对应，那么对应 Γ_1 平面稳定区域（Γ_1 平面上 $|\Gamma_1| = 1$ 圆内）的 Γ_L 平面上区域是哪一个呢？根据式（4-61）我们知道，当 $\Gamma_L = 0$ 时，即在 Γ_L 平面的原点处，$\Gamma_1 = S_{11}$，因此若 $|S_{11}| < 1$，则 $|\Gamma_1| < 1$，输入端口是稳定的。也就是说，当 $|S_{11}| < 1$ 时，Γ_L 平面的坐标原点所在的区域表示 Γ_L 取值使输入端口稳定的区域；反之，则是输入端口不稳定的区域。因此，若稳定判别 S_2 圆包含了 Γ_L 平面的坐标原点，则 S_2 圆内对应 Γ_1 平面稳定区域，Γ_L 取值于此会使输入端口稳定；若 Γ_L 取值于 S_2 圆外，则会使得 $|\Gamma_1| > 1$，输入端口不稳定。反之，若 S_2 圆不包含 Γ_L 平面的坐标原点，则 S_2 圆外一定包含坐标原点，对应稳定区域，而圆内是不稳定区域。这即是输入端口稳定性的判别原则，下面将用数学表达式来描述这一结论。

将 S_2 圆画在 Γ_L 平面上，它与物理可实现（无源负载）的 Γ_L 范围——$|\Gamma_L| \leq 1$ 区域的位置分布具有图 4-16 所示的六种情况。在图 4-16(a)、(b)和(c)三种情况下，S_2 圆包含了 Γ_L 平面的坐标原点，因而其圆内是稳定区域，圆外是不稳定区域。在图 4-16(d)、(e)和（f）三种情况下，S_2 圆不包含 Γ_L 平面的坐标原点，因而 S_2 圆外为稳定区域，圆内是不稳定区域。因此负载能够取值的范围即是 Γ_L 平面上 $|\Gamma_L| \leq 1$ 区域与 S_2 圆决定的稳定区域的交集，如图 4-16 中阴影部分所示。

对于图 4-16(a)和(d)两种情况，$|\Gamma_L| \leq 1$ 的区域全部都在 S_2 圆划分的稳定区域内，因此这时放大器输入端口是绝对稳定的。也就是说，这时 Γ_L 可在 $|\Gamma_L| \leq 1$ 的区域内取任何值，放大器的输入端口都是稳定的。因此，这种情况就是绝对稳定或无条件稳定情况。而在图 4-16 中的其余四种情况下，Γ_L 不能在 $|\Gamma_L| \leq 1$ 的区域内任意取值，只能在 S_2 圆稳定区域与 $|\Gamma_L| \leq 1$ 区域的交集内取值才可使输入端口稳定，这些情况都潜伏有不稳定区域，是潜在不稳定或条件稳定。

根据上述讨论，绝对稳定与潜在不稳定的区分完全由 S_2 圆圆心矢量 ρ_2 及半径 r_2 的几何关系确定。由式（4-63）可得：

$$
\begin{aligned}
\left|\rho_2\right|^2 &= \left|\frac{S_{22}^* - S_{11}D^*}{\left|S_{22}\right|^2 - \left|D\right|^2}\right|^2 = \frac{(S_{22}^* - S_{11}D^*)(S_{22}^* - S_{11}D^*)}{(\left|S_{22}\right|^2 - \left|D\right|^2)^2} \\
&= \frac{1 - \left|S_{11}\right|^2}{\left|S_{22}\right|^2 - \left|D\right|^2} + \left|\frac{S_{12}S_{21}}{\left|S_{22}\right|^2 - \left|D\right|^2}\right|^2 = \frac{1 - \left|S_{11}\right|^2}{\left|S_{22}\right|^2 - \left|D\right|^2} + r_2^2
\end{aligned}
\qquad (4\text{-}68)
$$

下面分两种情况讨论。

① $\left|S_{22}\right|^2 - \left|D\right|^2 > 0$ 的情况。

根据式（4-59），显然有

$$\left|\rho_2\right|^2 > r_2^2 \qquad (4\text{-}69)$$

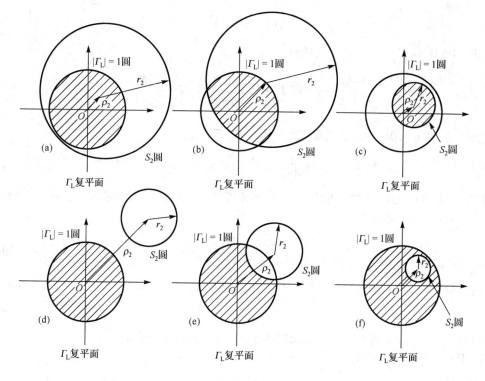

图 4-16　Γ_L 平面上稳定判别圆的位置（$|S_{11}|<1$　情况）

图 4-16(d)、(e)和(f)就是这种情况，其中只有图 4-16(d)是绝对稳定的。由图 4-16 可见，这时存在 $|\rho_2|>r_2+1$，即：

$$|\rho_2|^2 > (r_2+1)^2 \tag{4-70}$$

将式（4-68）代入上式可得：

$$\frac{1-|S_{11}|^2}{|S_{22}|^2-|D|^2}+r_2{}^2 > r_2{}^2+2r_2+1 \tag{4-71}$$

再将式（4-64）代入上式可得：

$$\frac{1-|S_{11}|^2}{|S_{22}|^2-|D|^2} > 2\frac{|S_{12}S_{21}|}{|S_{22}|^2-|D|^2}+1 \tag{4-72}$$

因为 $|S_{22}|^2-|D|^2>0$，因此上式可变形为：

$$1-|S_{11}|^2-|S_{22}|^2+|D|^2 > 2|S_{12}S_{21}| \tag{4-73}$$

② $|S_{22}|^2-|D|^2<0$ 的情况。

根据式（4-59），这时有

$$|\rho_2|^2 < r_2{}^2 \tag{4-74}$$

图 4-16(a)、(b)和(c)就是这种情况，其中只有图 4-16(a)是绝对稳定的。由图 4-16 可见，这时存在 $r_2-\rho_2>1$，即：

$$\left|\rho_2\right|^2 < (r_2-1)^2 \tag{4-75}$$

将式（4-59）和式（4-55）代入上式有：

$$\frac{1-\left|S_{11}\right|^2}{\left|S_{22}\right|^2-\left|D\right|^2} < 1-2\left|\frac{\left|S_{12}S_{21}\right|}{\left|S_{22}\right|^2-\left|D\right|^2}\right| = 1+2\frac{\left|S_{12}S_{21}\right|}{\left|S_{22}\right|^2-\left|D\right|^2} \tag{4-76}$$

因为 $\left|S_{22}\right|^2-\left|D\right|^2 < 0$ ，将上式两端乘以 $\left|S_{22}\right|^2-\left|D\right|^2$ 后可得：

$$1-\left|S_{11}\right|^2-\left|S_{22}\right|^2+\left|D\right|^2 > 2\left|S_{12}S_{21}\right| \tag{4-77}$$

根据式（4-73）和式（4-77）可见，在上述两种情况下，输入端口绝对稳定要求满足的条件相同。通常定义放大器的稳定系数为：

$$K_s = \frac{1-\left|S_{11}\right|^2-\left|S_{22}\right|^2+\left|D\right|^2}{2\left|S_{12}S_{21}\right|} \tag{4-78}$$

因此，输入端口绝对稳定的必要条件可利用稳定系数 K_s 将式（4-73）和式（4-77）表示为：

$$K_s > 1 \tag{4-79}$$

用上述同样方法可求得图 4-16 中其余四种情况下的稳定系数分别为：

图 4-16(b)、(e)和（f）： $K_s < 1$

图 4-16(c)： $K_s > 1$

可见式（4-70）条件并不充分：在图 4-16(c)潜在不稳定情况下，其稳定系数也满足式（4-79）的条件。为了进一步排除这种情况，构造绝对稳定的充分必要条件，将图 4-16(c)和图 4-16(a)比较可见，其差别在于图 4-16(a)的绝对稳定情况还满足 $r_2 > 1$ 的条件。考虑到式（4-64）可得：

$$\left|S_{12}S_{21}\right| > \left|\left|S_{22}\right|^2-\left|D\right|^2\right| \tag{4-80}$$

根据式（4-73）和式（4-77）可得：

$$\begin{aligned}1-\left|S_{11}\right|^2 &> 2\left|S_{12}S_{21}\right|+\left|S_{22}\right|^2-\left|D\right|^2 \\ &= \left|S_{12}S_{21}\right|+\left|S_{12}S_{21}\right|-(\left|D\right|^2-\left|S_{22}\right|^2) \\ &> \left|S_{12}S_{21}\right|\end{aligned} \tag{4-81}$$

这样，放大器输入端口绝对稳定的充分必要条件可表示为：

$$\begin{cases} K_s > 1 \\ 1-\left|S_{11}\right|^2 > \left|S_{12}S_{21}\right| \end{cases} \tag{4-82}$$

根据放大器输入、输出反射系数的对偶性，可以很容易获得放大器输出端口在 Γ_S 平面上的稳定判别 S_1 圆，并可得到输出端口绝对稳定的充分必要条件为：

$$\begin{cases} K_s > 1 \\ 1-\left|S_{22}\right|^2 > \left|S_{12}S_{21}\right| \end{cases} \tag{4-83}$$

就一个二端口网络的稳定性而言，只有其两个端口同时稳定，它才是稳定的；否则，它就是不稳定的。因此，可得微波晶体管放大器绝对稳定的充分必要条件为：

$$\begin{cases} K_s > 1 \\ 1 - |S_{11}|^2 > |S_{12}S_{21}| \\ 1 - |S_{22}|^2 > |S_{12}S_{21}| \end{cases} \qquad (4\text{-}84)$$

式中任何一个条件不满足，放大器都将是潜在不稳定的。式（4-84）就是微波晶体管放大器绝对稳定的判别准则。

（3）接外加负载后网络的稳定性

① 网络潜在不稳定的改善措施。从前面的分析可以看到，式（4-84）是从网络端口阻抗相对于参考阻抗的反射系数的模大于 1 或小于 1 的观点出发来讨论的，它没有涉及端口本身外接负载的情况，因此上述判别准则对网络的要求是严格的。如果考虑端口外接负载，即使按上述准则得出端口反射系数的模值大于 1，在该端口外接适当的负载后，也有可能使之达到稳定。也就是说，稳定条件可以放宽，或者说可以采取端口外接适当负载的措施使原本不稳定的端口达到稳定。

以输入端口为例，设输入端口无信号源，但按上述准则判别输入端口是潜在不稳定的，即 $|\Gamma_1| > 1$，这时输入端口的归一化反射电压波为：

$$b_1 = \Gamma_1 a_1 \qquad (4\text{-}85)$$

如果在输入端口上外接反射系数为 Γ_S 的负载，如图 4-17 所示。这时经端口外接负载 Γ_S 再反射回网络输入端口的入射电压波为：

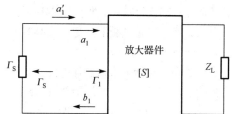

图 4-17　端口接负载的稳定性

$$a_1' = \Gamma_S b_1 = \Gamma_S \Gamma_1 a_1 \qquad (4\text{-}86)$$

如果这时的入射电压波 a_1' 比原来的入射电压波 a_1 小，即 $a_1' < a_1$，说明来回反射趋于衰减，则不可能引起自激振荡，接上负载后的综合端口是稳定的。因此，由上式可求得端口接负载后的稳定条件为：

$$|\Gamma_S \Gamma_1| < 1 \qquad (4\text{-}87)$$

同样，考虑到外接负载后，输出端口的稳定条件为：

$$|\Gamma_L \Gamma_2| < 1 \qquad (4\text{-}88)$$

由式（4-87）和式（4-88）可见，在已知 Γ_1 和 Γ_2 的情况下，总可以选择适当的 Γ_S 和 Γ_L 使二端口网络达到稳定。

实际上，可以把式（4-59）和式（4-60）看做是 $|\Gamma_S| = 1$、$|\Gamma_L| = 1$ 的极端情况。通常总是满足 $|\Gamma_S| < 1$、$|\Gamma_L| < 1$ 的条件，因此式（4-59）和式（4-60）是线性二端口网络绝对稳定的严格判据。

② 匹配网络对稳定性的影响。实际的微波晶体管放大器在晶体管与信号源之间、晶体管与负载之间分别接有输入匹配网络、输出匹配网络，这样才能构成满足一定指标的微波晶体管放大器。那么匹配网络会不会使晶体管二端口网络的稳定性下降，或者说能否以所测晶体管 S 参数算得的稳定系数 K_s 值来判断晶体管放大器的稳定性呢？

在前一小节我们实际已经回答了在放大器两个端口加载可以把潜在不稳定变为稳定，进一步来说，这样的措施还可以使放大器的稳定系数增大。输入、输出匹配网络就属于两个端口的加载，严格的理论分析可以证明：

● 如果在网络端口串联电抗或并联电纳，即外接无耗网络时，构成新网络的稳定系数不变。

● 如果在网络端口串联电阻或并联电导，即外接有耗网络时，构成新网络的稳定系数增大。

● 如果改变网络参量的归一化阻抗时，网络的稳定系数不变。

上述稳定系数的特性是很有指导意义的，在设计和调整微波晶体管放大器时，不论无耗匹配网络内部参数如何变化，将不改变放大器总网络的稳定性；而采取有耗匹配网络时，会使总网络的稳定性提高。

下面是几种改善放大电路稳定性的方法：

（a）串联阻抗负反馈。稳定放大器的一个方法就是在其不稳定的端口增加一个串联或者并联电阻形成负反馈电路。在实际的微波放大器电路中，反馈元件常用一段微带线构成。这种方法容易实现，但代价是可能破坏阻抗匹配的状态，产生功率传输损失，同时管子的噪声系数会恶化。

（b）在电路中增加隔离器。采用铁氧体隔离器，可以起到很好的稳定作用，隔离器的衰减对噪声性能有一定的影响。用于改善稳定性的隔离器应举用以下特征：频带必须很宽，要能覆盖低噪声放大器不稳定频率范围；反向隔离度不要求太高，15dB 以上就可以；正向衰减秩序保证工作频带内有较小衰减避免影响整机噪声；隔离器本身端口驻波比要小。

（c）增加稳定衰减器。稳定衰减器，可以在漏极串联电阻或 n 型阻性衰减器，通常接在低噪声放大器末级或末前级输出口。

（d）在低端增加增益衰耗电路。当放大器频带外增益出现不易消除的增益尖峰时，比如在工作频带外的低端，可以使用低端增益衰减网络。

（4）最大功率增益 G_m 和最大稳定功率增益 G_s

如果微波晶体管放大器满足式（4-84）的绝对稳定条件，那么此放大器的负载反射系数 Γ_L 和信号源反射系数 Γ_S 都可以在物理可实现范围内任意取值。因此，绝对稳定的二端口网络就可以在输入端口和输出端口同时实现共轭匹配，及达成双共轭匹配状态，以获得最大的功率传输。显然，当放大器绝对稳定、两个端口同时实现共轭匹配时，工作功率增益 G_p、资用功率增益 G_a 和转换功率增益 G_t 完全相等，这时统一的功率增益就是最大功率增益 G_m。

根据前文在功率增益特性部分的讨论，放大器两个端口同时实现共轭匹配时，须同时满足：

$$\begin{cases} \Gamma_S = \Gamma_1^* \\ \Gamma_L = \Gamma_2^* \end{cases} \tag{4-89}$$

将式（4-11）和式（4-13）代入上式可得：

$$\begin{cases} \Gamma_S = \left(S_{11} + \dfrac{S_{12}S_{21}\Gamma_L}{1 - S_{22}\Gamma_L} \right)^* \\ \Gamma_L = \left(S_{22} + \dfrac{S_{12}S_{21}\Gamma_S}{1 - S_{11}\Gamma_S} \right)^* \end{cases} \tag{4-90}$$

可见在晶体管双向情况下（$S_{12} \neq 0$），Γ_S 和 Γ_L 是互相影响和互相牵制的。将式（4-90）中的 Γ_S 代入式（4-90）中的 Γ_L，经过适当的变换、整理，最后可求得双共轭匹配时，所要求的负载反射系数 Γ_{Lm} 为：

$$\Gamma_{Lm} = \frac{B_2 \pm \sqrt{B_2^{\,2} - 4|C_2|^2}}{2C_2} = C_2^* \left(\frac{B_2 \pm \sqrt{B_2^{\,2} - 4|C_2|^2}}{2|C_2|^2} \right) \tag{4-91}$$

式中

$$B_2 = 1 + |S_{22}|^2 - |S_{11}|^2 + |D|^2 \tag{4-92}$$

C_2 如式（4-33）中所示。同样道理，可以求得双共轭匹配时，所要求的信号源反射系数 Γ_{Sm} 为：

$$\Gamma_{\text{Sm}} = \frac{B_1 \pm \sqrt{B_1^2 - 4|C_1|^2}}{2C_1} = C_1^* \left(\frac{B_1 \pm \sqrt{B_1^2 - 4|C_1|^2}}{2|C_1|^2} \right) \tag{4-93}$$

式中

$$B_1 = 1 + |S_{11}|^2 - |S_{22}|^2 + |D|^2 \tag{4-94}$$

C_1 如式（4-35）中所示。

由于所研究的放大器一般仅限于无源负载的情况，因此只有 $|\Gamma_{\text{Lm}}| < 1$ 和 $|\Gamma_{\text{Sm}}| < 1$ 的反射系数才是可实现的。所以，上述两式应取分子中数值较小的一个解，可以证明，在绝对稳定的情况下，总是存在 $B_1 > 0$ 和 $B_2 > 0$，所以上述两式中根号前应取"－"号。这时所要求的共轭匹配反射系数 Γ_{Lm} 和 Γ_{Sm} 分别由设计输出匹配网络和输入匹配网络来实现。

将共轭匹配反射系数 Γ_{Lm} 和 Γ_{Sm} 代入功率增益表达式（4-30）、式（4-33）或式（4-34），即可求得最大功率增益 G_{m} 用稳定系数 K_{s} 表达为：

$$G_{\text{m}} = \left| \frac{S_{21}}{S_{12}} \right| (K_{\text{s}} \pm \sqrt{K_{\text{s}}^2 - 1}) \tag{4-95}$$

式中根号前的"＋"号与"－"号的取舍与前面相同，在绝对稳定情况下，取"－"号。

由于 $K_{\text{s}} = 1$ 是稳定与不稳定的过渡边界，可定义 $K_{\text{s}} = 1$ 时放大器的最大功率增益为放大器的最大稳定功率增益 G_{s}：

$$G_{\text{s}} = \left| \frac{S_{21}}{S_{12}} \right| \tag{4-96}$$

4．微波晶体管放大器的噪声特性

除了增益和稳定性外，噪声系数是小信号放大器的重要性能指标。无论采用微波双极晶体管，还是微波场效应晶体管，都可采用有源二端口网络计算噪声系数的一般方法，把放大器看成一个噪声等效二端口网络来分析，其具体等效与分析方法这里不再讨论，仅给出必要的结论。

微波晶体管放大器的噪声系数可以用等效网络的四个噪声参数来描述，即：

$$F = F_{\text{min}} + \frac{R_{\text{n}}}{\text{Re}[Y_S]} |Y_S - Y_{\text{Sopt}}|^2 \tag{4-97}$$

式中，R_{n} 为线性二端口网络的等效噪声电阻；$Y_S = G_S + jB_S$ 为信号源导纳，$\text{Re}[Y_S] = G_S$ 为信号源导纳实部；F_{min} 为二端口网络的最小噪声系数；$Y_{\text{Sopt}} = G_{\text{Sopt}} + jB_{\text{Sopt}}$ 为获得最小噪声系数 F_{min} 要求的最佳信号源导纳。由上式可见，放大器的噪声系数完全由 F_{min}、R_{n}、G_{Sopt} 和 B_{Sopt} 四个噪声参量决定。这些噪声参数可以测量得到，易于研究噪声系数与放大器信号源内阻抗的关系。

为了适应用 S 参量分析的需要，将噪声系数也用相应的反射系数表示为：

$$F = F_{\text{min}} + \frac{4N}{1 - |\Gamma_{\text{Sopt}}|^2} \cdot \frac{|\Gamma_S - \Gamma_{\text{Sopt}}|^2}{1 - |\Gamma_S|^2}$$
$$= F_{\text{min}} + N' \cdot \frac{|\Gamma_S - \Gamma_{\text{Sopt}}|^2}{1 - |\Gamma_S|^2} \tag{4-98}$$

式中

$$N = R_n \, \text{Re}\left[Y_{\text{Sopt}}\right] \tag{4-99}$$

$$N' = \frac{4N}{1 - \left|\Gamma_{\text{Sopt}}\right|^2} \tag{4-100}$$

$$\frac{Y_S}{Y_c} = \frac{1 - \Gamma_S}{1 + \Gamma_S} \tag{4-101}$$

$$\frac{Y_{\text{Sopt}}}{Y_c} = \frac{1 - \Gamma_{\text{Sopt}}}{1 + \Gamma_{\text{Sopt}}} \tag{4-102}$$

由式（4-98）可见，放大器的噪声系数完全由三个参量 $F_{\min}$、N（或 N'）和 Γ_{Sopt} 决定，通常也将它们称为晶体管放大器的噪声参量，它们也可以用实验方法测量得到，而且比式（4-97）中四个噪声参量更便于测量，测量精度也更高。

根据以上讨论，微波晶体管放大器若要实现最小噪声系数，则信号源阻抗（或信号源反射系数）必须满足 Y_{Sopt}（或 Γ_{Sopt}），而这一点也是需要通过调整输入匹配网络来实现的。

放大器自身产生的噪声常用等效噪声温度 T_e 来表达。噪声温度 T_e 与噪声系数 NF 的关系是

$$T_e = T_0 \cdot (NF - 1) \tag{4-103}$$

式中，T_0 为环境温度，通常取为 293K。

根据公式（4-103），可以计算出常用的噪声系数和与之对应的噪声温度，如表 4-1 所示。

表 4-1　噪声系数和噪声温度关系

NF(dB)	0.1	0.2	0.3	0.4	0.5	0.6	0.7	0.8	0.9	1.0
NF	1.023	1.047	1.072	1.096	1.122	1.148	1.175	1.202	1.230	1.259
T_e(K)	6.825	13.81	20.96	28.27	35.75	43.41	51.24	59.26	67.47	75.87
NF(dB)	1.5	2.0	2.5	3.0	3.5	4.0	4.5	5.0	6.0	10
NF	1.413	1.585	1.778	1.995	2.239	2.512	2.818	3.162	3.981	10.00
T_e(K)	120.9	171.3	228.1	291.6	362.9	442.9	532.8	633.5	873.5	2637

5. 微波晶体管放大器的频带特性

放大器的频带宽度一般是指放大器的功率增益由谐振时下降 3dB 所对应的频率范围。对于频率较低的集中参数放大器，其输入输出回路参数值可严格控制，因而可以利用数学公式来描述和计算其频率特性。但工作在微波频率的晶体管放大器，器件本身的 S 参数与频率成复杂的函数关系，而放大器的各种功率增益又与器件的 S 参量、信号源反射系数、负载反射系数成复杂的函数关系，因此很难用数学公式严格地表达出其频率特性，通常只能用波的传输和反射的概念与实际相结合来研究控制和展宽频带的方法，而最常用的展宽频带的方法是"失配补偿法"。关于微波晶体管放大器频带特性的讨论和失配补偿法的介绍可看相关参考文献。

从以上这些关于微波晶体管放大器的基本分析可见，其功率增益、噪声系数等的表达式都很复杂，而且都是复数运算，分析与设计很不方便。为了设计方便适用，常常将它们随有关参量变化的曲线描绘在史密斯圆图上。在已知某些参量时，可在史密斯圆图上查出这些曲线上的对应点，直接获得功率增益和噪声系数等；反之，对于要求的功率增益和噪声系数等，就可以在圆图上查出有关参量的值，再按此参量值去设计输入、输出匹配网络。这种方法类似于用史密斯圆图分析和设计微波传输线参量，称为图解法，在许多类似教材和参考文献中都详细介绍了这种方法。

实际上在目前的晶体管放大器分析设计中已经广泛采用了计算机辅助微波电路分析设计软件，其技术已经成熟，分析设计的精度和效率满足实际需求。

4.3.2 微波晶体管放大器的结构

1. 单级晶体管放大器

单端式微波晶体管放大器的原理电路形式即如图 4-10 所示。放大器件可为微波双极晶体管或微波场效应管，输入匹配网络用来实现把实际信号源阻抗变换为放大器输入端口所需的等效信号源阻抗，输出匹配网络用来实现把实际负载阻抗变换为放大器输出端口所需的等效负载阻抗。根据图 4-10 所示，微波晶体管放大器的设计，在选定管子后，主要就是输入和输出匹配网络的设计。

根据微波晶体管放大器的用途及对它提出的要求，小信号微波晶体管放大器可以实现两种类型的功能：一是实现最大功率增益，二是实现最小噪声系数。根据前节对放大器功率增益和噪声系数的讨论，这两种功能对于匹配网络的要求，尤其是对输入匹配网络的要求是不一致的。

第一，在绝对稳定情况下：

① 若要求实现最大功率增益，则放大器输入、输出端应实现双共轭匹配，这时晶体管输入、输出端信号源及负载等效阻抗反射系数应为 Γ_{Sm} 和 Γ_{Lm}。若实际信号源及负载阻抗为 $Z_{S0} = 50\Omega$ 和 $Z_{L0} = 50\Omega$，表示为相对于 $Z_c = 50\Omega$ 参考阻抗的反射系数即 $\Gamma_{S0} = 0$ 和 $\Gamma_{L0} = 0$，输入匹配网络的任务即是完成从实际的 $\Gamma_{S0} = 0$ 到需求的 Γ_{Sm} 的变换，而输出匹配网络的任务即是完成从实际的 $\Gamma_{L0} = 0$ 到需求的 Γ_{Lm} 的变换。

② 若要求实现最小噪声系数，则从晶体管输入端口向信号源看去的等效源反射系数应为 Γ_{Sopt}，输入匹配网络的任务即是完成从实际的 $\Gamma_{S0} = 0$ 到需求的 Γ_{Sopt} 的变换。因为一般情况下 $\Gamma_{Sm} \neq \Gamma_{Sopt}$，因此最大功率增益和最小噪声系数是不能兼得的，必须根据实际需要作出选择。对于输出匹配网络而言，对它的要求与最大功率增益情况是相同的，即实现最大功率传输，输出匹配网络的任务即是完成从实际的 $\Gamma_{L0} = 0$ 到需求的 Γ_{Lm} 的变换。

③ 如果采取单向化处理，即 S_{12} 很小以至于可以忽略，$S_{12} = 0$，这时对输入、输出匹配网络的要求与非单向化情况完全相同，只是设计实际匹配网络时数据计算要简化许多，因为这时输入、输出端口不互相影响和牵制，根据式（4-90），有 $\Gamma_{Sm} = S_{11}^*$ 和 $\Gamma_{Lm} = S_{22}^*$。通过实例可以证明，一般情况下单向化处理带来的误差不大。

第二，在潜在不稳定情况下，信号源反射系数 Γ_S 和负载发射系数 Γ_L 不能任意选择，必须考虑 Γ_S 和 Γ_L 平面上的稳定区域和不稳定区域的范围，借助稳定判别圆等图解方法，综合考虑稳定性和要求的功率增益，合理选取 Γ_S 和 Γ_L 数值。如果按照最小噪声系数设计，还需要判断最小噪声系数 F_{min} 要求的 Γ_{Sopt} 是否落在 Γ_S 平面稳定判别圆 S_1 圆稳定区域内。总之，在潜在不稳定情况下的设计将非常复杂，虽然单位圆内不稳定区域较小的情况下其设计还是可能的，但是总是尽可能工作于绝对稳定情况为好。

根据微波晶体管放大器应用频段和要处理的信号电平的不同，匹配网络可以是集中参数的，或者是分布参数的。而分布参数网络可以是同轴型的、带线型的、微带型的和波导型的。由于微波晶体管尺寸小、阻抗低，因而用于波导的高阻抗场合，匹配很难解决。若把晶体管和微带电路结合起来，则在结构和匹配方面都可以得到满意结果，因此微波晶体管放大器在许多情况下都是采用微带电路结构，这种结构也是目前最广泛采用的。不论是输入匹配网络，还是输出匹配网络，按其电路结构形式可分为三种基本结构形式，即并联型网络、串联型网络和串-并联（或并-串联）型匹配网络。基本的并联型和串联型微带匹配网络的结构形式如图 4-18 所示。图中端口 1 和端口 2 分别为微带匹配网络的输入端口和输出端口。对于并联型匹配网络而言，并联支节的终端 3，根据电纳补偿（或谐振）的要求和结构上的方便，可以是开路端口，也可以是短路端口；并联支节微带线的长度按电纳补偿（或谐振）的要求来决定；主线 L、L_1 和 L_2 的长度根据匹配网络两端要求匹配的两导纳的电导匹配条件决定。

对于串联型匹配网络而言，由于 1/4 波长阻抗变换器及指数线阻抗变换器只能将两个纯电阻加以匹配，所以在串联型匹配网络中需用相移线段 L_1 和 L_2 将端口的复数阻抗变换为纯电阻。

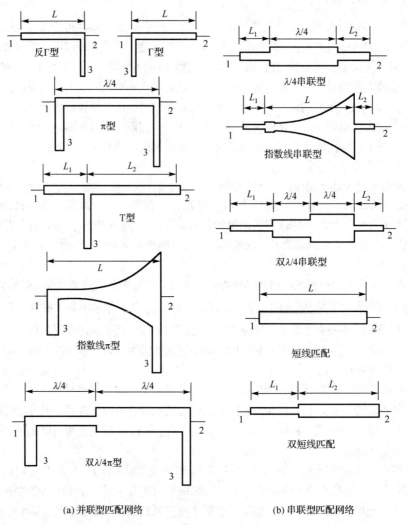

(a) 并联型匹配网络   (b) 串联型匹配网络

图 4-18　微带匹配网络的基本结构形式

图 4-19 是一级共发射极微带型微波晶体管放大器的典型结构形式。其输入匹配网络采用了 Γ 型并联匹配网络，输出匹配网络采用反 Γ 型并联匹配网络（见 1.8 节）。其基极和集电极采用并联馈电方法供给直流电压，直流偏置电路采用了典型的 1/4 波长高-低阻抗线引入，在理想情况下，偏置电路对微波电路的匹配不产生影响。图中 C 是微带隔直流电容。

2. 多级晶体管放大器

在实际应用中，一级晶体管放大器的增益常常不满足要求，而要用多级放大器来达到要求的增益。

多级放大器的首要问题是确定放大器级间的连接方式。级间的连接方式可分为两大类，如图 4-20 所示。一类是每级设计成各自带有输入输出匹配网络的单级放大器，级间用短线连接；另一类是级间用一个匹配网络直接匹配。前者便于根据增益要求任意增减级数，但结构较松散；后者结构紧凑，但不便任意增减级数。前者设计简单、每级设计相同；后者第一级输入匹配网络、级间匹配网络和末级输出匹配网络设计不同。

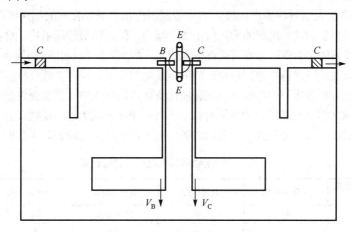

图 4-19　单级微带型放大器结构

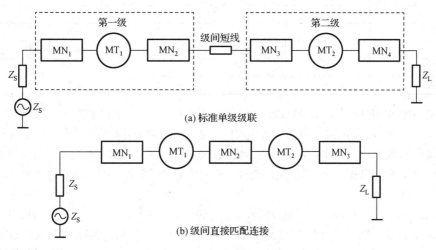

(a) 标准单级级联

(b) 级间直接匹配连接

图 4-20　多级放大器结构形式

　　在设计中，第一类型的多级放大器方法基本与单级放大器相同，只是须考虑每级的功率电平量级可能不同，由此每只管子的 S 参量就可能不同。第二种类型的多级放大器的级间匹配网络须完成前级输出阻抗到后级输入阻抗的变换，也就是说即达到前级要求的输出阻抗，又达到后级要求的输入阻抗。如果按最大功率增益设计，可以从前向后，也可以从后向前逐级设计；若按照最小噪声系数设计，则总是从前向后设计，以保证每级输入匹配网络都按低噪声设计。

3. 宽带低噪声晶体管放大器

　　微波晶体管放大器具有宽频带、稳定性好、噪声性能好、动态范围大等优点，在频率小于 4GHz 时一般用硅双极晶体管，而频率高于 4GHz 时硅双极晶体管的增益随频率的增加而迅速降低，而噪声系数却迅速增加，这时可以选用微波场效应晶体管。即使这样，随着现在、电子通信设备功能提升，要求的频带也越来越宽，噪声要求又要较低，这样上节所讲述的晶体管放大器电路就满足不了要求了，因为很多无源电路的功率分配、匹配和滤波特性和频率相关度很高，频带变宽特性就会下降，所以相应的对微波宽带低噪声放大器的技术展开研究。本节主要内容就是介绍这些技术措施。

（1）电路结构选型

设计宽带低噪声放大器时，要求在较宽的频带范围内都要满足良好的噪声匹配和良好的驻波匹配，而且对于很多晶体管增益匹配时的源阻抗不等于噪声匹配时的最佳源阻抗，这就更增加了设计的难度。同时由于微波晶体管的资用功率增益典型地随频率增加近似按 6dB/倍频程而下降，为了实现宽带放大，就必须对增益的陡降特性进行补偿，使低频段增益压低，同时降低高频段的下降程度，达到宽频带的要求。但是低频段增益的压低必然使驻波比变坏，同时噪声性能也受到影响。

常用的宽频带放大器的电路结构大体上有以下五种：平衡式放大器、反馈式放大器、有损匹配式放大器、有源匹配式放大器、分布式放大器。将各种放大器的特点比较如表 4-2 所示。

表 4-2   几种宽频带放大电路的特性比较

特性 ＼ 电路形式	平衡电路式	负反馈式	有损匹配式	行波电路式	有源匹配式
频带宽度	倍频程	多倍频程	多倍频程	非常宽	多倍频程
电路尺寸	较大	较小	中等	中等	中等
阻抗匹配	优	良	较差	良	良
噪声系数	低	中	高	低	低
电路允许公差	大	中	大	中	中
多级相联	容易	不易	不易	容易	不易
需要的 FET 数量	中	少	少	多	中
输出功率线性度	好	较好	中	较好	较好

从表 4-2 中数据可以看出，有损匹配网络的噪声系数很高，不适用于低噪声放大电路。如果采用行波放大器，为了扩展它的频带，在放大器电路中需要用到无封装管晶体管管芯，防止封装外壳的分布电容将影响宽带特性，同时单个 FET 的增益较低，必须多级来实现要求增益。有源匹配电路的各项性能指标都很好，但是共栅-共源-共漏接法的放大器需要的比较多的 FET，仅适合于单片集成电路或无封装管芯电路的一种电路形式。

负反馈放大器和平衡电路放大器是应用较多的宽带放大电路结构。负反馈放大器可以分为两种，串联负反馈和并联负反馈。源极串联负反馈能够降低整个电路对晶体管自身性能变化的敏感度，改善放大器驻波比，增加稳定性，增加放大器线性度。源级串联无耗电感反馈时由于可以降低最佳噪声源阻抗的电抗部分，而对其电阻部分几乎不影响，所以几乎不恶化噪声，易于宽带噪声匹配。并联负反馈可以适用于几个倍频程，适用于超宽带放大器的设计，但是噪声系数较大。平衡放大电路的可以对晶体管进行低噪声匹配设计，而不用考虑驻波比，但是由于带宽要受到 3dB 耦合器的限制，一般只能做到一个倍频程。

（2）晶体管的选择

要设计出性能优良的宽带低噪声放大器，选择适当的晶体管是非常重要的。低噪声放大器一般都处于接收机的前端，从天线接收到的信号经过滤波器后就进入低噪声放大器。所以要实现低噪声特性，晶体管首先应具有良好的噪声性能，同时也需要拥有足够的增益才能够有效地抑制后级器件的噪声，所以在选择晶体管时首先应该关注其最低噪声系数和最大可用增益。另外，还需要注意晶体管 S 参数中 S_{11}、S_{22} 的大小。在设计放大器时往往要求驻波系数满足一定的指标，这样可以保证在整个系统中，与其他器件级联时尽量小地影响其他器件，并实现更好的功率匹配。

如果晶体管本身驻波很差，在匹配设计时就会很困难，为了满足驻波的要求就要求牺牲更多的噪声性能，那么即使晶体管本身的噪声性能很好所设计出来的放大器的噪声性能未必好，所以选择晶体管时要看其整体性能。

（3）偏置电路的选择和设计

场效应晶体管可以采用多种方式提供直流偏置，但是大体可以分为两类：单电源供电和双电源供电。如果是双电源供电，在很多时候要注意加入电源的顺序及时刻把握，否则会引起器件损坏，下面以耗尽型场效应晶体管为例分析。

图 4-21 为双电源供电电路图。在使用时需注意对于图 4-21(a)应先加负偏压 V_g，后加漏极正电压 V_d；对于图 4-21(b)应该先加正电压 V_s，后加 V_d；对于图 4-21(c)应该先加 V_s，后加 V_g，V_s 和 V_g 均为负压，但是 V_g 的绝对值大于 V_s。如果顺序相反，则晶体管可能瞬间超出安全工作范围而损坏。在加偏置电压时，可以考虑使两个电源同时接通，但需要在先加的电压的供电系统中包括一个 RC 时间常数较短的网络，而在需要后加的电压供电系统中包括一个 RC 时间常数较长的网络。

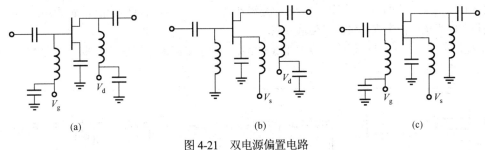

图 4-21　双电源偏置电路

图 4-22 为单电源供电的两种方式的示意图。电阻电源能够提供自动的瞬时保护，并且负反馈电阻 R_s 可以降低 I_p 随温度和 I_{DDS} 的变化，而使得静态工作点相对稳定。但是，由于 R_s 消耗直流功率，使得放大器效率较低。

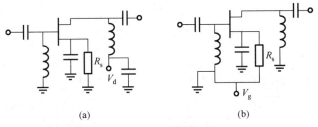

图 4-22　单电源偏置电路

在实现直流馈电网络时，对于工作频率范围较窄的电路可以选择 1/4 波长的高阻抗微带线，其终端用电容或扇形线对高频短路。该结构适用于工作带宽不超过 40%~50%。要满足更宽工作频率范围要求，应该选择高性能的电感和电容。

（4）匹配电路的设计

晶体管放大器的原理图如图 4-23 所示，匹配电路时通常是为了实现晶体管与源和负载的匹配，分为按照最大功率增益设计匹配电路和按照最小噪声系数设计，作为宽带低噪放电路，首选的就是按照最小噪声系数设计输入和输出匹配网络。

输入和输出匹配网络的形式是多种的，选择原则就是覆盖宽频带，如果匹配电路都无法满足宽频带要求，低噪放就更加无法满足了，所以该环节的重点就是选择输入输出匹配网络的形式，在图 4-18 所示的基本结构形式中指数型的结构宽带效果就比较好，具体尺寸、频带特性可以使用仿真软件来进行。

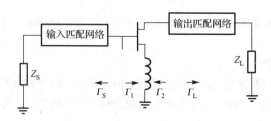

图 4-23　匹配电路连接原理图

（5）稳定性考虑

放大器的自激可能途径包括电路本身造成的，或外加腔体带来的。一般来说放大器电路设计不好，容易在带外自激，这时采用降低带外增益的方法，增强稳定性。改善晶体管稳定性的方法主要在前文中已经讲到，具体操作应该根据晶体管和电路特性选择。

有些自激是放大器的腔体引起的，如应尽量减小其尺寸，放大器盒体的横向宽度要小于最高频率的半波长，以避免盒内空间产生波导传输效应。

图 4-24 给出一个 C 波段低噪声放大器微波电路，由于单级晶体管增益不够，所以采用了四级级联放大的方案。

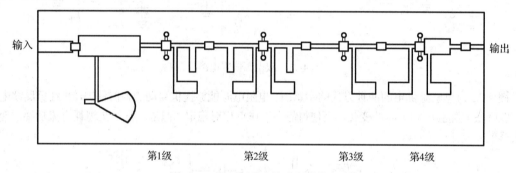

图 4-24　四级低噪声放大器微带电路

图中每级之间及总输入和输出之间皆有隔直电容。其中第 1 级、第 2 级 FET 按最佳噪声要求设计的输入输出匹配网络，第 3 级和第 4 级用直接移相线段作级间匹配电路。

第 1 级 FET 按最佳噪声要求设计。为了改善稳定性，在 FET 的两个源极和地之间各串联一段微带线构成串联负反馈。负反馈微带接地方式是在基片上打孔，孔壁金属化后与底面金属地层接通。栅偏压由扇线短路点引入，短路点上焊装了稳定电阻，用以抑制频带外过高增益，增加放大器的稳定性。第 2 级也是最佳噪声设计。第 1 级和第 2 级之间用两个分支电路进行匹配。第 2 级 FET 也加了源极串联负反馈。两根细微带引入的是直流偏置电路，采用了典型的 1/4 波长高低阻抗线引入。第 3 级和第 4 级用直接移相线段作级间匹配电路。这两级采用另一种型号的 FET，未加负反馈。

4.3.3　微波晶体管放大器设计

1. 设计技术要求

在 50Ω 测量系统中测得某微波晶体管放大器的散射参量如下：

$S_{11} = 0.32\angle 240°$　　　$S_{12} = 0.11\angle 38°$　　　$S_{21} = 2.2\angle 70°$　　　$S_{22} = 0.72\angle -10°$

$\Gamma_{\text{sopt}} = 0.5\angle 140°$，并且测得信号源内阻 Z_{S0} 为 50Ω，输出负载阻抗为纯电阻 $Z_{L0} = 50\Omega$。

要求：（1）判断该晶体管放大器的稳定性。

（2）以此管为核心元件组成一放大器，求解实现最大功率增益时的端口反射系数，并设计放大器所需的 Γ 型和反 Γ 型的输入与输出匹配网络。

（3）求解实现最小噪声系数时的端口反射系数，并设计放大器所需的 Γ 型和反 Γ 型的输入与输出匹配网络。

（4）分别求取实现最大功率增益和最小噪声系数时，晶体管放大器的单向转换功率增益，并进行比较。

2. 设计思路

单级晶体管放大器的原理电路图如图 4-25 所示。

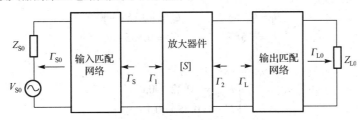

图 4-25　单级放大器网络

输入匹配网络把信号源反射系数由 Γ_{S0} 转变为 Γ_S；输出匹配网络把负载反射系数由 Γ_{L0} 转变为 Γ_L。晶体管选定后，其参数不再发生变化，信号源内阻与输出负载也同样经测定后，不再改变，所以要实现不同功能的晶体管放大器设计，选择因素放在了输入和输出匹配网络的设计上。输入匹配网络用来实现把实际信号源阻抗变换为放大器输入端口所需要的等效信号源阻抗，输出匹配网络则是把实际负载变换成放大器所需的等效负载阻抗，所以不管是最大功率增益方式设计还是最小噪声系数方式设计，最终落实在不同的匹配网络上。

为了实现对任意信号源阻抗和输出负载都能实现这两种方式的设计，放大器要求绝对匹配的情况下才能进行，所以首先要根据晶体管放大器绝对稳定的充分必要条件来判断，这也就是设计的第一步。

在 4.3.1 节中已经给出了实现最大功率增益方式、最小噪声系数方式设计时，晶体管放大器对信号源反射系数和负载反射系数的要求，按照给出的求解公式即可进行求解。

3. 具体设计实现过程

（1）判断晶体管放大器的稳定性，需要用到式（4-84）中的判别公式，具体求解为：

$$K_s = \frac{1-\left|S_{11}\right|^2 - \left|S_{22}\right|^2 + \left|D\right|^2}{2\left|S_{12}S_{21}\right|} = 1.136 > 1$$

$$1-\left|S_{11}\right|^2 = 0.8976$$

$$1-\left|S_{22}\right|^2 = 0.4816$$

$$\left|S_{12}S_{21}\right| = 0.242$$

所以满足

$$1-\left|S_{11}\right|^2 > \left|S_{12}S_{21}\right|$$

$$1-\left|S_{22}\right|^2 > \left|S_{12}S_{21}\right|$$

综合上面计算式，与式（4-84）比较，可以得到该晶体管放大器是绝对稳定的。

（2）实现最大功率增益时，要求输入端口和输出端口同时实现共轭匹配，及达成双共轭匹配状态，以获得最大的功率传输。此时根据式（4-91）和式（4-93）

$$\begin{cases} \Gamma_{Sm} = \dfrac{B_1 \pm \sqrt{B_1^2 - 4|C_1|^2}}{2C_1} = C_1^* \left(\dfrac{B_1 \pm \sqrt{B_1^2 - 4|C_1|^2}}{2|C_1|^2} \right) \\ \Gamma_{Lm} = \dfrac{B_2 \pm \sqrt{B_2^2 - 4|C_2|^2}}{2C_2} = C_2^* \left(\dfrac{B_2 \pm \sqrt{B_2^2 - 4|C_2|^2}}{2|C_2|^2} \right) \end{cases}$$

可以求得

$$\begin{cases} B_1 = 0.755 & C_1 = -0.159 + j0.02 \\ B_2 = 1.587 & C_2 = 0.585 - j0.169 \end{cases}$$

从而可以得到

$$\begin{cases} \Gamma_{Sm} = -0.22 - j0.028 \\ \Gamma_{Lm} = 0.45 + j0.13 \end{cases}$$

也可以写成

$$\begin{cases} \Gamma_{Sm} = 0.222 \angle -172.75° \\ \Gamma_{Lm} = 0.467 \angle 16.14° \end{cases}$$

因为信号源阻抗和负载阻抗为 $Z_{S0} = 50\Omega$ 和 $Z_{L0} = 50\Omega$，且在 50Ω 测量系统中测量所得，即表示 $Z_C = 50\Omega$，所以信号源和输出负载没有经过输入输出匹配网络时的反射系数 Γ_{S0} 和 Γ_{L0} 为零。所以输入匹配网络的功能是完成从实际的 $\Gamma_{S0} = 0$ 到需求的 $\Gamma_{sm} = 0.222 \angle -172.75°$ 的变换，而输出匹配网络是从实际的 $\Gamma_{L0} = 0$ 到需求的 $\Gamma_{Lm} = 0.467 \angle 16.14°$ 的变换。

采用第 1 章中"Γ形"或"反Γ形"结构，利用导纳圆图实现反射系数的变换，如图 4-26 所示。

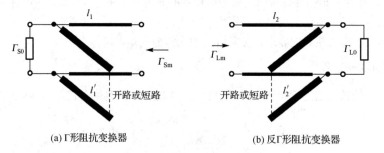

(a) Γ形阻抗变换器   (b) 反Γ形阻抗变换器

图 4-26　单支线阻抗变换器

因为要利用圆图实现求解，所以在上述求解参量中固定主线和支线的特性阻抗，均为 50Ω，求解主线和支线的长度。

下面给出一组利用导纳圆图求解的过程。为便于说明，采用从 $\Gamma_{L0} = 0$ 到需求的 $\Gamma_{Lm} = 0.467 \angle 16.14°$ 的变换，从图 4-26 可知为反 Γ 形阻抗变换器。

$\Gamma_{L0} = 0$ 的点就是匹配点，位于导纳圆图的中心点。$\Gamma_{Lm} = 0.467 \angle 16.14°$ 所代表的点要在圆图上标出来，还需要先求得驻波比，

$$S_{Lm} = \frac{1 + |\Gamma_{Lm}|}{1 - |\Gamma_{Lm}|} = 2.75$$

该驻波比值和电阻圆在阻抗圆图正半轴上的值能对应起来，所以找到（2.75,0）位置，并以此为半径画圆，得到等反射系数圆，按照 $16.14°$ 的幅角找到对应的 Γ_{Lm} 点。该等反射系数圆与经过 Γ_{L0} 的电导圆（即 $g=1$）的圆有两个交点，代表存在两组解，图 4-27 中分别用实线和虚线标出，从而可求得

主线长：解 1 为 $l_1 = (0.476 - 0.164)\lambda = 0.312\lambda$ ；

       解 2 为 $l_2 = (0.476 - 0.336)\lambda = 0.14\lambda$ 。

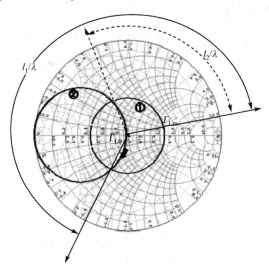

图 4-27　利用圆图求取阻抗变换器主线长度

同样，根据中心点到两个交点的虚部差，可以求解出相应的支线长度。

对应解 1，选取支线为终端开路线，且长度为 $l_1' = 0.132\lambda$ ，

对应解 2，选取支线为终端短路线，且长度为 $l_2' = 0.118\lambda$ 。

所以对于输出匹配网络，有两组解，分别为

第一组解：主线长 $l_1 = 0.312\lambda$ ，支线长 $l_1' = 0.132\lambda$ ，并且支线终端为开路；

第二组解：主线长 $l_2 = 0.14\lambda$ ，支线长 $l_2' = 0.118\lambda$ ，并且支线终端为短路。

采用类似的办法，可以利用圆图求解出输入匹配网络的主线支线长度，也是两组解，分别为：

第一组解：主线长 $l_1 = 0.093\lambda$ ，支线长 $l_1' = 0.066\lambda$ ，并且支线终端为开路；

第二组解：主线长 $l_2 = 0.377\lambda$ ，支线长 $l_2' = 0.19\lambda$ ，并且支线终端为短路。

（3）实现最小噪声系数时，要求信号源阻抗（或信号源反射系统）必须等于 Γ_{sopt} ，即从晶体管输入端口向信号源看去的等效源反射系数应为 Γ_{sopt} ，输入匹配网络要求完成从实际的 $\Gamma_{S0}=0$ 到需求的 Γ_{sopt} 的变换。输出端口仍然要实现将放大的信号功率最大程度的送到负载上去，所以输出还需要共轭匹配，这样的话，根据上面的计算结果，需要满足实际的 $\Gamma_{L0}=0$ 到需求的 $\Gamma_{Lm}=0.467\angle 16.14°$ 的变换。

从而，利用圆图同样的操作，可以求得实现最小噪声系数。

第一组解：主线长 $l_1 = 0.138\lambda$ ，支线长 $l_1' = 0.142\lambda$ ，并且支线终端为开路；

第二组解：主线长 $l_2 = 0.47\lambda$ ，支线长 $l_2' = 0.116\lambda$ ，并且支线终端为短路。

输出匹配网络与上小题中的相同，有两组解，分别为

第一组解：主线长 $l_1 = 0.312\lambda$ ，支线长 $l_1' = 0.132\lambda$ ，并且支线终端为开路；

第二组解：主线长 $l_2' = 0.14\lambda$ ，支线长 $l_2' = 0.118\lambda$ ，并且支线终端为短路。

（4）单向转换功率增益就是采取单向化处理以后得到的转换功率增益，这时认为 S_{12} 很小，可以

忽略，从而 $S_{12}=0$，这时计算公式与前面相同，只不过由于 S_{12} 为 0 后，计算起来要简化得多，先求解实现最大功率增益时，可以求得

$$\begin{cases} \varGamma_{\mathrm{Sm}} = 0.32\angle 120° \\ \varGamma_{\mathrm{Lm}} = 0.72\angle 10° \end{cases}$$

可以求得单向转换功率增益为：

$$G_{\mathrm{tu}} = G_{\mathrm{t}}\big|_{S_{12}=0} = \frac{|S_{21}|^2 (1-|\varGamma_{\mathrm{Sm}}|^2)(1-|\varGamma_{\mathrm{Lm}}|^2)}{|(1-S_{11}\varGamma_{\mathrm{Sm}})(1-S_{22}\varGamma_{\mathrm{Lm}})|^2}$$
$$= 4.84\times 1.11\times 2.076 = 11.153$$

如果实现最小噪声系数：
可以求得

$$\begin{cases} \varGamma_{\mathrm{sopt}} = 0.5\angle 140° \\ \varGamma_{\mathrm{Lm}} = 0.72\angle 10° \end{cases}$$

可以求得单向转换功率增益为：

$$G_{\mathrm{tu}} = G_{\mathrm{t}}\big|_{S_{12}=0} = \frac{|S_{21}|^2 (1-|\varGamma_{\mathrm{sopt}}|^2)(1-|\varGamma_{\mathrm{Lm}}|^2)}{|(1-S_{11}\varGamma_{\mathrm{sopt}})(1-S_{22}\varGamma_{\mathrm{Lm}})|^2}$$
$$= 4.84\times 1.035\times 2.076 = 10.40$$

两者之间差异为 6.75%，说明一般情况下单向化处理带来的误差不大。

4.3.4　微波晶体管放大器的 CAD 简介

当放大器的频带要求很宽，例如倍频程甚至几个倍频程时，或者在频带内要求兼顾放大器多个性能指标，如增益、噪声系数、驻波比等，传统的分析设计方法，如图解法等，虽然直观、方便、概念清晰，但速度慢、精度不高，不能完成宽带设计，已经不能满足分析和设计的需求。这时只有借助计算机辅助分析设计，即 CAD，才能获得良好的性能指标，并大大缩短电路的研制周期。本小节简单介绍微波晶体管放大器 CAD 的基本概念和方法。

目前常用于微波晶体管放大器 CAD 的方法主要有三种[4]，分别是选定网络拓扑的直接优化法、网络综合法和实频技术设计法。

选定网络拓扑的直接优化法首先要根据放大器的指标要求，选定各匹配网络的拓扑及其元件值，并计算其初始特性（如增益、噪声、驻波比等），然后以匹配网络元件参数为变量，利用最优化方法调整各匹配网络元件参数，使放大器特性计算值逼近要求的目的值。这种方法直观、易于掌握和运用，但缺点是设计结果与匹配网络拓扑的选定和初值的选择关系很大，若选择不当，计算结果收敛很慢甚至不收敛，这时甚至要重新修改初始设计、再重复优化过程。

网络综合法要先根据放大器和晶体管的增益特性确定各匹配网络的传输特性，并建立相应的逼近函数和选择合适的匹配网络结构。晶体管模型通常采用单向化等效电路，以便使输出和输入端的匹配网络可独立进行综合。但这种处理方法当 S_{12} 较大时会引起误差，使综合得到的网络不满足放大器特性要求，所以一般在各匹配网络综合好后，以实测器件的 S 参量为模型，对放大器进行特性分析。如果不满足设计要求，则以前次综合结果为初值，再用优化方法调整各匹配网络的元件值。这种方法比直接优化法中选择初始电路的盲目性要小一些，可缩短优化设计的过程，且能得到较好的放大器电路和特性。

实频技术是由美国 H.J.Carlin 于 1977 年所创，实际是一种半综合半计算机辅助设计的方法，其特点是直接应用器件的 S 参量测量数据综合网络，不必知道其电路模型，而且也不需要选定匹配网络的拓扑和预定传输增益函数进行网络综合。这种方法的特点是对晶体管不一定模拟一个简单等效电路，有了参数就可设计；也无单向化的限制，可以将器件的反馈作用一并考虑在内。具体方法可参看参考文献[33]。

关于小信号微波低噪声晶体管放大器的分析与设计已经形成了一个相对独立的学科，这方面的工作涉及了深入的理论内容和丰富的工程实践。本书不可能也没有必要完整讨论小信号微波低噪声晶体管放大器分析与设计的内涵和外延，仅就其基本问题进行了简单介绍，而且主要侧重于其分析方面，虽然这种分析也是要最终服务于设计的，但关于设计的方法、具体步骤和示例没有介绍。尤其是目前已经被广泛采用的计算机辅助分析与设计方法，这里也没有展开讨论。关于这部分内容可参考其他一些深入研究的文献资料，以获得全面认识。

4.4 微波晶体管功率放大器

对于微波晶体管功率放大器，总是要求它在给定频率上或一定频率范围内输出一定的微波功率。因此，微波晶体管功率放大器总是在大信号状态下工作。所以，对于微波晶体管功率放大器，从所用的放大器件、指标体系、电路结构和电路分析设计方法上讲，都与小信号微波晶体管放大器不同，具有许多突出的特点。

功率晶体管和小信号低噪声晶体管结构及材料不相同。由于功率管主要应能承受大功率，且要求散热性能好，因此其管子的交指型结构的指条数目从低噪声管的 3～5 条增加到 10～20 条。功率双极管总是用散热性能良好的硅材料制造，而功率场效应管趋向于采用金属-半导体场效应晶体管。

由于微波晶体管的 S 参量与欲放大信号的信号电平有关。也就是说，微波晶体管的 S 参量随所放大的信号电平而变化。因此，针对小信号微波晶体管放大器的小信号 S 参量的方法不能再用来描述微波功率晶体管的放大特性，必须在规定的工作频率、信号电平和直流工作状态下测量其大信号参量。目前应用最广泛的大信号参量是微波功率晶体管的动态输入阻抗和动态输出阻抗。这两个阻抗可以在规定条件下直接用实验方法测量得到。此外，分析和设计功放还可以采用负载牵引法和大信号 S 参量法。

4.4.1 微波晶体管功率放大器的指标体系

微波晶体管功率放大器的指标除满足一定的增益、驻波比、频带外，突出的要求是提高输出功率、效率及减小失真。

1. 效率 η

一般功率管的效率 η（也称为集电极效率或漏极效率）定义为晶体管的射频输出功率 P_{out} 与电源消耗功率的 P_{dc} 之比：

$$\eta = \frac{P_{out}}{P_{dc}} \tag{4-103}$$

它表示了功放把直流功率转换成射频功率的能力，但它不能反映晶体管的功率放大能力，因此又定义了功率附加效率 η_{add}：

$$\eta_{add} = \frac{P_{out} - P_{in}}{P_{dc}} \tag{4-104}$$

式中，P_{in} 为射频输入功率。可见式（4-104）能同时反映功放的增益，相同 η 而增益高的管子有较高的 η_{add}，所以用功率附加效率来描述功放效率更为合理。

2. 非线性失真

信号失真可以概括为线性失真及非线性失真，晶体管功放的特点在于非线性失真，表现为输出、输入信号幅度关系的非线性、多频信号产生交调失真以及调幅-调相转换等。由于功放工作在大信号状态，特别是在中功率和大功率放大器中，放大器件常常工作于 B 类（乙类）和 C 类（丙类）工作状态，这使得在功放的分析方法上，必须采用非线性方法来分析处理。由于功放工作于非线性工作状态，在放大信号过程中将产生大量的谐波分量。因此功放的匹配网络除完成阻抗匹配作用外，对其滤波作用的要求比 A 类（甲类）放大器的要求更为突出。

近年来，一方面由于大容量数字微波通信技术和卫星通信技术的发展，对功放线性的要求越来越高；另一方面，器件研制的发展有可能提供在甲类或准甲类工作状态下输出较大功率的管子，因此下面主要讨论线性功放的问题。

3. 功放线性度指标

（1）1dB 压缩点输出功率 P_{1dB}

图 4-28(a)为功放的输出输入特性，相应的增益特性如图 4-28(b)所示。当输入功率较小时，增益为常数，称为小信号线性增益 G_0；输入功率继续增大，由于非线性使输出功率与输入功率的比值即增益减小。当增益比小信号线性增益下降 1dB 时，称为 1dB 压缩点增益 G_{1dB}，对应的输出、输入功率分别称为 1dB 压缩点输出功率 P_{1dB} 及 1dB 压缩点输入功率 $P_{in(1dB)}$，因此有：

$$P_{1dB} = P_{in(1dB)} + G_0 - 1 \tag{4-105}$$

式中各量都以 dBm 或 dB 为单位。

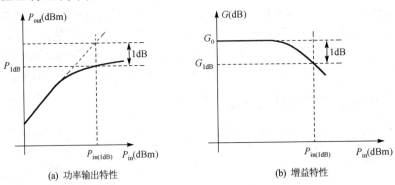

(a) 功率输出特性   (b) 增益特性

图 4-28　功放的增益压缩特性

衡量功放性能，固然希望 G_0 大，使得在相同输出功率下要求较小输入电平，但更主要的是 $P_{in(1dB)}$（决定动态范围上限）大或 P_{1dB}（决定失真较小的输出功率）大。

（2）三阶交调系数 M_3

假设有双频信号 ω_1 和 ω_2 输入放大器，如图 4-29 所示，由于非线性作用，输出有 $m\omega_1 \pm n\omega_2$ 成分，其中最靠近 ω_1、ω_2 的成分是 $2\omega_1 - \omega_2$ 和 $2\omega_2 - \omega_1$ 两个频率，一般落在放大器频带内而未能被滤除。这两个频率的幅度称为三阶交调幅度。定义三阶交调系数 M_3 为：

$$M_3 = 20\lg \frac{\text{三阶交调幅度}}{\text{基波幅度}} (\text{dB}) \tag{4-106}$$

交调失真产物对模拟微波通信来说，会产生临近话路之间的串扰，这对数字微波通信来说，会降低系统的频谱利用率，并使误码率恶化。因此容量越大的系统，要求三阶交调系数值越低，例如要求–30dB，甚至–40dB。关于三阶交调系数 M_3 的详细理论分析可见参考文献[3]。

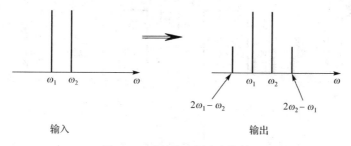

图 4-29　功放的交调失真特性

（3）调幅-调相转换系数 β

一般认为功放是无惯性的非线性网络，未考虑其相位非线性。当对通信系统的相位特性要求很高时，应把功放作为有惯性（有时延）的非线性网络来研究。这时，当输入信号为调幅信号时，输出信号不仅幅度会有非线性变化，而且相位也会有非线性变化，这两种变化前者称为调幅-调幅效应（AM/AM 效应），后一种称为调幅-调相效应（AM/PM 效应）。AM/PM 效应不仅使交调失真、群时延失真变坏，而且调相信号导致频谱展宽。因此高质量、高效率的通信体制要求尽可能减小 AM/PM 效应。

可定义调幅-调相转换系数 β 为：输入单频等幅信号时，输出信号相位变化与输入信号功率变化（用 dB 表示）的比值，即：

$$\beta = \frac{180^\circ}{\pi} \cdot \frac{\mathrm{d}\theta}{\mathrm{d}P_\mathrm{in}} (度/dB) \tag{4-107}$$

式中，θ 用弧度表示；P_in 用 dB 表示。

4.4.2　微波晶体管功率放大器的结构

微波晶体管功率放大器的电路形式是多种多样的。图 4-30 给出了几种常用的宽带功率放大器的电路结构形式，即：

● 用无耗或反射匹配网络的单端或平衡带通型功率放大器；
● 用有耗匹配网络的功率放大器；
● 电阻反馈型功率放大器；
● 分布或行波型功率放大器。

表 4-3 是这四种电路形式的特点的比较。

表 4-3　功率放大器结构形式的特点比较

功放类型	优点	缺点
反射无耗匹配放大器	每级有较大增益和功率，效率最高	难于控制输入和输出驻波比，级联和增益平坦度受限制
有耗匹配放大器	驻波比和增益平坦度比无耗匹配型有改善，容易级联	每级的增益和功率降低
反馈型放大器	比有耗匹配型进一步改善了驻波比	比有耗匹配型更大地降低了增益和功率
分布型放大器	在十倍频带内有最好的增益平坦度，低输入和输出驻波比，容易级联	限制了功率，效率低

在用实验方法测量得到微波功率晶体管的动态输入阻抗和动态输出阻抗后，即可进行功率放大器

输入匹配网络和输出匹配网络的设计。匹配网络的基本结构形式与图 4-17 所示的低噪声放大器匹配网络基本形式是一样的。只是在功放中，考虑到大功率传输的需要，这些匹配网络常常用同轴线或集总元件构成，在中功率和小功率放大器中才采用微带线匹配网络。

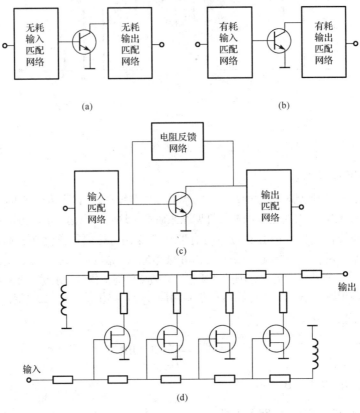

图 4-30　晶体管功放的基本结构形式

4.4.3　功率合成技术

1. 功率合成的基本概念

目前微波频段的功率晶体管单管已经能输出几十瓦的微波功率，但在实际应用中，要求输出的微波功率远大于这个功率，因此往往单管输出的微波功率不满足某些应用的需要。为了得到足够的微波输出功率，除了在器件材料、结构工艺上着手设计出更大功率的微波功率晶体管外，在电路设计上可采用功率合成技术，将许多单管输出的功率经过一定的电路处理后叠加起来，从而得到总的输出比单管输出大得多的功率。图 4-31 所示的是一个在 3～3.5GHz 频率上将输入 0.1W 合成输出 120W 的微波集成的功率合成器的原理方框图。图中每一个三角形符号代表一级功率放大器。每一个方块符号代表一个功率分配/合成器，在并联放大器 G_4 之前完成功率分配作用的称为功率分配器，而在并联放大器 G_4 之后完成功率混合作用的称为功率合成器。在完全理想的情况下，功率合成器输出总功率等于并联各支路末级功率放大器输出功率的总和。这个总功率的大小，仅受末级功率放大器和功率混合器的功率容量的限制。在实际应用中，由于功率合成的不理想（如合成器各路输入相位不一致性）、功率分配器和功率合成器的插入损耗等因素的影响，输出总功率比并联末级放大器输出功率的总和小许多。由图 4-31 结构不难证明，功率合成中并联通路数目的增多，仅仅增大输出功率，而其功率增益并不增大。

功率合成器的总功率增益始终等于其中一条通路的总功率增益。因此，为了提高功率合成的有效性和可靠性，在功率管的功率容量许可的条件下，总是尽量采用单路功率增益高及并联通路少的方案。

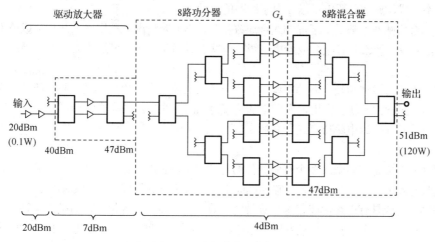

图 4-31　功率合成器方框图

2. 功率合成分类

微波功率合成是指把两个或多个微波固体功率器件组合在一起，从而得到较高的输出功率。自 20 世纪 60 年代以来，微波功率合成技术就引起了国际上的广泛关注，经过几十年的发展，大致可以归纳为四种类型，如图 4-32 所示。

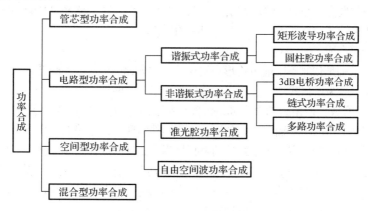

图 4-32　微波功率合成类型

管芯型功率合成又称为器件级功率合成，在微波晶体管管芯结构设计中，可以在同一晶片上设计出具有相同性能的大量管芯，将这些管芯并联连接起来，以公共电极输出，并封装在同一管壳之中，就成为一个按功率合成原理构成的单一晶体管。一般用于对电路体积要求较高、高频段、中小功率应用的场合。它涉及微电子及半导体集成技术。

电路型合成技术则是依靠不同的电路形式实现功率的分配与合成，不受芯片区域的限制，目前得到广泛应用。其中，谐振腔合成结构一般用于高频段中低功率合成，毫米波段的功率分配/合成主要采用这种电路形式；而采用非谐振腔的合成结构主要有 3dB 电桥功率合成、链式功率合成以及多路功率合成。

空间型功率合成是利用多个功率辐射单元，以特定的相位关系来实现功率的叠加。这类合成又分为准光腔功率合成与自由空间波功率合成。准光腔合成技术是将器件通过不同的结构形式安装于准光腔内进行功率合成，自由空间合成技术是利用天线的辐射与互耦特性，将各个器件的辐射功率在自由空间进行功率合成，这部分超出了微波电子线路的范畴。

实际功率合成基本上都采用了混合式合成方法。根据实际情况，利用以上几种合成技术各自的优点，做到性能互补，通常管芯级合成为第一级，电路合成为第二级，若还需要的话，最后一级采用空间合成。

这些年来人们对微波和毫米波功率源的合成方法及其发展表现出极大的兴趣。随着可靠的固态功率源——雪崩二极管的出现及应用，人们更加重视对功率合成方法的研究。

下面对各种功率合成电路特点进行介绍。

（1）管芯型功率合成

管芯型功率合成是把两个或多个有源器件的管芯聚集在长度比波长小的散热基底上，以串联或串并联的方式联合起来，然后加上输入、输出匹配电路，就可以获得较大的输出功率。

管芯型功率合成具有电路性能稳定、频带宽、效率高、体积小等优点，但是由于管芯合成的特殊性，需在同一基片上将多个管芯直接并联或串联，若合成数量增多，势必引起阻抗匹配的难度，而且基片绝大部分面积用于无源匹配与合成传输线的制作，传输线损耗相对较高，合成效率将会受到影响；并且随着频率的升高，各管芯之间的距离相对于工作波长而言，已不能忽略了，合成管芯数量增大，信号到达每个管芯时，将不再认为具有相同的电磁场环境，也会降低合成效率。对于功率器件而言，散热是首要考虑的问题，由于各管芯间距离很小，工作时相互热作用是不可避免的，每个管芯的实际散热面积很小，若合成管芯数目过多，加大了器件的散热难度，在毫米波频段中尤为如此。

因此，无论工艺水平如何发展，仅靠管芯合成来提高功率输出的能力是十分有限的。这种方法的主要优点是对电路微型化有好处，但通常受限于在一块小面积基底上能够组合的器件数目，因此一般用于对电路体积要求较高、高频段、中小功率应用的场合。

（2）电路型功率合成

电路级合成技术则是依靠不同的电路形式实现功率的分配与合成，不受芯片尺寸的限制，目前得到广泛应用。它又可分为谐振式功率合成和非谐振式功率合成两种。

① 谐振式功率合成。谐振式功率合成是将多个单独固态器件的输出功率通过耦合的方式耦合到合成腔内以提高整个电路的功率输出。如利用二极管器件实现振荡电路的功率合成，已经十分成熟，主要是用于毫米波高端。其优点是由于器件功率直接耦合到谐振腔体内合成输出，路径损耗小，合成效率高。主要缺点是：合成电路 Q 值高，工作频带窄，而且可用于合成的器件数目受腔体模式限制，因为随着合成器件的增多，频率的升高，腔体空间会越来越小，各种不连续边界所产生的模式将变得越来越复杂，从而严重影响合成器工作的稳定性。

按谐振腔体不同，主要有两种方式：矩形波导腔体谐振合成与圆柱腔体谐振合成。矩形波导腔体谐振合成在毫米波频段的应用十分成功。首先，矩形波导腔体输出口与标准波导容易转换(只需要阻抗匹配)，而圆柱形腔体输入、输出是在腔体中央插入同轴探针实现，除了在毫米波难以制作外，这种结构还进一步限制了工作带宽与合成效率。其次，在腔体模式受限问题上，圆柱形腔体更加严重，圆柱形腔体是靠增大腔体直径来增加合成器件数量的，腔体直径增加，工作模式也迅速增加，合成效率迅速降低；而矩形波导腔体则可以仅增大腔体长度，而保持腔体的高度和宽度不变，这样，工作模式相对来说增加得较为缓慢。

下面是采用这种技术的两个成功范例。

图 4-33 是 Kurokawa 和 Magalhaes 在 1971 年研制的波导结构的谐振合成器，它在 X 波段组合了12 只 IMPATT 二极管，每一个管子装在一个稳定的同轴线末端，通过该同轴线耦合到波导腔边壁的磁场

中。为了取得更好的耦合效果，这些二极管安装在谐振腔磁场最大的地方，因此每对二极管在波导中的间隔为波长/2，该合成器在 9.1GHz 实现了一个 10.5W 的连续波振荡源，直流—射频的转换效率为 62%。

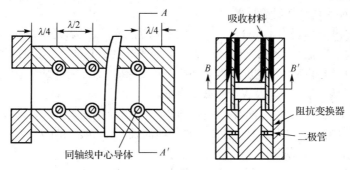

图 4-33　波导谐振合成器

在二极管谐振腔合成技术中可能最成功，也是最广泛的应用方案是 Harp 和 Stover 在 1973 年提出的，如图 4-34 所示。这种方案是采用谐振在 TM010 模的圆柱谐振腔圆周放置二极管的同轴模块，在这种结构中，谐振腔壁上磁场最大，并与同轴模块中心导体相耦合。中心导体连同 $\lambda/4$ 变换器提供对谐振腔的阻抗匹配，每个谐振腔都端接一吸收材料，谐振腔的同轴中心导体用来对 IMPATT 管子偏置，合成器的功率输出通过整个结构中心轴上的探针获得，探针所处位置电场最大。

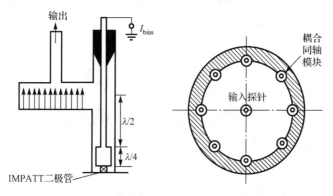

图 4-34　单腔 IMPATT 功率合成放大器

采用这种圆柱谐振腔的一个重要原因是：它的场是方位对称的，器件位置不受空间限制，而且器件的数目由二极管的体积决定，封装后的 X 频段 IMPATT 管的最小间距可以小于 5mm。因此，合成的器件数目可以很大。目前采用 TM010、TM020、TM040 等各种腔体，以及硅单漂管、硅连续波双漂管、硅脉冲双漂管、砷化镓连续波 IMPATT 管的各种合成器都已进行过实验，已应用于 C、X、Ku 和 Ka 波段的振荡器、注锁振荡器和放大器，所得的合成效率也很高。

由上面的实例和分析可以看出在微波高频段乃至毫米波频段，谐振腔合成结构都可以实现对于高频段而言较高的合成效率及不错的匹配与隔离效果，作为微波毫米波段的合成功率源非常合适。但是它的谐振腔的结构决定了它必须以波导或者同轴作为传输媒质，这种立体结构体积大，结构复杂，对加工精度要求比较高，还有一点就是上面分析中提到的由于腔体的高 Q 值带来的较窄的相对带宽。在高频段由于频率高，即使相对带宽窄，绝对带宽依然很大。然而在较低的频段相对带宽窄，绝对带宽也会比较小，无法实现宽频带的功率分配/合成器。因此谐振式功率合成一般也只会在技术要求较高的毫米波段的应用上。

②　非谐振式功率合成。此种合成方式是将多个功率单元通过功率分配/合成网络连接起来，获得更大的输出功率，其特点是：工作带宽由功率分配/合成网络决定，一般来说都大于谐振式合成。功率

分配/合成网络为各合成单元间提供了一定的隔离度，从而基本上消除了由单元间的相互作用引起的不稳定性。合成效率主要由各合成单元输出信号之间的相位、幅度以及合成电路本身的损耗决定。

（3）Wilkinson N 路功率分配/合成器

非谐振合成结构也已经提出了几种，其中最早应用的、最广泛的就是 Wilkinson N 路功率分配/合成器，采用同轴结构带有隔离电阻的 Wilkinson N 路功率等分器是 1960 年提出的，外形是一段同轴线，其内导体是空心的，外导体是接地的屏蔽体，一端是输入接头，另一端是 N 个输出接头，排列成星形布置，属于同一类接头，输入电阻及 N 个负载均为 Z_0。

如图 4-35 所示，在这个功率分配器中，输入同轴线的内导体被分成 N 个锯齿，每个锯齿与公共结点间都接有隔离电阻 R，锯齿长度及各支路传输线的长度为λ/4。由于对称性，输入功率将平均分配于 N 个输出端口，得到同相同模的输出，反过来，同相同模的 N 路输入也可以被合并成 N 倍的功率输出。当功率从合成端输入时，隔离电阻上无功率损耗（因为各个传输支路是同电位的，故无电流通过隔离电阻），但是，当某一路输出失配，致使有反射波折回时，则此反射功率将分拆开：一部分经过隔离电阻到达其他输出端，另一部分沿着锯齿片传到输入端，然后又反射回来，沿着各个锯齿到达各个输出端。如果隔离电阻尺寸很小而可视为集总元件时，则它的电长度近似地认为零，由于各锯齿的长度为λ/4，电长度在中心频率处是π/2，往返二次的电长度就是π。因此到达各个输出端口的两部分信号是反相的。可以证明，只要适当选择隔离电阻和支线的特性阻抗值，就可以使这两部分信号幅度相等，因而彼此相抵消，这就是利用隔离电阻 R 达到各分支端口之间的隔离的原理。

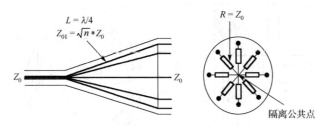

图 4-35　Wilkinson N 路功率分配合成器

Wilkinson N 路功率合成器的电路原理如图 4-36 所示，Wilkinson N 路功率分配/合成器理论上在中心频率处可以实现完全的匹配与隔离，具有功率分配合成器所需要的输入输出匹配、端口隔离、电气性能平衡对称以及低损耗特性。其主要问题是当 N > 2 时，只能是非平面结构，在所需要平面结构的合成电路中无法使用。

（4）径向 N 路功率合成器

在上面对 Wilkinson N 路功率分配/合成器的介绍中，我们可以看到它是非平面结构的原因是在于它的隔离电阻的布局，如果去掉这些隔离电阻，那么 Wilkinson N 路合成器将会变成平面结构，在这种情况下，任意两个分支端口之间的隔离度是 $20\log(n)$dB（n 为端口数量），而任何一个端口的回波损耗是 $-20\log(1-1/n)$dB，当 n 很大时，其隔离度可以达到一个合适的值，但是此时的回波损耗值无法接受，因为各个端口几乎已经全反射了，不能去掉隔离电阻，又要实现平面结构，于是有人提出了径向 N 路合成器。

径向 N 路合成器是一种类似 Wilkinson N 路合成器的准平面结构、低损耗、电气性能对称的 N 路合成器，可以说它是从 Wilkinson N 路合成器的理论上发展出来为了克服 Wilkinson 合成器在 N>2 时无法实现平面结构的一种改进型的合成器。径向 N 路合成器也是一路到多路直接变化，电路结构采用径向形式实现，分支传输线长度也是λ/4 波长，公共端采用同轴线垂直过渡，如图 4-37 所示。

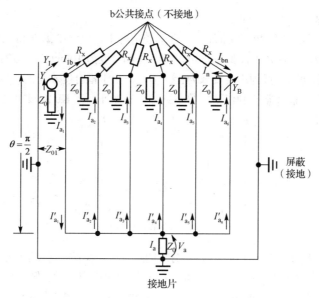

图 4-36　Wilkinson N 路功率分配合成器结构示意图

可以看到，为了实现平面结构，它改变了隔离电阻的布局，它的隔离电阻排布不像 Wilkinson 合成器那样有一个公共结点，而是两两接于各分支端口之间，因此它可以实现平面结构。这样改进之后，虽然它的主要部分都在一个平面上，但是分支和公共端口却不在一个平面，公共端口垂直于分支端口及分支线所在的平面，因此只能称为准平面结构，不像 Wilkinson 合成器，即使在中心频率处，径向 N 路合成器也不能实现支路端口之间的完全匹配和隔离。但是，有实验表明，使用多级λ/4 波长分支传输线同时配以多级隔离电阻可以提高各支路端口之间的隔离度和匹配性。根据理论上的分析需要 N/2 级传输线，径向 N 路功率分配/合成器才能获得完全的匹配与隔离。然而，考虑到增加的损耗与电路设计上的复杂度，两级以上的径向 N 路合成器在工程上是不予讨论的。而且在没有文献给出其分支传输线的特性阻抗和隔离电阻值的精确设计公式。因此在工程中设计径向 N 路功率分配/合成器时，都是用近似公式通过计算机优化来得到最优化的匹配与隔离效果。

（5）3dB 电桥功率合成

功率分配/合成电路采用 3dB 电桥的主要形式有两路 Wilkinson 电桥、3dB 环形电桥、魔 T 等。其原理框图如图 4-38 所示。近年来，随着半导体技术的发展，以两路 Wilkinson 电桥合成为基础的多层二进制 Wilkinson 电桥合成在毫米波低端的 GaAs MMIC 功率器件上取得了很好的效果。在同一块芯片上，通过二进制 Wilkinson 电桥直接将多个场效应管芯片的输出端以并联的方式连接起来以获得较大的功率。据目前的水平，在 95GHz 单片输出功率可达 427mW，在 62GHz 采用两路放大，片外合成得到 1W。

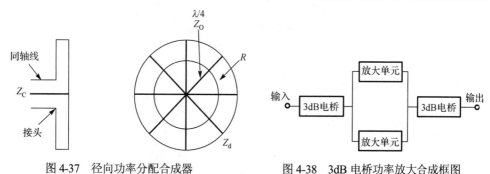

图 4-37　径向功率分配合成器　　　　图 4-38　3dB 电桥功率放大合成框图

（6）链式功率合成

图 4-39 简略描述了链式合成的基本原理，在理想情况下，电路中第 N 级对输出功率 P 的贡献为 $1/N$，即该级的耦合度为 10log$N$(dB)。原则上可以继续将耦合度为 10log(N+1)(dB)的第 N+1 级级联在第 N 级之后，以提高输出功率，直到满足要求为止。但是，由于耦合度本身的损耗会影响合成效率，而且级数越多，耦合越弱，耦合器的制作精度得不到应有的保证，在 Ku 波段更是如此。

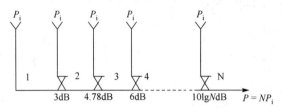

图 4-39　耦合链式功率合成

链式合成结构除了具有非二进制功率合成与分配的能力，可以节省放大器和耦合器数量的优点之外，还有一些其他优点，例如体积小，对电源和驱动要求较低、电路损耗小等。链式合成结构可以降低电路损耗是因为链式结构输入端上的耦合器必须具有较小的耦合度，而每个耦合器的损耗近似与耦合度成正比。

3. 功率放大器线性化技术

线性度是一项较难实现的指标，传统的线性化技术主要包括功率回退、前馈、预失真、包络的消除与再生（EER）、使用非线性元件的线性化技术（LINC）、Doherty 技术。前三种技术很复杂而且需要调整，后面的三种由于其简单性，可以根据线性度的要求和信道带宽实现集成，甚至对于不需要线性化的调制技术也可以在低输出功率的情况下提高效率。

（1）功率回退

这是最常用的方法，即选用功率较大的管子作为小功率管使用，实际上是牺牲直流功耗来提高功率放大的线性度。如图 4-40 所示，当放大器的输出功率接近 1dB 压缩点时，输出信号中将出现严重的失真，为了提高线性度，功率放大器的输出功率通常被限制于 1dB 压缩点以下的能量范围内，这种技术被称为功率回退技术。它的基本原理是：当输入功率减小时，各阶交调成分和谐波成分都会以指数率减小，而输出功率仅线性减小，因此可以提高线性度。在利用功率回退技术时，功率放大器的最大输出功率必须设计为比应用实际需要的输出功率高一个功率回退值，这会增加功率放大器的设计难度，而实际工作时，并没有充分利用功率放大器输出功率的能力。因为功率放大器通常设计为在 1dB 压缩点附近具有最高的效率，功率回退技术会降低放大器的效率。

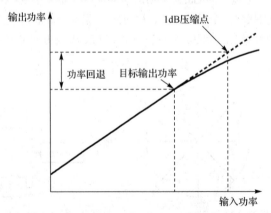

图 4-40　功率回退技术

（2）预失真技术

预失真就是在功率放大器前增加一个非线性电路用以补偿功率放大器的非线性。预失真补偿可以在射频或者基带完成，由于在基带处理时，工作频率较低，而且可以采用数字或者模拟技术来实现，因此在基带进行预失真补偿是一种常用的技术。射频预失真一般采用模拟电路来实现，具有电路结构简单、成本低、易于高频宽带应用等优点，缺点是频谱再生分量改善较少、高阶频谱分量抵消较困难。

如果功率放大器传输函数的幅度和相位能够确定，那么可以通过在基带补偿的办法纠正功率放大器的任何失真，如图 4-41 所示，预失真模块的幅度和相位随输入功率的变化曲线与功率放大器完全相反，级联预失真技术后就可以得到一个与输入信号功率无关的常数增益和恒定相移。

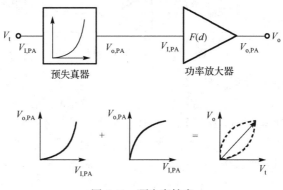

图 4-41　预失真技术

采用模拟电路来实现预失真模块的功能是非常困难的，常用的办法是建立一个数字查找表，它存储了不同输入功率下通过测量功率放大器的传输函数得到的增益和相位校准值，以输入信号功率来查找相对应的增益和相位校准量，控制预失真模块来补偿功率放大器的失真。但为了建立查找表，必须知道功率放大器的传输函数，但通常功率放大器的传输函数是温度、电压、偏置条件和工艺条件的函数，一个预先建立的查找表并不能包含这些因素的影响，降低了预失真补偿所能达到的性能。虽然可以采用自适应预失真技术来补偿这些漂移因素的影响，但这种技术需要建立功率放大器的系统模型，这是一个非常困难的任务。基于这些缺点，预失真技术在实际工作中并不能使功率放大器的线性度得到大幅度地提高。

（3）前馈

前馈技术既提供了较高校准精度的优点，又没有不稳定和带宽受限的缺点。当然，这些优点是由高成本换来的，由于在输出校准，功率电平较大，校准信号需放大到较高的功率电平，这就需要额外的辅助放大器，而且要求这个辅助放大器本身的失真特性应处在前馈系统的指标之上。当然，校准环中添加辅助功率放大器，因而总效率有所降低。前馈功率放大器的抵消要求是很高的，需获得幅度、相位和时延的匹配，如果出现功率变化、温度变化及器件老化等均会造成抵消失灵。为此，在系统中考虑自适应抵消技术，使抵消能够跟得上内外环境的变化。

（4）包络的消除与再生

图 4-42 是包络的消除与再生线性化技术的原理图。射频输入信号的包络首先通过一个限幅放大器来产生一个包络信号，与此同时，输入信号的幅度信息被一个包络检测器提取出来，幅度和相位信号被分别放大然后合成出需要的射频输出信号。用一种开关模式的射频功率放大器可以合成幅度和相位，在开关模式的功率放大器中，输出功率和电源电压的平方成比例，这样射频输出信号的包络和电源电压成比例。假设开关模式的功率放大器的输出级是一个单个晶体管，晶体管的漏端通过一个扼流电感连接到电源，如果射频的相位信号加在晶体管的栅上，而低频的幅度信号直接调制电源电压，那么包

络和相位则被成功地合成到一起。包络的消除与再生的主要优点是使用高效的开关模式放大器，这样在一定程度上缓解了线性度和效率折衷考虑的难题。

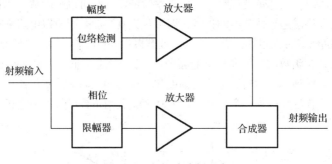

图 4-42　包络消除与再生

（5）使用非线性元件的线性化技术

为了充分利用非线性功率放大器的高效率特性，非恒包络信号可以分解为两个恒包络信号之和，信号包络所携带的幅度信息被编码为这两个恒包络信号的相位差。每一个恒包络信号都可以用高效率的非线性功率放大器进行放大，两个放大器的输出组合在一起构成一个与输入信号呈线性关系的输出功率信号。这种技术称为 LINC 技术，图 4-43 给出了 LINC 系统的原理图。

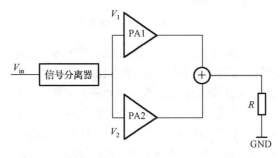

图 4-43　LINC 技术

信号分离器将输入信号 $V_{in}(t)$ 分解为两个恒包络信号 $V_1(t)$ 和 $V_2(t)$。这两个信号分别由高效率非线性放大器进行放大，输出的功率信号由一个功率合成器合为一路输出信号，它与原始输入信号之间呈线性关系。在实际应用中，LINC 发射器必须面对两个关键的问题：第一，两条信号路径中的增益和相位失配导致剩余失真。第二，当两个非线性放大器连接在一起时，两个放大器的非线性通过功率合成器的相互作用会限制整个开环系统的线性度，因为两个相位调制信号会破坏对方的相位，这种技术在 1GHz 有很好的线性度。不过随着工作频率的提高，LINC 系统的这些困难会随之增加，导致 LINC技术的实际应用越来越少。

（6）Doherty 技术

Doherty 技术是一种提高功率放大器效率的技术，它的工作原理如图 4-44 所示。主功率放大器的输出功率较大，辅助功率放大器的输出功率相对较小，当输入信号功率很低时，主功率放大器工作，以此来提高输出功率；当输入信号功率增加到一定程度时，辅助功率放大器输出一定的功率，用来补偿主功率放大器的增益压缩，而且随着输入功率的提高，辅助放大器的输出功率也逐渐增加。两个功率放大器的输出功率合成后，得到一个近似线性化的输出功率。采用 Doherty 技术可以提高功率放大器的平均效率，并且在一定程度上可以提高功率放大器的线性度。

Doherty 技术存在的主要问题是如何划分主功率放大器和辅助功率放大器分别起作用的阈值，该阈值与系统采用的调制方式以及信源的概率分布有关，需要根据系统应用选定；它的另一个问题是如何避免两个放大器之间的耦合。

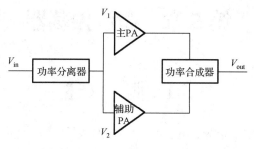

图 4-44　Doherty 技术

习　题　4

4-1　参量放大器与普通晶体管放大器相比有何特点？为什么具有很低的噪声系数？

4-2　如图 4-1 所示，如果电容变化的相位相反（波形倒相），即若在电荷达到最大值时，突然将电容增大 ΔC，将产生什么样的物理过程？

4-3　有一差频变频器，设 $f_P < f_S$，$f_- = f_S - f_P$，f_S 为输入频率，f_- 为输出频率，试问：

（1）此系统能否构成负阻反射型参量放大器？

（2）此系统是否绝对稳定？

（3）此系统是否具有功率增益？

4-4　已知三个微波晶体管的参量如下，判断它们的稳定性。

（1）$S_{11} = 0.277\angle -59°$　$S_{12} = 0.078\angle 93°$　$S_{21} = 1.92\angle 64°$　$S_{22} = 0.848\angle -31°$；

（2）$S_{11} = 0.43\angle -55°$　$S_{12} = 0.091\angle 76°$　$S_{21} = 3.4\angle 62°$　$S_{22} = 0.91\angle -43°$；

（3）$S_{11} = 0.32\angle 240°$　$S_{12} = 0.11\angle 38°$　$S_{21} = 2.2\angle 70°$　$S_{22} = 0.72\angle -10°$。

4-5　分别画出上述三个管子在 Γ_L 和 Γ_S 上的稳定判别圆，用阴影表示绝对稳定区域。

4-6　已知某微波晶体管的散射参量为：

$$S_{11} = 0.277\angle -59°　S_{12} = 0.078\angle 93°　S_{21} = 1.92\angle 64°　S_{22} = 0.848\angle -31°$$

试求：

（1）同时共轭匹配时要求的源反射系数和负载反射系数；

（2）最大功率增益。

4-7　已知某微波晶体管的散射参量及噪声参量分别为：

$$S_{11} = 0.277\angle -59°　S_{12} = 0.078\angle 93°　S_{21} = 1.92\angle 64°$$

$$S_{22} = 0.848\angle -31°　\Gamma_{sopt} = 0.5\angle -160°　R_s = R_l = 50\Omega$$

试求：

（1）实现最大功率增益时要求的端口反射系数；

（2）按最大功率增益设计"Γ形"或"反Γ形"输入输出匹配网络，求此时单向转换功率增益；

（3）实现最小噪声系数时要求的端口反射系数；

（4）按最小噪声系数设计"Γ形"或"反Γ形"输入输出匹配网络，求此时单向转换功率增益。

第5章 微波振荡器

5.1 概　述

微波振荡器在雷达、通信、制导、电子对抗和测试仪表等方面广泛应用已有很长的历史了，是各类微波系统的关键部件之一，它的性能优劣直接影响到微波系统的性能指标。对振荡器的要求越来越多，要求输出功率大、相位噪声低、频率稳定度高、尺寸小、温度稳定性高、可靠性高及成本低。但20世纪60年代之前，微波振荡器毫无例外地均由电真空器件构成。这类器件的工作电压高、耗电多、结构复杂、体积庞大、成本昂贵、调试麻烦，已逐渐不能适应电子技术发展的需要。20世纪60年代以后，随着半导体器件的发展，采用微波半导体管的固态振荡器发展起来。它通过电路与微波固态有源器件的相互作用，把直流功率转换为射频功率。目前，微波固态振荡器是微波固态信号源中常用的一种电路形式，而且往往是微波毫米波系统固态化、集成化、小型化的难点所在。

微波半导体振荡器主要有两大类：一类是20世纪50年代末期发展起来的，用高稳定度的晶体振荡器作主振，而后经功率放大及高次倍频构成的倍频链。这类振荡器频率稳定度高、技术成熟，但电调谐范围小、结构复杂、产生大功率振荡较困难。另一类是晶体管振荡器和微波半导体二极管振荡器，这类振荡器的频率稳定度不高，但结构简单、电调谐范围宽。当前，用作微波振荡器的微波固态器件主要有以下几类：

（1）微波晶体管，包括微波双极晶体管和微波场效应晶体管；

（2）渡越时间器件，如雪崩二极管等；

（3）转移电子器件等；

（4）量子电子器件，如半导体莱塞等；

（5）变容二极管。

在微波晶体管方面，在微波频率的较低端，一般在10GHz以下，由于双极晶体管具有极低的相位噪声和高的直流到射频的转换效率，一般多用它构成振荡器。MESFET和HEMT还可用于更高频率的振荡器，最近几年场效应管发展尤其迅速，在高频率、高功率和低噪声上取得了很大进展。在K波段（20～40GHz）输出功率可高达瓦级。

而雪崩管振荡器和体效应管振荡器属于负阻振荡器，其振荡频率已达毫米波高端，振荡功率不断提高，被广泛用来代替反射式速调管作本振源，代替返波管作宽带扫频信号源和小型发射机。到1986年，雪崩管振荡器在3～230GHz频段内已有商品，体效应管振荡器还只到达100GHz。后者频谱纯、噪声小，更适于作接收机本振源和实验室信号源；但超出100GHz后输出功率急剧下降。正在研制的铟化合物作为材料的体效应二极管，有望在100GHz以上提供可用功率，而且近几年体效应谐波模振荡器的进展也使工作频率提高。为了得到更大的功率，还可采用功率合成技术。例如，利用雪崩管功率合成已在60GHz实现大于瓦级的功率（连续波）；在94GHz上单管脉冲功率13W（效率6%），四管合成的输出功率已达40W（合成效率75%）。正是在微波固态源不断进展的基础上，全固态的一些雷达、通信或测量系统才能向毫米波高端延伸。

本章主要介绍雪崩管振荡器和体效应管振荡器，包括它们负阻振荡的一般理论、频率稳定、频率调谐、噪声、工作模式与基本电路等。最后将简单介绍微波晶体管振荡器。

5.2 雪崩二极管振荡器

雪崩二极管振荡器是现代重要的毫米波固体信号源,在需要大功率的发射机中被广泛应用。工作在 60GHz 的雪崩二极管振荡器,其连续波射频功率目前可达 4W 左右,效率约为 13%。本节将首先以雪崩二极管振荡器为例介绍负阻振荡的一般理论、频率稳定、噪声,并讨论其工作模式、基本电路及功率合成技术等。

5.2.1 负阻振荡器的一般理论与基本分析

经过第 2 章有关章节的讨论,我们知道雪崩管和体效应管的负阻随交流幅度而变,即具有非线性的负阻特性。它们都是二端器件,器件与电路的结合方式和相互作用不同于晶体管三端器件,因此微波二极管负阻振荡器的分析方法有其特点。库洛卡瓦(Kurokawa)在 1969 年建立了微波负阻振荡器的模型,又陆续补充、完善了有关理论分析。该模型虽然是一个理想化的简单模型,却揭示了负阻振荡器的很多重要特性,解释了过去不能说明的一些现象,例如在振荡器调试过程中出现的频率、功率跳变现象等,因此库洛卡瓦对负阻振荡器的一般理论得到公认和应用。本小节将首先对库洛卡瓦理论作一简单介绍,随后介绍微波负阻振荡器的频率稳定和噪声等特性。

微波固态振荡器通过固态器件与谐振电路之间相互作用,把直流功率变换成射频功率。实际应用的谐振电路包括同轴腔、波导腔、微带线、径向线、鳍线、介质谐振器等各种形式,但不论形式如何,可画出其一般等效电路如图 5-1 所示。图中二端口网络代表谐振电路,它可以是单回路或复杂的多调谐回路,从器件向外看去总阻抗为:

$$Z(\omega) = R(\omega) + jX(\omega) \tag{5-1}$$

式中,$Z(\omega)$ 是频率的函数,其中 $R(\omega)$ 包括负载电阻及电路损耗电阻,等效电路中参考面设在器件端口。

负阻器件具有非线性特性,其阻抗或导纳与工作频率及振荡幅度有关。由第 2 章研究雪崩管和体效应管的等效阻抗可以看出,它们的阻抗随频率的变化,相对于外电路阻抗对频率的变化来说是比较缓慢的。但是器件阻抗对电流 I 的变化是敏感的。故可将器件阻抗表达为电流 I 的函数,表示式为:

$$-Z_D(I) = -R_D(I) + jX_D(I) \tag{5-2}$$

负阻振荡器的一般理论,主要围绕振荡产生的条件、振荡工作点的稳定性、调谐的滞后特性等几个问题。

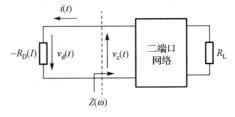

图 5-1 负阻振荡器一般等效电路

1. 负阻振荡器的起振条件和平衡条件

(1)起振条件

图 5-1 可看成是一 $-Z_D(I)$ 和 $Z(\omega)$ 串联的电路,在研究振荡的起振条件时,振荡处于"小信号"状态,$jX_D(I)$ 可用 $jX_D(0)$ 表示。通常 $jX_D(0)$ 为容抗,因此 $jX(\omega)$ 为感抗才能构成串联振荡回路,分别表示为图 5-2 中元件 C 和 L;图中 $-R_D(0)$ 为负阻器件的小信号负阻,$R(\omega)$ 为外电路电阻。

假定在电路中存在某种起始的自由振荡,其回路电流为 i,则可建立微分方程如下:

$$L\frac{di}{dt} + [R(\omega) - R_D(0)] \cdot i + \frac{1}{C}\int idt = 0 \tag{5-3}$$

求解上式可得:

$$i = I \exp(-\alpha t) \cos(\omega t + \phi) \tag{5-4}$$

式中:

$$\alpha = \frac{\left[R(\omega) - R_{\mathrm{D}}(0) \right]}{2L} \tag{5-5}$$

式（5-4）表示回路电流是一个幅度随时间变化的正弦振荡。可见当满足:

$$R(\omega) - R_{\mathrm{D}}(0) < 0 \tag{5-6}$$

时,电流振幅随时间而增长,则只要电路中有某种冲击或噪声（一般为电源开关的冲击脉冲）,使之产生一"小信号",回路电流振幅将逐渐增长,电路就可以起振。式（5-6）为二极管负阻振荡器的起振条件,它要求负阻器件的小信号负阻的绝对值大于外电路的电阻。

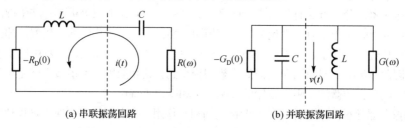

(a) 串联振荡回路   (b) 并联振荡回路

图 5-2　起振时包含负阻器件的振荡回路

当采用并联振荡回路的等效形式时,如图 5-2(b)所示,同样可以导出起振条件为:

$$G(\omega) - G_{\mathrm{D}}(0) < 0 \tag{5-7}$$

即要求负阻器件的小信号负电导的绝对值大于外电路的电导。

（2）平衡条件

图 5-2 只适用于判断起振,因为一旦起振以后,器件阻抗（或导纳）是振幅的函数,不能等效为线性元件 $-R_{\mathrm{D}}(0)$（或 $-G_{\mathrm{D}}(0)$）和 C。实际上,由于器件负阻（和负电导）的绝对值随振荡幅度的增大而减小,振荡不会无限增长下去,而逐渐趋于某稳定状态。下面讨论振荡达到稳态时的"平衡条件"。

仍参看图 5-2,由于 $-Z_{\mathrm{D}}(I)$ 和 $Z(\omega)$ 构成串联谐振回路,因此在稳态振荡时,电流 $i(t)$（已是大信号）可以只考虑其基波分量

$$i(t) = I \cos(\omega t + \phi) \tag{5-8}$$

由于器件阻抗的非线性特性,尽管假设 $i(t)$ 中谐波分量很小而可忽略,但器件两端电压上的谐波分量不见得很小,因此 $v_{\mathrm{d}}(t)$ 为非正弦波形,可表示为:

$$
\begin{aligned}
v_{\mathrm{d}}(t) &= \mathrm{Re}\left[-Z_{\mathrm{D}}(I) I \exp(\mathrm{j}\omega t + \mathrm{j}\phi) \right] + \text{谐波分量} \\
&= -R_D(I) I \cos(\omega t + \phi) - X_{\mathrm{D}}(I) I \sin(\omega t + \phi) + \text{谐波分量}
\end{aligned}
\tag{5-9}
$$

只要外电路对 n 此谐波呈现阻抗 $Z(n\omega)$ 不可忽略,则尽管 $i(t)$ 中谐波分量很小,但电路两端电压上的谐波分量也不见得小,因此外电路两端电压 $v_{\mathrm{c}}(t)$ 可表示为:

$$
\begin{aligned}
v_{\mathrm{c}}(t) &= \mathrm{Re}\left[Z(\omega) I \exp(\mathrm{j}\omega t + \mathrm{j}\phi) \right] + \text{谐波分量} \\
&= R(\omega) I \cos(\omega t + \phi) - X(\omega) I \sin(\omega t + \phi) + \text{谐波分量}
\end{aligned}
\tag{5-10}
$$

由于图 5-2 中没有外加交变电压,因此对这种自由振荡,器件两端电压和电路两端电压之和为

零，即：

$$v_d(t) + v_c(t) = 0 \tag{5-11}$$

将式（5-9）、式（5-10）代入上式可得：

$$\left[R(\omega) - R_D(I)\right]I\cos(\omega t + \phi) - \left[X(\omega) + X_D(I)\right]I\sin(\omega t + \phi) + 谐波分量 = 0 \tag{5-12}$$

分别利用 $\cos(\omega t + \phi)$ 和 $\sin(\omega t + \phi)$ 去乘以式（5-12），并在基波的一个周期内积分，则由于三角函数的正交性，得到：

$$\begin{cases} \left[R(\omega) - R_D(I)\right]I = 0 \\ \left[X(\omega) + X_D(I)\right]I = 0 \end{cases} \tag{5-13}$$

或表示为：

$$\left[Z(\omega) - Z_D(I)\right]I = 0 \tag{5-14}$$

而 I 为一定值，因此对稳态自由振荡，必有：

$$\begin{cases} R(\omega) = R_D(I) \\ X(\omega) = -X_D(I) \end{cases} \tag{5-15}$$

或表示为：

$$Z(\omega) = Z_D(I) \tag{5-16}$$

式（5-15）中 $R(\omega) = R_D(I)$ 为振荡平衡的幅度条件，式（5-15）中 $X(\omega) = -X_D(I)$ 为振荡平衡的相位条件，而式（5-16）是振荡平衡的复数表示，其复平面上的图解表示见图 5-3。图中 $Z(\omega)$ 的轨迹称为阻抗轨迹，其箭头表示 ω 增加的方向，沿轨迹的分度表示等间隔频率。器件阻抗的负值 $Z_D(I)$ 的轨迹称为器件线，其箭头表示射频电流幅度 I 增加的方向，沿轨迹的分度表示 I 的等增量。$-Z_D(0)$ 是器件小信号阻抗，即起振时器件阻抗值。器件线与阻抗轨迹的交点满足振荡平衡条件式（5-16），因此决定了稳态工作点的振荡频率 ω_0 和振荡幅度 I_0。

如果所要讨论的频率范围很宽，以至于不能认为器件阻抗与频率无关时，则将涉及的频率范围划分成几个窄频段。在每个窄频段内，仍设 $Z_D(I)$ 与频率无关，从而照前述方法确定工作点。

鉴于串联谐振电路与并联谐振电路的对偶特性，可以得到用导纳表示的振荡平衡条件为：

$$\begin{cases} G(\omega) = G_D(V) \\ B(\omega) = -B_D(V) \end{cases} \tag{5-17}$$

或表示为：

$$Y(\omega) = Y_D(V) \tag{5-18}$$

同样也可以在导纳复平面上利用器件线和电路导纳轨迹的交点决定自由振荡器的平衡点。

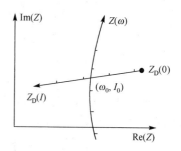

图 5-3　器件线和电路阻抗轨迹

2. 振荡器工作点的稳定性

在振荡平衡条件下，如果由于某种因素，如外界原因、环境温度或电源电压的波动等，使振荡偏离原来的平衡点，当引起偏离的因素消失后，若振荡器能恢复到原来的状态，则这样的平衡点为稳定工作点；若振荡器不能恢复到原来的状态，而是振荡在另一状态，或者停止振荡，则这样的平衡点为不稳定工作点。这样看来，前述由振荡平衡条件决定的某个工作点可能是稳定的，也可能是不稳定的。进一步来说，如果外电路是双调谐回路，如图 5-4(a)所示，在导纳复平面上导纳曲线将出现环，如图 5-4(b)所示，那么器件线与它的交点将有三个，此时就更必须研究相平面上的交点哪个属于稳定点，哪个属于不稳定点，并以此来判断振荡器工作点的稳定性。

如果振荡器按照平衡条件有几个平衡点的话，振荡器必能自动地工作在稳定的平衡点。如果稳定工作点也有两个以上，那么振荡器特性将出现复杂情况，一般总是力求避免。

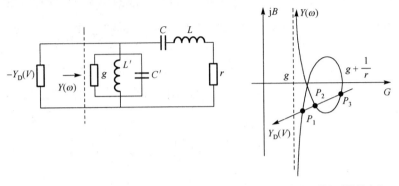

(a) 双调谐回路   (b) 导纳轨迹及其与器件线交点

图 5-4   双调谐回路及其导纳轨迹

在实际工作中，器件的工作电流常常是决定振荡器工作点的稳定性的一个重要因素，因此判断振荡器工作点的稳定性主要要研究工作电流的变化对图 5-4 曲线交点的影响，一般常采用图解法来研究这一问题。如图 5-5 所示，原稳态工作点为 (ω_0, I_0) 在实轴上的投影为 R_D，在虚轴上投影为 X_D，经过 (ω_0, I_0) 点作一水平线，该水平线的负轴方向与器件线在工作点处切线的夹角为 θ，该水平线负轴方向与阻抗轨迹在工作点处切线的夹角为 α，定义：

$$R'(\omega_0) = \frac{\mathrm{d}R(\omega)}{\mathrm{d}\omega}\bigg|_{\omega=\omega_0} = -|Z'(\omega_0)|\cos\alpha \tag{5-19}$$

$$X'(\omega_0) = \frac{\mathrm{d}X(\omega)}{\mathrm{d}\omega}\bigg|_{\omega=\omega_0} = |Z'(\omega_0)|\sin\alpha \tag{5-20}$$

$$s = -\frac{I_0}{R_D(I_0)}\frac{\partial R_D(I)}{\partial I}\bigg|_{I=I_0} = \frac{I_0}{R_D(I_0)}\left|\frac{\partial Z_D(I_0)}{\partial I}\right|\cos\theta \tag{5-21}$$

$$v = \frac{I_0}{R_D(I_0)}\frac{\partial X_D(I)}{\partial I}\bigg|_{I=I_0} = \frac{I_0}{R_D(I_0)}\left|\frac{\partial Z_D(I_0)}{\partial I}\right|\sin\theta \tag{5-22}$$

s 称为器件负阻的饱和系数，v 称为器件电抗的饱和系数。经过复杂推导可知[3]，要使振荡工作点是稳定点，则必须满足以下条件：

$$[sX'(\omega_0) - vR'(\omega_0)]R_D(I_0) > 0 \tag{5-23}$$

把式（5-19）～式（5-22）代入上式可得：

$$I_0\left|\frac{\partial Z_D(I_0)}{\partial I}\right||Z'(\omega_0)|\sin(\theta+\alpha) > 0 \tag{5-24}$$

为使上式成立，必须满足：

$$\sin(\theta+\alpha) > 0 \tag{5-25}$$

即：

$$(\theta+\alpha)<180° \qquad\qquad (5\text{-}26)$$

式（5-26）为判断工作点稳定的条件。从器件线箭头方向顺时针转到阻抗轨迹箭头方向，若转角 $(\theta+\alpha)$ 小于 $180°$，则该点为稳定点；反之，若大于 $180°$，则该点为不稳定点。这种图示判别法比较直观、简便，例如用来判别图 5-4 中 P_1、P_2 和 P_3 三个交点的稳定性，显然 P_1 和 P_2 表示自由振荡的稳定工作点，而 P_3 的 $(\theta+\alpha)$ 大于 $180°$，属于不稳定工作点。

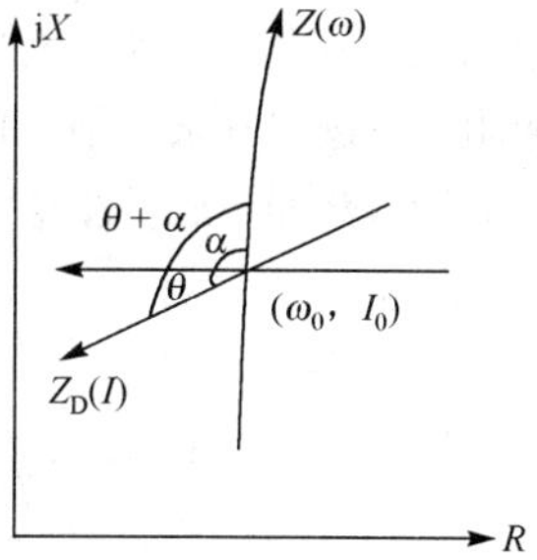

3．调谐的滞后特性

图 5-5　稳定工作点的图示判别法

利用 Z 复平面上器件线与阻抗轨迹相交的特性，可以进一步分析调谐过程中振荡频率和振荡功率跳变的现象。

典型的多调谐回路阻抗轨迹包含一个环，假定 $Z_1(\omega)$ 与 $Z_D(I)$ 的交点 P_1 为其稳定工作点，如图 5-6 所示。如果连续调节回路中某一个调谐元件使阻抗轨迹下移为 $Z_2(\omega)$，则工作点沿阻抗轨迹线向频率升高的方向移动；当阻抗轨迹 $Z_2(\omega)$ 上边缘与器件线相切时，相切点如图中 P_a 点，因 P_a 是不稳定工作点，此时工作点由 P_a 跳到 P_b，频率突然升高，若继续调谐，使阻抗轨迹再下移到 $Z_3(\omega)$，则工作点仍沿频率增加的方向移动到 P_b'。如果反方向调节调谐元件，则阻抗轨迹由 $Z_1(\omega)$ 上移到 $Z_4(\omega)$，工作点朝频率下降的方向移动，经过 P_b 点后继续下降，直到阻抗轨迹下边缘与器件线相切时，如图 5-6 中 $Z_4(\omega)$ 下边缘与 $Z_D(I)$ 相切于 P_c 点，则工作点由 P_c 点跳变到 P_d 点，频率突然下降，若阻抗轨迹继续上移到 $Z_5(\omega)$，则工作点沿阻抗轨迹向频率下降方向移动到 P_d' 点。这时候如果又恢复开始的调节方向来进行调谐，使电路阻抗轨迹又下移，则当调谐元件恢复到起始位置时，工作点才回到 P_1 点。

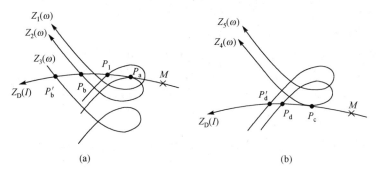

图 5-6　工作点的跳变现象

由上可见，在调谐过程中出现了频率跳变，示于图 5-7(a)。当调谐元件在某一范围内沿某方向调节和沿相反方向调节时，振荡器的工作频率沿不同的曲线变化，这种现象称为调谐的滞后特性，即在 $f_a \leqslant f \leqslant f_c$ 的频率得不到稳定振荡。由图 5-7(a)可判别，在 $f_a \leqslant f \leqslant f_c$ 范围内，阻抗轨迹与器件线的交点是不稳定的。

在频率发生跳变的同时，振荡功率也发生跳变。因为当调谐时，工作点既沿阻抗轨迹移动，也同时沿器件线移动，而振荡功率为 $I^2 R_D(I)/2$，沿器件线的 I 和 $R_D(I)$ 都在变化，因此振荡功率也在变化。若工作点向着器件线箭头方向移动，则相应的 I 越来越大，但 $R_D(I)$ 越来越小，必然是功率由小变大、然后又变小。现假定图 5-6 中器件线上 M 点是振荡功率最大点，M 点落在调谐过程中所有点的右侧，则在以上所述调谐过程中，相应的功率变化如图 5-7(b)所示。因为只要工作点向最大功率点 M 移动，则功率增加，反之越远离 M 点，则功率减小。

由上可见，多调谐振荡器或其他因素导致阻抗轨迹出现环，则使调谐过程复杂化。即使没有调谐，当电源电压或温度等外界因数变化时，引起阻抗轨迹或器件线的变动，也可能发生频率或功率的跳变。如果阻抗轨迹很复杂，不止有一个环，则跳变规律更不易掌握。因此负阻器件构成的振荡器应尽可能为单调谐振荡器，还要注意任何附加调整元件的影响。

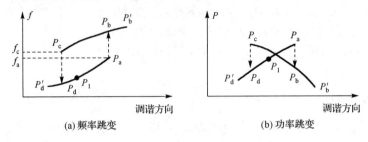

(a) 频率跳变　　　　　　(b) 功率跳变

图 5-7　典型的调谐滞后特性

4．负阻振荡器的频率稳定

如果不是人为地进行调谐，而是由于外界因素发生改变，使振荡器工作点由一个稳定工作点移动到另一个稳定工作点，这显然是人们所不希望发生的。

有关频率稳定的概念和高频电路中一样，但是由于微波振荡器频率高，同样量级的 $\Delta f/f_0$ 引起的 Δf 大，对微波整机系统可能造成严重影响，因此它是微波振荡器的一个重要指标。

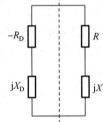

微波半导体二极管振荡器自身的频稳度不高，一般为 $10^{-3}\sim10^{-4}$ 量级，因此为提高到 10^{-5} 量级或更高，必须采取专门的稳频措施。

设负阻振荡器用串联电路模型表示于图 5-8，X 为外电路电抗，X_D 为负阻器件电抗，则根据相位平衡条件，有 $X+X_D=0$。

图 5-8　负阻振荡器串联模型

当外界因素变化（用 $\Delta\alpha$ 表示）时，使振荡器电抗变化 $[\partial(X+X_D)/\partial\alpha]\cdot\Delta\alpha$，引起振荡频率变化 $\Delta\omega$，而该频率变化 $\Delta\omega$ 又会引起电抗变化 $[\partial(X+X_D)/\partial\omega]\cdot\Delta\omega$。以上两项电抗变化应正好补偿，使满足某个新频率下的相位平衡条件，即：

$$\frac{\partial(X+X_D)}{\partial\alpha}\cdot\Delta\alpha+\frac{\partial(X+X_D)}{\partial\omega}\cdot\Delta\omega=0 \tag{5-27}$$

所以有：

$$\Delta\omega=-\frac{\dfrac{\partial(X+X_D)}{\partial\alpha}\cdot\Delta\alpha}{\dfrac{\partial(X+X_D)}{\partial\omega}} \tag{5-28}$$

由图 5-8 还可求出该振荡回路的 Q 值为：

$$Q=-\frac{\dfrac{\omega}{2}\cdot\dfrac{\partial(X+X_D)}{\partial\omega}}{R} \tag{5-29}$$

将式（5-28）代入式（5-29），得：

$$\frac{|\Delta\omega|}{\omega}=\frac{\dfrac{\partial X}{\partial\alpha}\Delta\alpha+\dfrac{\partial X_D}{\partial\alpha}\Delta\alpha}{2QR} \tag{5-30}$$

由上式可见，为提高频率稳定度可采取以下措施：

（1）减小外界变化因素 $\Delta\alpha$。例如对雪崩管采用稳流电源，对振荡器提供恒温条件及防震措施等。这些都是为了使振荡器工作在稳定的外界条件下，以免引起器件线或阻抗轨迹的变动。

（2）减小电路参数随外界因素的变化。例如对外电路谐振腔的不同部分采用温度膨胀系数不同的材料，当环境因素变化时，这几部分尺寸变化对谐振频率的影响互相补偿，以降低振荡器频率温度系数（温度变化 1℃ 产生的频率变化）。这种稳频方法称为温度补偿法。温度补偿法简单、经济，经常采用。

（3）提高外电路谐振腔的 Q 值。谐振腔的有载 Q 值 Q_L 取决于腔体固有品质因数 Q_0 和外部品质因数 Q_c，即：

$$\frac{1}{Q_L} = \frac{1}{Q_0} + \frac{1}{Q_c} \qquad (5\text{-}31)$$

因此要尽量提高腔体加工的光洁度，其表面镀覆金或银，以减小腔体自身损耗，提高 Q_0；此外还可以适当减小腔体与负载的耦合，以提高 Q_c。

（4）采取外腔稳频法，指附加高 Q 稳频腔与原振荡腔耦合，这样就增加了谐振回路总的储能，从而提高频率稳定度。

（5）采取注入锁定法，指利用频率牵引原理，用频稳度高的小功率振荡器去控制频稳度低的、功率较大的振荡器，使后者"锁定"在前者的频率上。

（6）采用环路锁相法，其原理和高频电路中的锁相环类似，为此需要高频率稳定度的小功率微波信号作为基准信号，和微波压控振荡器的信号一起送入鉴相器，然后用误差信号去控制微波压控振荡器，以输出高稳定度、噪声电平低的功率较大的微波信号。也可经混频后在中频鉴相，还可采用取样锁相的方案。总之，环路锁相法虽然性能良好，但设备复杂得多。

关于上述稳频措施的具体分析及实施，可参看参考文献[3]。

5. 负阻振荡器的调频和调幅噪声

前面讨论的频率稳定度指的是受到某些确定性因素的影响而产生的振荡频率变动，表征这种频率变动的频稳度称为"长稳"，对应振荡频率的慢变化，是系统性的、可以确定的。但还有一些非确定因素（随机的）影响，使振荡频率随机起伏，有的称为"瞬时频率稳定度"或"短稳"，更多场合称为"调频噪声"或"相位噪声"、"相位抖动"。此外，振荡器的振荡幅度也可能由于各种随机因素而产生随机的起伏，如同有寄生调幅，称之为调幅噪声。在雷达、卫星通信和遥控遥测等微波系统中，对振荡器的短稳都有特殊要求，相位噪声更是频率源的一个重要指标。

（1）负阻振荡器调频和调幅噪声的形成

雪崩管的噪声主要来源于三个方面：

① 雪崩噪声。由于雪崩倍增过程产生电子、空穴对的无规则性引起，使雪崩电流起伏，并导致外电流的起伏。雪崩噪声性质和散粒噪声类似，是雪崩管的主要噪声源，也是雪崩管振荡器的噪声远高于体效应管振荡器的主要原因。

② 频率变换噪声，或称为上变频噪声。由于雪崩管具有非线性负阻，可以将雪崩管内的低频噪声（雪崩噪声及热噪声中的低频分量、偏置电流的起伏等）上变频为载频附近的噪声，而且上变频过程有增益，使这些原来的低频噪声加大。

③ 热噪声。主要由雪崩管的串联电阻 R_s 引起，远小于雪崩噪声。

上述这些噪声及负阻振荡器中无源元件产生的噪声都具有很宽的频谱，其影响可以看成是无数个不同频率的、相位和幅度作随机变化的注入信号，如图 5-9 所示。有噪声的自由振荡器的等效电路的相应方程为：

$$[Z(\omega) - Z_D(I)]I = e \tag{5-32}$$

即：

$$Z(\omega) = Z_D(I) + \frac{e}{I} \tag{5-33}$$

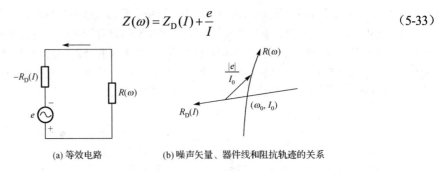

(a) 等效电路　　　　　(b) 噪声矢量、器件线和阻抗轨迹的关系

图 5-9　有噪声的自由振荡器

因此在图 5-9 中噪声矢量的首和尾所决定的振荡器的瞬时频率和瞬时幅度都是随机变化的，这样就使振荡器的频率在 ω_0 附近受到无规则的牵引，幅度在 I_0 附近也产生随机的起伏。这就形成了振荡器的调频和调幅噪声。也就是说，实际微波振荡器在没有外加调制时，并非单一的 ω_0 谱线，而是在中心频率（载频）附近两侧边带处还存在噪声功率，如图 5-10 所示。这些边带噪声功率既包含调幅噪声，也包含调频噪声，但通过一定的测量系统是可以把它们分别检测出来的。

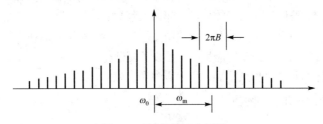

图 5-10　振荡器输出频谱

（2）调频和调幅噪声的表示

调幅噪声通常用偏离载频为 ω_m 处、一定频带（如 1Hz、100Hz、1000Hz）的调幅噪声功率 P_n（即旁频功率）与载波功率之比的分贝数来表示，即：

$$10 \cdot \lg \frac{P_n}{P_0}(\text{dB}) \tag{5-34}$$

P_n 可取单边带或双边带值，两者相差 3dB。

调频噪声同样可以用上述表示方法，以偏离载频 ω_m 处、一定频带内调频噪声功率 P_n 与载波功率之比的分贝数来表示，即：

$$10 \cdot \lg \frac{P_n}{P_0}(\text{dB}) \tag{5-35}$$

也是 ω_m 的函数。但对于调频波来说，要比较直观地看出调制噪声相对于信号的大小，宜用频偏来表示调频噪声，即采用均方根频偏表示法。

可以把偏离载频为 ω_m 处、一定频带内的噪声功率等效为某个单一正弦波（频率为 ω_m）进行调频时产生的单边带功率。该单一频率调制的调频波可表示为：

$$v = V_0 \cos\left[2\pi f_0 t + \frac{\Delta f_p}{f_m}\cos(2\pi f_m t + \phi)\right] \tag{5-36}$$

式中，V_0 表示载波电压幅度；f_0 为载波频率；f_m 为调制频率；Δf_p 为峰值频偏（最大频移）；ϕ 为恒定相位。

由于噪声幅度是极小的，因此和噪声调制等效的单一频率调制应是小频偏情况，即调制指数 $\Delta f_p / f_m \ll 1$。根据对调频波的理论分析，可知在这种情况下，式（5-36）近似分解为载频及 $f_0 + f_m$ 和 $f_0 - f_m$ 两个旁频，其旁频幅度为 $\Delta f_p \cdot V_0 / (2f_m)$，因此得到单边带功率与载波功率之比为：

$$\frac{P_n}{P_0} = \left(\frac{\dfrac{\Delta f_p \cdot V_0}{2f_m}}{V_0} \right)^2 = \left(\frac{\Delta f_p}{2f_m} \right)^2 \tag{5-37}$$

此式说明在单一频率调制、且为小调制系数的情况下，单边带功率与载波功率之比可以用最大频偏来表示，同时该比值是调制频率 f_m 的函数。

改用均方根频偏表示有：

$$\Delta f_{rms} = \frac{\Delta f_p}{\sqrt{2}} \tag{5-38}$$

因此，利用式（5-37）和式（5-38），可将偏离振荡器载频 ω_m 处、一定频带内的单边带调频噪声功率与载波功率之比等效表示为：

$$\left(\frac{P_n}{P_0} \right)_{\text{FM(SSB)}} = \left(\frac{\sqrt{2}\Delta f_{rms}}{2f_m} \right)^2 = \frac{1}{2} \left(\frac{\Delta f_{rms}}{f_m} \right)^2 \tag{5-39}$$

用分贝数表示为：

$$\left(\frac{P_n}{P_0} \right)_{\text{FM(SSB)}} (\text{dB}) = -20\lg \left(\frac{\sqrt{2}f_m}{\Delta f_{rms}} \right) = 20\lg \left(\frac{\Delta f_{rms}}{f_m} \right) - 3\text{dB} \tag{5-40}$$

如果是双边带调频噪声功率，则有：

$$\left(\frac{P_n}{P_0} \right)_{\text{FM(DSB)}} (\text{dB}) = 20\lg \left(\frac{\Delta f_{rms}}{f_m} \right) \tag{5-41}$$

图 5-11 给出了对于假设的白噪声，用 P_n/P_0 和 Δf_{rms} 两种表示方法的比较。由图 5-11 可见，Δf_{rms} 与调制频率 f_m 无关，而 $(P_n/P_0)_{\text{FM}}$ 随 f_m 以 6dB/倍频程下降。

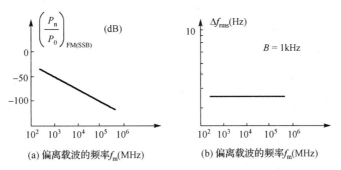

图 5-11　白噪声源时两种调频噪声表示法的比较

研究振荡器的噪声表示可以得到以下结论：

① 振荡回路的 Q 值越高，噪声越小，尤其对减小调频噪声的影响大。因此要尽可能提高回路有载 Q 值。所以采用外腔稳频法提高振荡器频率稳定度的同时，可以降低振荡器的噪声。

② 在 f_m 不太大的情况下，调幅噪声远小于调频噪声。因此有时可以忽略振荡器的调幅噪声。

5.2.2　微波振荡器的技术指标

振荡器最关心的就是输出信号的稳定性能，所以其主要技术指标基本上都是关于稳定性的，包括频率准确度，频率稳定度、调频噪声和相位噪声等，下面逐一进行介绍。

1. 频率准确度

频率准确度是指振荡器实际工作输出的频率与标称频率之间的偏差，又可分为绝对频率准确度和相对频率准确度两种表示方法。

（1）绝对频率准确度是实际工作频率与标称频率的差值，用下式表示

$$\Delta f = f - f_0 \text{(Hz)} \tag{5-42}$$

式中，f 为实际工作频率；f_0 为标称频率。

（2）相对频率准确度是绝对频率准确度与标称频率的比值，用下式表示

$$\frac{\Delta f}{f_0} = \frac{f - f_0}{f_0} \tag{5-43}$$

2. 频率稳定度

频率稳定度是指在规定的时间间隔内，频率准确度变化的最大值。它也分为两种表示方法，绝对频率稳定度和相对频率稳定度。频率稳定度通常情况下用相对频率稳定度来表示，具体为

$$\frac{|f - f_0|_{\max}}{f_0} \Big/ \text{时间间隔} \tag{5-44}$$

式中，$|f - f_0|_{\max}$ 是在规定时间内的绝对频率准确度的最大值。

根据所规定的时间间隔的长短不同，频率稳定度又可分为长期频率稳定度、短期频率稳定度和瞬时频率稳定度三种。

（1）长期频率稳定度

如果所规定的时间间隔在 1 天以上，在这段时间间隔内的相对频率准确度称为长期频率稳定度。它主要取决于有源器件和电路元件等老化特性。

式（5-44）的含义是在规定时间内用实际频率偏离标称频率的最大值作为频率稳定度。在度量长期频率稳定度时不太合适，有可能某个时候由于外界条件发生变化，产生了变化，但是很快又回到标称值，这时仍然用绝对频率准确度的最大值来表示。因为长期稳定度主要考虑的是有源器件和电路元件的老化特性，是个缓慢频偏的过程，所以为了合理表征长期频率稳定度，通常采用统计的方法，即用均方根值表示长期频率稳定度。用下式表示

$$\sigma_n = \sqrt{\frac{1}{n} \sum_{i=1}^{n} \left(\frac{\Delta f}{f_0}\right)_i - \left(\overline{\frac{\Delta f}{f_0}}\right)^2} \tag{5-45}$$

式中，n 为测量次数；$\left(\dfrac{\Delta f}{f_0}\right)_i$ 为第 i 次所测的相对频率稳定度；$\left(\overline{\dfrac{\Delta f}{f_0}}\right)$ 为 n 个测量数据的平均值。

（2）短期频率稳定度

如果所规定的时间间隔在一天以内，在这段时间间隔内的相对频率准确度称为短期频率稳定度，通常称为频率漂移。它主要取决于温度变化、电压变化和电路参数不稳定等因素。

（3）瞬时频率稳定度

如果所规定的时间间隔在秒以内，在这段时间间隔内的相对频率准确度称为瞬时频率稳定度，它是由振荡器的内部噪声引起的频率起伏。

由于频率的瞬时值是无法测量的，其所测得的频率仅仅是在某一段时间内的平均值，因此瞬间频率稳定度是不能用式（5-44）度量的。通常，采用阿仑方差来度量瞬间频率稳定度，有时也称秒级频率稳定度。用下式表示

$$\sigma_y^2(\tau) = \lim_{n \to \infty} \frac{1}{n} \left(\frac{1}{2f_0^2} \right) \sum_{j=1}^{n} (f_{2j} - f_{2j-1})^2 \tag{5-46}$$

式中，τ——每次测量的取样时间；

f_0——标称频率；

n——测量组数；

f_{2j}, f_{2j-1}——第 $2j$ 次和第 $2j-1$ 次所测得的频率值，$j = 1, 2, \cdots, n$。

式（5-46）中，要求无间歇地测出每对数据，而对与对之间的间隔时间可任取。

3．调频噪声

在振荡器电路中，由于存在各种不确定因素的影响，使振荡频率和振荡幅度随机起伏。振荡频率的随机起伏称为瞬时频率稳定度，频率的瞬变将产生调频噪声、相位噪声和相位抖动。振荡幅度的随机起伏将引起调幅噪声。因此，振荡器在没有外加调制时，输出的频率不仅含振荡频率 f_0，在 f_0 附近还包含许多旁频，连续分布在 f_0 两边。如图 5-12 所示，纵坐标是功率，f_0 处是载波功率（振荡器输出功率），f_0 两边的是噪声功率，它同时包含调频噪声功率和调幅噪声功率。

（1）功率表示

调频噪声可以用离载频 f_0 为 f_m 处的单位频带调频噪声功率 P_n 与载波功率 P_o 之比表示。它与调制频率及频偏的关系如下：

$$\left(\frac{P_n}{P_o} \right)_{FMSSB} = \left(\frac{\Delta f_p}{2 f_m} \right)^2 \tag{5-47}$$

式中，Δf_p 为频偏峰值；f_m 为调制频率；P_n 为偏离载频 f_0 为 f_m 处的单位带宽单边带噪声功率。

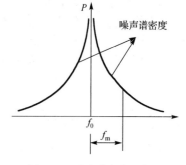

图 5-12　噪声谱密度示意图

如果 P_n 取双边带功率值，则上式改为

$$\left(\frac{P_n}{P_o} \right)_{FM\ DSB} = \left(\frac{\Delta f_p}{\sqrt{2} f_m} \right)^2 \tag{5-48}$$

用 dB 数表示上两式，即

$$\left(\frac{P_n}{P_o} \right)_{FM\ SSB} = 20 \lg \left(\frac{\Delta f_p}{2 f_m} \right) \qquad (dBc/Hz) \tag{5-49}$$

$$\left(\frac{P_n}{P_o} \right)_{FM\ DSB} = 20 \lg \left(\frac{\Delta f_p}{\sqrt{2} f_m} \right) \qquad (dBc/Hz) \tag{5-50}$$

可以看出，调频噪声是频偏和调制频率的函数，频偏越大，调频噪声越大；调制频率越低，调频噪声越大。

（2）均方根频偏

调频噪声也可以用频偏直接表示，即采用均方根频偏 Δf_{rms} 表示调频噪声，它是单位带宽噪声边带对应的频偏均方值。Δf_{rms} 的数值由下式表示

$$\Delta f_{\mathrm{rms}} = \frac{\Delta f_{\mathrm{p}}}{2} \quad \text{(Hz)} \tag{5-51}$$

从式（5-49）、式（5-50）和式（5-51）看出，用功率表示调频噪声时，应注明是单边带调频噪声功率还是双边带调频噪声功率，两者之间差 3dB；而用均方根频偏表示调频噪声时，就不必注明是单边带调频噪声功率还是双边带调频噪声功率。

4．相位噪声

（1）相位噪声的定义

图 5-13 中的振荡器频谱边带与寄生调幅和寄生调相有关。由调制理论分析知道，靠近振荡频率处的噪声边带功率主要是寄生调相引起的，而寄生调幅分量很小，可以不考虑。图 5-13 中含有两类调相信号。第一类：确定的调相信号。主要是一些离散信号，它是由电源频率、振动频率和交变电磁场产生的干扰，这些干扰信号在调相噪声谱密度图上是一些可以分开的离散分量。第二类：随机的调相信号，称为相位噪声。相位噪声谱在很宽的频率范围内是个连续谱。由于测得的噪声电平是检波器带宽的函数，为了使测量结果与检波器带宽无关，相位噪声电平是在 1Hz 带宽内测量。

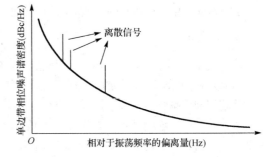

图 5-13 振荡器的调相噪声谱密度

（2）相位噪声的表示法

通常用相位噪声谱密度来表示相位噪声的大小，根据不同用途，相位噪声谱密度的表示方法也不同。

① 相位脉动谱密度。相位脉动谱密度可以写为

$$S_{\phi}(f) = \frac{S_{V_{\mathrm{rms}}}(f)}{K^2} \quad \text{(rad}^2\text{/Hz)} \tag{5-52}$$

式中，$S_{V_{\mathrm{rms}}}(f)$ 为相位检波器电压脉动输出的功率谱密度；K 为相位检波器常数（V/rad）。

这个参量适用于具有相位敏感电路的系统，用它分析相位噪声对系统（如数字调频通信系统）的影响。

② 频率脉动谱密度。频率脉动谱密度可以由相位脉动谱密度确定，得

$$S_{\gamma}(f) = f^2 S_{\phi}(f) \quad \text{(rad · Hz)} \tag{5-53}$$

由上式看出，频率脉动谱密度是与频率有关的。

③ 单边带相位噪声谱密度。在大多数场合下，并不采用上述两种表示方法，而是采用相对载波电平的相位脉动的实际单边带功率，表示为

$$L(f) = \frac{P_{\mathrm{n}}(f)}{P_{\mathrm{c}}} \quad \text{(dBc/Hz)} \tag{5-54}$$

式中，$L(f)$ 为单边带相位噪声谱密度(dBc/Hz)；$P_{\mathrm{n}}(f)$ 为在偏离载频为 f 处的带宽为 1Hz 的单边带功率，以 dBm 为单位；P_{c} 为载波功率，以 dBm 为单位。

5. 频谱纯度

振荡器的频谱纯度是指振荡频率的不稳所造成的频谱不纯。振荡器的杂散信号越多，相位噪声越大，则频谱纯度越差。振荡器的频谱纯度可以用振荡器输出功率与各寄生频率总电平之比的分贝数表示。

5.2.3 雪崩二极管振荡器的基本电路

要构成负阻振荡器，除了需要在工作频率下呈现负阻的器件外，外电路至少应解决三个问题：

（1）提供必要的电抗，与器件电抗进行调谐，形成谐振回路。

（2）将负载阻抗变换到合适的数值，满足振荡的起振、平衡、稳定条件，并得到较大的输出功率。

（3）为器件提供直流偏置，并尽量减小偏置电路对振荡器的影响。

与负阻器件耦合的谐振电路（谐振腔）设计应根据器件阻抗及振荡频率而定，器件在腔体中应放置在合适位置，一般要能进行机械调谐。谐振电路的形式有微带、同轴、波导等几种结构形式。

图 5-14 是一种混合集成毫米波振荡器结构。在 30GHz、60GHz 和 100GHz 频段上已经实际应用。在 60GHz 振荡器连续波输出功率为 250mW，效率为 5%。该振荡器谐振腔是一节不等宽的微带耦合线谐振器，改变耦合长度 θ 可改变相对于二极管的输入电纳，改变耦合缝和耦合线宽度，可改变相对于二极管的输入电导。振荡器所建立的射频场耦合到 50Ω 微带输出线上，经微带-波导过渡输出。其缺点是一旦电路制成，就不便于进行机械调谐，此外由于微带线损耗大，而二极管负阻振荡器的效率本身就低，因此只适合于作为微波频率较低时的小功率振荡器。由于其损耗较大，使 Q 值较低，致使频率稳定度较低，需采取稳频措施。

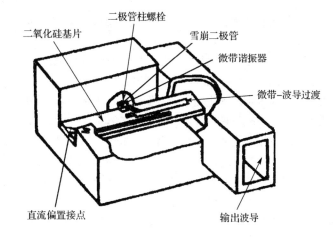

(a) 振荡器实际结构图(无屏蔽盖)

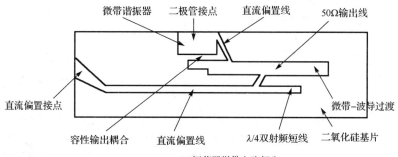

(b) 振荡器微带电路部分

图 5-14 IMPATT 管振荡器

图 5-15 是一个 x 波段的同轴振荡器的结构，它可以在 7～12GHz 范围内，利用短路活塞的移动，进行连续的调谐，图中的调谐螺钉就是用来控制短路活塞的移动的。二极管安装在同轴腔的内导体一端和接地散热片之间，图中的射频旁路电容的作用，是使热沉和同轴腔直流绝缘以便通过同轴腔内导体给二极管提供偏置。振荡产生的射频功率，通过一个耦合环输出。振荡器同轴腔的几何尺寸：内导体外径是 3.3mm，外导体内径是 8.9mm，短路活塞总的行程约为 15mm。它调谐范围较大，可接近倍频程，但其 Q 值不太高，所以频稳度也不高。

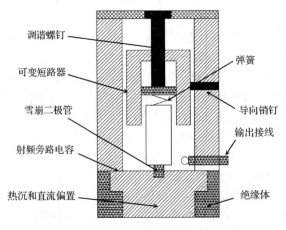

图 5-15　IMPATT 管机械调谐同轴振荡器

　　实际应用的谐振腔还有波导腔和径向腔等。在 18GHz 以上由于同轴腔或微带线尺寸较小，而且波导腔没有内导体及调谐短路活塞，腔体加工精度高，有很高的 Q 值，使振荡器具有高的频率稳定度和好的噪声性能，因此波导腔振荡器也得到广泛应用。为克服 IMPATT 器件阻抗较低带来的与传输线匹配困难的问题，还可以采用径向腔结构，它使得 IMPATT 振荡器可工作到 100GHz 以上。

　　除了机械调谐外，通过电压或电流来控制振荡电路中某个元件的参数而实现调谐称为电调谐。微波负阻振荡器的电调谐方法有三种：偏置调谐、变容管调谐和 YIG 调谐。偏置调谐是直接改变负阻器件的偏压或偏流，以改变振荡频率。这种调谐方法虽然简单，但调谐范围很窄，调谐线性较差，而且输出功率也有较大变化，因此只适用于调谐范围窄、要求不高的场合。变容管调谐是将高质量变容管通过耦合或直接连接成为振荡器谐振网络的一个组成部分，调节变容管上的电压就可以改变其反偏结电容，从而控制振荡频率。其电路结构比较简单，调谐速度快，因此在一般系统中常采用这种方法；其缺点是调谐范围小，早期一般小于 10%，但 20 世纪 70 年代以来，由于器件本身的发展及电路补偿措施的实现，使调谐范围加大，如 X 波段可达 30%，甚至倍频程。YIG 是一种单晶铁氧体材料，又称为"钇铁柘榴石"，其特点是在磁场激励下能产生旋磁共振。这两种调谐工作原理和电路这里不再详述。

　　如果采用双漂移区结构的 IMPATT 管，这种结构单位面积上微波阻抗加倍，与单漂移区结构相比，在保持同样微波阻抗的情况下，其面积可加倍，容积可增大 4 倍，即功率阻抗乘积增大 4 倍或输出功率增加 4 倍。由于面积加大，损耗电阻变小，Q 值增大，效率也可提高。例如 60GHz 的双漂移硅雪崩二极管能在 12% 的效率下，获得 2.5W 的输出功率，而一般单漂移的雪崩二极管的效率通常仅有百分之几。

　　此外，虽然目前单管振荡器的输出功率已经越来越高，但距离雷达、通信等领域对固态功率发射机的要求还相距甚远。因此，必须采用振荡功率合成技术来获得比单管振荡器大的多的输出功率，这就是功率合成器。功率合成器属于多器件振荡器，它采用不同结构形式，将单管振荡器组合起来，使各器件的输出功率相叠加，而彼此之间又互相隔离，以此获得较大的合成功率。近二十年来，在微波特别是毫米波段，有很多种功率合成的方法，综合起来可分为四大类：芯片功率合成器、电路合成器、空间组合合成器以及这三者的结合[4]，这些内容本书不再涉及。目前，在 Ka 波段，应用功率合成技术，可获得连续波 10W 的输出功率；在 W 波段，峰值功率可达 67W。功率合成已经成为一种行之有效的方法。

5.3 转移电子器件振荡器

近年来，随着太赫兹（THz）技术的迅速发展，高频大功率的太赫兹信号源逐渐成为人们研究的一个热点。目前应用于太赫兹领域的半导体固态信号源以负阻器件为主，如耿氏二极管（Gunn Diode）、共振隧穿二极管（RTD）、雪崩二极管（IMPATT Diode）等。在这些二极管中，耿氏二极管具有工作频率高、稳定性强、可靠性高、噪声低、频带宽、电源电压低以及工作寿命长等诸多优点，因此在众多的转移电子器件中耿氏二极管具有在太赫兹频段应用的巨大潜力。

转移电子器件振荡器是另外一种重要的微波毫米波振荡器，是主要的毫米波固态源。由于其低电压工作，通常在 10V 以下，与雪崩二极管振荡器相比，虽然输出功率较低，但它工作频带宽、噪声远较雪崩二极管振荡器为低，常被用作微波尤其是毫米波本振信号。转移电子器件振荡器也属于微波负阻振荡器，因此它的特性也可以用库洛卡瓦理论来分析和解释，在起振条件、平衡条件、频率稳定与调谐等方面与前节雪崩二极管振荡器完全类似，本节这方面不再重复，仅就转移电子器件振荡器在不同外电路条件下的工作模式、转移电子器件振荡器电路结构等方面加以介绍。

5.3.1 转移电子器件振荡器工作模式

同雪崩二极管振荡器一样，转移电子器件与适当的负载电路连接就构成转移电子器件振荡器。原则上，负载电路若为电阻性（ $R_L > 0$ ），就可获得器件提供的振荡功率。但实际上负载都采用谐振电路形式，如图 5-16 所示。如前所述，这样可以改善振荡器的效率和频率稳定性，还可以进行频率调谐。由于谐振电路的情况不同，可以构成转移电子器件振荡器的不同工作模式。

1. 纯粹渡越时间模

这种模式即是耿（J.B.Gunn）发现的经典模式，所以又称为"耿模"。形成这种模式，需要在器件、谐振回路、偏置方面满足下列关系：

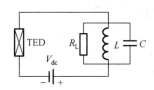

图 5-16 转移电子器件振荡器原理图

- $n_0 L > 10^{12} \mathrm{cm}^{-2}$ ；
- $T_D < T_t = T_0$ ；
- $V_{dc} > V_{th}$ ；
- 振荡电路为低 Q 电路，其交流幅度 V_{ac} 很小，保证器件端压 $v(t) = V_{dc} + V_{ac} \sin \omega t > V_{th}$ 。

上述关系中， n_0 是器件的掺杂浓度， L 为器件有源区长度， T_D 为畴的生长时间， T_t 为畴的渡越时间， T_0 为谐振电路的振荡周期， V_{dc} 为器件的偏置电压， V_{th} 为阈值电压。

根据上述关系，纯粹渡越时间模的工作原理如图 5-17 所示。

- 在 t_1 时刻，由于器件端压 $v(t_1) > V_{th}$ ，器件内将立即形成偶极畴，电流急剧下降，即图 5-17 中 AB 段；由于 $T_D < T_t$ ，因此偶极畴可以长大到成熟。
- 成熟的偶极畴向阳极渡越，电流沿 BCD 变化；直到 $v(t)$ 越过最大值开始下降，电流将沿 DCB 变化。
- 在 t_2 时刻，偶极畴到达阳极被吸收，电流将急剧增加。与此同时，由于 $T_t = T_0$ ，在器件阴极附近又将产生一个新的偶极畴，电流又会迅速下降，上述过程重复，形成周期性的振荡。

根据上述工作原理，纯粹渡越时间模形成振荡的特点主要有：

- 畴的渡越时间就是形成脉冲串的重复周期，也是脉冲电流的基波周期，因此形成的振荡频率就是器件的渡越时间频率或固有频率。

- 由于渡越频率反比于器件有源区长度（见式（2-137）），因此这种模式存在提高频率和提高功率之间的矛盾。

- 由于这种模式输出波形是尖峰脉冲，它与正弦波相差很大，分离出的基波分量很小，效率较低，理论上其最大值为 10%，实际大约 1%~2%。

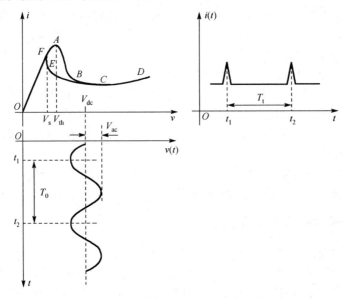

图 5-17　纯粹渡越时间模工作原理图

2. 猝灭畴模

形成这种模式需要在器件、谐振回路、偏置方面满足下列关系：

- $n_0 L > 10^{12}\,\text{cm}^{-2}$；
- $T_D < T_0 < T_t$；
- $V_{dc} > V_{th}$；
- 振荡电路为小负载高 Q 电路，器件端压 $v(t) = V_{dc} + V_{ac}\sin\omega t$ 可以摆动到维持电压 V_s 以下。

这时，$v(t)$ 在一个周期 T_0 的大部分时间内都在阈值电压 V_{th} 以上。在阈值电压以上的这段时间内，由于 $T_D < T_0$，故在器件内可以形成稳态畴的渡越。但由于 $T_0 < T_t$，故还未等到稳态畴到达阳极，端压就会摆动到维持电压 V_s 以下，根据 V_s 的定义，畴就会突然猝灭，故称为猝灭畴模。

猝灭畴模的工作原理如图 5-18 所示。

- 在 t_1 时刻，畴核形成并迅速成熟，电流由 A 急剧下降到 B；由于 $T_D < T_t$，因此偶极畴可以长大到成熟。

- 成熟的偶极畴向阳极渡越，电流沿 BCD 变化；直到 $v(t)$ 越过最大值开始下降，电流将沿 $DCBE$ 变化。

- 在 t_2 时刻，器件端压摆动到 V_s 以下，畴在渡越过程中将突然猝灭，电流急剧上升到 F，此后电流在 AFO 段变化。

- 在 t_3 时刻，器件端压又超过 V_{th}，新的畴形成，又重复上述过程而形成周期性的振荡。

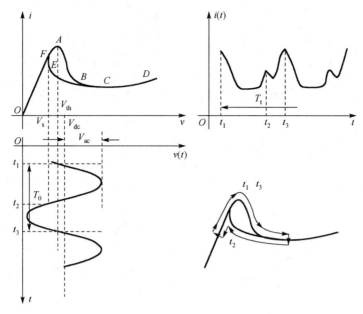

图 5-18　猝灭畴模工作原理图

根据上述工作原理，猝灭畴模形成振荡的特点主要有：

● 这种振荡模式可以用改变电路的振荡频率 f_0 进行频率调谐，只要周期 T_0 满足 $T_D < T_0 < T_t$ 即可。

● 其振荡频率的上限由畴的猝灭时间确定，此时间由介质的弛豫时间 T_d 和畴外低电场电阻 R_0 和畴电容 C_D 串联形成的电路的时间常数 $R_0 C_D$ 共同决定。用触发多个偶极畴而不是一个偶极畴的方法，可以提高猝灭畴模的频率上限。因为在多畴工作中，每个畴所对应的电容相互串联，则总电容减小，$R_0 C_D$ 减小，从而畴的猝灭速度变快，因而可获得更高的频率极限。而要得到多个畴，常采用的办法是使偏置由低于阈值非常迅速地升到高于阈值，这样畴核不仅在阴极附近形成，而且还在沿器件长度掺杂不规则起伏的地方也生成畴核，从而实现多畴工作的猝灭畴模式。

● 这种模式的效率较纯粹渡越时间模高，理论上其最大值为 13%，实际大约 2%。

3. 延迟畴模

形成这种模式需要在器件、谐振回路、偏置方面满足下列关系：

● $n_0 L > 10^{12} \text{cm}^{-2}$ ；

● $T_D < T_t < T_0$ ；

● $V_{dc} > V_{th}$ ；

● 振荡电路为大负载高 Q 电路，器件端压 $v(t) = V_{dc} + V_{ac} \sin \omega t$ 不能摆动到维持电压 V_s 以下。

这时由于 $T_D < T_0$ ，故在器件内可以形成稳态畴的渡越。但由于 $T_t < T_0$ ，故稳态畴到达阳极被吸收后，由于器件端压在 V_{th} 以下，阴极附近不会立即形成新的偶极畴，直到端压在振荡下一周期再次超过 V_{th} ，故称为延迟畴模。

设畴渡越时间和振荡周期间关系为：

$$\frac{T_0}{2} < T_t < T_0 \tag{5-55}$$

延迟畴模的工作原理如图 5-19 所示。

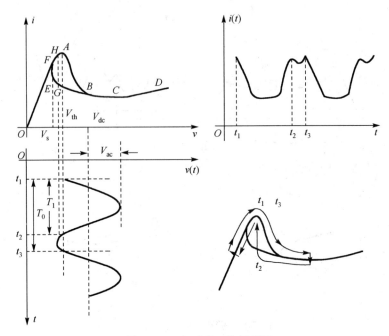

图 5-19　延迟畴模工作原理图

- 在 t_1 时刻，由于器件端压 $v(t_1) > V_{th}$，器件内将立即形成偶极畴，电流急剧下降，即图 5-19 中 AB 段；由于 $T_D < T_t$，因此偶极畴可以长大到成熟。

- 成熟的偶极畴向阳极渡越，电流沿 BCD 变化；直到 $v(t)$ 越过最大值开始下降，电流将沿 $DCBE$ 变化。

- 在 t_2 时刻，$t_2 - t_1 = T_t$，畴到达阳极，立即被阳极吸收，电流迅速由 G 点值上升到 H 点值。此后在 $T_t < t < T_0$ 期间，器件端压小于阈值电压，阴极附近不会生成第二个畴，电流在 $AHFO$ 段变化。

- 在 t_3 时刻，器件端压又超过 V_{th}，新的畴形成，又重复上述过程而形成周期性的振荡。

根据上述工作原理，猝灭畴模形成振荡的特点主要有：

- 这种振荡模式可以用改变电路的振荡频率 f_0 进行频率调谐，只要周期 T_0 满足 $\dfrac{T_0}{2} < T_t < T_0$ 即可。否则畴在阳极消失时，器件端压还可能大于阈值电压，这时在阴极附近就可能会立即产生新的畴核。其基波振荡频率范围为：

$$\frac{f_t}{2} < f_0 < f_t \qquad\qquad (5\text{-}56)$$

- 这种模式相对于正弦基波的最高效率的理论值为 20%，实际大约 3%～5%。

上面介绍的三种振荡模式都是依靠成熟的偶极畴的渡越、消失而获得电流振荡的。这三种模式通常可以统称为偶极畴模或行畴模，它们的工作原理都是依靠成熟的畴的存在和渡越来实现直流功率到交流功率的转换。它们的共同特点有：

- 都有成熟的偶极畴，因而掺杂水平都满足 $n_0 L > 10^{12}\,\text{cm}^{-2}$。

- 它们形成的电流尖峰状脉冲所含正弦基波分量较小；同时畴外低场区正阻还要消耗部分能量，因而效率较低。

- 偶极畴模中的 f_0、L 关系还限制了器件工作频率和功率容量的同时提高。

它们的不同之处在于各自的 T_0、T_t 和 T_D 相互关系及谐振电路特性不一样。其时间关系和谐振电路振幅的横向对比如图 5-20 所示。

4. 限累模

1966 年，科普兰（Copeland）在对 GaAs 样品进行计算机模拟时，发现了一种不同于上述偶极畴模的新模式，称为限制空间电荷积累模，简称限累模，英文缩写为 LSA（Limited Space-charge Accumulation）。这种模式的特点是没有成熟的畴存在，直流功率到交流功率的转换，是直接通过电子的负微分迁移率实现的。这种模式形成条件为：

- 时间关系为：$T_d \ll T_0 < T_D$。
- 偏置电压 V_{dc} 足够大。
- 谐振电路的 Q 值应保证交流电场 $E(t) = E_{dc} + E_{ac}\sin\omega t$ 能在周期内一个很小的时间间隔内摆动到 $\mu_d(E)$ 特性曲线的正迁移率区（$E(t) < E_{th}$）。
- 选取 f_0、n_0、E_{dc} 和 E_{ac} 等参量使畴核在器件端压大于阈值电压的期间内不至于长到使电场发生明显的畸变，即积累的电荷偶极层达不到成熟的偶极畴。

图 5-21 是 LSA 模式的工作原理图。由图可见：

- 在 $t_1 \sim t_2$ 时间内，虽然电场超过阈值电场，但电荷偶极层积累达不到成熟的偶极畴。
- 在 T_0 周期其余时间内，电场小于阈值电场，这时 $\mu_d > 0$，积累的电荷偶极层完全消失。为了保证积累的空间电荷能在这段时间内猝灭到 $t = 0$ 时刻前的水平，介质的弛豫时间应远小于 T_0，即 $T_d \ll T_0$。

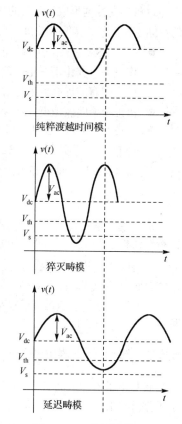

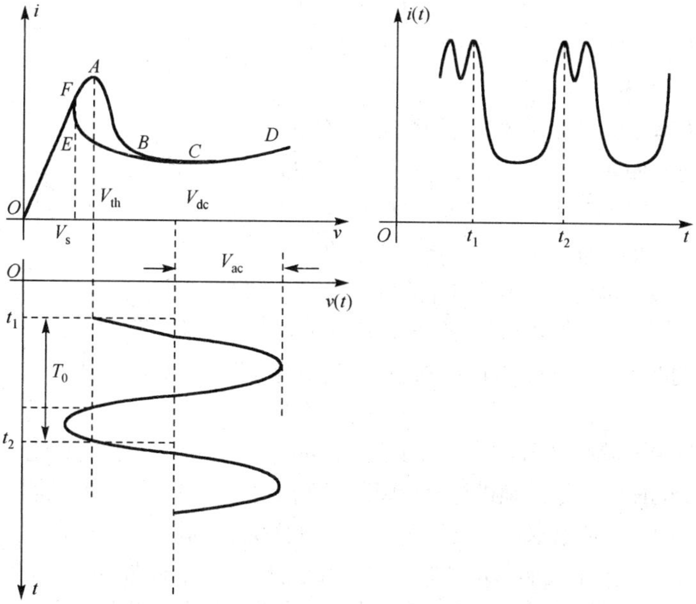

图 5-20　三种行畴模对比

图 5-21　限累模（LSA）工作原理图

这种周期性地形成和猝灭的积累层都比较弱且只能在阴极附近出现，器件的绝大部分都没有积累的空间电荷，故称为限制空间电荷积累，或猝灭积累层模。其特点主要如下。

- 由于 LSA 直接利用器件的负微分迁移率，其工作频率与器件的长度无关，因此可以在提高工作频率（仅由谐振电路决定）的同时增大工作层厚度 L 以获得大的输出功率，不存在偶极畴模所固有的提高频率与增加功率之间的矛盾。
- 相比较于偶极畴模，LSA 的效率较高，理论上其最大效率可达 18%～23%。
- 但是，理论和实验研究可见，对给定的振荡频率 f_0，能够实现 LSA 模式振荡的 n_0 的范围是很小的，这就对材料质量提出了很高的要求，不允许材料的掺杂浓度 n_0 有明显的畸变区存在。

总之，LSA 是一种高频率、大功率和高效率的工作模式。

5. 混合模式

混合模式是首先在计算机上模拟转移电子器件时发现的，随后才得到实验证明。它是一种介于偶极畴模式和 LSA 模式之间的中间状态模式，在这种模式中，由谐振电路确定的振荡周期 T_0 可以与畴的生长时间 T_D 相比拟。此模式有较之于 LSA 模式更明显的电荷积累层形成，器件内电场存在较之 LSA 模式有明显的畸变。但在射频周期的大部分时间内虽端压大于阈值却不能生长成为成熟的畴，维持器件两端的振荡是依靠负微分迁移率的作用。这种模式的优点是允许在比渡越频率更高的频率下工作，且较之 LSA 模式可以工作在更大的 n_0/f_0 范围，其效率也相当高。

5.3.2 转移电子器件振荡器电路结构

转移电子器件振荡器的原理图如图 5-22 所示，它与雪崩二极管振荡器的原理是一致的，振荡器稳定工作时要求：

$$Y_D + Y_L = 0 \tag{5-57}$$

或

$$\begin{cases} -B_D = B_L \\ G_D = G_L \end{cases} \tag{5-58}$$

图中的具体电路在微波毫米波段可以采用不同的结构来实现，如同轴线、波导和各种微带线结构等。

图 5-23 和图 5-24 给出了两种体效应管微带振荡器的电路图，负阻器件并联在微带线上，偏置通过低通滤波器加入。图 5-23 中器件右边的一段终端开路线起调谐作用，$\lambda_g/4 < l < \lambda_g/2$，若把器件的容抗等效为传输线长，则该谐振器的长度为半波长；器件左边的渐变微带线起阻抗变换作用，使 50Ω 负载电阻变换为等于器件的负阻值。图 5-24 中器件放置在一端，然后用一段长为 l_1 的传输线和一段长为 l_2 的开路分支线来实现谐振以及与负载的匹配。这种微带电路的优点也是结构及设计简单、制作方便，但一旦制成则不便于机械调谐，而且损耗较大。

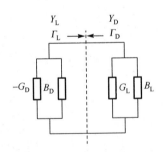

图 5-22　TED 振荡器原理图

图 5-25 表示了一个同轴、波导结构的振荡器，它是一个实用的毫米波转移电子器件振荡器，可以在 W 波段（65～115GHz）上连续地进行机械调谐，在射电天文中用作本地振荡器。该振荡器谐振腔由一段短路同轴线构成，谐振腔长度可利用上下滑动的射频扼流活塞进行调节，使谐振腔的谐振频率在 30～60GHz 范围内变化，它是转移电子器件的谐振电路，决定了振荡器的基波频率。由于电流振荡是非正弦的，所以除了有正弦基波以外，还伴随有高次谐波产生，为提供二次谐波，由圆盘径向线阻抗变换器（或称谐振帽电路），在二次谐波上实现二极管阻抗与输出波导间的匹配，使二次谐波由输出

波导输出。输出波导采用截止频率为 59GHz 的半高波导（ $a \times b = 2.54\text{mm} \times 0.63\text{mm}$ ）和同轴腔相连接，然后通过锥形过渡到全高波导，在半高波导的一端还装有调节输出匹配的调谐活塞。振荡器在工作频带内（65～115GHz），其连续波最大输出功率为 13dBm（20mW）。

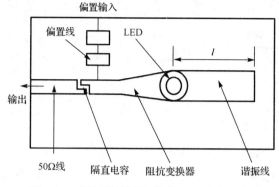

图 5-23　半波长谐振器调谐的 TED 微带振荡器

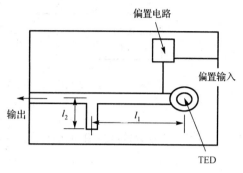

图 5-24　开路支线调谐与匹配的 TED 微带振荡器

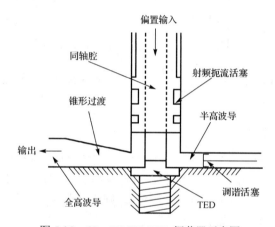

图 5-25　65～115GHz TED 振荡器示意图

5.4　微波晶体管振荡器

　　微波晶体管振荡器是微波毫米波频率较低端的一种主要的振荡器。其分析和设计同样可用 S 参数来论述，也涉及器件的不稳定性、微波有源网络的阻抗匹配问题。因此可运用分析晶体管放大器时的某些概念和方法，但需注意振荡器在起振时是小信号条件，而后稳定于大信号状态。

5.4.1　微波晶体管振荡器的起振分析

　　同一个微波晶体管振荡器，既可以采用高频电路惯用的反馈振荡器分析方法，也可以利用微波网络波参数的特点，视为负阻振荡器来分析。

1．反馈振荡器的振荡条件

　　视为反馈振荡器时，电路框图如图 5-26(a)所示。可以先按晶体管功率放大器进行开环设计和调整，然后利用正反馈电路，把放大器输出功率的一部分耦合到输入端，只要大小和相位合适，就能产生和维持振荡。

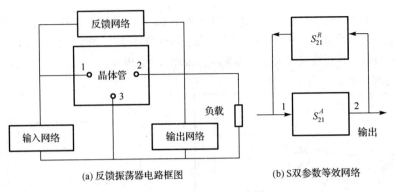

(a) 反馈振荡器电路框图   (b) S双参数等效网络

图 5-26   反馈振荡器示意图

可以用 S 参数等效网络图 5-26(b)来表示反馈振荡器。振荡平衡条件为：

$$S_{21}^A \cdot S_{21}^R = 1 \tag{5-59}$$

或分别表示为幅度平衡与相位平衡条件：

$$\begin{cases} \left|S_{21}^A\right| \cdot \left|S_{21}^R\right| = 1 \\ \angle S_{21}^A + \angle S_{21}^R = 2n\pi \quad n = 0,1,2,\cdots \end{cases} \tag{5-60}$$

式中，$\left|S_{21}^A\right|^2 = G_t$ 代表放大器的开环增益；$\left|S_{21}^R\right|^2 = 1/L$，$L$ 代表反馈网络衰减。以上表达式是假设两个端口都是匹配的条件下得出的。

2. 负阻振荡器的振荡条件

根据第 4 章关于晶体管稳定性的分析可知，在潜在不稳定晶体管的一个端口具备一定的端接条件时，另一端口的输入阻抗呈现负阻，如同等效为一个单端口的负阻器件。我们也曾经证明，只要在该端口所接负载的正阻成分大于输入阻抗中的负阻成分，则放大器不会自激。显而易见，如果要构成晶体管振荡器，则是相反的情况，起振条件如下：

（1）当晶体管参数为$|S_{11}| < 1$、$|S_{22}| < 1$的情况，则起振条件为：

$$\begin{cases} K_s < 1 \\ |\Gamma_1 \cdot \Gamma_S| > 1 \ \text{或} \ |\Gamma_2 \cdot \Gamma_L| > 1 \end{cases} \tag{5-61}$$

（2）当晶体管参数为$|S_{11}| > 1$、$|S_{22}| > 1$的情况，则起振条件可直接表示为：

$$\begin{cases} |S_{11}| > 1 \ \text{或} \ |S_{22}| > 1 \\ |\Gamma_1 \cdot \Gamma_S| > 1 \ \text{或} \ |\Gamma_2 \cdot \Gamma_L| > 1 \end{cases} \tag{5-62}$$

式中Γ_1、Γ_2由晶体管的小信号 S 参数决定。

而振荡平衡条件为：

$$\Gamma_1 \cdot \Gamma_S = 1 \ \text{或} \ \Gamma_2 \cdot \Gamma_L = 1 \tag{5-63}$$

或表示为幅度平衡与相位平衡条件：

$$\begin{cases} |\Gamma_1 \cdot \Gamma_S| = 1 \\ \angle \Gamma_1 + \angle \Gamma_S = 2n\pi \quad n = 0,1,2,\cdots \end{cases} \tag{5-64}$$

或

· 332 ·

$$\begin{cases} |\Gamma_2 \cdot \Gamma_L| = 1 \\ \angle\Gamma_2 + \angle\Gamma_L = 2n\pi \qquad n = 0,1,2,\cdots \end{cases} \qquad (5\text{-}65)$$

式（5-63）、式（5-64）和式（5-65）中的 Γ_1、Γ_2 由晶体管的大信号 S 参数决定。

以上输入端口或输出端口的振荡条件可任取其一，因为可以证明，假定一个端口满足振荡条件，则另一个端口必同时满足振荡条件。实质上振荡器本无所谓输入端、输出端之分，理论上从两个端口皆可输出功率。一般将接负载取出功率的端口称为输出端口，而另一端口接无耗电纳，称为输入端口。因此，负阻振荡器电路的框图可用图 5-27 表示。

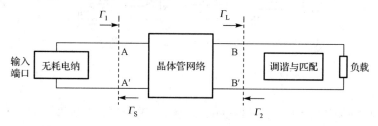

图 5-27　负阻振荡器电路框图

图中，A-A′ 端口端接的无耗电纳使得 B-B′ 端口呈现负阻，即某些 Γ_S 导致 $|\Gamma_2| > 1$，然后由输出端口进行调谐和匹配，即实现 $|\Gamma_2 \cdot \Gamma_L| > 1$。随着振荡幅度增长，晶体管大信号条件下 S 参数变化，B-B′ 端口负阻呈减小趋势，振荡将稳定于 $\Gamma_2 \cdot \Gamma_L = 1$ 的状态。

5.4.2　微波晶体管振荡器的电路结构

在微波晶体管振荡器电路中，常采用低损耗、高 Q 值、温度特性好的介质谐振器做为高 Q 腔对 FET 振荡器进行稳频的谐振器，它可简便地构成多种形式的电路，又能起稳频作用。这种振荡器称为介质谐振器稳频的晶体管振荡器，通常简称介质振荡器。它在 1GHz 到几十 GHz 频率范围内，可以直接产生所需的振荡频率，而不需倍频，具有体积小、结构简单的特点。

振荡器里面最为关键的低损耗介质谐振器材料已有很大进展，介质谐振器 Q 值已接近金属空腔谐振器，因此，振荡器的相位噪声较低。介质谐振器的温度系数很容易控制，可以与 FET 电路互相补偿，使介质振荡器具有很高的频率稳定度。高 Q 介质腔可以作为振荡电路中的一个元件，也可以作为反馈电路元件和振荡电路负载的一部分，使振荡器在 0~50℃温度范围内，频率稳定度达到 10^{-5} 量级。它比倍频锁相式振荡器或分频锁相式振荡器的频率稳定度略低，但可以满足大多数微波系统的要求。它具有体积小、电路不复杂、功耗低、可靠性高和没有低于主振频率的分谐波干扰等优点。

介质稳频的晶体管振荡器大体上可分为两种类型：一种是耦合式，将介质谐振器作为一无源稳频元件以适当方式与晶体管振荡器耦合，因其高 Q 值而起稳频作用；另一种是反馈式，介质谐振器作为振荡器的反馈网络而产生振荡。耦合式易于调整，但会出现跳模现象；反馈式的电路调整较复杂，但可克服跳模现象。

图 5-28 给出了反馈式介质稳频 FET 振荡器的微带电路图，晶体管输出功率进入 3dB 分支线定向耦合器，有一半功率由 3 口进入反馈网络。介质谐振器与两根微带线耦合，当振荡频率为介质谐振频率时，反馈能量最大，严重失谐时，反馈能量最小，等效于开路，所以这里的介质谐振器等效为串联谐振电路。调节微带线与介质谐振器之间的耦合，可以改变反馈量。附加了一段传输线用于移相，改变其长度即可调节反馈相位。因此，当满足式（5-65）时，则建立起振荡。

和负阻二极管振荡器类似，也可以采用变容管或 YIG 调谐来获得宽带的电调谐晶体管振荡器。

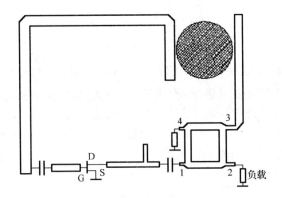

图 5-28　反馈式介质稳频 FET 振荡器

介质稳频振荡器电路形式有以下三种形式。

（1）输出反射式

图 5-29 是输出反射式介质稳频振荡器电路示意图。其中，FET 的栅极接一段小于 $\lambda_g/4$ 开路微带线，等效在栅极接一个电容 C_g，漏栅极之间接正反馈电容 C_{gd}，使 FET 电路构成自激振荡器；而在输出微带线附近耦合一个高 Q 介质谐振器，它作负载的一部分，一方面提高了振荡器电路 Q 值，另一方面由于它是一个耦合电路，因而存在频率牵引及频率调谐的回滞现象。

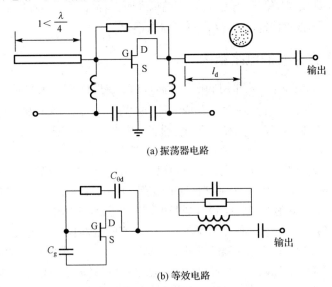

(a) 振荡器电路

(b) 等效电路

图 5-29　输出反射式介质稳频振荡器

（2）环路反馈式

图 5-30(a)是环路反馈式介质稳频振荡器电路示意图。不加介质谐振器时，FET 电路是微波放大器的工作状态，不产生振荡；当把高 Q 介质谐振器放置在输出微带线与输入微带线之间，通过磁耦合把输出功率的一部分反馈到栅极，当反馈相位和反馈功率合适时将产生振荡，介质谐振器相当于窄带带通滤波器，在介质谐振器的中心频率处，反馈最强，相位合适。图 5-30(b)是反馈式介质振荡器的等效电路图。反馈式介质稳频振荡器的稳频效果与介质振荡器有载品质因素 Q_L 成正比，因此希望 Q_L 越大越好。在设计 FET 放大器电路时，应确保振荡频率处的增益最高，而在其他频率处尽可能没有增益，更不应存在寄生振荡。

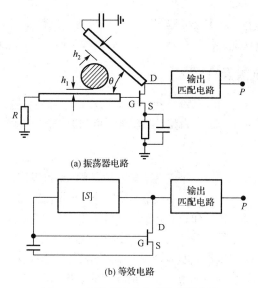

(a) 振荡器电路

(b) 等效电路

图 5-30　环路反馈式介质稳频振荡器

（3）栅极耦合式

图 5-31(a)是栅极耦合式介质稳频振荡器电路。FET 接成共漏极电路。漏极接微带低通滤波器，使漏极对微波接地，并构成漏压直流通路。介质谐振器耦合到栅极微带线上，耦合面到栅极的距离 1 约为 $\lambda_g/4$，它在栅极等效于接一个高 Q 的串联谐振电路，与 FET 的漏源电容 C_{ds} 和栅源电容 C_{gs} 构成电容式三点振荡电路，如图 5-31(b)所示。源极经匹配电路后输出振荡功率。

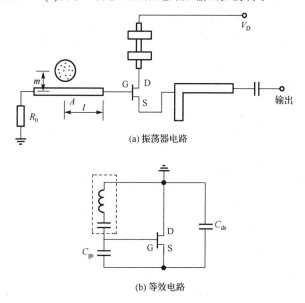

(a) 振荡器电路

(b) 等效电路

图 5-31　栅极耦合式介质稳频振荡器

5.5　微波频率合成技术

所谓频率合成，就是利用电子元件组成某种装置对高稳频率实现线性运算从而产生大量离散频率的过程，从一个具有高稳定度和高准确度的频标，产生系列具有相同稳定度和准确度的频率，频率合成器是实现该功能的硬件电路。频率合成器应用广泛，在通信设备中，合成器不但使工作频率精确稳定，而且能使收发两端实现快速通信；在测试设备中，可作为标准信号源适应各种精密测量的需要。

5.5.1 频率合成技术发展及介绍

频率合成技术最早开始于20世纪30年代，发展至今，已经比较成熟，主要有以下几个发展阶段：直接模拟频率合成、锁相式频率合成、直接数字频率合成和混合频率合成。

1. 直接频率合成技术

直接频率合成方法出现最早，用一个或几个参考频率源经谐波发生器变成一系列谐波，再通过倍频、分频、混频的方式实现运算并合成，通过窄带滤波器选出所需要的频率。从现在的角度看该方案比较粗，但这种方法也是有优点的，如频率切换时间短，几乎达到任意高的频率分辨率，相位噪声低以及所有方法中最高的工作频率等主要优点而使之在频率合成领域占有重要的地位。

但直接频率合成也有缺点，其谐波及组合频率分量丰富，抑制难度大；如果要输出多个频点或高频信号，电路实现方式需用大量的晶体器件、混频器、滤波器等，电路难于集成，体积较为庞大，成本及功耗高。

2. 锁相式频率合成

随着第二代频率合成技术的发展，间接式频率合成器受到广泛应用，其理论基础是锁相环 PLL（Phase Locked Loop），这种频率合成方式由鉴相器、分频器、模拟环路滤波、压控振荡器等几部分基本电路组成，其特点是具有良好的频谱纯度、极宽的输出频率范围且频率步进易于控制，但因锁相存在捕获的过程，根据环路带宽不同，频率转换时间较长，一般在微秒到毫秒量级；此外，通过对压控振荡器输出信号进行分频后再送入鉴相器进行鉴相，易于实现频率的转换，但若要实现细步进的频率切换，就在必然增加跳频时间的同时，导致鉴相频率的降低，从而使得环路的相位噪声恶化，这些固有矛盾由锁相环本质所决定，无法解决。

锁相环组成的原理框图如图 5-32 所示

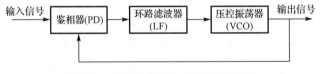

图 5-32　锁相式频率合成器基本原理图

如果要输出信号的频率与输入信号频率不同，可以在图 5-32 基本原理图的基础上加上分频器，形成应用面更广的频率比合成器，具体原理图如图 5-33 所示。

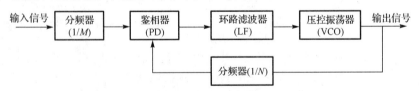

图 5-33　加入分频器的锁相式频率合成器原理图

如图 5-32 所示，锁相环频率合成器的工作原理是：输出信号频率与外部参考频率进行相位比较，由误差相位产生误差电压，误差电压经过环路滤波器的过滤得到控制电压，控制电压加到压控振荡器上使之产生频率偏移，来跟踪输入信号频率。如果输入的信号频率为固定频率，在控制电压的作用下，输出信号频率会向输入信号频率靠拢，一旦达到两者相等时，环路就能稳定下来，达到锁定状态。锁定之后，被控的压控振荡器输出频率稳定度等指标和输入频率相同。

锁相环的工作过程主要有两种状态，第一种状态是环路从失锁到锁定的捕捉过程；另一种状态是锁定时环路跟踪输入频率与相位的漂移或调制变化的过程，这叫同步过程。

锁相环路具有以下优点。

（1）良好的跟踪特性。环路锁定后，在输入信号与输出信号间，只存在某一固定的相位差，频差则等于零。因此，锁相环路可以实现无误差的频率跟踪。

（2）良好的窄带滤波特性。锁相环路在锁定输入载波信号的同时，可以对噪声进行过滤，完成窄带滤波器的作用。假如输入载波信号的频率发生漂移，通过合理的设计，锁相环路可以跟踪输入信号的频率漂移，同时仍维持窄带滤波作用，即变成一个窄带跟踪滤波器。

（3）良好的门限特性。当将锁相环用于调频解调器时，比一般限幅-鉴频器的门限改善可达 4～5dB。

伴随着优点，在某些时候也存在缺点，主要有：跳频时间慢，根据环路带宽选择一般在μs 或 ms 数量级；对细步进的锁相环，常常带来因为鉴相频率变低而造成相位噪声的恶化。

锁相环频率合成器主要分为 3 类：模拟 PLL 电路、数字 PLL 电路和数模混合 PLL。其中最鲜明的特点就是若在锁相环中插入数字分频器和数字鉴相器，即成为数字锁相环。数字锁相频率合成技术也是目前的主流技术。数模混合 PLL 又称为电荷泵锁相环 CPPLL（Charge Pump PLL），它的组成既有模拟电路也有数字电路。电荷泵锁相环与模拟锁相环相比，具有无限的捕获范围和跟踪范围，捕获时间短，线性范围大，成本低等优点，得到广泛的应用。目前单片集成频率合成器锁相环几乎全部采用电荷泵锁相环。

3. 直接数字频率合成技术

进入 20 世纪 70 年代，直接数字频率合成技术 DDS（Direct Digital Synthesis）的提出使频率合成技术进入了崭新的时代。

DDS 技术利用数字方式对相位进行累加，再通过查询正弦函数表得到正弦波的离散数字序列，最后经数模变换形成模拟正弦波，主要由相位累加器、正弦波形表、D/A 变换器、低通滤波器组成。较以前频率合成技术相比，具有极高的频率分辨率（可达 1μHz）、极短的换频时间（可小于 0.1 μs）且跳频时相位连续、极高的集成度、极小的体积和方便灵活产生多种频率信号等优点。

DDS 的基本框图如图 5-34 所示。

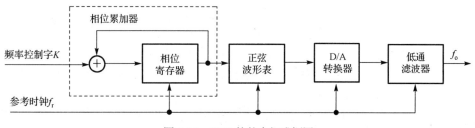

图 5-34　DDS 的基本组成框图

DDS 的基本工作原理为：相位累加器 PA（Phase Accumulator）在 K 位频率控制字 FCW（Frequency Control Word）的控制下，以参考时钟频率关为采样频率，产生待合成信号的数字线性相位序列，将相位累加器的高 N 位作为地址码通过正弦查询表 ROM 变换，产生 M 位对应信号波形的数字序列，再由数/模转换器 DAC 将其转化为阶梯模拟电压波形，最后由低通滤波器 LPF 将其平滑为连续的正弦波形作为输出。

该 DDS 系统的核心是相位累加器，它由一个加法器和一个位相位寄存器组成，每来一个时钟，相位寄存器以步长增加相位寄存器的输出与相位控制字相加，然后输入到正弦查询表地址上。正弦查询表包含一个周期正弦波的数字幅度信息，每个地址对应正弦波中 0～360° 范围的一个相位点。查询表把输入的地址相位信息映射成正弦波幅度的数字量信号，驱动 DAC，输出模拟量。相位寄存器每经过 2N/K 个时钟后回到初始状态，相应地正弦查询表经过一个循环回到初始位置，整个 DDS 系统输出一个正弦波，如图 5-35 所示。

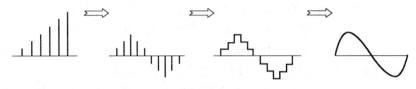

图 5-35　DDS 正弦输出信号变化图

由上可知，DDS 技术可以理解为数字信号处理中信号综合的硬件实现问题，即给定信号幅度、频率、相位参数，产生所需要的信号波形。从系统的角度可以认为是给定输入时钟和频率控制字 K，输出一一对应的正弦信号。由于 DDS 采用了不同于传统频率合成方法的全数字结构，所以 DDS 技术具备了直接模拟频率合成和间接频率合成方法所不具备的许多特点。

DDS 优点主要表现在以下几个方面：

（1）超宽的相对带宽。由奈奎斯特采样定理可知，理论上 DDS 的最高输出频率可达时钟频率的一半，即 DDS 输出频率的上限由最大时钟频率决定。

（2）超高的捷变频速度。作为开环系统的 DDS，其频率转换时间主要由低通滤波器的时延决定，且随着时钟频率的升高，转换时间将缩短，一般来说，当今 DDS 的频率转换时间时间一般在 ns 级，具有超高的捷变频速度。

（3）超细的分辨率（超小步进）。DDS 的频率分辨率由内部相位累加器的长度 N 决定，并满足 $\Delta f_{min} = f_r / 2^N$ 的关系，而当今 32 位、48 位的 DDS 已成为主流应用，因此很容易实现 mHz 甚至 μHz 数量级的步进。

（4）相位连续。正是因为 DDS 是一个开环系统，因此当改变频率的控制信号后，本质是改变了相位增量，输出信号上不会叠加其他脉冲信号。

（5）低相位噪声。DDS 相当于一个分频器，其输出信号的相位噪声由时钟的相位噪声决定，甚至比时钟的相噪更低，在工程应用中，我们常用高稳晶振作为 DDS 的时钟源，因此其输出信号的相位噪声一般来说是极低的。

（6）方便实现各种调制波形。通过对 DDS 加入各种调制（如调频控制 FM、调相控制 PM 和调幅控制 AM），即可易于产生频移键控 FSK、相移键控 PSK、幅移键控 ASK 等信号，同时，DDS 也可以方便地输出各类波形，如三角波、锯齿波、矩形波等。

（7）全数字化易于集成。由于 DDS 属于数字电路，易于集成，甚至连 LPF 都已经实现集成在一片 DDS 芯片内，因此其体积小、重量轻，再加上易于程控的特点，DDS 的应用特别广泛。

但 DDS 也有其固有的缺点：由奈奎斯特抽样定理可知，输出带宽受参考频率影响，DDS 能够输出的信号频率即受到工作时钟频率的限制；同时 DDS 内部因相位截断、ROM 正弦幅值表的量化、DAC 转换引入的误差在频谱上即表现为固有杂散，导致频谱纯度下降，成为限制 DDS 技术发展的重要因素。

在直接数字频率合成芯片（DDS）方面，应用最为广泛的当数美国 ADI 公司的 DDS 系列芯片，如 AD985× 系列、AD991× 系列 AD995× 系列等。以 AD9954 器件为例，它的 DDS 系统采用 1024

字节×32位可编程频率控制寄存器，通过内部集成的高速、高性能的14位DAC产生模拟信号输出。AD9954的内部系统时钟最高可达400MHz，具有32位频率控制字，信号的相位、幅度可编程控制，具有自动线性和非线性扫频功能，在输出160MHz时，偏离主频100kHz的杂散优于80dB，这类芯片技术成熟、性能稳定、质量可靠，非常适于工程应用。

可以看出，随着技术的进步，DDS技术发展最快，也是目前应用的主流频率合成技术。但是直接式频率合成技术并没有完全被取代，仍然扮演着重要角色，如以晶体振荡器为主振进行变容管倍频、滤波混频等；另外在高频段介质稳频振荡器（DRO）也经常应用于锁相环中，因介质谐振器（DR）价格低廉、谐振频率温度系数可正可负，可以大大提高DRO的频率温漂性能，且介质谐振器的高Q特性能够极其容易地实现微波频率源的低相位噪声，例如10GHz左右的DRO其相位噪声可达到-120dBC$/$Hz@10kHz，这对于普通的压控振荡器是无法实现的。

通过对3种频率合成技术的分析，可以简要总结出各自的性能特点。如表5-1所示。

表5-1　三种频率合成器的性能比较

名称	直接频率合成技术	锁相环频率合成技术	直接数字频率合成技术
相噪	很好	较差	好
体积	大	较大	小
频率转换速率	高	较低	较高
频率分辨率	高	低	很高
频率范围	宽	很宽	窄
频率纯度	低	高	较高

4. 混合式频率合成技术

当今的微波频率源性能指标要求越来越高，常常需要满足捷变频、细步进、低相噪、高频谱纯度等多项指标，因此单纯采用某一种频率合成方式是远远不能满足要求的，混合式微波频率源应运而生，其设计思想是根据指标要求结合多种频率合成方法进行统一设计，优劣互补。在实际应用中DS、PLL、DDS、多环、混频、倍频等技术合理组合使用，使得微波频率源在相位噪声、频谱纯度、频率转换时间、频率分辨率及输出范围等技术指标方面大大提高。

根据PLL和DDS的特点可知，PLL频率合成技术具有高频率、宽带、频谱质量好的优点，但是其频率转换速度低。而DDS技术则具有高速频率跳变能力、频率和相位分辨率高，但在设计电路时经常要在带宽、频率精度、频率转换时间、相位噪声等要求中折衷考虑。因此，出现了多种将DDS与PLL技术结合起来构成混合频率源的方案。

DDS+PLL混合频率合成的方案主要有DDS激励PLL组合以及DDS与PLL混频组合两种。

（1）DDS激励PLL频率合成器系统

是目前最简单和最常用的频率合成组合方案，将PLL设计成N倍频环，DDS输出通过带通滤波器BPF后直接作为PLL的参考信号，此处加入的带通滤波器是为了抑制DDS的宽带频率杂散。这个DDS组合PLL的频率合成方法，是以DDS作为PLL的参考源驱动PLL的混合型频率合成技术。DDS有输出步长小而又有较高相噪的优点，但同时又有杂散较多的缺点。而PLL在输出步长小时，相位噪声差，但它对杂散的抑制性能良好。所以DDS与PLL两种频率合成技术结合起来，取长补短，相得益彰，是一种非常合理的频率合成解决频率合成技术的性能指标，在N不太大时，相位噪声和杂散都可以较低，充分体现了DDS+PLL组合系统的优越性。另一方面，由于DDS输出端的带通滤波器无法滤除通带内的杂散，在PLL将DDS输出频率N倍频的同时，这些杂散将会被放大，这对系统频谱纯度有一定影响。DDS激励PLL系统原理图如图5-36所示。

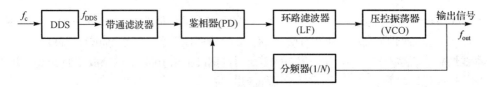

图 5-36　DDS 激励 PLL 频率合成器原理图

由图可知，DDS 激励 PLL 组合系统的输出频率 f_{out} 为：

$$f_{out} = N \times f_{DDS}$$

通过程序控制改变 DDS 输出频率或 PLL 倍频系数 N 就可以改变输出频率。输出频率分辨率为

$$f_{d} = N \times f_{DDSd}$$

式中，f_{DDSd} 为 DDS 的频率分辨率。

（2）DDS 内插 PLL 频率合成方案

DDS 内插于 PLL 环路，将 DDS 的输出与 PLL 中的反馈分量相混频，经过 N 分频后作为鉴相器的参考输入，通过改变 DDS 的输出频率来改变鉴相器的鉴相频率，最终达到控制系统输出频率的目的。该方案的优点是：DDS 没有参与倍频，因此杂散和相位噪声的倍频恶化问题对系统的影响比较小，其他优点和 DDS 激励 PLL 差不多，理论上能够得到很好的相噪和杂散特性。但是此方案也存在一些缺点：如果用于很高频段，则系统中的带通滤波器需要有很好的选择性，从而不易实现；如果用于稍低的频段，那么交调分量一旦接近混频输出信号，也将加大滤波器的设计难度。该系统原理图如图 5-37 所示。

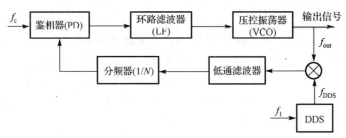

图 5-37　DDS 内插 PLL 系统原理图

下面给出一些其他结构的频率合成器。

混合 DDS 的直接频率合成器方案框图如图 5-38 所示。

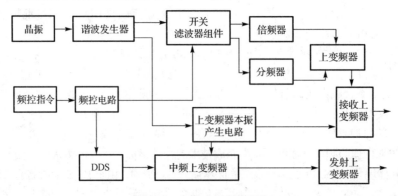

图 5-38　直接式频率合成器

此方案首先使用阶跃倍频的方法，产生一组晶振的高次谐波，作为粗跳变频率组，工作时通过频控指令使开关滤波器组选取某一粗跳变频率，然后倍频至所需要的波段。与此同时，通过开关滤波器组又从其中选取任意一个所需的粗跳变频率进行分频，这样就产生了一组细跳变频率组，依靠开关矩阵不同的切换组合，选择不同的粗细跳变频率在混频器中混频，最后便得到频率可在一定带宽内均匀跳变的频点。

5.5.2 频率合成器的主要性能指标

要衡量一个频率合成器的性能好坏，从技术指标来看，起决定作用的性能指标有：频率范围、波道数与波道间隔、波道转换时间、频率长期稳定度、噪声性能、杂散。

（1）频率范围：指频率合成器从输出频率最小值 f_{omin} 到最大值 f_{omax} 之间的变化范围，也可以用频率覆盖系数 $k = f_{omax} / f_{omin}$ 来表示。

（2）波道数（频道数）：是指频率合成器所能输出频点的个数。

（3）波道间隔（频率分辨率）：衡量的是两相邻频点间相差的频率值。

（4）跳频时间又称为波道（频率）转换时间：指的是频率合成器从一个频点跳变到另一频点所经历的时间，它包括波道置定时间及环路捕捉时间（当采用锁相环时）。

（5）频率长期稳定度：是频率合成器长时间工作的保障，有多种内因和外部因素造成频率的不稳定，例如振荡器元器件老化，环境温度、湿度变化等。长期稳定度与所使用的参考源的频率稳定度密切相关。

（6）噪声性能：它表征了输出信号的频谱纯度。相位噪声的频谱是位于有用信号的两边对称的连续频谱。相位噪声是一个非常重要的指标，直接影响频率合成器的质量。

（7）杂散：杂散信号是由 PD、混频器等这些非线性部件产生的，杂散是频率合成器中产生的一些离散的、非谐波信号的干扰。具体杂散指标的定义为：离散频谱在定义频带领域内的最大值与输出信号幅度之差。

5.5.3 振荡器电路

1. 基片集成波导振荡器

2003 年，W.-C. Lee 等采用基片集成波导谐振器设计了一个 15GHz 串联反馈 PHEMT 振荡器，如图 5-39 所示，偏离载频 100kHz 的相位噪声达−98dBc/Hz，基片集成波导谐振器的无载 Q 值为 300。

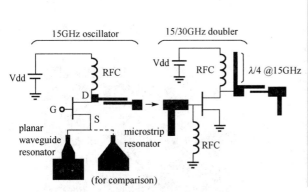
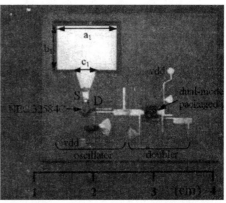

图 5-39　振荡器及倍频器电路图、版图

Y. Cassivi 等设计了并联反馈式的基片集成波导振荡器如图 5-40 所示，基片集成波导谐振器置于振荡器的反馈环路中。当输出频率为 12.02GHz 时，偏离载频 1kHz 的相位噪声为−73dBc/Hz。他们通过注入锁定方式测量了振荡器的外部 Q 值，结果表明该振荡器的外部 Q 值达 178。实验表明，基片集成波导电路也适合于耦合振荡器的设计。

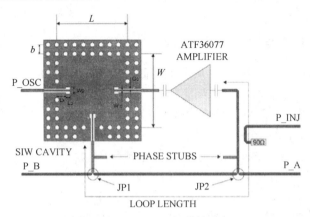

图 5-40　并联反馈式的基片集成波导振荡器

2. W 波段连续波振荡器

目前 W 波段 HEMT VCO 的相位噪声在偏离载频 1MHz 处达到−101dBc/Hz。由于 HBT 器件通常具有较低的 1/f 噪声转角频率和较高的功率增益，因此成为 W 波段低噪声振荡器设计的首选，如图 5-41 所示。

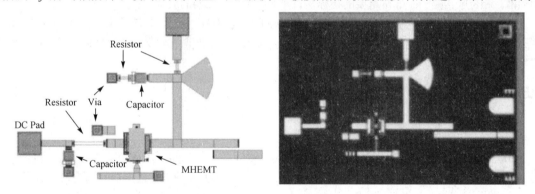

图 5-41　振荡器电路图及版图

目前 W 波段 InP HBT 振荡器的相位噪声在偏离载频 1MHz 处可低至−107dBc/Hz。一般认为 CMOS 振荡器通常难以获得良好的相位噪声性能，如图 5-42 所示。

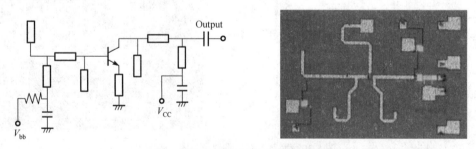

图 5-42　振荡器电路原理图及版图

图 5-43 给出了 98/196GHz 具有模式选择器的压控振荡器原理电路及版图。

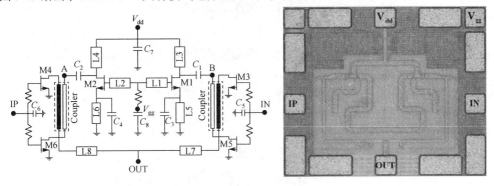

图 5-43　振荡器电路原理图及版图

图 5-44 给出了有源谐振器电路及版图。

有源谐振器的技术原理是：通过合理设计负阻电路抵消谐振器的损耗，便可提高谐振器的 Q 值。该技术在单片集成振荡器中具有重要意义，其原因是单片集成电路通常不能实现高 Q 谐振器，但容易实现负阻电路，因此可以通过有源谐振器技术提高单片集成谐振器的 Q 值，进而降低振荡器的相位噪声。

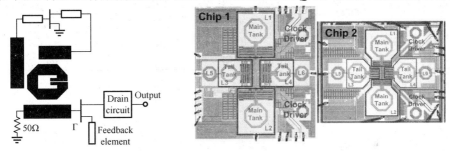

图 5-44　有源谐振器电路示意图及芯片版图

利用了自注入锁定技术（Self-Injection-Locking）的振荡器，如图 5-45 所示。该技术通过将振荡器的输出信号衰减、延迟后再注入振荡器，在一定的相位条件下便可大幅降低振荡器的相位噪声。该技术的优点是可以在平面振荡器中实现与立体振荡器相近的相位噪声性能，缺点是必须合理控制反馈量，否则会引起寄生振荡。

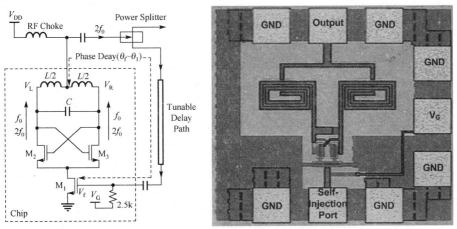

图 5-45　利用了自注入锁定技术的振荡器原理电路

习 题 5

5-1 试判断下图所示的电路是否会发生振荡？如果要产生振荡，请求出振荡时的工作频率。

5-2 已知 3GHz 的微带负阻振荡器如图所示。二极管并接在微带线上，其阻抗为 $-Z_D = -4.3 - j4(\Omega)$。采用终端开路线调谐二极管容抗，其特性阻抗 Z_c 与输出线相同，均为 50Ω。$\lambda_g/4$ 线用于阻抗变换。微带线基片是 $\varepsilon_r = 9$ 的氧化铝陶瓷。试求：

（1）开路线长度 l_0 及宽度 w_0；

（2）$\lambda_g/4$ 阻抗变换器的特性阻抗 Z_{c1}、长度 l 和宽度 w。

5-3 对比转移电子二极管（TED）振荡器几种工作模式的特点和各自的优缺点。

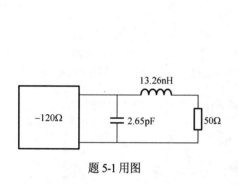

题 5-1 用图

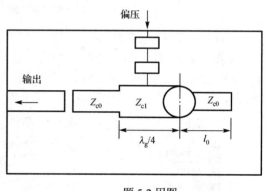

题 5-2 用图

第6章 微波固态控制电路

6.1 概　　述

在微波毫米波系统中，为了完成某种信号处理功能，需要对微波电路参量进行控制，如控制电路的通断、衰减和相移量等。最初的典型微波控制电路是天线收发开关，后来由于多波束雷达、相控阵雷达、电子对抗技术、微波通信和微波测量技术等方面的发展，出现了各种类型的微波控制电路，如微波开关、微波调制器、微波限幅器、电控衰减器以及数字移相器等。它们在微波设备与系统中起着日益重要的作用。

微波控制电路中常用的控制器件有微波半导体管和铁氧体器件。半导体管具有控制功率小、控制速度快以及体积小、重量轻等优点，因而在控制电路中得到广泛的应用。可作为微波半导体控制器件的主要有 PIN 管、变容管、肖特基二极管和场效应管等。利用 PIN 管作为控制器件，优点是体积小、重量轻、控制快，正、反向短路、开路特性好，微波损耗小，而且可由小的直流功率控制大的射频功率，因此在大多数控制电路中获得了应用。场效应管主要是适用于单片集成控制电路，这点是 PIN 管所不能及的。

本章主要介绍 PIN 管构成的微波控制电路，如微波开关、调制器、限幅器、衰减器以及数字移相器的特性及电路结构。简单介绍采用其他器件构成的控制电路。

6.2　PIN 管微波开关

根据第 2 章对 PIN 管的分析我们知道，利用偏压使 PIN 管工作于正向和反向状态，就可控制微波电路的通断而构成微波开关。PIN 管开关电路可按功能分为两种：一是通断开关，如单刀单掷开关（Single-Pole Single-Throw，SPST），作用只是简单地控制传输系统中微波信号的通断；另一种是转换开关，如单刀双掷开关（Single-Pole Double-Throw，SPDT）、单刀多掷开关，作用是使信号在两个或多个传输系统中转换。若按 PIN 管与传输线的连接方式，可分为串联型、并联型以及串/并联型三种。这与所采用的 PIN 管结构形式有关，三种电路各有特点。还可以从开关结构形式出发，分为反射式开关、谐振式开关、滤波器式开关、阵列式开关等，应用中应根据开关工作的频带及指标要求来选择。本节将主要针对常用的 SPST 及 SPDT 开关来讨论它们的插入损耗、隔离度、开关容量、开关时间等指标，随后介绍它们的电路结构。

6.2.1　PIN 管微波开关的基本分析

对于微波开关的基本要求如下：
- 开关接通时的传输损耗尽可能小（即插入损耗小）。
- 开关断路时衰减尽可能大（即隔离度高）。
- 开关时间尽可能短。
- 开关容量（即最大开关功率）满足要求。

- 工作频带足够宽。
- 导通时输入电压驻波比较小。

下面将针对这些性能指标逐一讨论。

1. 插损和隔离度

微波开关的插损或隔离度可定义为：

$$L = \frac{P_a}{P_L} \tag{6-1}$$

或者

$$L_{dB} = 10\lg\left(\frac{P_a}{P_L}\right) \tag{6-2}$$

式中，P_a 表示信号源所产生的最大资用功率，即信号源与负载匹配时所产生的功率；P_L 是当 PIN 管存在时负载所得的实际功率。如果 P_L 是在开关接通状态下求得的负载功率，则上式代表插损，如果 P_L 是在开关隔离状态下求得的负载功率，则上式代表开关的隔离度。一般总是希望 PIN 开关的插入损耗小而隔离度大，即开关通断衰减比越大越好。

设开关网络可用散射参量 S 来表征，且假设开关是插在匹配信号源和匹配负载之间，根据散射参量的定义有：

$$|S_{21}|^2 = \frac{P_L}{P_a} \tag{6-3}$$

因此插损与隔离度还可以用散射参量表示为：

$$L_{dB} = 10\lg\left(\frac{P_a}{P_L}\right) = 10\lg\frac{1}{|S_{21}|^2} \tag{6-4}$$

开关插损和隔离度的具体数值决定于 PIN 管性能及电路类型与结构。

（1）单刀单掷（SPST）开关

单刀单掷（SPST）开关是一种最简单的开关电路，如图 6-1 所示。图 6-1(a)中，PIN 管与传输线串联，称为串联型开关。当 PIN 管加正向偏压时，PIN 管导通，其阻抗很低，接近于短路，开关接通。当加反向偏压时，PIN 管不导通，其阻抗很高而接近于开路，因而开关断开，信号不能传输。图 6-1(b) 是并联型开关，其 PIN 管的控制电压所对应的通断情况，与串联型恰恰相反。

为便于分析，将图 6-1 的电路表示为图 6-2 的等效电路，其中 Z_D 和 Y_D 分别代表 PIN 管的阻抗和导纳，而 Z_D 和 Y_D 又随着管子的状态不同而不同。为了分析方便起见，将图中的阻抗和导纳相对于 Z_c 进行归一化，即 $z_D = Z_D/Z_c$，$y_D = Y_D/Y_c = Y_D Z_c$，$z_c = Z_c/Z_c = 1$。

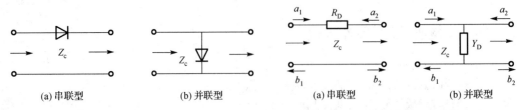

(a) 串联型	(b) 并联型	(a) 串联型	(b) 并联型

图 6-1　单刀单掷开关　　　　图 6-2　单刀单掷开关等效电路

根据散射矩阵的定义，我们很容易求得串联型与并联型开关的归一化散射矩阵为：

$$[S] = \begin{bmatrix} \dfrac{z_D}{z_D+2} & \dfrac{2}{z_D+2} \\[3mm] \dfrac{2}{z_D+2} & \dfrac{z_D}{z_D+2} \end{bmatrix} = \dfrac{1}{z_D+2}\begin{bmatrix} z_D & 2 \\ 2 & z_D \end{bmatrix} \quad （串联型） \tag{6-5}$$

$$[S] = \begin{bmatrix} \dfrac{-y_D}{y_D+2} & \dfrac{2}{y_D+2} \\[3mm] \dfrac{2}{y_D+2} & \dfrac{-y_D}{y_D+2} \end{bmatrix} = \dfrac{1}{y_D+2}\begin{bmatrix} -y_D & 2 \\ 2 & -y_D \end{bmatrix} \quad （并联型） \tag{6-6}$$

据此可求得串联型与并联型的插损和隔离度计算式分别为：

$$L_{dB} = 10\lg\frac{1}{|S_{21}|^2} = 10\lg\left|\frac{z_D+2}{2}\right|^2 = 10\lg\left|1+\frac{z_D}{2}\right|^2 \quad （串联型） \tag{6-7}$$

$$L_{dB} = 10\lg\frac{1}{|S_{21}|^2} = 10\lg\left|\frac{y_D+2}{2}\right|^2 = 10\lg\left|1+\frac{y_D}{2}\right|^2 \quad （并联型） \tag{6-8}$$

因为对串联和并联型的分析是类似的，下面我们以并联型开关为例进行分析。从图 6-2 可见，当 PIN 管加反向偏压时，电路处于传输状态，此时二极管导纳为（见 2.5 节）：

$$Y_D = \left(R_s + \frac{1}{j\omega C_{j0}}\right)^{-1} \tag{6-9}$$

通常由于 C_{j0} 的容抗远大于 R_s，所以有：

$$Y_D \approx j\omega C_{j0} \tag{6-10}$$

因此：

$$y_D = Y_D Z_c \approx j\omega C_{j0} Z_c \tag{6-11}$$

由式（6-4）可求得开关引入的插损和隔离度为：

$$L_{dB}(插损) = 10\lg\left|1+\frac{j\omega C_{j0}Z_c}{2}\right|^2 = 10\lg\left[1+\left(\frac{\omega C_{j0}Z_c}{2}\right)^2\right] \tag{6-12}$$

同理，当 PIN 管加正向偏压时，传输线被短路，输入与负载被隔离。此时有：

$$Y_D = \frac{1}{R_f} \tag{6-13}$$

$$y_D = \frac{Z_c}{R_f} \tag{6-14}$$

因而开关的隔离度由式（6-4）求出为：

$$L_{dB}(隔离) = 10\lg\left[1+\frac{Z_c}{2R_f}\right]^2 \tag{6-15}$$

设 PIN 管的参数为：$C_{j0} = 3.5\text{pF}$，$R_f = R_s = 1\Omega$，传输线特性阻抗为 50Ω，工作频率为 $f = 2\text{GHz}$，由式（6-12）和式（6-15）可求出：$L_{dB}(插损) \approx 0.1\text{dB}$，$L_{dB}(隔离) \approx 28.3\text{dB}$。

如果考虑 PIN 管封装后的参数，则在等效电路中必须引入引线电感 L_s 和管壳电容 C_p。设 $L_s = 0.5\text{nH}$，$C_p = 0.2\text{pF}$，可求得 $L_{dB}(\text{插损}) \approx 0.22\text{dB}$，$L_{dB}(\text{隔离}) \approx 12.47\text{dB}$。可见，寄生参量对开关电性能的影响很大，尤其是对隔离度。

性能变坏的原因是由于寄生参量与器件参数组合形成谐振回路，它们的谐振阻抗随工作频率而变化。并联型开关在 L_s 和 C_p 组合的并联谐振频率点隔离度最差，而在 L_s 和 C_p 组合的串联谐振频率点插入损耗最大。图 6-3 示出了串联型开关与并联型开关在考虑封装参数后开关的衰减特性，由于在不同频率产生谐振现象，只有在图中阴影区内才有较大地正反衰减比，可用其作开关。图 6-3 中模区I和模区III因其开关电路的通断状态与不考虑 PIN 管封装参数时相应的正、反偏状况相同，称为"正向模"区。而模区II反之，称为"反向模"区。图中非阴影区不能作为开关使用。如果尽量减小器件的电容 C_p 和 C_{j0}，提高其串、并联的谐振频率，则可扩展模区I的工作频率范围，对串联电路更合适，故可优先选用梁式引线 PIN 二极管。当然，还需考虑功率容量、开关时间、电路结构等其他指标要求。

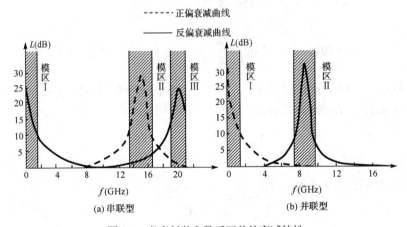

图 6-3　考虑封装参数后开关的衰减特性

为了改善开关特性，可以采取以下几种措施。

① 对于给定的 PIN 管及指定的工作频率，为改善开关的性能，可以人为地外加电抗元件与寄生元件调谐，以改善正反衰减比。这种开关称为谐振式开关，如图 6-4 所示。

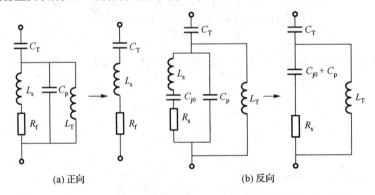

图 6-4　封装 PIN 管附加调节元件的等效电路

图 6-4 中 C_T 为 PIN 管安装在微带线上形成的补偿电容。正偏时，电路中 C_p、L_T 的阻抗比 L_s、R_f 阻抗大，忽略其影响，使 C_T 和 L_s 串联谐振于工作频率，补偿 L_s 的影响。所需的谐振电容 C_T 值，由 $C_T = 1/\omega^2 L_s$ 计算。反偏时，C_{j0} 容抗很大，可忽略 L_s 影响，考虑 R_f 很小，近似认为 C_{j0} 与 C_p 并联，于

是反向等效电路简化成图 6-4 的形式。令 L_T 与 $(C_{j0} + C_p)$ 并联谐振于工作频率，C_T 的阻抗相对可忽略。调谐电感 L_T 的值由 $L_T = [\omega^2(C_p + C_{j0})]^{-1}$ 计算。这种谐振式开关，只有在窄频带内才能实现良好的补偿，工作频带不宽，多用于窄波段范围。

② 为了改善单管开关的性能，可采用多管单路开关。以并联型为例，其电路及等效电路如图 6-5 所示。设用 θ 来表示两管并联安装间距 l 对应的电长度，$\theta = 0°$ 表示两管直接并联安装，而 $\theta = 90°$ 表示两管之间接有 1/4 波长传输线，以此类推。

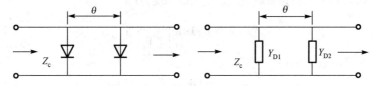

图 6-5 并联型开关级联及其等效电路

根据转移参量（A 参量）的定义，考虑到网络各端口传输线特性阻抗均为 Z_c，可按二端口网络级联概念求得并联后整个开关网络的归一化转移参量为：

$$[a] = \begin{bmatrix} 1 & 0 \\ y_{D1} & 1 \end{bmatrix} \begin{bmatrix} \cos\theta & j\sin\theta \\ j\sin\theta & \cos\theta \end{bmatrix} \begin{bmatrix} 1 & 0 \\ y_{D2} & 1 \end{bmatrix}$$
$$= \begin{bmatrix} \cos\theta + jy_{D2}\sin\theta & j\sin\theta \\ (y_{D1} + y_{D2})\cos\theta + j(1 + y_{D1}y_{D2})\sin\theta & \cos\theta + jy_{D1}\sin\theta \end{bmatrix} \tag{6-16}$$

根据二端口网络转移参量与散射参量间的换算关系有：

$$S_{21} = \frac{2}{a_{11} + a_{12} + a_{21} + a_{22}} \tag{6-17}$$

可按式（6-4）求得开关电路的插入损耗或隔离度为：

$$L_{dB} = 10\lg\frac{1}{4}\left|(2 + y_{D1} + y_{D2})\cos\theta + j(2 + y_{D1} + y_{D2} + y_{D1}y_{D2})\sin\theta\right|^2 \tag{6-18}$$

假设两个 PIN 管相同，与前类似可求得插损为：

$$L_{dB}(\text{插损}) = 10\lg\left\{\left[1 + (\omega C_{j0}Z_c)^2\right]\cos^2\theta + \left[1 + \frac{(\omega C_{j0}Z_c)^4}{4}\right]\sin^2\theta - (\omega C_{j0}Z_c)^3\sin\theta\cos\theta\right\} \tag{6-19}$$

当两管并联安装间距 $l = \lambda/4$，即 $\theta = 90°$ 时，得到：

$$L_{dB}(\text{插损}) = 10\lg\left[1 + \frac{(\omega C_{j0}Z_c)^4}{4}\right] \tag{6-20}$$

可见此时随频率的增加，插损在小范围内增大。

同样可求得隔离度为：

$$L_{dB}(\text{隔离}) = 10\lg\left[\left(1 + \frac{Z_c}{R_f}\right)^2\cos^2\theta + \left(1 + \frac{Z_c}{R_f} + \frac{Z_c^2}{2R_f^2}\right)^2\sin^2\theta\right] \tag{6-21}$$

根据此式，当两管并联安装间距 $l = \lambda/4$，即 $\theta = 90°$ 时，隔离度最大。考虑到 $Z_c \gg R_f$，有：

$$L_{dB}(隔离) \approx 10\lg\left[1 + \frac{1}{4}\left(\frac{Z_c}{R_f}\right)^4\right] \approx 10\lg\left[\frac{1}{4}\left(\frac{Z_c}{R_f}\right)^4\right] \qquad (6-22)$$

将上式再用 y_{D1} 和 y_{D2} 表达，得到：

$$L_{dB}(隔离) \approx 10\lg\left|\frac{y_{D1}}{2}\right|^2 + 10\lg\left|\frac{y_{D2}}{2}\right|^2 + 6 \qquad (6-23)$$

若 $l=0$、$\theta=0°$，即两管直接并联安装，则其隔离度为：

$$L_{dB}(隔离) \approx 10\lg\left|\frac{y_D}{2}\right|^2 + 6 \qquad (6-24)$$

单管开关的隔离度根据式（6-8）可进一步表示为：

$$L_{dB}(隔离) = 10\lg\left|\frac{y_D+2}{2}\right|^2 \approx 10\lg\left|\frac{y_D}{2}\right|^2 \qquad (6-25)$$

对比式（6-8）、式（6-24）和式（6-25）可见，两只 PIN 管直接组成的并联开关（$\theta=0°$），由于并联导纳增加一倍，隔离度大约可增加 6dB。这样做的附加好处是流过每个管的微波电流可减少一半，降低了 PIN 管的温升。而如果将两个 PIN 管分开安装，并使两者之间的距离为 1/4 波长（$\theta=90°$），则隔离度大大提高，近似等于两级单管并联型开关的隔离度之和再加 6dB。这一结论也使我们可以简单而快速估算两并联开关级联的总隔离度。

两只 PIN 管直接串联组成的串联开关情况也是一样，其隔离度也大约增加 6dB，而且加于每管的微波电压也减少一般，可加大开关的功率容量。

③ 采用滤波器型开关。将 PIN 管和滤波器结合起来，插入 PIN 管作为滤波器的元件，可构成滤波器型开关电路。当 PIN 管的偏置改变时，其阻抗发生变化，从而使滤波器的衰减特性也发生变化，从而对微波信号呈现开关特性。如利用 PIN 管的两根引线形成的电感和器件本身电容组成三元件切比雪夫低通滤波器，滤波器的截止频率与 PIN 管零偏时结电容有关，等效电路见图中 6-6(a)，插入衰减特性见图中 6-6(b)，C_{j0} 越小，f_c 越高。应用时需注意滤波器截止频率设计在 PIN 管开关要求的工作频带的高端或者更高的频率上，由于管芯电容很小，故采用管芯较为有利。

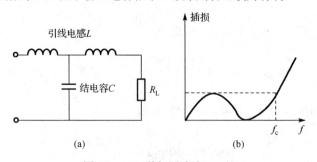

图 6-6　三元件低通滤波器开关

（2）单刀双掷（SPDT）开关

单刀双掷开关完成把信号来回换接到两个不同的设备上，形成交替工作的两条微波通路。其典型例子是雷达天线的收发开关，发射机和接收机共用一个天线，由一个单刀双掷开关控制。最简单的单刀双掷开关如图 6-7 所示，它们分别由两个并联或串联型单刀单掷开关并接构成。在并联型开关中，两个 PIN 管 D_1 和 D_2 分别并接于离分支接头点 1/4 波长处。如果 D_1 处于正向导通状态（近似短路），在分支接头处向 A 通道看去的输入阻抗为无穷大；D_2 处于反向截止状态（近似开路），相当于 PIN 管支路不存在，不会影响功率传输。这样，通道 A 无功率通过，输入能量流入 B 通道。反之，当 D_2 导通而 D_1 截止时，输入能量全部从 A 通道输出。在串联型开关中，当 D_1 导通而 D_2 截止时，通道 A 导通而 B 断开；反之当 D_2 导通而 D_1 截止时，通道 B 导通而 A 断开。由此可见，只要控制 D_1 和 D_2 的工作状态，就能使信号在两条不同通道中换接，实现单刀双掷的功能。

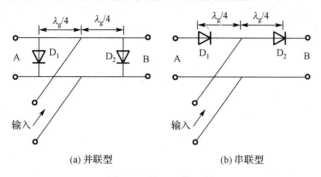

(a) 并联型   (b) 串联型

图 6-7 单刀双掷开关

由于 PIN 管的工作状态不可能达到理想的导通和截止，所以双掷开关的导通通道插入衰减实际上并不等于零，断开通道的隔离度也不是无穷大。其分析方法与单刀单掷开关相同，但需注意在计算一个通道的衰减时，务必计入此状态下另一个通道的影响。

以并联型开关为例，设 B 通道接通而 A 通道断开，则 D_1 体现出正向导纳 y_{D1}，D_2 体现出反向导纳 y_{D2}，如图 6-8 所示。对于 B 通道来说，设 A 通道端接负载为 Z_c，由于 D_1 距离输入端接入点为 1/4 波长，故从输入端接入点向 A 通道看去的归一化输入导纳为 $y_{inA} = 1/(y_{D1}+1) \approx 1/y_{D1}$，其等效电路如图 6-8(b) 所示。对于 A 通道来说，设 B 通道端接负载为 Z_c，由于 D_2 距离输入端接入点也为 1/4 波长，故从输入端接入点向 B 通道看去的归一化输入导纳为 $y_{inB} = 1/(y_{D2}+1) \approx 1$，其等效电路如图 6-8(c) 所示。

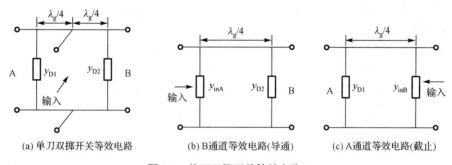

(a) 单刀双掷开关等效电路 (b) B通道等效电路(导通) (c) A通道等效电路(截止)

图 6-8 单刀双掷开关等效电路

图 6-8(b) 和图 6-8(c) 等效电路与图 6-5 具有相同的网络形式，且 $\theta = 90°$，故可根据式（6-18）直接写出 B 通道插损为：

$$
\begin{aligned}
L_{dB}(\text{插损}) &= 10\lg \frac{1}{4} \left| 2 + y_{inA} + y_{D2} + y_{inA}y_{D2} \right|^2 \\
&= 10\lg \left| 1 + \frac{y_{inA} + y_{D2} + y_{inA}y_{D2}}{2} \right|^2 \\
&= 10\lg \left| 1 + \frac{y_{D2}}{2} + \frac{y_{inA} + y_{inA}y_{D2}}{2} \right|^2
\end{aligned}
\tag{6-26}
$$

上式中：

$$y_{D2} \approx j\omega C_{j0} Z_c \tag{6-27}$$

$$y_{inA} \approx \frac{1}{y_{D1}} = \frac{R_f}{Z_c} \tag{6-28}$$

与式（6-8）对比可见，显然 SPDT 开关的插损比 SPST 的插损大，这是由于 A 通道的 PIN 管非理想短路所致。

同理可以求得 A 通道的隔离度为：

$$L_{dB}(\text{隔离}) = 10\lg\left|1 + \frac{y_{D1}}{2} + \frac{y_{inB} + y_{inB}y_{D1}}{2}\right|^2 \tag{6-29}$$

式中：

$$y_{D1} = \frac{Z_c}{R_f} \tag{6-30}$$

$$y_{inB} \approx 1 \tag{6-31}$$

因此式（6-29）可进一步写为：

$$\begin{aligned}
L_{dB}(\text{隔离}) &\approx 10\lg\left|1 + \frac{y_{D1}}{2} + \frac{1 + y_{D1}}{2}\right|^2 \\
&\approx 10\lg 4\cdot\left|1 + \frac{y_{D1}}{2}\right|^2 \\
&= 10\lg\left|1 + \frac{y_{D1}}{2}\right|^2 + 6
\end{aligned} \tag{6-32}$$

与式（6-8）对比可见由于 B 通道的存在，泄露到 A 通道的功率仅相当于 SPST 开关关断时的 1/4，也即相当于 SPDT 开关的隔离度增加了 6dB。

为了在实际应用中实现上述单刀双掷开关的性能，也需要外加调谐元件来补偿由于采用封装 PIN 管引入的寄生参量，其原理与 SPST 开关相同，这里不再赘述。此外，为了进一步改善单刀双掷开关的开关特性，也可以采用多管串-并联或并-串联的形式，研究结果表明采用双管串-并联开关的隔离度要比单纯串联和并联开关的隔离度有很大提高。

2. 开关时间

开关时间是指开关从断开到闭合状态以及从闭合到断开状态所需的时间，它是电控开关尤其是微波开关的重要指标。

PIN 管实质上是一种特殊的电荷存储器件，当它从截止状态转向导通状态时，载流子从 P$^+$ 层和 N$^+$ 层向 I 层注入。当它从导通状态转向截止状态时，大量载流子从 I 层逸出，存储电荷的变化都需要一定的时间才能达到稳定状态，即需要一个过程，这个过程所需要的时间就是开关时间。开关时间既和 PIN 管的性能有关，又和开关的控制电流有关。图 6-9 示出了开关电路框图，由脉冲发生器供给驱动器方波电流，作为开关的控制信号，其波形如图 6-9 所示。要研究开关时间，必须知道开关时间与脉冲控制电流之间的关系。

（1）从截止到导通的开关时间

设在截止状态时，I 层中的储存电荷为零。当 PIN 管所加偏压突然变正，便有载流子不断注入 I 层，与此同时，注入的载流子在 I 层也不断复合。设注入的电流为 I_0，则 I 层的电流方程为：

$$\frac{dQ(t)}{dt} = I_0 - \frac{Q(t)}{\tau} \tag{6-33}$$

式中，$Q(t)$ 为 I 层中 t 时刻的电荷量；τ 为载流子寿命。

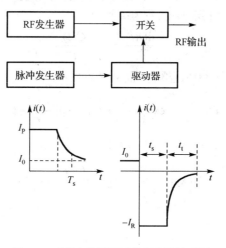

图 6-9　开关电路框图及控制电流波形图

设 $t = 0$ 时 $Q(0) = 0$，则式（6-33）的解为：

$$Q(t) = I_0 \tau \left[1 - \exp\left(-\frac{t}{\tau} \right) \right] \tag{6-34}$$

式中，$I_0\tau$ 为完全导通时储存在 I 层电荷的稳定值。

从上式可见，$Q(t)$ 达到稳定值的 90% 所需的时间是 2.3τ。因此对快速开关而言，需选用载流子寿命 τ 较小的 PIN 管。

为了减小开关时间，可使控制电流有一个起始脉冲。设起始脉冲电流为矩形脉冲，其幅度为 I_p，宽度为 T_s，如图 6-9 所示。这个起始脉冲形成一个很大的注入电流，使 I 层中储存电荷很快达到稳定值 $I_0\tau$。在脉冲作用期间，I 层的电流方程为：

$$\frac{dQ(t)}{dt} = I_P - \frac{Q(t)}{\tau} \qquad 0 \leqslant t \leqslant T_s \tag{6-35}$$

设 $t = 0$ 时 $Q(0) = 0$，则上式解为：

$$Q(t) = I_P \tau \left[1 - \exp\left(-\frac{t}{\tau} \right) \right] \tag{6-36}$$

若在 $t = T_s$ 时，$Q(t) = I_0\tau$，并且控制电流变为 I_0，则由上式可得：

$$I_0 \tau = I_P \tau \left[1 - \exp\left(-\frac{T_s}{\tau} \right) \right] \tag{6-37}$$

故得：

$$T_s = \tau \ln\left(\frac{1}{1 - I_0/I_P} \right) \tag{6-38}$$

式中，T_s 是 I 层电荷从零增长到稳定值 $I_0\tau$ 所需的时间，也就是开关时间。显然，开关时间是由 τ、I_P 和 I_0 来确定得。τ 和 I_0/I_P 越小，开关时间越短。因此当给定 PIN 管，增大起始脉冲幅度 I_P，可减小开关时间。

（2）从导通到截止的开关时间

图 6-9 中表示 PIN 管偏置电压极性突然反向，控制电流由 I_0 突然转向，I 层的存储电荷 $I_0\tau$ 一方面开始逸出，一方面继续进行复合。显然，单位时间内 I 层电荷的减少量等于单位时间内从 I 层流出的电荷量与复合量之和。因此，I 层电流方程为：

$$-\frac{\mathrm{d}Q(t)}{\mathrm{d}t} = I_R + \frac{Q(t)}{\tau} \tag{6-39}$$

式中，I_R 是反向电流。考虑到 $t = 0$ 时 $Q(0) = I_0\tau$，解方程式（6-39）可得：

$$Q(t) = I_0\tau \exp\left(-\frac{t}{\tau}\right) + I_R\tau\left[\exp\left(-\frac{t}{\tau}\right) - 1\right] \tag{6-40}$$

此方程只有在 $t = 0$ 到 $t = t_s$ 时间内成立。假定 $t = t_s$ 时有：

$$I_0\tau \exp\left(-\frac{t}{\tau}\right) + I_R\tau\left[\exp\left(-\frac{t}{\tau}\right) - 1\right] = 0 \tag{6-41}$$

所以

$$t_s = \tau \ln\left(1 + \frac{I_0}{I_R}\right) \tag{6-42}$$

式中，t_s 是 I 层存储电荷由 $I_0\tau$ 减少到零所需的开关时间。由式（6-42）可知，I_R 大可减小开关时间。

总之，希望 PIN 管的 τ 小，反向偏压大且源内阻小，开关驱动器的控制电流 I_P、I_R 大，可使开关时间缩短。一般 PIN 管从截止到导通的正向恢复时间比导通到截止的反向恢复时间小，因此开关时间以反向恢复时间为标志。

3. 功率容量

开关的功率容量与 PIN 管的功率容量和开关电路的结构有关，PIN 管的功率容量受限制的主要因素有两方面：管子导通时所允许的最大功耗及管子截止时反向击穿电压。

例如在连续波工作状态，单管并联型及串联型电路示意图如图 6-10 所示。图中 R_g 为信号源内阻，Z_L 为负载阻抗，Z_c 为传输线特性阻抗，并有 $R_g = Z_L = Z_c$。当输入微波信号幅度为 V_m 时，信号源资用功率为：

$$P_a = \frac{V_m^2}{8Z_c} \tag{6-43}$$

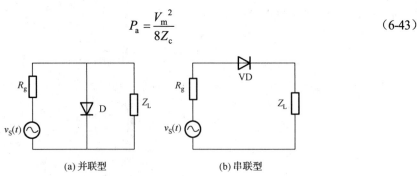

(a) 并联型　　　　　　　　　　　(b) 串联型

图 6-10　并联型和串联型开关电路

由 PIN 管的讨论可知，PIN 管导通时，等效电阻为 R_f，并联型电路图 6-10(a)中管子吸收功率为：

$$P_D = \frac{V_m^2 R_f}{2(Z_c + 2R_f)^2} \tag{6-44}$$

由式（6-43）和式（6-44）可求得 P_a 与 P_D 的关系，设 P_{Dm} 为 PIN 管最大允许功耗，即 P_D 的极限值，因此可求得并联型开关 PIN 管导通时的功率容量为：

$$P_{am1} = \frac{(Z_c + 2R_f)^2}{4Z_c R_f} P_{Dm} \tag{6-45}$$

同理可求得串联型开关在 PIN 管导通时的功率容量为：

$$P_{am2} = \frac{(2Z_c + R_f)^2}{4Z_c R_f} P_{Dm} \tag{6-46}$$

当 PIN 管截止时，它呈现高阻抗（远大于 Z_c），则图 6-10(a) 中管子两端的反向电压为 $V_m/2$。设加在管子两端的电压等于反向击穿电压 V_B，令：

$$\frac{V_m}{2} = V_B \tag{6-47}$$

因此并联型开关在 PIN 管截止时的功率容量为：

$$P_{am3} = \frac{V_B^2}{2Z_c} \tag{6-48}$$

同理可求得串联型开关在 PIN 管截止时的功率容量为：

$$P_{am4} = \frac{V_B^2}{8Z_c} \tag{6-49}$$

比较式（6-45）、式（6-46）、式（6-48）和式（6-49）可见，PIN 管在正、反向偏压状态下，开关功率容量不等，而且开关电路形式不同，功率容量也不一样。对某一种电路形式，取其 P_{am} 较小者。

以上是在连续波工作条件下分析的。若在脉冲信号工作状态，PIN 管导通时能承受的脉冲功率比连续波状态下要大，但开关的脉冲阻抗比较复杂，本书不加以讨论了。

6.2.2　PIN 管微波开关的基本电路结构

图 6-11 给出了并联型 SPST 开关的微带结构，其中连接金属片将引入引线电感。

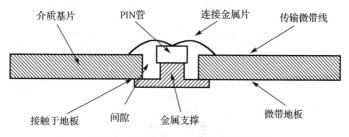

介质基片　　PIN管　　连接金属片　　传输微带线

接触于地板　　间隙　　金属支撑　　微带地板

图 6-11　并联型 SPST 开关微带结构

图 6-12 给出了微带低通滤波器型 PIN 管开关，由微带高低阻抗线可实现低通滤波器，在其低阻电容块中心打孔嵌入 PIN 管，使 PIN 管反偏时总电容成为低通滤波器电容的一个组成部分。图 6-12(b) 给出了利用未封装管芯在反偏时的结电容和连接管芯的引线电感直接组成低通滤波器，其截止频率很高。

图 6-13 给出了一种 SPDT 开关的微带电路结构。为了节省偏压源，图中的电路已做了相应的改变。它利用一个公共偏压源，可使两个 PIN 管同时处于正向或同时处于反向状态。当两管都加正向偏压时，并接于分支点 A 和 B 的两支 $\lambda_g/4$ 微带线的终端近似短路，它们的输入阻抗接近于无限大，故从输入口到信道口 1 的传输不受影响，信道 2 被短路而无输出。同理，当两管都加负偏压时，两支 $\lambda_g/4$ 微带线

的终端近似开路，于是分支点 B 被短路而信道 1 无输出。由于从 B 到 A 的路径长也是$\lambda_g/4$，它在 A 点的输入阻抗接近于无限大。因此，信道 2 于输入接通，信号功率从输入经信道 2 而输出，而且几乎不受信道 1 的影响。这样完成了 SPDT 开关的信道转换作用。为克服封装 PIN 管寄生参量的不良影响，图中两个二极管都加了调节电感 L_T 和调节电容 C_T。其中 L_T 是由终端短路的高阻细线构成，它的长度在 $\lambda_g/8$ 之内，使它接近于集中电感元件。而调节电容器的构成如图 6-14 所示。PIN 管的金属压环与微带线之间夹有一层介质薄膜，它们形成一个电容器。金属环的面积和薄膜厚度可根据所需的 C_T 值进行设计。

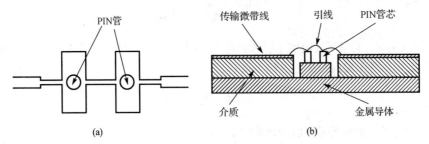

(a)   (b)

图 6-12　低通滤波器型 PIN 管开关

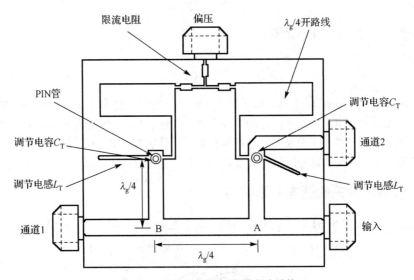

图 6-13　SPDT 开关的微带电路结构

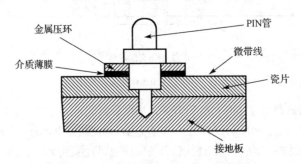

图 6-14　PIN 管的安装和补偿电容 C_T 的形成

　　由于 PIN 管寄生参量的补偿一般只能在窄频带内才能实现，因而上述开关的工作频带不宽。为了展宽 SPDT 开关的工作频带，可采用图 6-15 所示的串并联二极管的电路形式。实际上，此电路中每一支路都有由串联型和并联型 SPST 级联组成的开关。即使不采用电抗补偿技术，也可以得到较高的隔离度。又由于无需采用 $\lambda_g /4$ 线就可完成信道的转换作用，因此具有宽的工作频带。

图 6-16 是同轴线大功率 SPDT 开关的电路结构剖面图。射频信号输入口与二极管之间以及二极管与输出口之间，都接有由三段 $\lambda_g /4$ 线组成的阻抗变换器，它们将 $50\,\Omega$ 的信号源内阻和 $50\,\Omega$ 的负载阻抗变换为 $0.83\,\Omega$，二极管在 $0.83\,\Omega$ 低阻抗处与同轴线并联。由

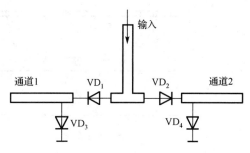

图 6-15　串并联 PIN 管 SPDT 电路

于该处的阻抗为 $50\,\Omega$ 的 1/60，因而该处的射频电压也下降到 $50\,\Omega$ 线电压的 1/60，这样可防止高峰值功率使 PIN 管反向击穿。与此同时，采用 48 个 PIN 管直接并联的方式以承受大的射频电流，从而使 SPDT 开关具有大功率容量。此同轴线 SPDT 开关的性能指标如下：

- 工作频带 1.2～1.4GHz；
- 最小隔离度为 30dB；
- 最大插损为 0.5dB；
- 可传输脉冲功率为 100kW。

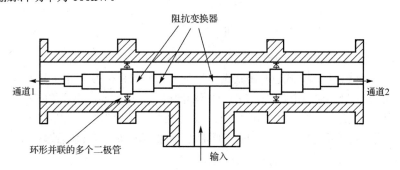

图 6-16　大功率同轴线 SPDT 开关

6.3　场效应管微波开关

近年来随着微波单片集成电路的发展，场效应器件工作频率的提高，工艺的改进，用场效应管制成的各种控制电路已越来越普遍。用场效应管制成的微波开关的主要优点是能简化偏置网络，驱动电路功耗小，且具有宽带特性和大的功率容量，并能提供亚毫微秒的开关速度。

根据关于场效应管的介绍，MESFET 是比较适用于微波频段的一种场效应管。它是三端器件，由栅压 V_{GS} 控制开关状态。典型开关特性是：负偏压时，栅偏压大于截止电压，即 $|V_{GS}| > |V_P|$，对应高阻抗状态；零栅压时对应低阻抗状态，都处于器件的线性工作区。不论器件导通和截止哪种状态，均不需要直流偏置功率，因此可归入无源部件类。

图 6-17 给出了 MESFET 在零栅压和 $|V_{GS}| > |V_P|$ 两种工作状态时器件呈现的结构截面图。

零偏压时管子电流接近饱和电流，可用电阻 R_{0n} 表示。即：

$$R_{0n} = R_C + 2(R_{C0} + R_2 + R_3) \tag{6-50}$$

式中，R_{C0} 为常数，与栅周长、外延层掺杂浓度及其厚度有关；R_2、R_3 和 R_C 为等效通道电阻。其等效电路如图 6-18 所示。

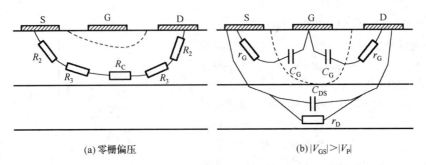

(a) 零栅偏压   (b) $|V_{GS}| > |V_P|$

图 6-17　FET 的结构截面示意图

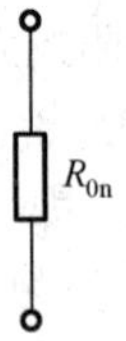

负栅偏压时，$|V_{GS}| > |V_P|$ 通道的等效阻抗如图 6-17(b) 所示。可画出 MESFET 高阻状态下的等效电路图 6-19。图中 C_{DS} 是漏源极间电容，r_D 代表 C_{DS} 的损耗，C_G 代表栅源极间电容 C_{GS} 和栅漏极间电容 C_{DG}，由于结构对称故它们相等，r_G 代表 C_G 的损耗。由此可得高阻状态下电阻为：

$$R_{\text{off}} = \frac{2r_D}{2 + r_D \omega^2 C_G^2 r_G} \qquad (6\text{-}51)$$

图 6-18　MES FET 零栅压下的等效电路

高阻状态下电容为：

$$C_{\text{off}} = C_{DS} + \frac{C_G}{2} \qquad (6\text{-}52)$$

实际应用中可根据负栅偏压与通道电阻的关系来确定开关的控制电压范围。

MESFET 与传输线连接的方式也有串联式与并联式两种，图 6-20 示出了开关电路原理图。对串联型电路，插损决定于最小通道电阻，而 FET 栅极和源极之间电容要影响开关的隔离度，因此实际的电路并不像原理图这样简单。图 6-21 给出了 10W 发射-接收开关原理图，图中 FET 与传输线并联，当发射机功率经开关传输至天线时，FET-1 应呈现高阻，此时为保护接收机不致烧毁，FET-2 应处于短路状态，开关短路。

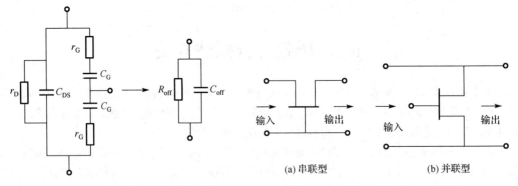

图 6-19　MES FET 高阻状态下的等效电路　　　　图 6-20　MES FET 开关电路原理图

(a) 串联型　　　　(b) 并联型

如果考虑 FET 漏极和源极间电容的影响，则栅-漏之间的阻抗将引入高频电压加在栅压上。由于栅-漏阻抗和栅-源阻抗相等，故漏极电压 V_{DS} 有一半加在栅极上。为了这个引入的 $V_{DS}/2$ 电压不致影响开关的隔离度，因此对漏极电压的幅值应加以限制。

并联型 FET 开关呈现高阻时，对应的栅负偏压绝对值应大于截止电压 V_P，但也不能超过击穿电压 V_B，因此漏极电压引入到栅极后的关系如图 6-22 所示，它给出了漏极电压一周期内的波形图。漏极最大电压幅值限制的条件为：

$$-V_{GS} + \frac{V_{DSmax}}{2} = -V_P \qquad (6\text{-}53)$$

$$V_{GS} + \frac{V_{DSmax}}{2} = V_B \qquad (6\text{-}54)$$

由此二式可以解出：

$$V_{DSmax} = V_B - V_P \qquad (6\text{-}55)$$

$$V_{GS} = \frac{V_B - V_P}{2} \qquad (6\text{-}56)$$

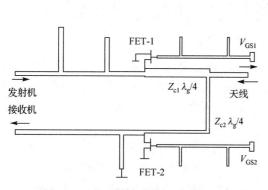

图 6-21　10W 发射-接收开关原理图

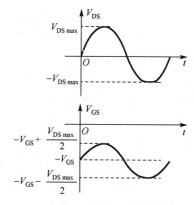

图 6-22　射频一周期内漏极、栅极电压波形

由上式可确定漏极高频最大电压幅值和栅压 $-V_{GS}$。然后可计算 FET 在高阻状态下发射机最大输出功率。设此时 FET-1 的阻抗为 Z_0，可求得最大功率为：

$$P_{1max} = \frac{1}{2} \frac{(V_B - V_P)^2}{Z_0} \qquad (6\text{-}57)$$

设天线阻抗为 50Ω，为了阻抗匹配，采用 $\lambda_g/4$ 变换线段，求得线段的特性阻抗为：

$$Z_{c1} = \sqrt{50 \cdot Z_0} \qquad (6\text{-}58)$$

最后发射最大功率为：

$$P_{1max} = 25 \frac{(V_B - V_P)^2}{Z_{c1}^2} \qquad (6\text{-}59)$$

根据器件特性和最大发射功率可确定 Z_{c1}，但此时接收部分的 FET-2 相应处于开关短路状态，其电流应在线性区临近饱和状态，在这里需注意，发送和接收时两个开关完全是独立的。但另一方面 FET-2 的电流 I_{2max} 与 P_{1max} 和 $\lambda_g/4$ 段特性阻抗 Z_{c2} 有关。此外，电路中在栅极上均加有低通滤波器，它既是偏置电源通路，又是高频滤波器。

6.4　微波限幅器

6.4.1　微波限幅器简介

雷达接收机的前端往往有高灵敏的低噪声放大器，而低噪声放大器是小信号线性器件，它接收的信号是非常微弱的，但是整个系统又必须能够承受较大的功率。为了保护器件免遭烧毁，在接收机前端加入微波限幅器。小信号输入时，限幅器仅仅呈现很小损耗，大信号输入时，限幅器对其进行大幅度衰减，即对小功率信号几乎无衰减地通过，而对大功率信号却产生大的衰减，信号越强衰减越大。限幅器在雷达接收系统中位置如图6-23所示。

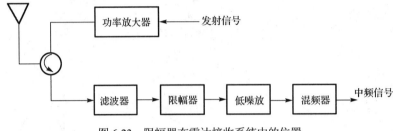

图 6-23　限幅器在雷达接收系统中的位置

从图6-23可以看出，限幅器所在的位置及所起的作用就是阻止高功率信号对微波接收系统可能产生的破坏，比如烧毁接收系统的前级低噪声参数、隧道二极管放大器和混频器，或使低噪声放大级饱和降低工作灵敏度等。还可以防止雷达发射机功率直接进入接收机，烧坏灵敏的输入级；用作对其他附近雷达发射机工作保护接收机。

当接收支路加上理想的限幅器时，低功率信号加在它上面时没有衰减，但随着功率增加（超过门限电平）衰减就随功率而增加，直到保持输出功率不变。而实际应用的限幅器输出特性达不到这种程度，限幅器加入电路后也会产生插入损耗。图6-24表示理想限幅器和实际限幅器的输入输出特性。当输入功率低于限幅门限值的时候，信号会以相对较低的功率损耗传送，此时限幅器可以与单刀单掷开关的接通状态相比拟，在这个区域定义插入损耗和回波损耗。而当大于超过门限电平的时候，射频功率会导通限幅器的二极管，使得二极管的前向电阻就被降低了，从而可以达到衰减入射信号的目的，此时限幅器相当于开关的断开状态。

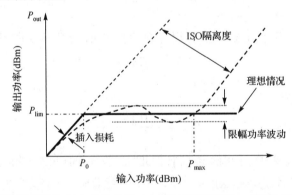

图 6-24　限幅器的输出-输入特性曲线（实线为理想限幅器，虚线为实际限幅器）

6.4.2　限幅器工作原理

限幅器可以根据工作机理、核心器件或电路形式进行多种分类，如根据机理分为反射型与匹配吸收型；根据核心器件又分为无源变容二极管限幅器、PIN二极管限幅器、PIN二极管-变容管限幅器、双短接线限幅器以及匹配限幅器；根据电路形式可分为波导加载基片电路形式、微带电路形式、波导中直接并联二极管形式，还有单片形式的。

在实际电路中可采用的控制器件主要有三种：肖特基势垒二极管、变容管和PIN管。下面针对这三种进行工作原理分析。

1. 肖特基势垒二极管限幅器

肖特基势垒二极管限幅器的原理电路如图 6-25 所示。由于肖特基势垒二极管具有整流作用，当信号电压小于二极管导通电压 ϕ 时，二极管不导通，呈现高阻，信号不受衰减。当信号正半周电压超过 ϕ 时，二极管导通而呈现低阻，使信号削波；而在负半周期内，信号被反极性连接的二极管削波。这样，可以完成限幅作用。这种限幅器存在的问题是，为了使二极管有充分快的转换时间，其空间电荷层必须很薄；此外，二极管还必须有很小的结电容，其结面积必须做得很小。因而二极管的体积极小，不能承受大功率信号。

2. 变容管限幅器

变容管限幅器的原理电路如图 6-26 所示。在小信号时两个变容管（反极性并联）的电容之和与电感 L 产生并联谐振而呈现很高阻抗，因而信号传输不受影响。在大信号时，由于变容管电流随电压增加而减小，在信号周期内的平均电容随信号增大而减小，导致并联回路失谐，从而产生反射，使信号传输功率受到衰减，而达到限幅的目的。由于在微波段必须采用小电容变容管，因而其功率容量也非常有限。

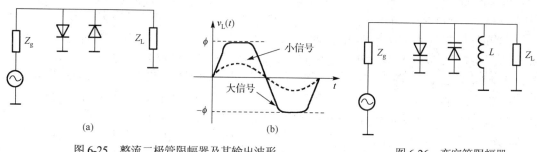

图 6-25 整流二极管限幅器及其输出波形

图 6-26 变容管限幅器

3. PIN 管限幅器

PIN 管限幅器的原理电路如图 6-27 所示。当 PIN 管在直流被扼流线圈短路（等效于零偏压）并有高电平微波电压激励时，在射频信号正半周空穴和电子分别从 P 层和 N 层向 I 层注入。这些载流子还未通过 I 层宽度时射频信号负半周已经开始。在负半周，注入的载流子大部分被吸出，但由于这期间从 P 和 N 区注入的载流子有些可能在 I 层中间相遇而产生复合（用于限幅的 PIN 管的 I 层很薄，如 $2\mu m$；载流子寿命也很短，最短约 $0.02\mu s$），或者它们与 I 层的杂质载流子复合，因而负半周被吸出的载流子少于注入的载流子。结果就有细小的空穴流和电子流进入 I 层，I 层就有电荷储存。经过几个射频周期后，I 层电荷储存达到平衡并在以后的射频周期内保持不变。由于 I 层储存电荷，PIN 管就呈现出很低的微波阻抗，就使大的射频信号受到限幅，其限幅过程如图 6-27 所示。在 I 层电荷建立的过渡周期，PIN 管尚未导通，其微波阻抗甚高，信号受到的衰减很小。此后，I 层建立起稳定的电荷储存，I 层导通，PIN 管的微波阻抗很低，射频信号就受到大的衰减，从而产生限幅作用。

由此看来，PIN 管不是通过对射频信号整流，使射频信号削波而产生限幅作用的，而是通过射频信号对 I 层导电性调制而产生限幅作用的。一旦 I 层建立起电荷储存，其导电率增加，对射频信号的正、负半周都起限幅作用。它不像整流限幅器那样需要两个正反并联的二极管，而是仅需一个 PIN 二极管就够了。

还必须注意的是，必须对 PIN 管提供直流通路。因为注入 I 层的两种载流子（电量相等）连续不断地复合，它产生一个直流电流在外电路流通（其方向与二极管的正向电流相同）。如果外电路没有电流通路，I 层就得不到载流子补充，I 层就建立不了储存电荷，PIN 管也就不会导通，将失去限幅作用。

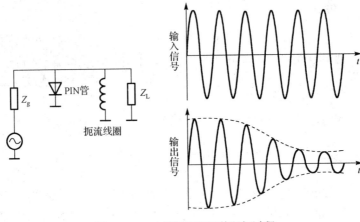

图 6-27　PIN 管限幅器及其限幅过程

上面所述的限幅器，在小信号时电路是匹配的；但在大信号下，负载被严重旁路，电路严重失配，输入口的驻波将比较大。事实上，这种限幅器主要是依靠反射衰减而得到限幅的，失配是必然的。为了在整个信号功率范围（限幅和未限幅时）内都得到良好的匹配，可以利用 3dB 分支线电桥（定向耦合器）的隔离作用，图 6-28 就是利用两个 90° 相移 3dB 电桥构成的无反射 PIN 管限幅器。图中第一个电桥的端口 1-1 是射频输入口，端口 1-3 和 1-4 是功率平分输出（3dB 口），两端口上的信号相位差 90°，端口 1-2 是隔离口，接有匹配负载。第二个电桥的端口 2-4 是射频输出口。当射频信号从电桥的端口 1-1 输入时，信号功率平分地加在端口 1-3 和 1-4，（端口 1-4 信号落后 90°）。当信号功率较小时，PIN 管（加零偏压、并有直流通路）呈现高阻状态，射频信号无衰减地进入第二电桥的端口 2-1 和端口 2-2，然后在端口 2-4 同相相加而从端口 2-4 输出。此两路信号在端口 2-3 是大小相等而相位相反，互相抵消，不被匹配电阻所吸收。因此，在信号功率小时，信号从输入到输出未受到衰减，而且输入端口是匹配的。在信号功率大时，并联于端口 1-3 和 1-4 的 PIN 管处于低阻状态，此两端口严重失配，大部分功率被反射，一部分功率传到输出端口 2-4。由于从端口 1-1→端口 1-3→端口 1-1 与从端口 1-1→端口 1-4→端口 1-1 的两路信号大小相等而相位相反，故从端口 1-3 和 1-4 反射的两路信号在端口 1-1 互相抵消，而在端口 1-2 则是同相相加而被匹配电阻所吸收，因此输入口始终保持匹配状态，与输入信号的强弱无关。

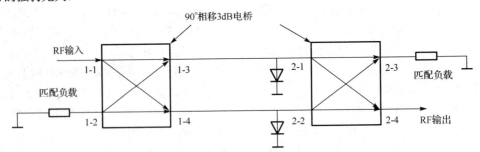

图 6-28　无反射 PIN 管限幅器或衰减器

在图 6-28 电路中，如果将端口 1-2 的匹配电阻去掉，改接发射机，而端口 1-1 接匹配天线，端口 2-4 接接收机，那么此电路就变成了天线收发开关，常用于脉冲雷达设备中。其中 PIN 管可以是自控的（零偏压），也可以加上发射机的调制脉冲。即当发射机发射射频脉冲时，在 PIN 管上同时加上正向脉冲电压，使 PiN 管导通；当发射脉冲结束后，又恢复为零偏压。总之，当发射机发射大功率射频脉冲信号时，PIN 管就导通，它们将发射功率都反射到端口 1-1 并从天线辐射出去；接收时发射机不工作，微弱的接收信号不能使 PIN 管导通，它就不受衰减地通过两个电桥从端口 2-4 进入接收机。

从以上讨论还可看出，PIN 管限幅器在电路结构上与 PIN 管开关没有什么区别，只不过偏压控制不同而已：限幅器的管子可以自控，无须加偏压；而开关则必须加正、反偏压。

6.4.3　PIN 二极管限幅器的分类

1. 按照有无外加偏置电路的分类

（1）无源限幅器

无源限幅器没有外加偏置电路，完全靠 PIN 管自身优良的限幅特性来工作，在小信号来临的时候，PIN 二极管只对电路表现为结电容 C_j，结合电路中的并联扼流电感 L（直流回路），形成并联谐振电路谐振频率为：

$$f = 1/2\pi\sqrt{L \cdot C_j} \tag{6-60}$$

选择合适的直流回路电感和 PIN 管，就能够在给定的频率 f 上实现小的插入损耗。当大功率信号来临的时候，PIN 管阻抗能够迅速地降低到几欧姆甚至 1Ω 以下，对大功率而言，并联的 PIN 管处近似于短路，对大功率产生隔离。典型的电路如图 6-29 所示。

为了能更快速且有效的限幅，无源限幅器逐渐发展了集成检波器的结构，PIN 管在限幅过程中有了额外的偏压，但偏压并不直接由外部电源提供，而是通过检波器来提供。这类限幅器专门有耦合—检波路径。小信号通过限幅器时，检波器提供的检波电压不足以使 PIN 管导通，不会对小功率有用信号产生衰减，当大功率信号通过时，检波器检波出足够大的电压使 PIN 二极管迅速导通，从而保证快速地对大功率信号进行衰减，达到较好的限幅效果。典型的限幅电路如图 6-30 所示。

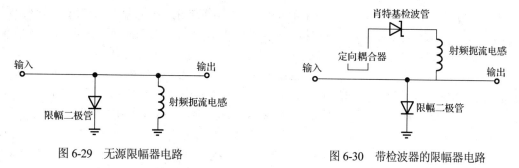

<table>
<tr><td>图 6-29　无源限幅器电路</td><td>图 6-30　带检波器的限幅器电路</td></tr>
</table>

由于这类无源限幅器结构简单，且导通速度较快，在雷达系统中使用非常方便，性能比无检波器的限幅器好。目前几乎所有的限幅器都是采用这种设计方案。有的文献资料中也将其称为自偏置式或自控式限幅器。

（2）有源限幅器

有源限幅器则完全采用外部电源提供偏压，工作原理同开关工作原理基本相同。不对 PIN 管加偏置的时候，能够保证小信号顺利通过。加偏置时，对外部大功率将进行最大可能的隔离。

2. 按照限幅级数分类

（1）单级限幅器

单级限幅器是指电路中只有一个 PIN 二极管，它可以构成上述无源、有源限幅器中的任何一种，结构简单且制作简便，缺点是因为只有单个管子，在大功率通过时表现的限幅性能不够理想。

若采用反射式限幅，在高功率状态下，单个 PIN 管吸收的功率有限，散热不及时将会造成 PIN 管损毁。

（2）多级限幅器

单节限幅器的隔离度典型值为 20～30dB，这个值取决于芯片以及输入信号的频率。加上单节限幅器承受的功率极其有限，有时候我们需要更高的隔离度和更高的耐功率来保护其后面的敏感器件，这时候可以采用双节限幅器或者多节限幅器。

最常见的是两级限幅，两级限幅在隔离性能方面效果提升明显，还能够降低门限电平，而本身结构也不是太复杂，两级限幅设计中，第一级 PIN 管的作用是需要能够承受大功率不被损毁，允许部分功率泄露到第二级，第二级的 PIN 管能将泄露的功率进行比较彻底的反射，从而提高隔离度。PIN 管的选取上要做到第一级具有较大的 I 区宽度以承受大功率，第二级的 I 区宽度适当变小，以达到快速导通的目的。同时需要考虑的是两只管子之间的距离，通过电磁波传播的理论分析，两者之间的距离应该保持在 $\lambda/4$ 或者 $\lambda/4$ 的奇数倍。

双节限幅器（无源）的原理图如图 6-31 所示。带检波电路的两级限幅器如图 6-32 所示。

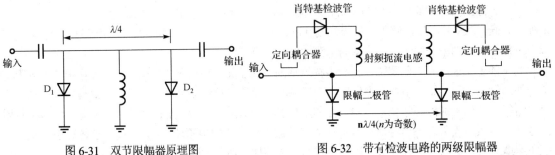

图 6-31 双节限幅器原理图   图 6-32 带有检波电路的两级限幅器

与单节限幅器相比，双节限幅器是用相距 1/4 波长的两组或者反并联的两对 PIN 二极管来代替单节限幅器的一个或者一对反并联的 PIN 二极管。在小信号下，两个二极管都处于高阻状态，插入损耗较小，主要由二极管的电容和较小的失配造成的。大信号时，在极短的时间内，两个二极管都处于高阻状态，之后，由 I 层较薄的 D_2 二极管首先改变阻抗，载流子通过 D_2 二极管 I 层的时间要比通过 D_1 二极管 I 层时间更短。在 D_2 低压下，传输线上产生一个驻波，由于两级之间相距 1/4 波长或者 1/4 波长的奇数倍，这时候会有一个较大的电压将 D_1 二极管的载流子打入 I 层，迫使二极管导通，阻抗减小，限幅器进入平坦限幅区域。当两级的 PIN 二极管都导通时，都呈现低阻抗。这样 D_1 最终在低阻抗的状态下完成限幅器的主要限幅作用。D_2 优先导通，决定了电路的限幅电平和尖峰泄露。D_1 二极管 I 层的直径比 D_2 的要大很多，结面积很大，使得热阻较小，因此它可以承受较大的功率的输入信号。

如若需要更大的隔离，有时会采用三级结构，但是级数越多，设计越烦琐，插入损耗将会恶化，不利于有用信号的传输。对于波导结构而言，调谐也将变得比较困难。三节限幅器的原理图如图 6-33 所示。

三节限幅器原理和两节限幅器原理相似：连续波小信号时，各 PIN 二极管都呈现高阻，不导通，较小的插入损耗主要是由二极管的电容和较小的失配造成的；连续波大信号时，由 I 层最薄的最后一级的 PIN 二极管首先导通，导通后该节 PIN 二极管呈现低阻抗，电压较低，而第二节 PIN 二极管和最后一节相距 1/4 波长，因此第二节 PIN 二极管电压较高，进而打通 PIN 二极管，使其导通，呈现低阻抗，然后以同样的原理导通第一节 PIN 二极管。

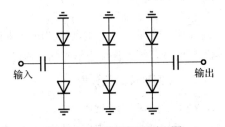

图 6-33 三节限幅器原理图

由于结构的差异性，我们不难发现，与单节限幅器相比，双节限幅器具有较大的优越性。由于两级 PIN 二极管相距 1/4 波长或者 1/4 波长奇数倍，使得它们之间产生较大的隔离度。D_2 决定了电路的限幅电平和尖峰泄露，因此，该节 PIN 二极管应选用 I 层较薄直径较小的 PIN 二极管。D_1 是在低阻抗的状态下完成限幅器的主要限幅作用，因此，该节必须选用可以承受较大功率的 PIN 二极管，也就是要选用 I 层较厚直径较大的 PIN 二极管。与两节限幅器相比，三节限幅器有更高的隔离度，可以承受更大的功率。第一节和第二节 PIN 二极管的直径有更多的选择，因此三节限幅器从理论上来看，可以设计出更多种类。但是三节限幅器也有不足的地方：插入损耗较大；芯片面积大，成本高。

3. 一些其他结构

为了得到较小的驻波，可以采用 3dB 电桥限幅器和加匹配电阻的级联限幅器。具体结构如图 6-34 和图 6-35 所示。

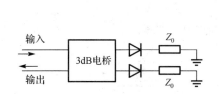

图 6-34　3dB 电桥限幅器

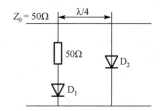

图 6-35　加匹配电阻的级联限幅器

同传统的反射式限幅器相比较，提出串并联吸收式的结构如图 6-36 所示。

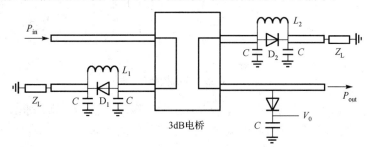

图 6-36　串并联吸收式限幅器电路原理图

当需要宽带限幅的时候，就可以利用 PIN 管的寄生参量以及零偏或反偏时候所呈现出来的阻抗特点，采用滤波器的设计理念，如图 6-37 所示，设计宽频带限幅器。

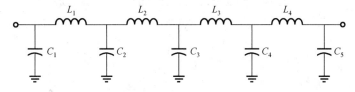

图 6-37　采用低通滤波器理念设计的限幅器结构

图 6-38 的多个 PIN 管构成的宽带限幅器电路该限幅器保证了在很宽的频带内（如 0.5～20GHz）达到很低的插损。

利用分路和双管并联相结合的方法提高了限幅器的功率容量，输入高功率信号时，使二极管导通，使输出信号保持不变。图 6-39 分别为限幅管串联和并联安装的限幅器。

半有源限幅器：开关式的 PIN 二极管限幅器存在一个主要缺点是一旦偏置电流失效，输入功率将直接对后面的二级电路产生破坏甚至烧毁。而半有源 PIN 二极管限幅器可以解决这个问题，在电路中把一对 PIN 二极管并联接于微带主传输线上，利用检波器输出的直流信号，作为对 PIN 二极管的直流偏置源。此二极管的偏置状态由检波器输出的直流信号，再通过三极管放大器输出的直流电来控制。当无高电平信号输入时，三极管截止，使 PIN 二极管处于反偏状态，故低电平损耗极小。

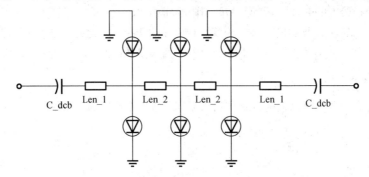

图 6-38　多个 PIN 管构成的宽带限幅器电路

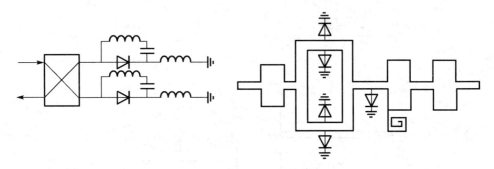

图 6-39　无源限幅器

　　如图 6-40 所示，在微带上还增加了一个接有检波二极管和负载的定向耦合器，检波器的输出接至三极管的发射极，从而构成了一个简单的偏置控制电路。小信号通过限幅器时，检波器提供的检波电压不足以改变三极管的工作状态，PIN 二极管处于反偏状态，不会对小功率有用信号产生衰减；而当

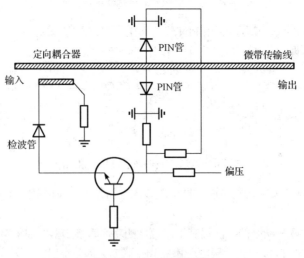

图 6-40　半有源限幅器

输入信号的功率较大时，检波器输出的直流电足以改变三极管的射极电位，使 PIN 二极管偏置由反偏向正偏转化，并且随着输入功率的增加，二极管的正偏电压也相应增大，因此 PIN 二极管的限幅作用受输入功率大小的控制，从而对大功率信号实现了衰减，达到需要的限幅效果。

6.4.4 PIN 二极管限幅器技术指标

限幅器一般比较重要的如下几个指标：

1. 限幅电平

当输入功率大于某一特定数值后，限幅器的衰减明显增大，限幅器的输出功率逐渐趋于稳定。限幅器开始工作时的输出的功率值称为限幅电平或门限电平，单位为 dBm 或 mW。通常接收机上所用的限幅器，输出电平都很低，主要目的是为了防止输出功率过大，烧毁敏感器件。门限电平必须小于接收机能承受的最大功率。

2. 插入损耗

指限幅器接入系统中，当输入信号在门限电平以下时，限幅器的传输损耗，通常指衰减，以接收信号电平的对应分贝（dB）来表示。当输入功率没有超过门限电平的情况下，限幅器的插入损耗应尽量小，因为此时的输入功率为接收机所需要的小信号，是有用功率，否则会降低接收机的灵敏度。

3. 隔离度

输入功率超过接收机的能承受的最大功率时，限幅器处于限幅状态，此时限幅器输入功率与输出功率之比的分贝数称为隔离度。在限幅状态时，输出功率近似等于限幅电平，隔离度可以认为是输入功率与限幅电平之比。隔离度随输入功率加大而增加。但输入功率大到 P_{max} 最大允许值时，输出功率曲线弯曲，隔离度不再增加，此时的 ISO 称为最大隔离度。隔离度高的限幅器，就具有较大的限幅范围，也就是说，在输入功率很大时，也能维持功率输出恒定。

4. 频带特性

对于宽带器件例如扫频仪上的限幅器，要求在宽的范围内限幅电平变动很小，否则在扫频时输出将不恒定。

5. 耐功率

指限幅器所能承受的最大功率。

6. 尖峰泄露及平坦泄露

单节限幅器结构最为简单，当信号刚输入时，PIN 二极管还没有来得及完全导通，经过几个射频周期以后，I 层内才能够积累稳定的载流子，使得 PIN 二极管在整个射频周期内呈现为一个较低的电阻。在这个积累电荷的过程中，限幅器的输出比较大，暂时的最大的输出也就是所谓的尖峰泄露。当 I 区内积累了足够的稳定电荷，输出电平也就变得平坦了，此时的输出又被称为平坦泄露。如图 6-41 所示。

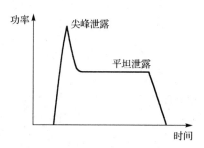

图 6-41 尖峰泄露及平坦泄露示意图

7. 恢复时间

脉冲微波信号通过后，I 区内的载流子并不会马上消失，而是以一个时间常数呈指数式衰减。这个时间常数与载流子平均寿命相等。这段时间定义为恢复时间，在恢复时间内，限幅器仍然呈现为较高的隔离，而且插损较大，因此它保护接收机的灵敏度比较低。

不同参数的 PIN 二极管，其尖峰泄露，平坦泄露，恢复时间等指标都不尽相同。这些差异主要和 PIN 二极管的 I 层厚度、载流子寿命等参数有关。一般来说，I 层较厚的 PIN 二极管尖峰泄露往往较大，尖峰持续时间较长，平坦泄露较高，恢复时间较长，起限门限值较高。而 I 层较薄的 PIN 二极管尖峰泄露较小，尖峰持续时间较短，平坦泄露较低，恢复时间较短，起限门限值较低。

6.5　微波电调衰减器

用电信号控制衰减量的衰减器称为电调衰减器。它与开关电路及限幅电路不同，开关电路的电控制信号是从一个极值跳变到另一个极值，以实现开关电路的通与断；限幅电路中输出信号电平是一个取决于所用器件及电路形式的固定值（如肖特基势垒二极管的导通电压ϕ等）；而在电调衰减器中，电控信号大多是连续可变的，以实现衰减量的连续可调，它多用于自动增益控制、信号发生器的自动稳幅等各种电路中。

6.5.1　衰减器的主要技术指标

高性能的衰减器除了针对不同应用会对频带有特定要求，另外要求衰减动态范围大，控制精度高，插入损耗小，输入/输出端回波损耗小，控制简单，附加相移小等等。下面将针对这些要求逐一介绍。

1. 工作频带与衰减平坦度

工作频带的确定意味着数字衰减器应当满足其衰减量在频带内各频率点处都保持基本一致，并且当衰减量改变时，仍能实现频带内均匀的衰减，这样才能保证信号频谱不失真。工作频带与衰减动态范围存在一定折衷关系，当要求衰减器的衰减动态范围较大时，需要多级的控制元件，这样就难以做到宽频带。衰减平坦度是指工作频带内衰减量的起伏，经常用最大起伏来表示平坦度的优劣。

2. 插入损耗

衰减器根据控制信号的变化可以提供不同的衰减量，即处于不同的工作状态。衰减器处于其最小衰减量时的状态被称为参考态，这时衰减器给系统引入的损耗被称为插入损耗。插入损耗的大小取决于参考态下控制元件自身的衰减和反射衰减。一般来说，为了降低衰减器对系统增益的非理想压力，应使衰减器的插入损耗尽可能低。单个衰减位的插入损耗较小，但是当多个衰减位级联时，每一位的插入损耗累积起来，将使得总的插入损耗较大。

3. 衰减动态范围

衰减动态范围是指衰减器的最大衰减量与最小衰减量（插入损耗）之差，表征衰减器的衰减能力的大小。

4. 衰减步进和衰减精度

衰减步进是指最小可控衰减单元的衰减量大小。例如对于这里的五位衰减器，步进 1dB，则它处于衰减态时的衰减量有 1dB、2dB、3dB、…、31dB。衰减精确度是指每个衰减位的准确度，一般情况下，数字衰减器对衰减精度的要求比较高。

5．衰减附加相移

衰减附加相移是指某一衰减态下信号传输相移和参考态下传输相移的差值。理想情况下，衰减器要求在所有可能的衰减状态下，通过衰减器的传输相位应当是不变的。这种相位不变性使每次改变衰减器的衰减设定时无须重新调整系统的插入相位，使衰减器的应用更加方便。

6．输入/输出端口回波损耗

为了描述输入/输出端口的匹配情况，这里引入输入/输出端口回波损耗的概念，电路的匹配越好，输入/输出端口回波损耗越小。吸收型衰减器的匹配就比较好，它将信号功率耗散在电阻元件当中，性能优越，目前衰减器基本上都是吸收型的。更进一步，尤其对于级联的吸收型衰减电路，由于级间的失配将影响整体衰减电路在衰减精度和附加相移等方面的性能，所以必须确保每个比特位都能达到良好的端口匹配。

7．功率容量

衰减器的功率容量主要是指开关元件所能承受的最大功率。开关的功率容量取决于开关导通状态时允许通过的最大导通电流和截止状态时两端能够承受的最大电压。

6.5.2 衰减的基本原理

构成衰减器的原理不外乎是吸收、反射、截止等。截止式衰减器是利用波导的截止特性做成的；反射式衰减器是通过输入输出两端口的失配来实现的，这样两端口的反射都比较大，不适合在多级电路中使用；吸收式衰减器是通过电阻将一部分信号能量转换为热能，构成对信号的衰减。

进一步从微波网络的观点来看，吸收式衰减器可以被视为一个有耗二端口微波网络。该网络中，常用电阻构成 T 型、桥 T 型或 π 型等结构来实现衰减。一个二端口微波网络的衰减量是固定的，由其中电阻值的大小来确定。同时，电阻网络还兼有阻抗匹配和变换的作用。这样，就可以根据需要的衰减量，由微波网络的理论来对衰减器中的电阻元件进行计算。注意到，无论是 T 型、桥 T 型还是 π 型电阻网络均包含多个电阻元件，其对应的多个微波网络之间是级联的关系。一般在处理多个网络级联的情况时，多使用转移参量 A。转移参量选用入射波电压和反射波电压作为参量，在处理微波工程中的不连续性问题时非常方便。但从方便测量和理解的角度上，在射频和微波技术中多采用散射参量 S。散射参量 S 描述的是网络各端口之间的归一化反射波电压与归一化入射波电压之间的关系，只有 S 矩阵中的各参量在微波波段有明确的物理意义并且可以直接测量。所以，方便起见，这里先计算电阻网络的转移参量[A]，再将转移参量[A]转换成散射参量[S]。

1．T 型衰减网络

T 型衰减网络的结构如图 6-42 所示。

先通过三个转移参量相乘，求出 T 型衰减网络的 A 参数矩阵，然后再把转移参数换算成散射矩阵 S，基于 S 可以表示出该衰减网络的衰减量和匹配。级联和旁路电阻的转移参量 A 网络参数分别如下：

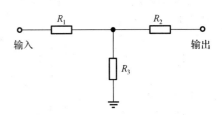

图 6-42 T 型衰减网络结构图

$$R_1\text{的转移参量：}\quad [A_1]=\begin{bmatrix} 1 & R_1 \\ 0 & 1 \end{bmatrix} \quad （6\text{-}61）$$

$$R_2\text{的转移参量：}\quad [A_2]=\begin{bmatrix} 1 & R_2 \\ 0 & 1 \end{bmatrix} \quad （6\text{-}62）$$

R_3 的转移参量：
$$[A_3] = \begin{bmatrix} 1 & 0 \\ \dfrac{1}{R_3} & 1 \end{bmatrix} \qquad (6\text{-}63)$$

这样可以得到整个 T 型衰减网络的转移参量 $[A]$

$$[A] = [A_1][A_2][A_3] = \begin{bmatrix} 1 + \dfrac{R_1}{R_3} & R_1 + R_2 + \dfrac{R_1 R_2}{R_3} \\ \dfrac{1}{R_3} & 1 + \dfrac{R_2}{R_3} \end{bmatrix} \qquad (6\text{-}64)$$

设衰减器网络两端口所连接的传输线的特性阻抗分别为 Z_{01} 和 Z_{02}，则归一化转移参量可表示如下：

$$[A] = \begin{bmatrix} \left(1 + \dfrac{R_1}{R_3}\right)\sqrt{\dfrac{Z_{02}}{Z_{01}}} & \left(R_1 + R_2 + \dfrac{R_1 R_2}{R_3}\right)\sqrt{Z_{01}Z_{02}} \\ \dfrac{\sqrt{Z_{01}Z_{02}}}{R_3} & \left(1 + \dfrac{R_2}{R_3}\right)\sqrt{\dfrac{Z_{01}}{Z_{02}}} \end{bmatrix} \qquad (6\text{-}65)$$

利用归一化转移参量和散射参量 $[S]$ 之间的转换关系，因为插入衰减器而对衰减量的要求为：
$$20\lg|S_{21}| = L(\mathrm{dB}) \qquad (6\text{-}66)$$
同时要求端口达到匹配，即 $10\lg|S_{11}| = -\infty$。

联立方程组求解就可以得到 T 型电阻衰减器网络中各个电阻的阻值，可以表示为：

$$R_3 = \frac{\sqrt[2]{Z_{\text{in}}Z_{\text{out}} \cdot 10^{\frac{L}{10}}}}{10^{\frac{L}{10}} - 1} \qquad (6\text{-}67)$$

$$R_1 = \frac{10^{\frac{L}{10}} + 1}{10^{\frac{L}{10}} - 1} Z_{\text{in}} - R_3 \qquad (6\text{-}68)$$

$$R_2 = \frac{10^{\frac{L}{10}} + 1}{10^{\frac{L}{10}} - 1} Z_{\text{out}} - R_3 \qquad (6\text{-}69)$$

这样，给定输入阻抗 Z_{in} 和输出阻抗 Z_{out} 就可以计算各个电阻值了。

2．π 型衰减网络

π 型衰减网络的结构如图 6-43 所示。

这时可以获得级联和旁路电阻的转移参量 A 网络参数分别如下：

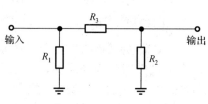

图 6-43　π 型衰减网络结构图

R_1 的转移参量：
$$[A_1] = \begin{bmatrix} 1 & 0 \\ \dfrac{1}{R_1} & 1 \end{bmatrix} \qquad (6\text{-}70)$$

R_2 的转移参量：
$$[A_2] = \begin{bmatrix} 1 & 0 \\ \dfrac{1}{R_2} & 1 \end{bmatrix} \qquad (6\text{-}71)$$

R_3 的转移参量：
$$[A_3] = \begin{bmatrix} 1 & R_3 \\ 0 & 1 \end{bmatrix} \qquad (6\text{-}72)$$

这样可以得到整个 π 型衰减网络的转移参量[A]

$$[A]=[A_1][A_2][A_3]=\begin{bmatrix} 1+\dfrac{R_3}{R_2} & R_3 \\ \dfrac{R_1+R_2+R_3}{R_1R_2} & 1+\dfrac{R_3}{R_1} \end{bmatrix} \tag{6-73}$$

设衰减器网络两端口所连接的传输线的特性阻抗分别为 Z_{01} 和 Z_{02}，则归一化转移参量可表示如下：

$$[A]=\begin{bmatrix} \left(1+\dfrac{R_3}{R_2}\right)\sqrt{\dfrac{Z_{02}}{Z_{01}}} & \dfrac{R_3}{\sqrt{Z_{01}Z_{02}}} \\ \dfrac{R_1+R_2+R_3}{R_1R_2}\sqrt{Z_{01}Z_{02}} & \left(1+\dfrac{R_3}{R_1}\right)\sqrt{\dfrac{Z_{01}}{Z_{02}}} \end{bmatrix} \tag{6-74}$$

按照相同的过程，可以推导出

$$R_3=2\left(10^{\frac{L}{10}}-1\right)\dfrac{\sqrt{Z_{\text{in}}\cdot Z_{\text{out}}}}{10^{\frac{L}{10}}} \tag{6-75}$$

$$R_1=\cfrac{1}{\cfrac{10^{\frac{L}{10}}+1}{z_{\text{in}}\left(10^{\frac{L}{10}}-1\right)}-\cfrac{1}{R_3}} \tag{6-76}$$

$$R_2=\cfrac{1}{\cfrac{10^{\frac{L}{10}}+1}{z_{\text{out}}\left(10^{\frac{L}{10}}-1\right)}-\cfrac{1}{R_3}} \tag{6-77}$$

3. 桥 T 型衰减网络

桥 T 型衰减网络的结构如图 6-44 所示。

桥 T 型衰减网络可以分解为两个串联的微波网络来计算，如图 6-45 所示。

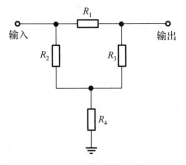

图 6-44 桥 T 型衰减网络

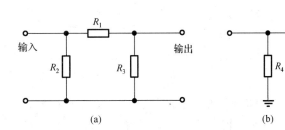

(a)　　　　　　　　　　(b)

图 6-45 桥 T 型衰减网络拓扑分解图

分析该网络时需要用到阻抗矩阵，具体如下：

图 6-45(a)中结构的阻抗参量为

$$[Z_a] = \begin{bmatrix} \dfrac{R_1 Z_0}{R_1 + 2Z_0} & Z_0^2 \\[3mm] \dfrac{Z_0^2}{R_1 + 2Z_0} & \dfrac{R_1 Z_0 + Z_0^2}{R_1 + 2Z_0} \end{bmatrix} \qquad (6\text{-}78)$$

图 6-45(b)中结构的阻抗参量为

$$[Z_b] = \begin{bmatrix} R_4 & R_4 \\ R_4 & R_4 \end{bmatrix} \qquad (6\text{-}79)$$

然后根据阻抗参量相加，得到总的参量

$$[Z] = \begin{bmatrix} Z_{11} & Z_{12} \\ Z_{21} & Z_{22} \end{bmatrix} \qquad (6\text{-}80)$$

然后根据阻抗矩阵和散射参量矩阵的转换关系可以求出散射参量来，从而因为插入衰减器而对衰减量的要求为：

$$20\lg|S_{22}| = L(\text{dB})$$

同时要求端口达到匹配，即 $10\lg|S_{11}| = -\infty$ 的关系，可以求出来（其中 R_2、R_3 可以给定和 Z_0 相同的阻抗）

$$R_1 = Z_0 \left(10^{\frac{L}{20}} - 1 \right) \qquad (6\text{-}81)$$

$$R_4 = \frac{Z_0}{10^{\frac{L}{20}} - 1} \qquad (6\text{-}82)$$

4. SPDT 选通式衰减器

SPDT（Single Pole Double Throw）开关是通信系统射频前端的一个关键电路模块。这里 SPDT 选通式衰减器就是通过控制 SPDT 开关来选择衰减路径或者参考路径作为信号路径，实现可控衰减。SPDT 选通式衰减器一般应用在衰减量较大的场合，其结构如图 6-46 所示。参考路径的合理设计可使参考态下的传输相移近似等同于衰减态下的传输相移，较好地满足低附加相移的要求。

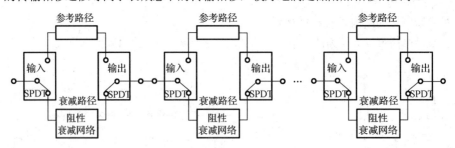

图 6-46 SPDT 选通式衰减器结构

单个 SPDT 开关的结构如图 6-47 所示，开关拓扑为串、并联 SPDT 开关结构，串联开关具有并联电感性反馈回路，构成一个紧凑型电路版图布局，而并联开关用于提供额外的隔离度。在关断状态下，开关的隔离度决定了 RF 信号泄露到不希望的信道的程度。为了最小化带内波动，隔离度应尽可能大。如图 6-47 所示，当端口 1 到端口 2 导通，端口 1 到端口 3 则断开，此时导通路径中的串联 FET 开关导通，并联 FET 开关截止，关断路径中的串联 FET 开关截止，并联开关导通；反之，当端口 1 到端口 3 导通，端口 1 到端口 2 断开时各 FET 开关的导通截止状态相反。对于大衰减比特位而言，通过均衡参考通路和电阻网络通路的长度，很容易实现两个状态之间的相位追踪。开关式衰减器技术对于实现较大的衰减量（大于 8dB）是有一定吸引力的。作为一个对称结构，其整体性能不易受到生产工艺参数变化的影响。

但是，使用该拓扑结构实现多位衰减器时的主要缺点在于：

（1）SPDT 开关的插入损耗较大，每个衰减位的输入/输出端各用到一个 SPDT 开关，如果多个衰减位级联，则多对 SPDT 开关所引入的插入损耗会累积性地加到整个衰减器参考状态的插入损耗中，从而导致较高的总插入损耗；

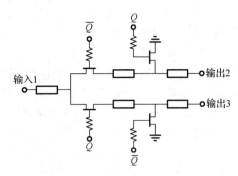

图 6-47　单个 SPDT 开关示意图

（2）由于输入/输出端均连接有 SPDT 开关，占用的芯片面积将比较大，这不利于降低芯片面积。

5. 分布式衰减器

分布式衰减器在射频/微波系统中的应用已经有几十年的历史了。这些设计中将旁路 PIN 二极管作为开关或者变阻器，两个 PIN 二极管之间相隔 1/4 波长的距离，用 1/4 波长的传输线连接，以匹配 PIN 二极管的输入输出阻抗。通过改变导通的 PIN 二极管的数目，可以以一定的衰减步长控制衰减器的衰减量。图 6-48 为分布式衰减器的电路结构。

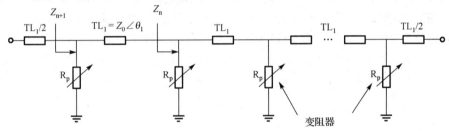

图 6-48　分布式衰减器的电路结构

相邻两个旁路变阻器以电长度 θ_1 为间距周期性地嵌入特征阻抗为 Z_0 的传输线中。图 6-49 为旁路数量变化时分布式衰减器的回波损耗（RL）和 θ_1 之间的关系，图 6-49(a)为有 1～5 个旁路的情况，图 6-49(b)为有 6～∞个旁路的情况。

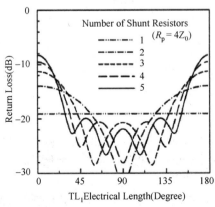

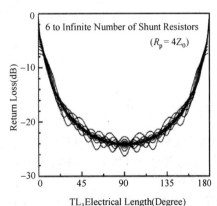

(a)1～5个旁路时分布式衰减器的回波损耗（RL）和θ_1之间的关系　(b)6～∞个旁路时分布式衰减器的回波损耗（RL）和θ_1之间的关系

图 6-49　分布式衰减器的回波损耗和电长度之间的关系

可见，分布式衰减器的插入损耗是电长度 θ_1 的函数，并且随着旁路数量增加，衰减器的插入损耗将收敛到 RL_∞。

设计时需要权衡一下匹配和面积之间的折衷关系。在采用多个旁路的分布式衰减器中，旁路电阻接入与否可以通过对旁路变阻器的控制进行选择，合理地选择可以使电长度 θ_1 落入期望的范围，这样，在所有的衰减状态下都可以保证衰减器良好的端口匹配。

可以在图 6-48 衰减结构中的变阻器处引入短传输线 TL_2，电路如图 6-50 所示。TL_2 的加入提高了高频端的旁路阻抗，可以提高衰减器的附加相移，故图 6-49 中的零附加相移点向 1 较低的方向移动。

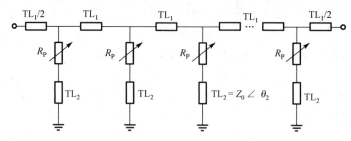

图 6-50　引入 TL_2 后的分布式衰减器

6. 开关内嵌式衰减器

开关内嵌式衰减结构是实现低插入损耗、大动态范围衰减的主流衰减结构，如图 6-51 所示，在开关内嵌式衰减器中，MOS 管作为单刀单掷（SPST）开关内嵌于阻性衰减网络之中，控制衰减器的衰减。这样，信号通路只有一个简单的 MOS 开关，插入损耗较 SPDT 选通式有所下降。由于其在插入损耗、衰减动态范围等方面的优势，该结构为目前衰减器的主流结构。但其处于衰减态/参考态时，不同的寄生效应造成两种状态下信号的传输相移不同，所以带来一定的附加相移。

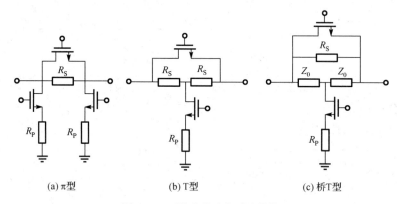

(a) π型　　　　(b) T型　　　　(c) 桥T型

图 6-51　开关内嵌式衰减器结构

6.5.3　PIN 管电调衰减器

简单的并联型反射式衰减器如图 6-52 所示，它和并联型单刀单掷开关类似，但其偏置在正偏范围内连续可调，因此等效电路仅对应 PIN 管正偏状态，图 6-52 中正向电阻 C_T 随偏流变化时，电路的插入衰减就随之变化。

为了得到足够大的衰减变化范围和减小零偏时的衰减，应选择 I 层较厚的 PIN 管用于衰减器，这点正与 PIN 管开关电路一般选用 I 层较薄的管子相反。图 6-53 给出了用于衰减器的 PIN 管正向电阻

C_T 与偏流 I_0 关系的典型曲线。根据 PIN 管的等效电路，$R_f = R_j + R_s$，R_s 为重掺杂的 P⁺、N⁺层体电阻和欧姆接触电阻，R_j 为 I 层电阻。当 $I_0 < 100\text{mA}$ 时，R_s 相对 R_j 可忽略，所以 $R_f \approx R_j(I_0)$。图示器件当 I_0 在 1～50mA 之间变化时，R_f 变化范围 50～1Ω。

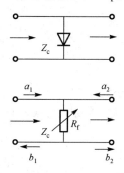

图 6-52　简单的并联型反射式衰减器及其等效电路

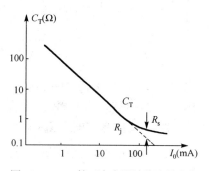

图 6-53　PIN 管正向电阻随偏流的变化

仍可利用式（6-3）来计算衰减量，并可将该式分解为：

$$L = \frac{1}{1 - |S_{11}|^2} \cdot \frac{1 - |S_{11}|^2}{|S_{21}|^2} = L_R \cdot L_A \tag{6-83}$$

式中，L_R 为衰减器等效网络的反射衰减；L_A 为衰减器等效网络的吸收衰减。由此式可知，作为理想衰减器，希望输入端良好匹配，即 $S_{11} = 0$，反射衰减 $L_R = 0\text{dB}$；而同时希望吸收衰减 L_A 有较大的变化范围。图 6-52 的简单电路却必定有很大的输入驻波比，因为其工作原理就是利用了反射衰减以及吸收衰减的变化，所以在电路中必须在输入端外加环形器或隔离器才能使用。为此，需改进电路形式，本小节将介绍几种实用的电调衰减器方案。

1. 窄频带匹配型衰减器

图 6-54 表示一种匹配型衰减器原理图。假设所接两个 PIN 管特性相同，在相同的正偏电流下等效电阻为 C_T，D_1 串接一个电阻，其值等于传输线特性阻抗 Z_c，两并联支路间隔为 1/4 波长。

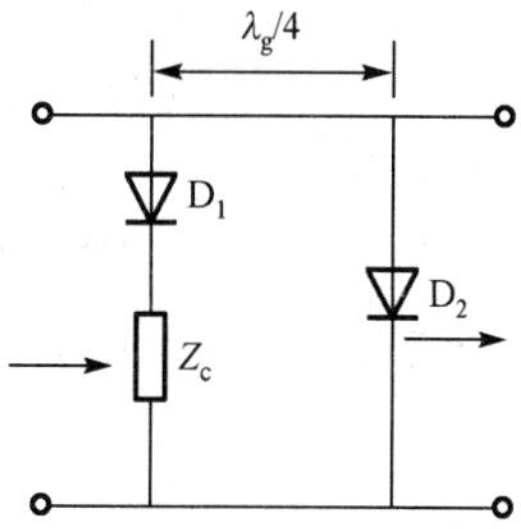

在中心频率上，可按二端口网络级联概念求得该电路的归一化转移参量为：

$$[a] = \begin{bmatrix} 1 & 0 \\ y_1 & 1 \end{bmatrix} \begin{bmatrix} 0 & j \\ j & 0 \end{bmatrix} \begin{bmatrix} 1 & 0 \\ y_2 & 1 \end{bmatrix}$$
$$= \begin{bmatrix} jy_2 & j \\ j(1 + y_1 y_2) & jy_1 \end{bmatrix} \tag{6-84}$$

图 6-54　窄频带匹配型衰减器原理图

式中归一化值为：

$$y_1 = \frac{Z_c}{R_f + Z_c} \tag{6-85}$$

$$y_2 = \frac{Z_c}{R_f} \tag{6-86}$$

根据转移参量与散射参量间的互换关系可求得：

$$S_{11} = \frac{(a_{11} + a_{12}) - (a_{21} + a_{22})}{a_{11} + a_{12} + a_{21} + a_{22}} = 0 \tag{6-87}$$

这说明只要两只 PIN 管特性、偏置相同，不论 C_T 为何值（衰减值不同），输入端总是匹配的。由式（6-84）可求得：

$$|S_{21}| = \frac{R_f}{R_f + Z_c} \tag{6-88}$$

$$L_{dB} = 20\lg\frac{1}{|S_{21}|} = 20\lg\left(1 + \frac{Z_c}{R_f}\right) \tag{6-89}$$

当正向偏流由小到大调节时，C_T 随之改变，因而衰减量也由小到大变化。

图 6-54 所示电路具有低的输入驻波比，体积小、结构简单，只是工作频率受限于 1/4 波长传输线，可作为一种很好的窄频带电调衰减器。

2. 功率分配耦合器型衰减器

利用功率分配耦合器也可以使 PIN 管衰减器得到良好的输入匹配特性。图 6-55 表示输入微波信号通过一 3dB 功率分配耦合器，在一个输出端口并接 PIN 二极管 D_1，在另一端口经过 1/4 波长传输线后也并接 PIN 二极管 D_2，然后又将两路信号通过一 3dB 功率分配耦合器而输出。

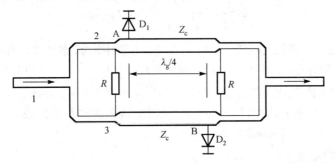

图 6-55　功率分配耦合器型衰减器原理图

图 6-55 中 R 为混合器的隔离电阻。理论上，当 $R = 2Z_c$ 时，功分耦合器在中心频率上的散射矩阵为[1]：

$$[S] = -j\frac{1}{\sqrt{2}}\begin{bmatrix} 0 & 1 & 1 \\ 1 & 0 & 0 \\ 1 & 0 & 0 \end{bmatrix} \tag{6-90}$$

当 A 点和 B 点接入相同特性和相同偏置的 PIN 管，并设衰减器输出端接匹配负载时，反射系数为：

$$\Gamma_A = \Gamma_A = \Gamma = \frac{\dfrac{R_f Z_c}{R_f + Z_c} - Z_c}{\dfrac{R_f Z_c}{R_f + Z_c} + Z_c} = \frac{-Z_c}{2R_f + Z_c} \tag{6-91}$$

由于 AB 间距为 1/4 波长，因此功分器在 2、3 端口向右看去的反射系数大小相等、相位相反。根据式（6-90）、式（6-91）可以证明：

$$\begin{aligned}
b_1 &= -j\frac{1}{\sqrt{2}}(a_2 + a_3) = -j\frac{1}{\sqrt{2}}(\Gamma b_2 - \Gamma b_3) \\
&= -j\frac{1}{\sqrt{2}}\Gamma\left(-j\frac{1}{\sqrt{2}}a_1 + j\frac{1}{\sqrt{2}}a_1\right) \\
&= 0
\end{aligned} \tag{6-92}$$

说明 1 端口反射波 $b_1 = 0$，使 $S_{11} = 0$，而与 C_T 具体数值无关。因此这类电调衰减从原理上看，也能在衰减量变化时保持良好的输入匹配特性。

该电路的衰减量很容易由传输线上电压与功率的关系求得。设输入端入射波电压的有效值为 V_{inc}，则入射功率为：

$$P_{\text{inc}} = \frac{V_{\text{inc}}^2}{Z_c} \tag{6-93}$$

经过 3dB 功率分配后，A 点实际电压 V_1 为入射波电压与反射波电压相加，即：

$$V_1 = \frac{V_{\text{inc}}}{\sqrt{2}}(1 + \Gamma) \tag{6-94}$$

相应功率为：

$$P_1 = \frac{V_{\text{inc}}^2 |1 + \Gamma|^2}{2 Z_c} \tag{6-95}$$

同理，B 点实际电压 $V_2 = V_1$，$P_2 = P_1$。经功率合成后，输出功率（即匹配负载吸收的功率）P_L 为：

$$P_L = P_1 + P_2 = \frac{V_{\text{inc}}^2 |1 + \Gamma|^2}{Z_c} \tag{6-96}$$

由式（6-91）、式（6-93）和式（6-96）得到衰减器的衰减量为：

$$L_{\text{dB}} = 10 \lg \frac{P_{\text{inc}}}{P_L} = 10 \lg \frac{1}{|1 + \Gamma|^2} = 20 \lg \left(1 + \frac{Z_c}{2 R_f} \right) \tag{6-97}$$

假设输入端信源阻抗也是 Z_c，因此入射功率即信号源资用功率，因此这里对衰减的定义和式（6-1）的定义是一致的。

当 PIN 管正偏电流由小到大变化时，衰减量也随 C_T 改变而由小到大变化。其工作频带虽也受到功分器带宽的限制，但可以采用双节或多节功分器以展宽频带。

实际功分器的功分比及 PIN 管的配对性将影响这种类型衰减器的实际性能指标，但还是可以得到较低的输入驻波比。

3. 3dB 定向耦合器型电调衰减器

图 6-56 借助 3dB 分支线电桥（定向耦合器）的特性，使 PIN 管衰减器具有良好的输入匹配特性。图中 3dB 电桥在各端口匹配时，1、2 端为隔离臂，但当 3、4 端口有反射时，则 2 端口有输出，下面来求该输出信号的大小。

图 6-56 中 3dB 分支线电桥的在中心频率上的散射矩阵为：

$$[S] = -\frac{1}{\sqrt{2}} \begin{bmatrix} 0 & 0 & 1 & j \\ 0 & 0 & j & 1 \\ 1 & j & 0 & 0 \\ j & 1 & 0 & 0 \end{bmatrix} \tag{6-98}$$

现 3、4 端口接微带型 PIN 管，再串接 50Ω 电阻后连到高频短路块，使微波接地，因此 3、4 端口条件为：

$$\Gamma = \frac{a_3}{b_3} = \frac{a_4}{b_4} = \frac{R_f}{R_f + 2 Z_c} \tag{6-99}$$

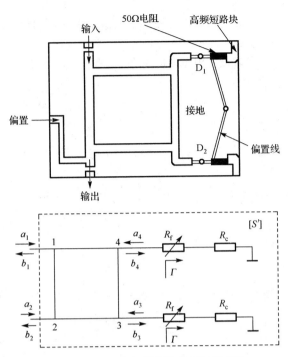

图 6-56 3dB 定向耦合器型电调衰减器

2 口输出端仍接匹配负载，因此：

$$a_2 = 0 \tag{6-100}$$

于是，由式（6-98）、式（6-99）和式（6-100）可求得：

$$
\begin{aligned}
b_2 &= -\frac{1}{\sqrt{2}}\mathrm{j}a_3 - \frac{1}{\sqrt{2}}a_4 \\
&= -\frac{1}{\sqrt{2}}\mathrm{j}b_3\varGamma - \frac{1}{\sqrt{2}}b_4\varGamma \\
&= -\frac{1}{\sqrt{2}}\varGamma\left(-\mathrm{j}\frac{1}{\sqrt{2}}a_1 - \mathrm{j}\frac{1}{\sqrt{2}}a_1\right) \\
&= \mathrm{j}\varGamma a_1
\end{aligned}
\tag{6-101}
$$

可见，只要利用 PIN 管正向电阻 C_T 的变化使 $\varGamma$ 变化，则 2 口输出信号的大小将发生变化。

将整个衰减器看做 1 端口和 2 端口组成的一个二端口网络，如图 6-56 虚线框所示，其散射矩阵用 $[S']$ 表示，则由式（6-99）和式（6-101）可求出从 1 口输入、2 口输出的衰减量为：

$$L_{\mathrm{dB}} = 20\lg\frac{1}{|S_{21}'|} = 20\lg\left|\frac{a_1}{b_2}\right| = 20\lg\left(1 + \frac{2Z_c}{R_f}\right) \tag{6-102}$$

可见当正向偏流由小到大变化时，衰减量也由小到大变化。

同理可求得 1 端口的反射波 b_1，可以证明，只要 3、4 端口反射系数 $\varGamma$ 相同，则 $b_1 = 0$，即 $S_{11}' = 0$，输入驻波比为 1。

以上说明由 3、4 端口反射回来的信号在 2 端口同相叠加，而在 1 端口反相抵消，因此这种类型的电调衰减器在理论上可以在衰减量变化范围内都理想匹配。但实际上输入驻波比将取决于 3dB 电桥功分比的不平衡度和两只 PIN 管的配对性，因此要精心制作电桥，挑选特性相同的管子，可以得到较低的输入驻波比。这种衰减器的带宽受限于定向耦合器的带宽。可以看到，如果图 6-56 中的 PIN 管加上偏压，并通过调节正向偏流来控制 PIN 管的正向电阻 C_T 的大小，图 6-56 的电路也可作为电控衰减器。

上述三种衰减器都是在输入端使两管反射互相抵消，使其输出仅依赖于吸收衰减的变化，故属于吸收型电调衰减器。由于理论上输入端始终是匹配的，实际上可得到较低的输入驻波比，因此也可统称为匹配型衰减器。

4．吸收型阵列式衰减器

以上三种电路的最大衰减量受到 PIN 管最小 C_T 值的限制。为了获得更大的衰减动态范围，承受更大功率，并展宽频带，可将多个 PIN 管互相间隔 1/4 波长，并联接在传输线上，当处于正向偏置并忽略分布参数的情况下，就构成一个电阻阵列。往往采用的是渐变元件阵列式衰减器，如图 6-57 所示。

这种渐变阵列式衰减器用影像法分析较为方便，首先可求出图 6-57 中单个 PIN 管及其左、右两侧各长 $\theta/2$ 的传输线组成的单节衰减器的转移矩阵，然后根据级联关系求出整个网络的转移矩阵，进而可分析这种衰减器的性能。这里不再详述，仅给出分析结果。对于图 6-57 所示的五元件情况，其输入驻波比与频率的关系曲线如图 6-58 所示。可见采用渐变式阵列具有较低输入驻波比，并有较宽的频带，并且 R_f/Z_c 增大也是有利的。其衰减量可以采用各元件节衰减量相加的方法估算，对于单节来说，R_f/Z_c 增大虽能使驻波比改善，但却使单节

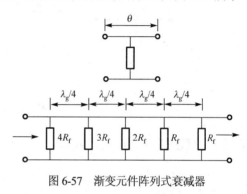

图 6-57　渐变元件阵列式衰减器

的衰减量减小，如图 6-59 所示。一般将每个单节的衰减量设计得小一些，以减小输入驻波比和增大带宽，同时靠增加节数来达到大的总衰减量。

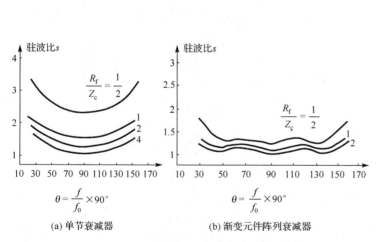

(a) 单节衰减器　　　　　(b) 渐变元件阵列衰减器

图 6-58　阵列式衰减器输入驻波比特性

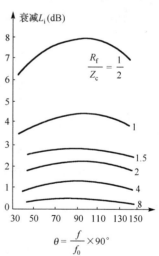

图 6-59　单节衰减器的衰减特性

综上所述，吸收型渐变阵列式衰减器的特点是：在较宽频带内能得到较大的可调衰减范围（可达 40~60dB），而维持较小的输入驻波比；但需要较多的管子，结构和调整较复杂。

如果工作频率较高或具体管子参数不允许忽略管子结电容及封装参数时，将使频带内驻波比特性和衰减特性不再对中心频率成对称分布，而且随频率升高而恶化，使频带变窄。为此需采取措施，一

种办法如图 6-60 所示的电感补偿的微带型阵列式衰减器。5 个 PIN 管以 1/4 波长等间距安装在微带线上，管子两边的细微带线线段形成补偿电感。设计时令补偿电感与管子零偏时（衰减最小）总的等效阻抗（容性）组成低通滤波器。图 6-60(b)表示出偏置电源可通过不同的偏置电阻分别接到不同的 PIN 管，在管座套管中需有介质垫圈作为隔直电容，在微带线输入、输出端口也由缝隙电容隔直，以免经外电路短路。

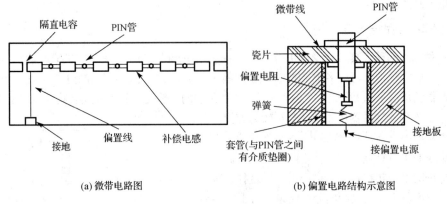

(a) 微带电路图　　　　　　　　　　　(b) 偏置电路结构示意图

图 6-60　电感补偿的微带型阵列式衰减器

6.5.4　MESFET 电调衰减器

利用 FET 作为控制元件组成 T 形或 π 形衰减器，如图 6-61 所示。图中上为 T 形结构，下为 π 形结构。FET 等效 RC 并联阻抗，栅极上加电压改变 R 阻值，零偏压时对应电阻 R_{0n}，栅极电压达到截止电压 V_p 时，对应电阻 R_{off}，电容 C 为常量，在微波频率低端可忽略电容效应，此时电阻值 R_1、R_2 及相应的衰减量关系曲线如图 6-62 所示。从图中可见，当 R_1 值一定时，π 形网络比 T 形网络的衰减量要大，而 T 形网络衰减量的动态范围大于 π 形网络特性。

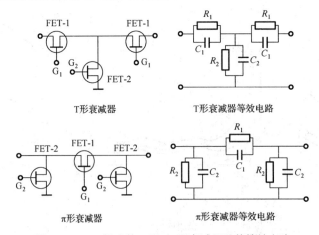

图 6-61　FET 组成的 T 形、π 形衰减器及其等效电路

图 6-63 示出了 FET 组成的 T 形可变衰减器的示意图。DC_1 和 DC_2 为控制电压，FET-2 的源极接地。这种电路的衰减器工作频率可在 10GHz 以上，衰减量的动态范围为 10dB。将它与 PIN 二极管衰减器比较，由于 FET 衰减器不需用附加 3dB 电桥或传输线段，因此具有宽带特性，这是 FET 衰减器的优点。

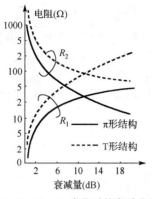

图 6-62 R_1、R_2 变化时的衰减曲线

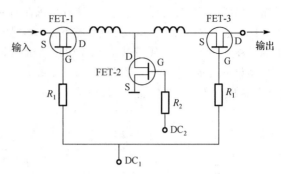

图 6-63 FET T 形衰减器示意图

6.6 微波电控移相器

移相器是控制信号相位变化的控制元件，广泛地应用于雷达系统、微波通信系统和测量系统。电压控制移相器可以看做是一种二端口微波网络，加入控制信号（一般为直流偏置电压）使得网络的输入和输出信号之间产生相位的移动。设有图 6-64 所示的一二端口网络，在输入、输出端都匹配的条件下，可定义其传输相位为：

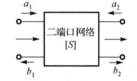

图 6-64 移相器网络示意图

$$\varphi = \arg(S_{21}) \qquad (6\text{-}103)$$

设在某种确定状态下，二端口网络传输相位为 φ_1。以此为参考基准，如果在某一控制信号作用下，二端口网络具有传输相位 φ_2，这样相移 $\Delta\varphi$ 可定义为：

$$\Delta\varphi = \varphi_1 - \varphi_2 \qquad (6\text{-}104)$$

电控移相器可分为模拟式和数字式两类。模拟式移相器的相移量由控制信号驱使其连续变化，虽然相位的变化比较精细，但是其控制电路设备十分复杂。数字式移相器的相移量是量化的，即网络的 $\Delta\varphi$ 只能按 $180°$、$90°$、$45°$、$22.5°$、$11.25°$ 等值步进式变化，利用控制信号可使单个移相网络的相移量呈现两种值，如 $0°/180°$、$0°/90°$、$0°/45°$、$0°/22.5°$、$0°/11.25°$ 等。利用多个不同相移量的相移网络级联可组成几位的数字式移相器，如图 6-65 所示为四位移相器，由各移相器的不同控制状态可组合成 $0°\sim360°$ 之间的 2^4 即 16 个移相状态。移相器位数越多，组合成的相位状态越多，但移相器本身控制电路也越复杂。这种移相器特别适合于计算机二进制码控制的电控扫描系统。因此，移相器是相控阵雷达系统重要的部件之一，为其天线的大量辐射单元提供不同相位的微波信号，以实现波束的快速扫描。此外，在数字微波通信中，上述原理可应用于微波 $0°/180°$ 调相，使载频振荡保持原来的相位不变和改变 $180°$。这种只有 $0°/180°$ 移相器称为二相相移键控（BPSK 或 ZPSK）调制器。为了提高信息传输速率，可用多相制，其中四相相移键控（QPSK）要求微波调相器给出 $0°$、$90°$、$180°$、$270°$ 四种相位状态，它可以是一个两位移相器，即具有 $0°/180°$、$0°/90°$ 两位。

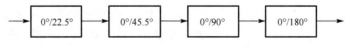

图 6-65 四位数字移相器示意图

对微波电控移相器的主要性能要求如下：

（1）满足一定的相移量要求，且移相精度高（或称为相位误差小）。

（2）要求输入驻波比低、插损小，且寄生调幅小。不论移相器控制信号处于何种状态，移相器的输入端与输出端都对应于导通通道的情况，因此要求在两种状态下输入端都良好匹配，并要求各种状态下插损小且尽量一致，否则将造成不同状态下移相器输出信号大小不同，引起寄生调幅。

（3）满足以上指标的工作频带以及开关时间、功率容量等其他要求。

以半导体数字式移相器为主，微波移相器的主要类型列于图 6-66。按照控制器件分，有 PIN 管和 MESFET；按电路形式分，有传输型和反射型。

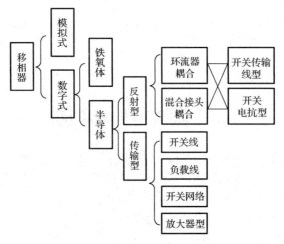

图 6-66　微波移相器的形式

在这一节中，介绍了移相器的基本移相原理和主要性能指标要求，描述了各种类型移相器的工作原理、电路拓扑图和移相器电路设计技术；分析了不同电路的工作原理，并对典型的移相器电路应用实例以及移相器电路的发展进行了分析。

6.6.1　基本移相器原理及技术指标

1. 移相器的原理

移相器有多种类型，适用于不同的应用环境，要从原理上理解各种类型移相器之间的差别，需要先介绍相移的概念。一般移相器时所运用的"相移"概念，都是一种相对相移的概念而不是绝对的相移。请看图 6-67 所示的图形。

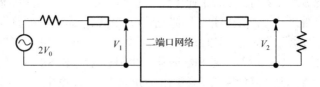

图 6-67　二端口网络输入输出电压示意图

在图 6-67 中，如果我们以信号源电压 V_0 的相位作为参考相位来定义，则可以获得 V_1 和 V_2 处的相位值，即信号源电压传到 V_1 和 V_2 位置时的相位是多少，对于 V_1 和 V_2 来讲这个相位是相对于 V_0 而言的。

如果以二端口网络的输入电压 V_1 作为参考，则 V_2 与 V_1 的相位差可以使用传输相位表示出来，即传输相位 ϕ 可以定义为：

$$\phi = \arctan\left(\frac{V_2}{V_1}\right) \qquad\qquad (6\text{-}105)$$

这个传输相位称为绝对相位，是因为信号通过任何传输线都会发生相位的改变，但这种"相移"和我们移相器中的"相移"不同。移相器中的"相移"，特指一个网络的传输相位 ϕ 在不同情况所发生变化的一个差值。若设一个二端有两种状态，其传输相位分别是 ϕ_1 和 ϕ_2，则该网络的相移为：

$$\Delta\phi = \phi_1 - \phi_2 \qquad\qquad (6\text{-}106)$$

图 6-68 为常见的开关式移相器的结构，当移相器工作时，PIN 管开或关的两种状态决定了 l_1 或者 l_2 支路的通断，因为两个支路都有一定的电长度，因此无论是哪一支工作都会引入相对于信号源相位不同的传输相位，假设 1、2 支路相对于信号源的相位会分别带来 30° 和 75° 的相位变化，这是不可避免的，但将两个支路相减后，就可以得到 $\Delta\phi = 45°$，说明这是一个 45° 的移相单元。所以，我们平时所说的某角度移相器指的是相位差为某一个角度，但是只要接到微波系统里，在相位没切换时都会引入一个绝对相位，这个相位值在某些应用场合下如相控阵天线设计里也是需要考虑的。

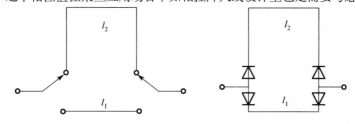

图 6-68　开关式移相器电路

2. 移相器的主要技术指标

移相器的技术指标主要有工作频带、相移量、相位误差、插入损耗、插损波动、电压驻波比、功率容量、移相器开关时间等。

（1）工作频带

移相器工作频带是指移相器的技术指标下降到允许界限值时的频率范围。数字移相器大多是利用不同长度的传输线构成，同样物理长度的传输线对不同频率呈现不同的相移，因此移相器工作频带大多是窄频带的。

（2）相移量

移相器是两端口网络，相移量是指不同控制状态时的输出信号相对于参考状态时输出信号的相对相位差。对于数字移相器，通常要给出移相器的位数或者相位步进值。N 位移相器可以提供 2^N 个离散的相位状态。

（3）相位误差

对于一个固定频率点，实际相移量的各步进值围绕各中心值有一定偏差；在频带内不同频率时，相移量又有不同值。相位误差指标有时采用最大相移偏差来表示，也就是各频点的实际相移和理论相移之间的最大偏差值。

（4）插入损耗和插损波动

插入损耗的定义为传输网络未插入前负载吸收功率与传输网络插入后负载吸收功率之比的分贝数，用 IL 表示：

$$\text{IL} = -20\lg|S_{21}| \qquad\qquad (6\text{-}107)$$

移相器是由微波开关和传输网络共同实现的，在两种相移状态下由于传输路径不同，以及非理想开关在"导通"和"截止"两种状态时的插入损耗不同等因素，都会造成两种状态时移相器的插入损耗不同，这就使输出信号产生寄生幅度调制，对整个电路的性能造成不利影响，因此实际应用中要求移相器的插入损耗波动尽量小。

（5）电压驻波比

传输线上相邻的波腹点和波谷点的电压振幅之比为电压驻波比，用 VSWR 表示。通常，为了避免器件的引入而对前后电路性能造成影响，要求器件的输入、输出 VSWR 尽量小。

（6）开关时间和功率容量

开关元件的通断转换，有一个变化的过程，需要一定的时间，这就是开关时间。移相器的开关时间主要取决于驱动器和所采用的开关元件的开关时间。移相器的功率容量主要是指开关元件所能承受的最大微波功率。开关的功率容量取决于开关导通状态时允许通过的最大导通电流和截止状态时两端能够承受的最大电压。

与传输线串联或并联的任何电抗，都会引入相移，因而可作为移相器的电路结构可以有无限多种。对于移相器而言，要求其插入损耗和反射损耗都要小，加上尺寸、带宽、由每个二极管获得的相移量等要求，使得移相器逐渐形成几种典型的结构。

6.6.2　开关线式移相器

开关线式移相器是基于延迟线电路理论的，电路基本原理示意图如图 6-69 所示，其中图 6-69(a) 是开关串联形式，图 6-69(b)为开关并联形式，l_1 和 l_2 是两条不同长度的微带线或任意微波传输线。在图 6-69(a)开关串联偏置电路中，当开关 S_1 和 S_1' 闭合，S_2 和 S_2' 断开时，微波信号通过传输路径 l_1 传输；当开关状态相反，S_1 和 S_1' 断开，S_2 和 S_2' 闭合时，信号通过传输路径 l_2 传输。由于信号传输路径，l_1 和 l_2 的长度不同，传输信号的相位角度变化不同，两种开关状态之间的转换使微波信号通过不同的传输路径而实现相位移为 $\Delta\phi = \beta(l_2 - l_1)$，$\beta$ 为传输线的传播常数（假设所有传输线具有相等的传播常数和特性阻抗 Z_0）。

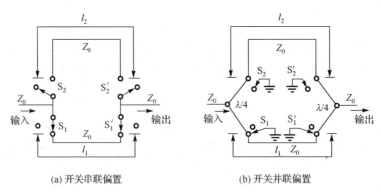

(a) 开关串联偏置　　　　　　　　(b) 开关并联偏置

图 6-69　开关线式移相器电路示意图

开关线移相器原理简单，结构上容易实现。但是有几个技术问题需要注意。

（1）当开关串联时的移相器的传输路径（如图中的 l_1 和 l_2）的电长度等于某个工作频率的半波长时。传输线上将产生谐振现象，反射入射信号回输入端，造成插入损耗增大和相位移突变。为了使谐振点远离工作频率，开关线长度应该尽量短；也可以对断开的支路用匹配负载加载，但是带来的缺点是附加开关元件数量增多。

（2）图 6-69 所示的开关并联配置形式的电路改善了传输线上谐振的问题，当并联开关 S_1 和 S_1' 将路径长度为 l_1 的传输线短路，开关 S_2 和 S_2' 开路时，信号通过路径 l_2 传输。从输入端口 A 和输出端口

B 向传输路径 l_1 看进去，由于在 $\lambda/4$ 处短路，信号在端口 A 和 B 处的等效阻抗为无穷大，信号完全从传输路径 l_2 通过，避免了关断通道 l_1 中谐振现象的发生。当开关状态转换时，信号传输路径在两传输通道间转换，同开关串联偏置形式电路相同，给出相位移为

$$\Delta\phi = \beta(l_2 - l_1)$$

（3）在移相的整个工作过程中，移相器的输入端和输出端之间都一直处于导通的情况，因此要求在两种状态下输入端都有良好的阻抗匹配。此外还要求两种相位状态下插入损耗最小，并且要尽可能相等。否则两种相位状态下输出信号大小不同．这将引起寄生调幅。

（4）开关的两条传输线（即 l_1 和 l_2）相互间隔距离要足够远，避免传输线间相互耦合造成信号衰减和相位误差。

（5）与其他移相器相比较，开关线移相器使用的开关数目最多（每一位需要 4 个开关）。开关线式移相器电路形式简单，令 V 是开关器件断开时两端的额定峰值电压，Z_0 是传输线的特性阻抗，则开关线型移相器的输入峰值功率容量为：

$$P = \frac{V^2}{2Z_0} \qquad (6\text{-}107)$$

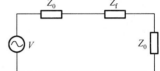

为了确定串联开关移相器的平均功率容量，考虑如图 6-70 所示的等效电路图。假定开关闭合时等效为一个小电阻 R_f，信号源的峰值电压为 V，则在 R_f 上耗散的平均功率为

图 6-70　串联开关的开关线式移相器计算平均功率容量的等效电路

$$P_d = \frac{1}{2}\frac{V^2 R_f}{(R_f + 2Z_0)^2} \qquad (6\text{-}108)$$

平均入射功率为

$$P = \frac{1}{2}\left(\frac{V}{2Z_0}\right)^2 Z_0 = \frac{V^2}{8Z_0} \qquad (6\text{-}109)$$

将式（6-108）中的 V^2 代入到式（6-109）中，

功率容量的表达式为

$$P = \frac{P_d Z_0}{R_f}\left(1 + \frac{R_f}{2Z_0}\right)^2 \qquad (6\text{-}110)$$

通过将 R_f 替换为 G_f，Z_0 替换为 Y_0，则得到开关并联形式的开关线移相器的平均功率容量为

$$P = \frac{P_d Y_0}{G_f}\left(1 + \frac{G_f}{2Y_0}\right)^2 = \frac{P_d Z_0}{4R_f}\left(1 + \frac{2R_f}{Z_0}\right)^0 \qquad (6\text{-}111)$$

6.6.3　高通/低通滤波器式移相器

当信号通过低通滤波器（由串联电感和并联电容构成）会出现相位延迟，而通过高通滤波器（串联电容和并联电感构成）会出现相位超前，如果我们利用二极管开关让电路在高通与低通之间切换就可能得到一个相移量，因而出现了高通/低通滤波式移相器。

高通/低通移相器特点是可以产生比其他类型移相器更小的相移量。根据二极管的连接不同，可以把高通/低通移相器分为两种（这里仅以 T 型高低通移相器为例），如图 6-71(a)是串联二极管结构，图 6-71(b)是另一种并联二极管结构。

从结构图看，这种移相器很像开关线移相器的结构。在并联二极管结构中，为了保证断开支路二

极管短路不影响导通支路，要将其接入点定在距分支点λ/4 长度的位置。经过对电路分析，在高通滤波器产生相位超前、低通滤波器产生相位滞后的情况之下，通常可令高、低通滤波器的串联电抗绝对值相等，并联电纳绝对值也相等。这样，高通滤波器的相位超前度数与低通滤波器的相位滞后度数相等。二者之和就是移相器网络的相移量。

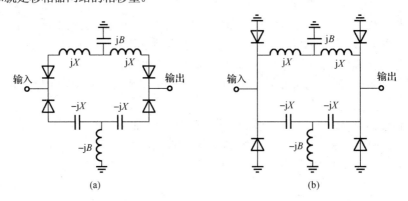

图 6-71 高通/低通滤波式移相器

对于该连接网络，可以使用[A]参量来分析高通/低通相移器网络。在网络高通状态下的[A]矩阵如下

$$[A]=\begin{bmatrix} 1 & -jX_n \\ 0 & 1 \end{bmatrix}\begin{bmatrix} 1 & 0 \\ -jB_n & 1 \end{bmatrix}\begin{bmatrix} 1 & -jX_n \\ 0 & 1 \end{bmatrix}$$
$$=\begin{bmatrix} 1-X_nB_n & j(-2X_n+X_n^2B_n) \\ -jB_n & 1-X_nB_n \end{bmatrix} \tag{6-112}$$

式中，X_n 与 B_n 分别代表归一化电抗与电纳的值，即 $X_n=\dfrac{X}{Z_0}$ 且 $B_n=\dfrac{B}{Y_0}$，而 Z_0 和 Y_0 是传输线的特征阻抗特征导纳。

同样，网络低通状态下的矩阵[A]如下：

$$[A]=\begin{bmatrix} 1 & jX_n \\ 0 & 1 \end{bmatrix}\begin{bmatrix} 1 & 0 \\ jB_n & 1 \end{bmatrix}\begin{bmatrix} 1 & jX_n \\ 0 & 1 \end{bmatrix}$$
$$=\begin{bmatrix} 1-X_nB_n & j(2X_n-X_n^2B_n) \\ -jB_n & 1-X_nB_n \end{bmatrix} \tag{6-113}$$

用归一化[A]矩阵的参数可以讲网络传输系数（S_{21} 和 S_{21}'）分别表示出来：

$$S_{21}=\frac{2}{2(1-X_nB_n)-j(B_n+2X_n-BX_n^2)} \tag{6-114}$$

$$S_{21}'=\frac{2}{2(1-X_nB_n)+j(B_n+2X_n-BX_n^2)} \tag{6-115}$$

S_{21} 和 S_{21}' 幅角之差就是网络的相移量 $\Delta\phi$：

$$\Delta\phi=\angle S_{21}-\angle S_{21}'=2\cot\frac{B_n-2X_n-BX_n^2}{2X_nB_n} \tag{6-116}$$

当电路在两种状态下均为匹配（输入端阻抗匹配）时，$|S_{11}|=0$ 且网络无损耗，由关系式 $|S_{21}|=\sqrt{1-|S_{11}|^2}$ 可以求出：

$$B_{n} = \frac{2X_{n}}{1 + X_{n}^{2}} \tag{6-117}$$

即

$$\frac{B}{Y_{0}} = \frac{2(X/Z_{0})}{(X/Z_{0})^{2} + 1} = \frac{2XZ_{0}}{X_{n}^{2} + Z_{0}^{2}} \tag{6-118}$$

此时，相移量可以简化为：

$$\Delta\phi = 2\cot\frac{2(X/Z_{0})}{(X/Z_{0})^{2} + 1} \tag{6-119}$$

在一个倍频程范围内，90°移相位的相位变化可控制在±2°以内。而对于小移相位，其频带宽度可以达到一个倍频程以上。若想增加带宽，可以通过改善高通低通网络的性能来实现。根据电路的分析，高通滤波器具有超前的相移，低通滤波器具有滞后的相移。一般情况下，令高、低通滤波器的串联电抗绝对值相等。并联电纳的绝对值也相等。此时高通滤波器的超前角和低通滤波器的滞后角相等，两者之和即为此移相器的相移。当频率增加时，高通滤波器的相位超前角减小，而低通滤波器的相位滞后角增大，两者正好相互补偿而使两个状态的相位差 $\Delta\phi$ 在比较宽的频带内保持相对恒定。在 90° 的移相位，几乎可在一个倍频程范围内，使 Δf 的变化不超过±2°。由于其电路结构类似于开关线移相器，如果电长度选择不合适，串联二极管结构同样可能引起谐振，在设计电路时应予以注意。

6.6.4　反射型移相器

反射型移相器的基本原理是在均匀传输线的终端接入电抗性负载，利用开关变换负载的阻抗特性，从而改变负载反射系数的相位，使入射波和反射波之间产生相位移。这种移相器的原理示意图如图 6-72 和图 6-73 所示。当终端元件反射系数从 $\Gamma_{1} = |\Gamma_{1}|\mathrm{e}^{\mathrm{j}\phi_{1}}$ 转换到 $\Gamma_{2} = |\Gamma_{2}|\mathrm{e}^{\mathrm{j}\phi_{2}}$ 时。反射信号相位移就是 $\Delta\phi = \phi_{1} - \phi_{2}$。$\Gamma_{1}^{2}$ 和 Γ_{2}^{2} 对应于反射功率，如果能保持 $|\Gamma_{1}| = |\Gamma_{2}| = 0$，则移相器插入损耗将为零。图中表明传输线终端有两类：第一类是采用电抗网络终端，当开关闭合、断开时，电抗网络的输入电抗发生变化，如图 6-72 所示，这是最常用的方式，称为开关电抗型。

电抗网络常使用微带网络，较低频率时也可用电感和电容。第二类是用单刀单掷开关，在其后附加一段终端短路传输线，如图 6-73 所示，它类似于开关线移相器，当开关断开时，信号通过传输线到短路点再反射回来，移相器的相位变化为短路传输线电长度的 2 倍，因此它比开关线移相器所需传输线要短一半。

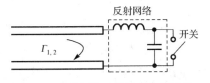
图 6-72　电抗网络反射式移相器原理

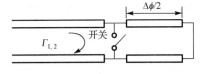
图 6-73　移相线段反射式移相器原理

在实际电路中，要求移相器为二端口网络，需要将输入信号和输出信号分隔开，常用环形器或定向耦合器作为变换元件实现信号分离。定向耦合器常用电路形式为分支线混合接头和耦合线耦合器（如兰格耦合器）。定向耦合器相对于环形器的不同点是：集成电路工艺容易实现，可以和电抗网络一次加工出来；需要用两个微波开关，虽然多用了器件，但是每只开关只承担一半功率，因而移相器的功率容量增加了一倍。

6.6.5 加载线式移相器

加载线式移相器又可称为累加式移相器、传输式移相器，它是针对开关线式移相器相位控制方式的缺陷而提出的另一种结构不同的移相器电路。它的设计构思就是用几个相移小的位或者说用几个小相移段来构成相移较大的位，从而使二极管无须像在开关线式移相电路中那样承受最大电压和最大电流，并且增大了电路的功率容量，减少损耗或反射。其电路结构为：一段传输线，它与若干个二极管电路相耦合，但仅仅受到其中每个二极管的微弱扰动。采用这种电路结构便能从每个二极管获得所需的小相移，而电路的复杂程度、损耗和反射都保持最小。

1. 加载线式移相器基本原理

图 6-74 为一微带加载线型移相器，在主传输线（特性导纳为 Y_{c0}）上接了一段"加有负载"的传输线（特性导纳为 Y_{c1}，电长度为 θ），所加负载由并联分支（特性导纳为 Y_{c2}，电长度为 θ'）接 PIN 管构成。如果忽略 PIN 管的损耗电阻，认为 PIN 管处在正、反向偏置两种状态都等效为纯电抗，则在主传输线上将引入不同的并联电纳 jB_1 和 jB_2，如图 6-74(b)所示。为了确定此移相器的相移和并联电纳所引起的失配，可把两种情况下移相器等效为不同电长度的传输线（特性导纳为 Y_c），如图 6-74(c)所示。

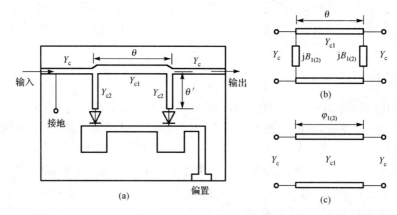

图 6-74 加载线移相器

图 6-74(c)对 Y_{c0} 的归一化转移矩阵为：

$$[a] = \begin{bmatrix} \cos\varphi_{1(2)} & j\sin\varphi_{1(2)} \\ j\sin\varphi_{1(2)} & \cos\varphi_{1(2)} \end{bmatrix} \tag{6-120}$$

图 6-74(b)中三个元件级联的转移矩阵为：

$$[A] = \begin{bmatrix} 1 & 0 \\ jB_{1(2)} & 1 \end{bmatrix} \begin{bmatrix} \cos\theta & j\dfrac{1}{Y_{c1}}\sin\theta \\ jY_{c1}\sin\theta & \cos\theta \end{bmatrix} \begin{bmatrix} 1 & 0 \\ jB_{1(2)} & 1 \end{bmatrix} \tag{6-121}$$

[A]对 Y_{c0} 归一化后为：

$$[a] = \begin{bmatrix} \cos\theta - \dfrac{B_{1(2)}}{Y_{c1}}\sin\theta & j\dfrac{1}{Y_{c1}}\sin\theta \cdot Y_{c0} \\ \dfrac{j\left(Y_{c1}\sin\theta + 2B_{1(2)}\cos\theta - \dfrac{B_{1(2)}^{\;2}}{Y_{c1}}\sin\theta\right)}{Y_{c0}} & \cos\theta - \dfrac{B_{1(2)}}{Y_{c1}}\sin\theta \end{bmatrix} \tag{6-122}$$

令图 6-74(b)和图 6-74(c)两电路对 Y_{c0} 的归一化转移矩阵相等，即式（6-120）和式（6-122）的矩阵元素相等，可得：

$$\begin{cases} \cos\varphi_{1(2)} = \cos\theta - \dfrac{B_{1(2)}}{Y_{c1}}\sin\theta \\[3mm] \sin\varphi_{1(2)} = \dfrac{1}{Y_{c1}}\sin\theta \cdot Y_{c0} \end{cases} \qquad (6\text{-}123)$$

于是可求得：

$$\varphi_{1(2)} = \arccos\left(\cos\theta - \frac{B_{1(2)}}{Y_{c1}}\sin\theta\right) \qquad (6\text{-}124)$$

若已知 Y_{c1}、θ 和 $B_{1(2)}$，相移量 $\Delta\varphi = \varphi_1 - \varphi_2$ 即可求出。也可以根据需要的 $\Delta\phi$ 合理选取 Y_{c1}、θ 和 $B_{1(2)}$，但它们的组合不能是任意的，还必须满足输入匹配的要求，应有：

$$S_{11} = \frac{(a_{11}+a_{12})-(a_{21}+a_{22})}{a_{11}+a_{12}+a_{21}+a_{22}} = 0 \qquad (6\text{-}125)$$

而对称网络 $a_{11} = a_{22}$，因此要求 $a_{12} = a_{21}$。于是由有关矩阵元素可得：

$$\frac{Y_{c1}\sin\theta + 2B_{1(2)}\cos\theta - \dfrac{B_{1(2)}^2}{Y_{c1}}\sin\theta}{Y_{c0}} = \frac{1}{Y_{c1}}\sin\theta \cdot Y_{c0} \qquad (6\text{-}126)$$

即：

$$B_{1(2)}^2 - 2Y_{c1}\cot\theta \cdot B_{1(2)} + Y_{c0}^2 - Y_{c1}^2 = 0 \qquad (6\text{-}127)$$

上式可解得：

$$\begin{cases} B_1 = Y_{c1}\cot\theta + \sqrt{Y_{c1}^2\csc^2\theta - Y_{c0}^2} \\[2mm] B_2 = Y_{c1}\cot\theta - \sqrt{Y_{c1}^2\csc^2\theta - Y_{c0}^2} \end{cases} \qquad (6\text{-}128)$$

可见为满足输入匹配的要求，式（6-124）中 Y_{c1}、θ 和 $B_{1(2)}$ 值不是独立的。将式（6-128）代入式（6-124）得到：

$$\varphi_1 = \arccos\left(-\sqrt{1 - \frac{Y_{c0}^2}{Y_{c1}^2}\sin^2\theta}\right) \qquad (6\text{-}129)$$

因此，根据式（6-129）可导出：

$$\tan\frac{\varphi_1}{2} = \frac{\sin\varphi_1}{1+\cos\varphi_1} = \frac{\dfrac{Y_{c0}}{Y_{c1}}\sin\theta}{1 - \sqrt{1 - \dfrac{Y_{c0}^2}{Y_{c1}^2}\sin^2\theta}} \qquad (6\text{-}130)$$

同理可导出 φ_2 和 $\tan(\varphi_2/2)$，于是有：

$$\tan\frac{\Delta\varphi}{2} = \tan\left(\frac{\varphi_1}{2} - \frac{\varphi_2}{2}\right) = \frac{\tan\dfrac{\varphi_1}{2} - \tan\dfrac{\varphi_2}{2}}{1 + \tan\dfrac{\varphi_1}{2}\cdot\tan\dfrac{\varphi_2}{2}} = \frac{\sqrt{1 - \dfrac{Y_{c0}^2}{Y_{c1}^2}\sin^2\theta}}{\dfrac{Y_{c0}}{Y_{c1}}\sin\theta} \qquad (6\text{-}131)$$

由此解出：

$$Y_{c1} = Y_{c0} \sec \frac{\Delta\varphi}{2} \sin\theta \qquad (6\text{-}132)$$

可见为实现所要求的相移量 $\Delta\varphi$，Y_{c1} 和 θ 之间满足一定的关系。将式（6-132）代入式（6-128）得：

$$\begin{cases} B_1 = Y_{c0}\left(\sec\dfrac{\Delta\varphi}{2}\cos\theta + \tan\dfrac{\Delta\varphi}{2}\right) \\[2mm] B_2 = Y_{c0}\left(\sec\dfrac{\Delta\varphi}{2}\cos\theta - \tan\dfrac{\Delta\varphi}{2}\right) \end{cases} \qquad (6\text{-}133)$$

由式（6-132）及式（6-96）可见，理论上可选择任何 θ 值，相应设计一定的 Y_{c1} 及 $jB_{1(2)}$，就可以使移相器实现所要求的 $\Delta\varphi$，并在中心频率具有理想匹配性能。该两式就是加载线型移相器的设计公式。

但是，虽然理论上可任选 θ 值，实际上却不一定正好在 PIN 管的正、反偏两个状态时能实现所要求的 $\Delta\varphi$。常用的是在中心频率上 $\theta = \pi/2$ 的情况，其主要优点之一是实际电路易于实现。

此时有：

$$Y_{c1} = Y_{c0} \sec \frac{\Delta\varphi}{2} \qquad (6\text{-}134)$$

$$B_1 = Y_{c0} \tan \frac{\Delta\varphi}{2} \qquad (6\text{-}135)$$

$$B_2 = -Y_{c0} \tan \frac{\Delta\varphi}{2} \qquad (6\text{-}136)$$

可见要求 $B_1 = -B_2$。

在图 6-74 中采用 1/8 波长的并联分支线（即取 $\theta' = 45°$），设 PIN 管理想开路为第一控制状态，则等效到主传输线的并联导纳（即支线输入导纳）为：

$$jB_1 = jY_{c2} \tan 45° = jY_{c2} \qquad (6\text{-}137)$$

令 PIN 管理想短路为第二控制状态，则等效到主传输线的并联导纳（即支线输入导纳）为：

$$jB_2 = -jY_{c2} \cot 45° = -jY_{c2} \qquad (6\text{-}138)$$

可见这种控制方式即满足 $B_1 = -B_2$。并且有 $Y_{c2} = B_1 = Y_{c0}\tan(\Delta\varphi/2)$，当 $\Delta\varphi < 180°$ 时，Y_{c2} 为正值，以上设计是可实现的。

这种移相器由于 θ 和 $jB_{1(2)}$ 都会随着频率变化，从而使相移量和驻波比随频率变化，因此对于规定的移相精度和输入驻波比，移相器有一定的工作带宽。图 6-75 表示了对不同 θ 算得的移相器相对带宽，由图可见对于 22.5° 移相器，当选择 $\theta = \pi/2$ 时，相对带宽为 43%，而对于 45° 移相器，相对带宽下降许多。可以预计，此种形式的 90° 移相器相对带宽将更窄，因此需把两个 45° 移相器级联起来实现 90° 移相，如图 6-76 所示，中间的两个并联支线可合并为一个。当相移量更大时，电路很不紧凑，要多用管子，故一般此种类型移相器不适用于大相移量。

当然，实际 PIN 管并非理想开关，因此仔细设计时应根据 PIN 管的正、反偏等效电路来进行计算。当考虑封装参数时，类似于设计一谐振式开关。

2. 加载电路结构

对于加载线式移相器电路而言，实现相移要求的加载电路结构形式有很多，而根据控制器件 PIN 二极管安装位置的不同，主要有三种加载类型。

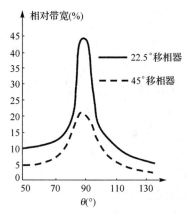

图 6-75　移相器相对带宽与 θ 的关系

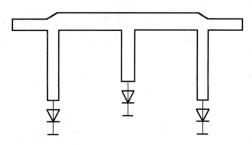

图 6-76　加载线 90° 移相器

（1）主线安装器件式电路

原理最简单的实现方式即是将 PIN 二极管直接并联安装于主传输线上，如图 6-77 所示。但是这种电路结构并不适宜，因为用给定的一组 PIN 二极管等效电路参数来设计不同移相所需的 B_1 和 B_2 值时，此种电路结构是很难满足式（6-137）和式（6-138）所示的关系要求。为了能够调整 B_1 和 B_2，以实现不同的相移，需要添加一个集中参数电抗元件与二极管串联。

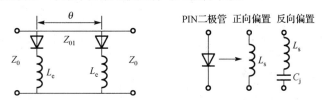

图 6-77　主线安装器件式加载线式移相器电路

此时，L_s 为二极管的引线电感，C_j 为二极管反向偏置时的总电容，L_e 则为与二极管串联外接电感，式子可以重新写成 $B_1 = \omega C_j / (1 - \omega^2 L C_j)$ 和 $B_2 = (-1 / \omega L)$，其中 $L = L_s + L_e$，而 ω 为角频率。可以推出如下所示的关系：

$$Y_0 = \frac{\omega C_j \sin(\Delta\phi)}{\sin^2(\Delta\phi / 2) - \cos^2\theta} \tag{6-139}$$

对于给定的相移值 $\Delta\phi$ 和具体的 PIN 二极管参数 (L_s, C_j)，可以通过上面几个式子来计算 L_e 的值。

图 6-78 所示，当相移度分别为 22.5° 和 45° 时，在不同的 θ 取值下，Z_{01} 随 C_j 的变化曲线。当 C_j 取值较大时，传输线阻抗 Z_{01} 远小于 50。随 C_j 值的减小，Z_{01} 值不断增大。如果由式（6-134）求得的 Z_{01} 值与期望的输入输出阻抗有较大的差别时，则需在两个端口处添加 1/4 波长的阻抗变换器。

（2）支线安装器件式电路

在图 6-79 所示的电路结构中，PIN 二极管安装在两个特性阻抗为 Z_{02} 的并联支线的末端，这两个电长度为 θ' 的并联支线被一段电长度为 θ 的主传输线隔开。根据二极管参数和 B_1，可如下面过程所述，推导出 $Z_{02} = 1 / Y_{02}$ 和 θ' 的表达式。电长度为 θ' 的支线末端连接一个阻值为 Z_D 的负载，则其并联在主传输线的导纳值为

$$Y_1 = \frac{Z_{02} + jZ_D \tan\theta'}{Z_{02}(Z_D + jZ_{02} \tan\theta')} = G_1 + jB_1 \tag{6-140}$$

其中 $Z_D = R_D + jX_D$。如果 G_1 约为 0，此设计过程可以得到简化。对于低损耗二极管即 $R_D \approx 0$，简化

过程就确实可行。此时，上式可以简化为

$$jB_1 = \frac{X_D \tan\theta' - jZ_{02}}{Z_{02}(X_D + Z_{02}\tan\theta')} \qquad (6\text{-}141)$$

负载电抗由 PIN 二极管参数确定（正向偏置时，$X_{D1} = X_F$；反向偏置时，$X_{D2} = X_R$。当确定二极管的两个偏置状态后，就可以根据上式求得 θ' 和 Z_{02} 的值，如下所示：

$$\tan\theta' = \frac{Z_{02}(1 + X_F B_1)}{X_F - B_1 Z_{02}^2} = \frac{Z_{02}(1 + X_R B_2)}{X_R - B_2 Z_{02}^2} jB_1 = \frac{X_D \tan\theta' - jZ_{02}}{Z_{02}(X_D + Z_{02}\tan\theta')} \qquad (6\text{-}142)$$

$$Z_{02} = \left[\frac{X_1 - X_R - X_F X_R (B_1 - B_2)}{B_1 - B_2 - B_1 B_2 (X_F - X_R)} \right]^{\frac{1}{2}} jB_1 = \frac{X_D \tan\theta' - jX_{02}}{Z_{02}(X_D + Z_{02}\tan\theta')} \qquad (6\text{-}143)$$

当要求两个偏置状态下的电压驻波比相等时，则需取 $B_1 = -B_2 = B$。由此可见，利用上面两个式子可以计算出并联支线的电长度和特性阻抗。

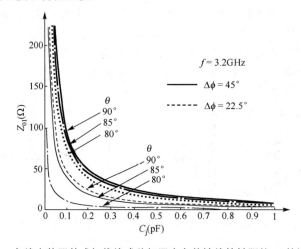

图 6-78   主线安装器件式加载线式移相器中主传输线特性阻抗 Z_0 的设计曲线

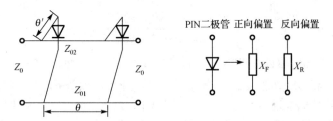

图 6-79   支线安装器件式加载线式移相器电路

从图 6-80 可以看出，在不同的 θ 和 X_F 取值下，并联支线的电长度 θ' 随 X_R 的变化曲线。可以看出，相移度分别为 22.5° 和 45° 时，并联支线的电长度相差很小。

在不同的 θ' 和 X_F 取值下，Z_{02}/Z_0 的比值随 X_R 的变化曲线如图 6-81 所示，可以看出，实现 22.5° 相移所需的并联支线特性阻抗远大于实现 45° 的。

（3）变化分支长度型电路

如图 6-82 所示，这种电路结构是支线安装器件式电路的进一步扩展，它具有更大的灵活性、实用性。从图中可见，PIN 二极管跨接安装于两个并联支线上，而这两个并联支线之间的间距为 1/4 波长，

即 $\theta = 90°$ 为。若 Y_F 为 PIN 二极管正向偏置导纳，Y_R 为反向偏置导纳，则二极管所在平面处的导纳值可由下面两式确定：

$$Y_F'' = Y_F - jY_{02}\cot\theta_{S2} \quad (\text{在正向偏置时}) \tag{6-144}$$

$$Y_R'' = Y_R - jY_{02}\cot\theta_{S2} \quad (\text{在反向偏置时}) \tag{6-145}$$

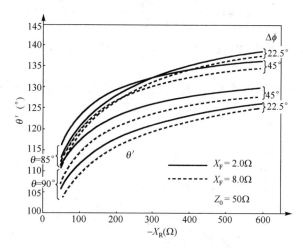

图 6-80　支线安装器件式加载线式移相器中支线长度 θ' 的设计曲线

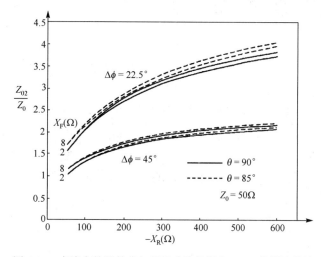

图 6-81　支线安装器件式加载线式移相器中 Z_{02}/Z_0 的设计曲线

根据并联支线和二极管的导纳，可以求出并联在主传输线上的电纳值，即为

$$jB_F' = \frac{Y_{02}(Y_F'' + jY_{02}\tan\theta_{S1})}{Y_{02} + jY_F\tan\theta_{S1}} \tag{6-146}$$

$$jB_R' = \frac{Y_{02}(Y_R'' + jY_{02}\tan\theta_{S1})}{Y_{02} + jY_R\tan\theta_{S1}} \tag{6-147}$$

当 $\theta = \pi/2$ 时，有前面公式可以知道这些电纳值与 $\Delta\phi$ 和 Y_{01} 有关。在上面两个式子里，分别将 $B_F' = -B$ 和 $B_R' = B$（为了使两个偏置状态下的电压驻波比相同）代入，并假

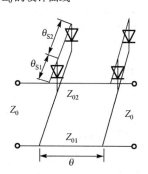

图 6-82　变化分支长度式加载线式移相器电路

定 PIN 二极管为无损二极管，即有 $Y_F = jB_F$ 和 $Y_R = jB_R$，则可求解出 Y_{02} 和 θ_{S2}

$$Y_{02} = \left[\frac{B^2 t^2 (B_F - B_R)}{2B + B_F - B_R + 2Bt^2}\right]^{\frac{1}{2}} \tag{6-148}$$

$$\theta_{S2} = \cot\left[\frac{Y_{02}(Y_{02} + Bt)}{Y_{02}^2 t + Y_{02} B_R + BB_R t - BY_{02}}\right] \tag{6-149}$$

其中 $t = \tan\theta_{S1}$，对于给定的 t 和 θ_{S1} 值，可以计算出现要求相移时所需要的 Y_{02} 和 θ_{S2} 值。此处 $B_F = -1/X_F$ 及 $B_R = -1/X_R$。

在不同的 X_F、θ_{S1} 值及相移要求下，PIN 二极管后侧部分的支线电长度 θ_{S2} 随 X_R 的变化曲线如图 6-83 所示，小于 $\lambda/4$ 电长度的 θ_{S2} 随 $|X_R|$ 的增大而递增。

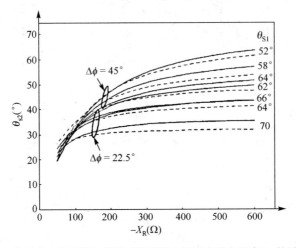

图 6-83　变化分支长度型加载线式移相器中间隔支线电长度 θ_{S2} 的设计曲线

图 6-84 展示了实现 22.5° 和 45° 相移时，在不同的 X_F 和 θ_{S1} 取值下，Z_{02}/Z_0 的值随 X_R 的变化曲线。当 $X_F = 2\Omega$ 时，Z_{02}/Z_0 值几乎独立于 X_R。而 Z_{02}/Z_0 值随 θ_{S1} 的增加而减小。当 $X_R = 8\Omega$ 时，Z_{02}/Z_0 的值随 $|X_R|$ 的递增而减小，而当 $X_R \geqslant 200\Omega$ 时独立于 X_R。需要说明的一点是，在以上所提及的设计公式中，θ 的值都取为 $\lambda/2$。

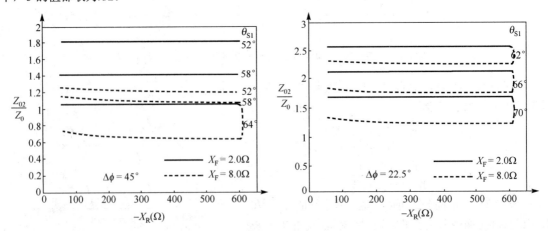

图 6-84　变化分支长度型加载线式移相器中的 Z_{02}/Z_0 设计曲线

3. 主传输线的电长度 θ 取值

通过分析可知，被加载的主传输线电长度 θ 的选择不是任意的，它的取值依赖于所选的加载模式，也就是加载导纳 Y_1 和 Y_2 的相关值。这些关系可以通过移相器的矢量表示法来阐明。

从网络矩阵出发，由上面给出的电路可知，$[A]$ 矩阵为

$$[A] = \begin{bmatrix} A & B \\ C & D \end{bmatrix} = \begin{bmatrix} 1 & 0 \\ G_1 + jB_1 & 1 \end{bmatrix} \begin{bmatrix} \cos\theta & jZ_{01}\sin\theta \\ jY_{01}\sin\theta & \cos\theta \end{bmatrix} \begin{bmatrix} 1 & 0 \\ G_1 + jB_1 & 1 \end{bmatrix} \tag{6-150}$$

此处 G_1 是其中加载元件 Y_i 的电导。它会导致欧姆损耗，而当使用低损耗的开关器件时，这个损耗值就会很小。在进行设计分析时，一般认为是低损耗加载，假定 G_1 等于 0，则可得到较理想的近似解。由上式可求得矩阵 $[A]$ 各元素为

$$A = D = (\cos\theta - B_1 Z_{01}\sin\theta) + jG_1 Z_{01}\sin\theta \tag{6-151}$$

$$B = jZ_{01}\sin\theta \tag{6-152}$$

$$C = 2G_1(\cos\theta - B_1 Z_{01}\sin\theta) + jZ_C[2B_1 Y_{01}\cos\theta + (Y_{01}^2 + C_1^2 - B_1^2)\sin\theta] \tag{6-153}$$

对于互易、对称的两端口网络，由 $[A]$ 矩阵向散射矩阵的转换可以表示为：

$$S_{11} = S_{22} = \frac{BY_0 - CZ_0}{2A + BY_0 + CZ_0} \tag{6-154}$$

$$S_{21} = S_{12} = \frac{2}{2A + BY_0 + CZ_0} \tag{6-155}$$

其中 $Z_0 = 1/Y_0$，是是与移相器相连接的传输线特性阻抗。

当加载元件由 Y_1 转化为 Y_2、或无损条件下由 jB_1 转化为 jB_1，S_{21} 的复角 ϕ 的变化即为所要求的相移 $\Delta\phi$。相移 $\Delta\phi$ 的明确仍不足以确定其他电路参数，还需要一些额外的约束条件。一个常规约束条件就是输入匹配，其目的就是通过输入匹配水消除从输入端到移相器的反射波，从而可减少反射损耗，避免产生由于移相位级联处反射波的相互影响而造成的相移误差。在假定无损的情况下，两端口网络的散射矩阵具有 $|S_{11}|^2 + |S_{21}|^2 = 1$ 的性质。因此，当输入反射系数 S_{11} 趋于零时，移相器的传输因子 S_{21} 接近于单位 1。

在上面式子里，用 $S_{11} = 0$ 来表示输入匹配的条件，则可得

$$BY_0 = CZ_0 \tag{6-156}$$

将这个式子代入上式，传输矩阵元素 S_{21} 将表示为

$$S_{21} = \frac{1}{A + BY_0} \tag{6-157}$$

在假定无损耗的情况下 $G_1 = 0$，此时可以得到

$$S_{21} = \frac{1}{(\cos\theta - B_1 Z_{01}\sin\theta) + jZ_{01}Y_0\sin\theta} \tag{6-158}$$

在输入匹配，无损耗的情况下，S_{21} 的幅度值为 1，由此可以计算出

$$\cos\phi = \cos\theta - B_1 Z_{01}\sin\theta \tag{6-159}$$

$$\sin\phi = -Z_{01}Y_0\sin\theta \tag{6-160}$$

其中 ϕ 是 S_{21} 的相角。由上式可以看出，当加载导纳转换时，$\sin\phi$ 值保持为常数，而 $\cos\phi$ 值在两个加

载导纳状态下具有两个值。由图 6-85 表示出满足上述条件的单位矢量 S_{21}，其中 OC 表示 $\sin\phi$，而 CA、CB 分别对应 $\cos\phi$ 的两个值。因主传输线的几何长度而产生的相位延迟在图中以合成 θ 角的虚线 OD 表示，加载 B_1 或 B_1 使得 OD 这一矢量分别旋转到 OA 或 OB 这两个位置之一。即通过传输线加载，使得相位在关于约 90° 对称的两个相角间转换，增量为 $\pm\Delta\phi/2$。将 $\phi=(90°\pm\Delta\phi/2)$ 代入推导出的式子中，得到

$$Z_{01}=Z_0\frac{\cos(\Delta\phi/2)}{\sin\theta} \tag{6-161}$$

$$\frac{B_1}{Y_0}=\frac{\cos\theta}{\cos(\Delta\phi/2)}\pm\tan(\Delta\phi/2) \quad (i=1,2) \tag{6-162}$$

式（6-161）和式（6-162）是相移为 $\Delta\phi$、无损加载线式移相器的设计公式，但其中 θ 尚未确定。这些关系式符合由等效传输线模式所推导出的相应表达式。在当前的假定条件下，无论电长度 θ 为何值，插入损耗均为零。

OPP 和 Hoffman 曾对加载线式移相器的加载模式进行了定义。与图 6-85(a) 相对应的第一类加载，其 B_1 两个值和相应的相位位置是非零的，也是不等的。第二类加载，其中一个 B_1 值等于零。当 $B_1=0$ 时，S_{21} 的相角为 $\phi_1=\theta$，如图 6-85(b) 所示，然后由 B_2 加载则得到所需相移。这种加载模式可称为加载-未加载模式，因为它在主传输线上概念性的应用了加载元件，实际上是移去加载线。当使用真正的半导体开关器件时，由于开关断开状态时的器件电容，使得加载元件不能完全地被去除。此时，可以对器件电容采取引入补偿的措施。OPP 和 Hoffman 所提出的第三类加载是指 $B_1=-B_2$ 这种情况。一般情况下，加载值是在两个复共轭的值之间转换的。在式（6-162）的条件下，主传输线的电长度需要为 $\theta=90°$，而加载会使相位在与这个值相差 $\pm\Delta\phi/2$ 的两个角度间转换，如图 6-85(c) 所示。

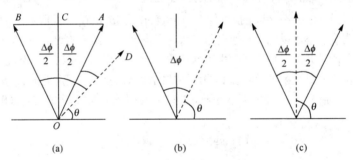

图 6-85　电长度为 θ 的加载线式移相器的矢量图

在采用第三种加载模式的情况下，两个无损耗的加载电纳所引起的反射会在输入端相互抵消，从而获得良好输入匹配，此时有

$$B_1=Y_0\tan\frac{\Delta\phi}{2} \tag{6-163}$$

$$B_1=-Y_0\tan\frac{\Delta\phi}{2} \tag{6-164}$$

$$Y_{01}=Y_0\sec\frac{\Delta\phi}{2} \tag{6-165}$$

当然，在实际电路设计过程中，考虑到其他电路性能，主传输线电长度日，除取值 90° 外，还可能选取 90° 为最适宜。基于无损的二极管模型，Garver 提出 $\theta=90°$ 可获得最大的带宽，而 Opp、Hoffman 和 Yahara 等人在基于有损 PIN 二极管的基础上发现，当 θ 取 75° 时可得到较小的相移误差、驻波比及

损耗。故在实际设计中，对于这些性能参数和带宽，我们必须进行折衷考虑，根据自身设计的需要确定最初取值，并借助计算机辅助设计（CAD）技术对其进行仿真优化。

4. 加载线型移相器软件设计

本小节内容主要是利用软件，实现对加载线型移相器的设计，具体指标要求为：

（1）基片选用参数：相对介电常数 $\varepsilon_r = 2.54$，基片高度 $H = 0.8$mm，金属微带厚度 $T = 0.020$mm

（2）选用某型号 PIN 管，在 $Z_0 = 50\Omega$ 时测得

正向偏置时 PIN 管阻抗：$Z_{D+} = 0.42 - j4.1\Omega$

反向偏置时 PIN 管阻抗：$Z_{D-} = 1.1 - j18.2\Omega$

（3）要求设计 45° 移相器，并在频率范围为 2.4GHz～2.5GHz，实现驻波比小于 1.2。

根据要求：在中心频率 2450MHz 处，正、反向偏置时的 S_{21} 参数相位差为 45°，可以采用负载线型移相器来加以实现，使用软件 Microwave Office 软件来进行建模仿真。

建立的正向偏置电路如图 6-86 所示。

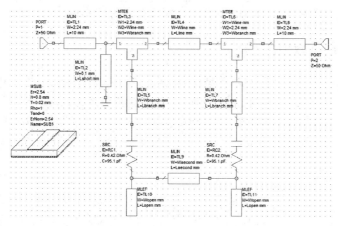

图 6-86　负载线型移相器正向偏压仿真模型

反向偏置电路如图 6-87 所示，经过调谐优化设计，可以得到最后端口输出相位和输入相位差的曲线如图 6-88 所示，可以看出，在较宽频带内都获得了良好的相位差关系，基本上在 45° 附近变化，可见实现的 45° 移相器工作频带比较宽。

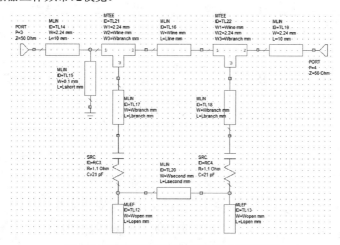

图 6-87　负载线型移相器反向偏压仿真模型

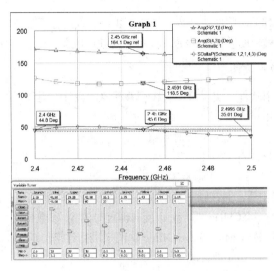

图 6-88　输出端口和输入端口相位差曲线

6.6.6　定向耦合器型移相器

图 6-89 是定向耦合器型移相器的微带型实际电路，图 6-89(b)是其原理图。图中定向耦合器的 1、2 端口原为隔离臂，但当 3、4 端口接 PIN 管而形成相同的反射系数 Γ 时，反射功率在 1 端口相消，而在 2 端口叠加输出。这种移相器也称为反射型、混合型移相器。如同前节中分析 3dB 电桥（定向耦合器）衰减器时一样，把整个移相器作为从 1 端口到 2 端口的一个二端口网络，其散射矩阵为 $[S']$，则有：

$$S'_{11} = 0 \tag{6-166}$$

$$S'_{21} = j\Gamma = j|\Gamma|\exp(j\varphi) \tag{6-167}$$

现在要构成微波移相器，则应使 PIN 管在正、反向偏置两个状态时 $|\Gamma|$ 相同而 φ 不同。

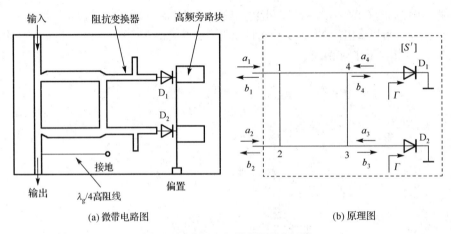

(a) 微带电路图　　　　　　　　　　　　　　　(b) 原理图

图 6-89　3dB 定向耦合器型移相器

当 PIN 管理想开路时，以 Γ_1 表示此时 3、4 端口的反射系数，则 $\Gamma_1 = +1$，$\varphi_1 = 0°$；当 PIN 管理想短路时，以 Γ_2 表示此时 3、4 端口的反射系数，则 $\Gamma_2 = -1$，$\varphi_1 = 180°$。根据相移的定义，可知此时对应 PIN 管开、短路两种状态，图 6-89 电路构成 0°/180° 移相器。

实际上 PIN 管并非理想开关，而在正、反偏时的电抗值又不相等，就不能提供上述理想结果；此外，还希望这种 3dB 定向耦合器型移相器能提供其他相移量。因此实际电路在 PIN 管与电桥 3、4 端口之间加一阻抗变换网络，图 6-89 只是其中一种形式。假设通过变换网络后，在电桥 3、4 端口呈现的归一化电纳为 $jb_{1(2)}$，则相应的反射系数 Γ 为：

$$\Gamma_{1(2)} = \left|\Gamma_{1(2)}\right|\exp(j\varphi_{1(2)}) = \frac{1 - jb_{1(2)}}{1 + jb_{1(2)}} = \frac{1 - b_{1(2)}{}^2 - 2jb_{1(2)}}{1 + b_{1(2)}{}^2} \tag{6-168}$$

由上式得：

$$\varphi_{1(2)} = \arctan\frac{2b_{1(2)}}{b_{1(2)}{}^2 - 1} \tag{6-169}$$

据此式即可求得移相器相移量 $\Delta\varphi$。为得出 $\Delta\varphi$ 与 $b_{1(2)}$ 的直接关系，令 $b_{1(2)} = \tan\alpha_{1(2)}$ 可将式（6-169）写成：

$$\tan\varphi_{1(2)} = \frac{2b_{1(2)}}{b_{1(2)}{}^2 - 1} = \frac{2\tan\alpha_{1(2)}}{\tan^2\alpha_{1(2)} - 1} = -\tan 2\alpha_{1(2)} \tag{6-170}$$

于是有：

$$\varphi_{1(2)} = \pi - 2\alpha_{1(2)} = \pi - 2\arctan b_{1(2)} \tag{6-171}$$

$$\Delta\varphi = \varphi_1 - \varphi_2 = 2(\arctan b_1 - \arctan b_2) = 2(\alpha_1 - \alpha_2) \tag{6-172}$$

$$\tan\frac{\Delta\varphi}{2} = \tan(\alpha_1 - \alpha_2) = \frac{\tan\alpha_1 - \tan\alpha_2}{1 + \tan\alpha_1 \cdot \tan\alpha_2} = \frac{b_1 - b_2}{1 + b_1 \cdot b_2} \tag{6-173}$$

最终得到：

$$\Delta\varphi = 2\arctan\frac{b_1 - b_2}{1 + b_1 \cdot b_2} \tag{6-174}$$

这样，当 $\Delta\varphi$ 为 45°、90° 和 180° 时，要求 $b_{1(2)}$ 必须分别满足下列关系式：

$$\frac{b_1 - b_2}{1 + b_1 \cdot b_2} = 0.414 \tag{6-175}$$

$$\frac{b_1 - b_2}{1 + b_1 \cdot b_2} = 1 \tag{6-176}$$

$$b_1 \cdot b_2 = -1 \tag{6-177}$$

以上对 $b_{1(2)}$ 的要求由变换网络实现。

以上分析是在理想情况下进行的。实际上 PIN 管的等效电抗、变换网络及 3dB 电桥的频率特性都将影响移相器的工作频带。而且由于实际元件及电路的非理想，还将导致两种状态插损不一致。

下面给出一组分支线定向耦合器设计的仿真结果

要求设计 180° 移相器，其指标如下：

● 频率范围：4.4GHz～5.0GHz。

● 驻波比：<1.2。

● 要求：中心频率处，正、反向偏置时的 S_{21} 参数相位差为 180°。

利用商业软件（MWO）建立的分支线定向耦合器电路连接图如图 6-90 所示。

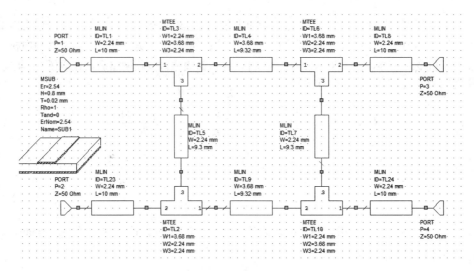

图 6-90　分支线定向耦合器电路连接图

通过仿真优化，可以得到在要求的频段内定向耦合器电路的特性，其 1、2 端口隔离和 1 端口反射如图 6-91 所示，1 端口到 3、4 端口的传输特性如图 6-92 所示。

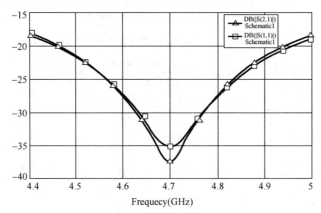

图 6-91　1、2 端口隔离和 1 端口反射特性

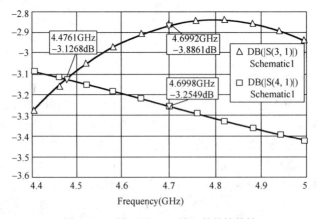

图 6-92　1 端口到 3、4 端口的传输特性

图 6-93 给出了 3、4 端口所接的二极管为开路和短路时的仿真模型。

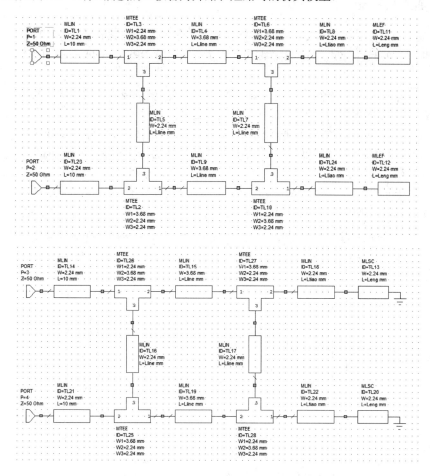

图 6-93　3、4 端口开路和短路连接仿真模型

反射回来的信号从 2 端口输出，从图 6-94 可以看出，由于二极管处于不同的切换状态，导致 2 端口的输出相位差在 4.7GHz 中心频率时为 180°，频率发生偏移后可以看出相位也变化的比较剧烈，说明这种结构的移相器其工作频带比较窄。

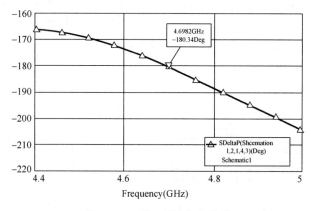

图 6-94　2 端口输出相位特性

6.6.7 平衡式移相器

前述加载线型移相器和 3dB 定向耦合器型移相器在两个状态时的插损是不同的，因此移相器的输出信号将产生附加的幅度调制。而在相移键控通信系统中用的 BPSK、QPSK 调相器都要求寄生调幅尽可能小。

为克服这一点，可以采用平衡式调相器，利用路径长度完全相等的两条通道，理论上不产生寄生调幅，而且信号输入端口和输出端口之间有很高的隔离度。

图 6-95 表示一个 11GHz 的平衡式移相器，用于二相相移键控，故称为 0°/180° 调相器。其电路为微带线和槽线组成的双面微波集成电路结构。图中实线是微带线，由 A 端输入载频信号，由 B 端输出调相波；虚线表示在介质基片另一面的槽线，在结点 J_1 处，槽线分成两路，并将梁式引线 PIN 管 D_1 和 D_2 反极性分别并联于两路槽线。槽线经过 1/4 波长（中心频率时 $\theta_3 = \pi/2$）后，在结点 J_2 处，两路并接，内虚线中间围的区域为槽线的一个导体层（用 M 层表示），外虚线外部的区域为槽线的另一个导体层（接地）。调制脉冲通过直接焊接在 M 层的金线加到槽线上，使 D_1 为正偏时，D_2 为反偏，或反之。

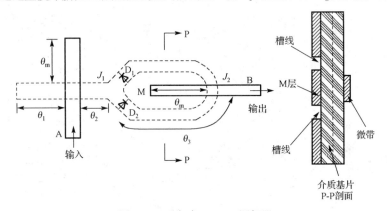

图 6-95　平衡式 0°/180° 调相器

（中心频率时 $\theta_m = \theta_1 = \theta_3 = 90°$）

当载频信号从 A 端输入到微带和槽线耦合处，因终端开路的 1/4 波长微带线（中心频率时 $\theta_m = \pi/2$）在此短路，因此磁耦合最强。图 6-96 箭头表示载频信号从 A 输入后，经过"微带-槽线转换"而耦合到槽线，当调制脉冲为正脉冲时 D_1 短路、D_2 开路，电场沿槽线下面一路传播，如图 6-96(a)所示；当调制脉冲为负脉冲时 D_1 开路、D_2 短路，电场沿槽线上面一路传播，如图 6-96(b)所示。可以看到，在两种状态时结点 J_2 处电场矢量相反，于是起到了 0°/180° 调相的作用。而两种相位状态时信号传播路径完全相同，理论上两次插损相等，输出信号应该无寄生调幅。当然要求 PIN 管 D_1 和 D_2 特性相同，两路槽线长度相等。

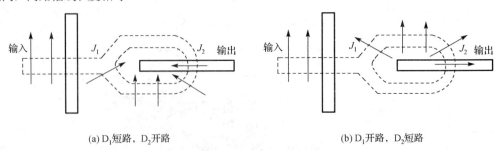

(a) D_1 短路，D_2 开路　　　　　　　　　　(b) D_1 开路，D_2 短路

图 6-96　平衡式调相器原理

上述平衡式调相器的等效电路示于图 6-97，并可分解为 4 个部分。图中微带线特性阻抗为 Z_{cm}，槽线特性阻抗为 Z_{cs}，有关电角度在图中标出。第一和第四部分表示微带-槽线耦合，等效为 1/4 波长终端开路微带线和理想变压器串联；第二部分表示信号通过一段槽线（电角度为 θ_2），在其输入端还并联了一段 1/4 波长终端短路的槽线（电角度为 θ_1）；第三部分代表从结点 J_1 到结点 J_2，先由不平衡输入变换为平衡的输出，相位关系用变压器同名端极性表示，经 θ_3 后电路最终为并联输出，因此从等效电路来看，这是一种串-并联联接的单平衡电路。根据网络级联理论可求得各部分的转移矩阵 $[A_1]$、$[A_2]$、$[A_3]$ 和 $[A_4]$，并求得调相器总的级联矩阵为：

$$[A] = [A_1][A_2][A_3][A_4] = \begin{bmatrix} A_{11} & A_{12} \\ A_{21} & A_{22} \end{bmatrix} \tag{6-178}$$

对输入端和输出端微带线特性阻抗归一化可得：

$$[a] = \begin{bmatrix} A_{11} & \dfrac{A_{12}}{Z_{cm}} \\ A_{21} \cdot Z_{cm} & A_{22} \end{bmatrix} \tag{6-179}$$

然后根据归一化转移矩阵与散射矩阵的转换关系，即可求得调相器输入驻波比、相移和插损等特性参量。具体分析过程这里不再详述，仅给出分析结果及结论。

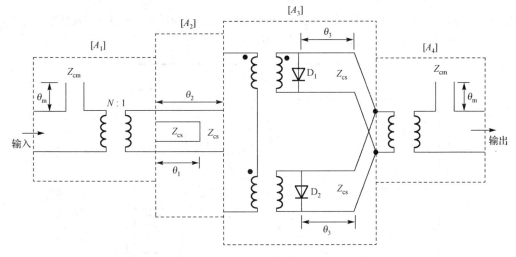

图 6-97　微带-槽线双面结构的平衡式调相器等效电路

在不考虑梁式引线二极管封装参数的影响情况下，对应两只 PIN 管的两组控制状态（一状态为 D_1 正偏、D_2 反偏，二状态为 D_1 反偏、D_2 正偏）有：

$$[A]_2 = -[A]_1 \tag{6-180}$$

$$S_{11-2} = S_{11-1} \tag{6-181}$$

$$S_{21-2} = -S_{21-1} \tag{6-182}$$

因此，输入驻波比、相移和插损分别为：

$$s_1 = s_2 = \frac{1 + \left| S_{11-1(2)} \right|}{1 - \left| S_{11-1(2)} \right|} \tag{6-183}$$

$$\Delta\varphi = \varphi_1 - \varphi_2 = \arg(S_{21-1}) - \arg(S_{21-2}) = \pi \tag{6-184}$$

$$L_1 = L_2 = 20\lg\frac{1}{\left|S_{21-1(2)}\right|} \tag{6-185}$$

可见平衡式调相器能获得 0°/180° 相移，而在两种相位状态下，通道的插损和输入驻波比在理论上完全相等。除能抑制寄生调幅、输入载频和输出调相波互相隔离外，这种移相器由于采用槽线，其脉冲调制信号的加入方式很简单，仅需一根金属引线。无须其他偏置电路和隔直电容。只要有合适的器件，这种电路结构可工作到毫米波段。

6.6.8 四位移相器

如前所述，四位移相器是相控阵雷达等的常用重要部件。它包括 4 个移相器，相位状态为 0°/22.5°、0°/45°、0°/90° 和 0°/180°，这 4 个移相器可采用同一类型的移相器电路，也可以采用不同类型的移相器电路。后者可以发挥各自的优点，比较流行。

图 6-98 是一种四位移相器的微带电路结构。它是由两种不同类型的移相器组成的，其中小相移位（0°/22.5° 和 0°/45°）采用加载线型移相器，而大相移位（0°/180°）采用定向耦合器型移相器，0°/90° 相移位由两级 0°/45° 移相器级联而成。PIN 管采用管芯，它的一端通过一低阻的 1/4 波长开路线在高频上接地。偏压线即从此低阻线引出，而在微带线上再通过一条 1/4 波长高阻线打孔接地，作为 PIN 管公共的直流接地点，这样四位移相器的各移相位的偏压就互相隔开，不必另外加隔直流装置。

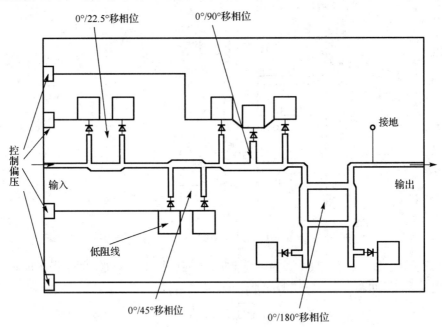

图 6-98　由负载线型和反射型移相器组成的四位移相器

习　题　6

6-1　已知 PIN 管参数为：$C_{j0} = 0.3\text{pF}$，$C_p = 0.1\text{pF}$，$R_f = R_s = 1\Omega$，$L_s = 1.1\text{nH}$，传输线特性阻抗 $Z_c = 50\Omega$。求单管并联型开关在工作频率为 1GHz 和 2GHz 时的插损和隔离度。

6-2 题 6-2 用图是串联型开关的传输状态等效电路，设 $L = 0.5\text{nH}$ ， $R_\text{f} = 1\Omega$ ， $Z_\text{c} = 50\Omega$ ，工作频率为 1.5GHz，试求此开关电路的插损。当 $L = 0$ 时插损又为多少？

6-3 题 6-3 用图是两级串联开关的原理电路，试求：

（1）试推导此开关电路的损耗计算式；

（2）在 $\theta = 90°$ 条件下推导此电路的隔离度表达式。由此证明它是两个单管串联开关隔离度之和再加上 6dB。

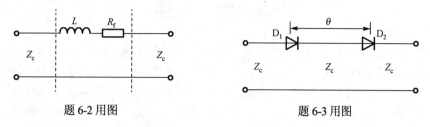

题 6-2 用图   题 6-3 用图

6-4 推导串联型开关的功率容量表达式。

6-5 简要比较 3dB 定向耦合器型电调衰减器和 3dB 定向耦合器型移相器两种电路的基本工作原理、各元件作用及应提供二极管的偏置条件。

第 7 章　微波集成电路

7.1　概　　述

近十几年来随着机载雷达、地空导弹系统、相控阵雷达以及宇航和卫星通信等的发展，迫切需要微波集成电路，以减小整机的体积和重量，提高可靠性及改善频带等性能，这就促进了借助于光刻或印刷技术而制成平面微波电路的发展。与此同时，随着半导体理论与工艺的发展，陆续研制成许多微波半导体有源器件，它们体积小、寿命长、可靠性高、噪声低、功耗小，且工作频率和功率不断提高，从而使微波集成电路得到了进一步发展。

从微波电路的演变可以看到微波电路的发展历程。

（1）第一代微波电路始于 20 世纪 40 年代应用的立体微波电路，它由波导传输线、波导元件、谐振腔和微波电子管组成。

（2）随着微波固态器件的发展及分布型传输线的出现，20 世纪 60 年代初期出现了平面微波电路，它由微带线、微带元件或集总元件、微波固态器件组成微波混合集成电路，它属于第二代微波电路，即微波集成电路（Microwave Integrated Circuits），简称 MIC。我们前面介绍的各种功能电路绝大多数属于这种类型。就其设计原则而言，可分为集总参数 MIC 和分布参数 MIC 两种；按其工艺制作而言，混合 MIC 又包括厚膜 MIC 和薄膜 MIC，薄膜分布参数 MIC 多制作在氧化铝、石英等材料基片上。

与以波导和同轴线等组成的第一代微波电路相比较，它具有体积小、重量轻等优点，避免了复杂的机械加工，而且易与波导器件，铁氧体器件连接，可以适应当时迅速发展起来的小型微波固体器件。又由于其性能好、可靠性强、使用方便等优点，因此即被用于各种微波整机，并且在提高军用电子系统的性能和小型化方面起了显著的作用。

典型的标准混合微波集成电路（HMIC）中所含的固态器件和无源元件被焊接在介质基板上。其中，无源元件（包括集总参数和分布参数元件）采用厚膜或薄膜技术制作。集总参数元件既可以芯片形式焊接也可采用多层沉淀和电镀技术制作，分布参数元件使用单层金属化工艺制造。微波混合电路实现中，一般情况下正面腔体部分既有数字电路又有模拟电路，这些都为低频电路，电源采取并联结构，通过腔体通孔连接到背面腔体各个电路，正面腔体电路供电则通过腔体壁通孔提供。背面腔体部分为射频电路，采用了具有相对较高介电常数的基片，有效地减小了电路的尺寸，在器件的选择上选用了小型化的元器件，各类电阻、电容、电感元件和集成电路均选用贴片器件，并进行高密度的电路排版和装配，减小了电路板的面积，各个功能电路也采用分腔设计，所以相互之间干扰也较小。

（3）到 20 世纪 70 年代后期出现了单片微波集成电路（Monolithic Microwave Integrated Circuits），简称为 MMIC，它属于第三代微波电路。主要是因为 20 世纪 70 年代 GaAs 材料制造工艺的成熟，加上 GaAs 材料的半绝缘性，可以不需要采用特殊的隔离技术而将平面传输线、无源元件和有源元件集可以成在同一块芯片上，更进一步地减小了微波电路的体积，促成了由微波集成电路向单片集成电路的过渡。它是在半导体材料上（如 GaAs 等）制作有源元件、无源元件、传输线和互连线等，构成具有完整功能的电路，集成度高、尺寸小、重量轻、由于基本消除了人工焊接而可靠性高、生产重复性好，而且避免了有源器件封装参数的有害影响，使分布效应可控制到很小，在 18GHz 以上甚至毫米波段均可采用。1975年国外已制成单片 GaAs FET 低噪声放大器，1980年后 MMIC 发展很快，但由于 MMIC 目前成本仍很高，制作工艺较复杂，有些频段尚代替不了混合 MIC，因此二者在各类微波系统中均还有广泛的应用。从今后的发展趋势来看，由于工艺技术的改进，MMIC 的成本必将急剧降低，MMIC 也将成为微波电路的主要形式。

MMIC 最适宜的频率范围是厘米波和毫米波（包括亚毫米波），它的突出优点是：

① 电路的体积、重量大大减小，成本低，与现有的微波混合集成电路（HMIC）比较，体积可缩小 90%～99%，成本可降低 80%～90%；

② 便于批量生产，电性能一致性好。制造 MMIC 是采用半导体批量加工工艺，一旦设计的产品验证后就可以大批量生产，电路在制造过程中不需要调整；

③ 可用频率范围提高，频带成倍加宽。由于避免了有源器件管壳封装寄生参量的有害影响，所以电路工作频率和带宽大大提高；

④ 可靠性高，寿命长。MMIC 一般不需要外接元件，清除了内部元件的人工焊接，当集成度较高时，接点和互连线减少，整机零部件数大量减少，所以可靠性很高。

MMIC 的制备需要多方面的技术，涉及化工、精密仪器、光电、自动控制和计算机技术等多学科领域。归纳起来，其主要关键技术包括：大直径晶圆的制备和高性能 HEMT、PHEMT 中材料制备；亚微米（0.1～0.5μm）光刻技术；全离子注入技术、干刻蚀技术、高温栅技术；计算机辅助设计（CAD）和计算机辅助测试（CAT）；封装技术（塑料封装和陶瓷封装等技术）。这也是近些年来一直发展的重点。

目前，单片微波集成电路已经使用于各种微波系统中。在这些微波系统中的 MMIC 器件包括：MMIC 功放，低噪声放大器（LNA），混频器，上变频器，压控振荡器（VCO），滤波器等直至 MMIC 前端和整个收发系统。单片电路的发展为微波系统在各个领域的应用提供了广阔的前景。

（4）20 世纪 80 年代，微波/毫米波电路设计与制作的一个重要特点是从立体电路向混合集成电路和平面集成电路的过渡。随着 MMIC 技术的进一步提高和多层集成电路工艺的进步，利用多层基片内实现几乎所有的无源器件和芯片互联网络的三维多层微波结构受到越来越多的重视。而且建立在多层互联基片上的 MCM（Multi-Chip Module）技术将使微波/毫米波系统的尺寸变得更小。这是微波集成电路发展的必然趋势。但这并不意味着 MMIC 就此将被淘汰掉，因为将微波集成电路单片化还有许多技术难点没有攻克。就目前的技术发展来看还有许多微波/毫米波系统需要 MMIC 技术的深化以提高其工作性能。而且 MCM 三维多层结构需要有相当完善的 MMIC 技术理论的支持才得以实现。

（5）到了 21 世纪，发展的热点变成了片上系统（SoC，即 System on Chip）技术，是一种高度集成化、固件化的系统集成技术。使用 SoC 技术设计系统的核心思想，就是要把整个应用电子系统全部集成在一个芯片中。在使用 SoC 技术设计应用系统，除了那些无法集成的外部电路或机械部分以外，其他所有的系统电路全部集成在一起。所以其核心技术就是系统功能集成，而要完成系统集成，首先需要实现固件集成，以及嵌入式系统，所以从这方面看 SoC 具有几个特点：规模大、结构复杂；速度高、时序关系严密；多采用深亚微米工艺加工技术。目前片上系统技术主要还在硅工艺上实现，工作频率在几个 GHz 以下；下一步发展趋势是在 GaAs 和 InP 等上实现，甚至是第三代半导体材料上。

目前 SoC 研发中碰到的关键技术包括：软、硬件的协同设计技术、IP 模块库建立、模块界面间的综合分析技术以及系统级数模混合的电磁兼容问题。SoC 使单片集成应用技术发生了革命性的变化，这个变化就是应用电子系统的设计技术，从选择厂家提供的定制产品时代进入了用户自行开发设计器件的时代。这标志着单片集成应用的历史性变化，一个全新的单片集成应用时代已经到来。

本章将首先对微波集成电路的基本问题进行介绍，由于在前文我们已经对微带基片材料、传输线元件、微带元件、微波集总元件和微波固态器件进行过比较详细的介绍，这里仅针对单片微波集成电路的元件与材料、微波集成电路的制造工艺和 MMIC 的设计要素等加以简单介绍，目的是使读者对这方面知识有一个概貌性的了解。

7.2　单片微波集成电路的材料与元件

7.2.1　单片微波集成电路的基片材料

MMIC 的基片同时兼有两种功能，一是作为半导体有源器件的原材料，二是作为微波电路的支撑体。砷化镓（GaAs）是最常用的材料，在低频率情况下，有时也可以用硅（Si）。MMIC 的制作是在半绝缘的 GaAs 基片表面局部区域掺杂构成有源器件（FET 或二极管），而 GaAs 基片其余表面则作为微带匹配电路和无源元件载体。GaAs 和 Si 的主要特性列于表 7-1，其中也给出了 MIC 常用的氧化铝陶瓷（Al_2O_3）作为对比。

表 7-1　MMIC 基片半导体材料特性

材料	相对介电常数 ε_r	电阻率（$\Omega \cdot cm$）	电子迁移率（cm^2/V）	密度（g/cm^3）
半绝缘 GaAs	12.9	$10^7 \sim 10^9$		5.32
半绝缘 Si	11.9	$10^3 \sim 10^5$		2.33
掺杂有源 GaAs	12.9	0.01	4300	5.32
掺杂有源 Si	11.9	0.09	700	2.33
氧化铝陶瓷	9.6	$10^{11} \sim 10^{13}$		3.98

由表 7-1 可以看出 GaAs 有源层电子迁移率比 Si 高 6 倍，而作为基片时的电阻率则高几个数量级，因此用 GaAs 制作的 MMIC 性能必然远优于 Si。但也应该看到，GaAs 电阻率比 Al_2O_3 要低许多，因此微波在 GaAs 基片中的介质损耗不能忽略，尽管 MMIC 尺寸小，介质损耗不太严重，但是在电路设计中必须予以考虑。

GaAs 基片厚度常选为 0.1～0.3mm，面积 0.5×0.5mm² 到 5×5mm² 之间。薄基片散热好，接地通孔性能好，但由于高阻抗微带线的线条太细而不易制作。因而微带电路设计有一定局限性。然而做功率放大器或振荡器时则宜于采用较薄基片，以利于散热和增加功率容量。

7.2.2　单片微波集成电路的无源元件

在 MMIC 中使用的传输线和无源元件与 MIC 中应用的基本相同，但也有自己的特点。MMIC 中常用的无源元件有两类：一是集总元件（尺寸通常小于 0.1μm 波长），另一类是分布元件。X 波段到 20GHz 适用于集总元件，高于 20GHz 宜采用分布元件。

1. 传输线元件

在 MMIC 中常用的分布参数元件是微带线，槽线和共面线。其中微带线元件是 MMIC 无源元件的最主要形式。基于 GaAs 基片的面积有限，所以电长度必须尽量小。通常还需要把微带线折弯以充分利用基片面积。微带线间距离宜大于基片厚度的 2 倍，以减小线间耦合的影响。近年来随着通孔接地技术的改进，更多地倾向于微带线。

2. 电容

MMIC 中经常采用的电容有微带缝隙电容、交指电容、叠层电容和肖特基结电容。

（1）微带缝隙电容（见第 1 章）的电容量很小，难于超过 0.05pF。

（2）交指电容（见第 1 章）的电容量稍大，但由于耦合指长度不能太大，其电容量也只能做到 1pF 以下，Q 值能做到 100 左右。

（3）为获得 1～100pF 量级的电容量需采用叠层电容，又称 MIM 电容，其结构如图 7-1 所示。绝缘层介质用 Si_3N_4（氮化硅）、SiO_2（二氧化硅）或聚酰亚胺。MIM 电容的主要问题是难于保证电容量制造的准确性和重复性。

（4）另外一种是用肖特基结做电容器，如图 7-2 所示，也有时用 PN 结做电容器。这种电容可以在制作有源器件时一起做成，适于 0.5～10pF 左右的容量。

图 7-1　叠层（MIM）电容　　　　　图 7-2　肖特基结电容

3. 电感

与 MIC 类似，MMIC 中应用的电感有如图 7-3 所示的几种。

（1）直线电感和单环电感的尺寸小、结构简单，电感量大约几纳亨以下。

（2）多圈螺旋方形或圆形电感（见第 1 章）具有较大电感量和较高 Q 值，电感量约可达数十纳亨，Q 值大约为 10，最高可接近 40～50。

为减小电感线圈所占基片面积，线条要细，所以电阻损耗不容忽视。多圈电感的内圈端点引出线要用 Si_3N_4 或 SiO_2 做绝缘层或用空气桥跨接，制作工艺技术比较复杂。

不论上述那种结构的电感，则导线总长度都应该远小于波长，才能具有集总参数电感的特性。

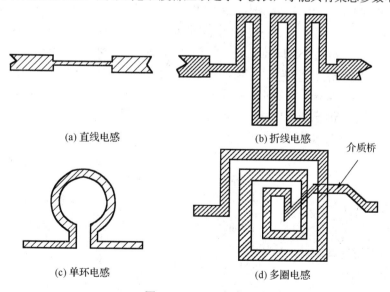

(a) 直线电感　　　　　　　　(b) 折线电感

(c) 单环电感　　　　　　　　(d) 多圈电感

图 7-3　MMIC 电感

4．电阻

用于 MMIC 的电阻主要有薄膜电阻和体电阻两大类。要求电阻材料具有较好的稳定性，低的温度系数，还要考虑允许电流密度、功率和可靠性等。

（1）镍铬系电阻具有良好的黏附性、阻值稳定性高、成本低。制作技术多用蒸发工艺，但较难控制合金成分比例。

（2）钽系电阻。目前可用充氮反应溅射制备氮化钽铝电阻，用钽硅共溅射，可获得耐高温的电阻。钽系电阻薄膜也可用于混合 MIC 中。

（3）金属陶瓷系电阻。制作高阻最有效的方法是采用金属中掺入绝缘体以形成电阻率高、稳定性好的电阻，如 Cr-Si 电阻、Nicr-Si 电阻和 CrNi-SiO$_2$ 电阻等。调整材料的分配比例，能使电阻率在很大范围内改变，以适应不同电阻值的要求。

（4）体电阻是利用 GaAs N 型层的本征电阻，它是 MMIC 中特有的类型。在 GaAs 基片上局部掺杂，做上欧姆接触就构成了电阻，其电阻率比较适中。体电阻的主要缺点是电阻温度系数为正，而且在电流强度过大时，电子速度饱和，呈现非线性特性，此种特性不利于一般线性模拟电路，但可用于某些数字逻辑电路。

7.2.3 单片微波集成电路的有源元件

MMIC 中的有源器件和 MIC 中常用晶体管类型基本一样。三极管几乎都采用 FET，也常使用双栅 FET。二极管有肖特基势垒管、变容管、体效应管、PIN 管等。在 MMIC 中由于各种晶体管都没有管壳封装，缩短了元件之间的互连线，减少了焊点，因而可用的极限频率提高、工作频带加宽、尺寸减小、可靠性改善。

FET 是高频模拟电路和高速数字电路的主要元件，肖特基势垒二极管是二极管中的主要元件。不论是哪种晶体管，在 MMIC 中都是平面结构，即各电极引线需从同一平面引出。为减小晶体管寄生参量，GaAs 导电区要尽量小，只要能保证器件工作即可。

肖特基势垒二极管和 FET 的平面结构示意图如图 7-4 所示。图中，电极引线是金（Au），有源层是 N 型 GaAs，电导率 $\sigma = 0.05\Omega \cdot cm$，载流子浓度为 $n_n = 10^7 cm^{-3}$。欧姆接触用金锗（AuGe）。为了保证欧姆接触良好，在有源层上还有一层低电阻率的 N$^+$GaAs 层，电导率 $\sigma = 0.0015\Omega \cdot cm$，载流子浓度为 $n_n = 10^{18} cm^{-3}$。在晶体管区的表面还有一层 Si$_3$N$_4$ 或 SiO$_2$ 作为保护层。对 FET 而言是在有源层上制作 Ti/Pt/Au 混合体形成肖特基势垒，再真空蒸发栅极金属，栅金属的质量和位置，对 FET 的性能至关重要。要考虑金属对 GaAs 有良好的附着力、导电性好、热稳定性强，金属可用 Cr-Ni-Au、Cr-Au、CrRn 或 Al-Ge，也可用 Al。栅成形后表面再覆盖一层保护层，源极和漏极的金属亦是真空蒸发形成的。目前 In-Ge-Au 和 Au-Ge-Ni 用得较多，使之有良好的欧姆接触并能承受短时升温。

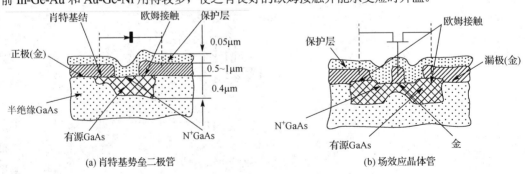

图 7-4 平面晶体管结构

7.3 单片微波集成电路的设计特点

MMIC 电路的设计方法尽管和 MIC 有一定相似之处，但是由于结构特点而存在一些不同的考虑。典型的 MMIC 设计程序，如图 7-5 所示。设计的依据是由用户提出的技术指标，但设计者必须要考虑实际的设备和条件。根据系统要求决定电路拓扑，采用什么类型的器件，例如单栅或双栅 FET、低噪声或高功率 FET、集成度的规模和价格等因素。由于 MMIC 的各种元件都集成在一块基片上，分布参数的影响不能忽略；有时还必须考虑传输线间电磁场的耦合效应；而且，集成电路制作后无法调整，需精确地、全面地设计电路模块和元件模块，而且还要计入加工中引起的误差。因此 MMIC 设计必须采用计算机辅助设计方法，需要合适的 CAD 软件，对电路参数进行优化，获得元件最佳值，并由计算机进行设计后的容差分析、稳定性的检验等。设计的成功与否，决定了产品的成品率，当然也影响电路的成本和价格。MMIC 设计中主要考虑因素如下：

（1）MMIC 的元件不能筛选、修复或更换。例如微带线，宽的微带线具有阻抗低、损耗小的特点，一般阻抗在 $30\sim100\,\Omega$ 范围内。传输线宽度的任何变化，都将引起阻抗的不连续性。制造过程中，对分布式元件比集总元件较易控制，虽然分布式元件占的空间大，由于制作的工艺简单，制造偏差的影响较小，所以多选用分布式元件。

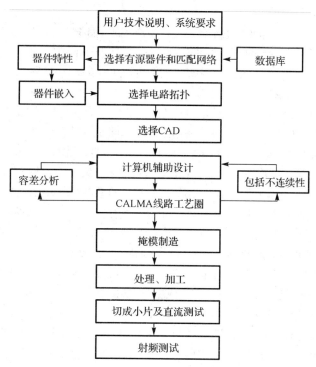

图 7-5 MMIC 设计程序流程图

（2）设计中所用的器件数据，必须选取在宽带范围内的参数值，以便扩大电路的适应性。同时，MMIC 集成度越高，元件越多，加工过程中越不可避免出现偏差。这导致器件参数变化是制造公差的函数，设计时对元件应该允许有较大的公差，因此要求设计时选用低灵敏度电路，着眼点不是电阻、电感、电容或其他参数的绝对值，而是它们之间的比例，在 CAD 设计时再作调整。

（3）要尽量减小电路尺寸。在 C 波段以下的较低频段，不宜采用分布参数传输线，而尽量用集总参数元件。有时由于 FET 寄生参数影响不大，可以不加匹配元件，宁可多用一两只 FET，以获得足够增益，而尺寸可能更小。

（4）由于元件、部件尺寸小，所以在电路结构上容易实现负反馈电路，以扩展频带和改善性能。也有可能设计更复杂的行波式或平衡式放大器。虽然使用了更多的 FET，但是许多只 FET 一次制成，又处于同一基片上，成本提高不多，而性能上有很大改善，这是 MMIC 的特点。

（5）分布参数电路虽比集总参数元件电路制作工艺简单，但尺寸较大，故需将微带线折弯或盘绕，这将产生线间耦合。设计时除了考虑将线间距离控制在 2 倍到 3 倍的基片厚度之外，还需用更精确的电磁场数值分析方法，进行分析和计算，以提高设计精度。

（6）电路高温工作的可靠性。小信号 MMIC 的散热问题较容易解决，但对功率放大电路，需要考虑封装的热阻抗和工作环境条件。GaAs MMIC 短暂工作温度在 300℃ 以下，一般最高温度应低于 150℃。

（7）关于抗辐射的问题。现代电子系统有抗辐射的要求，故在集成电路生产中提出了"辐照硬度"（Radiation Hardness）的指标，即在生产过程中为确保质量，需挑选出那些较能承受辐射的产品。

以上列举的这几个方面，有些是一般的原则，有些随 MMIC 应用的不同，相对的重要性随之而变。总之设计的 MMIC 必须满足电气性能技术指标要求，工作可靠，具有高成品率和低成本。

7.4 微波集成电路 CAD 技术

随着电路的复杂程度和工作频率的不断提高，微波集成电路体积小、密度大、寄生参数和环境因素与分立元件已不大相同，从而对电路进行实地测量调试十分困难，甚至不可能。因而用计算机程序，通过仿真电路的电气性能进行优化设计。计算机辅助设计（Computer Aided Design）CAD 的发展开始于 20 世纪 70 年代。CAD 对缩短产品的设计周期、提高产品的质量、降低产品成本起着极其重要的作用。在 CAD 被广泛应用之前，微波电路的设计不得不依靠带有一定盲目性的人工调试。这样不但延长研制周期，增加了产品成本，也不易使产品达到要求的性能指标。

如果设计的是 MMIC 电路，由于 MMIC 器件的高度集成性，而加大了其电路的设计难度；MMIC 器件或 MMIC 系统的高频工作特性又造成了 MMIC 与普通电子线路的不兼容性。在微波集成电路 CAD 中，各种传输线及其不均匀区模型，元件之间的寄生耦合模型以及微波有源器件的非线性模型等在技术上具有很大的难度。因此，在 MMIC 的设计中相应的要有特殊的适合于微波集成电路计算机软件的支持。

随着 MMIC 技术的不断发展和 MMIC 器件以及 MMIC 系统的工作性能不断的提高，微波集成电路 CAD 技术也逐渐的为了适应这些需要而向更高的层次发展。电磁仿真技术的发展，促进了利用电磁仿真技术对 MMIC 进行设计加工，使微波集成电路 CAD 软件具有更强的实际分析能力。更好地适应了 MMIC 器件的工作频率以及工作性能的不断提高。

正是由于微波集成电路 CAD 技术的引入，使得 MMIC 的设计变得简单快捷，MMIC 的器件从设计研究到批量生产的周期大大缩短，而且也避免了由于人工调试造成的误差。如今微波集成电路 CAD 软件已经成为微波工程师进行 MMIC 的研制过程中必备工具。而且这项技术也逐渐地向一门专门的学科发展。

7.4.1 MIC CAD 技术应用的发展

CAD 在微波领域的大规模应用开始于 20 世纪 70 年代末美国 COMPACT 公司开发的通用微波电路分析和优化设计软件 Compact 的推广。起初是在分时系统上为用户服务，后来发展成为向用户提供 PC 版和工作版的软件包。

微波电路 CAD 软件这一设计工具已被广泛应用于微波低噪声放大器、微波功率放大器、微波混频器、微波压控/介质振荡器、微波滤波器、微波功率合成/分配器、微波电调衰减器等部件的设计。为了缩短产品研制周期、降低成本、提高产品性能指标，微波电路 CAD 软件已成为微波电路设计的必备工具。

微波电路 CAD 与一般的电子线路 CAD 相比有以下几个特点：

（1）微波电路 CAD 必须有精确的传输线模型和各种微波部件模型。

（2）微波电路 CAD 中采用电磁仿真等数值工具。

（3）微波电路 CAD 软件一般都有 S 参数分析的功能。

20 世纪 80 年代，CAD 软件显示出功能强大，但都存在一个共同的弱点即必须从"路"的分析出发。如果某个电磁问题不能化成"路"，则 CAD 便很难进行。由此使 CAD 的应用面及精确度受到很大局限。近年来，随着计算机功能的日益强大，使得"时域法"得以实现，时域法可以计算非线性及时变参数效应。能清楚地阐明所研究现象的物理原理，因而可以创造出优异的电路和系统设计。特别是由于近年来各种算法的出现，使得 CAD 过程可直接调用"电磁模拟器"从而直接由 EM 场出发，而不经过"路"的转换，使过去许多工作中难以处理的电磁模型迎刃而解。

如今随着电磁仿真技术的发展，高频电磁仿真技术在 MIC CAD 精确的微波器件模型设计领域中日趋成熟。微波集成电路 CAD 技术已经广泛地应用于单片 MIC 的设计中。CAD 在电子工程中已经发展成电子自动化（Electronic Design Automation，EAD）和电子系统设计自动化（Electronic System Design Automation，ESDA）。在 EDA 中，微波电路 CAD 是一个重要的单元。EDA 还包括电路的输入、硬件描述语言、逻辑综合、逻辑仿真和优化、时序仿真、模拟仿真、混合仿真、优化设计、布局布线、参数提取、系统仿真、电磁兼容设计、元件和电路板热分析、机电一体化设计等。

新的 CAD 方法的探索主要表现为人工智能和人工神经网络的采用。其中人工智能的工作使用布图识别和专家知识控制仿真工具对 MIC 和 MMIC 进行分析。例如，对一个螺旋电感可根据其图形对不同部分分别采取不同的方法来分析。而人工神经网络的工作是对微波电路的准确设计。采用多层感知元神经网络（MLPNN）经过训练可以计及耗散和互耦等影响，准确地计算微波甚至毫米波元件。虽然这些探索还很初步，但是存在着很大的潜力，可以设想出，如果他们的开发能够成功，将会对微波集成电路的设计起着巨大的推动作用。

7.4.2 MIC CAD 仿真能力

（1）线性微波电路的交流小信号分析和 S 参数分析。

用于计算加有信号源的线性微波电路的节点电压、支路电流以及由此导出的其他电特性参量，和计算内部不含信号源的线性微波电路的 S 参数。

（2）微波电路的直流分析。

用于计算加有直流电源的微波电路中的直流工作点。包括：非线性微波电路的谐波分析，用于分析弱非线性微波电路稳态特性，包括功率压缩特性、谐波分布、交调特性、稳态波形等；非线性微波电路的瞬时分析，用于分析强非线性微波电路的特性，包括顺态波形和脉冲数字电路等。

（3）微波电路的噪声分析。

用于分析线性和非线性微波电路的噪声特性。如振荡器相位噪声分析、晶体管噪声模型参数提取、低噪声放大器等。

（4）微波电路的优化设计。

用户给定电路的拓扑结构，各元件初始值和和电路的设计指标，CAD 软件自动改变元件值，直到满足电路的设计指标为止。

（5）微波电路的容差分析和容差设计。

计算元件的允许公差，分析元件公差的各种分布形势和元件公差对微波电路特性的影响以及通过改变元件的中心值来使产生的电路达到最高的成品率。

（6）微波部件和电路的电磁仿真。

采用电磁场数值计算方法，配以方便的用户界面，用于一些微波部件和电路的仿真，主要针对那些在微波电路 CAD 软件的元件库中没有列入的元件或已列入但模型精确度不够的元件，以及必须精确计算元件间寄生耦合的电路。

（7）微波集成电路的布线和版图设计。

自动和交互式将微波电路的电原理图转换成微波集成电路的工艺版图，进行设计规则检查，并可将版图数据转换成 Gerber、GDS-2、IGES、HP EGS 等数据格式，以便于同掩模制作设备接口。

（8）微波元件和电路的计算机辅助测试。

包括测量系统的校准、晶体管壳支架参数的剥离、测量仪器和微波电路软件接口，作为计算机插件的微波测量仪器（如 INSTRUMENT ENGINES 9025 频谱分析仪）等。

（9）微波器件的建模和参数提取。

包括各种微波半导体器件的建模和参数提取，微波分布参数和集总参数元件的试验建模，标准工艺加工线（Fondry）元件数据库等。

（10）微波系统仿真。

对各种不同规模的微波系统进行仿真，以便得到系统的各种特性能指标。

（11）微波滤波器和匹配网络的综合。

在电路设计时，用户给定的要求数据是电路特性指标和网络阶数等网络指标，经软件进行综合运算后，输出符合或接近这些指标的电路结构和元件值。

（12）微波电路和系统设计的专家系统。

用户通过使用这种专家系统可以享用微波电路和系统设计的知识和经验。

（13）微波部件和电路的热分析。

包括分析微波部件和电路的温度分布和温度变化对电特性的影响。

7.4.3　MIC CAD 的基本实施过程

如图 7-6 所示，一般的软件实施过程大致相同，基本上可分为以下几个过程。

（1）根据电路的指标确立电路形式。这是电路设计的一个重要环节，设计者的经验起着重要的作用。正确选取电路形式，常常可以使整个设计工作事半功倍。

（2）输入电路。首先设计者要将设计的电路结构输入计算机，软件使用者必须正确地根据软件的要求，将电路划分为不同的元件组合，建立相应的数据库文件。电路输入的同时，也意味着将复杂的电路按设计者的想法变成软件的模型组合，这种将电路到模型的分解需操作者仔细考虑。

（3）仿真优化。利用软件的功能，对输入的电路进行仿真或优化计算。在计算的过程中，软件的使用者要正确地选取中间变量，选用正确的计算方法。软件可以很快给出电路性能参数。

通常给出的电路初值，很难满足要求，要用软件的参数扫描或优化仿真的功能，改善性能，得到满足指标要求的电路。

软件优化仿真的基本过程如下：

（1）用户选取电路的拓扑结构和元件初值，以及元件值的允许变化范围（通常指元件的上限和下限）。

（2）用户通过设定目标函数给定电路的设计指标。

（3）软件自动改变电路的元件值使目标函数最小,此时电路特性分析结果满足或最接近设计指标,从而使用户得到满足或接近设计指标的电路。

（4）给出改变后的元件值。

计算机的仿真优化存在一定的局限性。它表现在:电路的拓扑结构和元件初值选定,虽然有时可用微波网络综合的方法,但通常还是需用户凭经验给定;电路优化经常会陷入局部最小点,使电路的设计结果和元件初值的选取关系极大。

（5）显示结果。大多数软件都可以方便地显示仿真优化的结果,随时根据需要,查看计算结果。为了分析设计的成功与失败的原因,加快设计过程,检查设计结果非常重要。

（6）工艺图的形成。软件的工艺图自动形成,不仅为设计者实现电路设计提供了方便的工具,而且其生成的工艺图往往和软件的模型有着很好的一致性。可以避免由于人工原因造成的差错。

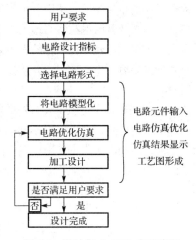

图 7-6　微波集成 CAD 应用流程

MMIC 设计的特殊要求:MMIC 设计必须要借助一定的软件仿真技术,为了得到准确的仿真优化设计,首先必须要建立准确的器件模型。在对设计中使用到的元件进行准确的建模,准确地建立有源器件和无源器件的模型。目前,器件建模主要通过 3 个方法:物理基模型,等效电路模型和 ROOT 模型,目前比较常用的方法是基于等效电路模型的,该电路中的元件包含 R、L、C、跨导、电流等,其中非线性元件用控制电压的状态函数描述,线性元件和非线性系数值作为待定参数。MMIC 的所有元件都集成在一块小基片上,制作完成后不能更换也无法调整。因此 MMIC 设计必须是可信赖与可实现的。鉴于 MMIC 设计的特殊性,仿真软件成为 MMIC 设计成功的有利保障。目前常用的微波设计软件比较优秀的有 Agilent 公司仿真软件 Advanced Design System（ADS）、Ansoft 公司仿真软件 Designer 和 AWR 公司仿真软件 Microwave office,其中又以 ADS 的功能最为强大。

ADS 中的 Momentum 模拟器让设计师全面表征和优化设计。此外 ADS 能够提供强大的、完整的、前后连贯的 MMIC 设计功能;更为重要的是 ADS 自带的 DemoKit 模型库中具有 HEMT 模型,这个模型库是 ADS 软件自带的具有代表性的用来设计 MMIC 的一个工具包,虽然并不属于哪一个具体的生产线,但具有一定的代表性,使用 DemoKit 模型库中的元件完成单片低噪声放大器的设计,可以用来验证电路结构的可行性。

7.4.4　设计中用到的器件模型

器件模型不仅是电路设计者进行电路分析、结构设计和设计综合的起点,也是用计算机软件进行分析的基础。为了精确进行电路设计,就需要精确的模型来描述器件的特性。微波射频的器件模型从建立方式上分,有物理模型、半经验模型、表格模型等;从应用的角度上分,有小信号模型和大信号模型。低噪声电路中器件工作在小信号状态且更关心噪声性能,因此需要小信号模型。为了降低研制成本,缩短研发周期,进行 MMIC 和 MIC 设计时,要求器件模型既能够反映非线性电特性又能反映低频噪声、热噪声、沟道噪声等噪声特性。从这个角度来看,射频系统级芯片需要更完备的器件模型以完成复杂的非线性分析和噪声特性分析。

1. 电阻器模型

在 MMIC 设计中,电阻器能够用掺杂的半导体层或者沉积的薄膜电阻性层实现。在任何一种情况下,由于层或薄膜的厚度是固定的,按照每平方欧姆值能方便地引证出电阻率。相对而言,单片电阻器有较小的寄生参数。然而，由于趋肤深度依赖于频率，电阻亦依赖于频率。在任何模拟中，都必须包括电阻器及其接触衬底对地的寄生并联电容和电阻的端到端反馈电容。在高频下薄膜电阻并非只具有简单的阻性，也存在高频的寄生效应，尤其是阻值较大、工作频率较高时，高频效应更加显著。高频效应主要有频率色散、电介质损耗、趋肤效应等。一个MMIC电阻器的典型等效电路模型如图7-7所示。

在集成电路中电阻主要有扩散电阻、外延层电阻、薄膜电阻；从设计者的角度来看可分为高阻电阻和高精度电阻。高阻电阻在电路主要用于栅极和基极偏置等微电流或小电流的场合，对高频信号成高阻态；高精度电阻主要用于电路匹配和自偏压偏置。薄膜电阻版图如图7-8所示。

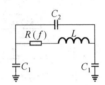

图 7-7　MMIC 电阻器等效模型

图 7-8　NiCr 薄膜电阻版图

2. 电容器模型

重叠式电容器[金属—绝缘体—金属（MIM）电容器]和交指型电容器两者都能用在MMIC设计中。交指型电容器可用的电容量最大值约为 1pF，超过该值，交指型器件的尺寸及生产的分布效应太大而不实用。因此，除了最简单的电路，重叠式电容器是所有电路的基本元件。MIM 电容在微波集成电路中最为普遍，用于匹配、滤波、隔直流等，容值可到十几 pF。MIM 电容的剖面结构如图7-9所示。图7-10给出了交指型电容和MIM电容的实际结构图。

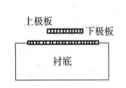

图 7-9　MIM 电容剖面图

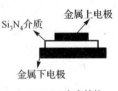

(a) 交指型电容　　(b) MIM 电容结构

图 7-10　交指型电容和 MIM 电容结构图

图7-11给出了单片电容器的典型等效电路模型。这个等效电路中考虑了介质损耗和对地寄生等效应。射频微波电路中电容的面积不宜太大，否则在工作频率较高时分布效应就会非常明显，甚至呈现感性。

3. 电感器模型

根据要求的电感量，MMIC 应用的电感器可直接由直窄金属带（带状电感器），单圈环形电感器，或者多匝螺旋电感器实现。要获得电感量高和寄生电容低的微带带状电感器，宜采用高特性阻抗 z_0 的窄带线。在实际的 MMIC 设计中应用的电感一般都是螺旋电感，在本设计中也采用螺

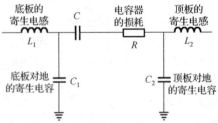

图 7-11　MMIC 电容器模型

旋电感。螺旋电感器是实现电感量约大于 1nH 的基本元件。在螺旋电感器中，相邻轨道上的电流流动的方向相同，相邻轨道间的互感显著地增大了螺旋电感的总电感量。

螺旋电感器比蜿蜒形带状电感器具有更高的品质因数。螺旋电感器的缺点在于要求连接中心线

圈到外部电路，从而必须使用空气桥横跨式结构或者电介质隔离的地下通道。螺旋电感的结构版图如图 7-12 所示。

电感器的基本等效电路包括一个主电感及其相关的串联电阻、匝间和跨接反馈电容，以及一些对地电容，它的模型如图 7-13 所示。模型中考虑了带线的阻性损耗、线圈间隙的容性寄生以及衬底损耗等因素。

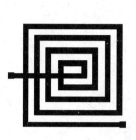

图 7-12　螺旋电感结构版图

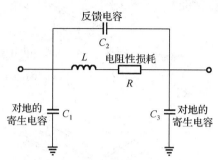

图 7-13　MMIC 螺旋电感模型

7.5　微波集成电路的加工工艺简介

7.5.1　微波集成电路工艺流程简述

微波集成电路（MIC）的加工主要需以下几个步骤。

（1）制备红膜。任何一个 MIC 的加工，首先需要有设计完成的电路布线图或结构图，根据这个图刻制红膜。红膜是聚酯薄膜，上面覆盖一层透明的软塑料（红色或橘橙色），红膜厚为 50～100μm，软的塑料厚为 25～50μm，利用坐标刻图机在光台上刻绘所需的图形，使所需的图形部位红色塑料膜脱离基体，即根据刻出的线条，有选择地揭剥红膜。一般将原图尺寸放大为 5～10 倍，主要是提高制图精确度。刻制的红膜尺寸要求精密准确。常规制版工艺，全由人工绘制、刻膜和揭剥红膜，现在采用新工艺，用计算机控制，编制软件程序，或用 X-Y 绘图仪绘制。

（2）制造掩模。掩模的作用是将设计的图形从红膜上精确地转移至基片上。常用的是光掩模，它是在玻璃基片上表面镀一层铬或氧化铝等材料，然后，再在上面涂一层光乳胶（银卤化物），这种材料光灵敏度高，图像分辨率好。利用已刻制的红膜图形初缩照相制版后，置于玻璃基片上曝光，然后经过光刻制成掩模。也可以不由红膜制造掩模，而由图形发生器直接制作掩模。

（3）光刻基片电路。将 MIC 的基片毛坯经抛光后，在基片上镀金属膜。一般有三种方法：真空蒸发、电子束蒸发或溅射，视不同的金属材料而定。主要要求金属与基片之间有良好的附着力、性能稳定且损耗低。例如在氧化铝基片上镀金属膜，材料为 Cr/Cu/Au 或 NiCr/Ni/Au，可先在基片上镀一层催化层，然后再先后分层镀上不同的金属。随后，在已镀金属膜的基片上涂一层感光胶，感光胶有正性胶和负性胶两种，将掩模置于其上方，通过曝光、成形、腐蚀掉不希望有的金属涂层，如图 7-14 所示。图 7-14(a)中表示涂感光胶的地方刻蚀后无金属层；图 7-14(b)中表示涂感光胶的地方保留了金属层。第一种方法所涂感光胶的厚度应与最后所需金属膜的厚度相近，它适用于制作 25～50μm 宽或金属带相距 25～50μm 的线条。第二种方法比较节省金属，价格便宜。

（4）有源器件安装调试。

这一加工过程的工艺流程图如图 7-15 所示，这是常规工艺流程。微波集成电路的制作必须在超净环境中以保证质量。如果制作 MIC 的基板材料已经制备了双面敷铜（或其他金属），则可省去在基片材料上镀金属膜的步骤，直接根据掩模光刻基片电路即可。

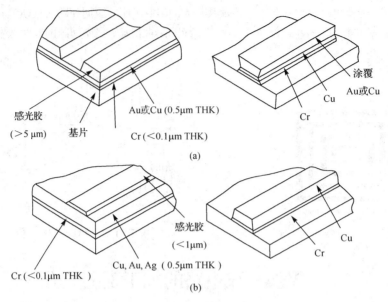

图 7-14　MIC 中基片上制作图形的示意图

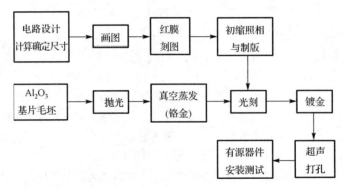

图 7-15　微波集成工艺流程图

7.5.2　单片微波集成电路工艺流程简述

MMIC 制作的复杂性在于要在 GaAs 基片上同时制作有源器件和无源元件，工序很多。因此它是多层结构，所用掩模不止一个而是成套的，对掩模的图形精度有更高的要求，所以电路的制作工艺比 MIC 要更复杂。

1. 图形转移新技术

图 7-16 列出制作掩模的过程，输入的图形数据是由制作掩模的专用磁带输入的，其中已考虑了制作掩模过程中出现的尺寸误差进行了预先修正。然后通过计算机由图形信息控制图形发生器。

一是光学图形发生器，本质上为一台特殊的照相机，也是一种光学投影照相系统。它将原图分解成许多单元图形或单元复合图形，计算机控制光孔变化，计算曝光位置，进行多次曝光完成初缩版的照相。

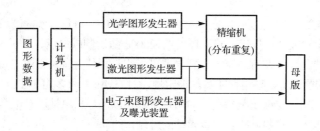

图 7-16 图形转移新技术

二是电子束图形发生器及曝光装置，它是在计算机控制下，利用光刻蚀的原理制备出所要求的掩模图案，由于电子束的散射和衍射很小，又便于聚焦成 $0.02\sim0.2\mu m$ 的细斑。因而具有极高的分辨率，所以在计算机控制下能直接制成精缩板，这是发展微米与亚微米技术的重要工具。

三是激光图形发生器，它是在计算机控制下，通过调制激光束对光致抗蚀剂进行选择性加工。因制版的薄膜上涂有一层低温 CVD 淀积的氧化铁，底版放在微动台上，当激光束作栅状扫描时，可以有选择地把需要形成窗口处的氧化铁熔化而蒸发。此法的主要优点是能在短时间内制成初缩板，甚至直接制成精缩掩模，缩短研制周期，但分辨率较低。

一般掩模底版曝光后，经显影、漂洗、后烘、腐蚀、去胶等一系列过程（即光刻蚀过程），就完成了主掩模的制作。

2．MMIC 工艺流程

在 GaAs 基片上制作微波电路，须将有源器件和无源元件同时制作，现以小信号集成电路为例，在图 7-17 中示出 MMIC 的全部制作过程。

（1）制作有源层。首先在半绝缘 GaAs 基片上制作有源层，例如要形成 N 型有源区，即将所需要的杂质原子掺杂到半导体基片规定区域的晶格中，达到预期的位置和数量要求，这就是掺杂技术。目前所采用的方法有离子注入和外延掺杂两种。离子注入是一种新掺杂技术，它把杂质原子电离并使带电性的离子在高电场中逐级加速，直接注入到半导体中去。这种技术能在较大的面积上形成薄而均匀的掺杂层。图中退火的作用是消除离子注入所造成的晶格损伤。另一种是外延技术，在 GaAs 基片表面生长另外的 GaAs 层，保护晶体结构，这种生长的新单晶层，其导电类型、电阻率、厚度和晶格结构的完整性都可以控制，达到预期要求，这个过程称为外延，新生长的单晶层为外延生长层。外延方法有液相外延（LPE）、汽相外延（VPE）和分子束外延（MBE）三种，其中 LPE 是老技术，MBE 是新技术，应用它能做高电子迁移率的场效应集成电路和异质结双极型集成电路，但一般 VPE 应用较为广泛。

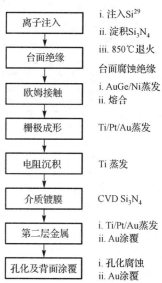

图 7-17　MMIC 工艺流程图

（2）绝缘。在有源面上电流流过该区，但在特定的区域需限制有电流流过，则需绝缘。对有源器件，只允许电流在所规定的部位流过，而其他部位需绝缘。对无源电路，要减小传输线的寄生电容和导体损耗，也要注意绝缘。绝缘层的制作方法，可采用台面蚀刻和离子注入两种方法，用蚀刻的方法将不需要有源层的区域全部去掉，此方法简单，故广为采用（见图 7-18(b)）。

（3）欧姆接触。在半导体表面和焊接点之间，需要良好的电接触，因此需制作欧姆接触点。对 MMIC 这类触点十分重要，触点接触不好，接触电阻将导致噪声增大和增益下降，制作欧姆接触的方法是在 GaAs 上，将熔合的金、锗（88%的金 Au 和 12%的锗 Ge（重量），熔点为 360℃），掺杂入 GaAs 和有源层，然后在其上蒸发镀一层镍，整个厚度约 2000Å 随后制成焊点。

（4）肖特基或栅极结构。在有源层上放置金属可形成肖特基势垒（见图 7-18(d)）。栅极金属的选择，要考虑对 GaAs 的附着力、导电性能和热稳定性，对 GaAs 基片多用 Ti/Pt/Au 合金材料。

（5）第一层金属。第一层金属是指覆盖的喷涂金属，以增加导电性。对电容、电感和传输线，此层金属即为底部的导电板。它和肖特基栅金属是同时制作的。

（6）电阻沉积。在 MMIC 中电阻作为 FET 偏置网络、终端负载、反馈、绝缘或衰减器等元件。对 GaAs 材料和电阻膜，要注意电流饱和、耿氏区的形成和温度系数等问题。制作电阻膜多用溅射法。溅射法是用受电场加速的正离子轰击固体靶表面，从固体表面飞溅出原子到达基片形成薄膜，这种方法比蒸发镀膜先进。

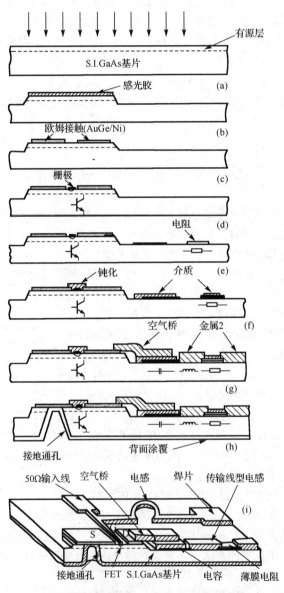

图 7-18 MMIC 加工的工艺过程示意图

（7）介质镀膜。介质镀膜的作用是对 FET 有源层、二极管和电阻器加以钝化；在金属与金属之间绝缘以制造电容（如叠层电容），见图 7-18(f)。介质膜的厚度一般在 1000～3000Å，单位面积的电容量由膜的厚度所决定。

（8）第二层金属。制作第二层金属主要是作为元件之间的互连线、空气桥、MIM 电容的上极板等。材料仍用 Ti/Pt/Au，为了减小阻值，再镀以金，层厚约 3～5μm，见图 7-18(g)。

（9）底面抛光和小孔金属化。GaAs 基片底面要抛光磨平，并要精确控制基片厚度，因其厚度与微带传输线的特性阻抗有关。小孔是提供 MMIC 接地的重要元件。小孔金属化技术，不断有所改进。早期采用银浆接地，在孔中直接蒸发金属。近几年常用溅射和离子镀膜，使小孔中的金属膜在绕射作用下成膜。也有用化学镀铜，由于采用了敏化和活化反应，因而能以铜代金，获得较小的接触电阻。此外也出现了用导电胶接地等办法。小孔直径一般为 50～100μm，多用激光打孔。

图 7-18(i)画出了完整的单片微波集成电路。各工序加工完毕后，需对 MMIC 芯片进行测试。芯片测试技术是提高 MMIC 集成度、降低成本、缩短研究周期必不可少的关键技术之一。检测装置是采用特殊的探针，探针间距达到 10μm 量级。目前采用的是接触式探针，今后可用不接触式光电探头，自动取样测量，取其合格者，切割成小片。最后经过性能测试，检验 MMIC 的技术指标。此即微波单片集成电路制作的全部过程。

3. 微波器件装配工艺简介

由于 MMIC 功率单片为静电敏感器件，在操作时要有静电预防措施，如戴防静电护腕，工作台可靠的接地等。装配工艺是影响电路工作性能好坏的重要因素之一，必须对装配工艺予以高度重视。GaAs MMIC 芯片的装配工艺主要有金丝键合技术、导电胶粘接技术、共晶焊接技术等几种。

（1）金丝键合技术

在毫米波频段，信号传输、芯片直流供电都是靠金丝来实现的。因此金丝键合是功率放大器模块制作的关键。应用于毫米波功率放大器的金丝直径一般为 25μm 或 30μm，金丝直径一般要根据芯片焊盘大小和芯片工作频率来确定。金丝过粗会给焊接带来困难，可能造成虚焊；过细则不能提供一定的强度，且在毫米波频段会带来比较明显的感抗。金丝焊接的方法包括锲形焊接和球形焊接。金丝焊接的过程中必须要使用一定的方法使金丝附着到焊盘上面，焊接附着方法主要有热压法、超声波法、热压超声法等。

（2）导电胶粘接技术

导电胶粘接技术的工艺性好，固化容易，固化物致密，粘接力强，但耐热性有限。在实际应用中，导电胶的厚度影响粘接强度并和导电胶的热阻抗有密切关系，芯片大小相同时，胶层太厚或太薄其热阻抗都大。胶层太厚会阻碍热的传导，而胶层太薄时，容易产生胶层不连续、不均匀等缺陷，致使热阻变大。

导电胶的固化温度、固化时间影响其粘接强度。固化温度提高、固化时间增长其粘接强度增加。当固化温度较低时，需用较长的固化时间来达到一定的粘接强度，在一定温度下，随固化时间的增加，粘接强度增加并接近极限值。但是温度过高时间过长反而会使胶层变脆，粘接强度下降。在固化过程中施加一定的压力，可保证粘接材料与被粘表面紧密接触，有利于扩散、渗透、排除气体，使胶层均匀致密，但压力不能太大，否则会使胶挤出太多，造成缺胶或者胶层太薄。

值得注意的是粘接面必须是清洁、干燥、亲水性好才能保证粘接质量和可靠性，否则在温度试验和环境例试中会发生脱胶、起层等现象。

（3）共晶焊接技术

共晶焊接技术具有机械强度高、热阻小、稳定性好和可靠性高等优点。焊接在氮气的保护下进行，在适当的温度下，使呈熔融态的金锡焊料与管芯及载体上的镀金层相接触，再加上一定压力和摩擦力的作用，形成金-锡合金体系，把芯片牢固焊接在载体上。共晶焊接技术的优势在毫米波功率器件上比较明显。功率器件对散热要求比较高，共晶焊接技术因具有焊区导电、导热性好、机械强度高、成品率高等优点被广泛地应用于功率单片的安装。

（4）超声热压焊

微波功率放大器对金丝球焊和金带压焊的要求很高，采用超声热压焊接对焊接温度要求较低，能减少对器件的热影响。焊接时金属受压产生一定的塑性变形，使两个金属面紧密接触，其分子相互扩散牢固结合；超声功率使劈刀振动，使引线与被焊接金属发生超声频率的摩擦，清除界面的氧化层，并引起弹性形变。在超声波焊的基础上将载体板加热，这种加热可以使焊点处的金属流动性增加防止超声波焊期间的应变硬化，并为焊接面提供较好的接触交界面和金属结构，有利于焊点的快速键合，提高焊点的键合强度。但是要获得质量高的焊点，必须根据电路芯片的种类、镀金层的情况，金丝的直径，金带的宽度、厚度，不同的芯片，芯片上焊点的大小及载体板来合理选择超声波的功率、压力和焊接持续时间。

（5）平行微隙焊

平行微隙焊是依靠流过焊接区的大电流脉冲产生的焦耳热和劈刀压力的共同作用，使焊件产生塑性形变，而导致两个洁净金属面紧密接触实现焊接。平行微隙焊在功率放大器中大量应用于级联和金带焊接工艺中。

（6）充氮密封焊接

为保证微波功率放大器的可靠性，防止外界环境影响，需采用在氮气密封环境中焊接。

4．MMIC 电路装配

（1）选择载体

为了达到更好的性能，微波集成电路的顶部与周围的电路要在同一高度，为了达到这个目的可以在芯片下面加一个与该芯片尺寸相同、厚度合适的镀金垫片使芯片与周围的电路在同一个平面上，然后焊接在载体片上。芯片的载体片应选择和 GaAs 热膨胀系数兼容的材料并具有良好的导热性能，如铜-铝-铜或铜-钨或铝合金，载体片应当加工并打磨平，在镀镍层上镀金，并能够在 300℃高温下承受约 5 分钟，在载体焊接过程中不得使用助焊剂。

（2）附件与功率器件芯片的连接

功率放大器芯片的射频连接线要尽可能地短，减小由于不必要的串联电感导致的性能降低。通常推荐采用的连接线是 3mil 宽、0.5mil 厚的金带（根据芯片焊盘的实际尺寸选择）或金丝网，连接线要尽量地短，考虑到减轻金带压力，射频的输入输出线长度典型值是 12mil，保证性能最佳。

用热压焊连接金线和焊盘，金丝网的焊接可以采用 2mil 的圆形定位工具，压力大约是 22g，超声波的功率大约是 55dBm，持续时间是 76±5ms，推荐的焊接温度是 150±2℃，特别注意的是不要超过绝对最大的装配温度和装配时间。使用金锡(80/20)的共熔合金焊料焊接，应避免在有氢气的环境中进行，芯片之间保持 2mil 的缝隙。

GaAs 器件应当小心处理，并存储在氮气环境中以防止污染物附着在焊盘表面，另外，静电敏感器件在接触过程中应当采取适当的措施，例如佩戴抗静电腕带，而且焊接仪器也要良好接地防止静电损坏。

5. MMIC 的保护措施

由于功率放大器件比小信号有源器件更容易损坏，它在正常工作时的极限参数余量很小，因此要求的使用条件也很苛刻，为了保证 MMIC 功率放大器芯片能够在各种条件下都能正常工作，在设计功率放大器时，必须具备各种保护功能，主要有以下几种。

（1）负载驻波比保护

当负载驻波比非常大时，功率放大器输出端的瞬时射频电压或电流可能会超出额定值而造成器件的损坏。为此，需要对负载驻波比进行控制。在电路设计中负载驻波比保护除了选用合适的 MMIC 功率放大器芯片使其能承受较大的驻波比外，常用的方法是在功率放大器输出端串接隔离器，隔离器是一种三端口器件，若隔离度理想时，反射功率将被第二端口接的吸收负载全部吸收，从而保护了功率放大器件。

（2）热过载保护

对于 MMIC 功率放大器件来说，散热问题在装配时应该格外考虑，通常的做法是先将器件采用金锡合金焊接在铜垫片上，再将整个垫片焊接在电路载体上，焊接时要保证接触良好，这里要求电路载体加工时，表面平整度和光洁度要高，另外装配时导电胶要涂得均匀，不要过多，以免漫过芯片，然后压紧并在高温下烘干，烘干的时间要足够长。这样，通过以上方法，可以保证芯片良好接地。实验表明，对于大于 1/3W 的 GaAsMMIC 来说，通过体积较小的腔体达到散热的目的是不够的，还应考虑增加散热装置。

（3）电路的电镀保护

为了使电路能够保持良好的导通状态，要在垫片上电镀一层金以防止氧化，保证芯片、垫片和地的良好接触。由于微带电路材料也是铜，需要电镀 0.5mm 左右的金以防止氧化。

（4）整个电路的屏蔽保护

为了减少损耗和防止杂波干扰以及对其他电路的影响，MMIC 功放电路必须装在屏蔽的腔体中，腔体主要起到电屏蔽作用，同时也具有机械保护和环境保护的作用。因为屏蔽腔体基本上是一个矩形空腔，只是在底部有一层厚度为 h，相对介电常数为 ε_r 的介质基片，它相当于部分填充介质的矩形谐振腔。因此，在设计屏蔽腔体尺寸时，要合理设计，使电路工作频率远离腔体的谐振频率，以防止在某一频率发生衰减尖峰，而影响电路的正常工作。另外，为了避免屏蔽腔体的侧壁对电场的扰动，盖板离电路和基片的距离应在 $5\sim10h$ 以上（h 是基片厚度），最靠近边缘的导体线条距离腔体侧壁的距离应在 $3h$ 以上。

（5）MMIC 芯片的存储

器件应存储在含氮气环境中，而且芯片的厚度只有 100pm 左右，要小心拾取而且这类单片微波集成电路的上表面暴露在空气中不能使用真空笔吸附芯片中心，应当夹持芯片边缘或者使用特制的夹具；单片微波集成电路是静电敏感器件应当采取防静电措施。

电路组装设计制作流程如图 7-19 所示。

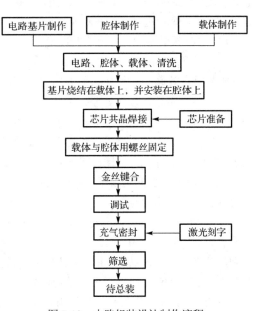

图 7-19　电路组装设计制作流程

7.6 微波集成电路新技术简介

7.6.1 多芯片组件技术（MCM）

多芯片组件（Multi-Chip-Modules，MCM）是微波集成电路技术与微组装技术相结合的一种新技术。

在微波毫米波领域，当单芯片一时还达不到多种芯片的集成度时，人们设想能否将高集成度、高性能、高可靠性的 CSP（Chip Size Package，芯片尺寸封装）芯片和专用集成电路芯片（ASIC）在高密度多层互连基板上用表面安装技术（SMT）组装成为多种多样电子组件、子系统或系统，这种想法导致了多芯片组件（MCM）的诞生。

多芯片组件将多个集成电路芯片和其他片式元器件组装在一块高密度多层互连基板上，然后封装在外壳内，是电路组件功能实现系统级的基础。MCM 采用 DCA（裸芯片直接安装技术）或 CSP，使电路图形线宽达到几微米到几十微米的等级。在 MCM 的基础上设计与外部电路连接的扁平引线，间距为 0.5mm，把几块 MCM 借助 SMT 组装在普通的 PCB 上就实现子系统或系统的功能。MCM 的主要特点有：封装延迟时间缩小，易于实现组件高速化；缩小整机/组件封装尺寸和重量，一般体积减小 1/4，重量减轻 1/3；可靠性大大提高。MCM 与目前的 SMT 组装电路相比，体积和重量可减少 70%～90%；单位面积内的焊点减少了 95% 以上，单位面积内的 I/O 数减少 84% 以上，从而使可靠性提高 5 倍以上；信号互连线大大缩短，使信号传输速度可提高 4～6 倍，并且大大地增加了功能。因此在一些射频应用领域，如功率放大器（PA）电路，已由早先采用的 MMIC 独立元件走向被整合多种应用、附加匹配功能的 MCM 所取代。

MCM 现已发展成以不同材料和工艺为基础的多种 MCM 结构和类型，如 MCM-L（多层金属和介质）、MCM-C（陶瓷）、MCM-D（淀积工艺）、MCM-L/D 和 MCM-C/D 等。当前 MCM 已发展到叠装的三维电子封装（3D），即在二维 X、Y 平面电子封装（2D）MCM 基础上，向 Z 方向，即空间发展的高密度电子封装技术，实现 3D，不但使电子产品密度更高，也使其功能更多，传输速度更快，性能与可靠性更好，而电子系统相对成本却更低。

MCM 在组装密度（封装效率）、信号传输速度、电性能以及可靠性等方面独具优势，是目前能最大限度地发挥高集成度、高速单片 IC 性能，制作高速电子系统，实现整机小型化、多功能化、高可靠、高性能的最有效途径。因为发展很快，已成为 20 世纪 90 年代最有发展前途的高级微组装技术，在计算机、通信、雷达、数据处理、宇航、军事、汽车行业等领域得到越来越广泛的应用。据 20 世纪 90 年代初国际有关专家认定，今后五年，谁在 MCM 技术方面领先，谁就能在电子装备制造方面处于先驱地位。近年来，世界各国的各大公司对 MCM 给与了极大的重视，纷纷加入 MCM 这一技术竞争的行列。国际上，美国已将 MCM 列入 20 世纪 90 年代优先发展的六大关键军事电子技术以及美国 2000 年前发展的十项军民两用高新技术之一。1993 年美国政府拨款 7000 万美元，在电子工业协会内建立一个新的分部，实施一个由政府资助、耗资 5 亿美元的 MCM 技术三年发展计划，以使美国于 1996 年在多芯片集成技术方面居世界领先地位。1994 年底，由欧洲五国（英、法、瑞典、奥地利、芬兰）的 10 余家公司、大学、研究机构组成联盟，完成了一项发展 MCM 技术的三年合作计划，其工作频率可高达 40GHz（用于通信）、功率密度达 40W/cm^2（用于汽车和工业）。日本各著名公司也都对 MCM 给予了极大重视，采取了有效措施强化 MCM 产业，已开始了定制 MCM 的研究。目前，MCM 在国外已被公认为是 20 世纪 90 年代的代表技术，近十年又是 MCM 发展的最辉煌的时代。

MCM 因使用的材料与工艺技术的不同，种类繁多，其分类方法也因认识角度的不同而异。按基板类型分类，可把 MCM 分成厚膜 MCM、薄膜 MCM、陶瓷 MCM 和混合 MCM。而国际比较流行的是按基板材料与基板制作工艺来分类，提出的按照 MCM 的结构进行分类的方式，将 MCM 分为如表 7-2 所示的三个基本类型：MCM-L（叠层多芯片组件）、MCM-C（共烧陶瓷多芯片组件）、MCM-D（淀积多芯片组件）。

表 7-2　MCM 的类型（IPC 标准）

MCM	MCM-LLaminate 叠层型	内外层开口型多层基板
		内埋置导通孔多层基板
	MCM-CCeramic 陶瓷、厚膜型	高温共烧陶瓷多层基板（HTCC）
		低温共烧陶瓷多层基板（LTCC）
		厚膜多层基板（TFM）
	MCM-DDeposited 淀积薄膜型	D/C（陶瓷基板）
		D/Si（硅基板）
		D/M（金属基板）
		D/S（蓝宝石基板）

7.6.2　低温共烧陶瓷多层集成电路技术（LTCC）

低温共烧陶瓷（LTCC-Low Temperature Co-fired Ceramic）技术是 MCM-C（共烧陶瓷多芯片组件）中的一种多层布线基板技术。它是一种将未烧结的流延陶瓷材料叠层在一起而制成的多层电路，内有印制互连导体、元件和电路，并将该结构烧成一个集成式陶瓷多层材料，然后在表面安装 IC、LSI 裸芯片等构成具有一定部件或系统功能的高密度微电子组件技术。随着 VLSI（超大规模集成）电路传输速度的提高及电子整机与系统进一步向小型化、多功能化、高可靠性方向发展，从而要求发展更高密度、高可靠性的电子封装技术。

它是近年来兴起的一种多学科交叉的整合组件技术，具有优异的机械、热力学和机械特性。LTCC 是休斯公司在 1982 年研发出的一种新型材料，它是将低温烧结陶瓷粉制成厚度精确而且致密的生磁带，在生磁带上利用激光打孔、微孔注浆、及精密导体浆料印刷等工艺制出所需要的电路图形，并将多个被动组件（如电阻、滤波器、低容值电容等）埋入多层陶瓷基板中，然后叠压在一起，在 900℃下烧结，加工成三维空间互不干扰的高密度电路。另外，可以利用 LTCC 技术设计内埋无源元件的三维电路基板，在其表面贴装 IC 和其他有源器件，制成有源和无源电路集成的电路模块，实现电路的微型化。

它与其他多层基板技术相比较，具有以下特点：

（1）易于实现更多布线层数，提高组装密度；

（2）易于内埋置各种无源元器件，提高组装密度，实现多功能；

（3）便于基板烧成前对每一层布线和互连通孔进行质量检查，有利于提高多层基板的成品率和质量，缩短生产周期，降低成本；

（4）具有良好的高频特性和高速传输特性；

（5）易于形成多种结构的空腔，从而可实现性能优良的多功能微波 MCM；

（6）与薄膜多层布线技术具有良好的兼容性，二者结合可实现更高组装密度和更好性能的混合多层基板和混合型多芯片组件（MCM-C/D）；

（7）易于实现多层布线与封装一体化结构，进一步减小体积和重量，提高可靠性；

（8）LTCC 具有很好的抵抗力和保护性能，同时，LTCC 的成本远低于常规材料，而且易于大批量生产。

LTCC 系统最早被用于多层基板和多芯片组装，最近几年，LTCC 技术开始进入无源集成领域，成为实现无源集成的一项关键性技术。目前，通过 LTCC 技术实现无源集成主要有两种途径，一种是将无源元件埋在低烧低介陶瓷中；而另一种是通过多层多成分陶瓷的共烧和图形化实现。无疑，后者是利用 LTCC 来实现无源集成的方向。与此同时，LTCC 技术由于自身具有的独特优点，用于制作新一代移动通信中的表面组装型元器件显现出巨大的优越性。目前移动通信中采用 LTCC 技术制作的 SMD 型 VCO、LC 滤波器、频率合成组件、GSM/DCS 开关共用器、DC/DC 变换器、功率放大器、蓝牙组件等均已获得越来越广泛的应用。目前，LTCC 已经成为电子元器件、微电子封装领域的一项关键性技术之一，日益受到重视。

1. LTCC 加工工艺流程

典型的 LTCC 组件如图 7-20 所示。LTCC 多层基板的主要工艺步骤包括配料、流延、打孔、填充通孔、印刷导体浆料、叠层热压、切片和共烧等工序。其工艺流程如图 7-21 所示。其中的关键制造技术如下。

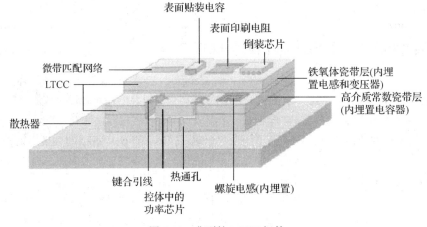

图 7-20 典型的 LTCC 组件

① 流延：将有机物（主要由聚合物黏结剂和溶解于溶液的增塑剂组成）和无机物（由陶瓷和玻璃组成）成分按一定比例混合。

② 划片：把生（未烧结）瓷带按需要尺寸进行裁减，可采用切割机、激光或冲床进行切割。

③ 打孔：生瓷片打孔主要有三种方法：钻孔、冲孔和激光打孔。对于低温共烧工艺来说，通孔质量的好坏直接影响布线的密度和通孔金属化的质量。

④ 通孔填充：属于生瓷片金属化技术的第一个步骤，其第二步骤是导电带图形的形成。

⑤ 导电带形成：导电带形成的方法有两种，传统的厚膜丝网印刷工艺和计算机直接描绘法。

⑥ 叠片与热压技术：烧结前应把印刷好金属化图形和形成互连通孔的生瓷片，按照预先设计的层数和次序叠到一起。

⑦ 排胶与共烧技术：将叠片热压后的陶瓷生坯放入炉中排胶。排胶是有机黏合剂气化和烧除的过程。

由于 LTCC 优异的性能，现已成功用于集成电路组装、多芯片模块、各种片式元件（如电感、电容、变压器等）等。应用领域涉及汽车电子、航空航天、军用电子和移动通信。LTCC 技术的主要特点有以下几个方面。

① LTCC 技术可以实现集成一体化互连封装。采用 LTCC 技术实现的 MCM，可以把封装外壳和互连基板一体化。

② LTCC 瓷带可以冲孔，做出各种复杂形状的封装，实现的电路模块密封性好、可靠性高，适合环境恶劣的情况。

③ 采用高导电率的金属或合金做导体。

④ LTCC 技术是平行加工技术。冲孔、填孔、印刷、叠片、层压。叠片的层数可以多达数十层，只需一次共烧。LTCC 工艺便于自动化大批量生产，是一项低成本的技术。

⑤ 高密度的导体布线能力。用厚膜印刷工艺能轻松地实现 0.1mm

⑥ LTCC 基板内实现无源元件的集成。电阻、电容、电感和微带元件等都可以实现内埋。减少了表面贴装无源元件的数量，可以大幅度提高封装密度。

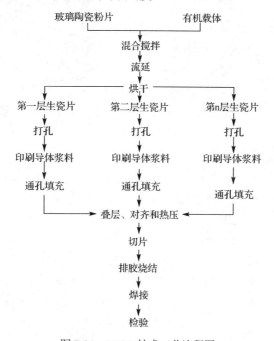

图 7-21　LTCC 技术工艺流程图

7.7　微波及毫米波集成电路应用实例

在过去的五十年里微波和毫米波集成电路有了巨大的发展。集成电路已经具有更小的尺寸、更高的集成度和更低的成本，在雷达、电子战和商业领域中有更广泛的应用。本节将简要介绍微波及毫米波集成电路在雷达、电子对抗和通信领域的应用。

7.7.1　微波及毫米波集成电路在雷达领域的应用

雷达在许多军事和商业领域中都有广泛应用。军事应用包括目标位置追踪、绘图和侦测。商业应用包括气象探测、运动测量、速度测量，避免撞击的汽车的自动雷达和航空雷达。早期雷达使用磁控管的发射机，在第二次世界大战得到了发展。后来，电子管型、放大器型的发射机相继应用，如速调管（KPA）和行波管（TWT）。到 1970 年，固态发射机通过高效的高功率硅使 BJT 第一次在雷达中应用。

空管雷达在航空交通中起到控制作用。图 7-22 给出了 1990 年由 Northrop Grumman 公司开发的 ASR-12 固态雷达发射模块的电路，现在还在 6 个国家中使用。它是空气冷却式微带功率模块，使用四个联结硅锗（SiGe）功率电子晶体管，频带覆盖 2.7～2.9GHz，雷达带宽峰值功率为 700W。SiGe 与硅 BJT 相比可以工作到更高的频率和效率。

航空雷达一般用于测量风速的变化。图 7-23 给出了一个在 1990 年发明的 Northrop Grumman MODAR 的固态 75W-X 波段发射机模块。

图 7-22　ASR-12 固态雷达发射模块　　　　图 7-23　固态 75WX 波段发射机模块

1980—1990 年，高电子迁移率晶体管（HEMT）的发展使作为接收机应用的功率放大器有很低的噪声参数。GaAs pHEMT 适用于频带在 100GHz 的范围。除此之外，由于 GaAs HBT 的产生，硅 BJT 的工作频带也从 3GHz 扩展到 20GHz 左右。

雷达也可以安装在汽车上，以避免撞击。图 7-24 给出了一个频率为 77GHz 的收发模块，它是 1990 年产生的 M/A-COM，它使用玻璃-硅（GMIC）基板。在基板上制作低损耗微带传输线、偏置电路（螺旋电感、电容和电阻）、空气桥、金属接地平面、散热和接地装置，其他包括一个频率为 19GHz 的微带线介质-谐振器振荡器（DRO）、放大器、倍增器、混合器和 PIN 开关的波导输出电路。

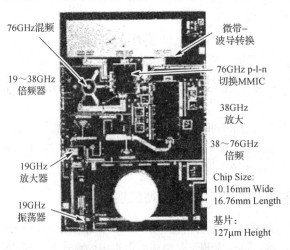

图 7-24　M/A-COM 车用雷达频率为 77GHz 的收发模块

雷达应用在导弹上时由于体积限制和分辨特性要求，较多使用毫米波频段。在这个频段，MMIC 的应用需要满足低成本和精密封装的要求。图 7-25 给出了一个由 Northrop Grumman 公司在 1990 年生产的 W 波段弹载收发模块。收发模块内直径为 1 英寸，厚度为 0.25 英寸，外接四个圆极化天线。包括一个单脉冲比较器，两个全 MMIC 接收机，每个 MMIC 接收机信道都有一个平衡低噪声放大器，一个图像增强/抑制谐波混合器和一个中频放大器。基板采用石英、明矾和 LTCC 混合材料，放大器和混合器选用 GaAs pHEMT，另选用 InP MMIC 低噪放来改善噪声特性。

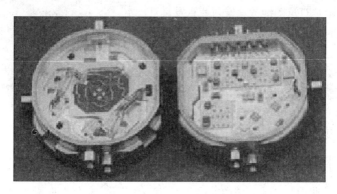

图 7-25　W 波段弹载收发模块

图 7-26 给出了一个由 Northrop Grumman 公司在 1990 年为导弹应用制造的 W 波段 1W 微型发射机，它仅重 2.4 盎斯，最大尺寸 1.3 英寸。集成电路由微带传输线、带状线、放射线和波导连接。发射机输入端输入 Ku 波段信号后两次倍频、功率放大和分频后进入两个八路输出通道。每个八路输出通道经功率放大后，经过三倍频并在一个放射状的组合器中组合。每两个放射状的结合输出端口的输出信号在一个 T 型波导中耦合。石英型 LTCC 作为集成电路介质基板提供直流通路和对有源 MMIC 电路的控制信号。所有的 MMIC 均应用了 GaAs pHEMT。

对于固态相控阵雷达，每一个单元都带有自己的收发模块（T/R 组件），每个模块有它自己的发射机、接收机。固态相控阵雷达有许多实际应用，如 AN/SPY-1（神盾系统）、爱国者系统、EAR 系统、机载预警系统（AWACS）、多功能电子扫描自适应雷达系统（MESAR）、AN/TPS-70、AN/TPQ-37、PAVE PAWS、眼镜蛇 DANE、眼镜蛇 JUDY、F22 和高空防卫雷达等。图 7-27 给出了一个在 F22 飞机上有源相控阵雷达的实际收发模块（发射仰视图，接收俯视图）。所有有源电路的 MMIC 构成都是低成本的。

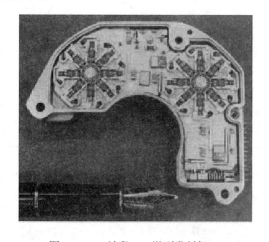

图 7-26　W 波段 1W 微型发射机

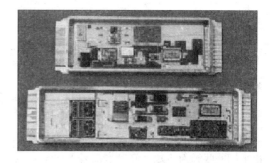

图 7-27　F22 飞机上有源相控阵雷达的实际收发模块

7.7.2 微波及毫米波集成电路在电子对抗（ECM）领域的应用

无源 ECM 主要采用金属碎箔、假目标或者其他不需要能量的反射体等。有源 ECM 既使用人为干扰技术也使用欺诈技术，欺诈性 ECM 是有意图地故意发射或重发具有一定幅度、频率、相位的间歇或连续波（CW）信号来迷惑电子系统对信息的获取和使用。图 7-28 给出了一个 20 世纪 80 年代开发的宽带 ECM 多功能模块的例子，它使用微带线、槽线和共面波导，完整的功能包括耦合、限幅、上变频、下变频、宽带放大、幅度调制、整流、选通和稳频源等，电路中使用了不同的频率包括 S、C、X 和 Ku 波段。

图 7-28　宽带 ECM 多功能模块

7.7.3 微波及毫米波集成电路在通信领域的应用

MIC 和 MMIC 在通信等商业领域中也得到了广泛的应用，包括双向无线电通信、寻呼、蜂窝电话、视距通信链路、卫星通信、无线局域网（WLANs）、蓝牙、本地多点分布式系统（LMDS）和全球定位系统（GPS）等。

双向无线电通信为通信提供了一种便捷的方式。1941 年，Motorola 引入了首条用于商业的 FM 双向无线电通信系统线路和设备。FM 技术较 AM 技术在幅度恒定操作上有了重大的改进。1955 年，Motorola 推出了一种新的无线电通信产品——一种很小的、叫做 Handie-Talkie 的袖珍无线寻呼接收机，它有选择性地发送无线电信息给特定的用户。寻呼很快就开始取代了医院和工厂的公共通告系统。1962 年，Motorola 推出了完全晶体管化的 Handie-Talkie HT200 便携式双向无线电通信系统。随后，1983 年 Motorola 推出了第一代 DynaTAC 模拟蜂窝系统，并在 1985 年开始商业运作。在 20 世纪 90 年代，数字技术被引入了蜂窝无线通信（第二代），这样为具有改善了话音质量的同样带宽提供了更多的无线信道，两个工作频段大约在 800～1000MHz 和 1750～1900MHz，在两个频段中既使用了模拟也使用了数字模式。数字模式包括全球移动通信系统（GSM）、时分多址（TDMA）和码分多址（CDMA）。在第三代蜂窝电话的发展下，将会为 Internet 接入提供更高的数据率和嵌入式的蓝牙模块，这样允许在不使用电缆的情况下便可以无线连接到一台兼容的计算机上。射频电路被高度集成并且应用到了这两个频段中。

视距高塔通信链路从 20 世纪 40 年代起就被用于进行电话、图像和数据在微波频段的通信。创始人 C. Clarke 在 1945 年首先提出了卫星通信。由于在语音、图像和数据传输方面的全球需求量的飞速增长，卫星通信在过去的三十年中得到了迅猛的发展。固定卫星服务（FSSs）如 INTELSAT 为卫星和很多较大的地球站之间提供通信。这些地球站通过陆地电缆连接起来。主要使用了 S、C 和 Ku 波段，也用到了 20/30GHz。INTELSAT I（晨鸟）发射于 1965 年，它提供 240 路话音信道。1989 年之前发射了 INTELSAT VI 系列卫星，它提供了 33000 条电话线路的负载能力。随着数字压缩技术和多路复用技术的发展，现已有 120000 条双向电话信道和三条电视信道。

DBS 服务用具有较高功率的卫星把电视节目发送到用户家中或发送到共用电视天线再用电缆把信号传送到户。最初的系统使用 C 波段，需要一个大的抛物面天线，而现在普遍使用 Ku 波段系统，只需要一个很小的抛物面天线。移动卫星服务（MSSs）为大的固定地球站和许多装在车上、舰船上和飞机上的一些地面终端之间发送信号。IMMARSAT 2 系列卫星从 1989 年开始发射，它可以支持 150 路同时传输。IMMARSAT 3 比 IMMARSAT 2 系统提供的信道数又多了十倍，这些卫星系统都运行在高同步静止轨道。而其他的一些卫星系统运行于低轨道，即在 600 到 800km 之间（Iridium、Ellipso 和

Globalstar 等）或在中等高度（10000km）的圆形轨道中（ICO）。这些系统提供卫星和手持单元之间的通信。在所有的这些卫星系统中可靠的运行是极为重要的。很多可靠的 MMIC 和转发器的设计已经被报道。

发展于 20 世纪 90 年代的 WLANs 已经应用于家中、学校和办公楼的高数据速率的连接。IEEE 802.11 标准最初的频率大约在 2400MHz，具有 20dBm 的射频功率和 50m 的范围。蓝牙技术作为一种计算机与外围设备和其他应用硬件之间互联的低花费无线方式发展于 21 世纪初期。蓝牙也在 2400MHz 的频带上进行，它具有 0dBm 的功率和 1～10m 的范围。如果再放大到 20dBm，它的范围可以达到 50m。图 7-29 给出的是一个由 Ericsson 生产的完整的蓝牙无线电模块，它使用了 LTCC。图 7-30 显示的是一个由 Intarsia 开发的使用了薄膜集成无源电路和一个倒装晶片有源集成电路的模块。

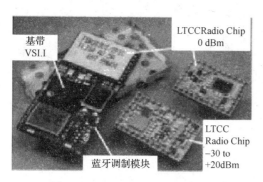 

图 7-29　LTCC 蓝牙无线电模块　　　　图 7-30　Intarsia 开发的蓝牙无线电模块

LMDS 技术被应用于陆地多媒体传送系统，用来与蜂窝之间在大约 3～6 英里的直径内进行双向宽带传输。1998 年，美国联邦通信委员会（FCC）为这项应用在 28～31GHz 频段分配了 1300MHz 的带宽。LMDS 提供了高速 Internet 接入、电视广播、可视会议、图像、声音和电话服务。混合 pHEMT 和 MMIC pHEMT 的功率放大在这个频段内已经达到 2W 的功率。

GPS 系统被广泛应用于航海辅助，而且已经研制成功可靠的终端系统。集成硅 BJT MMIC 芯片已经被开发用于下变频变换和处理 1.575GHz 的 GPS 信号。

2009 年德国 IMST GmbH 中心的 W. Simon、J. Kassner、O. Nitschke 等人采用 LTCC 技术制作了用于卫星通信的 Ka 频段发射前端，如图 7-31 所示。在一块基板集成了天线阵、射频链路、本振链路以及直流偏置电路，并采用水冷散热系统使得模块热功率在 30W 时依然能维持在 35℃ 以下。

图 7-31　Ka 频段发射前端

7.7.4　微波及毫米波集成组件

美国 EDO 公司的 Ka 波段下变频器，它的 RF 为 25～30GHz 中的任意 2GHz 频段，IF 输出

14.8+/0.325GHz，变频增益为45dB，噪声系数小于2.5，输入输出驻波比小于1.3，输出功率大于10dBm。实物图如图7-32所示。

2009年K.HettaK等人研制出了一种新型紧凑单面基带频率20GHz的直接下变频I/Q频率输出，GaAsMMIC芯片创新的利用ACPS枝节和CPW结构设计电容电感减小芯片体积。利用ACPS结构设计魔T不仅降低了结构尺寸而且提高本振LO和射频RF的隔离和高的杂散抑制度，实物图如图7-33所示。

图7-32　Ka波段下变频器

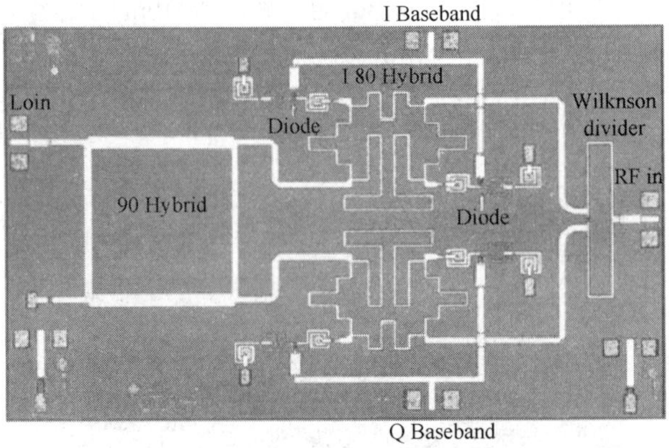

图7-33　Ka波段下变频器

Ka_C波段上、下变频组件的结构框图和实物图如图7-34所示。

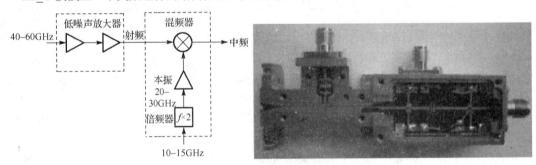

图7-34　结构框图和实物图

图7-35所示给出单片接收机的原理框图和加工版图，由于采用了CMOS工艺，60GHz接收机的整体大小为2.4mm×1.1mm。

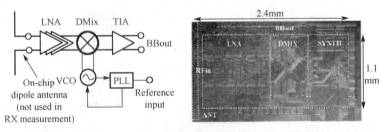

图7-35　60GHz单片接收机的原理框图和加工版图

2007年台湾大学的Yu-Hsun Peng研制出基于0.18μmCMOS工艺的Ku波段频率综合器。该频率合成器频率输出范围是14.8GHz～16.9GHz；供电电压2V；直流功耗仅为70mW；在输出15GHz时相位噪声为-104.5dBc/Hz@1MHz；由于采用了先进的 0.18μmCMOS 工艺，该频率合成器的面积仅为 0.98mm×0.98mm。经过测试，该频率合成器在输出 15.6GHz 时，功率可达-10dBm，相位噪声为 -110dBc/Hz@1MHz。图 7-36 和图 7-37 列出 Ku 波段频率合成器的原理图和加工版图。

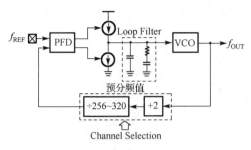

图 7-36　Ku 波段频率源原理框图

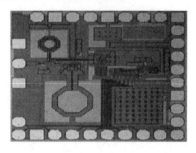

图 7-37　Ku 波段频率源的加工版图

2009 年电子科技大学李平等人采用 LTCC 技术设计一个毫米波精确制导收发前端，如图 7-38 所示。其发射功率达到 7.34dBm，接收支路增益大于 30dB，噪声系数小于 5.5dB。

图 7-38　LTCC 收发前端

用 HMIC 和 LTCC 工艺制作的两种 Ka 波段发射模块，其电路图相同，主要包括以下单元电路：
① Ka 波段的单边带调制器；
② 驱动放大器；
③ 微带定向耦合器；
④ 带反馈的检波电路。

图 7-39 是两种电路的实物图。使用 LTCC 技术的电路面积仅 527mm²，较 MIC 的电路尺寸减少了 57%。HMIC 的最大变频增益为 9.6dB，而 LTCC 的只有 6.1dB。这是因为各原件之间的失配和互连损耗，并且 MMIC 放大器单片和调制器的器件差异也是原因之一。

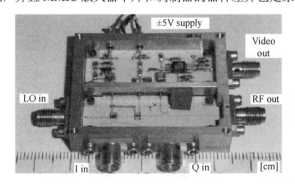
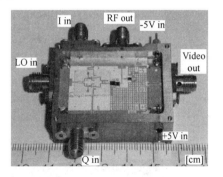

图 7-39　HMIC 和 LTCC 工艺制作的两种 Ka 波段发射模块

图 7-40 给出了一种工作频率 40.5GHz 到 41.5GHz 的毫米波收发前端，射频部分采用 LTCC 基板设计。该模块应用 3D 集成的新概念，在 LTCC 基板下面使用了 FR-4 PCB 介质基板，这样加强了整个基板的机械强度，降低了组件成本。模块的尺寸仅为 32mm×28mm×3.3mm，在 40.5GHz 到 41.5GHz 范围内，1dB 压缩点输出功率为 15dBm，噪声系数为 9.72dB。

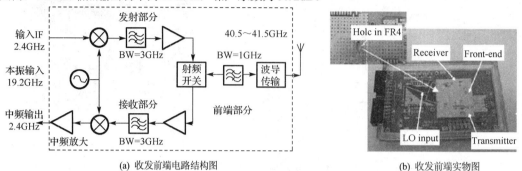

(a) 收发前端电路结构图　　　　　　　　(b) 收发前端实物图

图 7-40　40.5GHz 到 41.5GHz 的毫米波收发前端

2008 年，韩国的 Kyoungho Woo 等研究了在同一个锁相环中集成了整数分频器和小数分频器应用于不同带宽中的电路，利用 CMOS 技术制成了集成电路。输出频率范围为 2.368～2.496GHz，实现相位噪声-113dBc/Hz@1MHz，杂散抑制 54dBc，设计方案如图 7-41 所示。

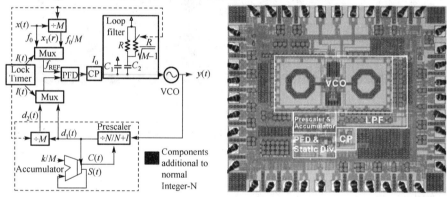

图 7-41　集成锁相环电路

2007 年瑞典的 Reza Bagger 等人利用 LTCC 技术研制出一个频率合成模块，实物如图 7-42 所示。其所用 LTCC 基板材料在 5GHz 频率处介电常数 7.8，损耗角 0.0048，整个电路设计在一块体积为 21×16×4mm³ 基片上，高度集成了压控振荡器、缓冲放大器、环路滤波器、锁相环路、开关等，模块输出频率覆盖 1800MHz Rx/Tx 和 1900 MHz Rx/Tx 无线通信频段。

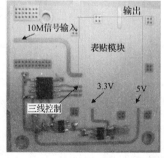 

图 7-42　频率合成模块

图 7-43 为下变频器变频链路，变频通道和本振倍频链路设计在腔体正面，锁相环路和直流供电设计在腔体背面，上下腔体采用玻珠连接供电。

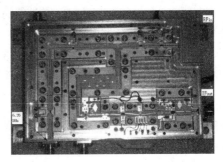

图 7-43　下变频器实物图（包括正面和背面）

7.8　MMIC 电路发展趋势

通过以上对国内外 MMIC 技术进展现状的分析和对国内外有关 MMIC 器件研究报道资料的综合，对 MMIC 的未来发展趋势做出如下预测。

1. MMIC 基片材料的完善

（1）GaAs MESFET 材料

在 MMIC 发展的初期阶段使用的基片材料通常是 GaAs MESFET。就目前的技术水平而言，GaAs MESFET 技术已经达到相当完善的程度。MESFET 和以其为核心的 MMIC 的可靠性已经达到很高的水平。但是由于 GaAs MESFET 材料的价格一直较高，这对 MMIC 的大批量产生了一定的影响，今后的发展趋势是进一步改进 GaAs MESFET 材料的制造工艺以实现低成本、低价格。

（2）InGaAs HEMT 材料

随着频段的拥挤、毫米波段的开发，MESFET 与 HEMT 相辅相成，为微波和毫米波提供了满意的有源器件。但是由于材料和工艺水平的原因，HEMT 的可靠性水平还有待提高。今后的目标是要进一步解决 HEMT 在制造过程中因异质结构和掺杂引入等有关问题。

（3）SiGe HBT 材料

目前 SiGeHBT 只能在 10GHz 以下以表现出良好的性能，但是这种材料优越的性能，和巨大的发展潜力，受到各国材料制造业的重视。德国奔驰研究中心 A.Gruhel 预测，不久在 20GHz 下 SiGe HBT 的噪声指数也将低于 1.0dB，但是 SiGe HBT 的功放线性度与 MESFET 和 HEMT 相比较差，因此未来的材料工艺将着重从线性技术和采用更完善的掺杂分布入手，如果能够达到，这一特性将会表现出很好的性能，是目前努力攻克的技术之一。

（4）CMOS 技术

随着近年来 CMOS 技术的飞速发展，在许多 MMIC 的器件制造中已经成功地利用了这种技术，它能否代替 GaAs 技术而成为新一代的 MMIC 基片材料，也值得深入的研究。

2. MMIC 器件的高效趋势

提高 MMIC 器件的高性能一直是微波电路设计者的方向。今后的微波/毫米波由于对性能达到非常高的要求水平，因此对 MMIC 器件选择的首要条件是其性能状态。

未来的 MMIC 器件高效趋势有以下几个途径。

（1）使用新型基片材料。

（2）提高微波有源元件的性能。

提高有源元件的性能是改善 MMIC 性能的最直接和最有效的解决方式，这需要从现有的有源元件的结构和制作工艺入手。

（3）使用新型电路结构。

通过电路结构的改进可以有效地提高 MMIC 器件的性能，这方面的成就已为人们共识。

3. MMIC 工作频率向毫米波段扩展

由于 MMIC 技术成功地应用于微波领域中，使得在毫米波段许多类似的应用也相应地采用了 MMIC 技术。

4. MMIC 器件向多元单片或多维多层发展

未来的微波/毫米波系统由于功能与性能的不断提高，所需的 MMIC 器件也会不断增加，因此单一地靠减小 MMIC 器件的体积以达到缩小微波/毫米波系统体积，并不能起到实质性的作用。最关键的应该是从减少 MMIC 器件的数量入手。

减少 MMIC 器件数目的方法有两种趋势：

（1）多元单片 MMIC 技术。将多个 MMIC 器件制作在一块芯片上，利用各种不同功能的 MMIC 电路元件共用一片芯片的方式，通过减少总体器件数目来实现减少系统体积。

（2）三维或多维 MMIC 技术。将不同电路芯片重叠，形成多层基片结构，这样在这个多层基片内实现几乎所有的无源器件和芯片互联网络。

通过这两种形式制作的 MMIC 器件的优点如下：

（1）由于器件数目的减少，会更大限度地减少由于焊点对系统造成的封装参数的影响。同时也会更加节省能源。

（2）新型的微波/毫米波系统的体积变得更小，这样更有利于系统整机的运输、安装，以及减少外部条件对系统的设备造成的损耗。

（3）由于 MMIC 器件和系统在制造中使用了较少的原材料，使得材料的利用率进一步提高，这样在批量生产中可以节省更多的资金，获得更高的利润。

5. MMIC 的多频功能趋势

以往的 MMIC 器件大多只在某一段频段或某一个频点上才能获得最佳的性能状态，为了在适应其他频率范围的需要，只能重新进行设计。众所周知，MMIC 器件的设计与制造是一项高投入的活动。这样造成了资金与时间的重复使用的浪费。未来的 MMIC 器件将向着适应多频段的方向发展，即 MMIC 的多频功能。

为适应这种需求的发展，今后 MMIC 器件的研究趋势如下：

（1）电路设计中增添辅助电路。在 MMIC 器件的电路设计中，可以再增添一种辅助结构以拓宽 MMIC 的工作频段。

（2）实现 MMIC 的全频段功能。这是未来 MMIC 最理想的形式，仅用一块 MMIC 芯片就可以实现各个频段的最佳性能指标，它的优越性在于：

① 由于 MMIC 器件可以满足不同的频段需要，这样可使微波/毫米波系统的功能与使用范围将大大提高。

② 对于用户而言，一部可灵活使用于多种频率范围内的系统整机可以避免由于用户对其他频段需求所进行的额外投资。

③ 对于制造者而言，在微波/毫米波系统整机的制造过程中，不仅提高了器件的使用效率，也便于系统元件的更新与维修。因此，衡量新一代微波/毫米波系统工作性能的标准将不再是对其在某一段频率范围内的工作性能进行测试，而是在多段频率范围内对系统的工作性能进行综合的考察。

6. MIC CAD 向人工智能型发展

一方面，目前的微波集成电路CAD技术大多基于高频电磁仿真技术而建立起来的，如MW-SPICE、TOUCHSTONE、MDS、Super-compact 等。这些软级功能都很强大，但是都有一定的缺陷，如不能适应由于 MMIC 技术的迅速发展而产生的新型元件模型（针对 CAD 软件的元件库而言）。因此，开发功能强大的 MMIC 仿真软件是当前各国都必将研究的内容。

另一方面，基于 MMIC 器件向多元单片或多维多层发展提出的观点可以看出，多元或多维结构虽然为微波设计提供了更大的自由度，但也使传统的、根据高频电磁仿真技术建立起来的 CAD 变得非常困难，由于一个 MMIC 电路原型的研究要花费很大的财力与时间，如果所使用的 CAD 软件不能使"一次成功"的概率有所提高的话，将不会得到很好的性能/价格比。这样一来，微波工业的发展将会由于这些因素而减缓发展的速度。这样便必须研制一些新型的 CAD 软件与其相适应。这些软件应当根据人工神经网络性能或具有一定的人工智能性，目前已经有这方面的报道，如采用多层感知元神经网络（MLPNN）经过训练可以计及耗散和互耦等影响，准确地计算微波及毫米波元件。

虽然这些技术仍在探索之中，甚至相关的理论还不太成熟，但可以设想这些软件开发成功以后，将对缩短新型 MMIC 设计的周期、提高和完善 MMIC 的性能起着关键性的作用。因此新型 CAD 技术的研究也将是未来的一个前沿的研究课题。

附录 A 半导体二极管参数符号及其意义

C_T——势垒电容。

C_j——结（极间）电容，表示在二极管两端加规定偏压下，锗检波二极管的总电容。

C_{jv}——偏压结电容。

C_o——零偏压电容。

C_{jo}——零偏压结电容。

C_{jo}/C_{jn}——结电容变化。

C_s——管壳电容或封装电容。

C_t——总电容。

C_{TV}——电压温度系数。在测试电流下，稳定电压的相对变化与环境温度的绝对变化之比。

C_{TC}——电容温度系数。

C_{vn}——标称电容。

I_F——正向直流电流（正向测试电流）。锗检波二极管在规定的正向电压 V_F 下，通过极间的电流；硅整流管、硅堆在规定的使用条件下，在正弦半波中允许连续通过的最大工作电流（平均值），硅开关二极管在额定功率下允许通过的最大正向直流电流；测稳压二极管正向电参数时给定的电流。

$I_{F(AV)}$——正向平均电流。

$I_{FM(IM)}$——正向峰值电流（正向最大电流）。在额定功率下，允许通过二极管的最人正向脉冲电流。发光二极管极限电流。

I_H——恒定电流、维持电流。

I_i——发光二极管起辉电流。

I_{FRM}——正向重复峰值电流。

I_{FSM}——正向不重复峰值电流（浪涌电流）。

I_o——整流电流。在特定线路中规定频率和规定电压条件下所通过的工作电流。

$I_{F(ov)}$——正向过载电流。

I_L——光电流或稳流二极管极限电流。

I_D——暗电流。

I_{B2}——单结晶体管中的基极调制电流。

I_{EM}——发射极峰值电流。

I_{EB10}——双基极单结晶体管中发射极与第一基极间反向电流。

I_{EB20}——双基极单结晶体管中发射极向电流。

I_{CM}——最大输出平均电流。

I_{FMP}——正向脉冲电流。

I_P——峰点电流。

I_V——谷点电流。

I_{GT}——晶闸管控制极触发电流。

I_{GD}——晶闸管控制极不触发电流。

I_{GFM}——控制极正向峰值电流。

$I_{R(AV)}$——反向平均电流。

$I_{R(In)}$——反向直流电流（反向漏电流）。在测反向特性时，给定的反向电流；硅堆在正弦半波电阻性负载电路中，加反向电压规定值时，所通过的电流；硅开关二极管两端加反向工作电压 V_R 时所通过的电流；稳压二极管在反向电压下，产生的漏电流；整流管在正弦半波最高反向工作电压下的漏电流。

I_{RM}——反向峰值电流。

I_{RR}——晶闸管反向重复平均电流。

I_{DR}——晶闸管断态平均重复电流。

I_{RRM}——反向重复峰值电流。

I_{RSM}——反向不重复峰值电流（反向浪涌电流）。

I_{rp}——反向恢复电流。

I_z——稳定电压电流（反向测试电流）。测试反向电参数时，给定的反向电流。

I_{zk}——稳压管膝点电流。

I_{OM}——最大正向（整流）电流。在规定条件下，能承受的正向最大瞬时电流；在电阻性负荷的正弦半波整流电路中允许连续通过锗检波二极管的最大工作电流。

I_{ZSM}——稳压二极管浪涌电流。

I_{ZM}——最大稳压电流。在最大耗散功率下稳压二极管允许通过的电流。

i_F——正向总瞬时电流。

i_R——反向总瞬时电流。

i_r——反向恢复电流。

I_{op}——工作电流。

I_s——稳流二极管稳定电流。

f——频率。

n——电容变化指数；电容比。

Q——优值（品质因素）。

δ_{vz}——稳压管电压漂移。

di/dt——通态电流临界上升率。

dv/dt——通态电压临界上升率。

P_B——承受脉冲烧毁功率。

$P_{FT(AV)}$——正向导通平均耗散功率。

P_{FTM}——正向峰值耗散功率。

P_{FT}——正向导通总瞬时耗散功率。

P_d——耗散功率。

P_G——门极平均功率。

P_{GM}——门极峰值功率。

P_C——控制极平均功率或集电极耗散功率。

P_i——输入功率。

P_K——最大开关功率。

P_M——额定功率。硅二极管结温不高于 150℃ 所能承受的最大功率。

P_{MP}——最大漏过脉冲功率。

P_{MS}——最大承受脉冲功率。

P_o——输出功率。

P_R——反向浪涌功率。

P_{tot}——总耗散功率。

P_{omax}——最大输出功率。

P_{sc}——连续输出功率。

P_{SM}——不重复浪涌功率。

P_{ZM}——最大耗散功率。在给定使用条件下，稳压二极管允许承受的最大功率。

R_F（r）——正向微分电阻。在正向导通时，电流随电压指数的增加，呈现明显的非线性特性。在某一正向电压下，电压增加微小量ΔV，正向电流相应增加ΔI，则$\Delta V/\Delta I$称微分电阻。

R_{BB}——双基极晶体管的基极间电阻。

R_E——射频电阻。

R_L——负载电阻。

R_s（r_s）——串联电阻。

R_{th}——热阻。

$R_{(th)ja}$——结到环境的热阻。

R_z（r_u）——动态电阻。

$R_{(th)jc}$——结到壳的热阻。

r_δ——衰减电阻。

$r_{(th)}$——瞬态电阻。

T_a——环境温度。

T_c——壳温。

t_d——延迟时间。

t_f——下降时间。

t_{fr}——正向恢复时间。

t_g——电路换向关断时间。

t_{gt}——门极控制极开通时间。

T_j——结温。

T_{jm}——最高结温。

t_{on}——开通时间。

t_{off}——关断时间。

t_r——上升时间。

t_{rr}——反向恢复时间。

t_s——存储时间。

t_{stg}——温度补偿二极管的贮成温度。

a——温度系数。

λ_p——发光峰值波长。

$\Delta\lambda$——光谱半宽度。

η——单结晶体管分压比或效率。

V_B——反向峰值击穿电压。

V_c——整流输入电压。

V_{B2B1}——基极间电压。

V_{BE10}——发射极与第一基极反向电压。

V_{EB}——饱和压降。

V_{FM}——最大正向压降（正向峰值电压）。

V_F——正向压降（正向直流电压）。

ΔV_F——正向压降差。

V_{DRM}——断态重复峰值电压。

V_{GT}——门极触发电压。

V_{GD}——门极不触发电压。

V_{GFM}——门极正向峰值电压。

V_{GRM}——门极反向峰值电压。

$V_{F(AV)}$——正向平均电压。

V_o——交流输入电压。

V_{OM}——最大输出平均电压。

V_{op}——工作电压。

V_n——中心电压。

V_p——峰点电压。

V_R——反向工作电压（反向直流电压）。

V_{RM}——反向峰值电压（最高测试电压）。

$V_{(BR)}$——击穿电压。

V_{th}——阈电压（门限电压）。

V_{RRM}——反向重复峰值电压（反向浪涌电压）。

V_{RWM}——反向工作峰值电压。

V_v——谷点电压。

V_z——稳定电压。

ΔV_z——稳压范围电压增量。

V_s——通向电压（信号电压）或稳流管稳定电流电压。

a_v——电压温度系数。

V_k——膝点电压（稳流二极管）。

V_L——极限电压。

附录 B　双极型晶体管参数符号及其意义

C_{cb}——集电极与基极间电容。

C_{ce}——发射极接地输出电容。

C_i——输入电容。

C_{ib}——共基极输入电容。

C_{ie}——共发射极输入电容。

C_{ies}——共发射极短路输入电容。

C_{ieo}——共发射极开路输入电容。

C_n——中和电容（外电路参数）。

C_o——输出电容。

C_{ob}——共基极输出电容。在基极电路中，集电极与基极间输出电容。

C_{oe}——共发射极输出电容。

C_{oeo}——共发射极开路输出电容。

C_{re}——共发射极反馈电容。

C_{ic}——集电结势垒电容。

C_L——负载电容（外电路参数）。

C_p——并联电容（外电路参数）。

BV_{cbo}——发射极开路，集电极与基极间击穿电压。

BV_{ceo}——基极开路，CE 结击穿电压。

BV_{ebo}——集电极开路 EB 结击穿电压。

BV_{ces}——基极与发射极短路 CE 结击穿电压。

BV_{cer}——基极与发射极串接一电阻，CE 结击穿电压。

D——占空比。

f_T——特征频率。

f_{max}——最高振荡频率。当三极管功率增益等于 1 时的工作频率。

h_{FE}——共发射极静态电流放大系数。

h_{IE}——共发射极静态输入阻抗。

h_{OE}——共发射极静态输出电导。

h_{RE}——共发射极静态电压反馈系数。

h_{ie}——共发射极小信号短路输入阻抗。

h_{re}——共发射极小信号开路电压反馈系数。

h_{fe}——共发射极小信号短路电压放大系数。

h_{oe}——共发射极小信号开路输出导纳。

I_B——基极直流电流或交流电流的平均值。

I_c——集电极直流电流或交流电流的平均值。

I_E——发射极直流电流或交流电流的平均值。

I_{cbo}——基极接地，发射极对地开路，在规定的 V_{CB} 反向电压条件下的集电极与基极之间的反向截止电流。

I_{ceo}——发射极接地，基极对地开路，在规定的反向电压 V_{CE} 条件下，集电极与发射极之间的反向截止电流。

I_{ebo}——基极接地，集电极对地开路，在规定的反向电压 V_{EB} 条件下，发射极与基极之间的反向截止电流。

I_{cer}——基极与发射极间串联电阻 R，集电极与发射极间的电压 V_{CE} 为规定值时，集电极与发射极之间的反向截止电流。

I_{ces}——发射极接地，基极对地短路，在规定的反向电压 V_{CE} 条件下，集电极与发射极之间的反向截止电流。

I_{cex}——发射极接地，基极与发射极间加指定偏压，在规定的反向偏压 V_{CE} 下，集电极与发射极之间的反向截止电流。

I_{CM}——集电极最大允许电流或交流电流的最大平均值。

I_{BM}——在集电极允许耗散功率的范围内，能连续地通过基极的直流电流的最大值，或交流电流的最大平均值。

I_{CMP}——集电极最大允许脉冲电流。

I_{SB}——二次击穿电流。

I_{AGC}——正向自动控制电流。

P_c——集电极耗散功率。

P_{CM}——集电极最大允许耗散功率。

P_i——输入功率。

P_o——输出功率。

P_{osc}——振荡功率。

P_n——噪声功率。

P_{tot}——总耗散功率。

E_{SB}——二次击穿能量。

$r_{bb'}$——基区扩展电阻（基区本征电阻）。

$r_{bb'}C_c$——基极-集电极时间常数，即基极扩展电阻与集电结电容量的乘积。

r_{ie}——发射极接地，交流输出短路时的输入电阻。

r_{oe}——发射极接地，在规定 V_{CE}、I_c 或 I_E、频率条件下测定的交流输入短路时的输出电阻。

R_E——外接发射极电阻（外电路参数）。

R_B——外接基极电阻（外电路参数）。

R_c——外接集电极电阻（外电路参数）。

R_{BE}——外接基极-发射极间电阻（外电路参数）。

R_L——负载电阻（外电路参数）。

R_G——信号源内阻。

R_{th}——热阻。

T_a——环境温度。

T_c——管壳温度。

T_s——结温。

T_{jm}——最大允许结温。

T_{stg}——储存温度。

t_d——延迟时间。

t_r——上升时间。

t_s——存储时间。

t_f——下降时间。

t_{on}——开通时间。

t_{off}——关断时间。

V_{CB}——集电极-基极（直流）电压。

V_{CE}——集电极-发射极（直流）电压。

V_{BE}——基极发射极（直流）电压。

V_{CBO}——基极接地，发射极对地开路，集电极与基极之间在指定条件下的最高耐压。

V_{EBO}——基极接地，集电极对地开路，发射极与基极之间在指定条件下的最高耐压。

V_{CEO}——发射极接地，基极对地开路，集电极与发射极之间在指定条件下的最高耐压。

V_{CER}——发射极接地，基极与发射极间串接电阻 R，集电极与发射极间在指定条件下的最高耐压。

V_{CES}——发射极接地，基极对地短路，集电极与发射极之间在指定条件下的最高耐压。

V_{CEX}——发射极接地，基极与发射极之间加规定的偏压，集电极与发射极之间在规定条件下的最高耐压。

V_p——穿通电压。

V_{SB}——二次击穿电压。

V_{BB}——基极（直流）电源电压（外电路参数）。

V_{cc}——集电极（直流）电源电压（外电路参数）。

V_{EE}——发射极（直流）电源电压（外电路参数）。

$V_{CE(sat)}$——发射极接地，规定 I_c、I_B 条件下的集电极-发射极间饱和压降。

$V_{BE(sat)}$——发射极接地，规定 I_c、I_B 条件下，基极-发射极饱和压降（前向压降）。

V_{AGC}——正向自动增益控制电压。

$V_{n(p-p)}$——输入端等效噪声电压峰值。

V_n——噪声电压。

C_j——结（极间）电容，表示在二极管两端加规定偏压下，锗检波二极管的总电容。

C_{jv}——偏压结电容。

C_o——零偏压电容。

C_{jo}——零偏压结电容。

C_{jo}/C_{jn}——结电容变化。

C_s——管壳电容或封装电容。

C_t——总电容。

C_{TV}——电压温度系数。在测试电流下，稳定电压的相对变化与环境温度的绝对变化之比。

C_{TC}——电容温度系数。

C_{vn}——标称电容。

I_F——正向直流电流（正向测试电流）。锗检波二极管在规定的正向电压 V_F 下，通过极间的电流；硅整流管、硅堆在规定的使用条件下，在正弦半波中允许连续通过的最大工作电流（平均值），硅开关二极管在额定功率下允许通过的最大正向直流电流；测稳压二极管正向电参数时给定的电流。

$I_{F(AV)}$——正向平均电流。

$I_{FM(IM)}$——正向峰值电流（正向最大电流）。在额定功率下，允许通过二极管的最大正向脉冲电流。发光二极管极限电流。

I_H——恒定电流、维持电流。

I_i——光二极管起辉电流。

I_{FRM}——正向重复峰值电流。

I_{FSM}——正向不重复峰值电流（浪涌电流）。

I_o——整流电流。在特定线路中规定频率和规定电压条件下所通过的工作电流。

$I_{F(ov)}$——正向过载电流。

I_L——光电流或稳流二极管极限电流。

I_D——暗电流。

I_{B2}——单结晶体管中的基极调制电流。

I_{EM}——发射极峰值电流。

I_{EB10}——双基极单结晶体管中发射极与第一基极间反向电流。

I_{EB20}——双基极单结晶体管中发射极向电流。

I_{CM}——最大输出平均电流。

I_{FMP}——正向脉冲电流。

I_P——峰点电流。

I_V——谷点电流。

I_{GT}——晶闸管控制极触发电流。

I_{GD}——晶闸管控制极不触发电流。

I_{GFM}——控制极正向峰值电流。

$I_{R(AV)}$——反向平均电流。

$I_{R(In)}$——反向直流电流（反向漏电流）。在测反向特性时，给定的反向电流；硅堆在正弦半波电阻性负载电路中，加反向电压规定值时，所通过的电流；硅开关二极管两端加反向工作电压 V_R 时所通过的电流；稳压二极管在反向电压下，产生的漏电流；整流管在正弦半波最高反向工作电压下的漏电流。

I_{RM}——反向峰值电流。

I_{RR}——晶闸管反向重复平均电流。

I_{DR}——晶闸管断态平均重复电流。

I_{RRM}——反向重复峰值电流。

I_{RSM}——反向不重复峰值电流（反向浪涌电流）。

I_{rp}——反向恢复电流。

I_z——稳定电压电流（反向测试电流）。测试反向电参数时，给定的反向电流。

I_{zk}——稳压管膝点电流。

I_{OM}——最大正向（整流）电流。在规定条件下，能承受的正向最大瞬时电流；在电阻性负荷的正弦半波整流电路中允许连续通过锗检波二极管的最大工作电流。

I_{ZSM}——稳压二极管浪涌电流。

I_{ZM}——最大稳压电流。在最大耗散功率下稳压二极管允许通过的电流。

i_F——正向总瞬时电流。

i_R——反向总瞬时电流。

i_r——反向恢复电流。

I_{op}——工作电流。

I_s——稳流二极管稳定电流。

f——频率。

n——电容变化指数；电容比。

Q——优值（品质因素）。

δ_{vz}——稳压管电压漂移。

di/dt——通态电流临界上升率。

dv/dt——通态电压临界上升率。

P_B——承受脉冲烧毁功率。

$P_{FT(AV)}$——正向导通平均耗散功率。

P_{FTM}——正向峰值耗散功率。

P_{FT}——正向导通总瞬时耗散功率。

P_d——耗散功率。

P_G——门极平均功率。

P_{GM}——门极峰值功率。

P_C——控制极平均功率或集电极耗散功率。

P_i——输入功率。

P_K——最大开关功率。

P_M——额定功率。硅二极管结温不高于150℃所能承受的最大功率。

P_{MP}——最大漏过脉冲功率。

P_{MS}——最大承受脉冲功率。

P_o——输出功率。

P_R——反向浪涌功率。

P_{tot}——总耗散功率。

P_{omax}——最大输出功率。

P_{sc}——连续输出功率。

P_{SM}——不重复浪涌功率。

P_{ZM}——最大耗散功率。在给定使用条件下，稳压二极管允许承受的最大功率。

$R_F\ (r)$——正向微分电阻。在正向导通时，电流随电压指数的增加，呈现明显的非线性特性。在某一正向电压下，电压增加微小量ΔV，正向电流相应增加ΔI，则$\Delta V/\Delta I$称微分电阻。

R_{BB}——双基极晶体管的基极间电阻。

R_E——射频电阻。

R_L——负载电阻。

$R_s\ (r_s)$——串联电阻。

R_{th}——热阻。

$R_{(th)ja}$——结到环境的热阻。

$R_z\ (r_u)$——动态电阻。

$R_{(th)jc}$——结到壳的热阻。

r_δ——衰减电阻。

$r_{(th)}$——瞬态电阻。

T_a——环境温度。

T_c——壳温。

t_d——延迟时间。

t_f——下降时间。

t_{fr}——正向恢复时间。

t_g——电路换向关断时间。

t_{gt}——门极控制极开通时间。

T_j——结温。

T_{jm}——最高结温。

t_{on}——开通时间。

t_{off}——关断时间。

t_r——上升时间。

t_{rr}——反向恢复时间。

t_s——存储时间。

t_{stg}——温度补偿二极管的贮成温度。

a——温度系数。

λ_p——发光峰值波长。

$\Delta\lambda$——光谱半宽度。

η——单结晶体管分压比或效率。

V_B——反向峰值击穿电压。

V_c——整流输入电压。

V_{B2B1}——基极间电压。

V_{BE10}——发射极与第一基极反向电压。

V_{EB}——饱和压降。

V_{FM}——最大正向压降（正向峰值电压）。

V_F——正向压降（正向直流电压）。

ΔV_F——正向压降差。

V_{DRM}——断态重复峰值电压。

V_{GT}——门极触发电压。

V_{GD}——门极不触发电压。

V_{GFM}——门极正向峰值电压。

V_{GRM}——门极反向峰值电压。

$V_{F(AV)}$——正向平均电压。

V_o——交流输入电压。

V_{OM}——最大输出平均电压。

V_{op}——工作电压。

V_n——中心电压。

V_p——峰点电压。

V_R——反向工作电压（反向直流电压）。

V_{RM}——反向峰值电压（最高测试电压）。

$V_{(BR)}$——击穿电压。

V_{th}——阈电压（门限电压）。

V_{RRM}——反向重复峰值电压（反向浪涌电压）。

V_{RWM}——反向工作峰值电压。

V_v——谷点电压。

V_z——稳定电压。

ΔV_z——稳压范围电压增量。

V_s——通向电压（信号电压）或稳流管稳定电流电压。

a_v——电压温度系数。

V_k——膝点电压（稳流二极管）。

V_L——极限电压。

附录 C 场效应管参数符号意义

C_{ds}——漏-源电容。

C_{du}——漏-衬底电容。

C_{gd}——栅-源电容。

C_{gs}——漏-源电容。

C_{iss}——栅短路共源输入电容。

C_{oss}——栅短路共源输出电容。

C_{rss}——栅短路共源反向传输电容。

D——占空比（占空系数，外电路参数）。

di/dt——电流上升率（外电路参数）。

dv/dt——电压上升率（外电路参数）。

I_D——漏极电流（直流）。

I_{DM}——漏极脉冲电流。

$I_D(on)$——通态漏极电流。

I_{DQ}——静态漏极电流（射频功率管）。

I_{DS}——漏源电流。

I_{DSM}——最大漏源电流。

I_{DSS}——栅-源短路时，漏极电流。

$I_{DS(sat)}$——沟道饱和电流（漏源饱和电流）。

I_G——栅极电流（直流）。

I_{GF}——正向栅电流。

I_{GR}——反向栅电流。

I_{GDO}——源极开路时，截止栅电流。

I_{GSO}——漏极开路时，截止栅电流。

I_{GM}——栅极脉冲电流。

I_{GP}——栅极峰值电流。

I_F——二极管正向电流。

I_{GSS}——漏极短路时截止栅电流。

I_{DSS1}——对管第一管漏源饱和电流。

I_{DSS2}——对管第二管漏源饱和电流。

I_u——衬底电流。

I_{pr}——电流脉冲峰值（外电路参数）。

g_{fs}——正向跨导。

G_p——功率增益。

G_{ps}——共源极中和高频功率增益。

G_{pG}——共栅极中和高频功率增益。

G_{PD}——共漏极中和高频功率增益。

g_{gd}——栅漏电导。

g_{ds}——漏源电导。

K——失调电压温度系数。

K_u——传输系数。

L——负载电感（外电路参数）。

L_D——漏极电感。

L_s——源极电感。

r_{DS}——漏源电阻。

$r_{DS(on)}$——漏源通态电阻。

$r_{DS(of)}$——漏源断态电阻。

r_{GD}——栅漏电阻。

r_{GS}——栅源电阻。

R_g——栅极外接电阻（外电路参数）。

R_L——负载电阻（外电路参数）。

$R_{(th)jc}$——结壳热阻。

$R_{(th)ja}$——结环热阻。

P_D——漏极耗散功率。

P_{DM}——漏极最大允许耗散功率。

P_{IN}——输入功率。

P_{OUT}——输出功率。

P_{PK}——脉冲功率峰值（外电路参数）。

$t_{o(on)}$——开通延迟时间。

$t_{d(off)}$——关断延迟时间。

t_i——上升时间。

t_{on}——开通时间。

t_{off}——关断时间。

t_f——下降时间。

t_{rr}——反向恢复时间。

T_j——结温。

T_{jm}——最大允许结温。

T_a——环境温度。

T_c——管壳温度。

T_{stg}——贮成温度。

V_{DS}——漏源电压（直流）。

V_{GS}——栅源电压（直流）。

V_{GSF}——正向栅源电压（直流）。

V_{GSR}——反向栅源电压（直流）。

V_{DD}——漏极（直流）电源电压（外电路参数）。

V_{GG}——栅极（直流）电源电压（外电路参数）。

V_{ss}——源极（直流）电源电压（外电路参数）。

$V_{GS(th)}$——开启电压或阀电压。

$V_{(BR)DSS}$——漏源击穿电压。

$V_{(BR)GSS}$——漏源短路时栅源击穿电压。

$V_{DS(on)}$——漏源通态电压。

$V_{DS(sat)}$——漏源饱和电压。

V_{GD}——栅漏电压（直流）。

V_{su}——源衬底电压（直流）。

V_{Du}——漏衬底电压（直流）。

V_{Gu}——栅衬底电压（直流）。

Z_o——驱动源内阻。

η——漏极效率（射频功率管）。

V_n——噪声电压。

a_{ID}——漏极电流温度系数。

a_{rds}——漏源电阻温度系数。

附录 D　国内外半导体厂家信息表

第一部分　国外半导体厂家信息

1. AOS（Alpha & Omega Semiconductor）

AOS 中文名称为万代半导体公司。1983 年创立，公司位于美国加州硅谷，拥有 BIPOLAR、CMOS、BIMOS 等先进的工艺技术，具有产品设计开发、自动检测和生产能力。1988 年开始为 OEM 厂家设计定制产品，1994 年拥有自己的产品——电源管理产品，如今已经拥有一系列属于自己的产品，成为高性能标准、半标准模拟和混合信号 IC 制造商。

公司网站：http://www.aosmd.com/

公司商标：

2. ST（SGS-THOMSON）

ST 中文名称为意法半导体公司，公司成立于 1987 年，是意大利 SGS 半导体公司和法国汤姆逊半导体合并后的新企业，公司总部设在瑞士日内瓦。意法半导体公司设计销售覆盖了所有主要的半导体器件，其中包括专用 IC、微处理器、半定制 IC、存储器、标准 IC、分立元件等。意法半导体在很多不同的应用领域位列世界前茅，是工业用半导体、打印机喷头和便携设备及消费电子设备用 MEMS（微机电系统）传感器的第一大供应商，是智能卡、硬盘驱动集成电路和 xDSL 芯片，MPEG 解码器第二大供应商；第三大的汽车集成电路、计算机外设和无线半导体供应商。

公司网站：http://www.stmicroelectronics.com.cn/

公司商标：

3. FAIRCHILD（Fairchild Semiconductor）

Fairchild Semiconductor 中文名称为仙童半导体公司，也译作飞兆半导体公司。公司位于美国加州硅谷。采用 4、5、6-inch 硅片工艺生产逻辑、模拟、混合信号 IC 和分立元件。

公司网站：http://www.fairchildsemi.com/cn/

公司商标：

4. VISHAY

VISHAY 中文名称为威世集团。公司成立于 1962 年，总部位于美国宾夕法尼亚州。为世界上最大的分离式半导体和无源电子器件制造商之一。公司无源器件包括电阻、无源传感器、电容、电感，半导体器件则包括二极管和各类晶体管、光电子产品，功率 IC 和模拟开关 IC。

公司网站：http://www.vishay.com/

公司商标：

5. IR（International Rectifier）

International Rectifier，中文名称为国际整流器公司。公司于 1947 年成立，总部位于美国洛杉矶。

IR 公司，以提供高效率功率器件著称，主要生产功率整流二极管、大功率整流器、各类相位控制、马达控制、功率转换 IC、MOSFET、第四代 IGBT 技术、第五代 HEXFET 型 MOSFET 器件等。

公司网站：http://www.irf.com.cn/irfsite/index.asp

公司商标：

6. API

API 中文名称为美国先进功率技术公司。提供双极晶体管、VDMOS 和 LDMOS 三大类产品。API 公司于 2005 年 10 月 1 日被 Microsemi 公司收购，2006 年 5 月 1 日正式纳入 Microsemi 公司。现在 API 是品牌型号的代表。公司名称统一改为 Microsemi。

公司商标：

7. ONSEMI（ON Semiconductor）

ON Semiconductor 中文名称为安森美半导体公司。公司总部设在美国亚利桑那州菲尼克斯。在北美、欧洲和亚太地区之关键市场运营包括制造厂、销售办事处及设计中心的业务网络。

公司的产品系列主要有三类：电源管理和标准模拟集成电路（放大器、电压参考、接口和比较器）；高性能逻辑电路（特殊应用产品、通信集成电路、时钟、转换器和驱动器）；有源分立元件和 MOSFET 产品的标准半导体。

公司网站：http://www.onsemi.cn/PowerSolutions/home.do

公司商标：

8. Microsemi

Microsemi 中文名称为美国美高森美公司。成立于 1960 年。是全球性的电源管理、电源调理、瞬态抑制和射频/微波半导体器件供应商。长期供应商可靠性的分立元件给军队和航空的客户。2005 年 10 月 1 日收购了 APT（美国先进功率技术）公司。在美国拥有多个制造厂。公司的销售网络遍布全球。

公司网站：http://www.smsemi.com/cn/index.asp

公司商标：

9. TI（Texas Instruments）

TI 中文名称为德州仪器。公司总部位于美国得克萨斯州的达拉斯，是全球领先的半导体公司。为现实世界的信号处理提供创新的数字信号处理（DSP）及模拟器件技术。除半导体业务外，还提供包括教育产品和数字光源处理解决方案（DLP）。

公司网站：http://focus.ti.com.cn/

公司商标：

10. IXYS

IXYS 中文名称为艾赛斯公司，公司成立于 1983 年，总部设于加利福尼亚州，其产品包括 MOSFET、IGBT、Thyristor、SCR、整流桥、二极管、DCB 块、功率模块、Hybrid 和晶体管等。艾赛斯公司的 MOSFET 有 Hiper Mosfet、Q-class Mosfet、F-Class Mosfet。

公司网站：http://www.ixys.com/

公司商标：

11. RECTRON（RALTRON ELECTRONICS）

Rectron 中文名称为美国伟创电子公司，是功率半导体的主要制造商，提供全面的整流器、二极管、三极管及抑制器。

公司网站：http://www.rectron.com/

公司商标：

12．Diodes

Diodes 中文名称为美台二极体股份有限公司。分立式半导体元件制造商。生产肖特基二极管/整流器、开关二极管、齐纳二极管、瞬态电压抑制二极管、标准/快速/超快/特快复原整流器、桥式整流器，小信号晶体管和 MOS 场效应管。

公司网站：http://www.diodes.com/?locale=zh_cn

公司商标：

13．Infineon

Infineon 中文名称为英飞凌科技股份公司。于 1999 年 4 月 1 日在德国慕尼黑正式成立，是全球领先的半导体公司之一。其前身是西门子集团的半导体部门，于 1999 年独立，2000 年上市。其中文名称为亿恒科技，2002 年后更名为英飞凌科技。

公司网站：http://www.infineon.com/cms/cn/product/index.html

公司商标：

14．NXP

NXP 中文名称为恩智浦半导体公司，公司成立于 2006，前身为皇家飞利浦公司事业部，公司总部在荷兰埃因霍温。NXP 公司主要产品为各种半导体产品与软件，为移动通信、消费类电子、安全应用、非接触式付费与连线，以及车内娱乐与网络等产品带来更优质的感知体验。恩智浦半导体公司以其领先的射频、模拟、电源管理、接口、安全和数字处理方面的专长，提供高性能混合信号（High Performance Mixed Signal）和标准产品解决方案。

公司网站：http://www.cn.nxp.com/

公司商标：

15．Nihon Inter

Nihon Inter 中文名称为日本英达电子公司，为世界顶级功率肖特基制造厂家。公司 1957 年成立，先后在日本、中国台湾、菲律宾建厂。NIEC 拥有世界上首个 8 英寸 SBD/FRD 生产设施，该设施位于日本筑波市。NIEC 公司的主要产品为 IGBT、MOSFET、SCR、Diode、SBD 和 FRED 等功率模块，产品主要应用于供电及功率电子、生产设备、交通、汽车、家电、通信和计算机等各种领域。

公司网站：http://www.niec.co.jp/products/

公司商标：

第二部分　国内半导体厂家信息

1．中国台湾地区厂家信息

（1）WTE（WON-Top Electronics）

台湾 WON-Top Electronics 公司，半导体制造商，生产整流器，肖特基二极管、大功率二极管、整流桥，TVS 等产品。

公司网站：http://www.wontop.com/

公司商标：

（2）MOSPEC

MOSPEC 中文名称为台湾统懋半导体股份有限公司。公司成立于 1987 年，并通过了 ISO 9001 及 14001 质量认证。是一家垂直整合的专业电源半导体公司。在台湾拥有最先进技术的电源产品线。主要产品有功率晶体管、肖特基二极管、超高速和快速恢复整流二极管、突波抑制二极管，以及各种表面黏着型产品组件。目前更跨入太阳能的领域，可提供包含有硅晶棒、硅晶圆片及太阳能电池之产品线。

公司网站：http://www.mospec.com.tw/eng/index.html

公司商标：

（3）LITEON

敦南科技股份有限公司为光宝集团旗下的生产商。公司成立于 1990 年，主要以设计并生产接触式影像传感器（CiS）为主。敦南科技产品主要可分为泛半导体产品及泛影像产品两大项。半导体产品包括分离式组件、模拟 IC 以及晶圆代工。影像相关产品则包括广泛被应用于多功能事务机上的接触式影像传感器（CiS），主要应用于手机上的 CMOS 照相机模块等产品。

公司网址：http://www.liteon-semi.com/_ch/index.php

公司商标：

（4）TSC

TSC 中文名称为台湾半导体股份有限公司（简称台半）。1979 年创立于台湾省台北县土城乡，专业生产各式整流器，为全球整流器主要制造商之一。1996 年于天津市设立天津长威科技有限公司。

公司网址：http://www.ts.com.tw/index.htm

公司商标：

（5）PANJIT

PANJIT 中文名称为台湾强茂集团。为台湾最大的半导体二极管生产企业，1986 年成立，总部设于台湾高雄，研发中心设于我国台湾和美国凤凰城，在我国大陆设有四家生产工厂，分别位于深圳、无锡、苏州、平湖；主要生产销售半导体二、三极管，电源调整 IC，整流桥堆等。

公司网站：http://www.panjit.com/

公司商标：

（6）YEASHIN

YEASHIN 中文名称为亚昕科技股份有限公司，为台湾一家二极管生产商，集二极管的研发、生产、销售和服务为一体化的高科技公司。主要产品有全系列二极管(包括开关/普通/快速/极快速/超快速/稳压或齐纳/整流二极管/肖特基二极管）。

公司网站：http://www.yeashin.com.tw/technology/big5/product/product_1.html

公司商标：

（7）GW

GW 中文名称为台湾唯圣电子有限公司。公司成立于 1989 年 7 月，是一家专业从事制造整流二极管的高科技企业。主要产品有整流二极管、肖特基整流器、超快速整流器、高效率整流器、快速恢复整流器 、硅整流器 、玻璃钝化整流器、瞬态电压抑制二极管 、高电压整流器、整流桥、表面贴装整流器。

公司网站：http://www.goodwork.com.tw/

公司商标：

（8）APEC

APEC 中文名称为台湾富鼎先进电子股份有限公司。公司成立于 1998 年，为台湾第一家成功整合

6 寸 DMOS 制程的 IC 设计公司。主要产品包括新的电力需求的 MOSFET IGBT 和 POWER IC，产品广泛应用于计算机、消费电子、显示器、通信和工业等领域。

公司网站：http://www.a-power.com.tw/cn/

公司商标：

（9）SEMTECH

SEMTECH 中文名称为泰丰国际集团有限公司。泰丰集团于产品主要为 SOT-23 和 SOT-323 系列二、三极管，以及 SOT-89 系列三极管的生产。至 2006 年，推出一系列新产品如 TO-220 、TO-251 、TO-252 等二、三极管，2009 年开始了 DO-213AA 二极管的生产。

公司网站：http://www.semtech.com.hk/cn/company.htm

公司商标：

（10）YENYO

YENYO 中文名称为台湾元耀科技股份有限公司，公司成立于 1997 年 8 月，为二极管整流器专业制造厂，主要产品为玻璃被覆整流二极管芯片、晶粒与成品、汽车整流器、桥式整流器、闸流体。

公司网站：http://www.yenyo.com.tw/index.php

公司商标：

（11）Comchip

Comchip 中文名称为典琦科技股份有限公司。公司成立于 2000 年 12 月，总部在台湾莺歌镇。主要产品有开关二极管、肖特基二极管、齐纳二极管、静电保护二极管 、瞬态抑制电压二极管。

公司网站：http://www.comchip.com.tw/1-1.php

公司商标：

（12）Eris

Eris 中文名称为德微科技股份有限公司。公司成立于 1995 年 8 月，业务范畴已包含整流二极管、肖特基二极管、TVS 二极管、Zener 二极管、桥式二极管及晶圆，另外提供 LED 相关产品等零组件之国内外销售业务。

公司网站：http://cn.eris.com.tw/

公司商标：

（13）CET

CET 中文名称为华瑞股份有限公司。公司成立于 1984 年。华瑞于 1996 年底成立高功率半导体事业部，是台湾第一家自行研发、生产、销售 MOSFET 自有品牌的公司。

公司网站：http://www.cet.com.tw/

公司商标：

2．中国大陆厂家信息

（1）MCC（Micro Commercial Components）

MCC 中文名称为中国深圳美微科半导体股份有限公司，于 2007 年 2 月份成立。公司总部在北美，是国内目前最大的二极管生产厂家之一。产品 80%以上出口销往美国、中国香港、中国台湾以及东南亚等国家和地区。

公司网站：http://www.mccsemi.com/

公司商标：

（2）LRC

LRC 中文名称为中国乐山无线电股份有限公司。公司创建于 1970 年，位于四川乐山市。以分立半导体为主产品的综合性电子厂。主产品有：肖特基二极管、稳压二极，快恢复二极管；桥式整流器；开关三极管，MOS 管；集成电路。

公司网站：http://www.lrc.cn/index1.asp

公司商标：LRC

（3）JCST（JiangSu Changjiang Electronics Technology）

JCST（JiangSu Changjiang Electronics Technology）中文名称为江苏长电科技有限公司。公司拥有三家下属企业：江阴长电先进封装有限公司、江阴新顺微电子有限公司、江阴新基电子设备有限公司。江阴长电先进封装有限公司成立于 2003 年 8 月，主要从事于半导体凸块（Bumping）及其封装产品（TCP，COF，COG，FCQFN，FCBGA，WLCSP，WBBGA，Stacked Die Packaging）的开发、制造和销售。江阴新顺微电子有限公司专业从事于半导体分立器件芯片的研究开发、生产销售和应用服务。产品有外延平面小功率管系列、功率管、可控硅、彩电视放管、稳压二极管、肖特基二极管、变容二极管、开关二极管等晶体管芯片。

江阴新基电子设备有限公司专业研发制造半导体封装测试测设、精密模具、刀具和精密机械加工。

公司网站：http://www.cj-elec.com/index.asp

公司商标：JCST

（4）深圳市快星半导体电子有限公司

深圳市快星半导体电子有限公司是专业生产、开发与代理为一体的企业。产品有全系列贴片（SMD）、直插（DIP），二极管、三极管、三端稳压管、达林顿管、场效应管、稳压电路、稳压二极管、开关晶体管、可控硅、肖特基、光耦、IC 集成电路，其产品广泛用于开关电源，计算机主板及计算机声卡、显卡。

公司网站：http://faststar.hqew.com/index.html

公司商标：FASTSTAR SEMICONDUCTOR 全星半导体

（5）ZOWIE

ZOWIE 中文名称为智威科技股份有限公司。公司成立于 1994 年，公司地址为江苏省昆山市。

公司主要产品为硅半导体二极管中、低功率之各型整流器。

公司网站：http://www.zowie.com.tw/cn/about-us.php

公司商标：Z

（6）南京洋吉电子器材有限公司

南京洋吉电子器材有限公司专业生产二极管和二极管引线、引线机器。

公司主要生产配套的产品，主要系列有开关二极管、触发二极管、检波二极管、 肖特二极管、整流二极管、桥式整流器、晶体三极管。

公司网站：http://nanjingyj.b2b.hc360.com/

（7）乐山希尔电子有限公司

乐山希尔电子有限公司专业从事半导体硅整流器件研发、生产及销售，公司地处四川乐山市。

生产的主要产品有：S 系列 25A 整流桥、S 系列 35A 整流桥、S 系列 15A 整流桥、S 系列 50A 整流桥、D 系列 15A 整流桥、D 系列 20A 整流桥、D 系列 25A 整流桥、100A 三相整流桥、50A 三相整流桥、75A 三相整流桥、各种型号 MDS 模块、TO-3P 快速管。

公司网站：http://www.share-leshan.com.cn/index.asp

公司商标：S 乐山希尔电子 Leshan Share Electronic co.,ltd

（8）吉林华微电子股份有限公司

吉林华微电子股份有限公司是集功率半导体器件设计研发、芯片加工、封装测试及产品营销为一体的高新技术企业。华微电子拥有 3 英寸、4 英寸、5 英寸与 6 英寸等多条功率半导体分立器件及 IC 芯片生产线，芯片加工能力为每年 300 余万片，封装能力为 30 亿只/年。目前公司已形成 VDMOS、IGBT、FRED、SBD、BJT 等为营销主线的系列产品，成为功率半导体器件领域为客户提供解决方案的制造商。

公司网站：http://www.hwdz.com.cn/gsgk/index.jsp

公司商标：

（9）东莞伟华半导体有限公司

东莞伟华半导体有限公司是台和集团的附属公司，成立于 1995 年，工厂坐落于本集团东莞凤岗生产基地内。公司生产稳压二极管、开关二极管、整流二极管、低频放大三极管、磁敏三极管、达林顿三极管、贴片等产品。

公司网站：http://www.daiwahk.com/home.html

公司商标：

附录 E 全球半导体器件厂商英文缩写与中文全称对照

PHILIPS（飞利浦），NXP（恩智浦），ST（意法），NS（美国国半），TI（德国德州），ATMEL（爱特梅尔），MICROCHIP，ALTERA（阿尔特拉），PTC（中国台湾普成），XILINX（赛灵思），FAIRCHILD（仙童），ST（意法），IR（国际整流），HOLTEK（合泰），SANYO（三洋），NEC，INF（英飞凌）等。

ADV	美国先进半导体公司	DIT	德国 DITRATHERM 公司
AEG	美国 AEG 公司	ETC	美国电子晶体管公司
AEI	英国联合电子工业公司	FCH	美国范恰得公司
AEL	英、德半导体器件股份公司	FER	英、德费兰蒂有限公司
ALE	美国 ALEGROMICRO 公司	FJD	日本富士电机公司
ALP	美国 ALPHAINDNSTRLES 公司	FRE	美国 FEDERICK 公司
AME	挪威微电子技术公司	FUI	日本富士通公司
AMP	美国安派克斯电子公司	FUM	美国富士通微电子公司
AMS	美国微系统公司	GEC	美国詹特朗公司
APT	美国先进功率技术公司	GEN	美国通用电气公司
ATE	意大利米兰 ATES 公司	GEU	加拿大 GENNUM 公司
ATT	美国电话电报公司	GPD	美国锗功率器件公司
AVA	美、德先进技术公司	HAR	美国哈里斯半导体公司
BEN	美国本迪克斯有限公司	HFO	德国 VHB 联合企业
BHA	印度 BHARAT 电子有限公司	HIT	日本日立公司
CAL	美国 CALOGIC 公司	HSC	美国 HELLOS 半导体公司
CDI	印度大陆器件公司	IDI	美国国际器件公司
CEN	美国中央半导体公司	INJ	日本国际器件公司
CLV	美国 CLEVITE 晶体管公司	INR	美、德国际整流器件公司
COL	美国 COLLMER 公司	INT	美国 INTERFET 公司
CRI	美国克里姆森半导体公司	IPR	罗、德 IPRSBANEASA 公司
CTR	美国通信晶体管公司	ISI	英国英特锡尔公司
CSA	美国 CSA 工业公司	ITT	德国楞茨标准电气公司
DIC	美国狄克逊电子公司	IXY	美国电报公司半导体体部
DIO	美国二极管公司	KOR	韩国电子公司
DIR	美国 DIRECTEDENERGR 公司	KYO	日本东光股份公司
LUC	英、德 LUCCAS 电气股份公司	LTT	法国电话公司
MAC	美国 M/A 康姆半导体产品公司	SEM	美国半导体公司
MAR	英国马可尼电子器件公司	SES	法国巴黎斯公司
MAL	美国 MALLORY 国际公司	SGS	法、意电子元件股份公司
MAT	日本松下公司	SHI	日本芝蒲电气公司
MCR	美国 MCRWVETECH 公司	SIE	德国西门子 AG 公司
MIC	中国香港微电子股份公司	SIG	美国西格尼蒂克斯公司
MIS	德、意 MISTRAL 公司	SIL	美、德硅技术公司

MIT	日本三菱公司	SML	美、德塞迈拉布公司
MOT	美国摩托罗拉半导体公司	SOL	美、德固体电子公司
MUL	英国马德拉有限公司	SON	日本索尼公司
NAS	美、德北美半导体电子公司	SPE	美国空间功率电子学公司
NEW	英国新市场晶体管有限公司	SPR	美国史普拉格公司
NIP	日本日电公司	SSI	美国固体工业公司
NJR	日本新日本无线电股份有公司	STC	美国硅晶体管公司
NSC	美国国家半导体公司	STI	美国半导体技术公司
NUC	美国核电子产品公司	SUP	美国超技术公司
OKI	日本冲电气工业公司	TDY	美、德 TELEDYNE 晶体管电子公司
OMN	美国 OMNIREL 公司	TEL	德国律风根电子公司
OPT	美国 OPTEK 公司	TES	捷克 TESLA 公司
ORG	日本欧里井电气公司	THO	法国汤姆逊公司
PHI	荷兰飞利浦公司	TIX	美国德州仪器公司
POL	美国 PORYFET 公司	TOG	日本东北金属工业公司
POW	美国何雷克斯公司	TOS	日本东芝公司
PIS	美国普利西产品公司	TOY	日本罗姆公司
PTC	美国功率晶体管公司	TRA	美国晶体管有限公司
RAY	美、德雷声半导体公司	TRW	英、德 TRN 半导体公司
REC	美国无线电公司	UCA	英、德联合碳化物公司电子分部
RET	美国雷蒂肯公司	UNI	美国尤尼特罗德公司
RFG	美国射频增益公司	UNR	波兰外资企业公司
RTC	法、德 RTC 无线电技术公司	WAB	美、德 WALBERN 器件公司
SAK	日本三肯公司	WES	英国韦斯特科德半导体公司
SAM	韩国三星公司	VAL	德国凡尔伏公司
SAN	日本三舍公司	YAU	日本 GENERAL 股份公司
SEL	英国塞米特朗公司	ZET	英国 XETEX 公司

附录 F　商业仿真软件简介

1. ADS（Advanced Design System）软件

ADS（Advanced Design System）是一款功能十分强大的 EDA 软件，是由美国 Agilent（安捷伦）公司研发的一款专业性比较强的有名的计算机辅助设计软件，它主要是用来研发射频/微波电路和与之相关的射频微波通信系统，它包含了时域电路仿真（SPICE-like Simulation）、频域电路仿真（Harmonic Balance、Linear Analysis）、三维电磁仿真（EM Simulation）、通信系统仿真（Communication System Simulation）和数字信号处理仿真设计（DSP），并可对设计结果进行成品率分析与优化，大大提高了复杂电路的设计效率，是非常优秀的微波电路、系统信号链路的设计工具。

此外，Agilent 公司还和多家半导体厂商合作建立了 ADS Design Kit 及 Model File，以供设计人员使用。使用者可以利用 Design Kit 及软件仿真功能进行通信系统的设计、规划与评估及MMIC/RFIC、模拟与数字电路设计。除上述仿真设计功能外，ADS 软件也提供了辅助设计功能，如Design Guide 以范例及指令方式示范电路或系统的设计流程，而 Simulation Wizard 以步骤式界面进行电路设计与分析。ADS 还能与其他 EDA 软件，如 SPICE、Mentor Graphics 的 ModelSim、Cadence的 NC-Verilog、Mathworks 的 Matlab 等进行协同仿真（Co-Simulation），再加上丰富的元件应用模型库及测量/验证仪器间的连接功能，大大增加了电路与系统设计的方便性、快速性与精确性。

ADS 软件具有的仿真功能主要有直流仿真（ DC Simulation）、交流仿真（AC Simulation）、S 参数仿真（S-parameter Simulation）、谐波平衡仿真（Harmonic Balance Simulation）、电路包络仿真（Circuit Envelope Simulation）、大信号 S 参数仿真（Large-Signal S-parameter Simulation）、增益压缩仿真（Gain Compression Simulation）和瞬态/卷积仿真（Transient/Convolution Simulation）等。这些仿真功能几乎覆盖了所有射频电路设计所需要的参数和指标，下面将分别对这些仿真功能进行介绍。

（1）直流仿真

直流仿真是所有射频和模拟电路仿真的基础，它能够执行电路的拓扑检查以及直流工作点扫描和分析。直流仿真可以提供单点和扫频仿真，扫频变量与电压或电流源值或其他元件参数值有关。为了执行一个扫频误差或扫频变量仿真，用户可以对照扫频参数（如温度或供电电压误差）检查电路的静态工作点。

（2）交流仿真

交流仿真能获取电路的小信号传输参数，如电压增益、电流增益、线性噪声电压和电流等。在设计无源电路和小信号有源电路，例如滤波器、低噪声放大器等时，交流仿真十分有用。在进行电路的交流仿真前，应该先找到电路的直流工作点，然后将非线性器件在工作点附近线性化并执行交流仿真。

（3）S 参数仿真

射频和微波器件在输入信号为小信号的情况下，一般被认为是工作在线性状态，可以看做一个线性网络；而当输入信号为大信号的情况时，一般被认为工作在非线性状态，可以看做一个非线性网络。通常采用 S 参数分析线性网络，采用谐波平衡法分析非线性网络。

S 参数是在入射波和反射波之间建立的一组线形关系，在射频和微波电路中通常用来分析和描述网络的输入特性。S 参数中的 S11 和 S12 反映了输入输出端的驻波特性，S21 反映了电路的幅频和相频特性以及群时延特性，S12 反映了电路的隔离性能。在进行 S 参数仿真时，一般将电路视为一个四端口网络，在工作点上将电路线性化，执行线性小信号分析，通过其特定的算法，分析出各种参数值。因此，S 参数仿真可以分析线性 S 参数、线性噪声参数、传输阻抗以及传输导纳等。

（4）谐波平衡仿真

谐波平衡控制器很适合仿真射频和微波电路，它是一种仿真非线性电路和系统失真的频域分析方法，与高频电路和系统仿真有关。谐波平衡提供的优于时域分析的优点如下：

① 直接获取稳态频率响应。

② 许多线性模型在高频时可以很好地在频域中描述。

③ 频率积分需要瞬时分析，这在很多实际应用中是禁止的。

谐波平衡仿真着眼于信号频域（Frequency Domain）特征，它一般用来对非线性电路或者线形电路的非线性行为进行分析。如果调制的周期信号可以用简单的几个单载波及其谐波表示出来，或者说信号的傅里叶级数展开式的形式很简单的话，谐波平衡仿真是一个很有效的分析工具。但是，如果分析的是诸如 CDMA 等信号（不具备简单的周期信号的特点），谐波平衡仿真也就不能胜任对系统的仿真工作了。

一般而言谐波平衡仿真在设计射频放大器、混频器和振荡器等器件时十分有用。同时，当设计大规模射频芯片（RFIC）或射频/中频（RF/IF）子系统时，由于存在大量的谐波和交调成分，谐波平衡仿真必不可少。

（5）电路包络仿真

电路包络仿真器是近年来通信系统的一项标志性技术，其特点是对于任何类型的高频调制信号，均可分解为时域和频域两部分进行处理。在时域上，对相对低频的调制信息进行直接采样处理；而对相对高频的载波成分，则采用类似的电路包络的方法，在频域进行处理。这样的结合使仿真器的效率和速度都得到一个质的飞跃。因此，电路包络仿真是目前进行数模混合仿真和数字微波系统高频仿真最有效率的工具之一。

电路包络仿真多用在涉及调制解调以及混合调制信号的电路和系统中。在通信系统中，如 CDMA、GSM、QPSK 和 QAM 等系统；在雷达系统中，如 LFM 波、非线性调频波和脉冲编码等均可用电路包络的方法进行仿真。由于它实际上是一种混合的频域／时域技术，因此能和用于射频／基带验证的 Agilent Ptolemy 一起进行协仿真。

（6）大信号 S 参数仿真

大信号 S 参数仿真可以看做是 S 参数仿真的一种，不同的是 S 参数仿真一般只用于小信号 S 参数的分析，而大信号 S 参数仿真则执行大信号 S 参数分析。因此，大信号 S 参数在设计功率放大器时十分有用。大信号 S 参数仿真简化了非线性电路中大信号 S 参数的计算，它是基于对整个非线性电路的谐波平衡仿真。

（7）增益压缩仿真

增益压缩仿真用于寻找用户自定义的增益压缩点，它将理想的线性功率曲线与实际的功率曲线的偏离点相比较。增益压缩仿真用于计算放大器或混频器的增益压缩点，它是从一个小的值开始逐步增加输入功率，当在输出得到需要的增益压缩量的时候停止执行仿真。通过增益压缩仿真可以使用户在设计射频器件时可以很方便地找出 1dB 或 3dB 压缩点。

（8）瞬态/卷积仿真

瞬态和卷积仿真能够解决一组描述电路依赖时间的电流和电压的微积分方程，这个分析的结果对于时间和扫描变量是非线性的。使用瞬时/卷积仿真可以用来执行下面的任务。

① SPICE 型瞬时时域分析。

② 电路的非线性瞬时分析，包括频率损耗和线性模型的分散效应或卷积分析。

其中，瞬态分析完全在使用中执行，它不能说明分布式元件的频率响应。卷积分析在频域描述分布式元件来说明其频率响应。

2. CST 软件概述

德国 CST 股份公司（www.cst.com）是电磁场仿真软件公司，其软件产品为 CST 工作室套装®，是面向 3D 电磁、电路、温度和结构应力设计工程师的一款全面、精确、集成度最高的专业仿真软件包。包含一个平台和 8 个工作室子软件，集成在同一用户界面内。可以为用户提供完整的系统级和部件级的数值仿真分析。软件覆盖整个电磁频段，提供完备的时域和频域全波电磁算法和高频算法。典型应用包含电磁兼容、天线/RCS、高速互连 SI/EMI/PI/眼图、手机、核磁共振、电真空管、粒子加速器、高功率微波、非线性光学、电气、场路、电磁温度及温度形变等各类协同仿真。

一个平台及 8 个工作室子软件介绍如下。

（1）CST 设计环境®

CST 平台，是进入 CST 工作室套装®的通道，包含前后处理、优化器、材料库四大部分完成三维建模，CAD/EDA/CAE 接口，支持各子软件间的协同，结果后处理和导出。

（2）CST 印制板工作室®

专业板级电磁兼容仿真软件，对印制板的 SI/PI/IR-Drop/眼图/去耦电容进行仿真。与 CST 微波工作室联合，可对印制板加机壳进行瞬态和稳态辐照和辐射双向问题。

（3）CST 规则检查™

印制板布线电磁兼容 EMC 和信号完整性 SI 规则检查软件，能对多层板中的信号线、地平面切割、电源平面分布、去耦电容分布、走线及过孔位置及分布进行快速检查。

（4）CST 电缆工作室®

专业线缆级电磁兼容仿真软件，可以对真实工况下由各类线型构成的数十米长线束及周边环境进行 SI/EMI/EMS 分析，解决线缆线束瞬态和稳态辐照和辐射双向问题。

（5）CST 微波工作室®

系统级电磁兼容及通用高频无源器件仿真软件，应用包括：电磁兼容、天线/RCS、高速互连 SI、手机/MRI、滤波器等。可计算任意结构任意材料电大宽带的电磁问题。内含 11 种电磁算法（9 个全波，2 个高频），分布在 6 个求解器中。具有专业机箱机柜级电磁兼容仿真软件，含有独有的精简模型，无须划分网格便可快速精确地仿真通风孔缝/屏蔽网等细小结构，特别适用于 GJB1389/GJB151A EMC 仿真。

时域求解器（T）：包含时域有限积分法（FITD）和时域传输线矩阵法（TLM）。适用于时域、宽带、电大、EMC/EMI、S 参量和天线问题的求解。

频域求解器（F）：包含频域有限元法（FEM）、频域有限积分法（FIFD）、频域模式降阶法（MOR）。适用于点频、窄带、电小/电中、强谐振结构的仿真。

积分方程求解器（I）：包含矩量法（MoM）和多层快速多极子（MLFMM）两种算法。适用于电大、多层涂敷载体的 RCS 仿真。

本征模求解器（E）：求解无耗和有耗腔体的本征值和本征场。

多层平面矩量法求解器（M）：用于多层平面结构的仿真，如 MMIC、LTCC、微带/带状线滤波器等。

高频渐进法求解器（A）：包含物理光学（PO）和弹跳射线法（SBR）。适用于超电大物体的 RCS 散射仿真。

（6）CST 电磁工作室®

（准）静电、（准）静磁、稳恒电流、低频电磁场仿真软件。用于 DC-100MHz 频段电磁兼容、传感器、驱动装置、变压器、感应加热、无损探伤和高低压电器等。

（7）CST 粒子工作室®

主要应用于电真空器件、高功率微波管、粒子加速器、聚焦线圈、磁束缚、等离子体等自由带电粒子与电磁场自洽相互作用下相对论及非相对论运动的仿真分析。

（8）CST 设计工作室™

系统级有源及无源电路路仿真，SAM 总控，支持三维电磁场和电路的纯瞬态和频域协同仿真，用于 DC 直至 100GHz 的电路仿真。

（9）CST 多物理场工作室®

瞬态及稳态温度场、结构应力形变仿真软件，主要应用于电磁损耗、粒子沉积损耗所引起的热以及热所引起的结构形变分析。

CST 软件应用领域广泛，包括：射频和微波器件设计；天线、阵列天线、馈源、天线布局、RCS 设计；电真空管、加速器、高功率微波设计；高频 IC 设计；高速封装设计；高速 PCB 板和 RF PCB 板、柔性 PCB 板、高速互联 SI/EMI 设计；机箱、线缆、分系统、系统级电磁兼容设计；各类低频场应用，电力电子设备设计；光应用、左手材料等。

CST 软件在电磁兼容和各类宽带、超宽带全波电大尺寸上具有独特的优势。集成有 9 种时域频域全波算法和 2 种高频算法：时域有限积分、频域有限积分、频域有限元、模式降阶、矩量法、多层快速多极子、本征模、多层平面矩量法、物理光学、弹跳射线法。是目前电磁场软件中拥有算法最多的软件。具有任意信号波形激励，包含示波器的输出波形，直接导入 CST 软件作为激励源，进行辐射及散射仿真。拥有 PBA+TST 技术，仿真多层介质及多层金属 FSS 结构的超宽带天线罩的透波率（导引头天线辐射）和 RCS（散射）专用天线互耦模块和仿真电大（1～10000 波长）载体上短波直至 W 波段各天线间的互耦及天线布局。支持天线宽带近场源及远场源。

MAGUS 天线库：包含近 250 种天线，支持用户自己的天线增加到库中。

可以仿真高功率腔体器件放电（微放电）；频域有限元模式降阶求解器，专用于腔体滤波器整体仿真优化；纯瞬态场路协同仿真：在完成系统行为级仿真的同时，得出电磁场对器件 Spice 模型的影响（如微波电路中腔体谐振对微波放大管的阻抗影响）；系统组合仿真技术（SAM）：实现总体对于单元器件（如天线、滤波器）在系统平台中组合优化的功能，从而给总体一个全局操控的能力完成系统的优化；支持多路多核、分布式计算、GPU 加速卡、MPI 区域分解、GPU+MPI 全球最先进的高性能并行计算；针对 GPU 加速卡，支持单机 1 块、2 块，直至 8 块加速卡，单机提速 40 倍。

3. Ansoft 软件概述

Ansoft Designer，是 Ansoft 公司推出的微波电路和通信系统仿真软件；它采用了最新的视窗技术，将高频电路系统、版图和电磁场仿真工具无缝地集成到同一个环境的设计工具。这种集成不是简单和界面集成，其关键是 Ansoft Designer 独有的"按需求解"的技术，它使你能够根据需要选择求解器，从而实现对设计过程的完全控制。Ansoft Designer 实现了"所见即所得"的自动化版图功能，版图与原理图自动同步，大大提高了版图设计效率。同时 Ansoft 还能方便地与其他设计软件集成到一起，并可以和测试仪器连接，完成各种设计任务，如频率合成器、锁相环、通信系统、雷达系统，以及放大器、混频器、滤波器、移相器、功率分配器、合成器和微带天线等，主要应用于射频和微波电路的设计、通信系统的设计、电路板和模块设计、部件设计。

Ansoft HFSS，是 Ansoft 公司推出的三维电磁仿真软件；是世界上第一个商业化的三维结构电磁场仿真软件，业界公认的三维电磁场设计和分析的电子设计工业标准。HFSS 提供了一简洁直观的用户设计界面、精确自适应的场解器、拥有空前电性能分析能力的功能强大后处理器，能计算任意形状三维无源结构的 S 参数和全波电磁场。HFSS 软件拥有强大的天线设计功能，它可以计算天线参量，如增益、方向性、远场方向图剖面、远场 3D 图和 3dB 带宽；绘制极化特性，包括球形场分量、圆极化场分量、Ludwig 第三定义场分量和轴比。使用 HFSS，可以计算：① 基本电磁场数值解和开边界问题，近远场辐射问题；② 端口特征阻抗和传输常数；③ S 参数和相应端口阻抗的归一化 S 参数；④ 结构的本征模或谐振解。而且，由 Ansoft HFSS 和 Ansoft Designer 构成的 Ansoft 高频解决方案，是目前唯一以物理原型为基础的高频设计解决方案，提供了从系统到电路直至部件级的快速而精确的设计手段，覆盖了高频设计的所有环节。现在 Ansoft 公司已经被 Ansys 公司收购。

4．Microwave Office 软件

Microwave Office（简称 MWO）是一针对微波混合、模块以及 MMIC 设计的线性与非线性之完整解决方案。它能让包含如线性、谐波平衡以及时域等的仿真，以及 EM（电磁）的仿真与实体 Layout 在单一整合的环境中完成。Microwave Office 把一先进的 IC 与 PCB 板之 layout 编辑器，与世界级的电路仿真与电磁分析工具整合在一起，它也能让线性与非线性之干扰分析在一个整合的设计环境下完成，特别是电磁分析、实体 layout 与设计检测规则（DRC）之确认。Microwave Office 能扩充软件包的功能延伸至 layout 的阶段，尤其是 MMIC（单片式微波集成电路）的 layout、LTCC 以及 RF 印刷电路板等，使用者进行设计时甚至不需要离开 Microwave Office 的设计环境，就能从概念直接进行到生产的阶段。Microwave Office 也含有许多广泛的模型、统计设计与产能分析的能力，此外，并提供尤为重要设计使用的选择性资料转换工具，可让使用者能将安捷伦 Agilent/EEsof's 系列 IV 与 ADS 产品转换过来。

它是通过两个模拟器来对微波平面电路进行模拟和仿真的。对于由集总元件构成的电路，用电路的方法来处理较为简便；该软件设有"VoltaireXL"的模拟器来处理集总元件构成的微波平面电路问题。而对于由具体的微带几何图形构成的分布参数微波平面电路则采用场的方法较为有效；该软件采用的是"EMSight"的模拟器来处理任何多层平面结构的三维电磁场的问题。"VoltaireXL"模拟器内设一个元件库，在建立电路模型时，可以调出微波电路所用的元件，其中无源器件有电感、电阻、电容、谐振电路、微带线、带状线、同轴线等，非线性器件有双极晶体管、场效应晶体管、二极管等。"EMSight"模拟器是一个三维电磁场模拟程序包，可用于平面高频电路和天线结构的分析。特点是把修正谱域矩量法与直观的视窗图形用户界面（GUI）技术结合起来，使得计算速度加快许多。MWO 可以分析射频集成电路（RFIC）、微波单片集成电路（MMIC）、微带贴片天线和高速印制电路（PCB）等电路的电气特性。

特性：

- 完整的高频和微波集成电路（IC）设计系统；
- 带有现代面向对象统一数据模型的先进架构；
- 精确的三维（3D）平面 MoM（method-of-moments）电磁（EM）模拟；
- State-of-the-art 谐波平衡模拟技术；
- 集成 HSPICE 时间方面模拟；
- （DRC）集成的电路规则检查（ERC）和设计规则检查（DRC）；
- 完整的厂商处理设计工具包（PKDs）；
- 开放的标准库/PDK 开发环境；
- 任意的变频分析；

- COM 基础的应用程序界面开放开发平台（API）。

优点：

- 缩短高频和微波设计时间，加快产品周期/市场导入时间；
- 针对高性能设计的最精确的高频和微波分析；
- 为准确设计、避免错误提供全面的规划包；
- 易于使用的界面最小化培训成本并减少设计时间；
- 可以从 Agilent Eesof 转换数据，从而保护客户投资；
- 较低的总成本（TCO）。

参 考 文 献

[1] 吴万春. 集成固体微波电路. 北京：国防工业出版社；1981.

[2] 黄香馥，陈天麟，张开智. 微波固体电路. 四川：成都电讯工程学院出版社，1988.

[3] 赵国湘，高葆新. 微波有源电路. 北京：国防工业出版社，1990.

[4] 言华. 微波固态电路. 天津：天津大学出版社，1994.

[5] 邓绍范. 微波电子线路. 黑龙江：哈尔滨工业大学出版社，1988.

[6] （美）Reinhold Ludwig，Pavel Bretchko. RF Circuit Design Theory and Application（英文影印版）（国外高校电子信息类优秀教材）. 北京：科学出版社，2002.

[7] （美）Reinhold Ludwig，Pavel Bretchko 著. 射频电路设计——理论与应用. 王子宇，张肇仪，徐承和，等译. 北京：电子工业出版社，2002.

[8] 李卫，吴涓涓，李印增. 半导体器件概论. 北京：北京理工大学出版社，1989.

[9] 范树礼. 微波元件与测量. 北京：人民教育出版社，1961.

[10] 李嗣范. 微波元件原理与设计. 北京：人民邮电出版社，1982.

[11] Edward C. Niehenke, Robert A. Pucel, Inder J. Bahl. Microwave and Millimeter-Wave Integrated Cirsuit. IEEE Trans. on MTT, Vol.50, No.3, pp846～857, 2002.

[12] H. Howe, Jr. Microwave Integrated Circuits-An Historical Perspective. IEEE Trans. on MTT, Vol.32, No.9, pp991-995, 1984.

[13] 朱明等. 微波电路. 北京：国防科技大学出版社，1994.

[14] 王蕴仪，等. 微波器件与电路. 江苏：江苏科学技术出版社，1986.

[15] 傅君梅. 微波无源和有源电路原理. 陕西：西安交通大学出版社，1988.

[16] 罗先明，张庆凰. 微波有源电路. 北京：人民邮电出版社，1992.

[17] 吕善伟，刘人杰，王百锁，等. 微波电路分析与计算机辅助设计. 北京：北京航空航天大学出版社，1990.

[18] 陈忠嘉，陈应娟. 微波电子线路. 北京：兵器工业出版社，1990.

[19] 李润旗. 微波电路 CAD 软件应用技术. 北京：国防工业出版社，1996.

[20] 费元春. 固体倍频. 北京：高等教育出版社，1985.

[21] 陈天麟. 微波低噪声晶体管放大器. 北京：人民邮电出版社，1983.

[22] S. Raymond，等著. 微波场效应晶体管的理论、设计和应用. 李章华，等译. 北京：电子工业出版社，1987.

[23] 毛钧业. 微波半导体器件. 成都：成都电讯工程学院出版社，1986.

[24] Kai, Chang. Microwave solid-state circuits and applications. New York：John Wiley & Sons, Inc. 1994.

[25] 黄汉尧，等. 半导体器件工艺原理. 上海：上海科学技术出版社，1985.

[26] 闫润卿，李应惠. 微波技术基础. 北京：北京理工大学出版社，1997.

[27] 尚洪臣. 微波网络. 北京：北京理工大学出版社，1988.

[28] （美）Matthew M. Radmanesh. Radio Frequency and Microwave Electronics Illustrated（英文版）（国外电子与通信教材系列）. 北京：电子工业出版社，2002.

[29] 张玉兴. 射频模拟电路. 北京：电子工业出版社，2002.

[30] 陈邦媛. 射频通信电路. 北京：科学出版社，2002.

[31] 曾禹村，张宝俊，吴鹏翼. 信号与系统. 北京：北京理工大学出版社，1992.

[32] 向敬成，张明友. 雷达系统. 北京：电子工业出版社，2001.

[33] Herbert J. Carlin. A New Approach to Gain-Bandwidth Problems. IEEE Trans. on Circuits and Systems, Vol.24, No.4, pp170-175, 1977.

[34] John D. Cressler. SiGe HBT Technology: A New Contender for Si-based RF and Microwave Circuit Applications. IEEE Trans. on MTT, Vol.46, No.5, pp572-589, 1998.

[35] 高葆新. 微波集成电路. 北京：国防工业出版社，1995.

[36] 史力强. 6～18GHz 放大器功率合成技术研究. 陕西：西安电子科技大学，硕士学位论文，2006.

[37] J.F.White，微波半导体控制电路. 北京：科学出版社，1983.

[38] 陈健. 8mm 功率限幅器研究. 电子科技大学，硕士学位论文，2007.

[39] 陈艳华，李朝晖，夏玮. ADS 应用详解. 北京：人民邮电出版社，2008.

[40] Ian Robertsona, Stepan Lucyszyn. 单片射频微波集成电路技术与设计. 北京:电子工业出版社，2007.

[41] 卢静. 集成电路芯片制造实用技术. 北京：机械工业出版社，2011.

[42] 罗萍，张为. 集成电路设计导论. 北京：清华大学出版社，2010.

[43] （美）InderBahl. 微波固态电路设计（第 2 版）. 北京：电子工业出版社，2006.

[44] 王绍东，高学邦，刘文杰，等. MMIC 和 RFIC 的 CAD. 半导体技术，2004，29(10).

[45] 吴群. MMIC 一单片微波集成电路技术.电磁场与微波技术学科前沿动态系列讲座介绍，2000.

[46] 薛良金. 毫米波工程基础. 北京：国防工业出版社，1998.

[47] 李宇昂. 超宽带低相移五位数控衰减器的研究和设计. 陕西：西安电子科技大学，硕士学位论文，2013.

[48] 常丽君. 德科学家提出全光晶体管设计方案. 科技日报，2011-05-07.

[49] 光二极管取得新进展. 中国科学报，2014，11(3)（总第 60 期）.

[50] 袁明文. 晶体管的新概念，微纳电子技术，2005(1).

[51] 张海涛，张斌. 软恢复二极管新进展——扩散型双基区二极管. 中国电工技术学会电力电子学会第八届学术年会论文集.

[52] 刘子奕，杨建红. 太赫兹二极管的研究进展及应用. 微纳电子技术，2014，51(8).

[53] 唐海林. 太赫兹肖特基二极管技术研究进展. 太赫兹科学与电子信息学报，2013，11(6).

[54] 刘霞. 英美研发出首个高温自旋场效应晶体管. 科技日报，2010-12-25.

[55] 中国集成电路大全编委会. 微波集成电路. 北京：国防工业出版社，2003.

[56] 喻梦霞，李桂萍. 微波固态电路. 成都：电子科技大学出版社，2008.

[57] 张献中，张涛. 频率合成技术的发展及应用. 电子设计工程，2014，22(3).

[58] 张厥盛，郑继禹，万心平. 锁相技术. 西安：西安电子科技大学出版社，2004.

[59] 王兵. 频率合成技术发展浅析. 电子信息对抗技术（第 24 卷），2009，5(3).

[60] 黄中琦. 2～20GHz 宽带三平衡混频器. 电子对抗技术，1993-02.